CAX工程应用丛书

ANSYS Fluent 2020 综合应用案例详解

刘斌 编著

清华大学出版社
北京

内 容 简 介

Fluent是通用ANSYS CFD的旗舰产品，在流体动力学计算中被广泛应用。本书以ANSYS Fluent 2020版为基础，详细介绍利用Fluent进行流体分析的方法和技巧，并通过大量实例系统地介绍前处理、计算以及后处理的详细过程，可使读者在短时间内把握学习的要领，掌握Fluent流体计算的多种高级应用技术。本书内容包括：Fluent软件功能及理论基础简介、Gambit及ANSYS ICEM CFD划分网格方法、后处理方法、动网格应用、传热及辐射计算应用、燃烧及化学反应应用、组分输送模型应用、多相流应用、固体燃料电池模拟和汽车工业相关应用等。

本书结构清晰、实例丰富，涵盖Fluent多种高级应用计算，基础知识与实用技能并重，可作为高等院校相关专业本科和硕士研究生的计算流体力学以及计算传热学的教材，也可供利用Fluent软件进行流体流动数值模拟分析的广大工程技术人员参考。

图书在版编目（CIP）数据

ANSYS Fluent 2020 综合应用案例详解/刘斌编著. —北京：清华大学出版社，2021.4
（CAX 工程应用丛书）
ISBN 978-7-302-57677-8

Ⅰ. ①A… Ⅱ. ①刘… Ⅲ. ①工程力学－流体力学－有限元分析－应用软件－案例 Ⅳ. ①TB126-39

中国版本图书馆 CIP 数据核字(2021)第 045418 号

责任编辑：王金柱
封面设计：王　翔
责任校对：闫秀华
责任印制：宋　林

出版发行：清华大学出版社
网　　址：http://www.tup.com.cn，http://www.wqbook.com
地　　址：北京清华大学学研大厦A座　　**邮　　编**：100084
社 总 机：010-62770175　　**邮　　购**：010-62786544
投稿与读者服务：010-62776969，c-service@tup.tsinghua.edu.cn
质量反馈：010-62772015，zhiliang@tup.tsinghua.edu.cn
印 装 者：小森印刷霸州有限公司
经　　销：全国新华书店
开　　本：203mm×260mm　　**印　　张**：25.75　　**字　　数**：725 千字
版　　次：2021 年 5 月第 1 版　　**印　　次**：2021 年 5 月第 1 次印刷
定　　价：99.00 元

产品编号：090718-01

前言 Preface

CFD（Computational Fluid Dynamics，计算流体动力学）的基本定义是通过计算机进行数值计算和图像显示，分析包含流体流动和热传导等相关物理现象的系统。

2006年5月，Fluent成为全球最大的CAE软件供应商——ANSYS大家庭中的重要成员。所有的Fluent软件将被集成在ANSYS Workbench环境下，共享先进的ANSYS公共CAE技术。

ANSYS Fluent 2020是ANSYS推出的新版本的Fluent软件，该版本较之前的版本在求解算法、网格划分及优化、物理模型、材料属性定义、并行运算、用户自定义函数等方面有了一定的改进。

本书特点

本书由从事Fluent工作多年的一线人员编写，是《ANSYS Fluent 2020流体计算从入门到精通》的姊妹篇，更偏重于综合应用案例的讲解。本书在编写的过程中不仅注重绘图技巧的介绍，还重点讲解Fluent和工程实际的关系。本书主要有以下特色：

基础和实例讲解并重。本书可作为对Fluent有一定基础的用户制定工程问题分析方案、精通高级前后处理与求解技术的参考书。

内容详略得当。本书将编者10多年的CFD经验结合Fluent软件的各功能，从点到面，详细地讲解给读者。

信息量大。本书包含的内容全面，读者在学习的过程中不仅可以关注细节，还可以从整体出发，了解CFD的分析流程，需要关注包括什么内容、注意什么细节。

结构清晰。本书结构清晰、由浅入深，内容主要以综合应用案例讲解为主，兼顾流体仿真行业的专业基础知识。

本书内容

本书共12章，通过大量经典实例系统地介绍前处理、计算以及后处理的详细过程，可以让读者在短时间内把握学习的要领，掌握ANSYS Fluent的高级应用技术。各章节内容安排如下：

第1章简要介绍CFD软件和Fluent软件，具体介绍ANSYS Fluent的功能模块和基本分析过程。

第2章主要介绍Gambit 2.4及ANSYS ICEM CFD的基础应用，还会介绍ANSYS Fluent中进行并行运算的方法。

第 3 章主要介绍Fluent中的基本物理模型及其理论基础，并简要介绍部分物理模型的基本操作步骤。

第 4 章主要介绍Fluent强大的后处理能力，还会介绍后处理的基本步骤。

第 5 章通过井火箭发射过程模拟和飞机抛离副油箱过程的模拟介绍动网格的应用。

第 6 章和第 7 章介绍传热及辐射模型的应用，详细讲解太阳加载模型的设置及应用，介绍电力变压器及埋地管廊输电电缆传热分析的设置及应用。

第 8～10 章介绍燃烧模型和化学反应模型的应用，详细讲解液体燃料燃烧、煤燃烧及预混气体化学反应模拟的过程和方法，介绍组分输送模型下教室甲醛扩散及海水沟渠内药物扩散分析的过程和方法。

第 11 章介绍多相流模型的应用，详细讲解气固两相流、气液两相流方面的三个实例。

第 12 章讲解三个经典实例，包括固体燃料电池的模拟、汽车挡风除冰过程模拟和汽车歧管流动模拟。

配书资源——案例源文件和教学视频

为了让广大读者更快捷地学习和使用本书，本书提供了案例源文件和教学视频。本书配套资源提供的实例源文件可以使用Fluent打开，根据书中的介绍进行学习即可。下载配套资源请扫描以下二维码：

如果下载有问题，请发送电子邮件至booksaga@126.com获得帮助，邮件标题为“ANSYS Fluent 2020 综合应用案例详解配书资源”。

读者对象

本书适合的读者对象如下：

- 从事流体计算的从业人员。
- 高等院校的教师和学生。
- 相关培训机构的教师和学员。
- Fluent 爱好者。
- 广大科研工作人员。

虽然编者在编写本书的过程中力求叙述准确、完善，但由于水平有限，书中欠妥之处在所难免，希望读者和同仁能够提出宝贵意见和建议。

为了方便解决本书疑难问题，读者朋友在学习过程中遇到与本书有关的技术问题时，可以访问微信公众号“算法仿真在线”，编者会尽快给予解答。

编　者

2020 年 9 月

目录
Contents

第1章 绪 论

导言

Fluent 是世界领先的商业 CFD 软件，在流体分析与热分析中被广泛应用。Fluent 的软件设计基于 CFD 软件群的思想，从用户需求角度出发，针对各种复杂流动的物理现象，采用不同的离散格式和数值方法，以期在特定的领域内使计算速度、稳定性和精度等达到较佳组合，从而高效率地解决各个领域的复杂流动计算问题。本章简要介绍 CFD 的基本概念及原理，并阐述 Fluent 的基本特点及分析思路。

学习目标

- CFD 软件简介。
- Fluent 的功能和特点。
- Fluent 流体分析过程。

1.1 CFD软件简介

本节首先对计算流体动力学进行概述，其次介绍CFD（Computational Fluid Dynamics，计算流体动力学）软件的应用领域，最后对CFD商用软件的前处理器、求解器及后处理器进行说明。

1.1.1 CFD 概述

CFD的基本定义是通过计算机进行数值计算和图像显示，分析包含流体流动和热传导等相关物理现象的系统。

CFD进行流动和传热现象分析的基本思想是用一系列有限个离散点上的变量值的集合来代替空间域上连续的物理量的场，如速度场和压力场，然后按照一定的方式建立这些离散点上场变量之间关系的代数方程组，通过求解代数方程组获得场变量的近似值。

CFD可以看成在流动基本方程（质量守恒方程、动量守恒方程、能量守恒方程）控制下对流动数值的模拟。通过这种数值模拟，得到复杂问题基本物理量（如速度、压力、温度、浓度等）在流场内各个位置的分布，以及这些物理量随时间的变化情况，确定旋涡分布特性、空化特性及脱流区等。还可据此计算出相关的其他物理量，如旋转式流体机械的转矩、水力损失和效率等。此外，与CAD联合，还可进行结构优化设计等。

CFD具有适应性强、应用面广的优点。由于流动问题的控制方程一般是非线性的，自变量多，计算域的几何形状和边界条件复杂，很难求得解析解，因此只有用CFD方法才有可能找出满足工程需要的数值解。而且，可利用计算机进行各种数值试验，例如，选择不同流动参数进行物理方程中各项有效性和敏感性试验，从而进行方案比较。

另外，CFD方法不受物理模型和实验模型的限制，省钱省时，有较大的灵活性，能给出详细和完整的资料，很容易模拟特殊尺寸、高温、有毒、易燃等真实条件和实验中只能接近而无法达到的理想条件。

CFD存在一定的局限性。首先，数值解法是一种离散近似的计算方法，依赖于物理上合理、数学上适用，适合在计算机上进行计算的离散的有限数学模型，且最终结果不能提供任何形式的解析表达式，只是有限数量离散点上的数值解，并有一定的计算误差；其次，它不像物理模型实验一开始就能给出流动现象并定性地描述，往往需要由原体观测或物理模型试验提供某些流动参数，并需要对建立的数学模型进行验证；再次，程序的编写及资料的收集、整理与正确利用在很大程度上依赖于经验与技巧。

此外，因数值处理方法等原因有可能导致计算结果不真实，例如产生数值粘性和频散等伪物理效应。最后，CFD涉及大量数值计算，需要较高的计算机软硬件配置。

CFD方法与传统的理论分析方法、实验测量方法组成了研究流体流动问题的完整体系。CFD数值计算与理论分析、实验观测是相互联系、相互促进的关系，不能完全替代，三者各有各的适用场合。在实际工作中，需要注意三者的有机结合。

1.1.2 CFD的应用领域

近十几年来，CFD有了很大的发展，所有涉及流体流动、热交换、分子输运等现象的问题，几乎都可以通过计算流体力学的方法进行分析和模拟。

CFD不仅作为一个研究工具，还作为设计工具在水利工程、土木工程、环境工程、食品工程、海洋结构工程、工业制造等领域发挥作用。典型的应用场合及相关的工程问题包括：

- 水轮机、风机和泵等流体机械内部的流体流动。
- 飞机和航天飞机等飞行器的设计。
- 汽车流线外形对性能的影响。
- 洪水波及河口潮流计算。
- 风载荷对高层建筑物稳定性及结构性能的影响。
- 温室及室内的空气流动及环境分析。
- 电子元器件的冷却。
- 换热器性能分析及换热器片形状的选取。
- 河流中污染物的扩散。
- 汽车尾气对街道环境的污染。
- 食品中细菌的运移。

对这些问题的处理，过去主要借助于基本的理论分析和大量的物理模型实验，而现在大多采用CFD的方式加以分析和解决，CFD技术现已发展到完全可以分析三维粘性湍流及旋涡运动等复杂问题的程度。

CFD的求解过程包括建立控制方程、确定边界条件与初始条件、划分计算网格、建立离散方程、离散初始条件和边界条件、给定求解控制参数、求解离散方程、判断解的收敛性、显示和输出计算结果等步骤。为了便于用户将主要的精力集中在基本的物理原理上，目前已经有很多优秀的CFD商用软件投入使用。

1.1.3 CFD 商用软件

为了方便用户使用CFD软件处理不同类型的工程问题，一般的CFD商用软件往往将复杂的CFD过程集成，通过一定的接口让用户快速地输入问题的有关参数。

所有的商用CFD软件均包括三个基本环节：前处理、求解和后处理。与之对应的程序模块常简称为前处理器（Preprocessor）、求解器（Solver）和后处理器（Post Processor）。下面简要介绍这三个程序模块。

1. 前处理器

前处理器用于完成前处理工作。前处理环节是向CFD软件输入所求问题的相关数据，该过程一般是借助于求解器相对应的面板等图形界面来完成的。在前处理阶段需要用户进行以下工作：

- 定义所求问题的几何计算域。
- 将计算域划分成多个互不重叠的子区域，形成由单元组成的网格。
- 对所要研究的物理和化学现象进行抽象，选择相应的控制方程。
- 定义流体的属性参数。
- 为计算域边界处的单元指定边界条件。
- 对于瞬态问题，指定初始条件。

流动问题的解是在单元内部的节点上定义的，解的精度由网格中单元的数量所决定。一般来讲，单元越多，尺寸越小，所得到的解的精度越高，但所需要的计算机内存资源及CPU时间也相应增加。

为了提高计算精度，在物理量梯度较大的区域，以及我们感兴趣的区域，往往要加密计算网格。在前处理阶段生成计算网格时，关键是要把握好计算精度与计算成本之间的平衡。

目前在使用商用CFD软件进行CFD计算时，有超过 50%以上的时间花在几何区域的定义及计算网格的生成上。

我们可以使用CFD软件自身的前处理器来生成几何模型，也可以借用其他商用CFD或CAD/CAE软件（如PATRAN、ANSYS、I-DEAS、Pro/ENGINEER等软件）提供的几何模型。此外，指定流体参数的任务也是在前处理阶段进行的。

2. 求解器

求解器的核心是数值求解算法。常用的数值求解方案包括有限差分、有限元、谱方法和有限体积法等。总体上讲，这些方法的求解过程大致相同，包括以下步骤：

（1）使用简单函数近似求解流动变量。

（2）将该近似关系代入连续性的控制方程中，形成离散方程组。

（3）求解代数方程组。

各种数值求解方案的主要差别在于流动变量被近似的方式及相应的离散化过程。

3. 后处理器

后处理的目的是有效地观察和分析流动计算结果。随着计算机图形处理功能的提高，目前的CFD软件均配备了后处理器，提供较为完善的后处理功能，包括：

- 计算域的几何模型及网格显示。
- 矢量图（如速度矢量线）。
- 等值线图。
- 填充型的等值线图（云图）。
- XY 散点图。
- 粒子轨迹图。
- 图像处理功能（平移、缩放、旋转等）。

借助后处理功能，可以动态模拟流动效果，直观地了解CFD的计算结果。

1.2 Fluent简介

本节对Fluent软件典型的完全非结构化网格、先进的动/变网格技术、物理模型等特点进行说明，并对Fluent系列软件及其求解技术进行简要说明。

1.2.1 Fluent 的功能特点

自 1983 年问世以来，Fluent就一直是CFD软件技术的领先者，被广泛应用于航空航天、旋转机械、航海、石油化工、汽车、能源、计算机/电子、材料、冶金、生物、医药等领域，使Fluent公司成为占有最大市场份额的CFD软件供应商。作为通用的CFD软件，Fluent可用于模拟从不可压缩到高度可压缩范围内的复杂流动。

由于采用了多种求解方法和多重网格加速收敛技术，因此Fluent能达到较佳的收敛速度和求解精度；灵活的非结构化网格和基于解的自适应网格技术及丰富的物理模型，使Fluent在转捩与湍流、传热与相变、化学反应与燃烧、多相流、旋转机械、动/变形网格、噪声、材料加工、燃料电池等方面有广泛应用。

2006 年，Fluent成为全球最大的CAE软件供应商—— ANSYS大家庭中的重要成员。所有的Fluent软件将被集成在ANSYS Workbench环境下，共享先进的ANSYS公共CAE技术。

ANSYS公司收购Fluent以后做了大量高技术含量的开发工作，如Fluent内置的六自由度刚体运动模块配合强大的动网格技术、领先的转捩模型精确计算层流到湍流的转捩以及飞行器阻力精确模拟、非平衡壁面函数和增强型壁面函数加压力梯度修正大大提高边界层回流计算精度、多面体网格技术大大减小网格量并提高计算精度、密度基算法解决高超音速流动、高阶格式可以精确捕捉激波、噪声模块解决航空领域的气动噪声问题、非平衡火焰模型用于航空发动机燃烧模拟、旋转机械模型加虚拟叶片模型广泛用于螺旋桨旋翼CFD模拟、先进的多相流模型、HPC大规模计算高效并行技术等。

Fluent软件的主要特点汇总如下：

1. 完全非结构化网格

Fluent软件采用基于完全非结构化网格的有限体积法，而且具有基于网格节点和网格单元的梯度算法。

2. 先进的动/变形网格技术

Fluent软件中的动/变形网格技术主要解决边界运动的问题，用户只需指定初始网格和运动壁面的边界条件，余下的网格变化完全由解算器自动生成。

Fluent解算器包括NEKTON、FIDAP、POLYFLOW、ICEPAK以及MIXSIM。网格变形方式有三种：弹簧压缩式、动态铺层式以及局部网格重生式。

其中，局部网格重生式是Fluent所独有的，而且用途广泛，可用于非结构网格、变形较大的问题以及事先不知道物体运动规律而完全由流动所产生的力所决定的问题。

3. 多网格支持功能

Fluent软件具有强大的网格支持能力，支持界面不连续的网格、混合网格、动/变形网格以及滑动网格等。值得强调的是，Fluent软件还拥有多种基于解的网格的自适应、动态自适应技术以及动网格与网格动态自适应相结合的技术。

4. 多种数值算法

Fluent软件采用有限体积法，提供了三种数值算法：非耦合隐式算法（Segregated Solver）、耦合显式算法（Coupled Explicit Solver）、耦合隐式算法（Coupled Implicit Solver），分别适用于不可压、亚音速、跨音速、超音速乃至高超音速流动，是商用软件中最多的。下面具体说明如下：

（1）非耦合隐式算法

该算法源于经典的SIMPLE算法。其适用范围为不可压缩流动和中等可压缩流动。这种算法不对Navier-Stoke方程联立求解，而是对动量方程进行压力修正。该算法是一种很成熟的算法，在应用上经过了很广泛的验证。这种方法拥有多种燃烧、化学反应及辐射、多相流模型与其配合，适用于低速流动的CFD模拟。

（2）耦合显式算法

这种算法由Fluent公司与NASA联合开发，主要用来求解可压缩流动。该方法与SIMPLE算法不同，而是对整个Navier-Stoke方程组进行联立求解，空间离散采用通量差分分裂格式，时间离散采用多步Runge-Kutta格式，并采用了多重网格加速收敛技术。对于稳态计算，还采用了当地时间步长和隐式残差光顺技术。该算法稳定性好，内存占用小，应用极为广泛。

（3）耦合隐式算法

该算法是其他所有商用CFD软件都不具备的。该算法也对Navier-Stoke方程组进行联立求解，由于采用隐式格式，因此计算精度与收敛性要优于耦合显式算法，但却占用较多的内存。该算法另一个突出的优点是可以求解全速度范围，即求解范围从低速流动到高速流动。

5. 先进的物理模型

Fluent软件包含丰富而先进的物理模型，例如：

- Fluent软件能够精确地模拟无粘流、层流、湍流。湍流模型包含Spalart-Allmaras模型、k-ω模型组、k-ε模型组、雷诺应力模型（RSM）组、大涡模拟模型（LES）组以及分离涡模拟（DES）和V2F模型等。另外，用户还可以定制或添加自己的湍流模型（包含多种湍流模型，针对不同的问题可以采用更恰当的模型进行模拟）。
- Fluent软件适用于牛顿流体、非牛顿流体。
- Fluent软件可以完成强制/自然/混合对流的热传导、固体/流体的热传导、辐射等计算。
- Fluent软件包含多种化学反应及燃烧模型，比如有限速率、PDF、层流火焰、湍流火焰等多种模型，可以完成化学组分的混合/反应计算。
- Fluent还具有离散相的拉格朗日跟踪计算功能。

Fluent软件中还包含其他常用的模型，汇总如下：

- 自由表面流模型、欧拉（Euler）多相流模型、混合（Mixture）多相流模型、离散项模型（Dispersed Phase Modeling，主要用来模拟一些二次相的体积含量小于10%的多相流动）、空穴（Cavitation）两相流模型、湿蒸汽模型等，可以处理流场域中有多相流体存在时的流动，也可以同时处理气液固三相同时存在时的流动。
- 溶化/凝固以及蒸发/冷凝相变模型。
- 非均质渗透性、惯性阻抗、固体热传导、多孔介质模型（考虑多孔介质压力突变）。
- 风扇、散热器、以热交换器为对象的集中参数模型。
- 基于精细流场解算的预测流体噪声的声学模型。
- 质量、动量、热、化学组分的体积源项。
- Fluent磁流体模型可以模拟电磁场和导电流体之间的相互作用问题。
- 连续纤维模型可以很好地模拟纤维和气体流动之间的动量、质量以及热的交换问题。

6. Fluent独有的特点

- Fluent可以方便设置惯性或非惯性坐标系、复数基准坐标系、滑移网格以及动静翼相互作用模型化后的接续界面。
- Fluent内部集成丰富的物性参数的数据库，里面有大量的材料可供选用。此外，用户可以非常方便地定制自己的材料。
- 高效率的并行计算功能，提供多种自动/手动分区算法；内置MPI并行机制，大幅度提高并行效率。另外，Fluent特有的动态负载平衡功能能够确保全局高效并行计算。
- Fluent软件提供了友好的用户界面，并为用户提供了二次开发接口（UDF）。
- Fluent软件后置处理和数据输出，可对计算结果进行处理，生成可视化的图形及给出相应的曲线、报表等。

上述各项功能和特点使得Fluent在很多领域得到了广泛应用，主要有以下几个方面：

- 油/气能量的产生和环境应用。
- 航天和涡轮机械的应用。
- 汽车工业的应用。
- 热交换应用。
- 电子/HVAC应用。

- 材料处理应用。
- 建筑设计和火灾研究。

1.2.2 Fluent的求解技术

在Fluent软件中，有两种数值方法可以选择：

- 基于压力的求解器。
- 基于密度的求解器。

从传统上讲，基于压力的求解器是针对低速、不可压缩流开发的，基于密度的求解器是针对高速、可压缩流开发的。但近年来这两种方法被不断地扩展和重构，使得它们可以突破传统上的限制，求解更为广泛的流体流动问题。

Fluent软件基于压力的求解器和基于密度的求解器完全在同一界面下，确保Fluent对于不同的问题都可以得到很好的收敛性、稳定性和精度。

1. 基于压力的求解器

基于压力的求解器采用的计算法则属于常规意义上的投影方法。在投影方法中，首先通过动量方程求解速度场，继而通过压力方程的修正使得速度场满足连续性条件。

压力方程来源于连续性方程和动量方程，可以保证整个流场的模拟结果同时满足质量守恒和动量守恒。由于控制方程（动量方程和压力方程）的非线性和相互耦合作用，因此需要一个迭代过程使得控制方程重复求解直至结果收敛，用这种方法求解压力方程和动量方程。

在Fluent软件中共包含两个基于压力的求解器：一个是基于压力的分离求解器，另一个是基于压力的耦合求解器。

（1）基于压力的分离求解器

如图 1-1 所示，基于压力的分离求解器按顺序求解每一个变量的控制方程，每一个控制方程在求解时被从其他方程中“解耦”或分离，并且因此而得名。分离算法内存计算效率非常高，因为离散方程仅仅在一个时刻需要占用内存，收敛速度相对较慢，因为方程是以“解耦”方式求解的。

工程实践表明，分离算法对于燃烧、多相流问题更加有效，因为它提供了更为灵活的收敛控制机制。

（2）基于压力的耦合求解器

如图 1-1 所示，基于压力的耦合求解器以耦合方式求解动量方程和基于压力的连续性方程，它的内存使用量大约是分离算法的 1.5～2 倍，由于以耦合方式求解，使得它的收敛速度具有 5～10 倍的提高。同时，还具有传统压力算法物理模型丰富的优点，可以和所有动网格、多相流、燃烧和化学反应模型兼容，同时收敛速度远远高于基于密度的求解器。

2. 基于密度的求解器

基于密度的求解器直接求解瞬态N-S方程（瞬态N-S方程理论上是绝对稳定的），将稳态问题转化为时间推进的瞬态问题，由给定的初场时间推进到收敛的稳态解，这就是我们通常说的时间推进法（密度基求解方法）。这种方法适用于求解亚音、高超音速等流场的强可压缩流问题，且易于改为瞬态求解器。

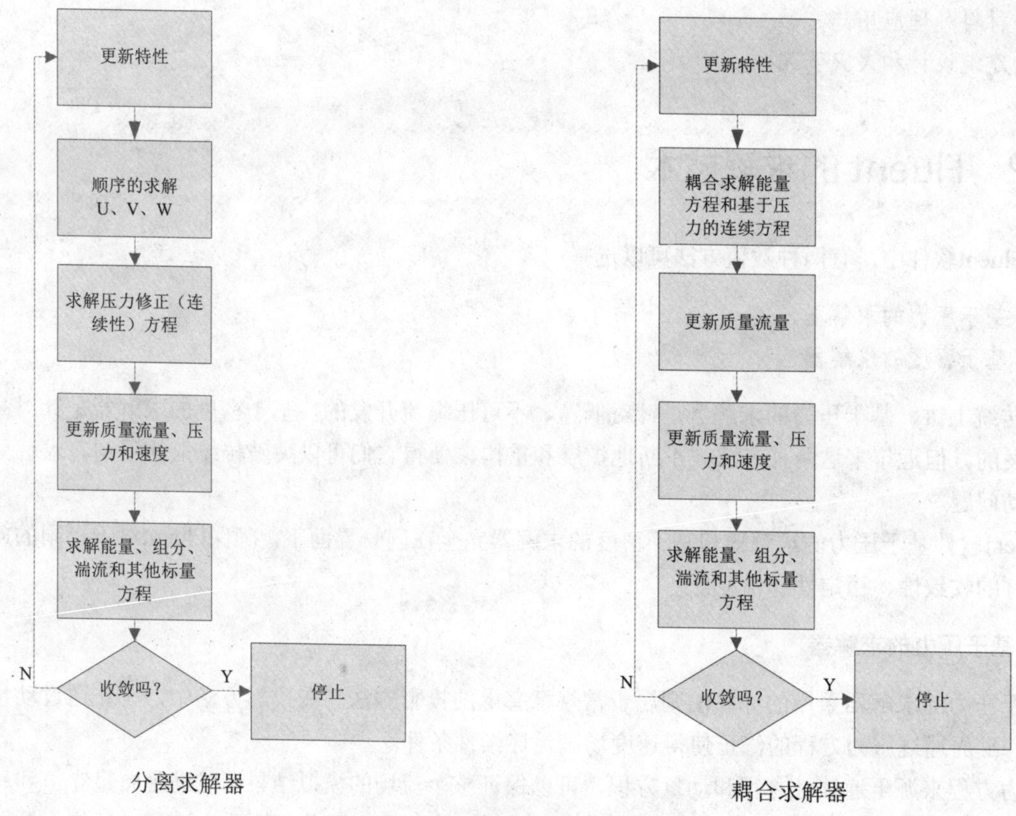

图 1-1　分离求解器和耦合求解器的流程对比

Fluent软件中基于密度的求解器源于Fluent和NASA合作开发的Rampant软件，因此被广泛地应用于航空航天工业。Fluent增加了AUSM和Roe-FDS通量格式，AUSM对不连续激波提供更高精度的分辨率，Roe-FDS通量格式减小了在大涡模拟计算中的耗散，从而进一步提高了Fluent在高超声速模拟方面的精度。

1.3 Fluent分析过程

使用Fluent解决某一问题时，首先要考虑如何根据目标需要选择相应的物理模型，其次明确所要模拟的物理系统的计算区域及边界条件，以及确定是二维问题还是三维问题。

在确定所解决问题的特征之后，Fluent的分析过程基本包括如下步骤：

1. 创建几何模型，生成网格

可以使用Gambit或者一个分离的CAD系统产生几何结构模型，用Gambit或ICEM CFD等划分网格。

2. 选择运行合适版本的Fluent主程序

在开始程序中选择运行Fluent主程序，弹出Fluent Launcher面板，如图 1-2 所示。

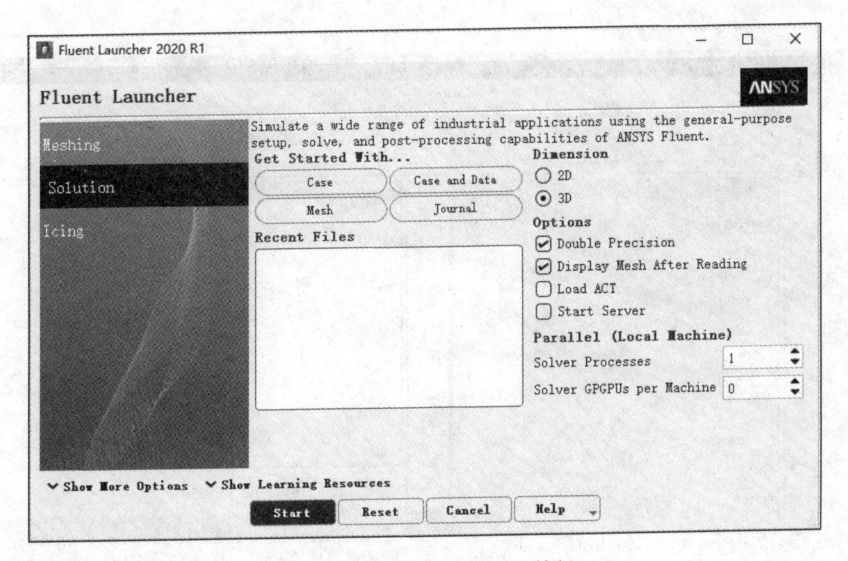

图 1-2　Fluent Launcher 面板

在面板中可以做如下选择：

- 二维或三维版本，在 Dimension 下选择 2D 或 3D。
- Options 选项设置，勾选 Double Precision 复选框选择双精度版本，默认为单精度版本。
- 并行运算选项，可选择单核运算或并行计算。设置 Solver Processes 后面的数值，进行并行计算处理器核数的选取。
- 当单击 Show More Options 选项时，会得到展开的 Fluent Launcher 面板，如图 1-3 所示，可在其中设置工作目录、启动路径、并行运算类型、UDF 编译环境等。

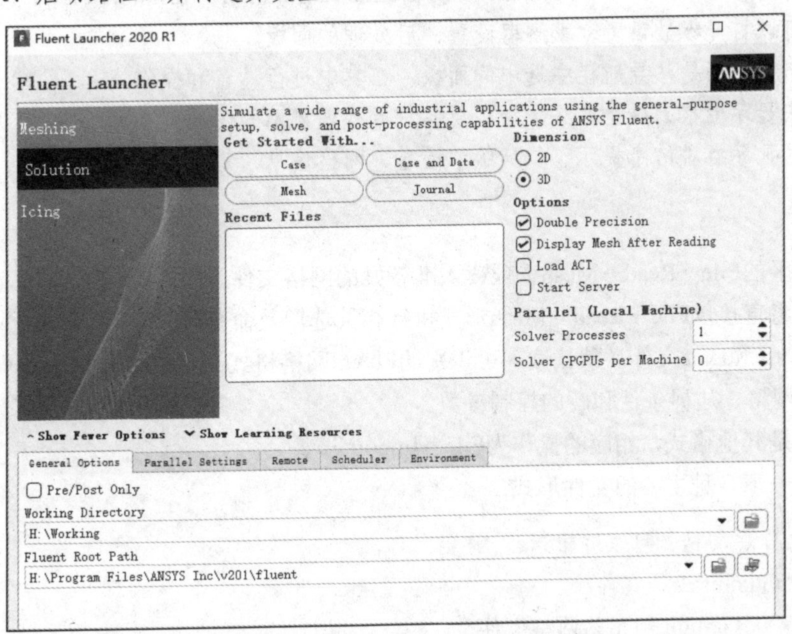

图 1-3　展开的 Fluent Launcher 面板

设置完毕后，单击Fluent Launcher面板中的Start按钮，打开Fluent主界面，如图 1-4 所示。

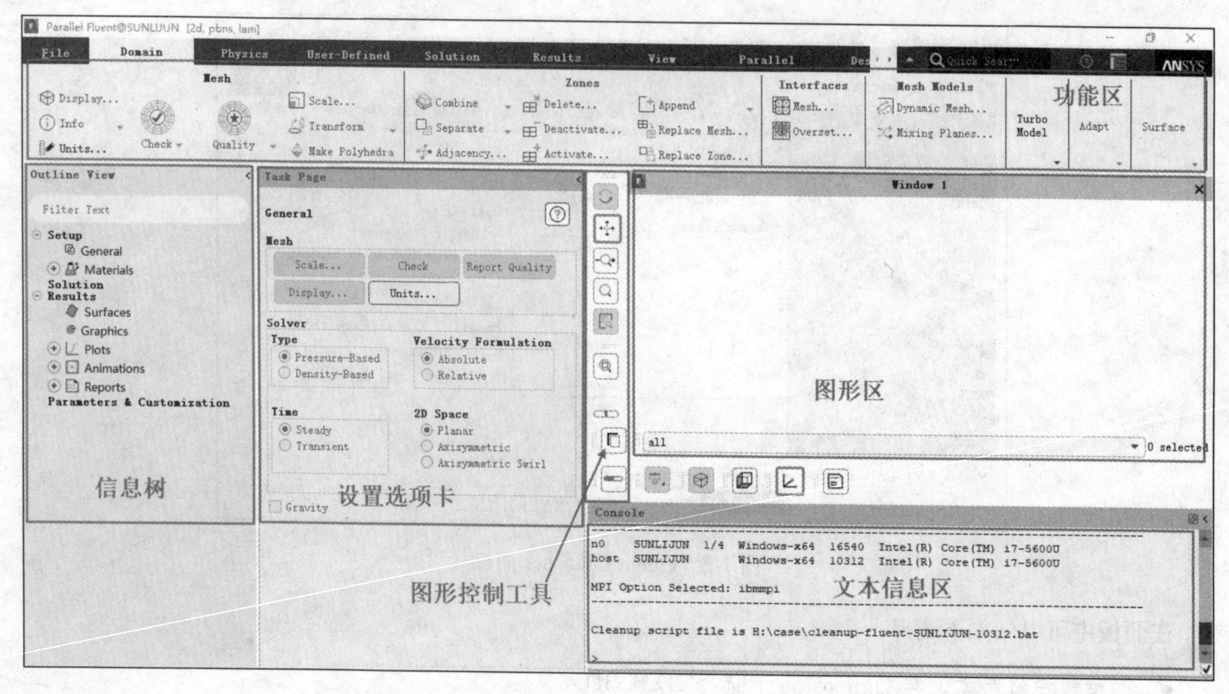

图 1-4　Fluent 主界面

- Fluent 主界面由功能区、信息树、设置选项卡、图形区及文本信息区组成。
- 标题栏中显示运行的 Fluent 版本和物理模型的简要信息，比如 Fluent [3d，dp，pbns，lam]是指运行的 Fluent 版本为 3D 双精度版本，运算基于压力求解，而且采用层流模型。标题栏中还包括文件名。
- 功能区中包括 File、Domain、Physics、User-Defined、Solution、Results、View、Parallel、Design 等。
- 信息树中可以打开参数设置、求解器设置、后处理的面板。
- 设置选项卡显示的是从导航栏中选中的面板，在其中进行设置和操作。
- 图形区用来显示网格、残差曲线、动画及各种后处理显示的图像。
- 文本信息区显示各种信息提示，包括版本信息、网格信息、错误提示信息等。

3. 读入网格

通过单击功能区的File→Read→Mesh选项读入准备好的网格文件。

说明：本书中将直接以File→Read→Mesh形式执行相关选项及命令。

在Fluent中，Case和Data文件（默认读入可识别的Fluent网格格式）扩展名分别为.cas和.dat。一般来说，一个Case文件包括网格、边界条件和解的控制参数。

如果网格文件是其他格式，相应的操作为File→Import。

另外，值得提一下几种主要的文件形式：

- .jou 文件：日志文档，可以编辑运行。
- .dbs 文件：Gambit 工作文件。
- .msh 文件：从 Gambit 输出的网格文件。
- .cas 文件：经 Fluent 定义后的文件。
- .dat 文件：经 Fluent 计算的数据结果文件。

4. 检查网格

读入网格之后要检查网格，相应的操作方式为在General面板中单击Check按钮。在检查过程中，读者可以在控制台窗口中看到区域范围、体积统计以及连通性信息。

网格检查很容易出现的问题是网格体积为负数。如果最小体积是负数，就需要修复网格以减少解域的非物理离散。

5. 选择解的格式

根据问题的特征对求解器进行设置，后面会针对不同的物理模型展开说明求解的具体格式。分离解算器是Fluent默认的解算器。

6. 选择基本物理模型

例如层流、湍流（无粘）、化学组分、化学反应、热传导模型等。

7. 确定所需的附加模型

例如风扇模型、换热器模型、多孔介质模型等。

8. 指定材料的物理性质

可以在材料数据库中选择流体属性，或者创建自己的材料数据。

9. 指定边界条件

在Cell Zone Conditions和Boundary Conditions面板中进行设置，以设定边界条件的数值与类型。

10. 调节解的控制参数

在Solution Methods和Solution Controls面板中进行设置，在打开的面板中可以改变压松弛因子、多网格参数以及其他流动参数的默认值。后面我们将详细介绍相关参数的具体含义，一般来说这些参数不需要修改。

计算过程需要监控计算收敛及精度的变化情况，在Monitors面板中双击Residual项，在面板中打开Plot选项激活残差图形，然后单击OK按钮，就可以在计算过程中查看残差，残差变化曲线由上向下逐渐减少的趋势表明计算有收敛的可能，结果可能比较理想。

11. 初始化流场

迭代之前要初始化流场，即提供一个初始解。用户可以从一个或多个边界条件计算出初始解，也可以根据需要设置流场的数值，在Solution Initialization面板中单击Initialize按钮。

12. 求解

迭代计算时，需要设置迭代步数，在Run Calculation面板中单击Calculate按钮。

13. 查看求解结果

通过图形窗口中的残差图查看收敛过程，通过残差图可以了解迭代解是否已经收敛到允许的误差范围，以及观察流场分布图，在Graphics and Animations面板中进行相关操作。

14. 保存结果

问题的定义和Fluent计算结果分别保存在Case和Data文件中。必须保存这两个文件以便以后重新启动分析。保存Case和Data文件相应的操作为File→Write→Case&Data。

一般仿真分析是一个反复改进的过程，如果首次仿真结果精度不高或不能反映实际情况，可提高网格质量，调整参数设置和物理模型，使结果不断接近真实，提高仿真精度。

1.4 小结

通过本章的学习，我们了解了CFD的基本概念及原理，同时对CFD软件及相关仿真软件有了基本的认识。在此基础上还比较系统地介绍了Fluent的功能特点，使读者初步了解Fluent在CFD领域中的地位和作用，并初步介绍了Fluent基本的分析问题的过程和方法。

第 2 章

前处理初步

导言

本章介绍常用的两种建立模型及生成网格的工具，详细讲解 Gambit 及 ANSYS ICEM CFD 的基本功能。通过一些实例的应用和练习，读者能够进一步掌握 Gambit 及 ANSYS ICEM CFD 的基本用法。

学习目标

- ☑ 专业的 CFD 前处理软件——Gambit。
- ☑ 专业的 CAE 前处理软件——ANSYS ICEM CFD。
- ☑ CFD Gambit 的基本应用。
- ☑ ANSYS ICEM CFD 的基本应用。

2.1 前处理软件简介

较为常用的CFD前处理工具主要包括Gambit、ANSYS ICEM CFD、GridPro和GridGen等，而Fluent老用户习惯用Gambit作为前处理工具。

2.1.1 Gambit 简介

Gambit软件是面向CFD的专业前处理器软件，它拥有全面的几何建模能力，既可以在Gambit内直接建立点、线、面、几何体，也可以从主流的CAD/CAE系统（如Pro/E、UGII、IDEAS、Catia、Solidworks、ANSYS、PATRAN）导入几何和网格，Gambit强大的布尔运算能力为建立复杂的几何模型提供了极大的方便。

Gambit具有灵活方便的几何修正功能，当从接口中导入几何时会自动地合并重合的点、线、面。Gambit在保证原始几何精度的基础上通过虚拟几何自动地缝合小缝隙，这样既可以保证几何精度，又可以满足网格划分的需要。

Gambit功能强大的网格划分工具可以划分出包含边界层等CFD特殊要求的高质量的网格。Gambit中专有的网格划分算法可以保证在较为复杂的几何区域直接划分出高质量的六面体网格。

Gambit中的TGRID方法可以在极其复杂的几何区域中划分出与相邻区域网格连续的完全非结构化的网格，Gambit网格划分方法的选择完全是智能化的，当你选择一个几何区域后，Gambit会自动选择较合适的网格划分算法，使网格划分过程变得极为容易。

2.1.2 ANSYS ICEM CFD 简介

作为专业的前处理软件，ICEM CFD为所有世界流行的CAE软件提供了高效可靠的分析模型。它拥有强大的CAD模型修复能力、自动中面抽取、独特的网格“雕塑”技术、网格编辑技术以及广泛的求解器支持能力。

同时，作为ANSYS家族的一款专业分析环境，还可以集成于ANSYS Workbench平台，获得Workbench的所有优势。ICEM CFD软件有以下特点：

- 直接几何接口（CATIA、CADDS5、ICEM Surf/DDN、I-DEAS、SolidWorks、Solid Edge、Pro/ENGINEER和 Unigraphics）。
- 忽略细节特征设置，自动跨越几何缺陷及多余的细小特征。
- 对 CAD 模型的完整性要求很低，它提供完备的模型修复工具，方便处理“烂模型”。
- 一劳永逸的 Replay 技术，对几何尺寸改变后的几何模型自动重划分网格。
- 方便的网格雕塑技术实现任意复杂的几何体纯六面体网格划分。
- 快速自动生成六面体为主的网格。
- 自动检查网格质量，自动进行整体平滑处理，坏单元自动重划，可视化修改网格质量。
- 超过 100 种求解器接口，如 Fluent、ANSYS、CFX、Nastran、ABAQUS、LS-Dyna。

2.1.3 TGrid 简介

TGrid是一款专业的前处理软件，用于在复杂和非常庞大的表面网格上产生非结构化的四面体网格以及六面体核心网格。

TGrid提供高级的棱柱层网格产生工具，包含冲突检测和尖角处理的功能。TGrid还拥有一套先进的包裹程序，可以在一大组由小面构成的非连续表面基础上生成高质量的、基于尺寸函数的连续三角化表面网格，目前已经被集成到ANSYS软件中。

2.1.4 GridPro 简介

GridPro是美国PDC公司专为NASA开发的高质量网格生成软件，是目前世界上非常先进的网格生成软件之一。它可以为航天、航空、汽车、医药、化工等领域研究的CFD分析提供最佳网格处理解决方案。它能够快速而精确地分析所有复杂几何形体，并生成高质量的网格，为任何细部结构提供精确的网格划分。

GridPro能够自动生成正交性极好的网格结果，网格质量大大高于其他网格系统。网格精度的提高使得CFD分析的准确性也有了很大提高。GridPro能够使求解器的收敛快 3～10 倍，自动化的过程能够大大减少用户的交互时间，通常这也是网格生成过程中很慢很花费时间的部分。原来需要花费数月完成的网格划分，现在只需要几天甚至几小时就可以完成。

GridPro的自动生成模板功能使得用户只需简单地按几下鼠标就可以创建一个新的网格，可以在几何构型修改后实现网格的重用。模块化参数设计使得用户能够非常容易地切换网格并改变几何构型。

GridPro能够非常方便地实现局部和边界层的网格加密，实现只在用户指定分区加密，并自动协调周边分区的网格密度，既提高了局部的网格精度，又不影响其他区域网格的数量和计算速度。

3D图形化界面使得用户能够非常容易地指定、构造并修改网格，内置的智能程序能够避免很多错误。生成的网格具有非常好的可视性，可以全方位地检查和评估各个细部的网格质量。独有的算法能够在任何复杂的几何形体中生成分块网格，并能够很容易地修改和测量这些网格。先进的数学运算使得每一个网格都被充分优化，每一个元素都是平滑和正交的。

强大的动态边界协调（DBC）技术使得只需按一下鼠标就可以自动把拓扑线框映射到高质量的分块网格上。

2.1.5 GridGen 简介

GridGen是Pointwise公司下的旗舰产品。GridGen是专业的网格生成器，被工程师和科学家用于生成CFD网格和其他计算分析。它可以生成高精度的网格以使得分析结果更加准确。同时，它还可以分析并不完美的CAD模型，且不需要人工清理模型。

GridGen可以生成多块结构网格、非结构网格和混合网格，可以引进CAD的输出文件作为网格生成基础。生成的网格可以输出十几种常用商业流体软件的数据格式，商业流体软件可以直接使用。

对用户自编的CFD软件，可选用公开格式（Generic），如结构网格的plot3d格式和结构网格数据格式。GridGen网格生成主要分为传统方法和各种新网格生成方法。传统方法的思路是由线到面、由面到体的装配式生成方法。各种新网格生成方法，如推进方法可以高速地由线推出面，由面推出体。另外，还采用了转动、平移、缩放、复制、投影等多种技术。可以说各种现代网格生成技术都能在GridGen中找到。GridGen是在工程实际应用中发展起来的，实用可靠是其特点之一。

本节简要地介绍了目前流行的前处理软件，接下来详细介绍其中的两款：Gambit和ANSYS ICEM CFD。

2.2 Gambit基础与应用

随着CFD技术应用的不断深入，CFD能够模拟的工程问题也越来越复杂，因此对CFD的前处理器软件提出了严峻的挑战，要求前处理器能够处理真实的几何外形（如导弹、飞行器的复杂几何外形），同时能够高效率地生成满足CFD计算精度的网格。

Gambit就是Fluent公司根据CFD计算的特殊要求而开发的专业CFD前处理软件。本书中涉及的Gambit版本均以Gambit 2.4.6 为准。

2.2.1 Gambit 软件的几何处理能力

Gambit软件作为专业的CFD前处理软件，具有非常完备的几何建模能力，同时可以和主流的CFD软件协同工作，实现从CAD到CFD的流水线作业。

Gambit同时具备功能非常强大的几何修复能力，为Gambit生成高质量的计算网格打下坚实的基础。

- 功能强大的几何建模能力：Gambit 生成曲面的方法包括放样曲面、拉伸曲面、回转曲面、雕刻曲面，可以很方便地生成回转体、拉伸体、放样体以及利用现有曲面缝合实体等。
- 支持几何之间的布尔运算：通过布尔运算可以非常方便地利用简单的几何，通过搭积木的方法形成复杂的几何体。
- Pro/E、Catia 等直接接口，使得导入过程更加直接和方便。
- 强大的几何修正功能，在导入几何时会自动合并重合的点、线、面；新增几何修正工具条，在消除短边、缝合缺口、修补尖角、去除小面、去除单独辅助线和修补倒角时更加快速、自动、灵活，而且准确保证几何体的精度。

2.2.2 Gambit 功能强大的网格生成技术

Fluent公司在其强大的财力与研发投入下，软件的非结构化网格能力远远领先其竞争对手。Gambit能够针对极其复杂的几何外形生成三维四面体、六面体的非结构化网格。

Gambit提供了对复杂的几何形体生成附面层内网格的重要功能，而且附面层内的贴体网格能很好地与主流区域的网格自动衔接，大大提高了网格的质量。

另外，Gambit能自动将四面体、六面体、三角柱和金字塔形网格混合起来，这对复杂几何外形来说尤为重要。Fluent软件的网格技术具有以下优势：

1. 分区结构化网格生成能力

Gambit支持分区结构化网格生成能力，通过布尔运算或者几何分裂可以把复杂的工程结构分解为多个六面体块，在每一个六面体块里面通过网格影射生成质量受到精确控制的结构化网格。

2. 子影射网格生成技术

尽管分区结构化网格生成方法可以生成高质量的结构化网格，但复杂结构的分区过程是费时费力的，并且不同的网格分区策略对网格质量有着重要的影响，工程师的分区经验决定了网格质量。

为了解决这一问题，Gambit软件采用了子影射网格生成技术，当用户对某一个区域划分网格时，网格生成器在生成网格之前，自动地从现有的边界线出发，将几何区域自动分割成多个六面体块，从而减少了部分复杂的分区过程。例如，对于如图 2-1 左侧所示的几何图形无须分区就可以划分高质量的结构化网格。

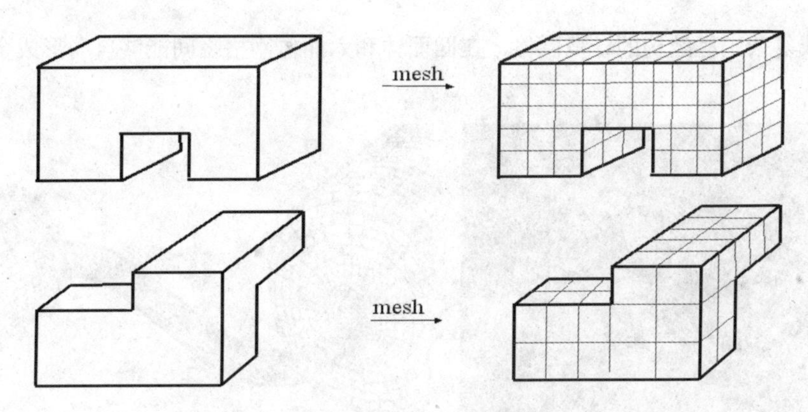

图 2-1　子影射网格技术划分的结构化网格

3. 四面体基元网格生成技术

对于任意形状的逻辑四面体几何结构，Gambit的网格生成器能够自动将逻辑四面体分割成 4 个六面体，然后在每一个六面体里划分结构化网格，这种分割完全是由网格生成器自动完成的，避免了人工分区过程。图 2-2 所示即为四面体基元网格技术生成网格的原理。

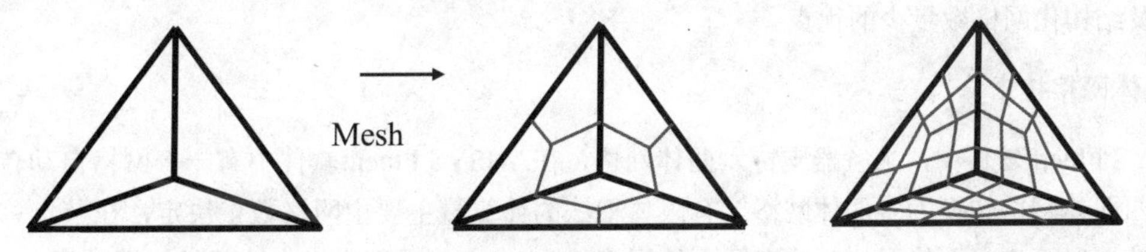

图 2-2　四面体基元网格生成方法

4. Cooper网格生成技术

Cooper网格生成技术能够将一个较为复杂的工程机构自动分割成多个逻辑圆柱体，对于每一个逻辑圆柱体采用单向影射的方法生成结构化网格，分割圆柱的过程完全由网格生成器自动完成。图2-3是采用Cooper技术生成的网格，划分网格的过程是完全自动的，不需要人工分区。

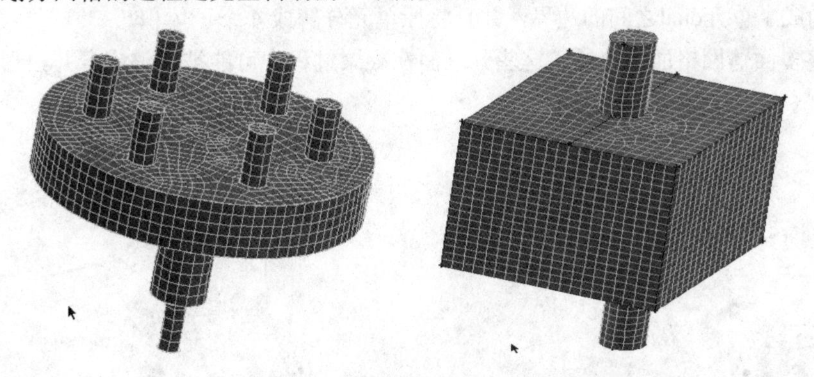

图 2-3　采用 Cooper 网格生成技术划分的结构化网格

5. 非结构化网格和混合网格技术

对于特别复杂的工程结构，采用结构化网格方法分区工作量巨大，可以采用非结构化的四面体网格，在短时间之内就能生成复杂工程结构的计算网格，在四面体和六面体网格之间能够自动形成金字塔网格过渡，如图 2-4 所示。

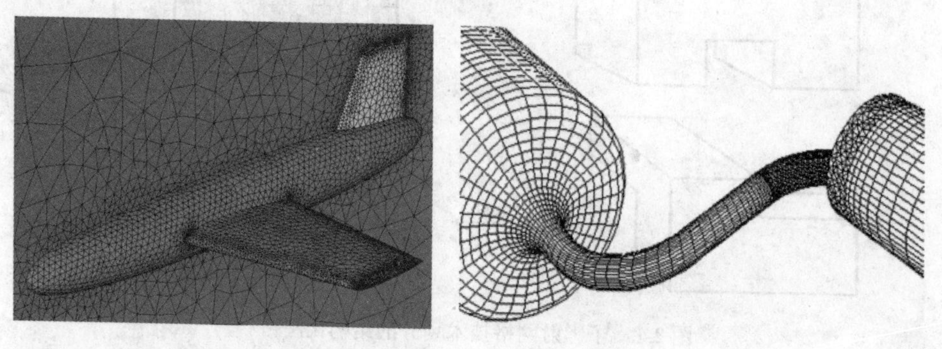

图 2-4　完全非结构化网格和混合网格

6. 六面体核心网格技术

六面体核心网格技术是Gambit自动地在形状复杂的几何表面采用非结构化的四面体网格，在流体的中间采用结构化的六面体网格，二者之间采用金字塔网格过渡。六面体核心网格技术集成了非结构化网格几何适应能力强以及结构化网格数量少的优点。

7. 多面体网格技术

在ANSYS Fluent软件中，求解器支持六面体网格，在ANSYS Fluent软件中有一个网格自动转换开关，可以方便地把四面体网格转换为多面体网格。有限体积法的计算量主要由网格数量决定，在节点总数（几何分辨率）不变的情况下，多面体网格量只有四面体网格的 1/5~1/3，因而将极大地降低解算时间。

在转化过程开始时，ANSYS Fluent将非六面体网格分解为多个子区域，该区域称为dual，每一个dual都与原网格的一个节点相关。这些dual在原节点的周围组合成多边形。所有共享一个特殊节点的dual集合组成每一个多面体网格，如图 2-5 所示。当多面体形成后，该节点可以删除掉。

为了更好地了解dual的形成过程，可以一个简单四面体网格作为例子进行考虑。每一个单元都以这种方式进行分解：首先连接面的形心与该面上的边的中心形成新的边，然后将新形成的边进行连接，形成新的面，这些新的内部面构成了单元dual之间的边界，并且将原单元分解成 4 个子体积。

为了减少最终多面体网格面的数量，这些分割面在凝聚过程中可能被调整或合并，形成的多面体网格如图 2-6 所示。

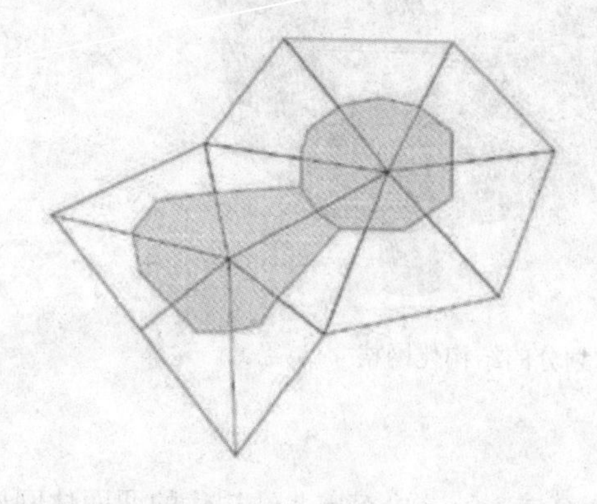

图2-5　dual的形成过程

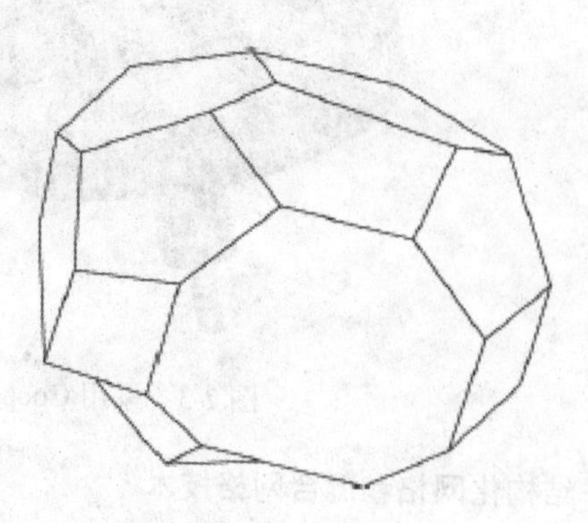

图2-6　形成的多面体网格

8. 网格自适应技术

ANSYS Fluent软件采用网格自适应技术，可根据计算中得到的流场结果反过来调整和优化网格，从而使得计算结果更加准确。这是目前在CFD技术中提高计算精度很重要的技术之一。

尤其对于有波系干扰、分离等复杂物理现象的流动问题，采用自适应技术能够有效地捕捉到流场中细微的物理现象，大大提高计算精度。

9. 边界层网格技术

在靠近固体壁面的区域，由于壁面的作用，流体存在较大的速度梯度，为了准确地模拟壁面附近，要求壁面网格正交性好，同时具有足够高的网格分辨率满足壁面的粘性效应。

2.2.3 Gambit 的基本用法

本节详细介绍Gambit软件的基本用法。

1. Gambit图形用户界面

如图 2-7 所示，Gambit的用户界面可分为 7 部分，分别为菜单栏、视图、命令面板、命令显示窗口、命令解释窗口、命令输入窗口和视图控制面板。

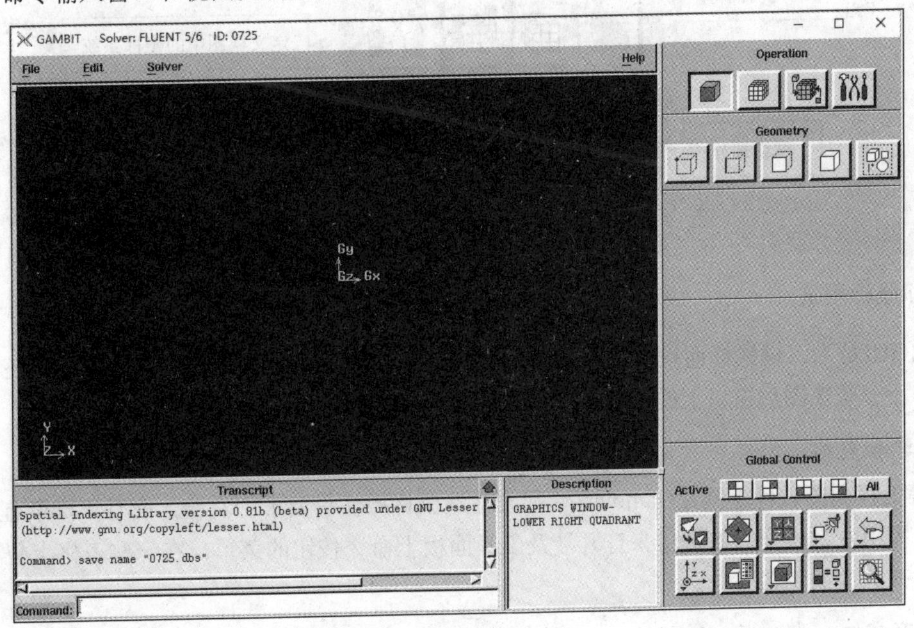

图 2-7 Gambit 的用户界面

Gambit可识别的文件后缀为.dbs，而要将Gambit中建立的网格模型调入ANSYS Fluent中使用，则需要将其输出为.msh文件（File→Export）。

Gambit中可显示 4 个视图，以便于建立三维模型。同时，也可以只显示一个视图。视图的坐标轴由视图控制面板来决定。图 2-8 所示的是全局控制面板。

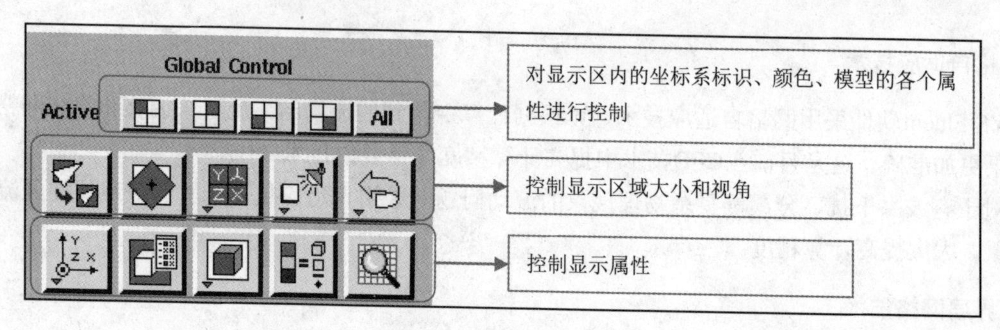

图 2-8　全局控制面板

这里只列出全局控制面板中较为常用的命令：

- 全图显示：缩放图形显示范围，使图形整体显示于当前窗口。
- 选择显示视图：使用上一次操作的菜单及窗口配置更新当前显示。
- 选择视图坐标：为模型显示确定方位坐标。
- 选择显示项目：指定模型是否可见等属性。
- 线框方式：用于指定模型显示的外观，包括线框方式、渲染方式和消隐方式等。

Gambit中右上角的操作面板中各部分对应的按钮说明如图 2-9 所示。

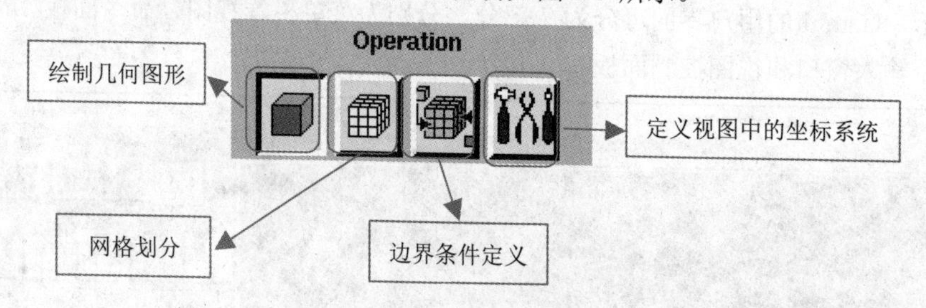

图 2-9　操作面板

2. Gambit鼠标用法

Gambit的GUI是为三键鼠标而设计的。每个鼠标按钮的功能根据鼠标是在菜单和表格上还是在图形窗口上操作而不同。一些在图形窗口上的鼠标操作是和键盘操作同时进行的。

（1）菜单和表格

与CAD等工程制图软件不同，Gambit菜单和表格的鼠标操作只要求左右键，而且不涉及任何键盘操作，其中大部分只需用左键操作。右键用来打开涉及工具面板上命令按钮的菜单，在一些表格上包含文本窗口，右键还可以打开选项的隐藏菜单。

（2）图形窗口

Gambit GUI图形窗口的鼠标操作有三种类型：

- 显示：表示可以对激活的图形窗口中的模型直接进行操作。
- 任务分配：指定拓扑实体，执行几何体和网格的操作。
- 点的创建：可以在任何显示的坐标系格子上创建点。

① 显示操作

Gambit图形窗口的显示操作既用了鼠标三个键，又用了键盘上的Ctrl键，基本用法参见表 2-1。

表 2-1 Gambit 鼠标、键盘的基本用法

键盘/鼠标按钮	鼠标动作	描　述
左键单击	拖曳指针	旋转模型
中键单击	拖曳指针	移动模型
右键单击	往垂直方向拖曳指针	缩放模型（向上拖曳为缩小，向下拖曳为放大）
右键单击	往水平方向移动指针	使模型绕着图形窗口中心旋转
Ctrl+左键	指针对角移动	放大模型，保留模型比例。放开鼠标按钮后，Gambit 放大了显示
两次中键单击		在当前视角前直接显示模型

② 任务操作

Gambit图形窗口的任务操作允许用户在Gambit表格中选中实体并应用三个鼠标键和键盘上的Shift键。Gambit任务操作类型包括选中实体和执行动作。

很多Gambit模型和网格操作要求读者指定一个或更多的实体操作，有两种方法来为Gambit操作指定一个实体：

- 在指定表格的列表框中输入实体名字或从列表中挑选一个。
- 用鼠标直接在图形窗口模型中选中实体。

当使用鼠标从显示在图形窗口的模型中选中一个实体时，Gambit把该实体名字插入当前活动的列表中。Gambit实体选中操作有三种不同的类型，都用到Shift键。三种选中实体的操作说明如表 2-2 所示。

表 2-2 Gambit 任务选择操作

键盘/鼠标按钮	鼠标动作	描　述
Shift+左键	指针选择模型	选中模型或者模型的几何元素（注：该功能只在特定的操作过程中有效）
Shift+中键	指针选择模型	在给定类型的相邻实体间切换
Shift+右键	于当前窗口	执行动作操作，等同于单击 Apply 按钮

要选中一组目标，可以按Shift+左键并同时拖出一个方框包围这些目标。该方框没必要完全包围目标，只要有一部分就可以了。当在图形窗口中使用Shift+左键操作时，Gambit接受对一个实体的选择并把它聚焦在表格的列表中。假如当前的列表是表格中的最后一个，Shift+右键执行的操作与当前打开的表格相联系，这种情况下，Shift+右键执行的操作与单击Apply按钮是一样的。

3. Gambit的几何造型工具

Gambit软件包含一整套易于使用的工具，可以快速地建立几何模型。另外，Gambit软件在读入其他CAD/CAE网格数据时，可以自动完成几何清理（清除重合的点、线、面）和进行几何修正。一般建立计算模型时按照点、线、面的顺序来进行。

（1）生成点、线、面

① 点的生成

通过直接输入坐标值来建立几何点，输入坐标时既可以使用笛卡儿坐标系，又可以使用柱坐标系，或者在一条曲线上生成点，将来可以用该点断开曲线。

在Gambit中，点的创建方式有多种：根据坐标创建、在线上创建、在面上创建、在体上创建、在两条直线交叉处创建、在体的质心位置创建和通过投影的方式创建。可以根据不同的需要来选择不同的创建方式，具体按钮功能说明如表 2-3 所示。

表 2-3 点的生成

按 钮	功 能
From Coordinates	根据坐标创建点
On Edge	在线上创建点
On Face	在面上创建点
On Volume	在体上创建点
At Intersections	在两条直线交叉处创建点
At Centroid	在体的质心位置创建点
Project	通过投影的方式创建点

② 线的生成

Gambit线生成按钮除了创建直线外，还可以在生成点按钮处单击鼠标右键，从下拉列表中选择创建其他的一些线段，如圆弧、圆、倒角、椭圆等，具体按钮功能说明如表 2-4 所示。

表 2-4 线的生成

按 钮	功 能
Straight	创建直线
Arc	创建弧线
Circle	创建圆
Ellipse	创建椭圆
Conic	创建二次曲线
Fillet	创建带状线
NURBS	创建样条曲线
Sweep	创建扫描线
Revolve	创建螺旋线
Project	通过投影的方式创建线

③ 面的生成

要创建一个二维的网格模型，就必须创建一个面，只有线是不行的。面的创建工作十分简单，只需选择组成该面相应的线，然后单击Apply按钮即可。需要注意的是，构成面的这些线必须是封闭的。

右键单击按钮，在下拉列表中选择相应按钮的生成面，为了方便读者查阅，表2-5列出了生成面的各按钮的注解。

表2-5 面的生成

按 钮	功 能
Wireframe	通过四点连线生成平面
Parallelogram	通过三点生成平行四边形的平面
Polygon	通过选择多个点生成多边形面
Circle	通过选择一个中心、两个等距半径点生成圆面
Ellipse	通过选择一个中心以及两轴顶点生成椭圆面
Skin Surface	通过空间的一组曲线生成一张放样曲面
Net Surface	通过两组曲线生成一张曲面
Vertex Rows	通过空间的点生成一张曲面
Sweep Edges	根据给定的路径和轮廓曲线生成扫掠曲面
Revolve Edges	通过绕选定轴旋转一条曲线生成一张回转曲面

（2）生成几何实体

在Gambit软件中，创建三维的网格模型的时候，必须创建体。可以直接生成块体、柱体、锥体、圆环体、金字塔体等。相对于二维建模而言，三维建模与二维建模的思路有着较大的区别。二维建模主要遵循点、线、面的原则，而三维建模由不同的三维基本造型拼凑而成，因此在建模的过程中更多地用到了布尔运算及AutoCAD等其他的建模辅助工具。

表2-6所示即为生成体的各种方法的注解。

表2-6 生成几何实体

按 钮	功 能
Stitch Faces	把现有曲面缝合为一个实体
Sweep Faces	沿给定的路径扫掠形成一个断面
Revolve Faces	将一个断面图绕一个轴旋转生成回转体
Wireframe	在现有的拓扑结构上生成一个体

在建立三维图形的时候，使用多视图有利于更好地理解图形。下面介绍如何将Gambit的4个视图设置为顶视图、前视图、左视图和透视图。可以通过如下方式设置4个视图：

- 用鼠标单击Active右边的后三个视图，取消对它们的激活，激活取消后呈灰色（见图2-10）。

图 2-10 视图激活

- 用鼠标右键单击视图控制面板中的坐标按钮，在弹出的一组坐标系中选择，则左上视图变成顶视图。用同样的方法设置其他视图。
- 单击控制面板中的，也可将视图设成三视图。

4. Gambit的几何编辑工具

（1）移动、复制和排列

当我们要复制或移动一个对象（点、线、面或体）时，首先要选择需要复制或移动的对象，在命令面板中单击输入栏，输入栏以高亮黄色显示，表明可以选择需要的对象。基本功能如表 2-7 所示。

表 2-7 移动、复制和排列操作

按 钮	功 能
Move/Copy	将所选择的几何移动或复制到新位置。共有 4 种方式：Translate（平移）、Scale（比例）、Reflect（镜像）、Rotate（旋转）
Align	重新排列对象

在Gambit中选择一个对象的方法有两种：

- 按住 Shift 键，用鼠标左键单击选择的对象，该对象被选中，以红色显示。
- 单击输入栏右方的向上箭头，就会出现一个面板，从面板中可以选择需要的对象的名称，双击或单击方向箭头，则该对象被选中。

为了便于记忆，建议在创建对象的时候起一个容易记住的名字。

（2）布尔运算

典型的布尔运算包括并、交、减。布尔操作在绘制三维体时很常用，基本操作方法与复制一样，先选择对象再执行操作，这里不再重复。基本功能说明如表 2-8 所示。

表 2-8 布尔运算操作

按 钮	功 能
Unite	取两个面或两个体的并集作为一个新的面和实体
Subtract	从一个面或体上减去一个面或体得到一个新的面或体
Intersect	取两个面或体的交集为新的面或体

（3）分裂与合并

线、面和体的分裂与合并的操作方法类似，这里只介绍体的分裂与合并，具体按钮说明如表 2-9 所示。

表 2-9　分裂与合并操作

按　　钮	功　　能
Split Volume	可以用一个面把另一个面分裂为两个面，也可以用一个体把另一个体分裂为两个体
Merge Volumes	把两个面合并为一个面，或把两个体合并为一个体

（4）连接与解除连接

连接与解除连接按钮说明如表 2-10 所示。

表 2-10　连接与解除操作

按　　钮	功　　能
Connect	把完全重合的点、线、面合并
Disconnect	解除合并连接状态

当处于Connect状态时，相邻几何网格连续；Disconnect解除这种连接。当处于Disconnect状态时，允许相邻几何划分出不连续的网格。Fluent软件允许使用不连续的网格。

（5）撤销、重复和删除

撤销、重复和删除按钮说明如表 2-11 所示。

表 2-11　撤销、重复和删除操作

按　　钮	功　　能
Undo	撤销上一条命令，在 Gambit 中撤销操作没有级数限制
Redo	重新执行上一条命令
	用来删除一些误操作或不需要的对象，如点、线、面、体、网格

5. Gambit网格生成工具

在命令面板中单击（Mesh）按钮，就可以进入网格划分命令面板。在Gambit中，可以分别针对边界层、边、面、体和组划分网格。表 2-12 所示的 5 个按钮分别对应着这 5 个命令。

表 2-12　网格生成

按　　钮	功　　能
	Boundary Layer（边界层）
	Edge（边）
	Face（面）
	Volume（体）
	Group（组）

Gambit软件提供了功能强大、灵活方便的网格划分工具，可以划分出满足CFD特殊需要的网格。

（1）生成线网格

在线上生成网格，作为将在面上划分网格的网格种子，允许用户详细地控制线上节点的分布规律。Gambit提供了满足CFD计算特殊需要的5种预定义的节点分布规律。

（2）生成面网格

对于平面及轴对称流动问题，只需要生成面网格。对于三维问题，也可以先划分面网格，再拓展到体。Gambit根据几何形状及CFD计算的需要提供了三种不同的网格划分方法：

① 映射方法

映射网格划分技术是一种传统的网格划分技术。它仅适用于逻辑形状为四边形或三角形的面，允许用户详细控制网格的生成。在几何形状不太复杂的情况下，可以生成高质量的结构化网格。

② 子映射方法

为了提高结构化网格的生成效率，Gambit软件使用子映射网格划分技术。也就是说，当用户提供的几何外形过于复杂时，子映射网格划分方法可以自动对几何对象进行再分割，进而在原本不能生成结构化网格的几何实体上划分出结构化网格。子映射网格技术是Fluent公司独创的一种新方法，它对几何体的分割只是在网格划分算法中进行，并不真正对用户提供的几何外形做实际操作。

③ 自由网格

对于拓扑形状较为复杂的面，可以生成自由网格，用户可以选择合适的网格类型（三角形或四边）。

在Gambit软件的面网格操作面板中，需要选择要划分网格的面单元，定义网格单元类型（Elements）、网格划分类别（Type）、光滑度（Smoother）以及网格步长（Spacing）等，这里主要说明网格单元类型和网格划分类别的具体分类及含义，同时列出具体的网格划分类别的适用类型，详见表2-13和表2-14。

表2-13 网格划分类别

网格划分类别	说　明
Map	创建四边形的结构性网格
Submap	将一个不规则的区域划分为几个规则区域并分别划分结构性网格
Pave	创建非结构性网格
TriPrimitive	将一个三角形区域划分为三个四边形区域并划分规则网格
WedgePrimitive	在一个楔形的尖端划分三角形网格，沿着楔形向外辐射，划分四边形网格

表2-14 网格划分类别的适用类型

网格划分类别	适用类型		
	Quad	Tri	Quad/Tri
Map	×		×
Submap	×		
Pave	×	×	×
TriPrimitive	×		
WedgePrimitive			×

（3）边界层网格

CFD对计算网格有特殊的要求，一是考虑到近壁粘性效应采用较密的贴体网格，二是网格的疏密程度与流场参数的变化梯度大体一致。对于面网格，可以设置平行于给定边的边界层网格，可以指定第二层与第一层的间距比及总的层数。对于体网格，也可以设置垂直于壁面方向的边界层，从而可以划分出高质量的贴体网格。而其他通用的CAE前处理器主要是根据结构强度分析的需要而设计的，在结构分析中不存在边界层问题，因而采用这种工具生成的网格难以满足CFD计算要求，而Gambit软件解决了这个特殊要求。

边界层网格的创建需要输入4个参数，分别是第一个网格点距边界的距离（First Row）、网格的比例因子（Growth Factor）、边界层网格点数（Rows，垂直边界方向）以及边界层厚度（Depth）。这4个参数中只要任意输入3个参数值即可创建边界层网格。

6. Gambit的可视化网格检查技术和网格输出功能

该功能可以直观地显示网格质量，用户可以浏览单元畸变、扭曲、网格过渡、光滑性等质量参数，可以根据需要细化和优化网格，从而保证CFD的计算网格。用颜色代表网格的质量。

Gambit支持所有的Fluent求解器，如Fluent、NEKTON、POLYFLOW、FIDAP等求解器。Gambit支持面向图形的边界条件，也就是说，用户可以直接在几何图形上施加流动的边界条件，不需要在网格上进行操作。

7. CAD/CAE接口

Gambit软件可以直接存取主流的CAD/CAE系统的网格数据并支持标准的数据交换格式。

（1）Gambit 软件支持的 CAD 软件几何接口

- ACIS：Gambit 软件的图形就是基于 ACIS 核心的，因而可以支持 ACIS 各种版本的几何数据。
- Pro/Engineer VRML：Gambit 可以直接输入 PTC 公司 Pro/Engineer 软件输出的 VRML 格式的数据。
- Optegra Visulizer：Gambit 可以直接输入 PTC 公司 Optegra Visulizer 格式的数据。
- IDEAS FTL：Gambit 可以直接输入 SDRC 公司 IDEAS FTL 格式的数据。
- IGES：Gambit 软件可以读取 IGES 几何数据，并在读入时自动清理重复的几何元素。
- STL：Gambit 软件支持 STL 格式的数据。
- Gambit 软件也支持 STEP、SET、VDAFS、PARASOLID、CATIA 格式的几何数据。

（2）Gambit 软件支持的 CAE 接口

Gambit可以直接输入主流CAE软件的网格，而且在输入网格后可以自动反拓出相应的曲面或几何实体。Gambit可以输入这些软件的网格数据：ANSYS、NASTRAN、PATRAN、FIDAP等。

2.2.4 Gambit 操作步骤

Gambit生成网格文件的基本步骤如下：

步骤01 创建几何模型。Gambit 通常按照点、线、面的顺序来进行建模，或者直接利用 Gambit 体生成命令创建体，对于复杂外形，还可以在其他 CAD 软件生成几何模型后，导入 Gambit 中。

步骤02 划分网格。几何区域确定以后，就需要把这些区域离散化，也就是对它进行网格划分。这一步骤中需要定义网格单元类型、网格划分类别、网格步长等有关选项。一般过程根据模型特点进行线、面、体网格的划分。对于实体网格划分，还需要利用 Gambit 提供的网格显示方式功能按钮来观察网格内部情况。

步骤03 指定边界条件类型。在这一环节中，Gambit 首先需要指定所使用的求解器名称（具体包括 Fluent 5/6、FIDAP、ANSYS、RAMPANT 等）；然后指定网格模型中各边界的类型，如图 2-11 所示。这里提供了 22 种流动进、出口条件，下面介绍常用的几种条件。

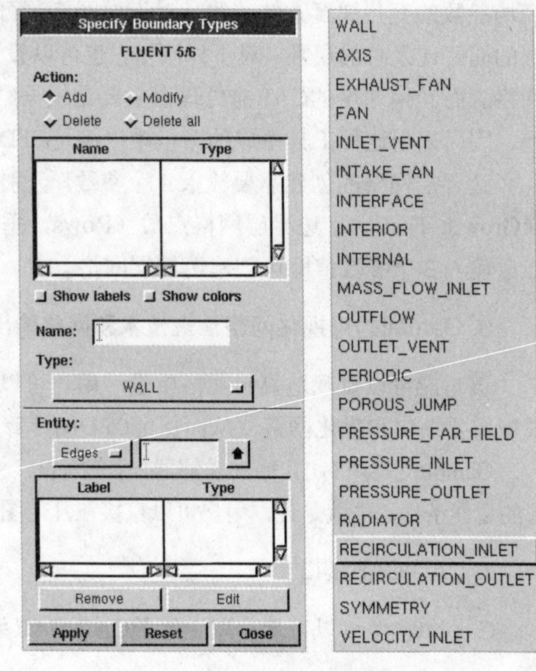

图 2-11 边界条件类型

- 壁面（WALL）：用于限制流体和固体区域。在粘性流动中，壁面处默认为非滑移边界条件，也可以指定切向速度分量，或者通过指定剪切来模拟滑移壁面，从而分析流体和壁面之间的剪应力。若要求解能量方程，则需要在壁面边界处定义热边界条件。
- 轴（AXIS）：轴边界类型必须使用在对称几何外形的中线处。在轴边界处不必定义任何边界条件。
- 排气扇（EXHAUST_FAN）：排气扇边界条件用于模拟外部排气扇，它具有指定的压力跳跃以及周围环境（排放处）的静压。
- 进风口（INLET-VENT）：进风口边界条件用于模拟具有指定的损失系数、流动方向以及周围（入口）环境总压和总温的进风口。
- 进气扇（INTAKE-FAN）：进气扇边界条件用于模拟外部进气扇，需要给定压降、流动方向以及周围（进口）总压和总温。
- 质量流动入口（MASS_FLOW_INLET）：质量流动入口边界条件用于可压流规定入口的质量流速。在不可压流中不必指定入口的质量流，因为当密度是常数时，速度入口边界条件就确定了质量流条件。
- 出口流动（OUTFLOW）：出口流动边界条件用于模拟之前未知的出口速度或者压力的情况。质量出口边界条件假定了除压力之外的所有流动变量正法向梯度为零。该边界条件不适用于可压缩流动。
- 通风口（OUTLET_VENT）：通风口边界条件用于模拟通风口，它具有指定的损失系数以及周围环境（排放处）的静压和静温。
- 压力远场（PRESSURE_FAR_FIELD）：压力远场边界条件可用于模拟无穷远处的自由可压流动，该流动的自由流马赫数以及静态条件已经指定。注意：压力远场边界条件只适用于可压缩流动。
- 压力入口（PRE SSURE_INLET）：压力入口边界条件用来定义流动入口边界的总压和其他标量。
- 压力出口（PRE SSURE_OUTLET）：压力出口边界条件用于定义流动出口的静压（在回流中还包括其他的标量）。当出现回流时，使用压力出口边界条件来代替质量出口条件往往更容易收敛。
- 对称（SYMMETRY）：对称边界条件用于所计算的物理外形以及所期望的流动/热解具有镜像对称特征的情况。
- 速度入口（VELOCITY_INLET）：速度入口边界条件用于定义流动入口边界的速度和标量。

步骤04 指定区域类型。CFD求解器一般会提供FLUID和SOLID两种区域类型，因此需要给多区域网格模型指定区域类型。区域类型指定面板如图2-12所示。

区域类型的名字是用户为区域指定的标志，有效区域名字的规则如下：

- 第一个字符必须是小写字母或者特定的初始字符。
- 每一个后面的字符必须是小写字母、特定的初始字符、数字或者特定的跟随字符，其中特定的初始字符包括!、%、&、*、/、:、<、=、>、?、_、^，特定的跟随字符包括.、+、-。例如inlet-port/cold!、eggs/easy和e=m*c^2都是有效的区域名字。

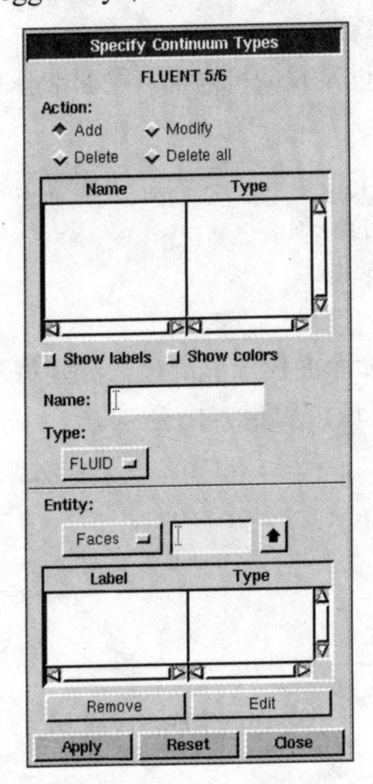

图2-12　指定区域类型

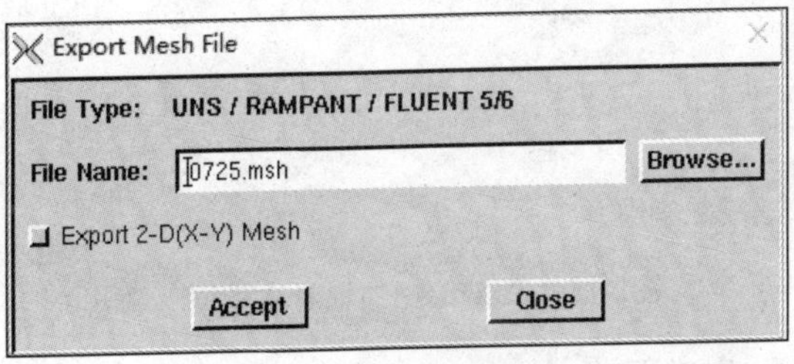

步骤05 导出网格文件。选择File→Export→Mesh，打开输出网格文件（Export Mesh File）对话框指定文件名，如图2-13所示，便可生成指定名称的网格文件。该文件可以直接由ANSYS Fluent读入。

图2-13　从Gambit输出网格

2.4.5 Gambit应用实例

本实例应用AutoCAD来生成如图2-14所示的几何模型，并在Gambit中进行网格划分。

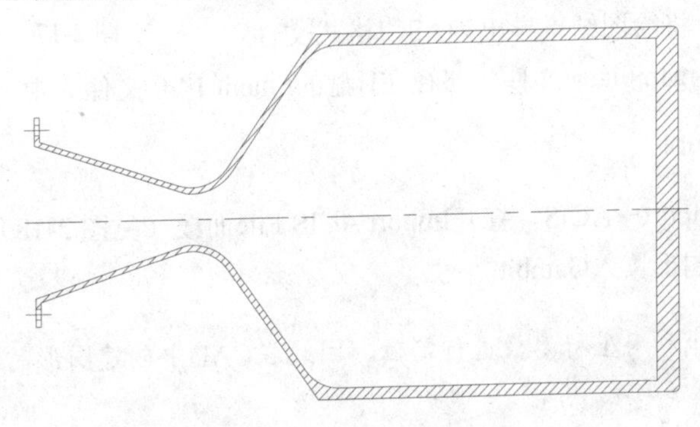

图2-14　喷管CAD二维模型

如图 2-14 所示，喷管曲线虽然在Gambit中也能创建，但曲线的光滑效果不如CAD中的好。因此，在遇到复杂的几何体时，可以考虑在CAD中绘制部分图形，然后在Gambit中进行组装。

具体操作步骤如下：

1. CAD绘图

由于是二维轴对称结构，分析时可取对称面，打开CAD绘制如图 2-15 所示的对称模型，其中喷管的曲线部分由点坐标构成，在CAD中可以利用pline命令将曲线上的各点坐标连成一条折线。

2. 划分区域

由图 2-15 可见，分析对象共有三个区域：外界环境、喷管壁面以及发动机内部。壁面部分与其他两个区域分别有公共边，即实际上是重叠的两条边。

在Gambit中识别重叠的边比较困难，往往需要试探性地删除其中一个面，再去寻找相应消失的边，才能知道哪条边属于哪个面。而通过CAD事先划分区域可以避免重叠边的麻烦。

3. 生成多段线

首先在CAD中复制重叠边，即内壁面线，利用pedit命令，或在命令面板中单击，分别将发动机内部各线段编辑成封闭的多线段，然后利用region命令将封闭多线段生成区域，如图 2-16 所示。

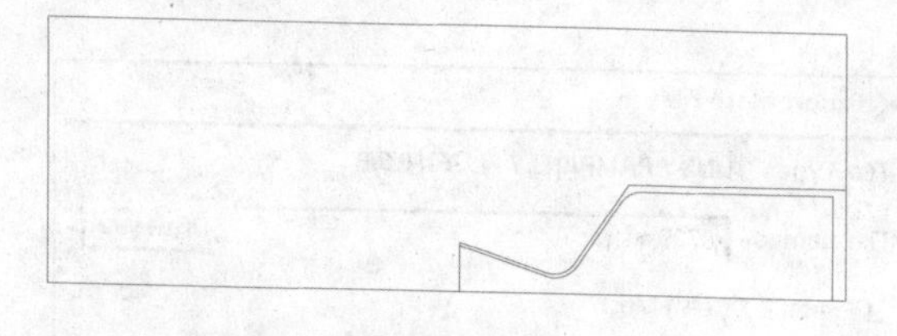

图2-15　CAD绘制的轴对称模型

图2-16　生成多段线

4. 生成面

重复编辑多段线命令（pedit），利用复制的边（图中为内外壁面线）来合并构成另外两个区域的各条封闭线段，再重复利用面域命令（region）将封闭多线段生成区域，如图 2-17 所示。

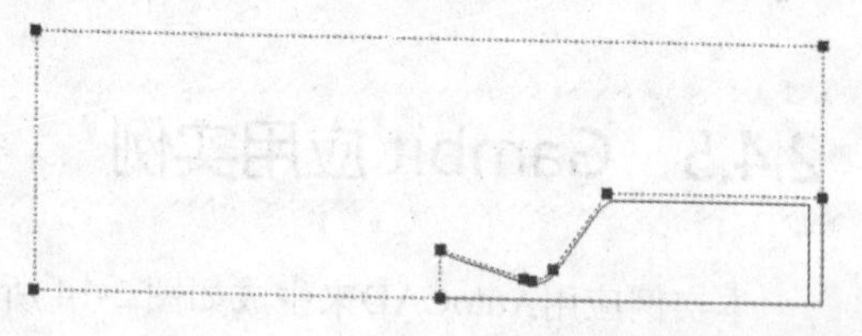

图 2-17　将封闭多线段生成区域

5. 导出为ASCI文件

调用输出命令（export）将绘图结果导出为ASCI格式文件（扩展名为.sat），这里保存为gambit.sat文件，路径在H盘的Fluent 14.0 文件夹中。

6. 将ASCI文件导入Gambit

在Gambit中选择File→Import→ACIS，打开Import ACIS File面板（见图 2-18），输入文件名，单击Accept按钮，即可将CAD中创建的图形读入Gambit。

由于Gambit中只能利用坐标参数进行定位，因此在CAD中创建图形时要注意选好坐标（如起始点为原点坐标）。

7. 划分网格

这里CAD直接生成了三个面，因此直接选择Operation→Mesh→Faces，打开Mesh Faces面板，如图 2-19 所示。

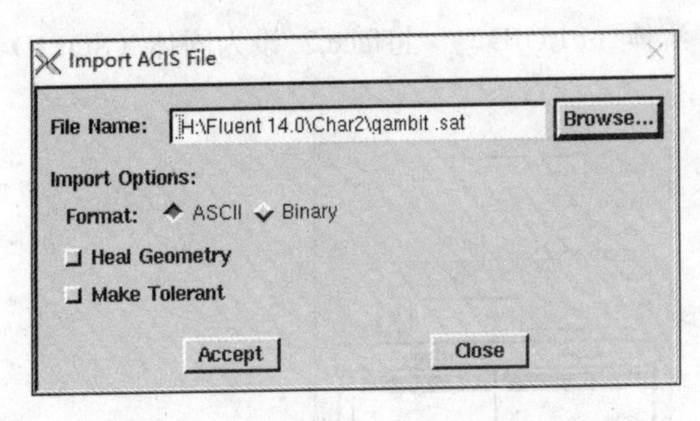

图2-18　将ACIS图形文件读入Gambit

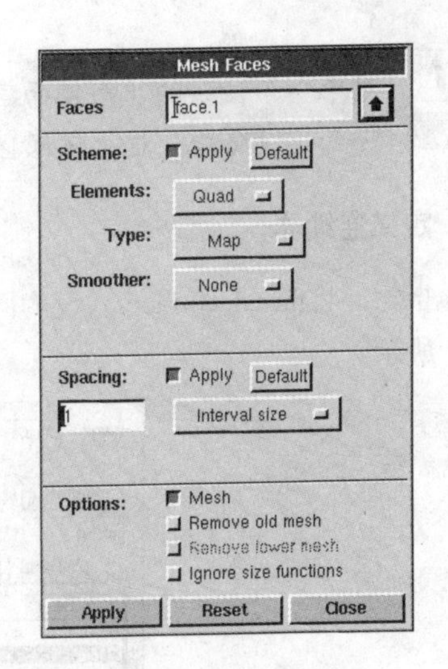

图2-19　划分面网格

在黄色的框中选择要操作的面，设定Spacing数值为 1。单击Apply按钮完成face.1 的网格划分。同理分别划分face.2 和face.3，Spacing数值分别设为 0.5 和 2，得到如图 2-20 所示的面网格划分情况。

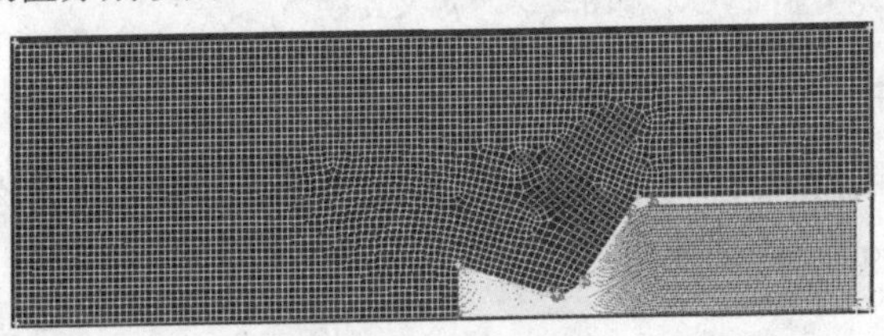

图 2-20　面网格划分

8. 定义边界条件

在Gambit中，我们可以先定义好各个边界条件的类型，具体的边界条件取值在Fluent中确定。这里选择Operation→Zones，打开Specify Boundary Types面板，根据需要设定边界条件类型。

基本操作过程如下：

（1）添加一个边界条件。按Shift+左键选择要指定的边，并在Name中输入名称。

（2）指定边界条件的类型。在Entity中选择对应类型的几何单元，如图 2-21 所示，单击Apply按钮添加，重复上述操作可以对每条边定义边界条件。

定义好的边界条件如图 2-22 所示，Gambit默认的边界条件类型为WALL。

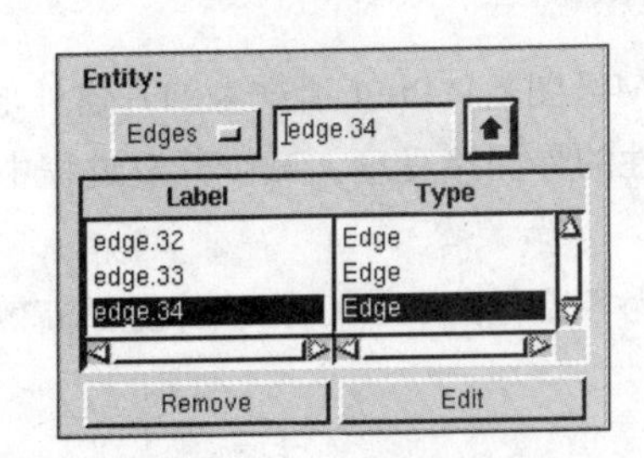

图2-21　在Entity中选择对应类型的几何单元

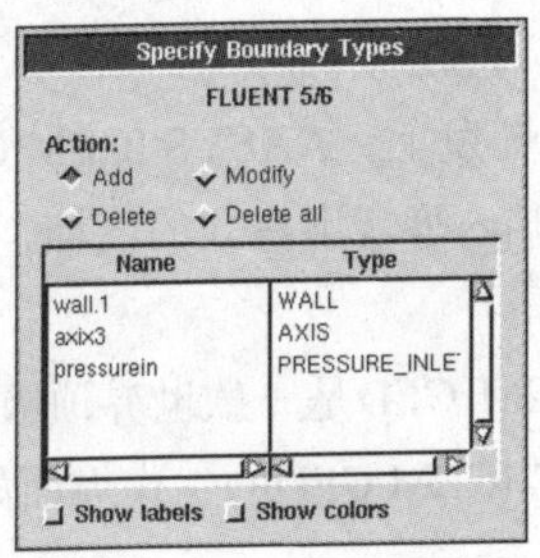

图2-22　定义好的边界条件

对于一个复杂的几何体而言，在网格划分时必定要划分为多个区域。将这些区域定义到一个统一的连续体中，这样不同区域间的分隔线就会被默认为内部网格点。

9. 定义连续体

单击▦，将face.1 和face.3 设为同一个连续体——流体（FLUID），将face.2 设为固体（SOLID），如图 2-23 所示。

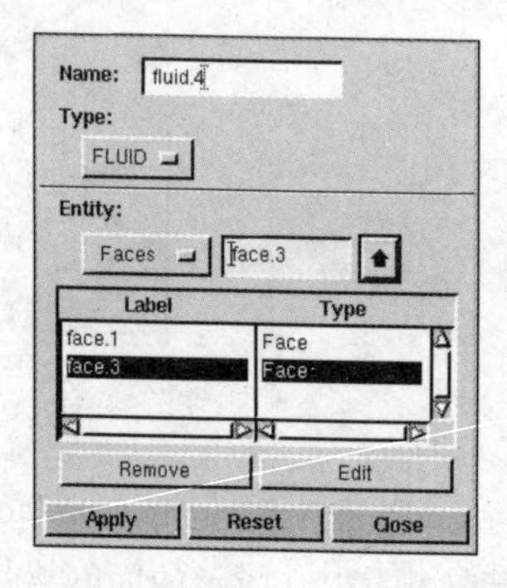

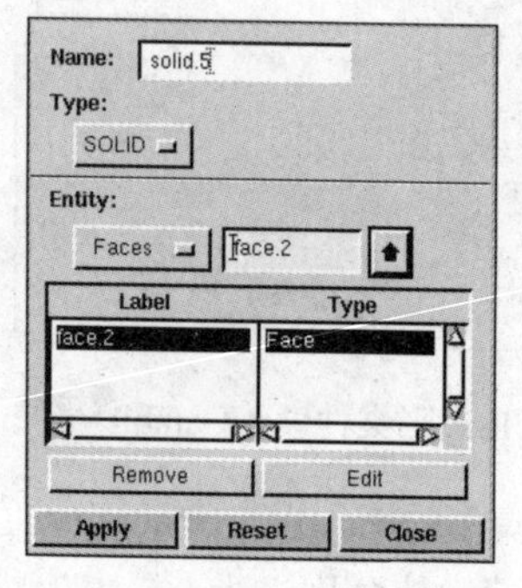

图 2-23　定义连续体

10. 保存和输出Mesh文件

- 保存：在菜单栏中选择 File→Save As，在面板中输入文件的路径以及名称。
- 输出：选择 File→Export→Mesh，指定文件的路径和名称。

Export2-D（X-Y）Mesh选项被选中才可以输出.msh文件，默认的文件路径为启动时指定的文件路径。

2.3 ANSYS ICEM CFD基础与应用

ANSYS ICEM CFD是专业的前处理软件，拥有强大的CAD模型修复能力、自动中面抽取、独特的网格“雕塑”技术、网格编辑技术，目前已完美地集成于ANSYS Workbench平台。

2.3.1 ANSYS ICEM CFD 的基本功能

在产品先期开发上，ANSYS ICEM CFD可直接接受CAD/CAM绘图软件Pre/E所产生的几何外形的图档，亦可接受如.stl和.igs等常用格式的图档，使设计与分析能有一贯性的界面接受度，减少开发过程中不同文件的转换工作。

ANSYS ICEM CFD是一款世界顶级的CFD/CAE前处理器，为各流行的CFD/CAE软件提供高效可靠的分析模型。ANSYS ICEM CFD的工作界面如图 2-24 所示。

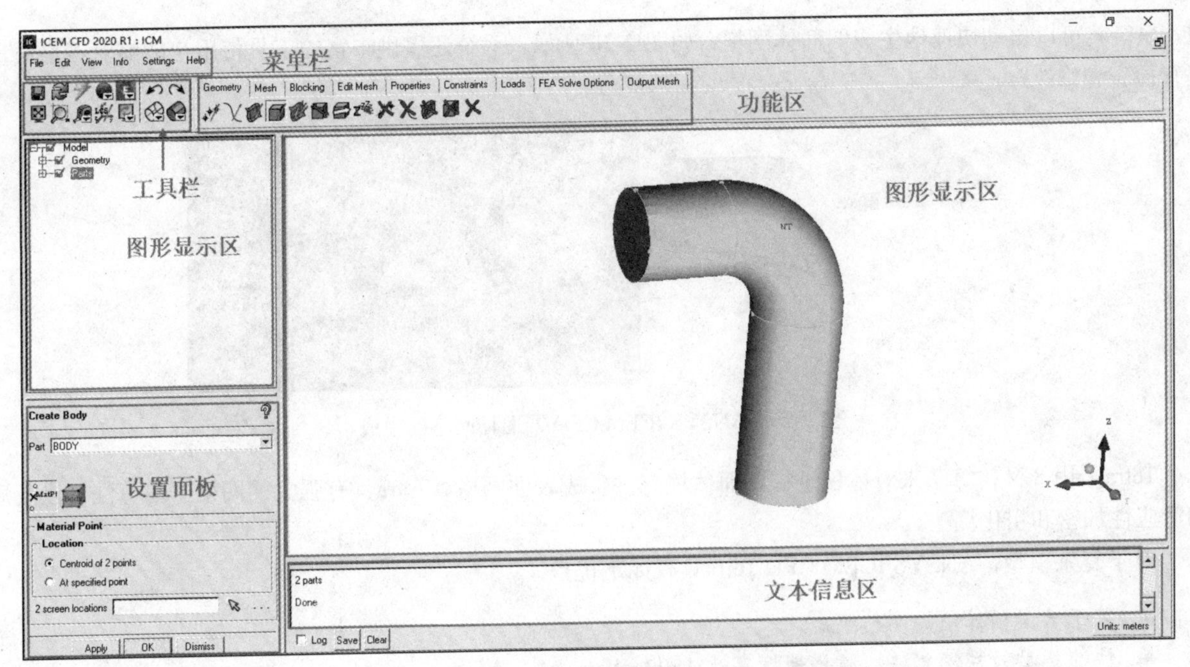

图 2-24　ANSYS ICEM CFD 的工作界面

本书中如不进行特殊说明，所涉及的ICEM CFD版本皆为ANSYS ICEM CFD版。

下面从模型接口、几何功能、网格划分、网格编辑等方面简单介绍该软件的基本功能。

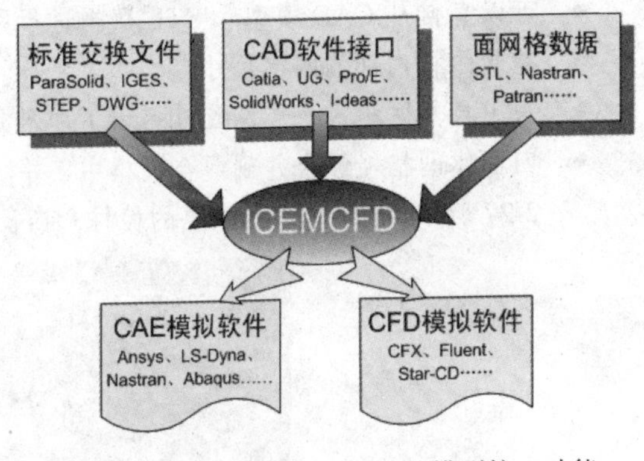

图 2-25　ANSYS ICEM CFD 的模型接口功能

1. 强大的模型接口

强大的模型接口具体如图 2-25 所示。

2. 几何体构造及编辑功能

几何体构造及编辑功能包括以下 5 类：

- 创建点线面体。
- 几何变换（平移、旋转、镜面、缩放）。
- 布尔运算（相交、相加、切分）。
- 高级曲面造型（抽取中面、包络面）。
- 几何修复（拓扑重建、闭合缝隙、缝合装配边界）。

3. 丰富的网格类型

网格类型包括：四面体网格（Tetra Meshing）、三棱柱网格（Prism Meshing）、六面体网格（Hexa Meshing）、棱柱形网格（Pyramid Meshing）、O形网格（O-Grid Meshing）、自动六面体网格（AutoHexa Meshing）等，下面重点介绍ANSYS ICEM CFD典型的三种网格划分模型。

（1）四面体网格

四面体网格适合对结构复杂的几何模型进行快速高效的网格划分。在ANSYS ICEM CFD中，四面体网格的生成实现了自动化。系统自动对ANSYS ICEM CFD已有的几何模型生成拓扑结构，用户只需要设定网格参数，系统就可以自动快速地生成四面体网格，如图 2-26 所示。系统还提供丰富的工具使用户能够对网格质量进行检查和修改。

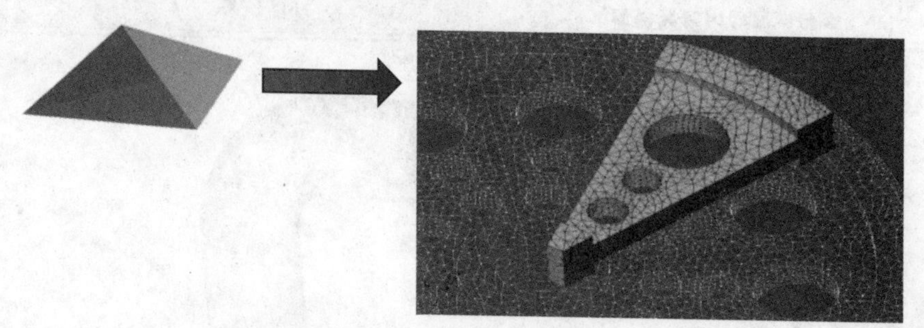

图 2-26 ANSYS ICEM CFD 四面体网格的生成

Tetra采用 8 叉树算法来对体积进行四面体填充并生成表面网格。Tetra具有强大的网格平滑算法，以及局部适应性加密和粗化算法。

对于复杂模型，ANSYS ICEM CFD Tetra具有如下优点：

- 基于 8 叉树算法的网格生成。
- 快速模型及快速算法，建模速度高达 1500cells/s。
- 网格与表面拓扑独立。
- 无须表面的三角形划分。
- 可以直接从 CAD 模型和 STL 数据进行网格生成。
- 控制体积内部的网格尺寸。
- 采用自然网格尺寸（Natural Size）单独地决定几何特征上的四面体网格尺寸。
- 四面体网格能够合并到混合网格中，并实施体积网格和表面网格的平滑、节点合并和边交换操作。图 2-27 所示为采用 Tetra 生成的棱柱和四面体混合网格，包含 55 万四面体网格和 12 层 33 万棱柱网格。

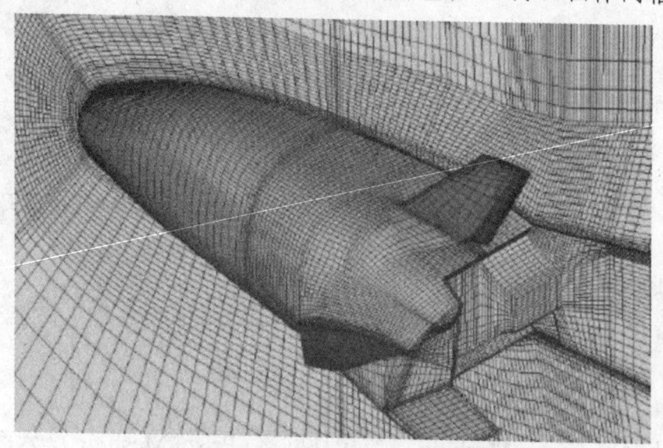

图 2-27 采用 Tetra 生成的棱柱和四面体混合网格

- 单独区域的粗化。
- 表面网格编辑和诊断工具。
- 局部细化和粗化。
- 为多种材料提供一个统一的网格。

（2）棱柱型网格

Prism网格主要用于四面体网格中对边界层的网格进行局部细化，或者用在不同形状网格（Hexa和Tetra）之间交接处的过渡。跟四面体网格相比，Prism网格形状更为规则，能够在边界层处提供更好的计算网络。

此外，针对物体表面的分布层问题，特别加入了Prism正交性网格，通过内部品质（Quality）的平滑性（Smooth）运算，能够迅速产生良好的连续性格点。

（3）六面体网格

ANSYS ICEM CFD中的六面体网格划分采用了由顶至下和自底向上的“雕塑”方式，可以生成多重拓扑块的结构和非结构化网格。此外，方便的网格雕塑技术可以实现任意复杂的几何体纯六面体网格划分，如图 2-28 所示。整个过程半自动化，使用户能在短时间内掌握原本只能由专家进行的操作。

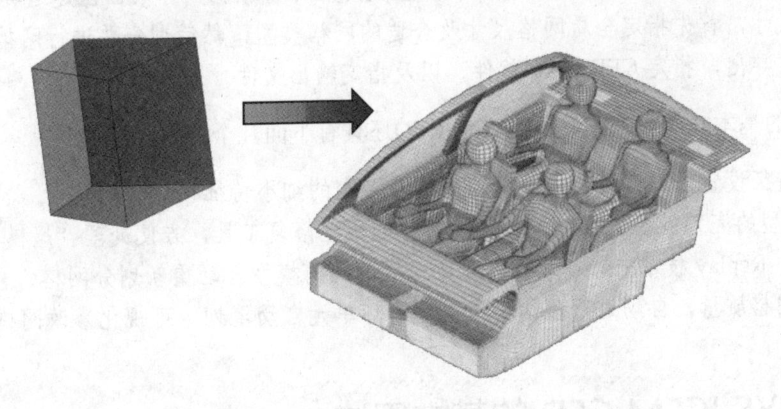

图 2-28　ANSYS ICEM CFD 生成的六面体网格

另外，ANSYS ICEM CFD还采用了先进的O-Grid等技术，用户可以方便地在ANSYS ICEM CFD中对非规则几何形状划分出高质量的O形、C形、L形六面体网格，如图 2-29 所示。

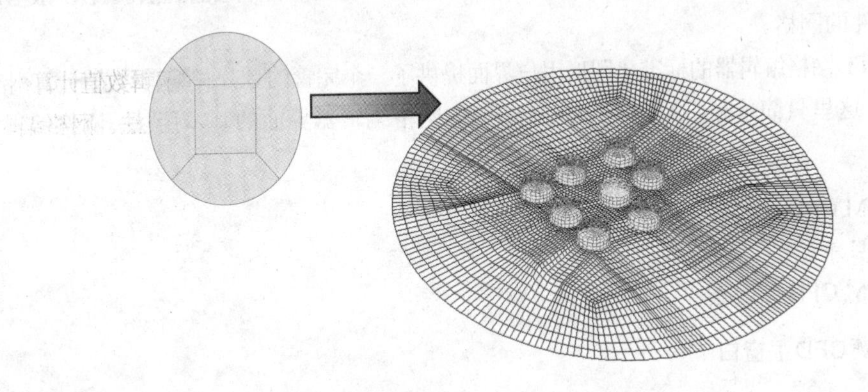

图 2-29　ANSYS ICEM CFD 生成的 O 形网格

ANSYS ICEM CFD的网格工具还包括：网格信息预报、网格装配工具、网格拖动工具。

4. 网格编辑功能

网格编辑功能具体包括：

- 网格质量检查（多种评价方式）。
- 网格修补及光顺（增删网格/自动平滑/缝合边界等）。
- 网格变换（平移/旋转/镜面/缩放）。
- 网格劈分（细化）。
- 网格节点编辑。
- 网格类型转换（实现 Tri→Quad/Quad→Tri/Tet→Hexa/所有类型→Tet 的转换）。

工程应用中经常采用网格自动划分实现模型的网格划分，一般操作的基本步骤如下：

- 导入几何模型并修整模型。
- 创建实体（Body）与边界（Part），根据模型创建实体，根据具体表面创建边界。
- 指定网格尺寸，首先指定全局网格尺寸及合适的网格类型，然后划分并进行网格光顺处理。
- 生成网格并导出，指定 CFD/CAE 软件，以及指定输出文件。

除了上述介绍的基本功能外，ANSYS ICEM CFD还具有下面几个特点：

- 忽略细节特征设置，可以自动跨越几何缺陷及多余的细小特征。
- 对 CAD 模型的完整性要求很低，它提供完备的模型修复工具，方便处理“烂模型”。
- 一劳永逸的 Replay 技术——对几何尺寸改变后的几何模型自动重新划分网格。
- 自动检查网格质量，自动进行整体平滑处理，坏单元自动重划，可视化修改网格质量。

2.3.2 ANSYS ICEM CFD 的基本用法

ANSYS ICEM CFD软件为计算流体力学的网格前处理产生器，可提供搭配结合的计算程序，包含现在工业界常用的专业分析软件，如ANSYS、CFD、CFX、Fluent、IDEAS、LS-DYNA、Nastran、PHOENICS及STAR-CD等将近 90 种CFD软件的网格。

ANSYS ICEM CFD网格编辑器的标准化图形用户界面提供了一个完善的划分和编辑数值计算网格的环境。

由于篇幅所限，这里只简单介绍ANSYS ICEM CFD的网格编辑器界面的基本用法。网格编辑器界面包括三个窗口：

- ANSYS ICEM CFD 主窗口。
- 模型的树状目录。
- ANSYS ICEM CFD 信息窗口。

1. ANSYS ICEM CFD主窗口

在图形显示区的右上角有一串功能菜单（Manager），主要包括网格项目管理、设置和文件输入输出等，下面简单说明这些基本菜单。

- 文件。文件菜单提供许多与文件管理相关的功能，如打开文件、保存文件、合并和输入几何模型、存档工程，这些功能方便用户管理 ANSYS ICEM CFD2020 工程。
- 编辑。此菜单包括回退、前进、命令行、网格转换小面结构、小面结构转化为网格、结构化模型面。

- 视图。此菜单包括合适窗口、放大、俯视、仰视、左视、右视、前视、后视、等角视、视图控制、保存视图、背景设置、镜像与复制、注释、加标记、清除标记、网格截面剖视。
- 信息。此菜单包括几何信息、面的面积、最大截面积、曲线长度、网格信息、单元体信息、节点信息、位置、距离、角度、变量、分区文件、网格报告。
- 设置。此菜单包括常规、求解、显示、选择、内存、远程、速度、重启、网格划分。
- 帮助。此菜单包括启动帮助、启动用户指南、启动使用手册、启动安装指南、有关法律。

2. 模型的树状目录

模型的树状目录位于屏幕左侧，通过几何实体、单元类型和用户定义的子集控制图形显示。

因为有些功能只对显示的实体发生作用，所以目录树在孤立需要修改的特殊实体时体现了重要性。用鼠标右键单击各个项目可以方便地进行相应的设置，例如颜色标记和用户定义显示等。

3. 消息窗口

消息窗口包括ANSYS ICEM CFD写出的所有信息，使用户了解内部过程。窗口显示操作界面和几何、网格功能的联系。在操作过程中时刻注意消息窗口是很重要的，它将告诉用户进程的状态。

保存命令将所有窗口内容写入一个文件，文件路径默认在工程打开的地方。

日志选择按钮选中状态时将只保存用户特定的消息。

注意比较日志文件与通过保存命令得到的文件的独特性。这个文件写入工程打开的地方，并可以更新记录的消息，当被选择关闭后，用户可以继续加入这个文件，同时再次激活且接受相同的默认文件名，便可重新附加在工程上。

4. 鼠标的用法

ANSYS ICEM CFD的基本操作结合鼠标和键盘，具体如表 2-15 所示。

表 2-15　ANSYS ICEM CFD 鼠标键盘用法

鼠标或键盘	操　　作	功　　能
鼠标左键	单击和拖曳	旋转模型
鼠标中键	单击和拖曳	平移模型
鼠标右键	单击和上下拖曳	缩放模型
鼠标右键	单击和左右拖曳	绕屏幕 Z 轴旋转模型
F9	按住 F9，然后单击任意鼠标键	操作的时候进行模型运动
F10	按 F10	重置

2.3.3　ANSYS ICEM CFD 的基本步骤

ANSYS ICEM CFD在打开或者创建一个工程时，总是读入一个扩展名为.prj（Project）的文件，即工程文件，其中包含该工程的基本信息，包括工程状态及相关子文件的信息。

一个工程可能包含的子文件及文件说明如下（以name代表文件名）。

- name.tin（Tetin）文件：几何模型文件，在其中可以包含网格尺寸定义的信息。
- name.blk（Blocking）文件：六面体网格拓扑块文件。

- domain.n 文件：结构六面体网格分区文件，n 表示分区序号。
- name.uns（Unstructured）文件：非结构网格文件。
- multi-block文件：结构六面体网格文件，包含各个分区的链接信息，输出网格用它来链接各个网格分区文件。
- name.jrf 文件：操作过程的记录文件，但不同于命令记录。
- family.boco（Boundary Condition）和 name.fbc 文件：边界条件文件。
- family_topo 和 top_mulcad_out.top 文件：结构六面体网格的拓扑定义文件。
- name.rpl（Replay）文件：命令流文件，记录 ANSYS ICEM CFD 的操作命令码，可以通过修改或编写后导入软件自动执行相应的操作命令。对于已经划分网格的模型，当其几何参数发生改变，而几何元素的名称及所属的族名称没有发生变化时，就可以通过读入命令流文件重新执行所有命令，从而很方便地再生成网格，利用这个功能通过记录一个模型网格划分的命令流，建立这类模型的操作模块将会节省大量时间。

ANSYS ICEM CFD的功能非常强大，不但能进行非结构化网格的划分，还能够进行结构化网格的划分。划分结构化网格是ANSYS ICEM CFD的强项，也是我们使用该软件的主要目的。下面主要针对怎样使用ANSYS ICEM CFD进行结构化网格的划分来说明这个软件的用法。

如果计算模型比较简单，可以直接使用ANSYS ICEM CFD的工具来建立几何模型，但是ANSYS ICEM CFD的建模功能还不够强大，一般的模型需要在CATIA或其他CAD软件中建立再导入进来。下面假设已经在CATIA中建立了一个模型，介绍怎样将模型导入并利用ANSYS ICEM CFD划分结构化网格。

1. 导入几何体

选择File→Geometry→Open Geometry，选择文件后在出现的面板中进行相应的设置，即可将几何文件导入。在这里还可将其他类型的文件导入，如MSH文件等。导入之后就可以进行相关操作了。

2. 几何操作

一般导入的几何体是非常粗糙的，还需要在ANSYS ICEM CFD中进行相应的修改，不过这里建议在CATIA等CAD软件中将几何模型尽量简化。图 2-30 所示为在对几何体进行操作时经常用到的一些工具。

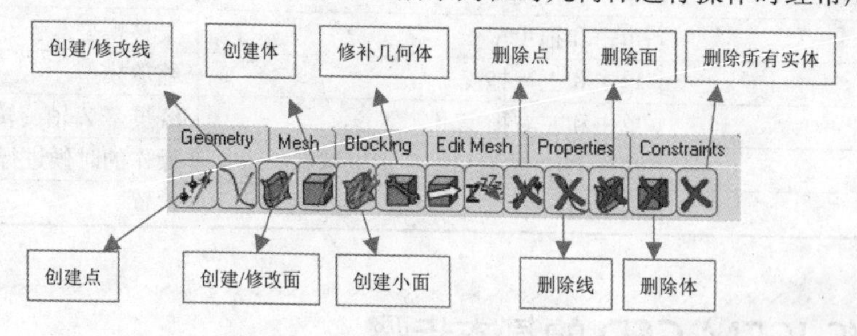

图 2-30 编辑几何体的相关操作工具

对导入进来的几何体进行相关的几何操作，以此得到想要的拓扑结构。只有得到很好的拓扑结构，才能更好地进行后续的操作。

3. 建立拓扑结构并与几何模型关联

在处理好几何体之后，接下来建立几何模型的拓扑结构。建立的方法是单击Blocking标签。其中的一些主要工具说明如图 2-31 所示。

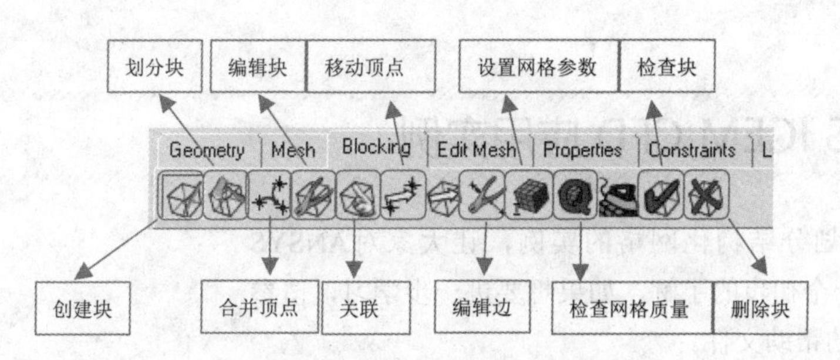

图 2-31　建立拓扑结构工具栏

通过这些工具可以创建几何模型的拓扑结构，以及与几何模型对应的边和点。通过这些面板可以创建O形网格等。这一步是划分结构化网格最难的一步，同时也是最为关键的一步。这一步对于结构化网格的划分至关重要，因此要特别重视。

4. 划分网格工具

在建立了几何模型的拓扑结构之后，接下来设置网格划分参数。单击Mesh标签，设置网格参数，如图 2-32 所示。根据几何线的长度以及流场的情况来设置网格划分参数。

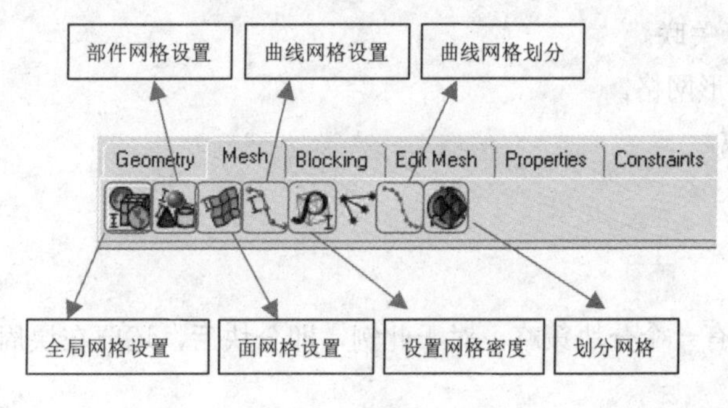

图 2-32　网格划分工具

5. 设置求解器

在ANSYS ICEM CFD中，只要使用图 2-30～图 2-33 中的几个工具栏，就可以进行结构化网格的划分，在划分结构化网格的过程中最为关键的部分是创建几何模型的拓扑结构。

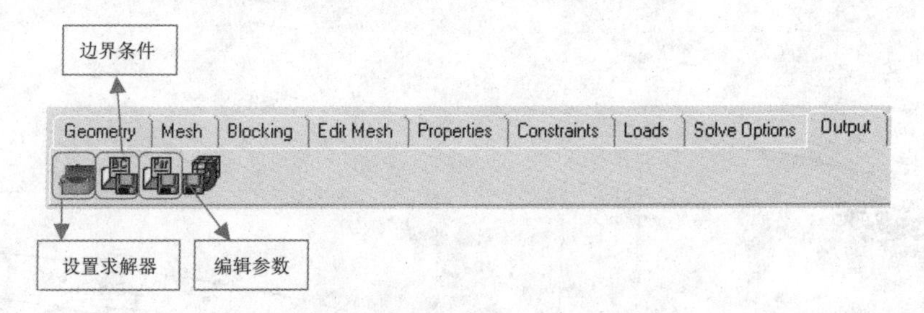

图 2-33　选择求解器并设置边界条件工具

最好的办法是画出一个示意图，先大概画出几何模型的拓扑结构，然后在CATIA等CAD软件中创建几何模型的时候规划好保留哪些几何点、线或面。在ANSYS ICEM CFD中处理几何模型是比较麻烦的，因此需要在常用的CAD软件中处理好。

2.3.4 ANSYS ICEM CFD应用实例

在这里介绍一个划分结构化网格的实例，让大家对ANSYS ICEM CFD的功能有一个初步的了解，如果想要进一步学习，请参看ANSYS ICEM CFD的帮助文件。

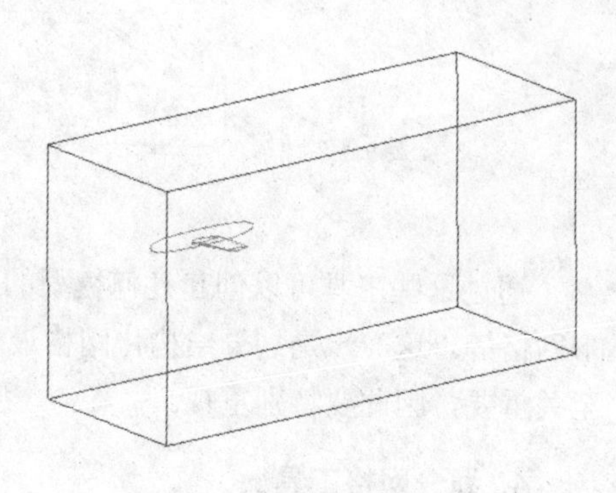

图 2-34 需划分网格的几何体

1. 网格划分思路

本例所使用的几何体由一个简单的雪茄形状的体和一个梯形机翼组成。几何体形状示意图如图 2-34 所示。

对这个几何体进行网格划分的基本思路如下：

（1）在CATIA或其他CAD软件中生成几何模型。

（2）开始这个工程。

（3）开始分块，包括对机身进行分块和对梯形机翼进行分块。

（4）对块和几何体进行关联。

（5）在块的周围创建O形网格。

（6）设置网格划分参数。

（7）改善网格质量。

2. 几何和网格策略

对于前述模型，我们要有一个分块策略，对于此例，即分块后，还要在块周围生成O形网格。

3. 打开几何体

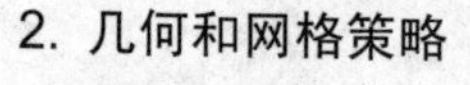

首先将几何文件.tin文件复制到工作目录下面。然后在菜单中选择File→Open Geometry，选择文件，单击Accept按钮，即可将.tin文件中创建的图形读入ANSYS ICEM CFD，如图 2-35 所示。

在这个几何体中，点、曲线和曲面已经被分别放在部件名字中，如图 2-36 所示，因此现在可以直接进入分块的过程。

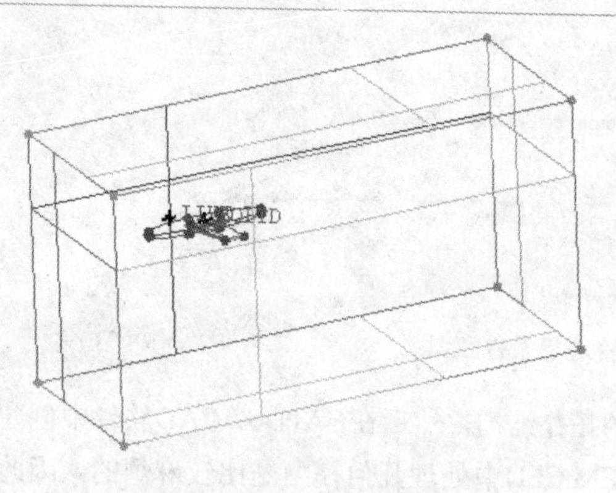

图2-35 机翼组合体及流场示意图

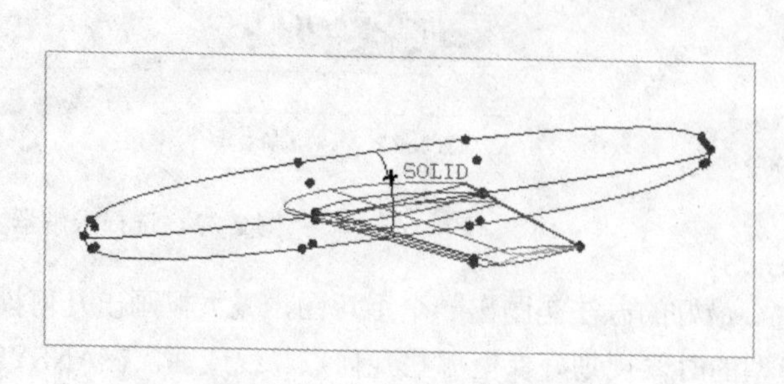

图2-36 机翼组合体上的点

4. 分块

（1）选择File→Replay Scripts→Replay Control，开始记录在创建块的过程中输入的所有命令。以后要是划分几何形状相同但尺寸有所不同的几何体的结构化网格，只要将新几何体调入ANSYS ICEM CFD之后，将这个记录命令的文件调入执行即可，而不必进行重复的操作。该功能在做大量且形状相似的几何体的结构化网格划分时特别有用。

（2）选择Blocking→Create Block→Initialize Block，打开创建块的面板，如图 2-37 所示，默认的类型为 3D Bounding Box。先确认类型中显示的是这种类型，然后在Part中选择LIVE，单击Apply按钮，在体周围创建初始的块。

（3）在显示树中，确认曲线被选中，并且曲线名字不被选中。右击Geometry→Curves→Show Curve Names关闭显示曲线名字。同样确认所有的曲面不显示。打开Blocking→Vertices，并右击Vertices→Numbers显示点的数字。初始化块显示如图 2-38 所示。

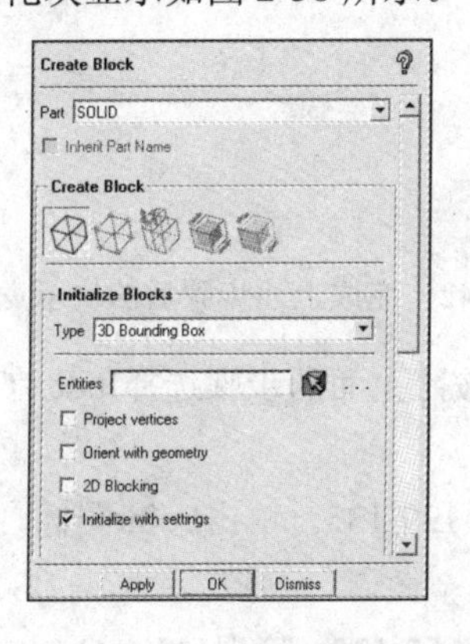

图2-37 创建块的面板

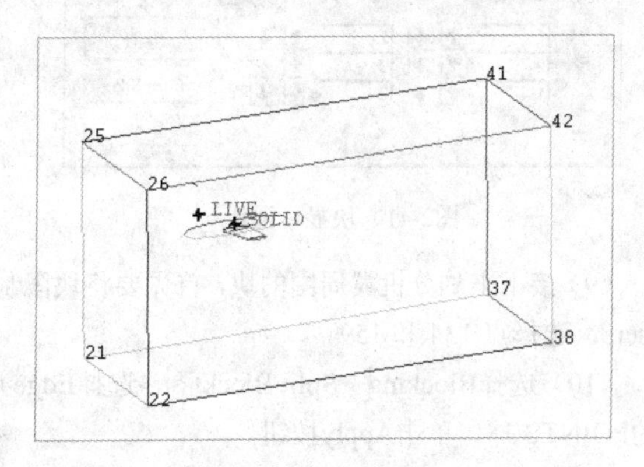

图2-38 初始化后的块

在显示树中选择Points→Show Point Names显示点。

（4）选择Blocking→Split Block。从Split Method的下拉菜单中选择PreScribed point。单击选择Edge，并用左键选择 21-25 曲线。点 21 和 25 是这条线的端点，单击Point图标，并选择POINTS/14，单击Apply按钮，即可完成通过指定点来分块，如图 2-39 所示。

同样，选择由点 21 和 69 定义的边，并选择POINTS/13 作为PreScribed point来打断这条边。完成之后的块显示如图 2-40 所示。

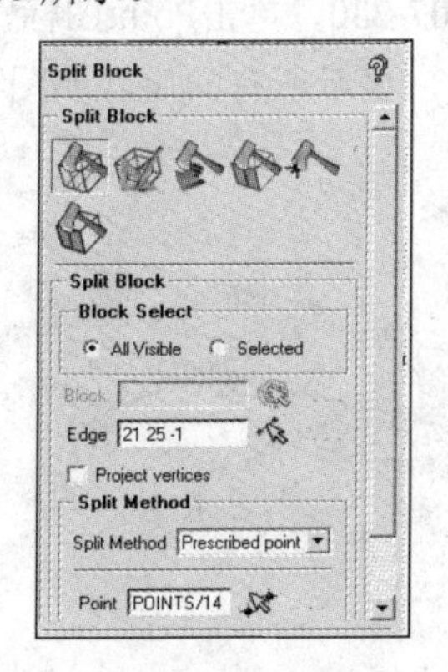

图2-39 划分块设置面板

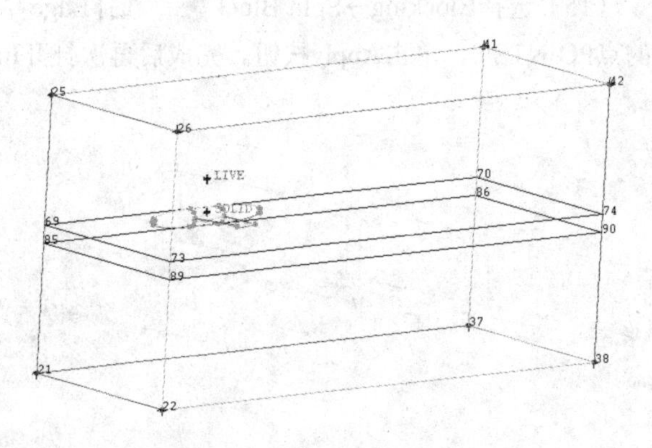

图2-40 机身周围的分块示意图

（5）单击右键选择显示树下面的Blocking→Index，Index Control面板将会显示在右下角。单击Select corners按钮，如图2-41所示，用左键选择点89和70。这个块将会限制在以两个点为对角的范围内。

（6）选择Blocking→Split Block。选择Edge并用左键选择边69-73。单击Point图标，并选择机翼顶部的POINTS/5，单击Apply按钮。

（7）继续在Index Control中选择105和70两个顶点，然后选择Blocking→Split Block，同理选择Edge并用左键选择边69-70。单击Point图标，并选择机翼顶部的POINTS/19，单击Apply按钮。

（8）重复上述操作，选择Edge并用左键选择边129-70。单击Point图标，并选择机翼顶部的POINTS/20，单击Apply按钮。完成上述步骤后的块如图2-42所示。

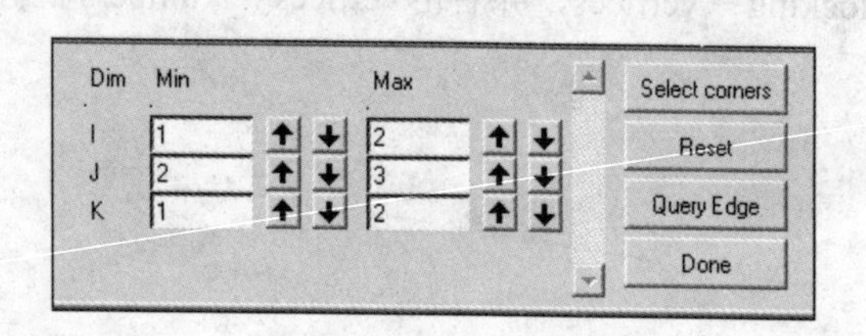

图2-41　块显示面板

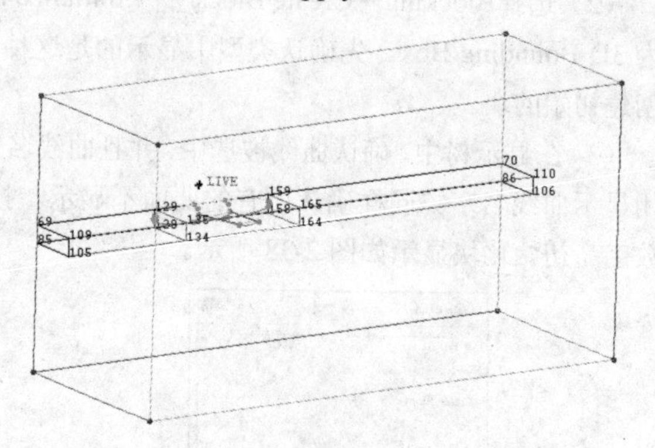

图2-42　完成上述步骤后的块示意图

（9）接下来划分机翼周围的块，首先要将块限制在机身周围，按照上面的步骤选择Index Control的Select corners，选择点134和159。

（10）选择Blocking→Split Block，选择Edge并用左键选择边129-135。单击Point图标，并选择机翼顶部的POINTS/18，单击Apply按钮。

（11）选择Blocking→Split Block，选择Edge并用左键选择边165-135。确保Index Control中K的最大值为3。单击Point图标，并选择机翼顶部的POINTS/18，单击Apply按钮。

（12）选择Blocking→Split Block，选择Edge并用左键选择边237-165，单击Point图标，并选择机翼顶部的点POINTS/16，单击Apply按钮。完成后显示的块如图2-43所示。

（13）在Index Control中单击Select Corners，选择点236和267来显示机翼周围的块。

（14）选择Blocking→Split Block，选择Edge并用左键选择边231-230，单击Point图标，并选择机翼前缘的点POINTS/7，单击Apply按钮。

（15）选择Blocking→Split Block，选择Edge并用左键选择边307-230，单击Point图标，并选择机翼前缘的点POINTS/8，单击Apply按钮。完成后再次打开Index Control面板，显示所有的块，如图2-44所示。

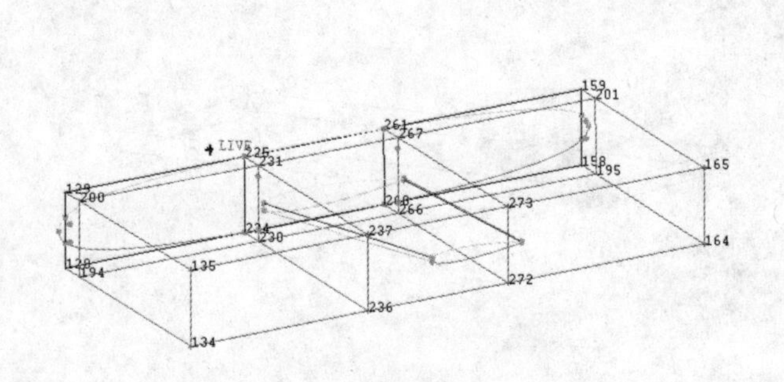

图2-43　机翼周围分块示意图

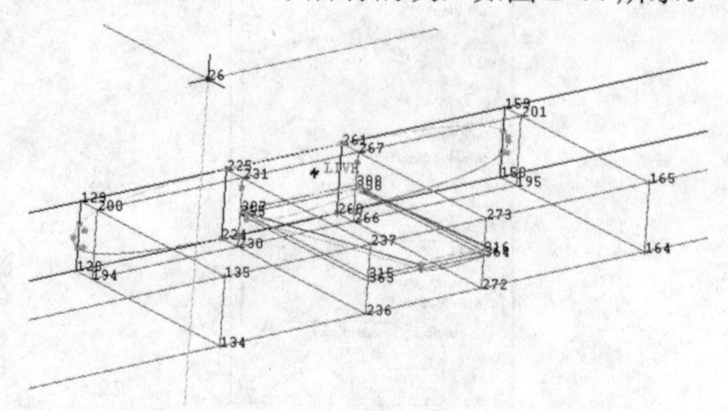

图2-44　机身和机翼的进一步分块

5. 指定材料

使用Index Control将块显示控制在以点 134 和 159 为对角点的框内。在显示树中右击Parts→Create Part，打开如图 2-45 所示的界面。

将Part重新命名为SOLID，然后选择最后一个图标。单击Select Block按钮选择块，选择如图 2-46 所示的 4 个块。然后单击中键完成选择，最后单击Apply按钮将块移入新的部件中。新的块材料和边缘材料交接处的边将自动为面关联，颜色也会显示这个变化。

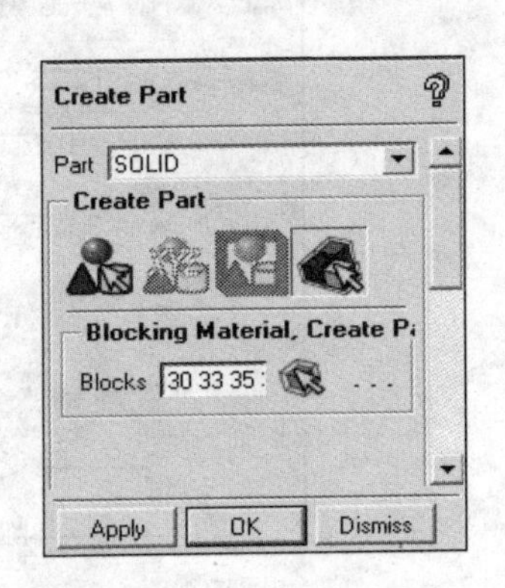

图2-45　创建部件面板

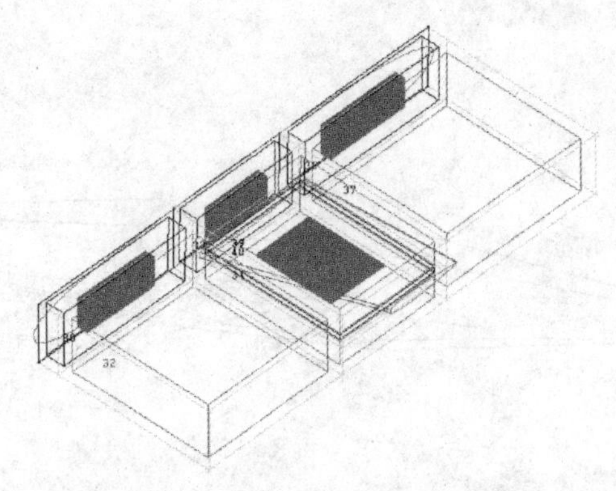

图2-46　与机身和机翼对应的块示意图

6. 关联

（1）为了保证块的边与几何体有合适的关联，必须要将块顶点投影到几何体指定的点上，然后将块边界投影到曲线上。在显示树中分别右击Blocking→Vertices→Numbers和Geometry→Points，显示块和几何体的点。选择Blocking→Associate→Associate Vertex，将会显示一个选择面板，如图 2-47 所示。确保关联的实体为Point，分别在Vertex和Point中选择 129 和POINTS/19，然后单击Apply按钮。完成上述操作后，块顶点将会移到几何体的顶点处，如图 2-48 所示。

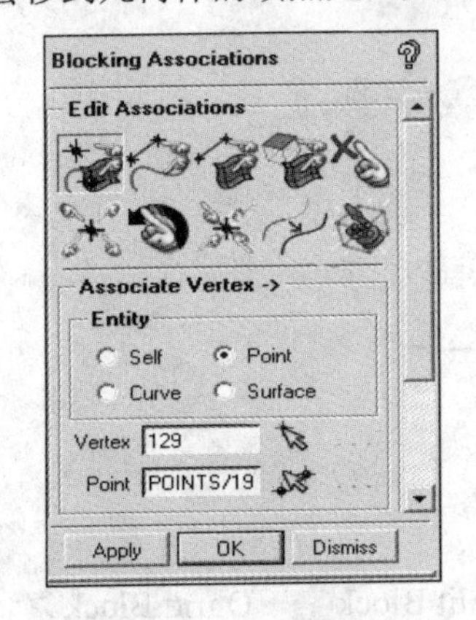

图2-47　关联面板图

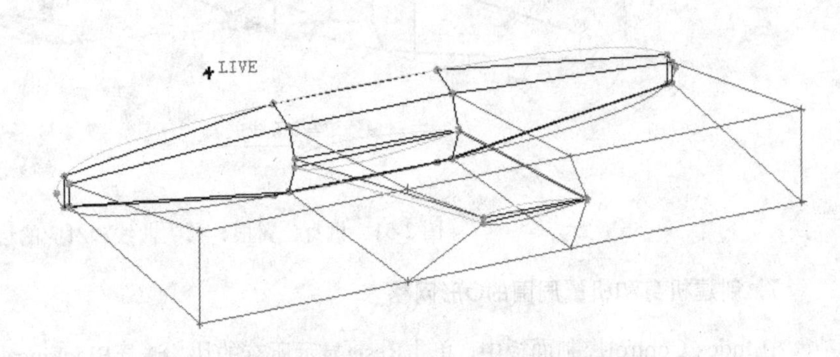

图2-48　块顶点与几何点对应示意图

（2）为了保证所有块上对应机身和机翼的点与几何点正确关联，将块中的顶点与图 2-48 中显示的几何点相对应。首先关闭显示几何点，在显示树中选择Vertices→Projtype，然后打开显示顶点。可以看到点显示如图 2-49 所示，其中p表示点和点关联，一个v代表一个体顶点，一个a代表一个曲线顶点，还有一个s代表一个曲面关联的点。

(3)为了得到更好的网格质量，必须移动体顶点。选择Blocking→Move Vertices→Set Location（见图 2-50）。打开Vertices→Numbers，选择Geometry→Points→Show Point Names。选中Screen，在翼端选择POINTS/9作为参考点（Ref.Point），选中ModifyX。在Vertices to Set框中，用鼠标左键选择Vertices 236 和Vertices 237，并单击鼠标中键完成选择，完成后单击将会移动到与参考点的X坐标相对应的地方。

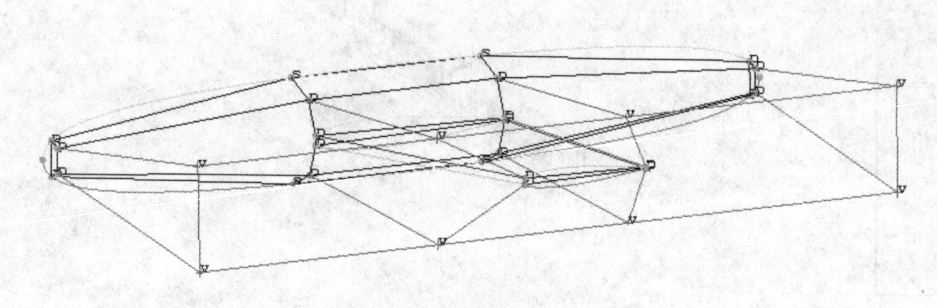

图2-49　显示投影点类型

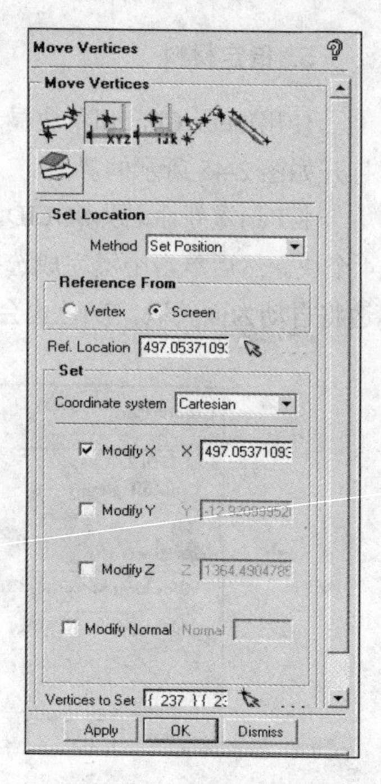

图2-50　设置位置面板

（4）同样，以POINTS/5 为参考点重新设置Vertices 272 和Vertices 273 的位置。在显示树中打开Geometry→Curves并关闭Geometry→Points，然后选择Blocking→Association→Associate Edge to Curve。按照如图 2-51 所示将edges与curves关联。绿色的edges代表曲线已经与curves关联。

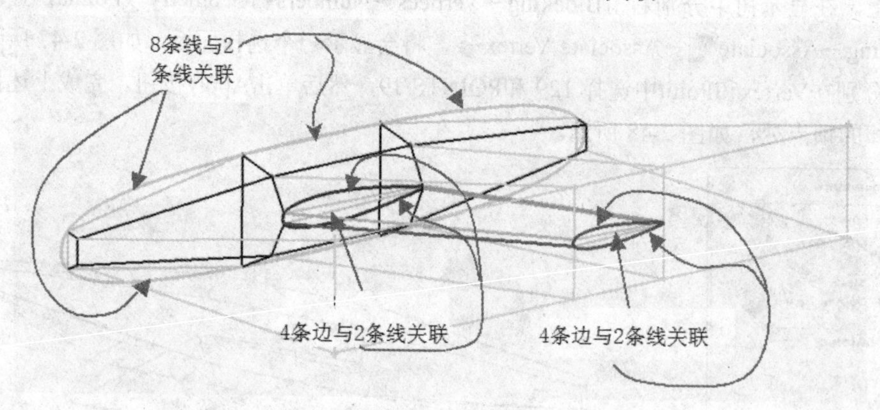

图 2-51　机身、翼根、翼尖曲线和对应的边

7. 创建机身和机翼周围的O形网格

在Index Control控制面板中，单击Reset显示所有的块。选择Blocking→Split Block→Ogrid Block，选中Around block(s)，如图 2-52 所示。单击增加Select Block(s)图标，选择如图 2-53 所示的块，单击Apply按钮创建O形网格（见图 2-54）。

8. 设置网格划分参数

在这里有两种方法可设置划分网格的参数。

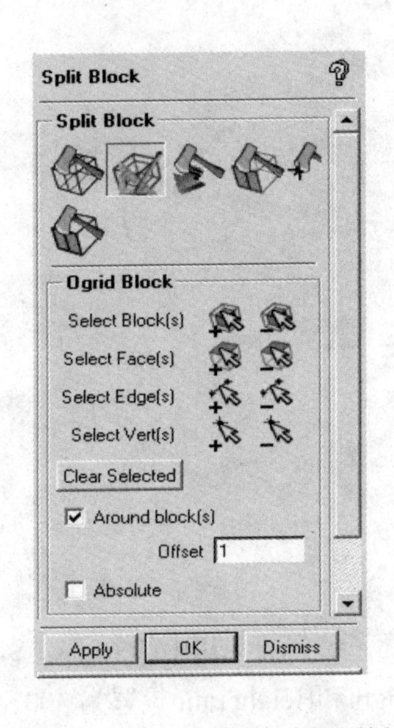

图2-52 创建O形网格选择面板

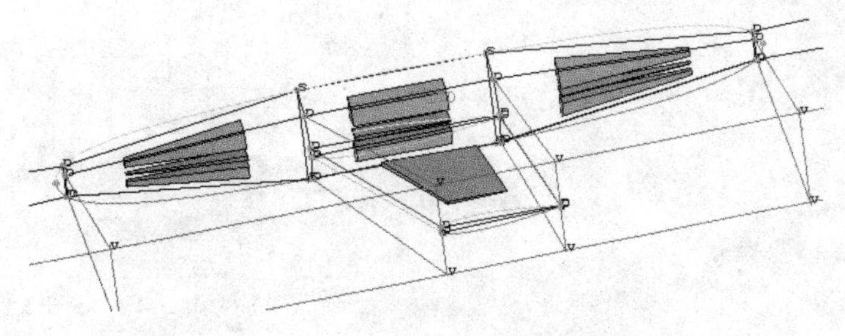

图 2-53 创建 O 形网格所选择的块

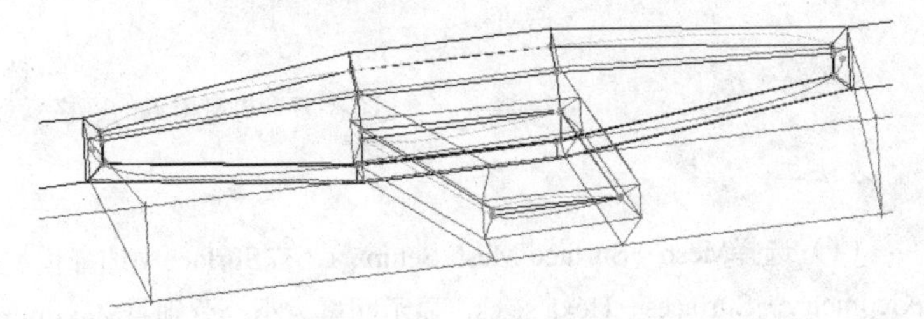

图2-54 创建的O形网格

方法一：

（1）在显示树中选择Blocking→Edges，右键单击选择Counts。在块的边上将会显示线上的网格点数目，默认的网格数过大，如图 2-55 所示。

（2）这时需要调整各条边的网格点数目，选择Blocking→Pre-Parameters →Edge Params ，选中Copy Parameters，并在Method后选择To All Parallel Edge。选择Edge后再选择需要设置的边，输入设置参数即可，如图 2-56 所示。

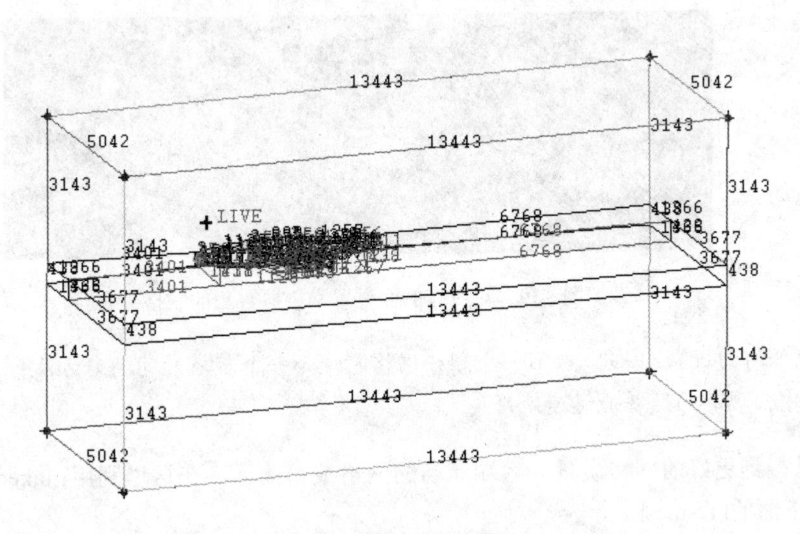

图2-55 初始网格点数目

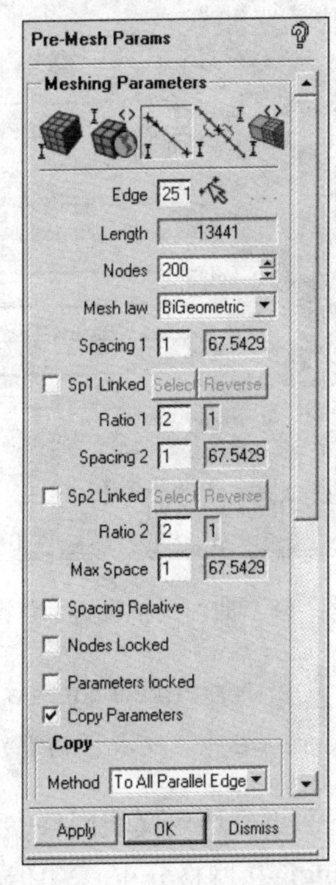

图2-56 设置网格参数面板

（3）将各条边的网格节点数目设置完成后，在显示树中选择Model→Blocking→Pre-mesh，即可完成网格的划分。完成后机身附近的网格如图 2-57 所示。

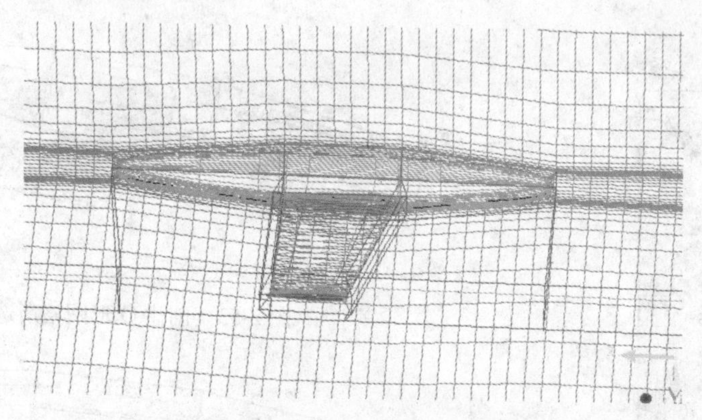

图 2-57　机身附近的网格示意图

方法二：

（1）选择Mesh→Surface Mesh Setup。在Surface中选择模型中所有的面。选择显示树中的Surface S，右击Geometry→Surfaces→Hexa sizes，显示网格大小。分别将Maximum size、Height和Height ratio设置为 300、300 和 1，如图 2-58 所示。对于结构化网格的划分，这三个参数是必须设置的。单击Apply按钮，将会看到网格图标更新。

（2）将显示放大到机身和机翼，选择机身和机翼上的面。方形选择必须设置成entire选择模式。同样，分别将Maximum size、Height和Height ratio设置为 50、50 和 1.4，单击Apply按钮。

（3）在显示树中，关闭显示SOLID，选中Live。选择Blocking→Pre-mesh→Project edges，选择Pre-mesh。在机身和机翼上的网格分布如图 2-59 所示。

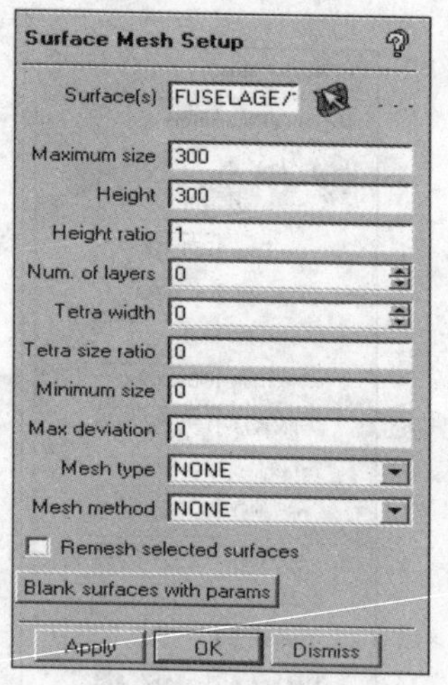

图2-58　曲面网格设置示意图

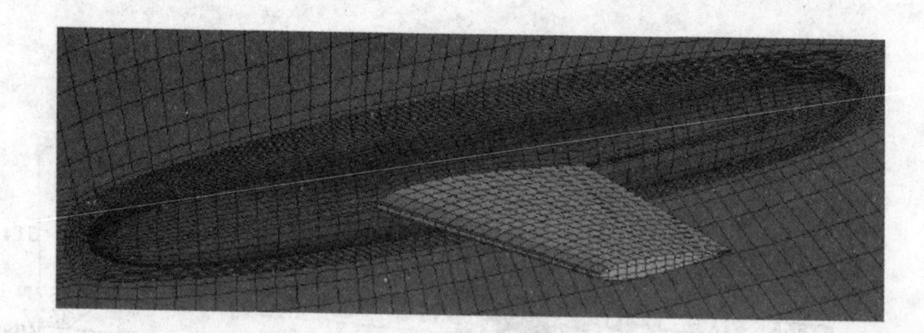

图2-59　对所有的面设置网格参数后的网格分布

选择Project edges后不会做任何面投影。因此，在第一次划分网格时这是一个节省时间的好方法。这样能发现任何在边投影中出现的问题并能迅速地修复。

下面更好地定义块网格参数，以得到更好的网格质量。远端流场的网格被扭曲了，在这里利用Linked Bunching链接网格分布。关闭显示树下面的Pre-mesh。

打开Blocking→Pre-Mesh Params→Edge Params，如方法一中的各图，就可以改变网格分布。

网格划分完成后，右击显示树下面的Blocks→Worst，就会看到质量最差的块网格，并会在信息窗口中看到最差块网格的质量。根据最差网格的位置，可以通过编辑网格分布来改善网格质量。

通过选择Blocking→Pre-mesh Quality可以进一步检查网格质量，这里跟Gambit有点不同，可以通过检查多项指标来评价网格质量，而Gambit只有一种评价方式。具体内容请参看ANSYS ICEM CFD的帮助文件，在这里不再详述。

9. 输出MSH文件

通过上面的步骤已经将网格画出来了，接下来就是将网格文件导出成为ANSYS Fluent能够读入的MSH文件。

（1）选择Output→Select Solver，在弹出的如图2-60所示的面板中选择ANSYS Fluent。

（2）选择Boundary Condition，就会弹出如图2-61所示的面板，在这个面板中对边界条件进行设置。

（3）选择File→Blocking→Load From Block，完成后将会产生一个.uns网格文件。

（4）选择Output→Write input，在出现的Save Current Project First面板中选择No。在出现的选择文件面板中选中相应的文件后，就会出现如图2-62所示的输出MSH文件面板，在这里进行相应的设置之后，单击Done按钮即可输出MSH文件到指定路径，这样Fluent软件就可以将这个文件导入了。

ANSYS ICEM CFD划分网格及导出文件的全部过程都介绍了一遍。通过上面的简单介绍可以看到ANSYS ICEM CFD在划分结构化网格上的强大功能。这个例子只是让大家对ANSYS ICEM CFD有一个初步的认识，如要深入学习，请参看软件的帮助文件和其他资料。

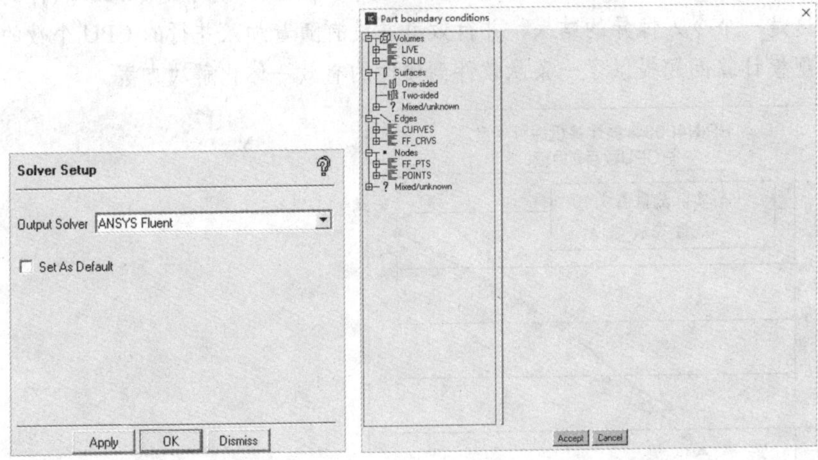

图2-60　选择求解器面板

图2-61　设置边界条件

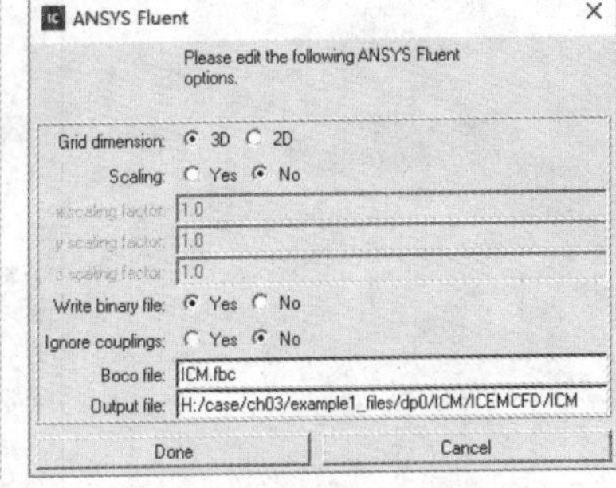

图2-62　输出参数设置面板

2.4 ANSYS Fluent并行计算

并行计算是相对于串行计算来说的，并行计算分为时间上的并行和空间上的并行。时间上的并行是指流水线技术，而空间上的并行则是指用多个处理器并发地执行计算。使用并行计算能大大加快计算速度。通俗一点说，并行计算就是利用多个计算节点（处理器）同时进行计算。

2.4.1 概述

并行计算可将网格分割成多个子域，每个子域对应在不同的计算节点上，它有可能是并行机的计算节点，或是运行在多个CPU工作平台上的程序，或是运行在用网络连接的不同工作平台（UNIX平台或Windows平台）上的程序。

现在计算流体力学问题出现了复杂化、大型化等特点，如导弹内外流联合模拟、导弹水下空泡模拟、导弹出水模拟、导弹流固耦合模拟、机弹分离模拟等，这些课题使CFD计算的工作量越来越大。

而单个CPU计算往往难以满足现代设计的要求，因而并行计算在Fluent软件中的应用也越来越广泛。Fluent软件支持并行计算，Fluent的并行计算具有以下几个特点：

- 自动分区技术：Fluent 软件采用自动分区技术，自动保证各 CPU 的负载平衡。在计算中自动根据 CPU 负荷重新分配计算任务。
- 并行效率高：Fluent 软件的并行效率很高，双 CPU 的并行效率高达 1.8~1.9，4 个 CPU 的并行效率可达 3.6，因而大大缩短了计算时间。
- 支持网络并行：除支持单机多 CPU 的并行计算外，Fluent 还支持网络分布式并行计算。Fluent 内置了 MPI 并行机制，在网络分布式并行计算方面有着非常高的并行效率。图 2-63 所示是 Fluent 软件的网络分布式并行计算结果，这是一个令人惊异的结果，并行效率并没有随着加入并行的 CPU 个数的增加明显降低。这为解决大规模计算问题提供了一条从软件到硬件的有效一体化解决方案。

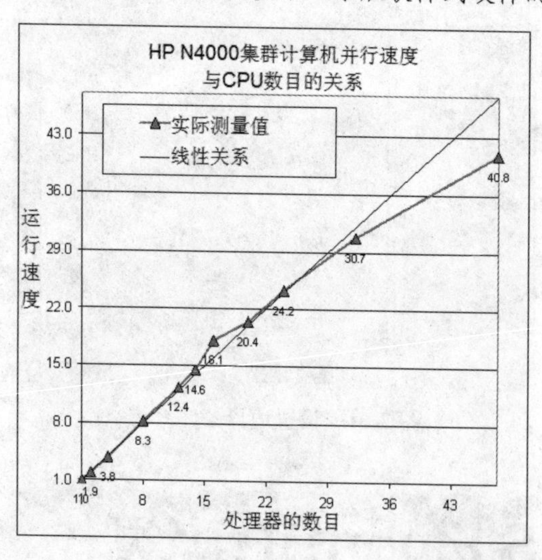

图 2-63 Fluent 软件的网络分布式并行计算结果

2.4.2 并行计算的一般过程

在Fluent中进行并行计算的一般过程如下：

（1）打开平行求解器。

（2）读入Case文件，让Fluent自动将网格分割为几个子域，建议在建立问题之后分割，因为这种分割和计算的模型有关。

（3）仔细检查分割区域，如有必要重新分割。

（4）进行负载平衡等操作。

（5）进行计算。

1. 打开求解器

在ANSYS Fluent的启动面板中可以选择是否采用并行计算，并对并行计算进行设置，如图 2-64 所示。

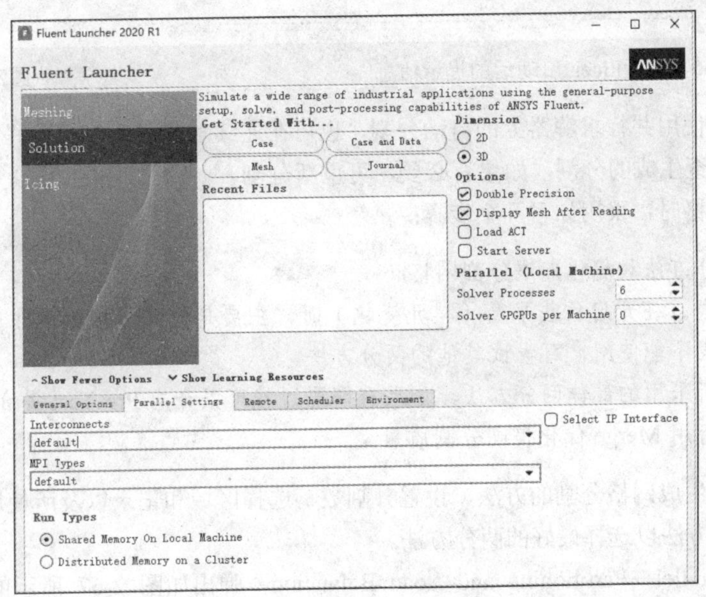

图 2-64　在 Fluent Launcher 面板中对并行计算进行设置

在Fluent Launcher面板中可以设置参与运算的CPU核心数、内存分配方案、MPI类型等。

2. 导入Case文件，并进行相应的设置

打开求解器之后就可以导入Case文件，并进行相应的设置。设置的主要内容包括网格的分割和负载分布及其检查等操作。具体参见下一小节的实例。

3. 计算并进行后处理

设置完成后就可以进行计算了，其后的计算和后处理过程与不进行并行计算的情况一样，这里不再赘述，具体内容请参考其他章节。

2.4.3 实例分析

下面介绍怎样用Fluent进行并行数值模拟。

在Fluent Launcher面板中选择处理器核心数量为 6，单击OK按钮后，在文本窗口中显示如图 2-65 所示的信息。

信息中显示了一个处理器核心节点的信息。其中，O.S.指体系结构，PID是进程ID数。

读入Case文件后，Fluent将自动对网格进行分割，如图 2-66 所示。

```
---------------------------------------------------------------------------
ID    Hostname  Core  O.S.          PID    Vendor
---------------------------------------------------------------------------
n5    SUNLIJUN  6/4   Windows-x64   7480   Intel(R) Core(TM) i7-5600U
n4    SUNLIJUN  5/4   Windows-x64   19096  Intel(R) Core(TM) i7-5600U
n3    SUNLIJUN  4/4   Windows-x64   14204  Intel(R) Core(TM) i7-5600U
n2    SUNLIJUN  3/4   Windows-x64   18132  Intel(R) Core(TM) i7-5600U
n1    SUNLIJUN  2/4   Windows-x64   11192  Intel(R) Core(TM) i7-5600U
n0*   SUNLIJUN  1/4   Windows-x64   3448   Intel(R) Core(TM) i7-5600U
host  SUNLIJUN        Windows-x64   15804  Intel(R) Core(TM) i7-5600U

MPI Option Selected: ibmmpi
Selected system interconnect: default
---------------------------------------------------------------------------
```

图2-65　并行Fluent启动后的提示信息

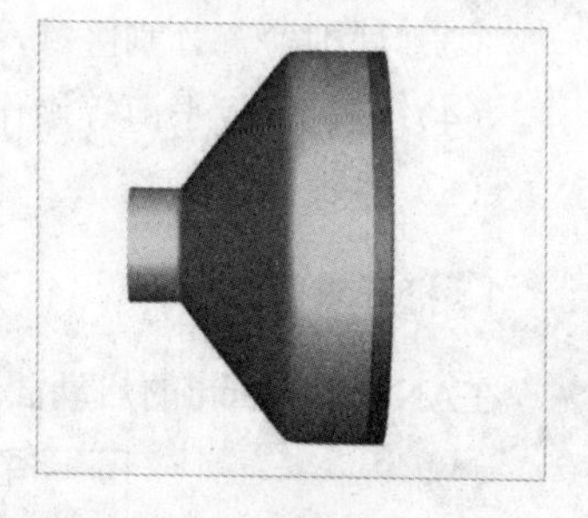

图2-66　自动分割的网格

在网格分割时推荐使用并行求解器上的自动分割，也可在连续求解器或并行求解器上手动分割。在自动或手动分割后，可以检查生成的分割，如果有必要，可重新分割。

在进行手动分割网格时，采用如下几个步骤：

- 选择默认的两分方法和优化方法分割网格。
- 检查分割统计表。在开启负载平衡（单元变化）时，主要是使球形接触面曲率和接触面曲率变量最小。如果统计表不能使用，可尝试其他的两分方法。
- 一旦确定问题所采用的最佳两分方法，如果有需要，就可以开启 Pre-Test 提高分割质量。
- 如果有需要，可用 Merge 优化提高分割质量。

分割网格需要选择生成网格分割的方法、设置分割数、选择区域和记录以及所使用的优化方法等。对某些方法可采用预测试的方法以选择最好的两分方法。

在功能区上选择Parallel→Partitioning and Load Balancing，弹出如图 2-67 所示的Partitioning and Load Balancing面板，可在这个面板中按照以下步骤设置所有相关的参数：

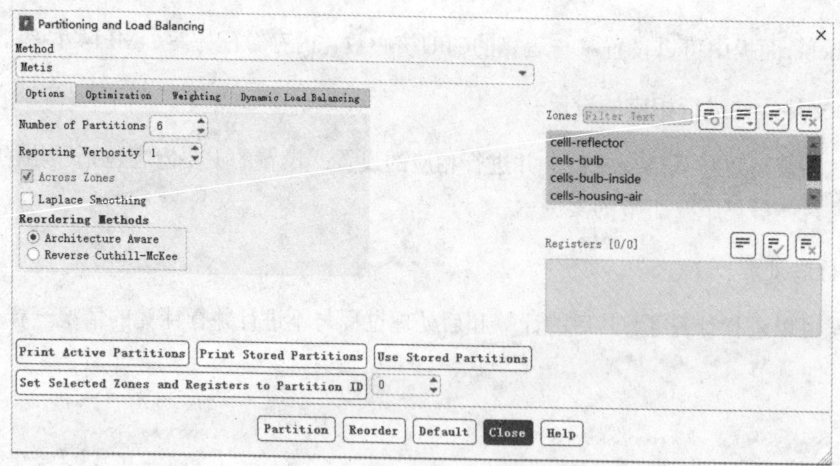

图 2-67　手动网格分割设置面板

- 在 Method 下拉列表中选取两分方法。
- 在 Number of Partitions 中设置想要分割的整数值。可以用计数箭头来增加或减小这个值，也可直接输入某个整数值。此数值必须是整数，并且是并行计算处理器数的倍数。

- 可为每个单元分别选取不同的网格分割方法，也可以利用 Across Zones 让网格分割穿过区域边界。推荐不采用对单元进行单独分割（关闭 Across Zones 按钮），除非是溶解过程需要不同区域上的单元输出不同的计算信息（主区域包括固体和流体区域）。
- 可用 Optimization 下的选项来激活和控制想采用的优化方法。通过选中 Do 按钮来激活 Merge 和 Smooth 格式。可为每个格式选择 Iterations 数。当遇到合适的标准或迭代最大数已被执行完时，就会应用每一个优化格式。若 Iterations 数为 0，则一完成就会应用优化格式，而没有迭代最大数的限制。
- 若选取 Principal Axes 或 Cartesian Axes 方法，则可在实际分割之前对不同的两分方法进行预测以提高分割性能。用预检则开启 Pre-Test 选项。
- 在 Zones 和 Registers 列表中，选择想分割的分区和记录表。大多数情况下，选择所有的 Zones（默认）分割整个区域。单击 Partition 按钮分割网格。
- 若感觉新的分割比先前的（网格已被分割）更好，可单击 Use Stored Partitions 按钮激活上次存储的单元分割（保存一个 Case 文件就会存储最后一次进行的单元分割），用于当前的计算中。

同样的方法在手动网格分割完成后也可以产生网格分割报告，这里不再叙述。

不同的网格分割方法对计算效率和计算结果都有一定的影响，下面对各种网格分割方法进行简单介绍。

并行程序的网格分割有三个主要目标，分别如下：

- 网格分割后各个部分有相等的网格单元。平衡分割（相同的单元数）可确保每个处理器有相同的负载，这样才能确保计算效率。
- 使分割的接触面数最小，尽量减少分割面的接触面积。因为分割间的传输是强烈依赖于时间的，使分割的接触面数最小就可以减少数据交换的时间，这样就可以加快计算速度。
- 使分割的邻域数最小，可减少网络繁忙的机会。对那些初始信息传输比较长、信息传输更耗时间的机器来说，这点尤为重要，特别是对依靠网络连接的工作站来说非常重要。

Fluent中的分割格式是采用两分的原则来进行的，在这里不需要分割数，对分割数没有限制，对每个处理器都可以产生相同的分割数，也就是分割总数是处理器数量的倍数。下面对网格分割时需要设置的方面进行简单介绍。

（1）主要的两分法简介

网格采用两分法进行分割。被选用的法则用于父域，然后利用递归应用于子域。例如，将网格分割成 4 部分，求解器将整个区域（父域）对分为两个子域，然后对每个子域进行相同的分割，总共分割为 4 部分。若将网格分割成 3 部分，求解器先将父域分成两部分——一个大概是另一个的两倍大，然后将较大子域两分，这样总共就分为 3 部分。

网格分割的方法有如下几种，选择分割方法的时候要根据所求解的问题尝试不同的方法，直到选择出最适合的方法。

- Cartesian Axes 网格分割法：这种两分法基于笛卡儿坐标系的单元区域。它两分父域，所有子域都垂直于活动区域最长轴方向。网格分割图如图 2-68 所示。
- Cartesian Strip 网格分割法：采用坐标两分，但严格垂直于父域最长轴方向。可用这种方法使分割邻域数最小。网格分割图如图 2-69 所示。
- Cartesian X-,Y-,Z-Coordinate 网格分割法：两分基于所选笛卡儿坐标系的区域。它两分父域，所有子域都垂直于指定方向。

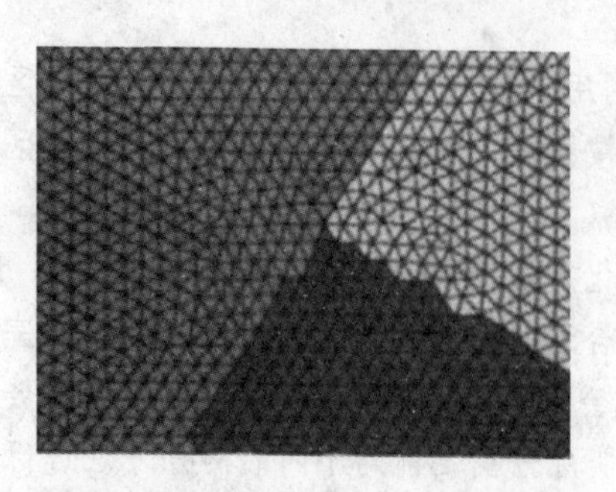
图2-68　用Cartesian Axes方法产生的分割

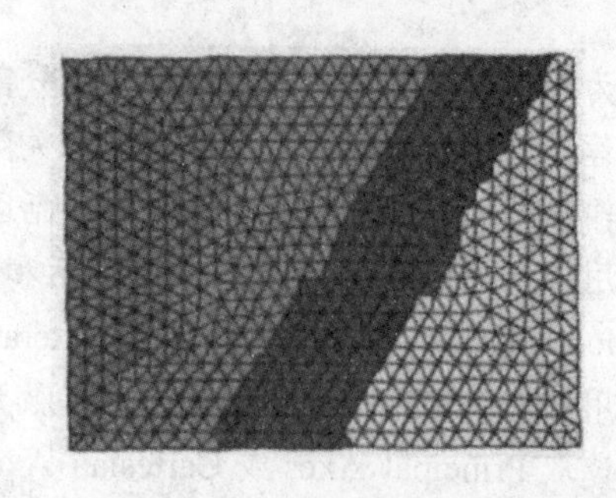
图2-69　Cartesian Strip方法产生的分割

- Cartesian Axes 网格分割法：两分区域，使得从单元中心到笛卡儿轴（x、y 或 z）的径向距离最短，这样开始接触面积最小。这种方法仅用于三维情况。
- Cylindrical Axes 网格分割法：两分基于单元柱坐标系的区域，此方法仅用于三维情况。
- Cylindrical R-,Theta-,Z-Coordinate 网格分割法：两分基于所选柱坐标系的区域，此方法仅用于三维情况。
- Metis 网格分割法：用 METIS 软件包分割不规则图形，这种分割方法是由 Army HPC 研究中心和 Minnesota 大学的 Karypis 和 Kumar 提出的。它采用多级近似将精细图形上的点和边结合，形成一幅粗糙的图形，这副粗糙图被分割，再恢复到原始图形。在变粗糙和恢复的过程中，此方法被用于高质量的分割。
- Principal Axes 网格分割法：两分基于主轴坐标系的区域。若主轴是笛卡儿轴，就是笛卡儿两分法。此原则要考虑力矩、惯性矩或惯性力矩。它是 Fluent 里默认的两分方法，网格划分图如图 2-70 所示。
- Principal Strip 网格分割法：采用力矩两分，但严格垂直于父域最长主轴方向。可用这种方法使分割邻域数最小，网格划分图如图 2-71 所示。

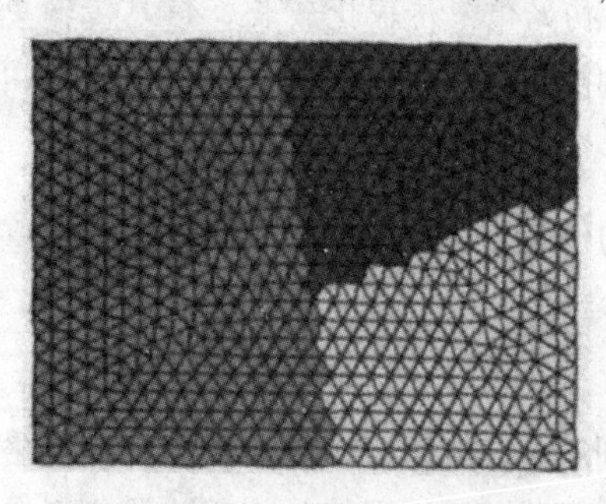
图2-70　用Principal Axes方法产生的分割

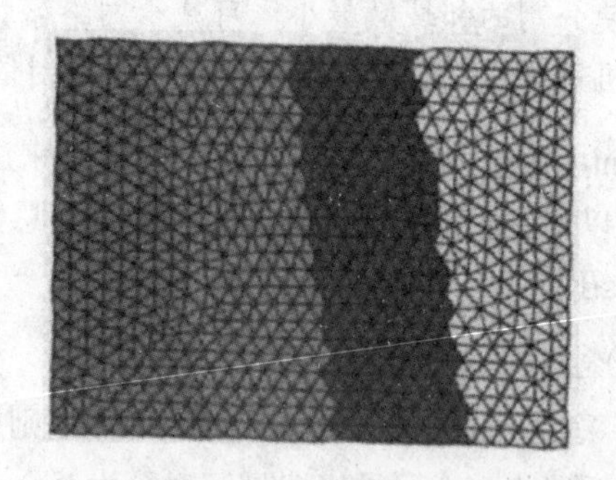
图2-71　用Principal Strip方法产生的分割

- Polar Axes 网格分割法：两分基于单元极坐标系的区域，此方法仅用于二维情况。网格划分如图 2-72 所示。
- Polar R-Coordinate 和 Polar Theta-Coordinate 网格分割法：两分基于所选极坐标系的区域，此方法仅用于二维情况，如图 2-72 所示。
- Principal X-,Y-,Z-Coordinate 网格分割法：两分基于所选主坐标系的区域。
- Spherical Axes 网格分割法：两分基于单元球坐标系的区域，此方法仅用于三维情况。

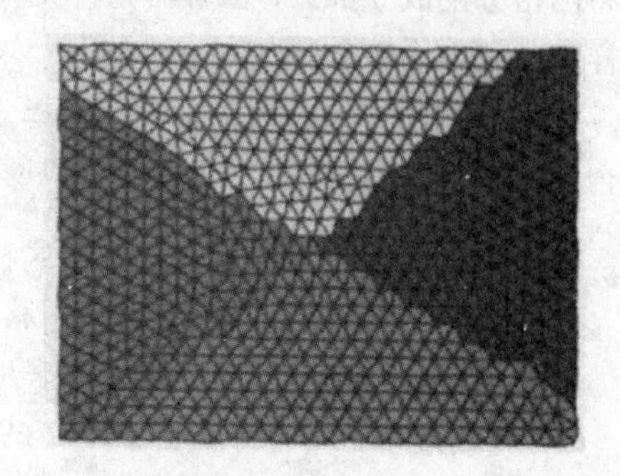
图 2-72　用 Polar Axes 或 Polar Theta-Coordinate 方法产生的分割

- Spherical Rho-,Theta-,Phi-Coordinate网格分割法：两分基于球坐标系的区域，此方法仅用于三维情况。

（2）优化方法介绍

优化可以提高网格分割的质量。垂直于最长主轴方向的两分法并不是生成最小接触边界的最好方法，通过Pre-Test操作可在分割之前自动选择最好的方向。

迭代优化格式主要有光滑和合并两种方式。

光滑就是通过交换相邻分割之间的单元，使分割体之间接触面数最小。以此方式处理分割之间的边界，直至接触边界面消失。

合并就是从每个分割体中消除孤串。一个孤串就是一组单元，组里的每个单元至少有一个面是接触边界。孤串会降低网格质量，导致大量传输损失。

Smooth和Merge是相对比较节省资源的优化方法。

（3）预测试简介

如果选Principal Axes或Cartesian Axes方法，可以在实际分割之前对不同的两分法进行预测以提高分割性能。如果不用预测试（默认），Fluent会采用垂直于长主轴方向的两分法。

如果选用预测试，单击Partition按钮或用自动分割读入网格时都会自动运行预测试。它将测试所有的坐标方向，最后选择使分割接触面最小的两分法。

使用预测试将增加分割所需的时间。与不进行预测试相比，对二维问题将增加3倍左右的时间，对三维问题将增加4倍左右的时间。

完成上面的并行计算各步设置之后，就可以进行流场的其他设置并进行计算了。

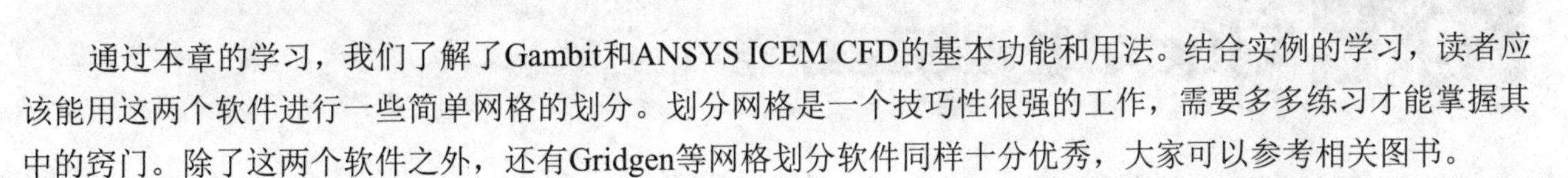

2.5 小结

通过本章的学习，我们了解了Gambit和ANSYS ICEM CFD的基本功能和用法。结合实例的学习，读者应该能用这两个软件进行一些简单网格的划分。划分网格是一个技巧性很强的工作，需要多多练习才能掌握其中的窍门。除了这两个软件之外，还有Gridgen等网格划分软件同样十分优秀，大家可以参考相关图书。

另外，作为流体计算前的一种准备工作，本节还简要介绍了用Fluent进行并行计算的设置及网格分割方法。

第3章 基本模型及理论

导言

本章分析 Fluent 先进的求解技术及博采众长的物理模型，其中重点介绍传热以及辐射模型的应用和求解过程，使读者能够更清晰地认识 Fluent 的求解思想及计算能力，为后续章节具体应用实例的分析提供理论依据及设计思想，便于读者进一步掌握其基本应用。

学习目标

- 熟悉 Fluent 中的基本物理模型。
- 熟悉 Fluent 软件先进的求解技术。
- 掌握传热计算的设置过程及求解方法。
- 掌握辐射模型的基本原理和求解过程。
- 太阳加载模型的设置和求解。
- 体积反应基本理论基础。
- 表面化学反应基本理论。

3.1 Fluent物理模型综述

本节主要对Fluent软件中所包含的丰富的物理模型的功能及特点进行综合讲解，在此基础上，通过对两种比较常用的物理模型从理论基础到建模求解过程进行详细分析来具体阐述其应用思路。

Fluent软件中包含丰富的物理模型，如动网格、六自由度模型、燃烧与化学反应、多相流、凝固熔化模型、旋转机械等，因此它可以精确模拟航空、航天工业的复杂流体流动。

3.1.1 湍流模型

Fluent软件中的湍流模型功能如表 3-1 所示。

表 3-1　湍流模型功能列表

模　　型	功能与主要适用范围
混合长度模型	零方程模型，模拟简单的流动，计算量小
Spalart-Allmaras	针对大网格的低成本湍流模型，适合模拟中等复杂的内流和外流以及压力梯度下的边界层流动（如螺旋桨、翼型、机身、导弹和船体等）
标准 $k-\varepsilon$	鲁棒性最好，优点和缺点非常明确，适合进行初始迭代、设计选型和参数研究
RNG $k-\varepsilon$	适合涉及快速应变、中等涡、局部转捩的复杂剪切流动（如边界层分离、块状分离、涡的后台阶分离、室内通风等）
Realizable $k-\varepsilon$	与 RNG $k-\varepsilon$ 性能类似，计算精度优于 RNG $k-\varepsilon$ 模型
标准 $k-\omega$	在模拟近壁面边界层、自由剪切和低雷诺数流动时性能更好。可以用于模拟转捩和逆压梯度下的边界层分离（空气动力学中的外流模拟和旋转机械）
SST $k-\omega$	与标准 $k-\omega$ 性能类似，对壁面距离的依赖使得它不适合模拟自由剪切流动
雷诺应力	最好的基于雷诺平均的湍流模型。避免各向同性涡粘性假设，需要更多的 CPU 时间和内存消耗。适合模拟强旋转流和涡的复杂三维流动
大涡模拟	模拟瞬态的大尺度涡，通常和 F-W-H 噪声模型联合使用
分离涡模拟	改善了大涡模拟的近壁处理，比大涡模拟更加实用，可以模拟大雷诺数的空气动力学流动

3.1.2　传热和辐射模型

Fluent软件的基本模型包含的传热模型可以求解气动加热、流体和固体耦合换热等航天工业的应用问题。

在Fluent软件中，传热的计算需要激活能量方程。Fluent软件通过计算能量方程中的能量源项来考虑传热问题。根据问题的不同类型，能量源项中可以包括压力做功和动能项、粘性耗散项、组分扩散项、化学反应源项、辐射能源项、相间能量交换源项等各种类型，从而满足用户仿真计算的需求。

在某些类型的传热问题中，Fluent软件使用壳层导热模型考虑在瞬态热分析问题中的热质量，例如浸泡问题。壳层导热模型也能够用于多个接头来考虑通过接头的导热，并应用于边界壁面以及内壁面。

Fluent软件可以模拟具有周期性对称性几何体的传热，例如单元式换热器，只需要模拟单个周期变化的模块即可。这种传热问题包括顺流式周期性对称的传热问题和无压降周期性对称的流动问题。

辐射是一种基本的传热方式，在所有的高马赫数气动问题中，由于相对温差较大，辐射都会扮演重要角色。

Fluent软件提供 5 种辐射模型，用户可以在其传热仿真中使用这些模型，辐射模型中可以包括或不包括参与性介质。用户可以使用下面的某个辐射模型，在建模中考虑由于辐射所产生的表面受热或冷却，或由于在流体相态间辐射形成的热源。

- 离散传递辐射（DTRM）模型。
- P-1 辐射模型。
- Rosseland 辐射模型。
- 表面辐射（S2S）模型。
- 离散坐标（DO）辐射模型。

适用于辐射传热仿真的典型应用如下：

- 火焰的辐射传热。
- 表面对表面的辐射加热或冷却。
- 辐射与对流或导热耦合传热。
- 在HVAC（Heating Ventilating and Air Conditioning，采暖、通风和空调工业）应用中穿过窗户的辐射，以及汽车工业中车厢的传热分析。
- 玻璃加工、玻璃纤维拉拔和陶瓷加工过程中的辐射。

根据问题的类型，Fluent软件能够根据用户设定的传热模型来求解不同的能量方程。Fluent软件还能够预报周期性变化几何结构下的传热问题。

除了这些基本辐射模型之外，Fluent软件还提供了太阳加载模型，允许用户在仿真中考虑太阳辐射的影响。太阳加载模型能够用于计算进入计算域的太阳射线的辐射影响。模型有两个可用的选项：太阳射线跟踪和DO辐照。

射线跟踪方法是将太阳负荷用于能量方程中源项的非常有效和实际的方法。在用户希望使用离散坐标（DO）模型计算计算域中的辐射影响时，有一个选项可用于直接对DO模型提供外部射线方向和强度参数。

太阳加载模型包括太阳计算器，能够用于构建给定的日期、时间和位置（天空中太阳的方位）。太阳加载模型只在3D求解器中使用，并能用于稳态和非稳态流场。

3.1.3 欧拉多相流模型

Fluent软件中的欧拉多相流模型可模拟多个分离的、相互作用的相。相可以是液体、气体、固体以及它们的任意组合。每一相都用欧拉方法处理。

Fluent软件中的欧拉多相流对相之间的体积分率没有任何限制，而且欧拉模型对相的数目没有限制，它可以分析的最大相的数目仅仅受到内存的限制。Fluent软件中的欧拉多相流模型允许相间的化学反应。

在航天工业中，欧拉多相流可以用来模拟油水分离、换热器中的相变。

3.1.4 离散相模型

Fluent软件中的离散相模型可采用拉格朗日方法研究稀疏两相流问题。颗粒相可以是液体或气体中的固体颗粒，也可以是液体中的气泡，以及气体中的液滴。图3-1所示为离散相模型应用于煤、空气两相流动问题。Fluent软件中的离散相模型具备以下功能：

- 颗粒可以和连续相交换热、质量和动量。
- 每一个轨道表达具有相同初始特性的一组粒子。
- 可以采用随机轨道模型或粒子云模型模拟湍流耗散。

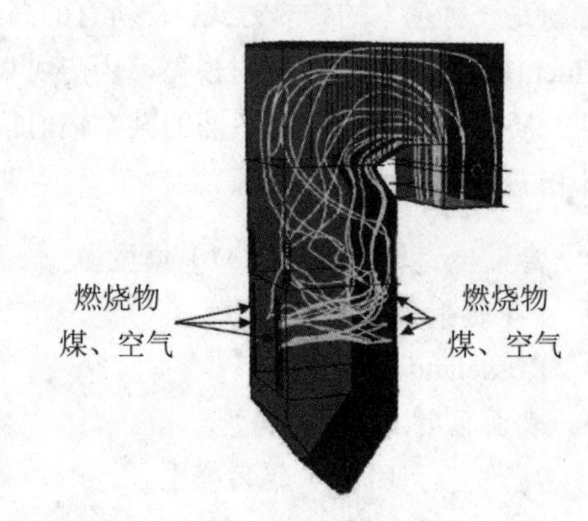

图3-1　离散相模型应用于煤、空气两相流动问题

Fluent软件中还包含以下面向具体工程问题的子模型：

- 离散相的加热和冷却。
- 液滴的蒸发和沸腾。
- 可燃性粒子的挥发和燃烧。
- 丰富的雾化模型可以模拟液滴的破碎和凝聚。
- 颗粒的腐蚀和成长。

3.1.5 混合分数多相流模型和空泡模型

Fluent软件中的混合分数模型可以模拟相互贯通的两相之间的混合和流动，空泡模型是混合分数模型的子模型，利用气蚀模型可以模拟弹体在水下航行时的空泡，如图 3-2 所示。

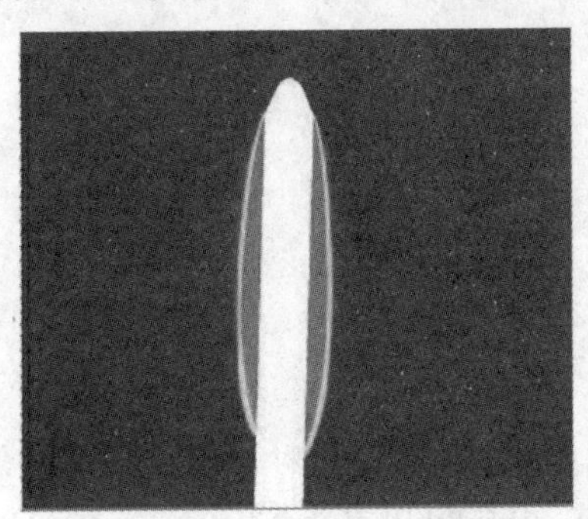
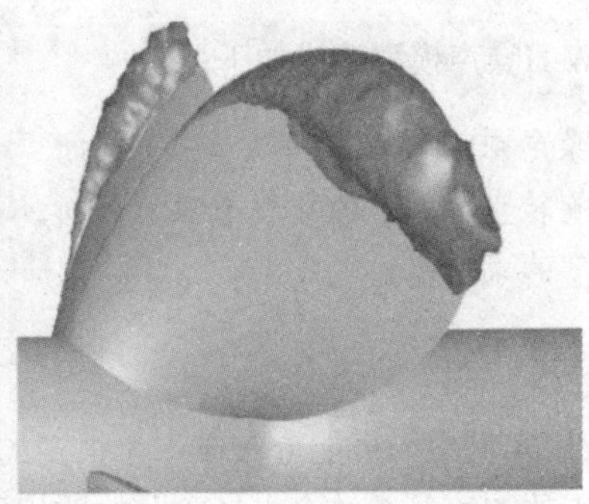

图 3-2 弹体和水力推进器所产生的空泡

3.1.6 气动噪声模型

气动噪声问题是航天工业关注的另一个焦点，Fluent软件提供了非常丰富的气动噪声解决方案。Fluent软件中包含 4 个噪声模型，可以精确预测导弹、飞行器的气动噪声。

1. F-W-H噪声模型

Fluent软件中的噪声模型基于F-W-H方程和它的积分解。F-W-H方程是对通用形式Lighthill声学模型的改进，能够模拟像单极子、偶极子、四极子这样的等价声源产生的声音。

F-W-H模型在启动之前应当首先获得一个时变流场，启动F-W-H模型后，Fluent软件中的噪声模型自动捕获压力随时间的变化规律，噪声模拟对所获得的时变压力进行分析处理，得到所需要的声学指标。

F-W-H模型适合模拟中场和远场噪声。图 3-3 所示为利用F-W-H模拟外流场噪声变化情况。它的典型应用包括导弹、飞行器、汽车的气动噪声。

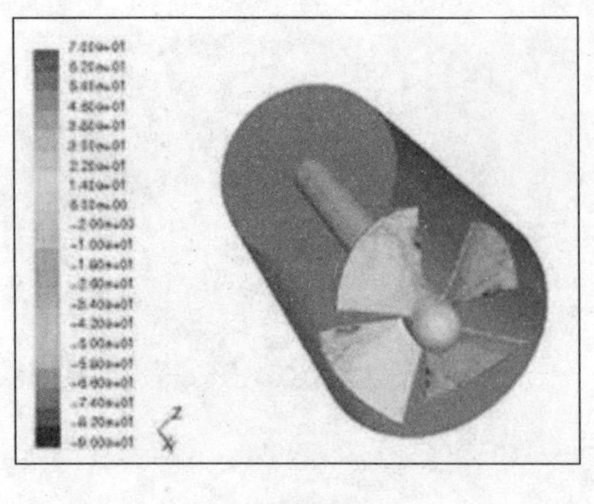

静压（Pa）

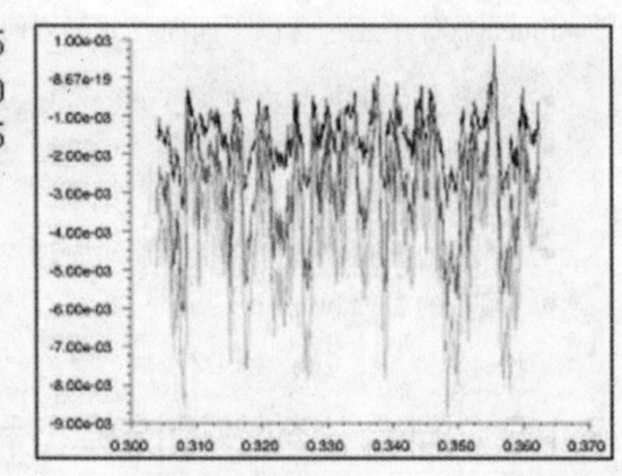

声压变化（Pa）

图 3-3　利用 F-W-H 模拟外流场

在Fluent中对F-W-H噪声模型改进如下：

- 支持回转面噪声源。
- 滑移网格或旋转坐标系下的非稳态噪声分析。
- 支持基于密度的求解器。

2. 宽频噪音源模型

在许多湍流的应用实例中，声能分布在一个很宽的频率范围内。这种情况涉及宽频噪声，通过统计雷诺平均的N-S方程所获得的湍流量，结合半经验公式的修正和Lighthill声学分析理论，就可以模拟宽频噪声。

与F-W-H模型不同，宽频噪音源模型不需要流体动力学方程的瞬态解，它所需要的源是基于RANS方程提供的平均速度、湍流动能和湍流耗散率，因而使用宽频噪声源模型的计算成本非常低。图 3-4 所示是利用宽频噪音源模型计算得到的对称面和弹体表面的声功率。

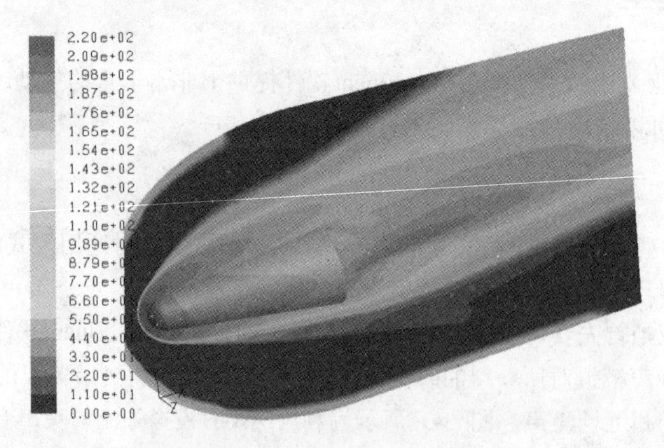

图 3-4　对称面和弹体表面的声功率

3. 直接计算声学模型

通过高分辨率的流体动力学方程来直接模拟噪声，精确地计算声波和流动的相互作用。通常由于声场的能量远远小于流场的能量，要捕捉到声波需要很高的网格分辨率，因此计算成本较高。

4. SYSNOISE接口

Fluent软件作为计算流体动力学的行业标准，几乎所有与流体相关的其他领域的软件都包含和Fluent软件的接口。

在声学领域也不例外，SYSNOISE是著名的第三方声学计算软件，Fluent的SYSNOISE直接输出SYSNOISE需要的网格和时变压力场数据，最后通过SYSNOISE完成声场分析。

3.1.7 高精度的自由表面模型

Fluent软件中的自由表面模型（VOF模型）是通过求解一组动量方程和追踪计算域中每一流体的体积分数来模拟两种或两种以上互不相溶的流体的，它可以精确追踪互不相溶的流体之间的自由界面。

在Fluent中增加了高分辨率的几何重构模型，使VOF模型的界面分辨精度进一步提高。在航天工业领域，它可以用来模拟导弹入水和出水过程、导弹水下发射过程。

3.1.8 动网格模型

Fluent软件中的动网格模型用来模拟由于计算域边界运动而引起的计算域形状随时间改变问题的流体流动，动网格模型也可用于稳态应用。边界的运动可以是已知的，也可以是由流动来决定的运动。

动网格技术是新一代CFD技术竞争的焦点，Fluent软件推出动网格技术后，网格的重新生成完全由求解器控制，不需要用户干预。

动网格模型中的关键技术是网格重新生成的方法，Fluent提供了三种网格重新生成的方法：

- **基于弹簧的光顺方法**。在基于弹簧的光顺方法中，网格节点之间的边都被理想化为互相联结的弹簧网络。网格的形状可以改变，但网格数量、网格的拓扑结构保持不变。这种方法简单可靠，表达小位移和小变形非常合适。
- **动态层铺**。在动态层铺中，随着计算区域被压缩，网格一层一层地被去掉；随着计算区域的扩张，网格一层一层地增加。动态层铺的初始网格应该是单向可影射的，确保网格可以精确地去掉和增加。动态层铺方法非常适合表达阀的运动而引起的计算域形状的改变，以及与此类似的所有单自由度运动问题。它的突出优点是网格质量高、网格重新生成方法可靠、阀的运动位置可以精确控制。
- **局部网格重构**。当边界移动引起计算域变形时，Fluent 软件根据新的边界重新生成计算域的部分网格。局部网格重构方法适合表达设计多自由度的大位移和大变形，如投弹、降落伞打开过程的模拟。

上述三种网格重新生成方法可以任意组合，这样就可以表述非常复杂的动网格问题，例如：

- 对于机弹分离问题，可以同时采用两种局部网格重构和基于弹簧的光顺方法生成网格，当网格变形较小时，采用基于弹簧的光顺方法；当变形增大，网格质量变差时，采用局部网格重构来避免网格质量的下降。
- 可以多个区域同时运动，每个区域具有不同的运动规律，并且每个区域可以采用不同的网格重新生成方法。

动网格的核心技术就是网格重新生成，Fluent软件是唯一支持三种网格生成技术的商业CFD软件，确保了Fluent软件在这一领域的绝对领先地位。

为了提高动网格技术的易用性，降低用户使用门槛，Fluent软件专门针对不同的工业问题开发了面向专业的动网格模型，它们是多体分离（六自由度）模型和两维半的动网格模型。

1. 多体分离模型

Fluent中增加了专门针对多体分离问题开发的专业模型。它基于Fluent软件中的动网格技术，通过对物体表面压力和剪切应力的积分获得气动力和力矩，并且将之与重力和用户提供的附加外力叠加，从而确定运动体的加速度和速度。多体分离模型的推出极大地简化了这一类问题的应用。它的主要优点是：

- 气动力自动计算，不需要通过 UDF 来积分气动力。
- 可以自动包含重力。
- 可以自动包含附加外力（如弹射力和力矩），附加外力可以是时间和位置的函数。

利用六自由度模型可以模拟：

- 机弹分离。
- 舵面偏转研究。
- 座椅弹射。
- 武器入水、出水过程。

2. 两维半动网格模型

对于许多工程问题，仅仅在一个平面内发生变形，与和这个面垂直的每一个断面形状完全相同。针对这一类问题，Fluent公司以动网格技术为基础开发了专门的两维半动网格模型。

从基础上来讲，两维半网格就是两维三角形网格沿着指定动网格的区域的法向延伸，三角形的面网格重新生成和光顺后，这种变化沿着法向扩展。

通常来说，两维半动网格模型具有网格生成迅速、可靠的优点。由于网格质量完全用面网格控制，因此容易保证网格质量，提高网格生成过程的鲁棒性。

两维半的动网格模型主要应用于齿轮泵、发动机内流等复杂工程问题。

3.2 流体动力学理论基础

对于所有流动，都需要求解质量和动量守恒方程。对于包含传热或可压性的流动，还需要增加能量守恒方程。如果是湍流问题，还要选择求解相应的输运方程。

3.2.1 质量守恒方程

$$\frac{\partial \rho}{\partial t}+\frac{\partial}{\partial x_i}(\rho u_i)=S_m \tag{3-1}$$

该方程是质量守恒的总形式，适合可压和不可压流动。等式左边第一项是密度变化率，当求解不可压缩流动时该项为零。第二项是质量流密度的散度。右边的源项S_m是稀疏相增加到连续相中的质量，如液体蒸发变成气体或者质量源项，在单相流中，该源项为零。

3.2.2 动量守恒方程

在惯性坐标系下，i方向的动量守恒方程为：

$$\frac{\partial}{\partial t}(\rho u_i)+\frac{\partial}{\partial x_j}(\rho u_i u_j)=-\frac{\partial p}{\partial x_i}+\frac{\partial \tau_{ij}}{\partial c_j}+\rho g_i+F_i \tag{3-2}$$

式中，p是静压；ρg_i、F_i是重力体积力和其他体积力（如源于两相之间的作用），F_i还可以包括其他模型源项或者自定义的源项。τ_{ij}是应力张量，定义为：

$$\tau_{ij}=\left[\mu\left(\frac{\partial u_i}{\partial x_j}+\frac{\partial u_j}{\partial x_i}\right)\right]-\frac{2}{3}\mu\frac{\partial u_l}{\partial x_l}\delta_{ij} \tag{3-3}$$

3.2.3 能量方程

通过求解能量方程可以计算流体和固体区域之间的传热问题。

能量方程形式如下：

$$\frac{\partial}{\partial t}(\rho E)+\frac{\partial}{\partial x_i}(u_i(\rho E+p))=\frac{\partial}{\partial x_i}(k_{eff}\frac{\partial T}{\partial x_i})-\sum_{j'}h_j J_{j'}+u_j(\tau_{ij})_{eff}+S_h \tag{3-4}$$

式中，$k_{eff}=k_t+k$，为有效导热系数（湍流导热系数根据湍流模型来定义）。$J_{j'}$是组分j'的扩散通量。方程右边前三项分别为导热项、组分扩散项和粘性耗散项。S_h是包括化学反应热和其他体积热源的源项。其中，

$$E=h-\frac{p}{\rho}+\frac{u_i^2}{2} \tag{3-5}$$

对于理想气体，定义为：$h=\sum_{j'}m_{j'}h_{j'}$；对于不可压缩气体，焓定义为：$h=\sum_{j'}m_{j'}h_{j'}+\frac{p}{\rho}$。$m_{j'}$是组分$j'$的质量分数，组分$j'$的焓定义为：$h_{j'}=\int_{T_{ref}}^{T}c_{p,j'}dT$，其中$T_{ref}=298.15\mathrm{K}$。

3.2.4 湍流模型

为了使流体动力学的基本控制方程封闭，从而进行求解，在以上方程的基础上必须配合使用湍流模型。

常用的湍流模型包括：单方程（Spalart-Allmaras）模型、双方程模型（标准$k-\varepsilon$模型、重整化群$k-\varepsilon$模型、可实现$k-\varepsilon$模型）及雷诺应力模型和大涡模拟模型。在实际求解中，选用什么模型要根据具体问题的特

点来决定。选择的一般原则是精度高、应用简单、节省计算时间，同时也具有通用性。

不同软件所包含的湍流模型有略微区别，但常用的湍流模型一般CFD软件都包含。如图 3-5 所示为常用的湍流模型及其计算量的变化趋势。

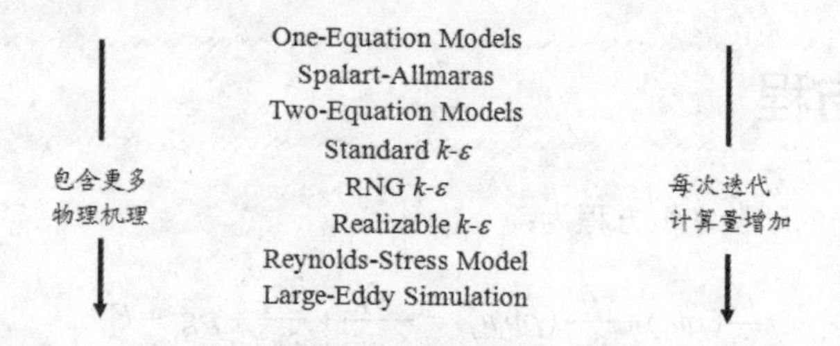

图 3-5 湍流模型及其计算量

标准 $k-\varepsilon$ 模型是常用的湍流模型之一，需要求解湍动能及其耗散率方程。该模型假设流动为完全湍流，分子粘性的影响可以忽略。因此，标准 $k-\varepsilon$ 模型只适合完全湍流的流动过程模拟。

标准 $k-\varepsilon$ 模型的湍动能k和耗散率 ε 的方程如下：

$$\rho\frac{Dk}{Dt}=\frac{\partial}{\partial x_i}\left[\left(\mu+\frac{\mu_t}{\sigma_k}\right)\frac{\partial k}{\partial x_i}\right]+G_k+G_b-\rho\varepsilon-Y_M \tag{3-6}$$

$$\rho\frac{D\varepsilon}{Dt}=\frac{\partial}{\partial x_i}\left[\left(\mu+\frac{\mu_t}{\sigma_k}\right)\frac{\partial \varepsilon}{\partial x_i}\right]+C_{1\varepsilon}\frac{\varepsilon}{k}(G_k+C_{3\varepsilon}G_b)-C_{2\varepsilon}\rho\frac{\varepsilon^2}{k} \tag{3-7}$$

在上述方程中，G_k 表示由于平均速度梯度引起的湍动能，G_b 是用于浮力影响引起的湍动能；Y_M 是可压速湍流脉动膨胀对总的耗散率的影响。湍流粘性系数 $\mu_t=\rho C_\mu\frac{k^2}{\varepsilon}$。

3.3 传热学理论基础及应用

传热是自然界和工程问题中常见的物理现象。传热是一种复杂现象，物体的传热过程分为 3 种基本方式，即传导、对流和辐射。但无论是哪种方式传热，都有一个对应的方程来解问题。下面介绍Fluent中传热学控制方程及求解传热问题的基本步骤。

3.3.1 传热学控制方程

Fluent软件求解如下形式的控制方程来计算传热问题：

$$\frac{\partial}{\partial t}(\rho E)+\nabla\cdot\left(\vec{\upsilon}(\rho E+p)\right)=\nabla\cdot\left(k_{\text{eff}}\nabla T-\sum_j h_j\bar{J}_j+\left(\overline{\overline{\tau}}_{\text{eff}}\cdot\vec{\upsilon}\right)\right)+S_h \tag{3-8}$$

式中，k_{eff} 是有效导热率（$k+k_t$，其中 k_t 是湍流引起的导热率，根据所使用的湍流模型来确定）；$\bar{J}_j$ 是

组分 j 的扩散通量；式 3-8 等号右边的前三项分别表示由于导热、组分扩散和粘性耗散所产生的能量传递；S_h 为源项，包括化学反应放（吸）热和其他用户定义的体积热源产生的热量。

在式（3-8）中：

$$E = h - \frac{p}{\rho} + \frac{\upsilon^2}{2} \tag{3-9}$$

对于理想气体，显焓h定义为：

$$h = \sum_j Y_j h_j \tag{3-10}$$

对于不可压流体：

$$h = \sum_j Y_j h_j + \frac{p}{\rho} \tag{3-11}$$

在公式（3-10）和（3-11）中，Y_j 是组分 j 的质量分数，并且有：

$$h_j = \int_{T_{\text{ref}}}^{T} c_{p,j} \mathrm{d}T \tag{3-12}$$

其中，T_{ref} 为 298.15K。

对涉及传热的问题，根据用户使用的模型和具体条件的设置，上面的能量方程（3-1）就会变换成与用户设置相对应形式的方程。Fluent软件通过求解变换后的具体方程得到与传热计算相关的参量。

当用户激活了非绝热非预混燃烧模型后，Fluent软件求解的是以总焓形式表示的能量方程：

$$\frac{\partial}{\partial t}(\rho H) + \nabla \cdot (\rho \vec{\upsilon} H) = \nabla \cdot \left(\frac{k_t}{c_p} \nabla H \right) + S_h \tag{3-13}$$

当刘易斯数（Le）=1 时，公式（3-13）等式右边的第一项包括导热和组分扩散项，然而粘性耗散以非守恒的形式包含在第二项中。总焓H的定义为：

$$H = \sum_j Y_j H_j \tag{3-14}$$

其中，Y_j 是组分 j 的质量分数，并且有：

$$H_j = \int_{T_{\text{ref},j}}^{T} c_{p,j} \mathrm{dT} + h_j^0 (T_{\text{ref},j}) \tag{3-15}$$

$h_j^0(T_{\text{ref},j})$ 是组分 j 在参考温度 $T_{\text{ref},j}$ 下的生成焓。

固体区域中Fluent软件使用的能量输运方程采用下面的形式：

$$\frac{\partial}{\partial t}(\rho h) + \nabla \cdot (\vec{\upsilon} \rho h) = \nabla (k \nabla T) + S_h \tag{3-16}$$

式中，ρ 为密度，$h = \int_{T\text{ref}}^{T} c_p \mathrm{d}T$ 为固体材料的显焓，k为固体材料的导热率，T为温度，S_h 为固体区域中的体积源项。在公式（3-16）左边的第二项表示由于固体的旋转或平移运动所产生的对流传热，速度场 $\vec{\upsilon}$ 由用户对固体区域的运动属性的设定计算得到。公式（3-16）右边的两项分别表示导热所产生的热流和固体中的体积热源。

能量方程（3-8）包括压力作用和动能项。因为通常在不可压流动计算中会忽略压力作用项，因此使用基于压力的求解器求解非压缩流动时，Fluent软件的默认设置中没有选择压力做功和动能项，如果用户希望在计算中考虑这两个因素，需要使用Define→models→energy…命令来激活能量方程中的压力作用和动能项。在对压缩流建模或使用基于密度的求解器时，能量方程总是包括压力做功和动能项的。

能量方程（3-8）和（3-13）中的粘性耗散项表示流动中粘性剪切作用所产生的热量。使用基于压力的求解器时，在Fluent软件的默认设置中，能量方程不包括粘性耗散项。粘性加热的作用由Brinkman数进行衡量。

$$\mathrm{Br}=\frac{\mu U_e^2}{k\Delta T} \tag{3-17}$$

ΔT 表示系统中存在的温度差。

当Br接近或超过 1 时，粘性加热的作用就会变得很明显，这时用户需要在传热模型中使用包含粘性耗散项的能量方程。当用户使用基于压力的求解器时，通过在Viscous Model面板中选择Viscous Heating选项来激活粘性耗散项。

典型的压缩流动通常都有Br≥1，然而用户在使用基于压力的求解器时，Fluent软件不会自动激活粘性耗散项，需要用户进行设置来激活能量方程中的粘性加热作用。在使用基于密度的求解器时，所求解的能量方程始终是包括粘性耗散项的。

能量方程（3-8）和（3-13）的形式也都包括由于组分扩散所产生的焓的输运因素，使用基于压力的求解器时，由于组分扩散所产生的焓的输运项为：

$$\nabla\cdot\left(\sum_j h_j\vec{J}_j\right) \tag{3-18}$$

在Fluent软件的默认设置下，在公式（3-1）中包括焓的输运项，如果用户不希望在公式中包含该项，可以在Species model面板中取消Diffusion Energy Source选项，Fluent软件的传热模型中就不包括组分扩散所产生焓的输运影响了。

当使用非绝热非预混燃烧模型时，因为在公式（3-13）等号右边的第一项中包括组分扩散项，因此能量方程中不会显式地出现焓的输运项。在使用基于密度的求解器时，Fluent软件所求解的能量方程始终包括组分扩散所产生的焓的输运项。

公式（3-8）中能量源项 S_h 可以包括化学反应所产生的热量源项、辐射传热的源项和多项流相间能量交换所产生的源项。

在公式（3-8）中由于化学反应所产生的能量源项 S_h 为：

$$S_{h,\mathrm{rxn}}=-\sum_j\frac{h_j^0}{M_j}\Re_j \tag{3-19}$$

式中，h_j^0 是组分j的生成焓，$\Re_j$ 是组分j的体积生成率。对于非绝热非预混燃烧所使用的能量方程（公式(3-13)），由于组分生成热已经包括在焓的定义中（公式（3-14））了，因此在S_h中不包括化学反应所产生的热量。

求解固体区域的传热问题时，如果用户使用了基于压力的求解器，Fluent允许用户将固体材料导热率设置为各向异性，这时固体区域能量方程（3-16）中导热项的形式为：

$$\nabla\cdot\left(k_{ij}\nabla T\right) \tag{3-20}$$

其中，k_{ij} 是导热系数矩阵。

3.3.2 求解传热问题的基本步骤

这里只给出Fluent软件中用户建立传热计算模型的基本步骤，因篇幅所限，不再详细介绍对传热模型所设置的相关模型以及边界条件的设置。用户对传热问题进行设置的步骤如下：

1. 激活传热计算模型

通过在Energy面板上打开Energy Equation选项来激活传热计算。Fluent软件在使用基于压力的求解器时，其默认设置是忽略粘性加热作用的，即求解传热问题的能量方程中不包括粘性加热项。

在对粘性流动的建模中，如果必须考虑粘性加热作用，即Fluent求解包括粘性加热项的能量方程，需要用户在Viscous Model面板中激活Viscous Heating选项，即选择Define→Models→Viscous。在流体中的剪切应力很大时，如润滑问题以及高速、压缩流动时粘性加热的作用不能忽略，用户应该在求解传热问题的模型中打开粘性耗散项。

2. 设置流动入口、出口和壁面上的边界条件

求解传热问题的模型需要用户设置流动入口和出口的温度，并且设置壁面的热边界条件。Fluent中用户可以使用的热边界条件类型有 5 种：热流边界条件、温度边界条件、对流换热边界条件、辐射边界条件以及辐射和对流混合边界条件。

Fluent中入口的默认边界条件是将入口温度设置为300K，在壁面上使用零热流（绝热）边界条件。

3. 传热问题中介质热参数的设定

在进行传热问题的建模过程中，用户必须设置流体介质和壁面物质的比热和导热率。在Fluent中允许用户将物质的热物理参数设定为温度的函数。

出于计算稳定性的考虑，Fluent对计算过程中的温度范围进行了限制。Fluent设置计算温度上下限的目的是为了保证传热计算的真实性，因为根据物理特性，现实中的温度应该处于某个确定的温度范围之内。

然而，在能量方程求解刚开始时，由于某些参数的变化而产生了数值计算的波动，计算得到的温度就可能超出温度限制，这种异常温度所对应的各种参数是不真实的，Fluent通过温度的上下限值来确保计算出的温度处在真实现象的物理温度范围之内。

如果Fluent在计算过程中得到的温度超出了温度上限，那么计算温度值就被“遏制”在温度上限值。Fluent默认的温度上限值是 5000K。如果计算过程中得到的温度低于温度下限，那么计算温度值就被“遏制”在温度下限值。Fluent默认的温度下限值为 1K。若用户模拟的传热问题中的温度可能超过 5000K，则可以通过改变Solution Limits面板的Maximum Temperature选项的温度值来提高温度上限值。

3.4 辐射传热理论基础及应用

上节提到，在求解传热问题时，辐射热流是作为源项加入能量方程中的，由于辐射计算与流场和一般的传热方程形式完全不同，需要考虑空间不同方向上的传热，因此没有梯度项，也不能使用通用的能量和传热

方程表示，只能在能量源项中考虑。本节单独列出了辐射传热方程，通过求解辐射传递方程来得到辐射热流，也就是说使用辐射传递方程可以求解辐射传热产生的能量源项。

3.4.1 辐射传递方程

对于吸收、发射、散射性介质，在位置 $\vec{r}$ 处沿着方向 $\vec{s}$ 的辐射传递方程（RTE）为：

$$\frac{\mathrm{d}I(\vec{r},\vec{s})}{\mathrm{d}s}+(a+\sigma_s)I(\vec{r},\vec{s})=an^2\frac{\sigma T^4}{\pi}+\frac{\sigma_s}{4\pi}\int_0^{4\pi}I(\vec{r},\vec{s})\Phi(\vec{s},\vec{s}')\mathrm{d}\Omega' \tag{3-21}$$

式中，

$\vec{r}$——位置向量。

$\vec{s}$——方向向量。

$\vec{s}'$——散射方向向量。

s——沿程长度（行程长度）。

a——吸收系数。

n——折射指数。

σ_s——散射系数。

σ——斯蒂芬-玻耳兹曼常数（$5.672\times10^{-8}\,\mathrm{W/(m^2\cdot K^4)}$）。

I——辐射强度，取决于位置（$\vec{r}$）与方向（$\vec{s}$）。

T——当地温度。

Φ——凝聚相的散射相函数。

Ω'——立体角。

$(a+\sigma_s)s$——介质的消光系数。

对于半透明介质的辐射，折射指数很重要。如图 3-6 所示为辐射热传递过程的示意图，表示在计算微元光学路径上，出射的辐射强度为入射辐射强度在沿程受到气体介质/流体介质吸收、散射和发射作用的结果。

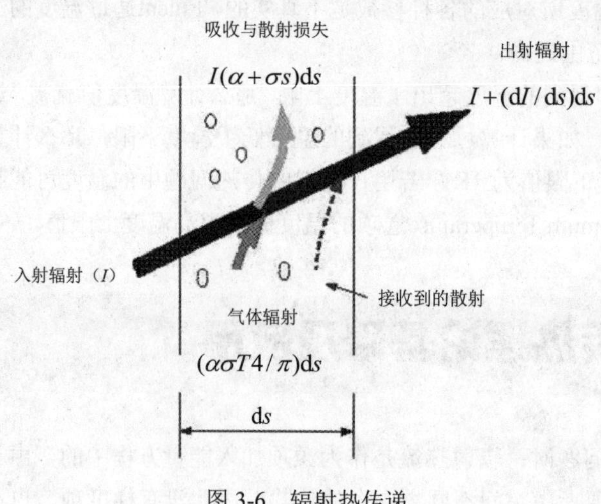

图 3-6 辐射热传递

3.4.2 辐射模型类型设置过程

本节只对设置和求解辐射问题的步骤进行简单的概述，所给出的设置步骤只与辐射传热问题的模型设置相关，是使用Fluent软件中的5个辐射模型所固有的步骤。但首先要注意，如果需要进行辐射传热的计算，就必须使用基于压力的求解器。辐射求解设置的基本步骤如下：

步骤01 选择辐射模型。首先通过在Radiation Model面板中选定某个辐射模型（Rosseland，P1，Discrete Transfer（DTRM），Surface to Surface（S2S）或Discrete Ordinates（DO））来激活辐射热传递计算。

步骤02 设置相应的辐射模型参数。不同的辐射计算模型有不同的参数设置选项，这里只给出一般性的介绍，详细的设置过程在后面讨论。当用户选择使用DTRM辐射模型时，选择该模型后进行参数设置；当用户选择使用S2S模型时，就需要计算或读取角系数；当用户选择使用DO模型时，就会出现DO/Energy Coupling选项，通过该选项可以改变能量方程中辐射源项与能量方程的求解过程，使用DO模型需要用户首先定义节点角度的离散。如果有相关的应用，还需要定义非灰辐射参数。

只要用户激活了DTRM、S2S或DO辐射模型中的一个模型，在Radiation Model面板就会出现这些模型的附加参数选项。选择其他的辐射模型，面板上不会出现与这些模型相关的附加参数选项。在3D辐射传热模型计算的情况下，Fluent中还会出现使用太阳加载模型的附加选项。

激活辐射模型后，Fluent就会自动激活能量方程的计算，而不需要用户再单独去激活能量方程。这样，在每次模型求解的迭代计算过程中，对能量方程的求解计算就包含辐射热流。如果用户在问题的设置中打开了辐射模型，又希望不进行辐射传热计算，那么可以在Radiation Model面板中选择Off选项来关闭辐射计算。

步骤03 定义物质热物理特性参数。

步骤05 定义边界条件。如果用户的模型包括半透明介质，还需要设置半透明介质的参数。

步骤05 设置控制求解的参数。该步骤只需要对选择DTRM、DO、S2S和P-1模型的情况进行设置。

步骤06 进行解的迭代。

步骤07 结果的后处理输出和显示。

1. DTRM模型的设置

当用户在Radiation Model面板中选择Discrete Transfer模型并单击OK按钮之后，就会自动弹出DTRM Rays面板，用户可以在该面板中设置参数和创建平面束。如果在随后的模型设定或求解计算过程中需要修改当前设置，可使用Define→DTRM Rays菜单项手动打开此面板，如图3-7所示。

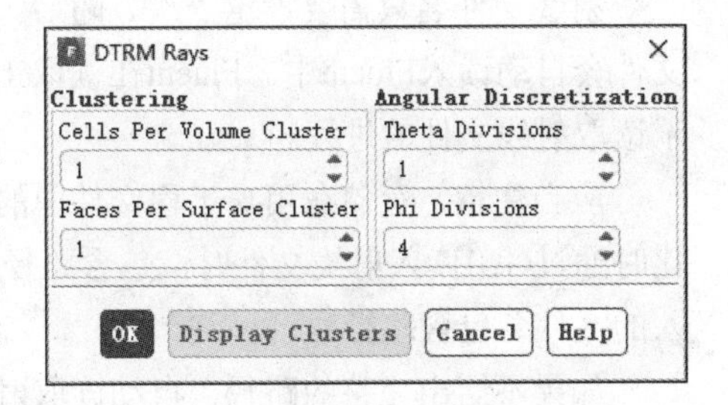

图3-7 DTRM Rays面板参数设置

进行DTRM模型设置的步骤如下：

步骤01 确定和调整辐射表面或吸收单元的数目，用户可以通过修改Cells Per Volume Cluster和Faces Per Surface Cluster选项的值来进行调整。

用户在Cells Per Volume Cluster和Faces Per Surface Cluster文本框的输入值控制了表面束（辐射面）和容积体（吸收体）内包含的计算单元数。在Fluent中，这两项的默认设置均为1，表示表面束的数目等于边界面元的数目，容积体的数目等于计算域内的单元总数。对较大规模的问题，为了减少跟踪射线的计算量，通过加大这两个选项的值来增加表面束或容积体内所包含的单元数目。

步骤02 确定和调整跟踪射线的数目，用户可以通过修改 Theta Divisions 和 Phi Divisions 选项的值来设定跟踪射线的数量。

- Theta Divisions：确定了表面上围绕 P 点的立体角 θ 角方向的角度划分数量。立体角在 θ 角方向的变化区间为 0º~90º，在 Fluent 中的默认设置为 2，这表示从此表面发出的不同射线的间隔角度为 45º。
- Phi Divisions：确定了表面上围绕 P 点的立体角的 θ 角方向的角度划分数目。立体角在 θ 角方向的变化区间为：在 2D 情况下为 0º~180º，在 3D 情况下为 0º~360º。在 Fluent 中的默认设置为 2，表示在 2D 计算中从此表面发出的不同射线间隔角度为 90º，与上面对 Theta Divisions 的默认设置一起使用时，用户 2D 模型中控制容积的每个辐射面将会跟踪 4 条射线。需要注意的是，对于 3D 情况，若要达到上述的相同精度，Phi Divisions 的设定需为 4。多数情况下，推荐用户至少把 θ 和 θ 角的设定数目加倍。

步骤03 当用户在 DTRM Rays 面板中单击 OK 按钮之后，会弹出 Select File 面板，要求用户给定此跟踪射线文件（rayfile）的名称。在给定文件名并选择是否写入二进制射线文件后，Fluent 将数据写入文件，然后从文件中把数据读到内存。在写入数据的过程中，DTRM 射线跟踪的状态将在 Fluent 操控窗口中显示，如图 3-8 所示。

```
Completed 25 % tracing of DTRM rays
Completed 50 % tracing of DTRM rays
Completed 75 % tracing of DTRM rays
Completed 100 % tracing of DTRM rays
```

图 3-8　二进制射线文件的数据读入内存

用户通过该选项创建射线文件，以便在随后的辐射计算中读入和使用该文件。射线文件包括对射线跟踪的描述数据（沿程长度、每条射线穿越的单元等）。这些信息存储到射线文件中，就不需要每次（辐射迭代）再重新计算，从而加速计算过程。

在Fluent的默认设置中，射线文件以二进制格式存储，用户可以在Select File面板中取消选择Write Binary Files选项，创建以文本格式存储的射线文件。Fluent不能从压缩的射线文件中读取需要的信息，所以用户不要写入或读取压缩的射线文件。

射线文件名只需要设定一次。随后，文件名被存储在用户的工程文件中，并且在读取工程文件时，射线文件会自动读入Fluent中。Fluent在读取工程文件时，当读完其余部分后，在信息输出控制台文本窗口能够显示读取射线文件的进程。

应当注意，存储在用户工程文件中的射线文件名并不包含存储射线文件路径的全称。只有当用户在初始化时通过GUI读入射线文件时，包含路径的文件名才可以被存储在工程文件中（或者在使用文本界面时，输入的文件名包含路径）。

如果不给出完整的路径，自动读取射线文件可能会出错，用户必须使用File→Read→DTRM Rays菜单项对射线文件进行手动设置，最保险的办法是第一次读取射线文件开始就从GUI读入或者在文本界面直接输入完全的路径名称。

对网格进行更改时，用户必须重新创建射线文件，这些更改包括改变边界区类型、调整或重新排序网格和缩放网格等操作。

在创建或读入了射线文件后，用户可在DTRM Rays面板中单击Display Clusters按钮来图形化显示计算域内的射线束。

2. S2S模型的设置

选择Surface to Surface（S2S）模型后，Radiation Model面板将展开设置S2S模型的选项，如图 3-9 所示。在面板展开的部分，需要用户计算问题中的角系数或将先前计算的角系数读入Fluent软件。

单击Settings按钮可打开View Factors and Clustering面板，可对角系数计算方式进行设置，如图 3-10 所示。

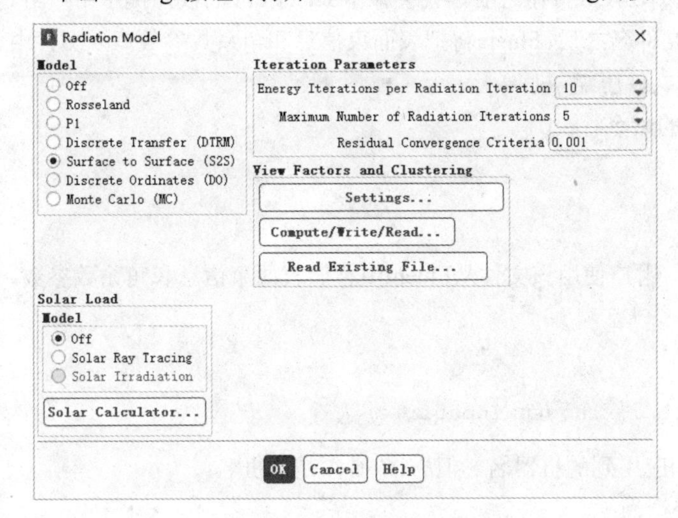

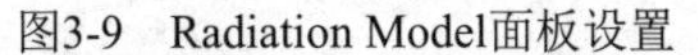
图3-9　Radiation Model面板设置

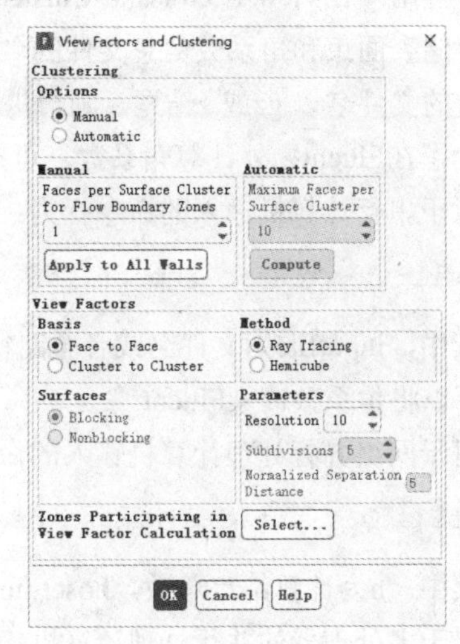

图3-10　角系数计算方式设置面板

辐射表面的数量很大时，S2S辐射模型的计算量很大。为了减少计算的内存需求，可通过创建表面束来减少辐射表面的数量。Fluent能够使用表面束的相关信息（节点的坐标与连接信息、表面束的标识）来计算相应表面束的角系数。

当用户对网格做出修改后，例如改变边界区域的类型、网格重新排序和缩放网格等操作，用户就必须重新创建表面束的信息，并且当从壁面到内部壁面（反之亦然）的边界区域发生改变，或者边界区域进行了合并、分立或融合，Fluent会提醒用户重新创建束/角系数文件。但在壁面上无论壳体导热模式激活与否，用户都不需要重新计算角系数。

Fluent中可以采用两种方式来得到角系数：一种是在Fluent中直接计算；另一种是在Fluent之外计算，然后将计算结果读入Fluent。对于网格数量巨大和复杂的几何模型，推荐用户在Fluent之外计算角系数，然后在开始计算仿真前把角系数读入Fluent。

（1）在 Fluent 中直接计算角系数

Fluent可以计算在当前工作阶段的角系数并存储至文件中，以备当前和随后的工作阶段使用。

如果用户选择在Fluent中计算角系数，应首先在View Factors and Clustering面板中设定角系数计算参数。

设定完角系数与表面束参数后，在Radiation Model面板中的Methods选项下单击 Compute→Write按钮。随后，弹出Select File面板，提示用户给出存储表面束和角系数信息文件的名称。

在用户给定了文件名之后，Fluent将表面束信息写入该文件。为了计算角系数，Fluent将用表面束信息，并将角系数结果写入该文件中，然后自动从文件中读取角系数。

Fluent所使用的角系数文件格式被称为压缩行格式（CrF）。在CrF格式中，只有非零的角系数与有关的束标识被存储到文件中。这就减小了.s2s后缀文件的大小，并减少了将该类文件读入Fluent所用的时间。用户也能够在必要时使用旧的文件格式。

（2）在 Fluent 之外计算角系数

为了在Fluent之外计算角系数，用户必须将表面束信息和角系数参数存储到角系数文件中。通过选择File→Write→Surface Clusters来设置。

通过上面的过程，打开View Factor and Clustering面板，在此面板中，用户可以设定角系数和表面束计算参数。当用户在View Factor and Clustering面板中单击OK按钮之后，就会弹出Select File面板，提示用户给定用于存储表面束和角系数信息文件的名称。给定文件名之后，Fluent将把表面束信息和角系数参数写入文件中。若给定的文件名以.gz或.z结尾，则会进行相应的文件压缩。

为了在Fluent之外计算角系数，可输入下列的命令行：

对于串行计算机输入的命令行为：

```
Utility viewfac inputfile
```

其中，inputfile为文件名或者全路径文件名，用户使用该文件从Fluent中存储表面束信息和角系数参数。然后可以将角系数读入Fluent。

对于网络并行处理计算机输入的命令行为：

```
Utility viewfac-p-tn-cnf=host1,host2,...,hostn inputfile
```

其中，n为计算结点总数，host1,host2,...为相应用到的机器名。但*host1*必须是主机名。

对于多处理器的并行处理计算机输入的命令行为：

```
Utility viewfac-tn inputfile
```

（3）把角系数读入 Fluent 软件中

在角系数计算完成并保存了角系数文件之后，用户就可以把角系数的结果读入Fluent软件中。为了读取角系数，可在Radiation Model面板中的Methods选项下单击Read按钮，弹出Select File面板，用户在该面板中给出存储角系数的文件名称。也可以通过File→Read→View Factors菜单项手动给定角系数文件。

用户能够在工作目录中的命令提示窗口使用下面的指令，将已存在的旧的文件格式转换成新的文件格式，而不需要重新计算角系数，从而获得减小文件尺寸和读取文件时间的好处：

```
Utility viewfac-c1-o new.s2s.gz old.s2s.gz
```

其中，new.s2s.gz是用户希望将旧格式的文件（old.s2s.gz）转换成CrF格式的文件。

（4）设定角系数和表面束参数

用户可以使用View Factors and Clustering面板来设置S2S模型的角系数和表面束参数。

在Radiation Model面板中单击Settings按钮或者使用File→Write→Surface Clusters菜单项，就可以打开View Factors and Clustering面板。

用户在Faces per Surface Cluster for Flow Boundary Zones下输入的值确定了辐射面的数量。Fluent中的默认设置值为1，表示表面束的数目等于边界面元的数目。对于大规模问题，用户可能会希望减少表面束的数目，来减小角系数文件的大小和对内存的需求。但是，减少表面束的数量会减小计算精度。

在某些应用中，用户可能希望大多数或所有的壁面边界区域具有相同的Faces per Surface Cluster for Flow Boundary Zones参数。例如，典型的引擎罩下仿真中，内部可能有上百个壁面，用户可能希望对这些壁面使用相同的Faces per Surface Cluster for Flow Boundary Zones参数。为了避免分别访问每个Wall边界条件面板，用户可以在View Factors and Clustering面板上单击Apply to All Walls进行设置。一旦单击了OK按钮，用户指定的Faces per Surface Cluster for Flow Boundary Zones值将应用到模型中与流体区域相毗连的所有壁面区域上。这样，用户只需要访问需要进行不同设置的壁面，即可对这些壁面设置独立的参数。

表面束中的面元数目也能够在Radiation表单下的Wall边界条件面板中对特定的壁面单独指定。在Radiation表单下，用户也能够通过取消Participates in View Factor Calculation选项来从辐射度计算中排除某个特定的表面。需要注意的是，表面束写入后该特性被取消，就不会计算该壁面角系数。

如果用户提前不知道壁面是不是辐射的，那么可以保持Participates in View Factor Calculation选项打开，如图 3-11 所示，对壁面的角系数也会被计算。用户总是可以在后面的阶段中通过在该选项上的开关在辐射度计算中包括或排除特定的壁面。但是，在GUI中与固体相连的壁面边界区域的Faces Per Surface Cluster和Participates in View Factor Calculation控制选项是不可见的。

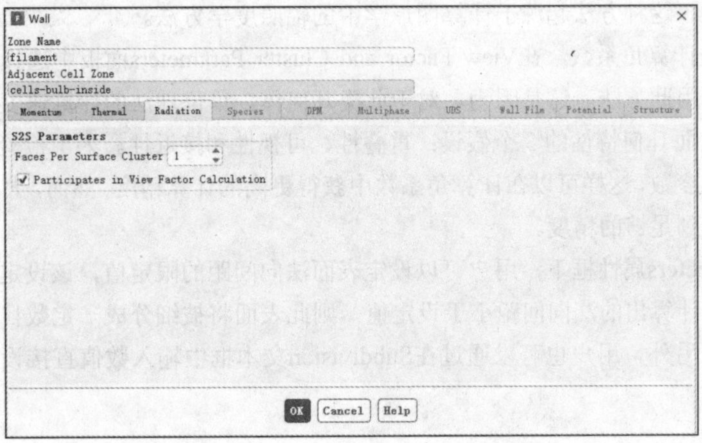

图 3-11　参与辐射的壁面条件设置

在某些情况下，为了控制表面的聚类，用户可能希望修改相邻单元法线之间的夹角——分割角。分割角确定了相邻单元进行表面聚类的限定条件。分割角越小，角系数就越能够更好地描述表面间的辐射关系。

在Fluent的默认设置中，表面束不包括表面法线夹角大于 20º的表面。为了修改该数值，用户可使用split-Angle 文本命令行，选择 Define → Models → Radiation → S2S-Parameters → Split-Angle 或者 File → Write-Surface-Clusters→Split-Angle来具体设置，图 3-12 所示为两种通过命令行修改分割角的方法。

```
> define
/define> models
/define/models> radiation
/define/models/radiation> s2s-parameters
/define/models/radiation/s2s-parameters> split-angle
Split Angle  (in degree) [20]
```

```
> file
/file> write-surface-clusters
/file/surface-clusters> split-angle
Split Angle  (in degree) [20]
```

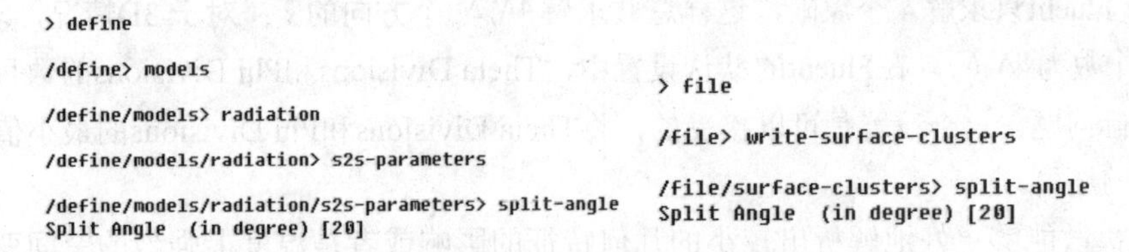

图 3-12　两种通过命令行修改分割角的方法

角系数的计算取决于表面对之间的几何指向。对于有阻碍面的情况，在View Factor and Cluster Parameters面板中的Surfaces选项下选定Blocking；对于非阻碍面，用户既可以选择Blocking又可以选择Nonblocking，这并不影响计算精度。但是，这种情况下最好选择Nonblocking，因为这样能够减少计算时间。

为了强制使角系数满足互换性和守恒原理，可以对角系数矩阵实行光滑化处理。在View Factor and Cluster Parameters面板中的Smoothing选项下选择Least Squares，表示使用最小二乘法来光滑化角系数矩阵。如果用户不希望对角系数矩阵进行光滑化处理，可以在Smoothing选项下选择None。

Fluent提供两种计算角系数的方法：单位球法和自适应方法。单位球法仅适用于3D情况。自适应方法对角系数的计算是在面对面的基础上，计算过程中，可根据两个面之间的接近程度自动使用不同的代数方法（解析或高斯积分）。

为了保证计算精度，两个面越接近，积分阶次就越高。对于彼此非常靠近的表面，则使用解析方法。Fluent通过可视性来确定所使用的方法。如果表面发出的射线不被另外的面所阻挡，那么使用高斯积分方法；如果一部分射线被阻挡，那么需要使用蒙特卡罗积分方法或者准蒙塔卡罗积分方法。

用户通过在View Factor and Cluster Parameters面板中选择Adaptive选项选择使用自适应方法。对于简单的几何模型，推荐使用自适应方法，因为对于这种类型的模型，自适应方法比单位球法要快。

单位球法使用对微元面的微分方法，并且在逐行的基础上计算角系数。对微元面计算的角系数求和就得到了整个表面的角系数。这种方法起源于计算图形学中的辐照度学方法。

如果使用单位球法计算角系数，在View Factor and Cluster Parameters面板中选择Hemicube选项。对于大型复杂几何体，推荐使用此方法。这是因为，对于此类几何体，单位球法的计算速度更快。

单位球法是基于表面几何特性的3个假设：重叠性、可视性和接近性。为了检验这三种假设，用户可以设置3个不同的单位球参数，这样可以在计算角系数中获得更高的计算精度。然而，大多数情况下，保留Fluent中的默认设置就能够得到足够的精度。

在Hemicube Parameters属性框下，用户可以设定表面法向间距的限定值，该设定值为最小的面元间距与有效表面直径之比。若计算出的法向间距小于设定值，则此表面将被细分成一定数目的子面元，直到其表面法向间距大于设定值。另外，用户也可以通过在Subdivision文本框中输入数值直接设定子面元数目来创建子面元。

3. DO模型的设置

当用户选定Discrete Ordinates模型后，Radiation Model面板将展开显示对于Angular Disc Retization的输入项。本节将介绍DO模型中角度离散和像素化参数的设置方法。

（1）角度离散参数的设置

选择DO模型后所展开的面板中，Theta Divisions（N_θ）和Phi Divisions（N_φ）选项用于确定角度空间每个象限控制角离散度的数量。

对于2D情况，Fluent只求解4个象限，这样总共求解$4N_\theta N_\varphi$个方向的$\vec{s}$；对于3D情况，求解8个象限，因而求解方向$\vec{s}$的个数为$8N_\theta N_\varphi$。在Fluent的默认设置中，Theta Divisions和Phi Divisions的数目均为2。

对于大多数实际问题，这个设置是可以接受的，将Theta Divisions和Phi Divisions的最小值增加到3或5，能够得到更为可信的结果。

更精细的空间离散能够更好地解析出较小的几何特征的影响或者是温度上强烈的空间变化，但是增加Theta Divisions和Phi Divisions的数目意味着增加计算量。

Theta Pixels和Phi Pixels选项用于确定对控制容积重叠进行考虑的像素。对于漫灰辐射，1×1的默认像素设置就足够了。对于具有对称面、周期性条件、镜面或者半透明边界的问题，推荐使用3×3的像素设置。增加像素数目将加大计算量，但比增加角度划分所产生的计算代价要小。

（2）DO模型的非灰辐射计算的设置

若用户想用DO模型对非灰辐射建模，则可在展开后的Radiation Model面板中的Non-Gray Model选项下设定Number of Bands（N）选项。Fluent软件默认情况下，Number of Bands被设定为0，表示仅对灰体辐射建模。

由于计算量与波带的数目直接相关，用户应尽量使所使用的波带的数目最小化。多数情况下，对于具体问题所遇到的温度范围所对应的主要辐射波长，实际上气体的吸收系数或壁面发射率接近于常数，使用灰体DO辐射模型就能够得到理想的结果。

对于非灰体特性很显著的问题，只需要较少的波带即可。例如，对于通常的玻璃而言，设定两个或三个波带就足够了。

如图 3-13 所示，当Number of Bands被设置为非 0 值时，Radiation Model面板会再次展开，出现Wavelength Intervals选项。用户可以对每个波带都给出名称（Name），并同时设定波带的开始与结束波长（Start和End，单位为μm）。进行波带的设定是基于真空下的波长（$n=1$），对于具有不等于 1 的折射指数的实际介质，Fluent将自动考虑介质折射指数对波带的影响。

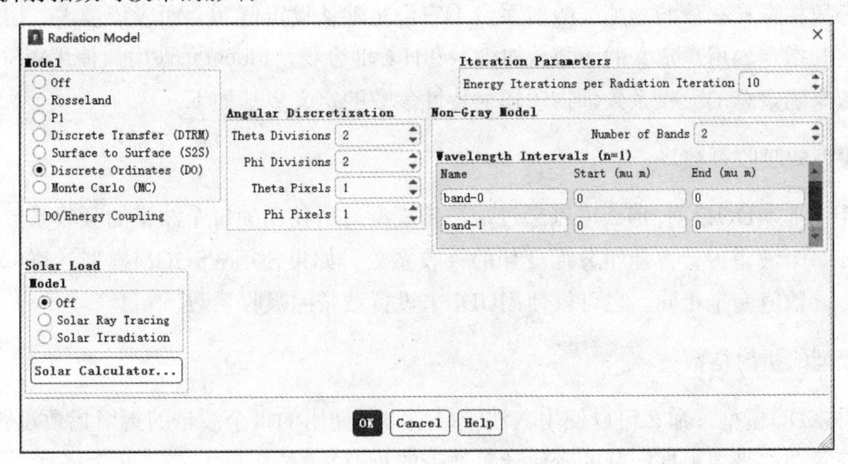

图 3-13　Radiation Model 面板中 DO 模型的非灰辐射计算的设置

（3）打开 DO/Energy 耦合

对于光学厚度大于 10 的情况，用户可以选中Radiation Model面板上的DO/Energy Coupling选项来耦合每个单元上的能量和辐射强度方程，然后同时求解这两个方程，如图 3-14 所示。

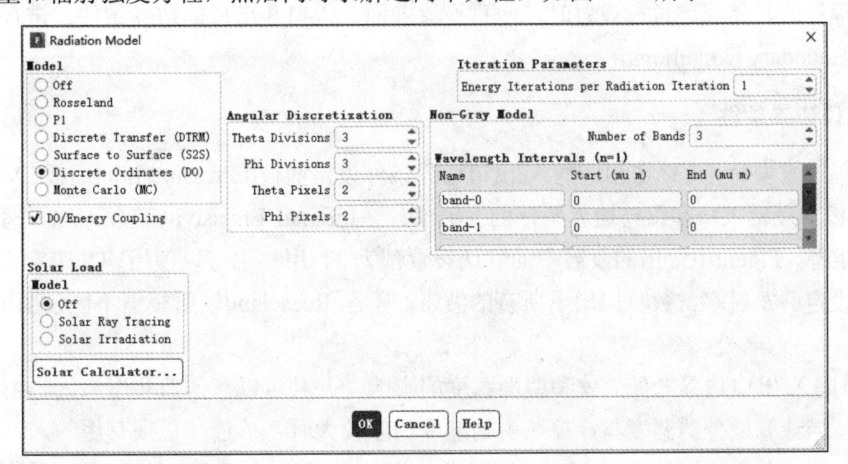

图 3-14　DO/Energy Coupling 选项用于耦合每个单元上的能量和辐射强度方程

该方法加速了辐射热传递的有限体积格式的收敛，并能够与灰体或非灰辐射模型一起使用。但是在打开壳层导热模型时，不能够使用DO/Energy Coupling选项。

3.4.3 定义物质的辐射特性

在Fluent中，在使用P-1、DO或Rosseland辐射模型时，用户应该确保设定了Create/Edit Materials面板中流体的吸收与散射系数。用户可以将这些参数设置为常数，也可以使用用户定义的函数（UDF）来进行设置。如果使用DO模型对半透明介质建模，也应当为半透明流体和固体物质设置折射指数。对于DTRM模型，仅需要定义吸收系数。

如果用户的模型中包含诸如燃烧产物等气相组分，那么气体的辐射吸收和散射可能很重要。如果流体中包含产生散射的分散相颗粒和液滴，那么散射系数不应当是默认设定值 0，而应该增大。用户确定散射系数的另一种方式是将其指定为用户定义的函数。对CO_2和H_2O混合物，Fluent允许用户使用WSGGM方法来输入与组分有关的系数来确定总的吸收系数。物质辐射特性参数的定义步骤如下：

1. 非灰DO模型的吸收系数

如果用户使用了非灰DO模型，那么可以通过灰波带模型对所使用的每个波带的吸收系数设置为不同的常数。但是，不能在每个波带内计算随组分而变化的吸收系数。如果使用WSGGM模型计算可变吸收系数，那么对于所有波带，此数值完全相同。也可以使用UDF来设置波带的吸收系数。

2. 非灰DO模型的折射指数

如果使用了非灰DO模型，那么可以使用灰波带模型将所使用的每个波带的折射指数设置为不同的常数。但是，用户不能在每个波带内根据组分的变化计算波带的折射指数。

3.4.4 辐射边界条件的设置

当对包含有辐射的具体问题进行设置时，应再设置壁面、入口和出口的边界条件。进行设置的面板打开方式为：Setup→Boundary Conditions。

1. 入口和出口边界条件

当用户激活辐射模型时，可以在相应的入/出口边界条件设定面板（Pressure Inlet面板、Velocity Inlet面板、Pressure Outlet面板）设置入口和出口边界条件的发射率。在Internal Emissivity选项下输入适当的数值即可。对于所有的边界类型，Fluent中给出的发射率的默认设置都为 1，用户也可以使用UDF来定义发射率。对于非灰体的DO模型，设定的发射率常数将应用于所有的波带。但是，Rosseland辐射模型不能使用Internal Emissivity边界条件。

Fluent允许考虑入/出口边界之外气体和壁面温度的影响，并且可以在入口和出口为辐射和对流设定不同的温度边界条件。当计算域外的温度与计算域内的温度相差较大时，该选项是很有用的。

例如，如果入口之外的壁面温度为 2000K，而入口温度为 1000K，用户可设置外部壁面温度来计算辐射热流，同时设置实际的入口温度为实际温度以计算对流换热。实现的方法是，用户可将辐射温度 2000K指定为（入口）黑体温度。

尽管该选项对外部冷壁面与热壁面都适用，但在冷壁面情况下，用户需多加小心，因为经由入口或出口直接相邻区域的辐射远大于外壁面的辐射。例如，如果外壁面温度为250K，入口温度为1500K，那么把入口辐射温度边界条件设定为250K是不恰当的。该辐射温度值可能应该为250K～1500K。多数情况下，其数值接近于1500K（具体数值取决于外壁面几何结构以及入口附近气体的光学厚度）。

在流动入口或出口面板（Pressure Inlet面板、Velocity Inlet面板）中，选择External Black Body Temperature Method下拉列表框中的Specified External Temperature选项，然后输入辐射温度边界值作为Black Body Temperature（入口黑体温度）。如果用户希望对辐射和对流应用相同的温度边界值，那么保留Boundary Temperature默认的设定External Black Body Temperature Method即可。但是，Black Body Temperature边界条件不能与Rosseland模型一起使用。

2. DTRM、P-1、S2S和Rosseland模型的壁面边界条件

DTRM、P-1、S2S和Rosseland辐射模型假定所有的壁面均为漫灰表面。在Wall面板中，唯一需要设定的辐射边界条件是壁面发射率。对于Rosseland模型，内部发射率为1。对于DTRM、P-1、S2S模型，可以在Wall面板中的Thermal选项下的Internal Emissivity文本框中输入相应的数值，Fluent中的默认设置值为1，用户也可以使用UDF来定义壁面边界上的发射率。

在使用S2S模型时，可以定义“部分封闭域”（用户可以关闭不参与辐射传热计算的壁面和入口及出口角系数计算）。该特性允许用户节省角系数的计算时间，并同时减小在Fluent计算过程中存储角系数文件的内存需求。

为了使用对壁面的这种特性，可以关闭每个相关壁面的Wall面板Radiation选区的Participates in View Factor Calculation选项。

类似地，通过单击Setting...按钮并关闭Participates in View Factor Calculation选项，也可以关闭Boundary Conditions面板被凸出显示的任意入口和出口边界条件角系数的计算（也可以通过define/boundary- conditions文本命令行来实现）。

用户可以在Radiation Model面板Partial Enclosure选项下的Temperature文本框中指定部分封闭域的温度，这样部分封闭域就会被处理成具有指定温度的黑体。但是，如果用户改变了部分封闭域的定义或者去掉了边界区域的一部分，就需要重新计算角系数。

3. DO模型的壁面边界条件

在使用DO模型时，用户可以对不透明以及半透明壁面进行建模。在许多工业领域应用中，由于大部分情况下，壁面的表面粗糙度使得入射辐射发生漫反射，因此用户可以使用漫射壁面来对壁面边界条件建模。对于高度抛光表面，例如反射器和镜子，应当使用镜面边界条件。半透明边界条件适合诸如飞机上的玻璃窗的模拟。

在Wall面板的Radiation属性框中，选择BC Type下拉列表框中的opaque选项来设置不透明壁面。如果使用了灰体辐射模型，壁面就是灰体表面；如果使用了非灰体DO模型，壁面就是非灰表面。如果使用了非灰体DO模型，可以对每个波带都指定漫射分数（Diffuse Fraction）。

一旦用户在BC Type下拉列表中选择了opaque选项，就可以指定被处理成漫射的反射辐射热流的部分。在Fluent的默认设置漫射中，Diffuse Fraction被设置为1，如图3-15所示，表示所有的辐射都是漫射的。漫射分数为0，表示完全的镜面反射辐射。漫射分数在0~1之间形成部分漫射部分镜面反射能量。

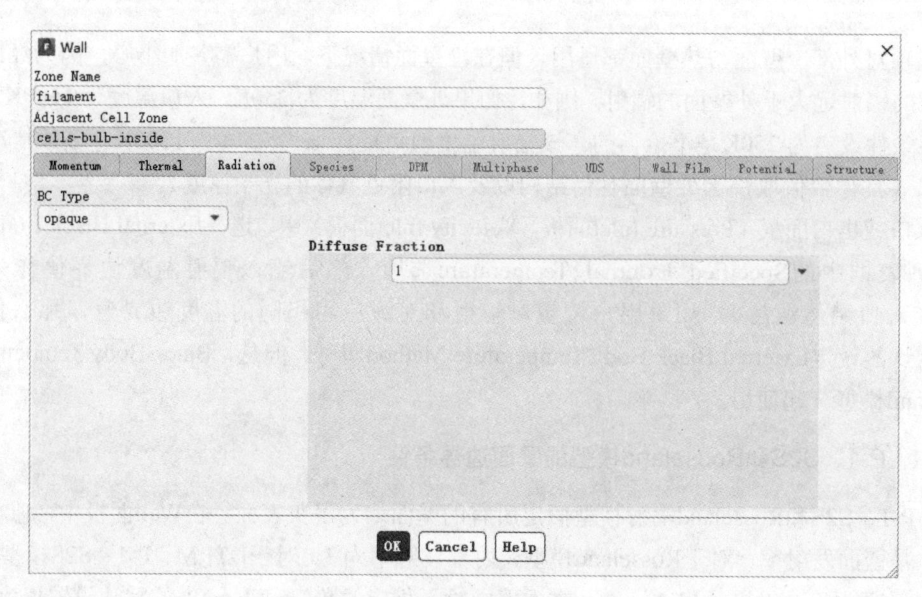

图 3-15　设置漫射类型

用户也需要指定Wall面板中Thermal选项下的内部发射率（Internal Emissivity）。对于灰体DO模型，在Internal Emissivity文本框中输入适当的值（默认值为1）。用户设置的内部发射率只应用于漫射部分。对于非灰体DO模型，在Radiation选项中对每个波带都指定内部发射率常数（对每个波带的默认值都是1），如图3-16所示。用户也可以使用UDF来定义内部发射率。

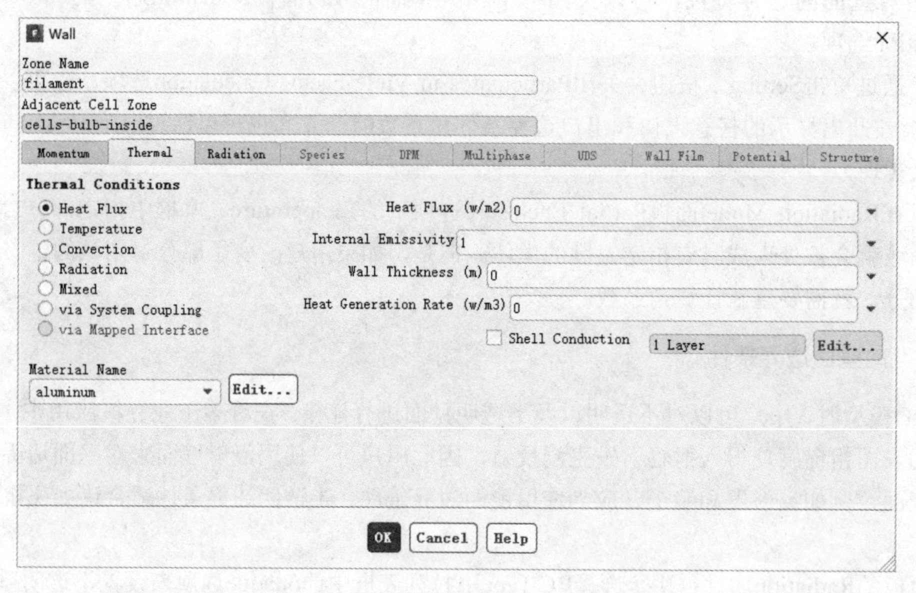

图 3-16　Wall 面板中内部发射率的设置

用户也可以在Wall面板中在热条件被设置为Radiation或Mixed时设置半透明壁面的外部发射率和外部辐射温度，如图3-17所示。用户也可以使用UDF来定义半透明壁面的外部发射率和外部辐射温度。

为了定义对外部半透明壁面的辐射，应该选择Wall面板的Radiation表单，然后选择BC Type下拉列表中的semi-transparent选项。面板将展开以显示定义外部辐照热流必需的半透明壁面的输入选项。

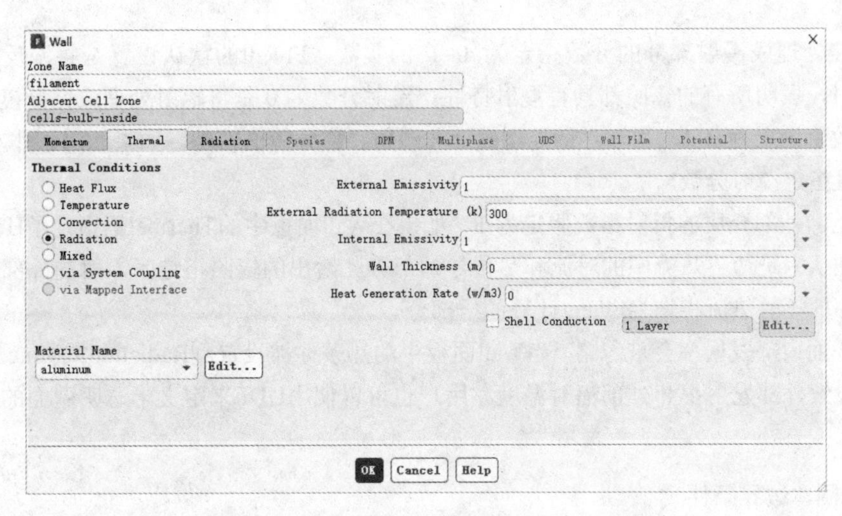

图 3-17　外部发射率和外部辐射温度的设置

首先，在Direct Irradiation下输入辐照热流值（单位W/m^2）。如果使用了非灰体DO模型，可对每个波带给出辐照（Irradiation）热流常数。

其次，使用Apply Direct Irradiation Parallel to the Beam中设置辐照热流比例的分配方式。一旦激活了该选项，Fluent就会将用户定义的辐照热流假定为与射线方向（Beam Direction）平行的热流。当不选择该选项时，Fluent就会将用户定义的辐照热流值假定为平行于表面法线的热流，并计算每个表面所引起的射线平行热流。

然后，通过指定辐射射线的经度和纬度角宽度（Theta和Phi）来设定射线宽度（Beam Width）。射线宽度指定为辐照分布的立体角大小。射线宽度的默认值是1e−6，对于平行光束辐射是适合的。射线宽度小于该值可能产生0辐照热流。

接着，输入定义射线方向（Beam Direction）的（X,Y,Z）向量，如图3-18所示。射线方向通过立体角的几何中心向量进行定义。只有辐照热流的镜向部分与指定的射线方向一起使用时，漫射辐照热流对于表面是漫射并来自于半球空间。

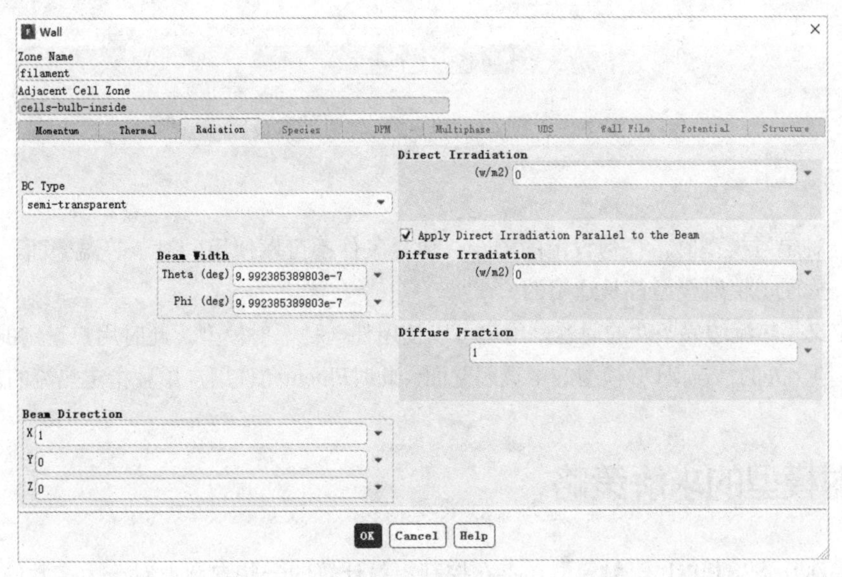

图 3-18　射线宽度及射线方向向量的设定

最后，将辐照处理成漫射部分的分数指定为 0~1 的实数。Fluent的默认设置是将漫反射分数（Diffuse Fraction）设置为 1，表明所有的辐照都具有漫射特性。漫射分数为 0 是将辐射处理成完全镜面反射。

若用户将此数值设定为0~1，则辐射将处理成部分漫射、部分镜面特性。如果使用了非灰体DO模型，可以分别对每个波段指定漫射分数。

需要注意的是，外部介质的折射指数假定为 1。如果在Wall面板中的Thermal下指定了Heat Flux条件，那么指定的热流仅被认为是边界热流中的对流和热传导的部分。给出的辐照指定了入射的外部辐射热流，而内部区域透射到外部的辐射热流将作为Fluent计算的一部分。

对于半透明表面内部发射率会被忽略。当Wall面板中的热条件被设置到Radiation或Mixed表单时，用户能够对半透明壁面设置外部发射率和外部辐射温度。用户也可以使用UDF来定义半透明壁面的外部发射率和外部辐射温度。

4. DO模型的固体边界条件

使用DO模型时，用户能够指定是否需要对计算域中的每个单元区域求解辐射。默认设置时，DO方程在所有流体区域求解，但不在任一固体区域求解。

如果用户需要对半透明介质建模，可以激活在固体区域中的辐射计算。实现的方式是在Solid面板中打开Participates In Radiation选项，如图 3-19 所示。通常用户不需要关闭对流体区域的Participates In Radiation选项。

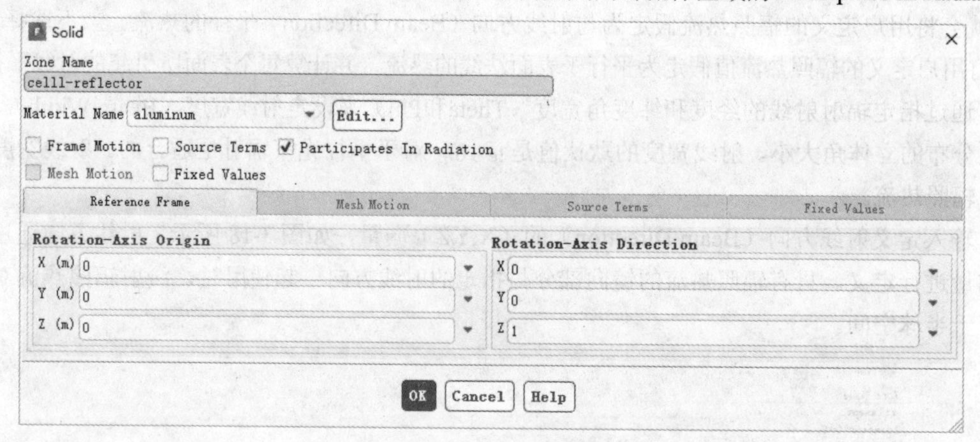

图 3-19　在固体区域中的辐射计算设置

5. 热边界条件

通常激活任一种辐射模型时，任何设定的混合热边界条件都可以使用。对于等温壁面、导热壁面或设定了外部热流边界的壁面，辐射模型都是适用的。

对于在壁面定义了热流边界条件的问题，用户可以使用任一种辐射模型，此时用户设定的热流被视为对流与辐射热流之和。但例外的情况是DO模型的半透明壁面，此时Fluent允许用户单独指定热流的对流和辐射部分。

3.4.5　辐射模型的求解策略

对于DTRM、DO、S2S和P-1 辐射模型，存在控制辐射计算的一些参数。对于大多数问题，用户可以使用默认的求解参数，但也可以修改这些参数来加速收敛过程，并得到更高的计算精度。

对某个特定的辐射模型，独有的迭代参数在Radiation Model面板中设置，例如Energy Iterations per Radiation Iteration（每次辐射迭代中的流场迭代）。

解的控制包括在Solution Controls面板中设置Discretization（离散化）和Under-Relaxation（亚松弛化）等。Convergence Criterion（收敛准则）在Residual Monitors（残差监控）面板上设置。

如果在Fluent中只对辐射进行建模求解，并且所有其他的方程都被关闭，那么Flow Iterations Per Radiation Iteration解参数对相应的辐射模型是可用的，并自动重置为1。

对于Rosseland模型，由于它只通过能量方程来影响计算结果，因此没有需要设定的求解参数。

1. P-1 模型求解参数的设置

对于P-1 模型，用户可以控制收敛准则和亚松弛系数。P-1 模型的默认收敛准则为 10^{-6}，由于此项残差与能量方程的残差紧密关联，其收敛标准与能量方程相同。用户可以在Residual Monitors面板中为P-1 模型设定收敛准则。打开设置面板的方法为Solve Monitors→Residual。

P-1 模型的松弛因子与其他变量设置相同。由于辐射温度方程是相对稳定的标量输运方程，多数情况下，用户可以放心地使用较大的松弛系数（0.9～1.0）。

使用P-1 模型应该注意前面所述的光学厚度问题。P-1 辐射模型要获得较佳的收敛效果，其光学厚度 $(a+\sigma_s)L$ 必须为 0.01～10（最好不大于 5）。非常小的封闭域（特征尺寸为cm量级），其光学厚度一般都较小，用户安全地将吸收系数加大到 $(a+\sigma_s)L$=0.01。加大吸收系数的数值并不会改变问题的物理本质，这是因为对于光学厚度等于 0.01 和光学厚度小于 0.01 的问题，介质透明程度对计算精度几乎没有影响。

2. DTRM模型求解参数的设置

激活DTRM模型后，Fluent在计算过程中使用射线跟踪技术来更新辐射场、计算所产生的能量源项和热流。Fluent中提供了控制方程的求解和计算精度的一些参数。这些参数出现在选择了DTRM模型展开后的Radiation Model面板中。

如图 3-20 所示，用户可以更改Maxinum Number of Radiation Iterations选项的值来控制全局迭代过程中辐射计算的最大数。默认的辐射迭代数为 5，这表明辐射强度更新 5 次。若用户增加此数值，则表面上的辐射强度将更新多次，直到达到收敛标准或者超过了设定的辐射迭代数。

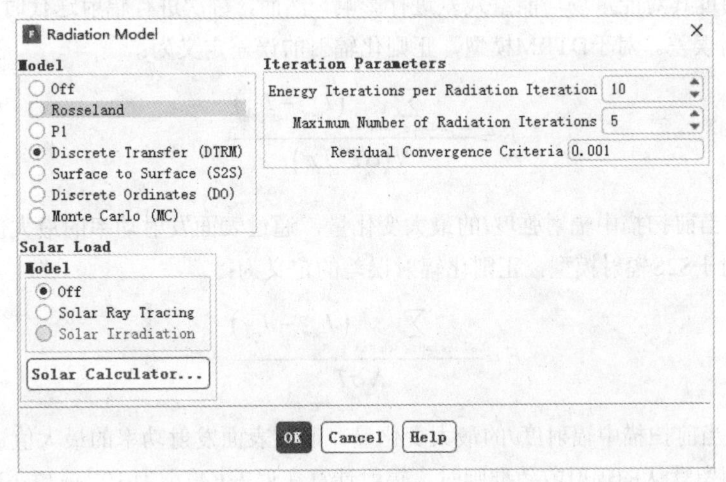

图 3-20　Radiation Model 面板设置

Residual Convergence Criteria参数（误差参数，默认情况为0.01）确定了何时辐射强度的迭代达到收敛标准。误差参数定义为表面上辐射强度相邻两次DTRM扫描迭代差值的模。

用户也可以控制辐射场在连续相迭代推进时的更新频率。Energy Iterations per Radiation Iteration（每次辐射迭代中流场迭代数）设置的默认值为10次。这表示流场每迭代10次，辐射场就迭代一次。加大次数值可能会加速计算过程，但整个向量场的收敛可能会减慢。

3. S2S求解参数的设置

对于S2S模型，用户可以如同在DTRM模型中一样来控制连续相迭代时的辐射场的迭代频率。请参阅上面有关DTRM模型Energy Iterations per Radiation Iteration的介绍。

若使用基于压力的求解器，并且在计算开始屏蔽掉了能量方程的计算，则应该将Flow Iterations per Radiation Iteration从10减小到1或2。这样才能够保证辐射度计算的收敛。若这种情况下仍然保持默认值10，则可能在辐射计算达到收敛之前，流动和能量参差就已经达到收敛标准而终止计算。

4. DO求解参数的设置

对于DO模型，用户可以如同在DTRM模型中一样来控制连续相迭代时的辐射场的迭代频率。请参阅上面有关DTRM模型Energy Iterations per Radiation Iteration的介绍。

对于多数问题，默认的亚松弛系数0.1就已经足够使用。对于光学厚度很大（$\alpha L>10$）的问题，用户可能会遇到收敛较慢或者解产生振荡。这种情况下，对能量方程和DO方程进行亚松弛处理就很有用。对这两个方程推荐使用0.9～1.0的亚松弛系数。

5. 运行计算

设置好辐射模型后，用户就可以进行计算了。使用P-1和DO模型时，会求解附加的输运方程来显示残差，而DTRM和Rosseland模型只通过能量方程来影响最终的解，计算过程中不显示残差。

使用P-1 模型或DO模型时，每次迭代刷新后Fluent都要计算辐射残差，并与其他的所有变量一起显示。Fluent显示的是正则化辐射残差。

使用DTRM模型或S2S辐射模型时，Fluent中每次迭代后正常的残差显示中不包括辐射残差。辐射对解的影响是累积进行的，通过其对能量场与能量残差进行影响。然而，每次进行辐射迭代时，Fluent可以打印出对每轮迭代的正则化辐射误差。对于DTRM模型，正则化辐射的误差定义为：

$$E=\frac{\sum_{\text{all radiating surfaces}}\left(I_{\text{new}}-I_{\text{old}}\right)}{N\left(\sigma T^4/\pi\right)} \tag{3-22}$$

其中，误差E为在当前扫描中辐射强度I的最大变化量，通过表面发射功率的最大值进行正则化处理，N为辐射面元的总数。对于S2S辐射模型，正则化辐射误差的定义为：

$$E=\frac{\sum_{\text{all radiating clusters}}\left(J_{\text{new}}-J_{\text{old}}\right)}{N\sigma T^4} \tag{3-23}$$

其中，误差E为在当前扫描中辐射度J的最大变化量，通过表面发射功率的最大值进行正则化处理，N为辐射面元束的总数。保留默认的辐射收敛准则时，辐射计算在误差E减小为10^{-3}或更小时就定义为收敛。

3.5 化学反应模型基础及应用

在流体流动过程中通常还伴随着化学反应的进行，例如煤粉燃烧、气体燃烧及固体气化等，当不考虑反应时，Fluent还可以进行不同组分的流体扩散分析。Fluent中的化学反应模型主要有层流有限速率模型、涡耗散模型及涡耗散概念模型，详细的理论及设置说明如下。

3.5.1 化学反应模型理论

在Fluent软件的化学反应模型中，其通过求解对第 i 组分的对流-扩散方程来计算每个组元的当地质量分数Y_i，对流-扩散方程使用下面一般形式的守恒方程：

$$\frac{\partial}{\partial t}(\rho Y_i)+\nabla\cdot(\rho\vec{v}Y_i)=-\nabla\cdot\vec{J}_i+R_i+S_i \tag{3-24}$$

其中，R_i 是第 i 组分在化学反应中的净生成速率，S_i 是扩散相加上用户定义的源项得到的净生成速率。

对于用户定义的模型，如果系统中存在 N 个流体相化学组分，需要求解 $N-1$ 个这样的方程，然后根据质量守恒原理，所有组分的质量分数之和等于 1，通过 1 减去所得到的 $N-1$ 个质量分数就得到第 N 组分的质量分数。因此，为了使数值误差最小化，应当将所有组分中质量分数最大的组分作为第 N 组分，例如当氧化剂为空气时，选用N2 作为第 N 组分。

在方程（3-25）中，$\vec{J}_i$ 是存在浓度梯度情况下第 i 组分所产生的扩散流量。对于层流流动，默认设置中，Fluent使用稀释近似来计算层流中的质量扩散，其中扩散流量可写成：

$$\vec{J}_i=-\rho D_{i,m}\nabla Y_i \tag{3-25}$$

其中，$D_{\mathrm{i,m}}$为混合物中第 i 组分的扩散系数。

对于某些层流流动，稀释近似得不到可接受的结果，需要使用完全多组元扩散方法。这种情况下求解的是Maxwell-Stefan方程。

在湍流流动中，Fluent采用下列方式计算湍流中的质量扩散：

$$\vec{J}_i=-\left(\rho D_{i,m}+\frac{\mu_t}{Sc_t}\right)\nabla Y_i \tag{3-26}$$

其中，Sc_t 是湍流施密特数（$Sc_t=\frac{\mu_t}{\rho D_t}$，其中 μ_t 是湍流黏度，D_t 是湍流扩散率）。Sc_t 的默认值为 0.7。注意湍流扩散通常大大超过层流扩散，通常不给出湍流流动中层流扩散特性的详细说明。

对于很多多组元混合流动，由于组分扩散所产生的焓的输运为 $\nabla\cdot\left[\sum_{i=1}^{n}h_i\vec{J}_i\right]$，可能对焓量场产生很大的影响，而不应当被忽略。特别是在刘易斯数 $\mathrm{Le}_i=\frac{k}{\rho c_p D_{i,m}}$ 远远大于 1 时，忽略扩散焓可能产生显著的误差。默认设置中Fluent包含了该项。其中，k 是导热系数。

在Fluent中使用基于压力的求解器时，入口处组分净的输运包括对流和扩散部分，使用基于密度的求解器就只包括对流部分。对流部分通过用户定义的入口组分质量分数进行设定。由于扩散部分取决于入口处组分场的梯度，因此不能预先指定扩散部分，即净的入口输运。

对于有限速率化学反应的模型，在Fluent中使用下面三个模型计算方程（3-24）中的源项的反应速率。

- 层流有限速率模型：该模型忽略了湍流震荡的影响，并使用阿累尼乌斯（Arrhenius）表达式确定化学反应速率。
- 涡耗散模型：该模型假定反应速率由湍流主导，因此忽略了阿累尼乌斯化学动力学计算。模型在计算上很简单，但对于实际的计算，应当只使用一步或两步热释放原理。
- 涡耗散概念（EDC）模型：该模型在湍流火焰的计算中使用了详细的阿累尼乌斯化学动力学原理。

有限速率化学反应公式具有很宽的应用范围，包括层流或湍流反应系统，预混、非预混和部分预混燃烧系数。基本的模型介绍如下：

1. 层流有限速率模型

层流有限速率模型使用阿累尼乌斯表达式计算化学反应源项，并忽略湍流震荡的影响。该模型可以得到层流火焰中化学反应的精确结果，但由于阿累尼乌斯化学动力学的高度非线性，通常不能够得到湍流火焰中化学反应的准确结果。

然而，对于具有相对较慢的化学反应和较小的湍流震荡的燃烧，层流模型可以得到较好的结果，例如超音速火焰。

对于流场中压力变化对化学反应的影响，Fluent使用三种方法来计算压力作用下的化学反应速率。最简单的方法是林德曼（Lindemann）形式，另外两种相关的方法是Troe方法和SRI方法。

2. 涡耗散模型

在很多情况下，由于燃料燃烧反应的速率很快，总的化学反应速率受湍流混合的控制。在非预混火焰中，燃烧区域中由于湍流形成的燃料和氧化剂的对流混合相对燃烧过程要慢得多，该区域中它们快速地烧完。而在预混火焰中，反应区域中湍流形成的冷的反应物和热的生成物的对流混合相对燃烧过程也很慢，该区域中反应进行得很快。

这两种情况下的燃烧都可以看作受混合限制，而忽略复杂的化学动力学速率。对这种情况下湍流-化学反应相互作用的模型，Fluent使用Magnussen和Hjertager的涡耗散模型。

尽管Fluent使用涡耗散和有限速率/涡耗散模型考虑多步反应机制（反应数>2），还是会产生不正确的解。

这是因为多步化学反应机制是在阿累尼乌斯速率的基础上进行的，对每个反应都不同，而在涡耗散模型中，每个反应都是相同的，以湍流速率进行，因此模型应当只用于单步（反应物→生成物）或两步（反应物→中间产物，中间产物→生成物）全局反应，不能够计算动力学控制的组分，如原子团。为了在湍流流动中使用多步化学动力学机制，需要使用EDC模型。

涡耗散模型需要使用生成物来启动反应。当用户对稳态流动启动求解后，Fluent将所有组分的质量分数设置成用户指定初始值的最大值和 0.01。通常这样就可以启动化学反应。然而，用户可以首先得到混合过程的收敛解，其中所有生成物的质量分数为 0，然后将生成物补入燃烧区域来点燃火焰。

3. 涡耗散概念模型

涡耗散概念模型是涡耗散模型对包括湍流流动中的细致化学反应机制的拓展应用，其中假定化学反应发生在小的湍流结构上，这种结构被称为微尺度。

在Fluent中，微尺度上的燃烧被假定在常压下进行，初始条件使用网格上当前的组分和温度。在时间尺度τ^*上进行的反应受阿累尼乌斯速率控制，使用ISAT算法进行数值求解。ISAT算法能够将化学反应的计算速度提高两到三个数量级，从而大大减少化学反应计算的运行时间。

EDC模型可以将细致的化学反应机制应用到湍流反应流动中。然而，典型的化学反应机制总是存在刚性，其数值积分计算很困难。因此，这种模型应当只用于完全反应假定无效的情况，例如在快速熄灭火焰中慢的CO耗尽，或在选择性非催化还原中NO的转变。

3.5.2 组分输运和化学反应问题的基本设置

在Fluent软件中，组分输运和化学反应问题设置的基本步骤如下：

步骤01 激活组分输运和体积化学反应，设置混合物物质。

步骤02 如果用户对壁面或微粒表面的化学反应进行了建模，需激活壁面表面或微粒表面的化学反应。

步骤03 选取或定义混合物特性参数。混合物特性参数包括：

- 混合物中的组分。
- 化学反应。
- 其他物理特性（例如粘度、比热）。

步骤05 选取或设置混合物中每种组分的特性参数。

步骤05 设置组分边界条件。

大多数情况下，用户不需要修改任何物理特性参数，在Fluent软件中，求解器使用物质数据库组分的特性参数和化学反应等。然而，数据库中可能有一些物质特性参数的定义，如果用户选择的物质有任何需要设置特性参数，Fluent软件会进行提醒，并可以对这些参数分配适当的值。用户可能也需要校核数据库中其他特性参数的值，以确定在用户的应用中这些值是正确的。这时需要修改混合物物质的定义，包括下列几个方面：

- 组分的添加和去除。
- 化学反应的改变。
- 混合物其他材料特性的修改。
- 混合物构成组分材料特性的修改。

如果用户求解的是化学反应流，通常希望将混合物的比热定义成构成组分比热的函数，而将每个组分的比热定义成温度的函数。用户可能希望对其他的特性参数也这样设置。

在默认设置中，使用了不变的材料特性参数，但是对一些组分的特性参数，数据库中保存有该参数分段多项式形式的温度函数，可以由用户使用。如果用户有更适用于求解问题的参数的随温度变化的函数，可以选择将参数设置成该函数。

Fluent软件中使用了混合物物质的概念，以便于设置组分输运和化学反应流动。混合物被看作一组组分和管理它们之间反应规律的列表，包括：

- 构成组分列表，称为“流体”物质。
- 混合定律列表，如果希望使用随组成成分变化的混合物特性参数，规定如何根据单独组分的特性推导混合物的特性（密度、粘性、比热等）。
- 如果使用的混合物特性与构成成分无关，直接设置混合物特性参数。
- 混合物中独立组分的扩散系数。
- 与独立组分无关的其他物质特性（例如吸收和散射系数）。
- 化学反应列表，包括反应类型（有限速率、涡耗散等）、当量化学系数和速率常数。

混合物和流体物质都存储在Fluent的物质数据库中，其中包括许多普通的混合物（例如甲烷-空气、丙烷-空气）。通常，数据库中定义了混合物的一两步化学反应机制和许多物理特性以及混合物的构成组分。当用户指明了所使用的混合物后，适当的混合物、流体物质和特性参数就被加载到求解器中。

如果缺少了关于所选择物质的任何必要的信息（或组分成分的流体物质），求解器就会提示用户对其进行设置。另外，用户可以选择对任何预先定义的特性参数进行修改。在Create/Edit Materials面板中进行混合物的定制。

在Fluent软件中使用组分输运和化学反应模型，按照Define→Models→Species→Species Transport的操作打开输运与化学反应面板，然后激活Species Model面板，如图3-21所示。在Species Model面板中，开始对组分输运和体积化学反应问题进行设置，具体步骤如下：

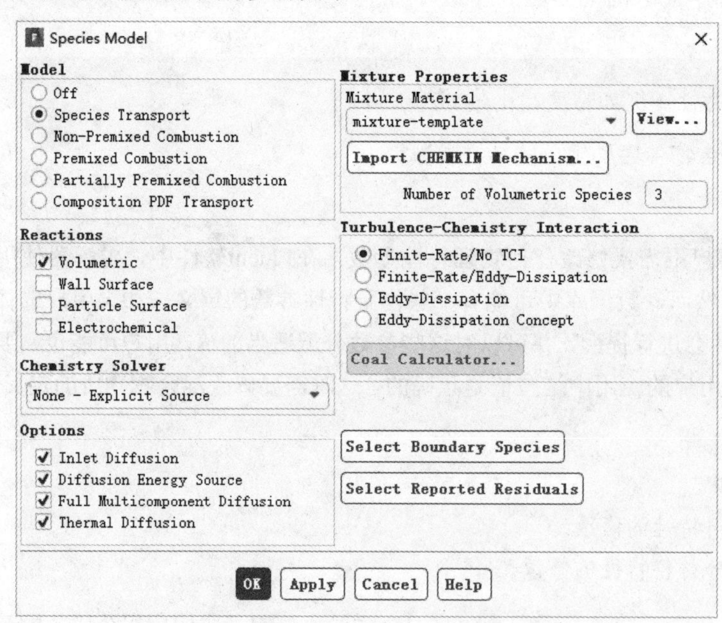

图3-21　Species Model面板

步骤01 在Model选区中选择Species Transport选项。

步骤02 在Reactions选区中打开Volumetric选项。

步骤03 在Mixture Properties选区中的Mixture Materia下拉列表中选择希望在问题中使用的混合物。Mixture Material下拉列表中包括目前在数据库中定义的所有混合物。为了检查混合物的特性参数，选择该混合物并单击 View 按钮。如果列表中没有用户希望使用的混合物，选择其中的 mixture-template 选项，设置用户定义的混合物特性。如果列表中有与用户想使用的混合物相似的混合物，可以选择该混合物并修改其特性参数。

选择混合物后，混合物中 Number of Volumetric Species 文本框中就会显示混合物中体积组分的数量。用户应当在组分输运激活后再打开 Species Model 面板，这样在 Mixture Material 列表中就只显示已经使用的混合物。用户可以从数据库中对建立的工程文件加入更多的混合物，或者创建新的混合物。组分输运和（如果相关）化学反应的模型参数会自动从数据库中载入。如果有缺少的信息，在用户单击了 Species Model 面板中的 OK 按钮后，就会得到提示。如果希望检查或修改混合物的特性参数，则使用 Create/Edit Materials 面板。

步骤05 选择 Turbulence-Chemistry Interaction 模型，可以使用如下 4 个模型：

- Finite-Rate/No TCI：只计算阿累尼乌斯速率，而忽略湍流和化学反应的相互作用。
- Finite-Rate/Eddy-Dissipation：适用于湍流流动，既计算阿累尼乌斯速率，又计算混合速率，并使用二者中的较小值。
- Eddy-Dissipation：适用于湍流流动，只计算湍流混合速率。
- Eddy-Dissipation ConCept：适用于湍流流动，使用细致的化学反应机制对湍流和化学反应相互作用建模。

步骤05 选择 Eddy-Dissipation ConCept 模型后，推荐使用默认的设置，用户也可以修改 Volume Fraction Constant 和 Time Scale Constant。另外，为了降低化学计算的复杂程度，还可以增加 Flow Iterations per Chemistry Update 的值。在默认设置中，Fluent 软件每 10 次流场迭代更新化学反应一次。

步骤06 打开 Full Multicomponent Diffusion 或 Thermal Diffusion 选项，该步骤只在用户希望对完全多组分扩散或热扩散建模时使用。

步骤07 对于层流化学反应，打开 Kinetics from Reaction Design 选项，就允许用户使用 Reaction Design 的化学反应速率应用和求解算法，该算法基于 CHEMKIN 技术，并与之相容；对于 Eddy-Dissipation ConCept 湍流-化学反应相互作用和组分成分的 PDF 输运模型，打开 KINetics from Reaction Design 选项，将允许用户使用来自于 Reaction Design 的 KINetics 模块的化学反应速率，而不是用 Fluent 化学反应速率的默认值。Fluent 的 ISAT 算法用于对这些速率进行积分。

3.5.3 定义混合物及其构成组分属性

用户可以遵循本节中的步骤来检查当前的属性、修改部分属性，或定义用户组合的新类型的混合物的所有属性。

用户需要定义混合物的属性，也需要对其构成成分的属性定义。重要的是在构成成分的属性设置前对混合物的属性进行定义，因为组分特性的输入可能取决于用户所使用的混合物数学定义的方式。对于属性输入，推荐的顺序如下：

- 在 Create/Edit Materials 面板定义混合物组分、化学反应，并定义混合物的物理属性。注意，当用户完成了混合物的属性设置后，要单击 Change/Create 按钮。
- 在 Create/Edit Materials 面板定义混合物中组分的物理属性。

当用户完成了每个组分的属性定义后，要单击Change/Create按钮。

在混合物的定义中包括混合物组分的定义和化学反应的定义两部分。

1. 定义混合物中的组分

如果用户使用了数据库中的混合物物质，混合物中的组分就已经定义好了。如果用户创建了自己的混合物物质或者修改了已存在的混合物物质的组分，需要用户自己定义。

按照Define→Materials的操作打开Create/Edit Materials面板，如图 3-22 所示，在Create/Edit Materials面板中，检查对Mixture Material Type的设置，从Fluent Mixture Materials列表选择混合物，单击Mixture Species文本框右边的Edit按钮，打开Species面板，如图 3-23 所示。

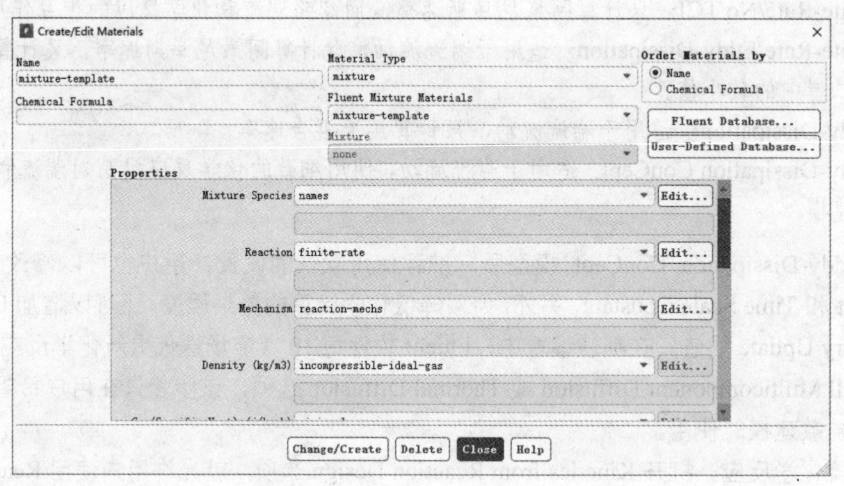

图 3-22　Create/Edit Materials 面板

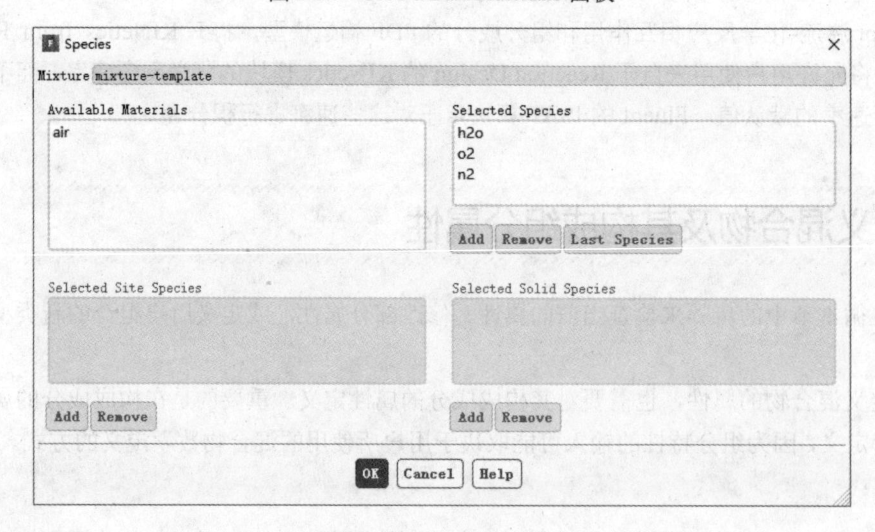

图 3-23　Species 面板

在Species面板中，Selected Species列表显示了混合物中的所有流体相组分，Selected Solid Species列表显示了混合物中所有的凝聚固体组分。

如果用户正在对壁面表面化学反应建模，Selected Site Species列表将显示所有的现场组分，现场组分是被吸收到壁面边界上的组分。Available Materials列表给出了不在混合物中但可以使用的物质，例如空气，因为空气在默认设置中总是可用的。

在Selected Species列表中组分的顺序很重要。Fluent软件将列表中的最后一个组分作为凝聚态组分。当从混合物物质中增加或删除组分时，用户应当将含量最高的组分（根据质量）作为最后的组分。

（1）向混合物增加组分

如果用户创建混合物，或从已存在的混合物开始增加缺少的组分来创建混合物，首先应该从数据库中载入需要的组分（如果数据库中不存在，就进行创建），在用户开始增加组分之前需要关闭Species面板。增加组分的步骤如下：

步骤01 在 Create/Edit Materials 面板上单击 Fluent Database 按钮，打开 Fluent Database Materials 面板，并复制需要的组分。混合物的构成组分是流体物质，因此用户应当在 Fluent Database Materials 面板上选择 Fluid 作为 Material Type 查看选择的正确列表，可用的固体组分（对表面化学反应）也包含在 Fluid 列表中。如果用户在数据库中没有找到所需要的组分，可以对该组分创建新的流体物质，然后继续进行如下的第二步。

步骤02 重新打开 Species 面板。用户将会看见从数据库复制（或创建）的流体物质出现在 Available Materials 列表中。

步骤03 向混合物增加一个组分，需要在 Available Materials 列表下选择该组分并单击 Selected Species 列表下的 Add 按钮（或者在 Selected Site Species 或 Selected Solid Species 列表下定义现场或固体组分）。该组分将被添加到相关列表的末尾并从 Available Materials 列表中去掉。

步骤05 对于所有需要的组分重复前面的步骤。完成添加组分后，单击 OK 按钮。

在列表中添加一个组分会改变组分的次序。用户应当保证列表中最后的组分为凝聚组分，用户还应当检查已经设置的边界条件、亚松驰因子或其他解参数。

（2）从混合物中删除组分

为了从混合物中删除组分，只需要简单地从Selected Species列表（或Selected Site Species或Selected Solid Species列表）中选择该组分并单击列表之下的Remove按钮。该组分就会从列表中删除，并被添加到Available Materials列表中。

从列表中删除一个组分会改变组分的次序。用户应当保证列表中最后的组分为凝聚组分，还应当检查已经设置的边界条件、亚松驰因子或其他解参数。

（3）重新排列组分

如果用户发现在Selected Species列表中的最后组分不是含量最高的组分，就需要重新排列组分来得到正确的次序，具体步骤如下：

步骤01 从 Selected Species 列表中删除凝聚组分，随后其将出现在 Available Materials 列表中。

步骤02 再次将该组分加入混合物，其将自动放在列表的最后。

（4）组分的命名和排序

用户添加或删除组分时，应当将最丰富的组分放在Selected Species列表的最后。当添加或删除组分时，用户应该注意的其他事项如下：

- 用户可以更改组分的 Name（名称）。
- 用户不应当改变对组分所给出的化学式。
- 如果用户添加或删除了任何组分，就会改变组分列表的顺序。当发生改变时，所有的边界条件、求解器参数和组分的求解数据都会设置成 Fluent 中的默认值。因此，如果用户添加或删除了组分，对于重新定义的问题应该小心地重新设置组分边界条件和求解参数。另外，用户应当重新组织补入组分浓度或在数据文件中存储的浓度，因为这些浓度是根据原始组分次序建立的，可能同新定义的问题不兼容。

2. 定义化学反应

如果用户的Fluent模型涉及化学反应，接着应该定义所设置的组分参与的化学反应。由于Fluent中给出了化学反应，只有当用户组合创建了混合物物质，修改了组分或出于其他的原因希望重新定义化学反应时，才必须进行这种设置。

根据用户在Species Model面板上选择的湍流-化学反应相互作用模型，对应的化学反应模型就会显示在Create/Edit Materials面板的Reaction下拉列表中。

如果用户使用了层流有限速率或EDC模型，化学反应模型就是Finite-Rate；如果用户使用了涡耗散模型，化学反应模型就是Eddy-Dissipation；如果用户使用了有限速率/涡耗散模型，化学反应类型就是Finite-Rate/Eddy-Dissipation。

为了定义化学反应，单击Reaction右边的Edit按钮，就会打开Reactions面板，如图 3-24 所示，然后按照下面的步骤定义化学反应。

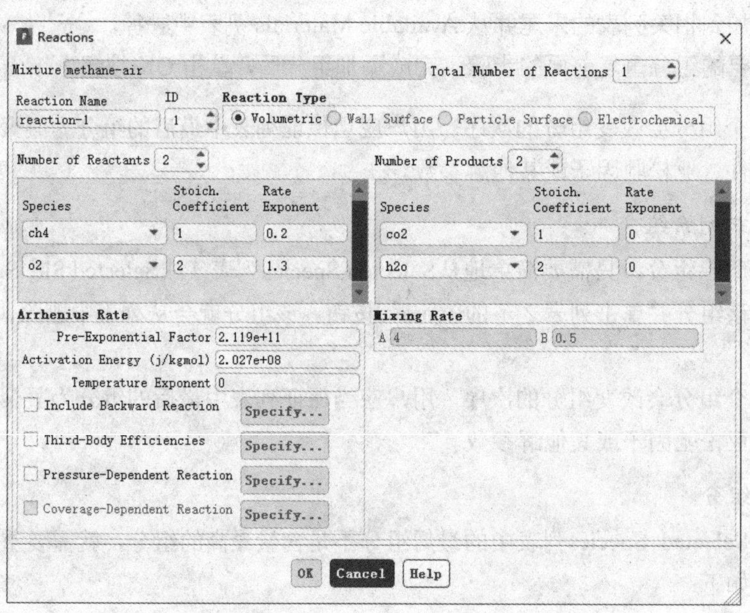

图 3-24　Reactions 面板

步骤 01　在 Total Number of Reactions 区中（使用箭头来改变数值，或输入数值并按 Enter 键）设置化学反应的总数量（体积化学反应、壁面表面化学反应和微粒表面化学反应）。

如果用户的模型包括离散相燃烧微粒，只有在对表面燃烧使用多表面化学反应模型时，才应当在化学反应总数中包括微粒表面化学反应（例如碳化物烧光、多碳氧化）。

步骤 02 设置用户希望定义的化学反应的 Reaction Name。

步骤 03 设置用户希望定义的化学反应的 ID。

步骤 05 对于流体相化学反应，保留 Reaction Type 的默认选择 Volumetric。对于壁面表面化学反应或微粒表面化学反应，选择 Wall Surface 或 Particle Surface 作为 Reaction Type。

步骤 05 通过增加Number of Reactants和Number of Products的数值来设置化学反应中所涉及的反应物和生成物的数量。在 Species 下拉列表中选择每个反应物或生成物，然后在对应的 Stoich.Coefficient 和 Rate Exponent 中设置其化学当量系数和速率指数。

Reactions 面板上能够处理的化学反应分为两大类，因此对每个化学反应输入正确的参数很重要。这两类化学反应如下：

- 正向化学反应（无逆向化学反应）：生成物组分通常不影响正向反应速率，因此对所有生成物的速率指数都为 0。在某些情况下，用户可能希望建模的化学反应中生成物组分影响正向反应速率。对于这种情况，将生成物速率指数设置成需要的值。
- 可逆化学反应：基本的化学反应，假定对每种组分的反应速率常数等于该组分的化学当量系数。

步骤 06 如果对于湍流-化学反应相互作用，用户使用了层流有限速率、有限速率/涡耗散或 EDC 模型，在 Arrhenius Rate 标题下输入阿累尼乌斯反应速率的下列参数：Pre-Exponential Factor、Activation Energy、Temperature Exponent、Third-Body Efficiencies、Pressure-Dependent Reaction。

如果希望在化学反应速率中包括第三体的影响，并且有该效率因子的准确数据，就打开 Third Body Efficiencies 选项并单击 Specify 按钮来打开 Third-Body Efficiency 面板，如图 3-25 所示。对面板中的每个 Species，设置 Third-Body Efficiency。

在反应速率中包括第三体效率因子并非是必需的。如果用户没有这些参数的准确数据，就不应当激活 Third-Body Efficiencies 选项。

如果用户使用了层流有限速率或 EDC 模型来考虑湍流-化学反应相互作用，或者激活了组成成分的 PDF 输运模型，并且是沿着压力下降方向的化学反应，则对 Arrhenius Rate 打开 Pressure-Dependent Reaction 选项，并单击 Specify 按钮，打开 Pressure-Dependent Reaction 面板，如图 3-26 所示。

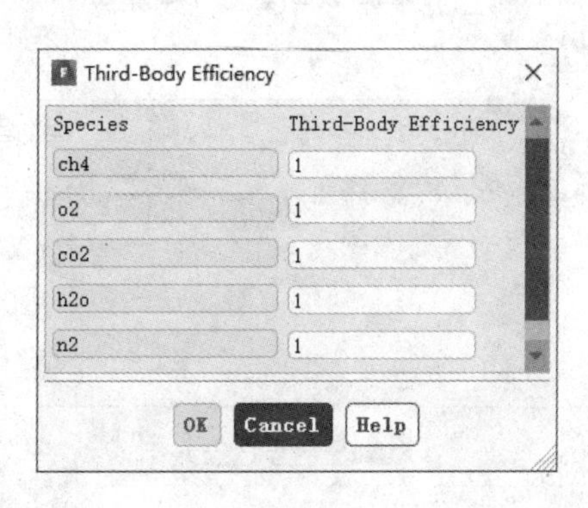

图3-25　Third-Body Efficiency面板

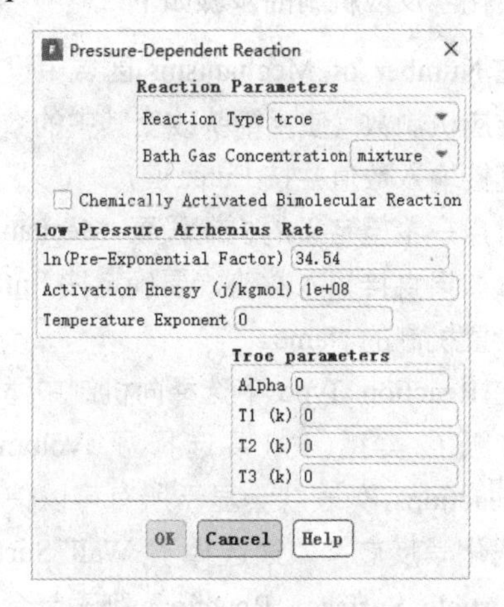

图3-26　Pressure-Dependent Reaction面板

在 Reaction Parameters 下，选择适当的 Reaction Parameters（linde Mann、troe 或 sri）。接着，如果定义了 Bath Gas Concentration，用户必须将其定义为 mixture 的浓度，或者设定成混合物组分成分其中

一种浓度，通过在下拉列表中选择适当的项实现。在 Reactions 面板上的 Arrhenius Rate 下设置的参数表示高压阿累尼乌斯参数。

用户也可以在 Low Pressure Arrhenius Rate 区域设置这些参数：如果用户选择 troe 作为 Reaction Type，可以在 Troe parameters 下设置参数 Alpha、T1、T2 和 T3 的值；如果用户选择 sri 作为 Reaction Type，可以在 SRI parameters 下设置参数 a、b、c、d 和 e 的值。

步骤 07 如果用户使用了层流有限速率或 EDC 模型来考虑湍流-化学反应相互作用，并且反应是可逆的，对于 Arrhenius Rate 打开 Include Backward Reaction 选项。当该选项被打开时，用户就不能对生成物组分编辑 Rate Exponent 选项，相反其将被设置成相应生成物 Stoich.Coefficient 的等价值。如果用户不希望使用 Fluent 的默认值，或正在定义自己的化学反应，也需要设置标准焓和标准熵，用于反向化学反应速率常数的计算。对于涡耗散和有限速率/涡耗散湍流-化学反应相互作用模型，不能够使用可逆化学反应选项。

步骤 08 如果用户使用了涡耗散和有限速率/涡耗散模型来考虑湍流-化学反应相互作用，可以在 Mixing Rate 标题下输入 A 和 B 的值。然而，除非用户有可靠的数据，否则不应当改变这些值。大多数情况下，用户只需要简单地使用默认值。

A 用于化学反应中作为反应物的组分。默认值为 4.0，是根据由 Magnussen 等给出的经验推导得到的。

B 是湍流混合速率中的常数 B，其用于化学反应中作为生成物的组分。默认值为 0.5，是根据由 Magnussen 等给出的经验推导得到的。

步骤 09 对每个需要定义的化学反应重复上述步骤。当用户完成所有的化学反应定义后，单击 OK 按钮。

3. 定义基于区域化学反应机制

如果用户的Fluent模型涉及限制在计算域中特定面积上的化学反应，可以定义Reaction Mechanisms来选择性地激活不同几何区域中的不同化学反应。用户可以通过选择在Reactions面板上定义的化学反应，并将这些化学反应分组来创建化学反应机制。用户可以对特定的区域分配一个特殊的机制。

为了定义化学反应机制，单击Mechanisms右边的Edit按钮，就会打开Reaction Mechanisms面板，如图 3-27 所示。定义化学反应机制的步骤如下：

步骤 01 在 Number of Mechanisms 区域中设置总的反应机制数（使用箭头改变其中的数值，或直接输入数值并按 Enter 键）。

步骤 02 对用户希望定义的机制设置 Mechanism ID（如果直接输入数值，要确定按 Enter 键）。

步骤 03 设置机制的 Name。

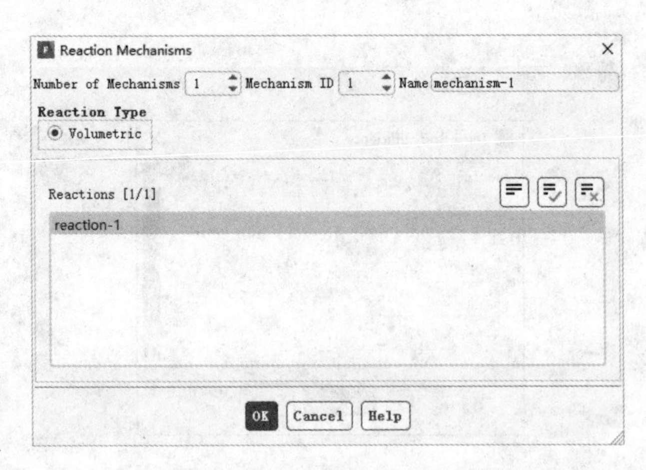

图 3-27 Reaction Mechanisms 面板

步骤 05 在 Reaction Type 下选择向机制中添加的化学反应类型。如果选择了 Volumetric，Reactions 列表就会显示所有可以使用的体积化学反应；如果选择了 Wall Surface 或 Particle Surface，Reactions 列表就会显示所有可以使用的壁面表面化学反应或微粒表面化学反应；如果选择了 All，Reactions 列表就会显示所有可以使用的化学反应。

步骤05 选择化学反应加入机制，对于 Volumetric 或 Particle Surface 化学反应，在 Reactions 列表中选择对机制可用的化学反应；对于 Wall Surface 化学反应，使用下列步骤：

① 对机制在 Reactions 列表中选择可用的壁面表面化学反应。

② 如果在所选择的化学反应中出现现成组分，在 Number of Sites 区设置地址的数目。

③ 如果用户设置的 Number of Sites 大于 0，需要设置地址的属性，包括 Site Name（可选项）、Site Density 等参数。

步骤06 对用户需要定义的每个机制重复上述步骤。当用户完成所有化学反应机制设置后，单击 OK 按钮。

4. 定义混合物的物理属性

当用户的Fluent模型包括化学组分时，由用户或者数据库，必须对混合物物质定义下列物理属性：

- 密度，用户可以使用气体定律或作为构成成分的体积-重量函数来定义。
- 粘度，用户可以定义成构成成分的函数。
- 导热率和比热（在涉及求解能量方程的问题中使用），用户可以定义成构成成分的函数。
- 质量扩散系数和施密特数，用于控制质量扩散流量。

完成混合物物质属性设置后，单击Change/Create按钮。每个组成组分属性设置的显示将取决于用户对混合物物质属性的设置。例如，如果用户对混合物的粘性设置成构成成分的函数，就需要设置每个组分的粘性。

5. 定义混合物中组分的物理属性

对于混合物中的每种流体物质，用户（或数据库）必须定义下列物理属性：

- 分子重量，在气体定律或化学反应速率的计算以及摩尔分数的输入输出中使用。
- 标准（生成）焓和参考温度（在涉及求解能量方程的问题中使用）。
- 粘度，用户是否将混合物物质的粘度定义成构成成分的函数。
- 导热率和比热（在涉及求解能量方程的问题中使用），用户是否将混合物物质的这些属性定义成了构成成分的函数。
- 标准熵，用户是否对可逆化学反应建模。
- 热和动量适应系数，用户是否激活了低压边界滑移模型。

一步或两步的全程反应机制不可避免地忽略了中间组分。在高温火焰中，忽略这些可分离的组分可能导致对温度的过高估计。通过增加每个组分的比热容可以得到更为真实的温度场。

3.5.4 定义组分的边界条件

在仿真中，用户需要设置每个组分的入口质量分数。另外，在出口出现回流的情况下，对于压力出口，用户应该设置组分质量分数。在壁面上，如果用户没有在壁面上定义表面化学反应，也没有在壁面上定义化学反应机制，并且也没有选择设置壁面上的组分质量分数，Fluent就会对所有组分应用 0 梯度（0 流量）边界条件。

对于流体区域，用户也可以使用设置化学反应机制的选项。无反射边界条件（NRBCs）与组分输运模型不兼容。该条件主要用于求解单组分理想气体流动。

注意用户只需要对前 $N-1$种组分明确设置质量分数。求解器将通过用 1 减去所设置的质量分数的和来计算第N个组分的质量分数。如果希望明确设置一种组分的质量分数，就必须对Materials列表中的组分重新排序。

Fluent中对于基于压力的求解器，在入口处净的组分输运包括对流和扩散两部分。对流部分通过入口组分浓度来确定，而漫射部分取决于计算得到的组分浓度场的梯度（预先是不知道的）。在某些情况下，用户可能希望穿过计算域入口的只包括组分的对流输运。用户可以通过关闭入口组分扩散来实现。

在默认设置中，Fluent在入口处包括了组分的扩散流量。为了关闭入口扩散，可以使用define/models/species/inlet-diffusion命令行，也可以使用Species Model面板。通常，如果在某个入口处的对流流量很小，用户将希望关闭Inlet Diffusion选项，形成该入口扩散的质量损失。

设置的方法为，首先按照Define→Models→Species→Transport&Reaction的操作打开输运与反应面板，然后选择Species Transport选项，之后就可以关闭Inlet Diffusion选项了。

3.5.5 化学混合和有限速率化学反应的求解步骤

很多涉及化学组分的仿真在求解过程中可能不需要特殊的步骤，用户可以在本节中找到一种或更多的求解技术，来帮助加速更为复杂仿真的收敛或提高其稳定性。如果用户的问题涉及很多组分或化学反应，尤其是在建模燃烧流动时，下面列出的技术可能特别重要。

1. 化学反应流动的稳定性和收敛性

由于很多原因，得到化学反应流动的收敛解很困难。首先，化学反应对基本流动方式的影响很强烈，在模型中就形成了质量/动量平衡方程和组分输运方程之间的强烈耦合。

在燃烧中，这种耦合更为强烈，其中的化学反应产生了大量的放热，随之产生密度的变化和流动的加速。然而，当流动特性随组分浓度变化时，所有的反应系统都有某种程度的耦合。这种耦合温度能够通过使用两步求解过程，并通过使用亚松驰方法来很好地解决，具体介绍如下：

反应流动中关于收敛的第二个问题涉及化学反应源项的量级。当Fluent模型涉及非常快的化学反应速率时（化学反应的时间尺度比对流和扩散时间尺度大得多），组分输运方程的数值求解就很困难。这样的系统被称为“刚性”系统。

具有层流化学反应的刚性系统要么使用打开选项的基于压力的求解器求解，要么使用基于密度的求解器求解。

层流化学反应模型也可以用于湍流火焰中，其中湍流-化学反应的相互作用就会被忽略。然而，对于这种火焰，考虑湍流-化学反应相互作用的EDC或PDF输运模型可能是更好的选择。

2. 两步求解步骤（冷流动仿真）

对于用户的Fluent仿真，使用两步过程来求解化学反应流动可能是达到稳定收敛解的一个实际方法。在该过程中，用户首先关闭化学反应来求解流动、能量和组分方程（冷流动或无化学反应流动）。这样，基本的流动方式建立后，用户可以再激活化学反应并继续计算。冷流动解给出了燃烧系统计算的很好的起始解。对燃烧建模的两步方法可使用下列步骤实现：

步骤 01 进行问题的设置，包括所有关心的组分和化学反应。

步骤02 按照 Define→Models→Species→Transport&Reaction 的操作打开输运与反应面板，通过关闭 Species Model 面板上的 Volumetric 暂时屏蔽化学反应的计算。

步骤03 在 Solution Controls 面板单击 Equations 按钮，打开 Equations 面板，在该面板上关闭生成物组分的计算。

步骤05 计算初始（冷流动）解。

步骤05 再次打开 Species Model 面板上的 Volumetric，激活化学反应的计算。

步骤06 打开所有的方程。如果用户使用了层流有限速率、有限速率/涡耗散、EDC 或 PDF 输运模型来考虑湍流-化学反应相互作用，就可能需要添加点火源。

3. 密度亚松驰

燃烧计算难以收敛的一个主要原因是温度上大的变化导致的密度上大的变化，这样就依次导致了流动解的不稳定。当用户使用基于压力的求解器时，Fluent允许用户对密度的变化进行亚松驰处理，以缓解收敛的困难。对密度亚松驰的默认值为 1，但如果用户遭遇了难以收敛的难题，可以将该值减小到 0.5~1.0（在Solution Controls面板上）。

4. 燃烧仿真中的点火

如果用户将燃料引入了氧化剂，除非混合物的温度超过了维持燃烧所需要的活化能的阈值，不会发生自燃。该物理问题在Fluent仿真中也得到了很好的证明。

如果用户使用了层流有限速率、有限速率/涡耗散、EDC或PDF输运模型来考虑湍流-化学反应相互作用，就必须提供点火源来启动燃烧。该点火源可能是加热的表面或入口质量流，将气体混合物加热到超过所需的点火温度。然而，通常其等价于一个火花：使燃烧能够推进的一种初始态解。

为了产生点火，用户可以通过在Fluent模型中包括充分燃料/空气混合物的区域添加入热的温度作为该起始火花，其设置步骤为，在Solution Initialization面板中单击Patch按钮打开Patch面板，然后根据所使用的模型，用户可能需要既加入温度又加入燃料/氧化剂/生成物浓度来在模型中产生点火区域。

这种初始的填入值对最终的稳态解没有影响，不会超越与确定其所点燃的燃烧区域的最终流动形式相匹配区域的位置。

5. 刚性层流化学反应方程组的解

当使用层流有限速率模型建模刚性层流火焰时，用户可在使用基于压力的求解器时打开Stiff Chemistry Solver选项，或者使用基于密度的求解器来考虑刚性问题。

对非稳态仿真使用基于压力的求解器时，Stiff Chemistry Solver选项应用于分步算法。在第一步中，使用ISAT积分器按流动的时间步积分，每个单元上的化学反应在恒定的压力下进行。在第二步中，对流和扩散项按照与无化学反应仿真中相似的方式进行处理。

使用基于密度的隐式求解器时，激活Stiff Chemistry Solver选项。通过打开Stiff Chemistry Solver选项能够进一步提高解的稳定性。当激活了刚性化学反应求解器时，必须进行下列设置：

- Temperature Positivity Rate Limit: 新温度变化的上限，使用该因子与旧的温度相乘得到，其默认值为 0.2。
- Temperature Time Step Reduction: 在温度变化太快时设置当地 CFL 数的上限，其默认值为 0.25。
- Max.Chemical Time Step Ratio: 当化学反应时间尺度（化学雅可比行列式的特征值）变得太大而难以维持良性条件矩阵时，当地 CFL 数的上限，其默认值为 0.9。

6. EDC模型求解步骤

由于EDC模型计算的高度复杂性，使用基于压力的求解器时，推荐用户使用下面的步骤进行求解：

步骤01 使用平衡非预混或部分预混模型计算初始解。

步骤02 输入 CHEMKIN 格式的化学反应机制。

步骤03 打开组分面板，然后选择 Species Model 面板上的 Volumetric Reactions 选项来激活化学反应计算，并在 Turbulence-Chemistry Interaction 下选择 EDC。选择用户刚刚作为 Mixture Material 输入的机制。

步骤05 打开边界条件面板，设置组分边界条件。

步骤05 屏蔽流动和湍流，只求解组分和温度。

步骤06 打开所有的方程并进行迭代，直到收敛。注意对于 EDC 方程求解的默认数值参数被设置为在最慢收敛情况下提供最好的稳定性。通过使用文本命令行 define/models/species/set-turb-chem-interaction，设置 Acceleration Factor 来增加收敛的速度，Acceleration Factor 可被设置在 0（慢但稳定）和 1（快但不稳定）之间。

3.5.6 输入 CHEMKIN 格式中的体积动力学机制

如果用户有CHEMKIN格式的气相化学反应机制，可以使用CHEMKIN Mechanism Import面板将该机制文件导入Fluent。首先执行File→Import→CHEMKIN Mechanism...的操作，打开Import CHEMKIN Format Mechanism面板，如图 3-28 所示，然后进行下面的操作：

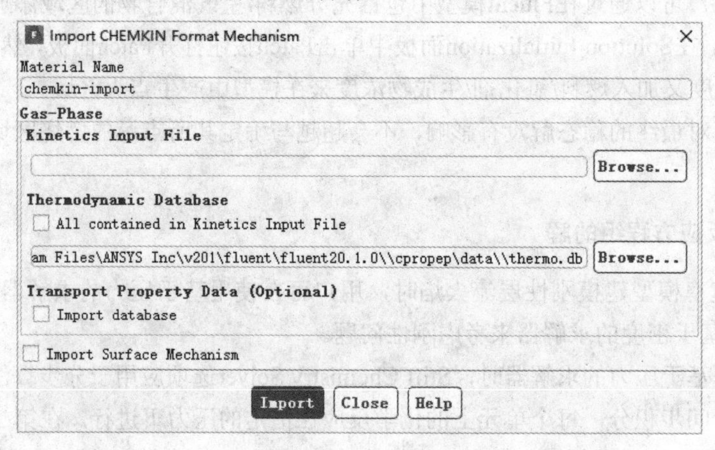

图 3-28 Import CHEMKIN Format Mechanism 面板

步骤01 在 Material Name 中输入化学反应机制的名称。

步骤02 单击 Browse...按钮选择 CHEMKIN 文件的路径。

步骤03 确定 Gas-Phase 下 Thermodynamic Database 的位置（thermo.db）。CHEMKIN 中默认的 thermo.db 文件只可用于气相组分。

步骤05 可选项：通过打开 Import Transport Property Database 并输入文件的路径来导入输运特性。如果用户希望使用动力学输运特性，首先必须打开 Species 面板上的 KINetics from Reaction Design 选项。

当读入了包含动力学输运特性的文件之后，Fluent 就会创建一个具有指定名称的物质，包括组分和化学反应数据参数，并被添加到 Create/Edit Materials 面板上可用的 Mixture Materials 列表中。

在 Create/Edit Materials 面板上列出物质属性，如 Viscosity、Thermal Conductivity、Mass Diffusivity 和 Thermal Diffusion，reaction-design 选项将出现在每个属性的下拉列表中，允许用户使用 KINetics 计算物质的属性值。

当打开 Species 面板上的 Full Multicomponent Diffusion 时，KINetics 返回完全多组分的扩散率。如果关闭了 Full Multicomponent Diffusion，KINetics 对每个组分返回混合物平均质量扩散率。

Fluent 不求解最后一个组分，用户应当确保在 CHEMKIN 机制列表中的最后一个组分是容积组分。如果不是容积组分，在导入 Fluent 前编辑 CHEMKIN 机制文件，并将容积组分（用户系统中总质量最大的组分）移到组分列表的最后位置。

步骤 05 单击 Import 按钮。

3.6 壁面表面化学反应和化学蒸汽沉积模型

对于气相化学反应，化学反应按照体积进行定义，化学组分生成和消耗的速率成为组分守恒方程中的源项。沉积的速率既受化学动力学又受流体到表面扩散速率的控制。因此，壁面表面化学反应形成了主流相中的化学组分反应源项（和汇项），确定了表面组分的沉积速率。

3.6.1 表面组分和壁面表面化学反应理论基础

Fluent软件对表面沉积化学组分的处理与气体中该组分的处理截然不同，涉及表面沉积的化学反应定义为不同的表面化学反应。

表面化学反应可以被限制在某些壁面边界上（而其他壁面边界仍旧无壁面化学反应）。表面化学反应速率的定义和计算按照单位表面面积定义，而流体相化学反应按照单位体积定义。

考虑写成如下一般形式的第 r 个壁面表面化学反应：

$$\sum_{i=1}^{N_g} g'_{i,r} G_i + \sum_{i=1}^{N_b} b'_{i,r} B_i \sum_{i=1}^{N_s} s'_{i,r} S_i \overset{K_r}{\Leftrightarrow} \sum_{i=1}^{N_g} g''_{i,r} G_i + \sum_{i=1}^{N_b} b''_{i,r} B_i \sum_{i=1}^{N_s} s''_{i,r} S_i \tag{3-27}$$

其中，G_i、B_i 和 S_i 分别表示气相组分、凝聚（或固态）组分和表面吸收（或现场）组分，N_g、N_b 和 N_s 为这些组分的总数；$g'_{i,r}$、$b'_{i,r}$ 和 $s'_{i,r}$ 为对每个反应物组分 i 的化学当量系数，$g''_{i,r}$、$b''_{i,r}$ 和 $s''_{i,r}$ 为对每个生成物组分 i 的化学当量系数；K_r 是总的化学反应速率常数。

方程（3-27）中的求和是对系统中所有的化学组分求和，但只有作为反应物或生成物的组分有非 0 的化学当量系数。因此，未涉及的组分将从方程中舍去。

第 r 个化学反应的速率为：

$$\Re_r = k_{f,r} \prod_{i=1}^{N_g} [G_i]_{\text{wall}}^{g'_{i,r}} [S_i]_{\text{wall}}^{s'_{i,r}} \tag{3-28}$$

其中，$[]_{\text{wall}}$表示在壁面上的摩尔浓度。假定反应速率与凝聚（固态）组分的浓度无关，每个组分i的净摩尔生成或消耗速率为：

$$\hat{R}_{i,\text{gas}}=\sum_{r=1}^{N_{rxn}}(g''_{i,r}-g'_{i,r})\Re_r \quad i=1,2,3,\cdots,N_g \tag{3-29}$$

$$\hat{R}_{i,\text{bulk}}=\sum_{r=1}^{N_{rxn}}(b''_{i,r}-b'_{i,r})\Re_r \quad i=1,2,3,\cdots,N_b \tag{3-30}$$

$$\hat{R}_{i,\text{site}}=\sum_{r=1}^{N_{rxn}}(s''_{i,r}-s'_{i,r})\Re_r \quad i=1,2,3,\cdots,N_s \tag{3-31}$$

反应r的正向速率常数$k_{f,r}$使用阿累尼乌斯表达式计算，例如：

$$k_{f,r}=A_r T^{\beta_r} e^{-E_r/RT} \tag{3-32}$$

式中：

A_r——指数前因子（与反应速率单位一致）。

β_r——温度指数（无量纲量）。

E_r——反应活化能（J/kmol）。

R——通用气体常数（J/kmol・K）。

用户（数据库）应当提供$g'_{i,r}$、$g''_{i,r}$、$b'_{i,r}$、$b''_{i,r}$、$s'_{i,r}$、$s''_{i,r}$、β_r、A_r和E_r的值。

如方程（3-28~3-31）所示，表面化学反应建模的目标是计算壁面上气态组分和现场组分的浓度，即$[G_i]_{\text{wall}}$和$[S_i]_{\text{wall}}$。在发生反应的表面上，假定每个气态组分的质量流量与其生成/消耗的速率相平衡，则：

$$\rho_{\text{wall}} D_i \frac{\partial Y_{i,\text{wall}}}{\partial n}-\dot{m}_{\text{dep}} Y_{i,\text{wall}}=M_{w,i}\hat{R}_{i,\text{gas}} \quad i=1,2,3,\cdots,N_g \tag{3-33}$$

$$\frac{\partial [S_i]_{\text{wall}}}{\partial t}=\hat{R}_{i,\text{site}} \quad i=1,2,3,\cdots,N_b \tag{3-34}$$

质量分数$Y_{i,\text{wall}}$与浓度的关系为：

$$[G_i]_{\text{wall}}=\frac{\rho_{\text{wall}} Y_{i,\text{wall}}}{M_{w,i}} \tag{3-35}$$

$\dot{m}_{\text{dep}}$是表面化学反应产生的净的质量沉积或侵蚀速率，即：

$$\dot{m}_{\text{dep}}=\sum_{i=1}^{N_b} M_{w,i}\hat{R}_{i,\text{bulk}} \tag{3-36}$$

$[S_i]_{\text{wall}}$是壁面上现场组分的浓度，定义为：

$$[S_i]_{\text{wall}}=\rho_{\text{site}} z_i \tag{3-37}$$

其中，ρ_{site}为现场密度，z_i是组分i的现场覆盖范围。

使用方程（3-33）和方程（3-34）可以导出对壁面上组分i的质量分数和单位面积上组分i的净生成速率。在Fluent中使用这些表达式来计算气相组分浓度，并且如果可能，在反应表面使用点对点耦合刚性求解器计算覆盖范围。

壁面化学反应中的边界条件在组分输运的计算中没有包括壁面法向速度或凝聚质量向壁面传递的影响。来自于表面的净质量流量的动量也被忽略，因为穿过表面的质量流量相比于毗邻表面单元中的流动动量通常很小。然而，用户可以通过激活Species Model面板上的Mass Deposition Source选项来在连续性方程中包括表面质量传递的影响。

Fluent的默认设置中忽略了壁面表面化学反应产生的放热。然而，用户可以通过激活Species Model面板上的Heat of Surface Reactions选项来包括表面化学反应的热量，并在Create/Edit Materials面板上设置对应的生成焓。

3.6.2 壁面表面化学反应模型的设置

涉及壁面表面化学反应问题设置的基本步骤与只包含流体相化学反应问题的设置相同，只是需要在体积化学反应设置的基础上增加一些项，其设置的步骤如下：

步骤01 按照 Setup→Models→Species→Transport&Reaction...的操作打开输运与反应面板，然后在 Species Model 面板上进行如下操作：

① 激活 Species Transport，在 Reactions 下选择 Volumetric 和 Wall Surface，并设置 Mixture Material。

② (可选项) 如果用户希望对壁面表面化学反应放热建模，打开 Heat of Surface Reactions 选项。

③ (可选项) 如果用户希望在连续性方程中包括表面质量传递的影响，打开 Mass Deposition Source 选项。

④ (可选项) 如果用户使用的是基于压力的求解器，并且不希望在能量方程中包括组分扩散的影响，关闭 Diffusion Energy Source 选项。

⑤(可选项，但推荐用于 CVD) 如果用户希望模拟完全多组元扩散或热扩散，打开 Full Multicomponent Diffusion 或 Thermal Diffusion 选项。

步骤02 按照 Setup→Materials...的操作打开物质面板，检查或定义混合物属性，包括混合物中的组分、化学反应和其他物理属性（例如粘度、比热）。

用户可以在 Fluent Fluid Materials 列表中见到所有的组分（包括固体/凝聚和现场组分）。如果用户的模型中包括稀释混合物的组分，在列表中指定最后的气相组分应当为运载气体（这是因为 Fluent 不对最后组分求解输运方程）。注意，应当小心处理组分的重新排序、添加或删除。

步骤03 检查或设置混合物中单独组分的属性。如果用户模拟的是表面化学反应的加热，应当保证检查（或定义）了每个组分的生成焓。

步骤05 打开边界条件面板，设置组分边界条件。

用户必须标明表面化学反应对每个壁面有无影响。如果有影响，就需要向壁面分配化学反应机制。为了激活表面化学反应对壁面的影响，打开Wall面板上Species选区中的Reaction选项。

如果用户打开了Viscous Model面板上的全局Low-Pressure Boundary Slip选项，即使滑移模型将仍旧有效，每个壁面上的Shear Condition也将会重置为No Slip。只有在Viscous Model面板上选择Laminar模型时，才可使用Low-Pressure Boundary Slip选项。

3.6.3 导入CHEMKIN格式的表面动力学机制

导入CHEMKIN格式的表面动力学机制需要气相机制文件补充表面机制文件，以保证同CHEMKIN的完全兼容。如果没有可用的气相机制文件，那么用户就需要创建一个来随同表面机制文件一起导入。机制文件的导入Fluent使用Import CHEMKIN Format Mechanism面板，首先按照File→Import→CHEMKIN Mechanism的操作打开该面板，如图3-29所示，然后进行设置。

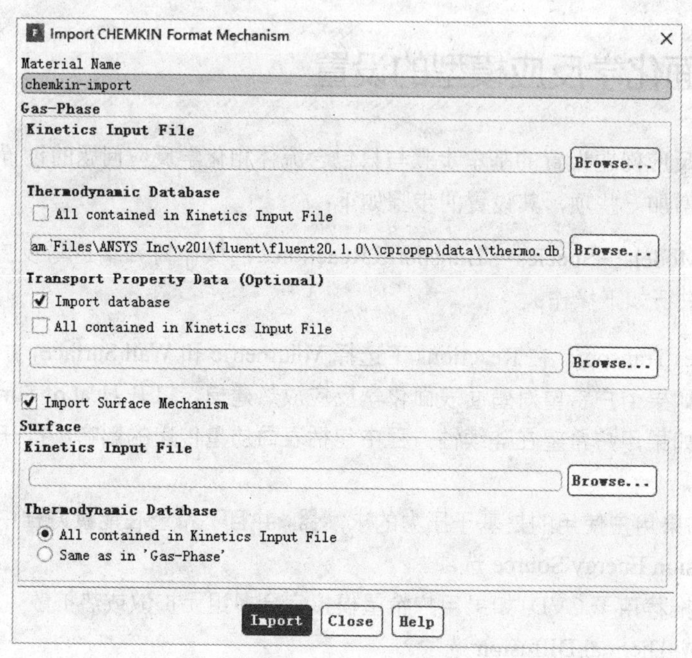

图3-29 CHEMKIN Mechanism Import 面板：导入表面动力学机制

步骤01 在Material Name下输入化学机制名称。

步骤02 打开Import Surface Mechanism。

步骤03 输入气相CHEMKIN化学反应机制文件（例如，路径/gas-file.che）和表面CHEMKIN化学反应机制文件（例如，路径/surface-file.che）的路径。

步骤05 指定到热动力学数据文件（thermo.db）的路径。Fluent所提供的默认thermo.db文件只有气相组分可用。如果机制文件中没有表面thermo信息，用户需要为表面组分提供表面thermo.db文件。

步骤05 单击Import按钮。

Fluent将创建具有指定名称的物质，其将包括组分和化学反应的CHEMKIN数据，并被添加到Fluent Mixture Materials列表中。

通过单击Create/Edit Materials面板上Properties下Mechanism选项右边的按钮，用户可以见到所有的化学反应。

在表面化学反应机制中，CHEMKIN的表面化学反应速率常数使用附着系数的形式表示，Fluent将附着系数的形式转换为阿累尼乌斯速率表达式。

3.7 微粒表面化学反应模型

对于分析焦炭等类似颗粒燃烧计算时，焦炭微粒表面化学反应速率的求解计算尤为重要。Fluent中微粒表面化学反应模型理论基础及微粒表面化学反应模型设置如下。

3.7.1 微粒表面化学反应模型理论基础

Fluent软件使用了Smith修正模型给出的计算烧焦微粒燃烧速率的关系式，其微粒化学反应速率 $\Re$（$kg/(m^2 \cdot s)$）能表示成：

$$\Re = D_0(C_g - C_s) = R_c(C_s)^N \tag{3-38}$$

式中：

D_0—— 体积扩散系数（m/s）。

C_g—— 容积中平均反应气体浓度（kg/m^3）。

C_s—— 微粒表面平均反应气体浓度（kg/m^3）。

R_c—— 化学反应速率系数（单位变化）。

N—— 名义反应阶数（无量纲）。

在方程（3-38）中，微粒表面的浓度 C_s 是未知的，因此其应当被消去，该表达式可重新表示为：

$$\Re = R_c\left[C_g - \frac{\Re}{D_0}\right]^N \tag{3-39}$$

该方程必须通过迭代过程求解，只有在N=1 或N=0 时例外。当N=1 时，方程（3-39）可以写成：

$$\Re = \frac{C_g R_c D_0}{D_0 + R_c}$$

在N=0 的情况下，如果微粒表面反应物浓度为有限值，固体侵蚀速率等于化学反应速率。如果表面上没有反应物，固体侵蚀速率就急剧变为扩散控制速率。然而，这种情况下，出于稳定性考虑，Fluent总是使用化学反应速率。

图 3-30 是气相中正在进行放热反应的微粒示意图。

根据上面的分析，Fluent使用下列方程描述微粒表面组分j与气相组分n之间化学反应 r 的速率。这种情况下反应 r 化学当量的描述为：

微粒组分 $j(s)$+气相组分n→生成物

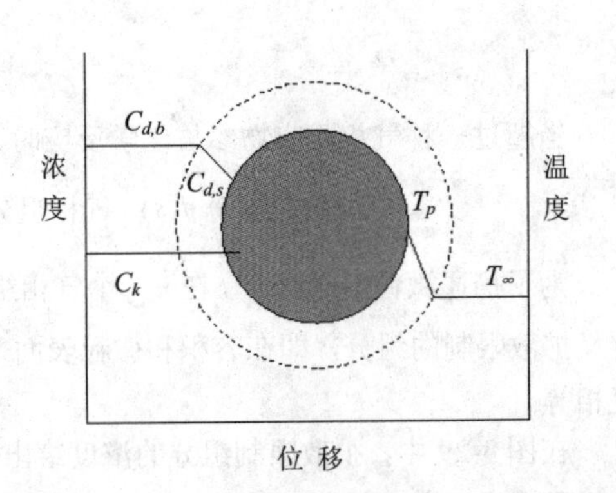

图 3-30 在多表面化学反应模型中的反应微粒

反应速率给出为：

$$\bar{\Re}_{j,r} = A_p \eta_r Y_j \Re_{j,r} \tag{3-40}$$

$$\Re_{j,r} = \Re_{\text{kin},r}\left(p_n - \frac{\Re_{j,r}}{D_{0,r}}\right)^N \tag{3-41}$$

式中，

$\bar{\Re}_{j,r}$—— 微粒表面组分侵蚀速率（kg/s）。

A_p—— 微粒表面面积（m^2）。

Y_j—— 微粒中表面组分 j 的质量分数。

η_r—— 效率因子（无量纲）。

$\Re_{j,r}$—— 单位面积上微粒表面组分化学反应速率（$kg/(m^2 \cdot s)$）。

p_n—— 气相组分体积分压（Pa）。

$D_{0,r}$—— 反应 r 的扩散速率系数。

$\Re_{\text{kin},r}$—— 反应 r 的动力学速率（单位变化）。

N_r—— 反应 r 的名义阶数。

效率因子 η_r 与表面面积相关，在多个化学反应的情况下可用于每个化学反应中。$D_{0,r}$ 给出为：

$$D_{0,r} = C_{1,r}\frac{[(T_p + T_\infty)/2]^{0.75}}{d_p} \tag{3-42}$$

反应 r 的动力学速率定义为：

$$\Re_{\text{kin},r} = A_r T^{\beta_r} e^{-(E_r/RT)} \tag{3-43}$$

对于反应阶数 N_r =1 的微粒表面组分侵蚀速率给出为：

$$\bar{\Re}_{j,r} = A_p \eta_r Y_j p_n \frac{\Re_{\text{kin},r} D_{0,r}}{D_{0,r} + \Re_{\text{kin},r}} \tag{3-44}$$

对于反应阶数 N_r =0：

$$\bar{\Re}_{j,r} = A_p \eta_r Y_j \Re_{\text{kin},r} \tag{3-45}$$

当超过一种气相反应物参与化学反应时，必须扩展反应的化学当量值来考虑这种情况：

微粒组分 $j(s)$+气相组分 1+气相组分 2+…+气相组分 $n_{\max}$ → 生成物

为了描述微粒表面组分 j 在 $n_{\max}$ 个气相组分 n 存在时化学反应 r 的速率，有必要对每个固体微粒化学反应定义扩散限制的组分，即在容积和微粒表面之间浓度梯度最大的组分。对于其余的组分，假定表面和体积浓度相等。

在图 3-29 中，扩散限制组分的浓度给出为 $C_{d,b}$ 和 $C_{d,s}$，其他组分的浓度标明为 C_k。对于多个气相反应物的化学当量，方程（3-40）和（3-44）中的体积分压是反应 r 的扩散限制组分的体积分压 $p_{r,d}$。

这样，反应 r 的动力学速率定义为：

$$\Re_{\text{kin},r}=\frac{A_r T^{\beta_r} e^{-(E_r/RT)}}{(p_{r,d})^{N_{r,d}}}\prod_{n=1}^{n_{\max}} p_n^{N_{r,n}} \tag{3-46}$$

式中：

p_n—— 气态组分n的体积分压。

$N_{r,n}$—— 组分n的反应阶数。

当模型激活后，在Reactions面板上输入常数$C_{1,r}$（方程（3-42））和效率因子η_r。

- 可以对只涉及微粒表面反应物的化学反应建模，只要微粒表面反应物和生成物存在于同样的微粒上：微粒组分 1（s）+微粒组分 2（s）+…→生成物
- 这种情况下的反应速率由方程（3-45）给出。
- 微粒表面组分的分解反应建模为：

微粒组分 1（s）+微粒组分 2（s）+…+微粒组分 $n_{\max}(s)$→气相组分 j+生成物

这种情况下，反应速率由方程（3-40）和（3-46）给出，其中扩散限制组分是反应的气态生成物。如果反应中有超过一个气态生成物，就必须对微粒反应定义扩散限制组分，其为在容积和微粒表面之间浓度梯度最大的组分。

微粒的固体组分沉积反应可使用下面的假定进行建模：

气相组分 1+气相组分 2+…+气相组分 $n_{\max}$→固体组分j(s)+生成物

表面化学反应速率计算应用了理论分析和方程（3-40~3-46），在方程（3-40）、（3-44）和（3-45）中，表面组分的质量分数设置为1。

在Fluent中，对于沉积在微粒上的微粒表面组分，微粒中必须已经存在一定质量的该组分。这样可以允许对特别注入的微粒选择性地激活沉积反应。为了开始微粒上的固体组分沉积反应，在Set Injection Properties面板（或Set Multiple Injection Properties面板）上定义的微粒必须包括一小部分质量的沉积固体组分。

微粒表面气态组分发生催化的化学反应，按照方程（3.33~3.39）来进行表面反应速率计算，在方程（3-40）、（3-42）和（3-45）中，表面组分的质量分数被设置为1。

当在Reactions面板上选择Particle Surface作为Reaction Type时，就激活了催化微粒表面化学反应选项，在反应化学当量系数中没有固体组分。反应固体组分的作用如同催化剂，在Reactions面板上定义。催化微粒表面化学反应只在包括催化性组分的微粒上进行。

3.7.2 微粒表面化学反应模型的设置

对微粒表面化学反应只需要在体积反应设置的基础上增加几步输入。这些增加的输入包括：

（1）按照Setup→Models→Species→Transport&Reaction...的操作打开输运与反应面板，在Species Model面板上打开Reactions下的Particle Surface选项。用户可以在Fluent Fluid Materials列表中找到所有组分（包括表面组分）。

（2）对每个微粒表面化学反应，在Reactions面板上选择Particle Surface作为Reaction Type，并设置参数，包括Diffusion-Limited Species、Catalyst Species、Diffusion Rate Constant（公式（3-42）中的$C_{1,r}$）和Effectiveness Factor（公式（3-40）中的η_r）。

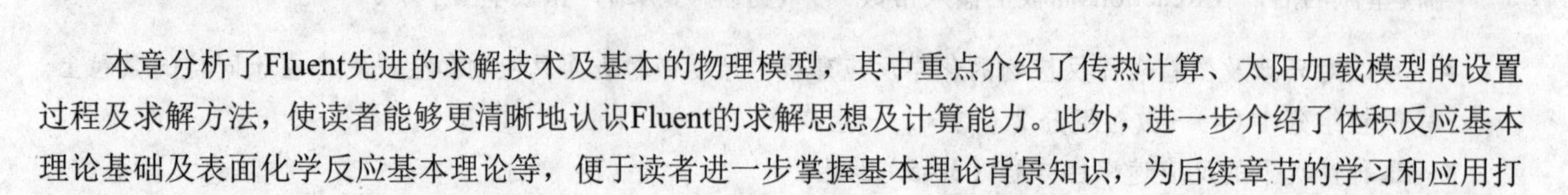

3.8 小结

本章分析了Fluent先进的求解技术及基本的物理模型，其中重点介绍了传热计算、太阳加载模型的设置过程及求解方法，使读者能够更清晰地认识Fluent的求解思想及计算能力。此外，进一步介绍了体积反应基本理论基础及表面化学反应基本理论等，便于读者进一步掌握基本理论背景知识，为后续章节的学习和应用打下基础。

第4章 后处理

导言

Fluent 软件具有强大的后置处理功能，能够完成 CFD 计算所要求的功能，包括速度矢量图、等值线图、等值面图、流动轨迹图，并具有积分功能，可以求得力、力矩及其对应的力和力矩系数、流量等。软件对于用户关心的参数和计算中的误差可随时进行动态跟踪显示。对于非定常计算，Fluent 提供非常强大的动画制作功能，在迭代过程中将所模拟的非定常现象的整个过程记录成动画文件，供后续的分析演示。

基于此，本章详细介绍 Fluent 强大的后处理功能。

学习目标

☑ 了解并掌握 Fluent 的后处理功能。

4.1 数据显示与文字报告生成

Fluent提供了很多显示数据和文字报告的工具。这些工具可以让用户得到通过边界的物质质量流率、热量传递速率、在边界处的作用力以及动量值，还可以得到在一个面上或者在一个体上的积分、流率、平均值和质量平均值等。

此外，用户还可以得到几何形状和求解数据的直方图，设置无因次系数的参考值以及计算投影表面积。用户也能打印或者存储一个包括当前case中的模型设定、边界条件和求解设定等情况的摘要报告等。

在计算数据的过程中，对于二维问题计算值约定为每个单位厚度的积分值，而对于轴对称问题计算值约定为2π角度的积分值。下面对各个功能进行详细的介绍。

4.1.1 通过边界的流量

1. 边界流量速率的定义

边界的质量流量速率可以通过边界区各个面的质量流率得到，各个面的质量流量速率等于密度乘以速度矢量和相应面的投影面积的标量积。

边界处总的传热速率可以通过加和各个面的总传热速率得到。各个面的传热速率q为：$q=qc+qr$，其中qc为对流传热速率，qr为辐射传热速率。穿过一个面的热传导的计算与指定的边界条件有关。

在这里需要注意的一点就是在质量和热量平衡处理时，仅仅考虑的是穿过边界而进入和离开主体的流动，不包括用户定义的体积源或颗粒喷射的作用。由于这个原因，质量或热量不平衡的情况也可能在报告中反映出来。

为了判定一个包含离散相的解是否收敛，用户可以进行不平衡比较，这种不平衡比较是在颗粒轨道概要报告中对质量流量或热量计算进行改变得到的。在Flux Reports面板中报告的净流率或净热传输率应当是接近等于在概要报告中的Mass Flow或Heat ContEnt的改变值，这个报告将在Particle Tracks面板中生成。

2. 在Fluent中显示流量

在Report面板中双击Fluxes选项，弹出如图 4-1 所示的面板，Results列表框中显示了边界区域上的质量流率、热传输率或者辐射热传输率等。

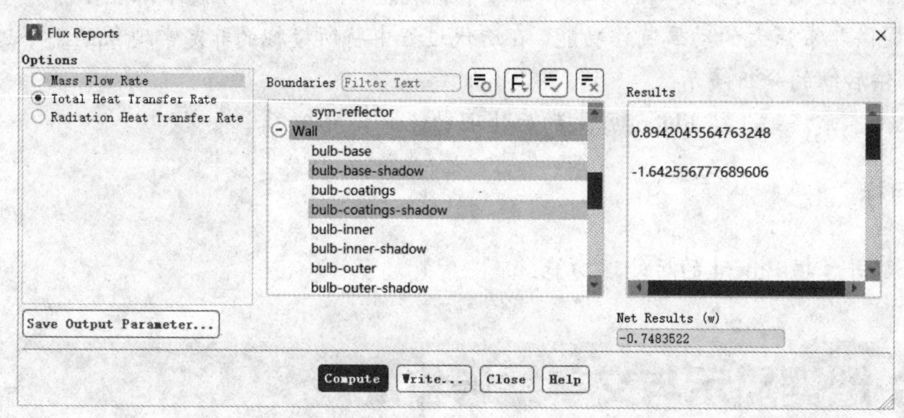

图 4-1　Flux Reports 设置面板

流量文字报告产生的步骤如下：

步骤01 从 Options 选项的 Mass Flow Rate、Total Heat Transfer Rate 或者 Radiation Heat Transfer Rate 中选择所要计算的流量。

步骤02 从 Boundaries 列表中选择用户想获得流量数据的边界区域。
如果想选择几个相同类型的边界区域，可以通过在 Boundary Types 选项中选择类型来代替在 Boundaries 列表中的选择。所有与被选定的类型相同的边界区域将自动在 Boundaries 列表中被选择。若这些边界已经被选择了，则会取消选择。

另一个捷径是说明一个Boundary Name Pattern，并且用鼠标单击Match按钮，以选择那些名字中带有用户输入字符的边界区域。例如，若用户输入wall*，则所有名字开始为wall的边界将被自动选择。若这些边界已经被选择，则该操作将使这些选择被取消。若输入wall?，则所有名字中包含wall，且wall后面只有一个字符的边界将被选择。

3. 单击Compute按钮

Results列表框将显示已选择的每一个边界区域的选定的流量计算结果，并且在Results列表框下面的Box中显示单个区域流量的总和结果。

这些流量被准确地报告，如同被求解器计算的一样。因此，这些结果从本质上讲比那些通过打开Surface Integrals面板中的Flow Rate选项计算的结果更准确。

4.1.2 边界上的作用力

Fluent中可以计算和报告沿着一个指定的矢量方向的作用力以及关于选择的区域的一个指定中心位置的力矩。这个特性可以被用于报告升力、阻力及一个机翼需要计算的空气动力学系数等。

1. 力和力矩的表达

在一个区域处的作用力的计算是通过将每一个面上的压力和粘性力以及指定方向矢量的标量积相加得到的。除了实际的压力、粘度和总的作用力之外，相关联的作用力系数也可以通过在Reference Values面板中说明的参考值计算得到。

作用力系数被像作用力一样定义为：$\frac{1}{2}\rho v^2 A$，其中ρ、v、A指的是在ReferenceValues中被明确说明的密度、速度和面积。

对一个指定中心的力矩矢量是通过加和力矩矢量方向上每一个面的作用力矢量来计算的。例如，每一个面上在力矩中心处的作用力。

除了压力、粘度和总的力矩的实际组成部分之外，力矩系数也被得到。力矩系数被如力矩一样定义作为参考动态压力、参考面积和参考长度的结果。最终得到的力和力矩有两种表达形式：有量纲形式和无量纲系数形式，可以根据需要进行相应的选择。

2. Fluent中力和力矩的显示

在Report面板中双击Force选项，将会打开Force Reports面板，如图 4-2 所示。这样可以获得指定区域内沿着一个说明的矢量方向的作用力或关于一个指定的中心位置的力矩的报告。

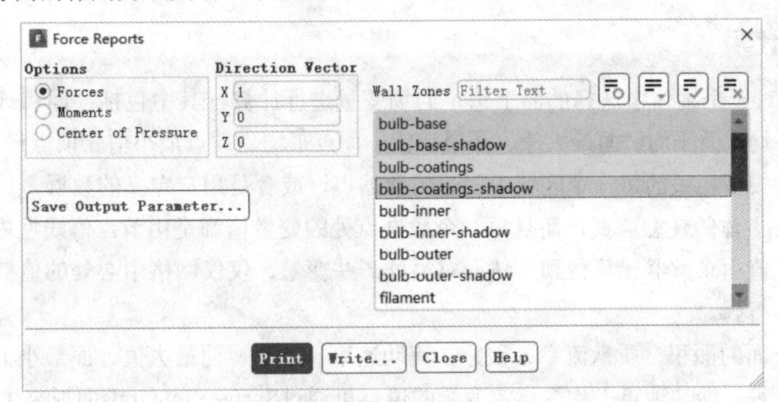

图 4-2 Force Reports 设置面板

（1）通过在Options下选择Forces或Moments来得到想要的报告。

（2）若用户选择的是一个作用力报告，则需要在Direction Vector中输入X、Y和Z的值来指定所需要计算的力的方向。若选择的是一个力矩报告，则需要在Direction Center中输入X、Y和Z坐标值来指定力矩中心。

（3）在Wall Zones列表中选择用户想要得到作用力和力矩信息报告的区域。在这里同样可以用类似于显示流量的办法通过Match来快速选择所需要的墙区域。

（4）单击Print按钮。在Fluent控制窗口中将显示对于已选择的墙沿着指定的作用力矢量方向或关于指定的力矩中心的压力、粘度和总作用力或力矩，以及压力系数、粘度系数、总作用力或力矩系数。对所有已选择的墙的系数和作用力及力矩的总和将显示在报告的末尾。

4.1.3 计算投影面积

用户可以使用Projected Surface Areas面板对已选择的面沿着*x*、*y*或*z*轴方向计算估计的投影面积。在Report面板中双击Project Areas项，将会出现图 4-3 所示的面板。

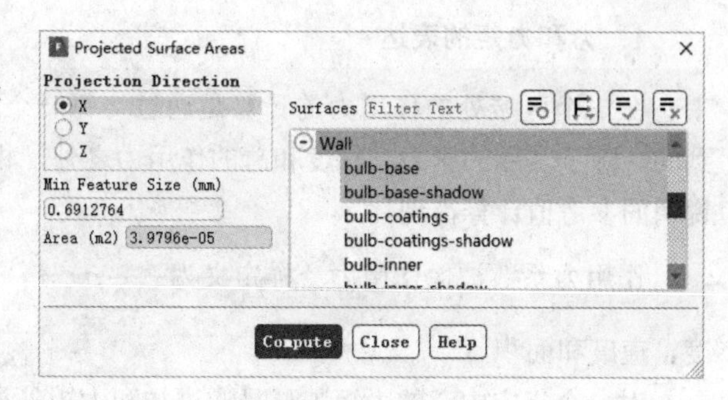

图 4-3 Projected Surface Areas 设置面板

计算投影面积的过程如下：

（1）选择投影方向（X、Y或Z）。

（2）在Surfaces列表中选择要计算投影面积的面。

（3）Min Feature Size值为用户在面积计算中想求解的面中几何尺寸最小的面的特征长度（如果不能确定最小的几何特征的尺寸，也可以使用默认值）。

（4）单击Compute按钮，面积值将出现在Area框和控制台窗口中。

（5）为了改善面积计算的精确度，可以降低Min Feature Size到原来值的一半再计算。重复这个过程直到计算出的面积值不再改变（或内存容量不足）。

4.1.4 计算表面积分和体积分

1. 表面积分的计算

在Fluent中可以对一个主体中选择的面上选定的场变量进行计算，其中包括：面积或质量流率、面积加权平均、质量加权平均、面平均、面最大值、面最小值、顶点平均、顶点最小值、顶点最大值等。面是Fluent软件在与用户使用的模型相关的每一个区域中创建的数据点，或者是用户定义的数据。

面可以被放置在主体的任意位置，而且每一个数据点处的变量值都是由节点值线性内插得到的。对于一些变量，它们的节点值由求解器计算得到，然而对另外一些变量，仅仅网格中心处的值被计算，节点处的值通过平均网格处的值得到。

为了获得所选表面的面积、质量流率、积分、流动速率、加和、面最大值、面最小值、顶点最大值、顶点最小值或质量、面积、面、顶点平均等指定变量的值，可通过Surface Integrals面板来生成报告。

在Reports面板中双击Surface Integrals，将会显示如图 4-4 所示的面板。

在Surface Integrals面板中设置的参数如下：

（1）在Report Type下拉列表中选择Area、Custom Vector Weighted Average、Flow Rate、Mass Flow Rate等所需要的报告类型。

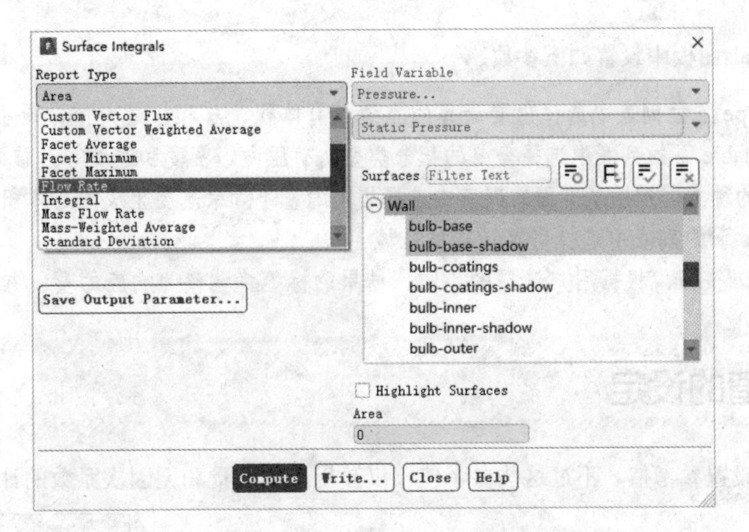

图 4-4 Surface Integrals 设置面板

（2）在Field Variable下拉列表中选择在表面积分中所使用的场变量。首先在上面的下拉列表中选择希望得到的变量值所属的类型，然后在下面的下拉列表中选择相关的变量。如果需要生成的是面积或质量流率报告，就省去这一步。

（3）在Surfaces列表框中选择需要表面积分的面。跟前面的一样，可以利用Surface Types和Match来快速选择所需要的面。

（4）单击Compute按钮。根据选择的不同，结果的标签进行相应的调整。如图 4-4 所示，这里显示的是Flow Rate。

此外在显示报告的时候要注意以下几点：

- 质量加权平均指的是更高的速度范围（如那些有更高的质量流过的面）。
- 使用 Surface Integrals 面板报告的流动速率不如从 Flux Reports 面板中得到的结果精确。
- 面和顶点平均参数建议使用在面积为零的表面。

2．体积分的计算

同样，按照计算表面积分的办法可以计算体积分。可以获得指定的网格区域的体积或者指定变量的体积积分、体积加权平均、质量加权积分或质量加权平均等。在Reports面板中双击Volume Integrals选项，可以打开如图 4-5 所示的Volume Integrals设置面板。

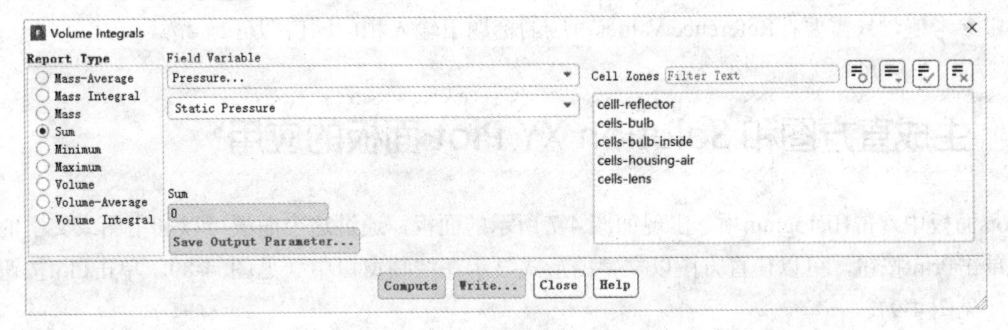

图 4-5 Volume Integrals 设置面板

在Volume Integrals面板中设置如下参数：

- 在 Report Type 下拉列表中选择想要计算的类型，有体积、总和、最大值、最小值和体积积分等。
- 在 Field Variable 下拉列表中选择需要的积分类型，有压力、密度和速度等。首先，在上面的下拉列表中选择希望的种类，然后从下面的列表中选择相关的量。如果想要生成的是体积报告，就省去这一步。
- 在 Cell Zones 下的列表中选择需要计算的区域。
- 单击 Compute 按钮。根据用户选择的不同，结果的标签将调整为响应的量，并在下面显示计算值。

4.1.5 参考值的设定

在Fluent中可以设置参考值，不过这些参考值仅仅被用于物理量和无因次系数的计算，而且参考值也只被用在后处理中。

下面列出一些使用参考值的例子。

- 使用参考面积、密度和速度计算作用力系数。
- 使用参考长度、面积、密度和速度计算力矩。
- 使用参考长度、密度和粘度计算雷诺数。
- 使用参考压力、密度和速度计算压力和总压系数。
- 使用参考密度、压力和温度计算熵。
- 使用参考密度和速度计算表面摩擦系数。
- 使用参考温度计算热传递系数。
- 使用特别的热比率计算涡轮机效率。

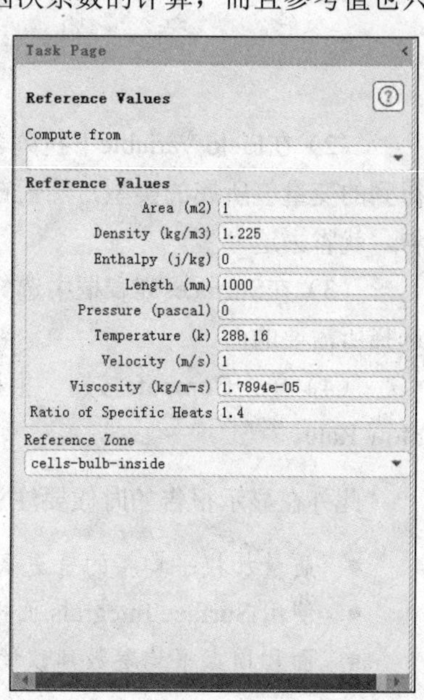

图 4-6 Reference Values 设置面板

在Fluent 2020 的操作树中可以直接打开Reference Values面板，如图 4-6 所示。用户可以手动输入参考值或基于某个选择的边界区域的物理量的值来计算参考值，可以设置的参考值有：Area、Density、Enthalpy（焓）、Length、Pressure、Temperature、Velocity、Viscosity（动粘性系数）和Ratio of Specific Heats。

如果想从一个特别边界区域的条件中计算参考值，需要在Compute from下拉列表中选择区域。然而需要注意的是，与所使用的边界条件有关的参考值能被设定。

例如，参考长度和面积不能在从边界条件中计算参考值的情况下被设定，用户需要手动设定这些值。对于手动设定参考值，只需要在Reference Values对应的标题下输入相应的值即可。

4.1.6 生成直方图和 Solution XY Plot 面板的应用

在Plots面板中双击Histogram项，出现如图 4-7 所示的面板。通过这个面板可以利用图或文字的形式显示直方图。单击Print按钮，可以使直方图以文字的形式显示在控制窗口中（见图 4-8），单击Plot按钮，可以显示直方图（见图 4-9）。

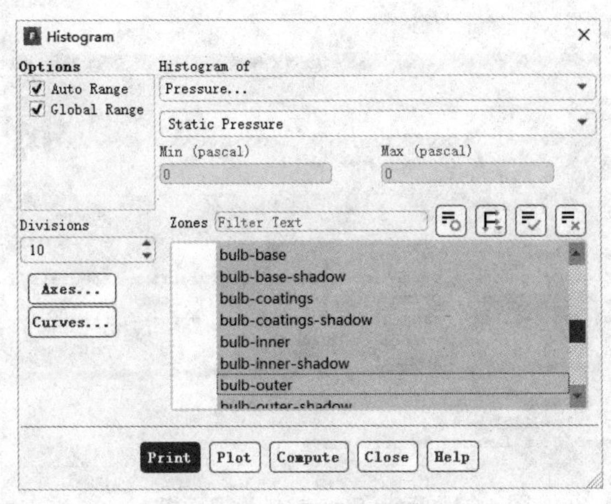

图4-7　直方图设置面板

```
0 elements below -0.023525368 (0 %)
477 elements between -0.023525368 and -0.014846775 (7.3339483 %)
1048 elements between -0.014846775 and -0.0061681822 (16.113161 %)
3938 elements between -0.0061681822 and 0.0025104109 (60.547355 %)
631 elements between 0.0025104109 and 0.011189004 (9.701722 %)
340 elements between 0.011189004 and 0.019867597 (5.2275523 %)
70 elements between 0.019867597 and 0.02854619 (1.0762608 %)
0 elements between 0.02854619 and 0.037224783 (0 %)
0 elements between 0.037224783 and 0.045903376 (0 %)
0 elements between 0.045903376 and 0.05458197 (0 %)
0 elements between 0.05458197 and 0.063260563 (0 %)
0 elements above 0.063260563 (0 %)
```

图4-8　文字形式显示的直方图信息

在Plots面板中双击XY Plot项，出现如图 4-10 所示的面板。在这个面板中可以设置X方向的变量类型和Y方向的变量类型，在Surfaces中选择需要显示的面，并设置其他参数。

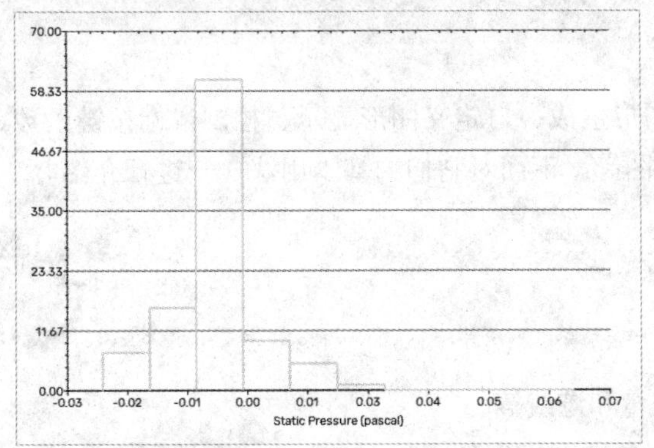

图4-9　显示的直方图

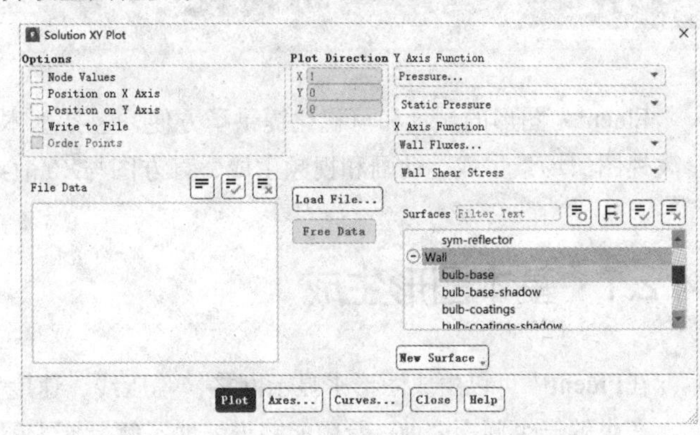

图4-10　Solution XY Plot面板

单击Plot按钮，即可显示如图 4-11 所示的坐标图。这个图是对于bulb-base面，以壁面剪切应力为X轴且静压为Y轴绘制的图。

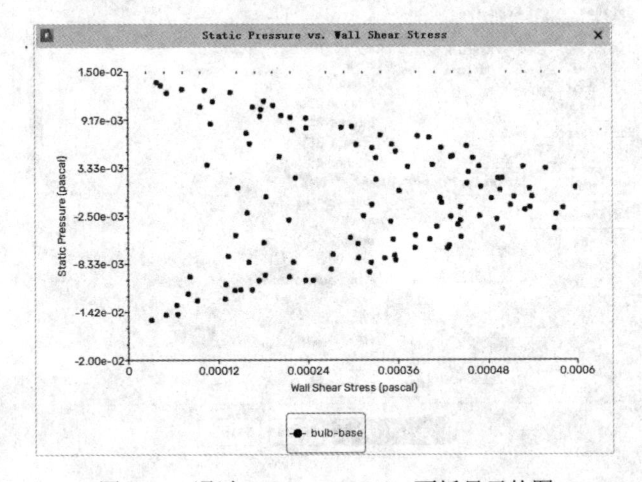

图 4-11　通过 Solution XY Plot 面板显示的图

4.1.7 生成摘要报告

在Fluent软件中可以生成一个关于输入条件的报告。在文本信息区内输入Report→Summary，则会自动保存参数设置文件，里面包括但不限于Models、Material Properties、Cell Zone Conditions、Boundary Conditions和Solver Settings等，用记事本打开即可看到，如图 4-12 所示。

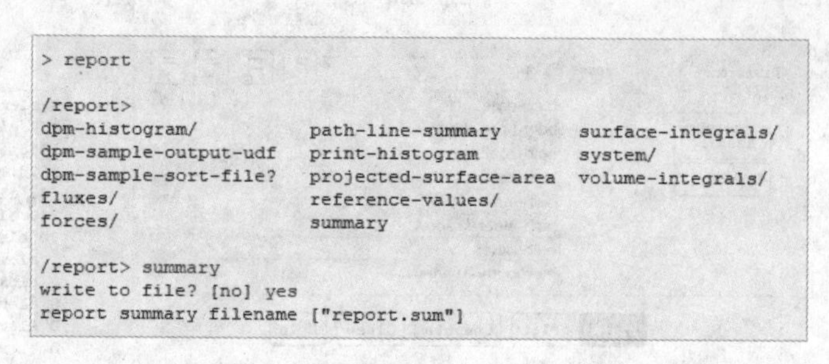

```
> report

/report>
dpm-histogram/            path-line-summary          surface-integrals/
dpm-sample-output-udf     print-histogram            system/
dpm-sample-sort-file?     projected-surface-area     volume-integrals/
fluxes/                   reference-values/
forces/                   summary

/report> summary
write to file? [no] yes
report summary filename ["report.sum"]
```

图 4-12　Input Summary 设置面板

4.2 图形与可视化

Fluent为图形的显示和可视化提供了方便，包括基本图形生成、自定义图形显示、控制鼠标按键函数、修改视图、场景生成、动画和视频生成、直方图与XY散点图等。下面对它们的基本用法一一进行介绍。

4.2.1 基本图形生成

在Fluent中可以生成图形来显示网格、等压线、速度矢量和迹线等。

在求解一个问题之前，希望能够详细地了解所要求解对象的网格划分情况。在General面板中单击Display按钮，可以得到如图 4-13 的Mesh Display面板。

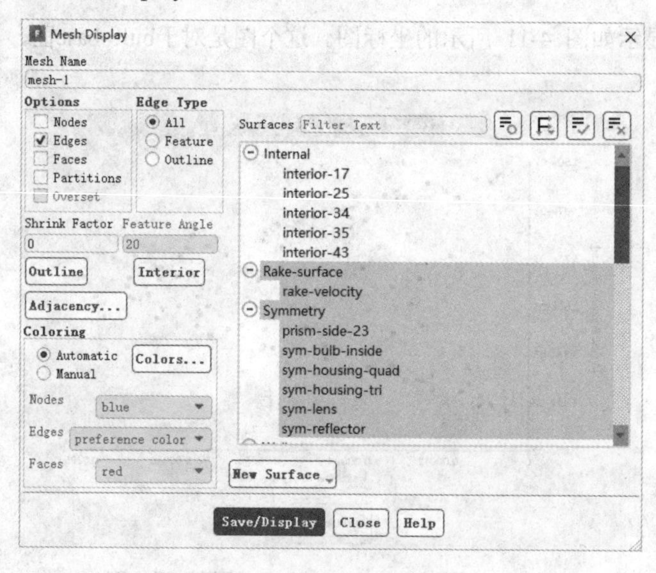

图 4-13　Mesh Display 面板

生成网格或轮廓线的基本步骤如下：

步骤01 在 Surfaces 列表中选取需要显示的网格或轮廓线的表面。单击 Edge Types（线类型）列表下的 Outline 按钮来选择所有外表面。

如果所有的外表面都已经处于选中状态，单击该按钮将使所有外表面处于未选中的状态。单击 Interior 按钮，可以选择所有内表面。如果所有的内表面都已经处于选中状态，单击该按钮将使所有内表面处于未选中的状态。

步骤02 根据需要显示的内容，通过下列步骤有选择地进行。

① 显示所选表面的轮廓线，在图 4-13 所示的面板中，在 Options 下勾选，在 Edge Type 下选中 Outline 单选按钮。显示的轮廓线如图 4-14 所示。

② 显示网格线，在 Options 下勾选 Edges 复选框，在 Edge Type 下选中 All 单选按钮。显示的网格线如图 4-15 所示。

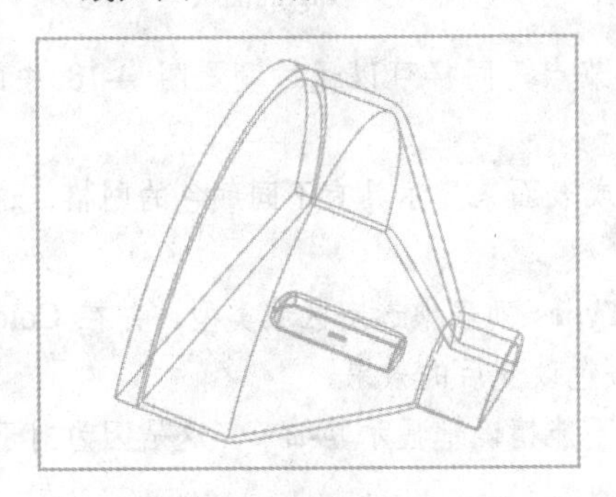

图4-14 显示的轮廓线

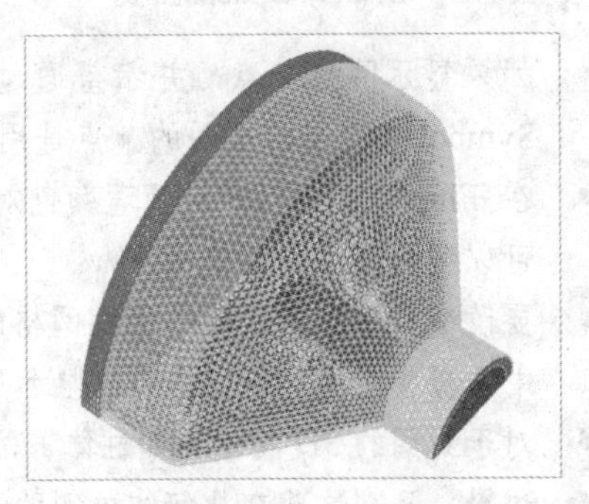

图4-15 显示的网格线

③ 绘制一个网格填充图形，在 Options 下勾选 Faces 复选框。显示的网格填充图如图 4-16 所示。

④ 显示选中面的网格节点，在 Options 下勾选 Nodes 复选框。显示的网格结点图如图 4-17 所示。

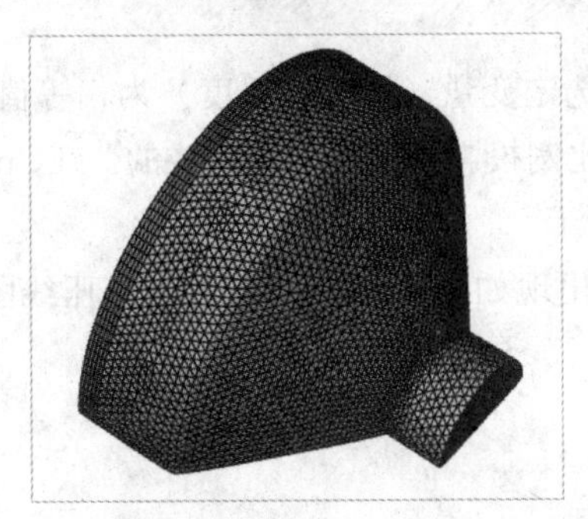

图4-16 显示的网格填充图

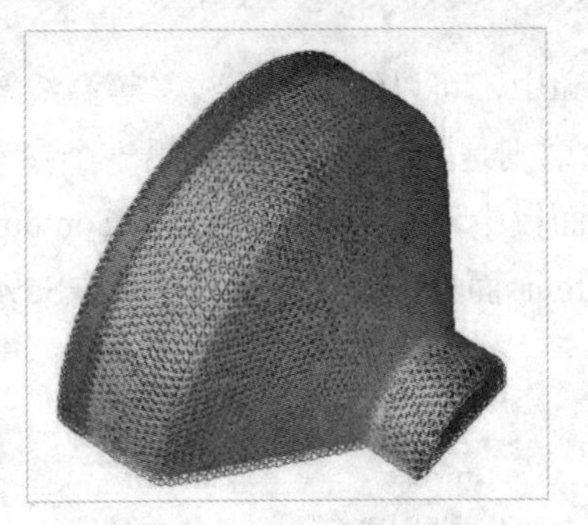

图4-17 显示的网格结点图

步骤03 设置网格和轮廓线显示中的其他选项。

步骤05 单击 Save/Display 按钮就可以在激活的图形窗口中绘制指定的网格和轮廓线。在显示时应注意以下几点：

- 如果选择了网格填充图形，并且希望图形光滑，应该打开光源，并选择一种光线插值方法。方法是在功能区选择 View→Display→Option...，出现如图 4-18 所示的面板。单击 Lights...按钮就会出现如图 4-19 所示的光线设置面板，就可以对光线进行设置了。

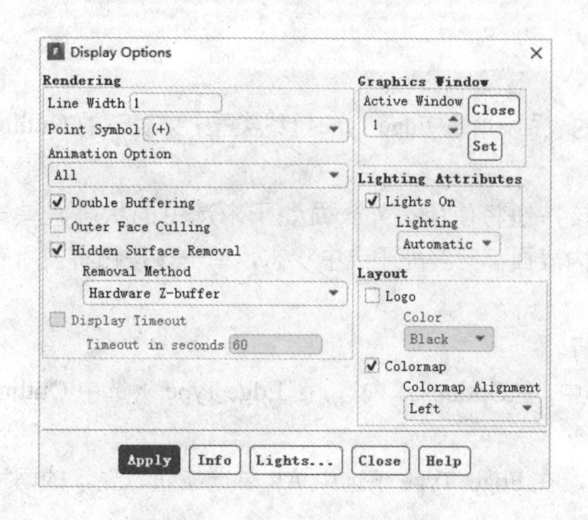

图4-18 Display Options面板

图4-19 Lights面板

- 如果显示网格节点，并希望通过指定符号来代替节点，同样可以通过设置图 4-18 中的 Point Symbol 来实现。上面的节点是用点来显示的。
- 在 Fluent 中可以通过管理颜色对每一个区域类型或表面来显示具有不同颜色的网格。这个特性可以帮助理解网格绘制。
- 要改变一个指定区域类型的网格的显示颜色，从 Types 列表中选定区域类型，并在 Colors 列表中选择相应的颜色。当再次显示网格时，会看到颜色改变后的效果。
- 对于封闭的 3D 物体（如柱体），标准轮廓线通常不能精确地显示其细节。这是因为对于每一个边界，只有这些在几何体外侧的边才被显示。

4.2.2 等值线和云图的显示

在Fluent中，可以绘制等压线、等温线等。等压线是由某个选定变量（压力或温度）为相等值的线所组成的。而轮廓则是将等压（温）线沿一个参考向量，并按照一定比例投影到某个面上形成的。在Graphics and Animations面板中双击Contours，打开Contours面板，如图 4-20 所示。

在Contours面板中设置完毕后，单击Save/Display按钮，就会出现如图 4-21 所示的静态等压线图。

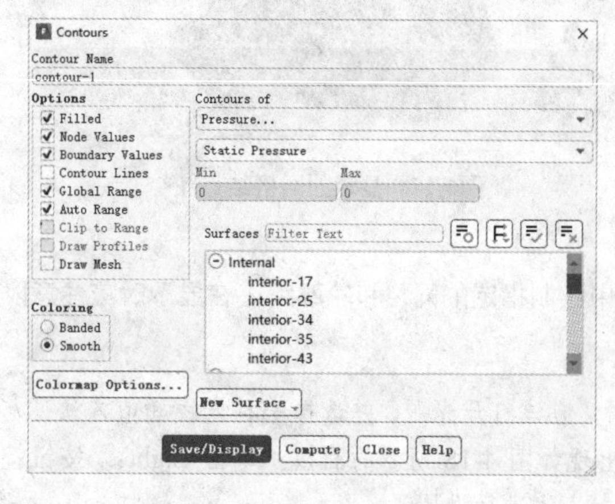

图4-20 Contours面板

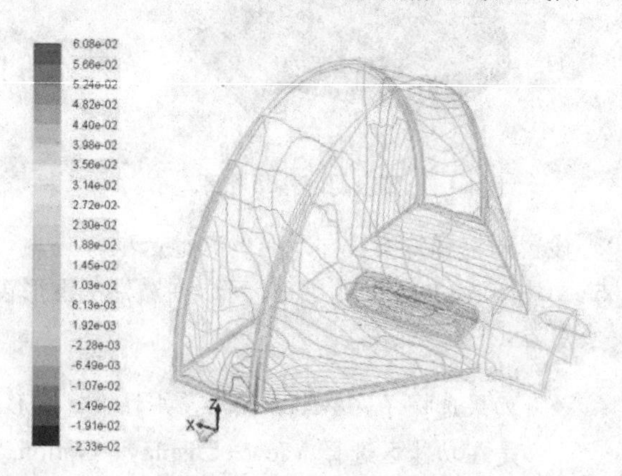

图4-21 静态压力等压线

一般生成等值线的步骤如下：

步骤01 在 Contours Of 下拉列表中选择一个变量或函数作为绘制的对象。首先在上面的列表中选择所要显示对象的种类，然后在下面的列表中选择相关变量。

步骤02 在 Surfaces 列表中选择需要绘制等值线或轮廓的平面。对于二维情况，如果没有选取任何面，就会在整个求解对象上绘制等高线或轮廓。对于三维情况，则至少需要选择一个表面。

步骤03 如果要生成一个轮廓视图，请在 Options 中勾选 Draw Profiles 复选框，就会出现图 4-22 所示的面板，可以按照如下步骤定义轮廓：

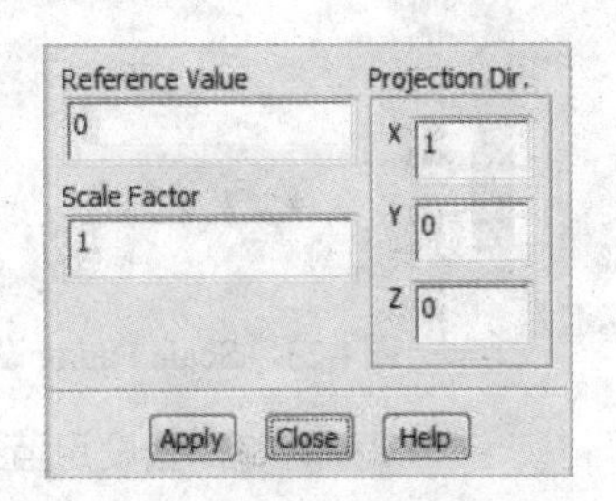

图 4-22　轮廓选项面板

① 在 Reference Value 中为轮廓设置 0 作为参考值，并在 Scale Factor 中设置投影的长度比例因子。在定义面上，任何值等于 Reference Value 中的数值的点都将被绘制在轮廓上。大于 Reference Value 中的数值的点将被投影到定义面的前面（按照 Projection Dir 中定义的方向），并且根据 Scale Factor 中的值进行缩放；小于 Reference Value 中的数值的点将被投影到定义面的后面并进行缩放。

当需要显示一个变量值附近的变化，且在这个变化量值附近变化较小时，上述参数可以用来产生较全面的轮廓。例如，若需要显示温度为 200K，则变化 10K 范围内的温度轮廓。

如果采用默认的比例系数绘制温度轮廓，那么 10K 的变化在图中很难检测到。为了产生一个较完善的轮廓，可以将 Reference Value 设置为 200，并将 Scaling Factor 设置为 5 来放大 10K 范围在轮廓上的显示效果。

在随后的轮廓显示中，当温度为 200K 时，其位置将处于基准线上，而其他数据在显示时，首先将减去 200，并将其差值绘制在轮廓上。因而，轮廓上的图像只显示了相对于 200K 的温度变化。当 Scale Factor 设置为 5 时显示的图如图 4-23 所示。

② 设置轮廓的投影方向（Projection Dir）。如果是二维图形，求解对象可以按 Z 方向进行投影来形成一个图，或者对 Y 方向的速度等高线沿 Y 方向的切片进行投影，形成一系列的速度轮廓图。

③ 单击 Apply 按钮，关闭轮廓选项面板。

步骤05 设置 Contours 面板中的其他选项。

① 等值线的色彩填充。

这些内容包括色彩填充等值线/轮廓线、指定待绘制等值线轮廓变量的范围、在等值线轮廓中网格的部分显示、选择节点或单元的值显示和存储等值线轮廓相关设置等。

色彩填充等值线或轮廓图是用连续色彩显示的等高线或轮廓图形显示的，而不是仅仅使用线条来代表指定的值。可以在生成等高线和轮廓时勾选 Contours 面板中的 Filled 复选框来绘制一个色彩填充的等高线或轮廓线。图 4-24 显示了勾选 Filled 复选框后的效果图。

为了使显示效果更加光滑，可以通过打开光源并选择一个适合的光线插值方法来完成。

一旦勾选Clip to Range复选框，所得到的图形将不会光滑。

默认情况下，等值线或轮廓的变化范围通常被设置在求解对象结果的变化范围内。这意味着在求解对象内，色彩变化将以最小值（Min 区域的值）开始，以最大值（Max 区域的值）结束。如果绘制的等值线或轮廓只是求解对象的一个子集（一小段值的变化范围），这样绘制结果可能只覆盖色彩变化的一部分。

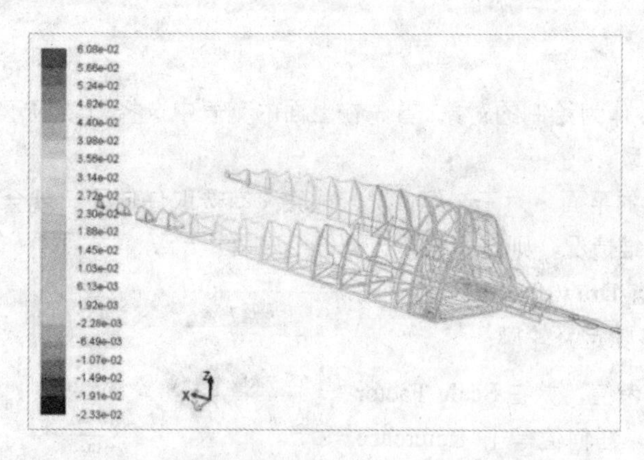

图4-23　Scale Factor设置为5时的效果图

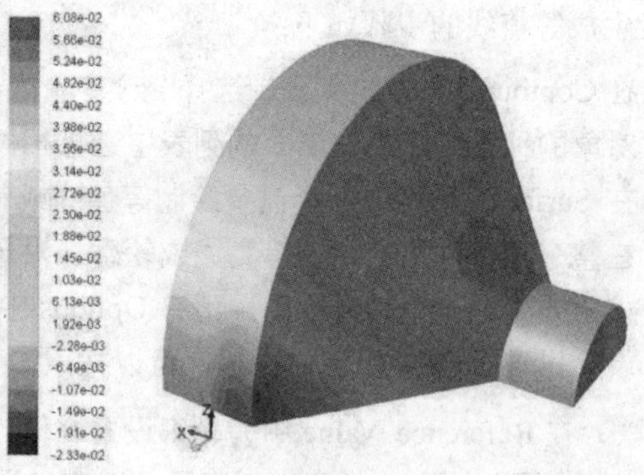

图4-24　色彩填充的压力等值线图

例如，假设用蓝色代表 0，用红色代表 100，而所关心的值位于 50～75，这样所关心的值就会是同一种颜色的等值线。这样的话，当所需要的值在一个小范围时，就需要设置显示的范围。此外，当只需要了解哪些地方的应力超过了指定的值时，只需要显示超过这个值的部分即可，其余部分不需要显示。

如果想设置等值线的显示范围，首先勾选 Contours 面板中的 Auto Range 复选框，这样 Min 和 Max 后就可以显示相应的值。在显示默认范围时，单击 Compute 按钮将更新 Min 和 Max 的值。另外，在需要绘制色彩填充等值线时，可以控制超过显示范围的值是否显示。Clip to Range 复选框的默认状态为勾选状态，这使得超出显示范围的值不被显示。如果没有被勾选，低于 Min 的值将会以代表最低值的色彩显示，而高于 Max 的值将以代表最高值的色彩显示。图 4-29 表示的是改变 Min 和 Max 后显示的等值线图。

② 在等值线中显示网格线。

对于一些问题，尤其是三维几何体，用户很可能希望在等值线中包含部分网格作为空间参考点，可能还希望在等值线中显示入口和出口的位置。只要勾选 Draw Mesh 复选框，就会出现 Mesh Display 面板，在该面板中可以设置网格显示参数。当单击 Contours 面板中的 Save/Display 按钮时，在等值线中将会显示在 Mesh Display 面板中定义的网格。

③ 关于 Node Values 的选择。

在 Fluent 中，可以选择显示计算得到的单元节点中心的值或者按照插值计算的节点的值。默认情况下，Node Values 复选框被勾选，插值计算的节点值被显示。对于等值线，总是采用节点的值。

如果要显示色彩填充的等值线或轮廓，最好采用单元节点中心值，这时需要取消勾选 Node Values 复选框。

采用节点值绘制色彩填充等值线将按颜色的层次进行光滑显示，而使用单元节点中心值绘制的色彩填充等值线则会显示出一个单元到其邻接单元颜色的显著变化。图 4-25 所示是不勾选 Node Values 复选框时的等值线图，可以跟图 4-26 比较一下有什么不同。

如果需要绘制一个多孔或扇叶的显示图像来描述一个脉冲或其他不连续或跳跃的变量，应该采用单元节点中心值，如果在该情况下使用节点值，不连续效果将会由于节点的平均而不会在图像中清晰显示。

步骤 05 单击 Save/Display 按钮在激活的图形窗口中绘制指定的等值线和轮廓。

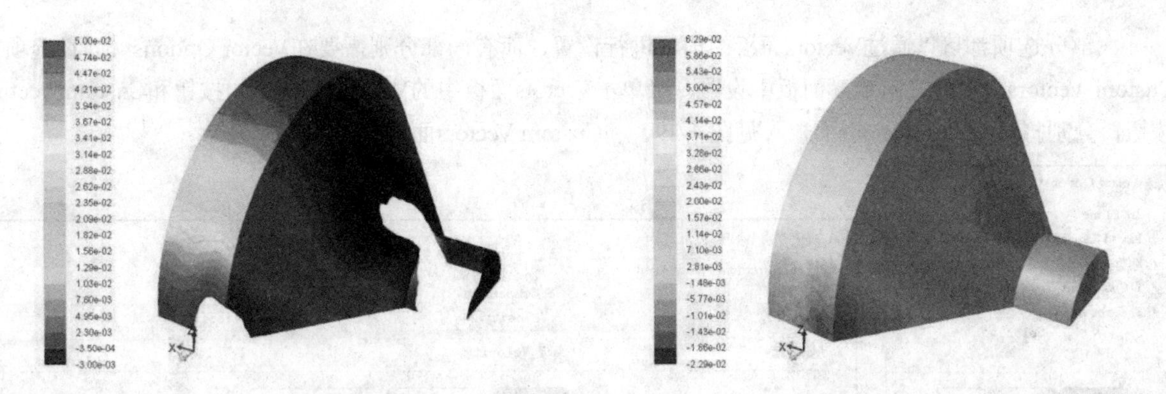

图 4-25 勾选 Clip to Range 复选框并设置 Min 和 Max 时的绘制结果 图 4-26 不勾选 Node Values 复选框时的等值线图

4.2.3 速度矢量的显示

在Fluent中可以绘制速度矢量图。默认情况下，速度向量被绘制在每个单元的中心（或在每个选中表面的中心），用长度和箭头的颜色代表其梯度。通过几个向量绘制设置参数可以修改箭头的间隔、尺寸和颜色。

注意，在绘制速度向量时总是采用单元节点中心值，而不能采用节点平均值进行绘制。图 4-27 显示的是一个速度矢量图。

在Graphics and Animations面板中双击Vectors，就会出现如图 4-28 所示的Vectors（速度矢量）面板。根据需要设置各个参数即可显示速度矢量图。

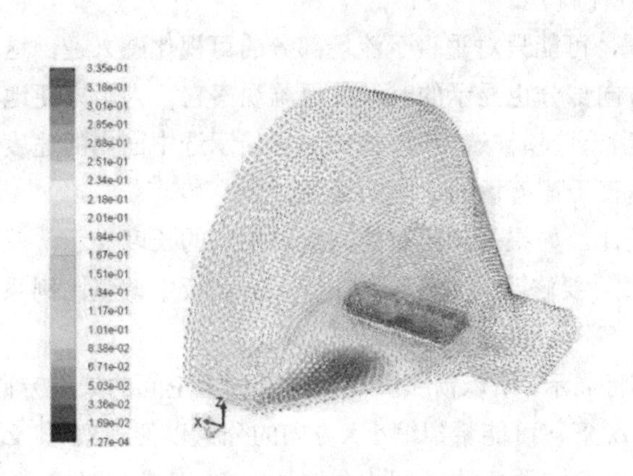

图4-27 速度矢量图

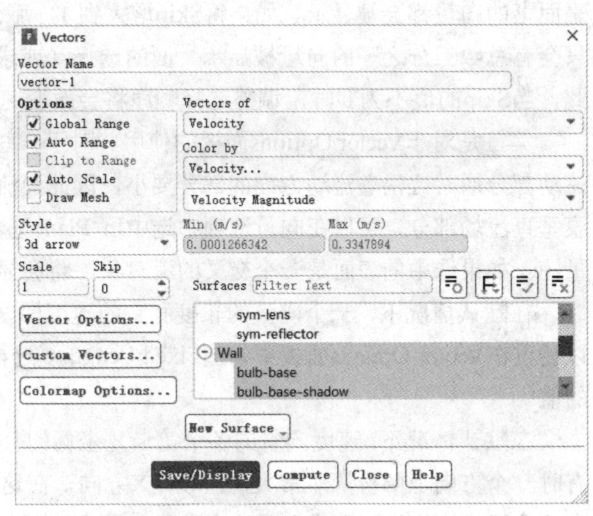

图4-28 Vectors面板

在Fluent中显示速度矢量有如下几个步骤：

（1）在Surfaces列表中选择希望绘制其速度向量图的表面。

（2）设置速度向量面板中的其他选项。

（3）单击Save/Display按钮，在激活的窗口中绘制速度向量图。

下面对各个选项进行简单介绍。

大部分选项都可以通过Vectors面板的选项进行设置，而有一部分则需要在Vector Options（向量选项）和Custom Vectors（自定义向量）面板中设置，可单击Vectors面板中的Vector Options...按钮和Custom Vectors...按钮，分别打开Vector Options面板（见图 4-29）和Custom Vectors面板（见图 4-30）。

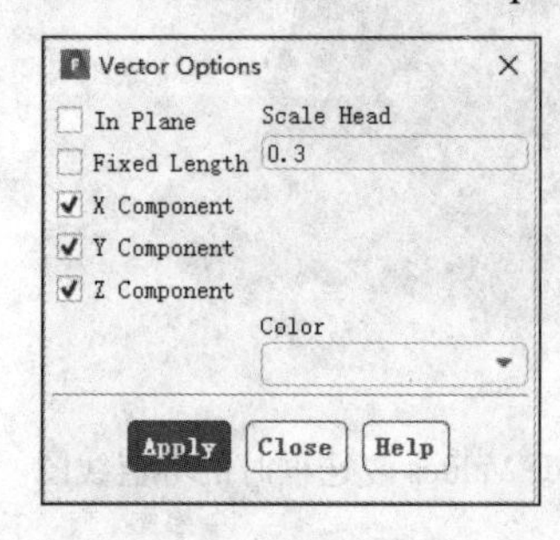

图4-29　Vector Options面板

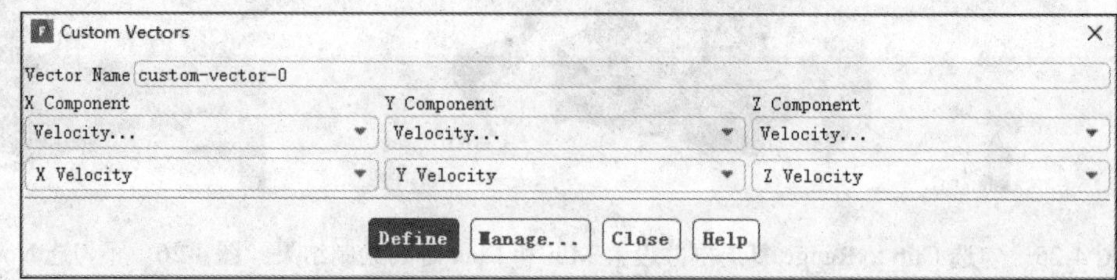

图4-30　Custom Vectors面板

第一是箭头显示大小的问题。在默认情况下，速度向量会自动缩放，这样会使在没有任何向量被忽略时重叠的向量箭头最少。通过Auto Scale选项，可以通过修改比例系数（默认情况为 1）增加或减少默认值。

如果关闭Auto Scale选项，速度向量将会按照实际的尺寸和比例系数（默认为 1）进行绘制。一个向量的尺寸表示该点的速度梯度。一个速度梯度为 10 的点向量将被绘制成 100 米长，无论求解对象是 0.1 米还是 100 米。这样就只能通过改变Auto Scale的值达到速度矢量合适显示的目的。

第二是向量显示数目的问题。如果向量显示图上有了太多的箭头，使我们不能很好地分辨，这样可以通过设置Vectors面板中的Skip值较少地显示向量的个数。在默认情况下，Skip的值为 0，这表示每个求解对象或平面上的向量都会被显示。如果将Skip增大到 1，那么只有总数一般的向量会被显示。如果继续增加到 2，就只会有总数三分之一的向量被显示。面的选择（或求解对象单元）将会决定哪一个向量被忽略或被绘制，因此，当Skip的值不为 0 时，调整选择顺序将会改变速度向量图。

第三是对于Vector Options面板的使用。对于一些问题，可能只对垂直于流场部分的可视化感兴趣。这些流动部分通常比沿着流动方向的部分要小，因此当流动方向部分也显示的时候就很难观察它。为了方便地观察垂直流场部分，可以在向量选项中选中In Plane选项。当该选项被选中时，Fluent只显示选中面内的速度向量图。如果选中的表面是一个交叉的流对象，将会显示垂直于该流场的速度向量图。

在默认情况下，一个向量的长度和它的速度梯度成正比。如果希望所有的向量以相同的长度显示，就可以通过在Vector Options面板中勾选Fixed Length复选框实现。要修改向量长度，在Vectors面板中调整比例系数的值。

在默认情况下，速度向量的各个笛卡儿坐标的分量都将显示，所以箭头指向为沿着物理空间的矢量方向，有时一个方向上的份量非常大，假设是X方向，在这种情况下，可能希望缩小X方向的分量以便观察Y、Z方向的分量。要压缩一个或多个速度向量分量，则在Vector Options面板中关闭相关选项（X、Y或Z分量）。

第四是关于速度显示的范围。在默认情况下，在速度向量显示中包含的速度变化范围是按照求解对象的速度梯度变化范围进行设定的。如果想观察一个小范围内的变化，可以重新限定显示的范围。用来代表速度向量显示的色彩将会随显示范围值的变化而变化。这时可以在Vectors面板中关闭Auto Range选项。Min和Max后面的框处于可编辑状态，然后可以在对应的框中输入新值，可以更清楚地显示这个范围值的变化。

当限制了速度向量显示的范围后，还可以控制超出这个范围的值是否显示。当选中Clip to Range选项时（默认选项），不显示超出设定范围的值。而当该选项未被选中时，高于最大值的值将以代表最大值的颜色显示。

第五，如果想用其他向量场来对要显示的向量场进行渲染，可以通过在Color By下拉列表中选择一个不同的变量或函数来实现。按照上面的列表选择所希望的分类，然后从下面的列表框中选择相关量。如果选择了静态压力，速度向量将仍和速度梯度有关，但是速度向量的颜色将和每一点的压力有关。

如果希望所有的向量都以相同的颜色显示，那么可以在Vector Options面板中的Color下拉列表中指定所使用的颜色。如果没有选择任何颜色（空格为默认选项），向量的颜色将由Vectors面板中的值为Field的Color By选项决定。单色向量显示通常在等值线和速度向量叠加图中很有用。

第六，对于一些问题，尤其是复杂的三维几何体，很可能希望在向量图中包含部分网格作为空间参考点。例如，想在速度向量图中显示入口和出口的位置。上述任务可以通过在Vectors面板中打开Draw Mesh选项来完成。当选中Draw Mesh选项时，Mesh Display面板将自动打开，可以通过该面板设置网格显示参数。单击Vectors面板中的Save/Display按钮后，按照在Mesh Display面板中的设置，在速度向量图中将会显示部分网格。

最后补充一点，Fluent总共有 5 种不同类型的箭头，可在Style下拉列表中选择cone、filled-arrow、arrow、harpoon或headless类型作为向量的箭头标志，默认箭头为harpoon类型。

4.2.4 显示轨迹

轨迹被用来显示求解对象的质量微粒流，是在Surface菜单中定义的一个或多个表面中释放出并形成的微粒的运动轨迹图。

在Graphics and Animations面板中双击Pathlines，打开Pathlines面板，如图 4-31 所示。通过这个面板可以显示从表面开始的微粒轨迹图。图 4-32 显示了一个轨迹图。

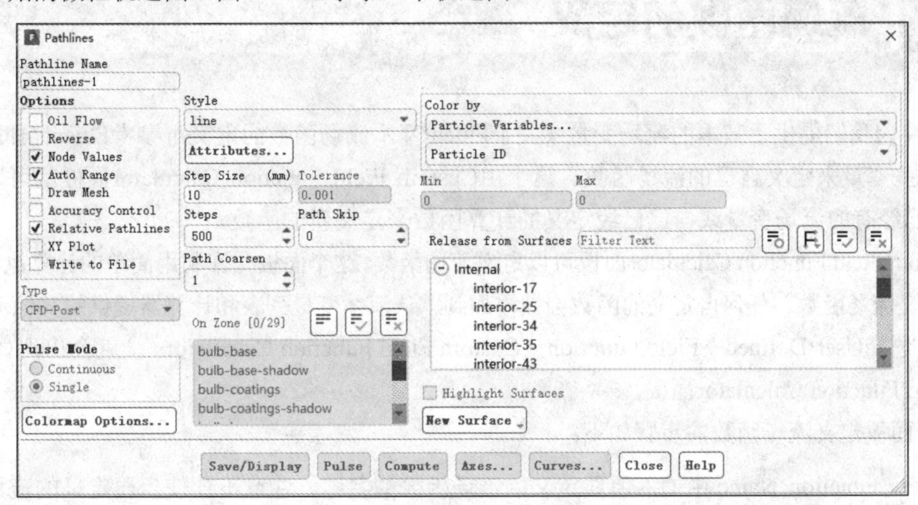

图 4-31　Pathlines 面板

生成微粒轨迹的基本步骤如下：

步骤01 在 Release from Surfaces 列表中选择相关平面。

步骤02 设置 Step Size 和 Steps 的最大数目。Step Size 设置长度间隔用来计算下一个微粒的位置。当一个微粒进入或离开一个表面时，其位置通常由计算得到，即便指定了一个很大的 Step Size，微粒在每个单元入口或出口的位置仍然可以被计算并显示。

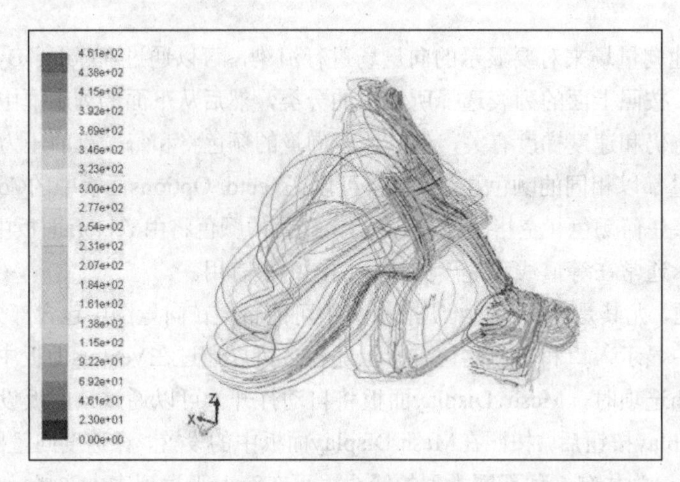

图 4-32 显示的轨迹图

Steps 设置了一个微粒能够前进的最大步数。当一个微粒离开求解对象，并且其飞行的步数超过该值时将停止。如果希望微粒能够前进的距离超过一个长度大于L的距离，应该使上述两个参数（Step Size和 Steps）的乘积近似等于 L。

步骤03 其他选项在前面均有涉及，这里不再介绍。读者可以根据需要设置轨迹线面板中的其他参数。

步骤05 单击 Save/Display 按钮绘制轨迹线。单击 Pulse 按钮来显示微粒位置的动画。在动画显示中，Pulse 按钮将变成 Stop 按钮，动画运动过程中可以通过单击该按钮来停止动画的运行。

4.3 流场函数的定义

Fluent软件为我们提供了基本的流场变量（关于Fluent基本流场函数的定义可参考Fluent帮助文件），这样就可以利用这些变量来定义自己的流场函数。这个由Custom Field Function Calculator面板就可以实现。在这里采用Fluent已经有的流场变量或自己已经定义的计算函数来定义新的函数。

通过Custom Field Function Calculator面板可以定义流场函数。这个面板允许利用简单的计算执行器在现有的函数基础上定义流场函数。任何自定义的函数会被添加到默认流体变量列表和计算器提供的其他流场函数中。

在功能区选择User-Defined→Field Function→Custom Field Function Calculator...，就会出现如图 4-33 所示的Custom Field Function Calculator面板。

通过这个面板定义流场函数的步骤如下：

步骤01 在 New Function Name 中输入所要定义的流场函数的名称。注意不要使用已定义的流场变量或函数名称。

步骤02 在 Select Operand Field Functions from 下的 Field Functions 下拉列表中选择需要用到的 Fluent 自带的流场变量或已经定义的流场函数。单击 Select 按钮即可选择。选择完成后对应的符号就会出现在编辑栏中。若想要删除编辑栏中的内容，则单击面板上的 DEL 按钮，不能直接在编辑栏中删除。

步骤03 单击 Define 按钮即可完成操作。

当单击 Define 按钮后，这个函数就会建立，并会添加到有效流场函数下拉列表中的自定义流场函数列表。当建立完一个新的函数或者定义文本编辑栏中为空时，Define 按钮就会变成灰色。

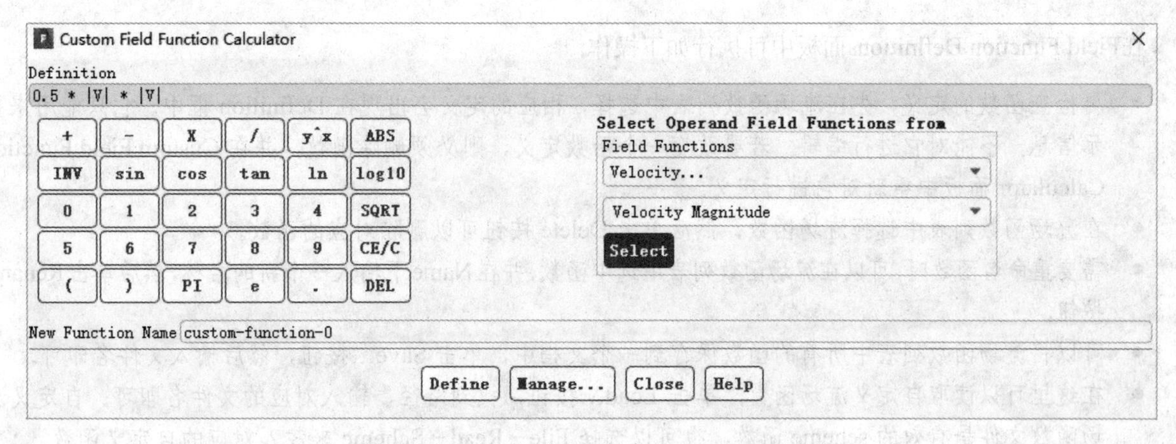

图 4-33 Custom Field Function Calculator 面板

完成定义后，可以重命名或删除函数，可以通过单击 Manage...按钮打开 Field Function Definitions 面板来操作。

步骤05 计算器按钮的使用。

许多基础计算操作（例如加、减、乘、平方根）可以用来定义流场函数。当选择计算器上的按钮时，对应的符号会出现在定义文本编辑栏中。按钮和标准的计算器的按钮基本一样。只是要注意以下几点：

- 单击 CE/C 按钮会清除输入的整个定义和新的函数名称，而单击 DEL 按钮仅仅会删除最后输入到定义文本编辑栏中的内容。
- 要获得反三角函数 arcsin、arcos 或 arctan，则只需在选择 sin、cos 或 tan 之前单击 INV 按钮。
- 通过 ABS 按钮可获得数的绝对值，通过 log10 按钮可获得以 10 为底的对数。
- 这里的 PI 按钮代表 π，e 按钮代表自然对数系的基数（约为 2.71828）。

步骤05 操作、保存和载入自定义流场函数。

通过单击Custom Field Function Calculator面板中的Manage...按钮，出现如图 4-34 所示的Field Function Definitions面板。通过这个面板可以重命名、删除、保存和载入自定义的流场函数。

Field Function Definitions
Definition
0.5 * |V| * |V|
Field Functions
custom-function-0
Name
custom-function-0
ID
0
Rename Delete Save... Load... Close Help

图 4-34 Field Function Definitions 面板

在Field Function Definitions面板中可执行如下操作：

- 要检查函数的定义，先在流场函数列表中选择，相应的定义会出现在 Definition 框中。它只能用来显示信息，不能对它进行编辑。若要改变一个函数定义，则必须删除函数，并在 Custom Field Function Calculator 面板中重新对它进行定义。
- 在流场函数列表中选择流场函数，然后单击 Delete 按钮可以删除对应的函数。
- 需要重命名函数时，可以在流场函数列表中选中函数，并在Name下输入一个新的名称，然后单击Rename按钮。
- 可以将流场函数列表中所有的函数保存到一个文档中，单击 Save...按钮，然后输入文件名即可。
- 在这里可以读取自定义流场函数，单击 Load...按钮，找到路径，输入对应的文件名即可。自定义流场函数文件是有效的 scheme 函数，也可以选择 File→Read→Scheme 来载入对应的自定义函数。

4.4 小结

本章首先介绍了如何在Fluent中自定义流场函数，并对计算结果的分析进行了简单介绍，包括网格的显示、作用力的计算、计算表面微分和体积分、参考值的设定、等值线图的显示、速度矢量图的显示和微粒轨迹的显示以及动画等。

第 5 章 动网格应用

导言

动网格技术在 Fluent 工程仿真中应用很广，例如泵和压缩机的运动、依靠旋翼旋转而飞行的无人机、海浪起伏的船只等。动网格（Dynamic Mesh）通常包含两方面的内容：运动方式描述以及网格的处理。对于部件的运动，Fluent 提供 UDF 宏来进行定义，只要运动规律能够用数学语言描述，软件可以定义任意复杂程度的运动。本章介绍 UDF 的基本用法，并详细讲解 UDF 用于动网格计算的基本思路。通过一些实例的应用和练习，读者能够进一步掌握 UDF 的基本用法及动网格设置的基本操作过程。

学习目标

- Fluent 动网格技术基础。
- Fluent 井下火箭发射过程二维模拟实例。
- Fluent 副油箱与飞机分离三维模拟实例。

5.1 UDF用法简介

用户自定义函数是用户自编的程序，它可以被动态地连接到Fluent求解器上来提高求解器的性能。本节简要地介绍用户自定义函数（UDF）的概念及其在Fluent中的用法。

5.1.1 UDF 的基本用法

标准的Fluent界面并不能满足每个用户的需要，UDF的使用可以定制Fluent代码来满足用户的特殊需要。UDF有多种用途，以下是UDF所具有的一些功能。

- 用于定制边界条件、材料属性、表面和体积反应率、Fluent 输运方程中的源项、用户自定义标量输运方程（UDS）中的源项扩散率函数等。
- 在每次迭代的基础上调节计算值。
- 方案的初始化以及后处理功能的改善。
- Fluent 模型的改进（例如离散项模型、多项混合物模型、离散发射辐射模型）。

UDF可执行的任务有以下几种不同的类型：

- 返回值。
- 修改自变量。
- 修改 Fluent 变量（不能作为自变量传递）。
- 写信息（或读取信息）到 Case 或 Data 文件。

需要说明的是，尽管UDF在Fluent中有着广泛的用途，但是并非所有的情况都可以使用UDF，它不能访问所有的变量和Fluent模型。

5.1.2 UDF 编写基础

UDF中可使用标准C语言的库函数，也可使用Fluent公司提供的预定义宏，通过这些预定义宏可以获得Fluent求解器得到的数据。由于篇幅所限，这里不具体介绍Fluent公司所提供的预定义宏（在这里这些宏就是指DEFINE宏，包括通用解算器DEFINE宏、模型指定DEFINE宏、多相DEFINE宏、离散相模型DEFINE宏等）。

简单归纳起来，编写UDF时需要明确以下基本要求：

- UDF 必须用 C 语言编写。
- UDF 必须含有包含源代码开始声明的 udf.h 头文件（用#include 实现文件包含），因为所有宏的定义都包含在 udf.h 文件中，而且 DEFINE 宏的所有参变量声明必须在同一行，否则会导致编译错误。
- UDF 必须使用预定义宏和包含在编译过程的其他 Fluent 提供的函数来定义，也就是说 UDF 只使用预定义宏和函数从 Fluent 求解器访问数据。
- 通过 UDF 传递到求解器的任何值或从求解器返回到 UDF 的值都指定为国际（SI）单位。

编辑UDF代码有两种方式：解释式UDF（Interpreted UDF）和编译式UDF（Compiled UDF），即UDF使用时可以被当作解释函数或编译函数。

编译式UDF的基本原理和Fluent的构建方式一样，可以用来调用C编译器构建的一个当地目标代码库，该目标代码库包含高级C语言源代码的机器语言，这些代码库在Fluent运行时会动态装载并被保存在用户的Case文件中。

此代码库与Fluent同步自动连接，因此当计算机的物理结构发生改变（如计算机操作系统改变）或使用的Fluent版本发生改变时，需要重新构建这些代码库。

解释式UDF则是在运行时直接从C语言源代码编译和装载，即在Fluent运行中，源代码被编译为中介的、独立于物理结构的、使用C预处理程序的机器代码，当UDF被调用时，机器代码由内部仿真器直接执行注释，不具备标准C编译器的所有功能，因此不支持C语言的某些功能，例如：

- goto 语句。
- 非 ANSI-C 原型语法。
- 直接的数据结构查询。
- 局部结构的声明。
- 联合（Unions）。

- 指向函数的指针。
- 函数数组。

总的说来，解释式UDF用起来简单，但是有源代码和速度方面的限制不足，而且解释式UDF不能直接访问存储在Fluent结构中的数据，它们只能通过使用Fluent提供的宏间接地访问这些数据。

编译式UDF执行起来较快，也没有源代码限制，但设置和使用较为麻烦。另一方面，编译式UDF没有任何C编程语言或其他求解器数据结构的限制，而且能调用其他语言编写的函数。无论UDF在Fluent中以解释还是编译方式执行，用户定义函数的基本要求是相同的。

编辑UDF代码，并且在用户的Fluent模型中有效使用它，必须遵循以下 7 个基本步骤：

步骤01 定义用户模型，例如用户希望使用 UDF 来定义一个用户化的边界条件，则首先需要定义一系列数学方程来描述这个条件。

步骤02 编写 C 语言源代码，写好的 C 语言函数需以.c 为后缀名，把这个文件保存在工作路径下。

步骤03 运行 Fluent，读入并设置 Case 文件。

步骤04 编译或注释（Compile or Interpret）C 语言源代码。

步骤05 在 Fluent 中激活 UDF。

步骤06 开始计算。

步骤07 分析计算结果，并与期望值比较。

综上所述，读者采用UDF解决某个特定的问题时，不仅需要具备一定的C语言编程基础，还需要具体参照UDF的帮助手册提供的技术支持。

5.1.3 UDF 中的 C 语言基础

本节省略循环、联合、递归结构以及读写文件的C语言的基础知识，只是根据需要介绍与UDF相关的C语言的一些基本信息，这些信息对处理Fluent的UDF很有帮助。如果对C语言不熟悉，可以参阅C语言的相关图书。

1. Fluent 的 C 数据类型

UDF解释程序支持下面的C数据类型：

- int：整型。
- long：长整型。
- real：实数。
- float：浮点型。
- double：双精度。
- char：字符型。

UDF解释函数在单精度算法中定义real为float型，在双精度算法中定义real为double型。因为解释函数自动进行如此分配，所以在UDF中声明所有的float和double数据变量时，使用real数据类型是很好的编程习惯。

除了标准的C语言数据类型（如real、int）外，还有几个Fluent指定的与求解器数据相关的数据类型。这些数据类型描述了Fluent中定义的网格的计算单位，使用这些数据类型定义的变量既有代表性地补充了DEFINE macros的自变量，又补充了其他专门的访问Fluent求解器数据的函数。

由于Fluent数据类型需要进行实体定义，因此需要理解Fluent网格拓扑学的术语。Fluent网格拓扑如图5-1所示，具体说明如表5-1所示。

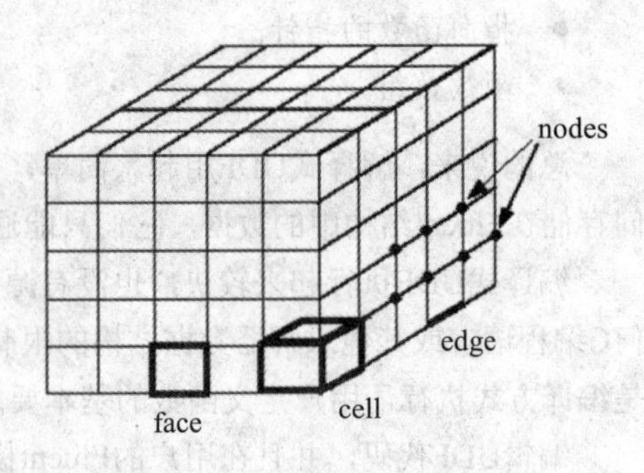

图 5-1　Fluent 网格拓扑

表 5-1　网格实体的定义

名　称	说　明
单元（cell）	区域被分割成的控制容积
单元中心（cell center）	Fluent 中场数据存储的地方
面（face）	单元（2D 或 3D）的边界
边（edge）	面（3D）的边界
节点（node）	网格点
单元线索（cell thread）	在其中分配了材料数据和源项的单元组
面线索（face thread）	在其中分配了边界数据的面组
节点线索（node thread）	节点组
区域（domain）	由网格定义的所有节点、面和单元线索的组合

这些更为经常使用的Fluent数据类型汇总如下：

- cell_t：线索（thread）内单元标识符的数据类型，是一个识别给定线索内单元的整数下标。
- face_t：线索内面标识符的数据类型，是一个识别给定线索内面的整数下标。
- thread：数据类型是 Fluent 中的数据结构，充当了一个与它描述的单元或面的组合相关的数据容器。
- domain：数据类型代表了 Fluent 中最高水平的数据结构，充当了一个与网格中所有节点、面和单元线索组合相关的数据容器。
- node：数据类型也是 Fluent 中的数据结构，充当了一个与单元或面的拐角相关的数据容器。

2. 常数和变量

常数是表达式中所使用的绝对值，在C程序中用语句#define来定义。最简单的常数是十进制整数（如0、1、2），包含小数点或者包含字母e的十进制数被看成浮点常数。按惯例，常数的声明一般都使用大写字母。例如，用户可以设定区域的ID或者定义YMIN和YMAX为#define WALL_ID 5。

变量或者对象保存在可以存储数值的内存中。每一个变量都有类型、名字和值。变量在使用之前必须在C程序中声明。这样计算机才会提前知道应该如何给相应变量分配存储类型。

变量声明的结构：首先是数据类型，然后是具有相应类型的一个或多个变量的名字。变量声明时可以给定初值，最后面用分号结尾。变量名的头字母必须是C所允许的合法字符，变量名字中可以有字母、数字和下画线。需要注意的是，在C程序中，字母是区分大小写的，例如：

```
int n;                    /*声明变量 n 为整型*/
```

变量又可分为局部变量、全局变量和外部变量、静态变量。

- 局部变量：只用于单一函数中。当函数调用时就被创建了，函数返回之后，这个变量就不存在了，局部变量在函数内部（大括号内）声明，例如：

```
real temp = C_T (cell, thread);
if (temp1 > 1.)                                /*temp1 为局部变量*/
temp2= 5.5;                                    /*temp2 为局部变量*/
else if (temp1 > 2)
temp2= -5.5;
```

- 全局变量：全局变量在用户的UDF源文件中是对所有的函数都起作用的。它们是在单一函数的外部定义的。全局变量一般是在预处理程序之后的文件开始处声明。
- 外部变量extern：如果全局变量在某一源代码文件中声明，但是另一个源代码的某一文件需要用到它，那么必须在另一个文件中声明它是外部变量。外部变量的声明很简单，只需要在变量声明的最前面加上extern即可。如果有几个文件涉及该变量，最方便的处理方法就是在头文件（.h）中加上extern的定义，然后在所有的.c文件中引用该头文件。

extern只用于编译过的UDF。

- 静态变量static：在函数调用返回之后，静态局部变量不会被破坏。静态全局变量在定义该变量的.c源文件之外对任何函数保持不可见。静态声明也可以用于函数，使该函数只对定义它的.c源文件保持可见。

3. 函数和数组

函数都包括一个函数名以及函数名之后的零行或多行语句，其中函数主体可以完成所需要的任务。函数可以返回特定类型的数值，也可以通过数值来传递数据。函数有很多数据类型，如real、void等，其相应的返回值就是该数据类型，如果函数的类型是void，就没有任何返回值。要确定定义UDF时，所使用的DEFINE宏的数据类型需要用户参阅udf.h文件中关于宏的#define声明。

C函数不能改变它们的声明，但是可以改变这些声明所指向的变量。

数组的定义格式为：名字[数组元素个数]，C数组的下标是从零开始的，变量的数组可以具有不同的数据类型，例如：

```
a[0] = 1;                      /* 变量 a 为一个一维数组*/
b[6][6] = 4;                   /*变量 b 为一个二维数组*/
```

4. 指针

C程序中指针变量的声明必须以*开头。指针广泛用于提取结构中存储的数据，以及在多个函数中通过数据的地址传送数据。指针变量的数值是其他变量存储于内存中的地址值，例如：

```
int a = 100;                   /*整型变量赋初值为100*/
int *ip;                       /*声明了一个指向整型变量的指针变量 ip*/
ip = &a;                       /*整型变量 a 的地址值分配给指针 ip */
```

```
    printf ("content of address pointed to by ip = %d\n", *ip) ; /*用*ip来输出指针 ip 所指向的值（该值为100） */
    *ip = 400;                          /* a = 400即用*ip间接地给变量a赋值为400*/
    printf ("now a = %d\n", a) ;        /*输出a的新值*/
```

指针还可以指向数组的起始地址，在C中指针和数组具有紧密的联系。

在Fluent中，线程和域指针是UDF常用的自变量。当在UDF中指定这些自变量时，Fluent解算器会自动将指针所指向的数据传送给UDF，从而使函数可以存取解算器的数据。

5. 常用数学函数及I/O函数

常用数学函数表格形式说明如表5-2所示。

表5-2　数学函数汇总

函　　数	表 达 式
double sqrt（double x）；	$\sqrt{x}$
double pow（double x, double y）；	x^y
double exp（double x）；	e^x
double log（double x）；	ln（x）
double log10（double x）；	$\log_{10}$（x）
double fabs（double x）；	$\lvert x \rvert$
double ceil（double x）；	不小于x的最小整数
double floor（double x）；	不大于x的最大整数

标准输入输出（I/O）函数如表5-3所示。

表5-3　I/O函数汇总

函　　数	说　　明
FILE *fopen（char *filename, char *type）；	打开一个文件
int fclose（FILE * ip）；	关闭一个文件
int fprintf（FILE *ip, char *format, ...）；	以指定的格式写入文件
int printf（char *format, ...）；	输出到屏幕
int fscanf（FILE *ip, char *format, ...）；	格式化读入一个文件

技巧提示

ip是一个文件指针，它所指向的是包含所要打开文件的信息的C结构。除了fopen之外，所有的函数都声明为整数，这是因为该函数所返回的整数会告诉我们这个文件操作命令是否成功执行，例如：

```
FILE *ip;
    ip = fopen ("data.txt","r") ;      /* r表明data.txt是以可读形式打开的 */
    fscanf (ip, "%f ,%f'', &f1, &f2) ;  /* fscan函数从ip所指向的文件中读入两个浮
                                           点数，并将它们存储为f1和f2 */
    fclose (ip) ;
```

5.2 井下火箭发射过程二维模拟

本节利用Fluent介绍如何应用UDF定义边界和定义动网格来模拟井下火箭发射过程。通过该实例的演示过程，用户将学习到：

- 6DOF 求解器的具体设置及应用。
- 编写 UDF 控制火箭的运动。
- 通过设置移动区域控制动网格的运动过程。
- 非稳态计算问题。
- 运动过程视频文件输出。

5.2.1 实例描述

如图5-2所示，假设发动机在t=0时刻点火瞬间固定在井底不动，直到t=0.1s才开始移动，即启动时间是0.1s，流动过程假设为无粘流动，采用轴对称结构，计算模型采用6DoF求解器（Six Degrees of Freedom）。

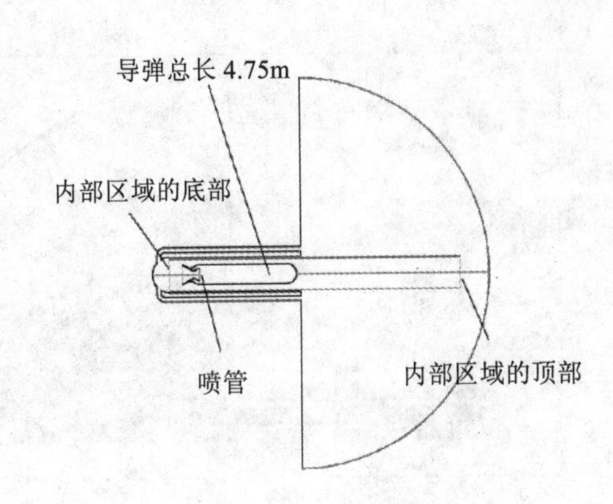

图 5-2 井下火箭发射过程模型介绍

5.2.2 实例操作

本实例的主要目的是学习如何使用Fluent求解器设置与求解运动过程，用Gambit生成计算区域的网格不再重复说明，这里只对边界条件类型的指定进行相应的说明。

本实例计算模型的Mesh文件的文件名为silo.msh。运行二维单精度版本的Fluent求解器后，具体操作步骤如下：

步骤 01 网格的读取和显示。

（1）读入网格文件 silo.msh：选择 File→Read→Mesh…，打开 Select File 面板，如图 5-3 所示，选择相应的网格文件，单击 OK 按钮开始读入。网格读入后，默认在主窗口中显示网格，如图 5-4 所示。

当 Fluent 读入网格文件时，控制窗口会报告读入过程的信息以及网格的信息。

（2）检查和显示网格：单击 General 面板中的 Check 按钮，如图 5-5 所示，对网格进行检查。需保证所有网格中，最小单元体积（Minimum Volume）不小于 0，即没有负体积网格。

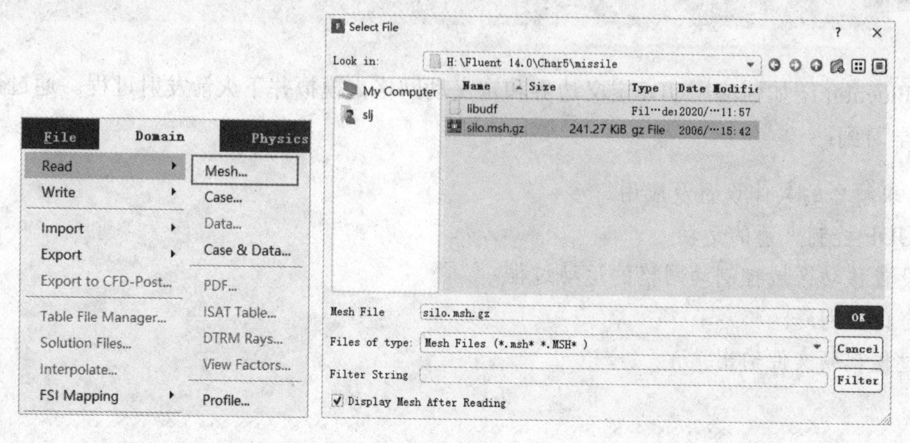

图 5-3　读入网格文件

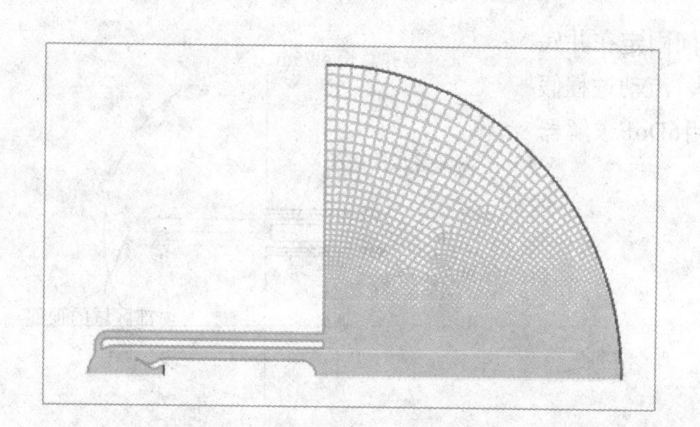

图 5-4　在主窗口中显示的网格

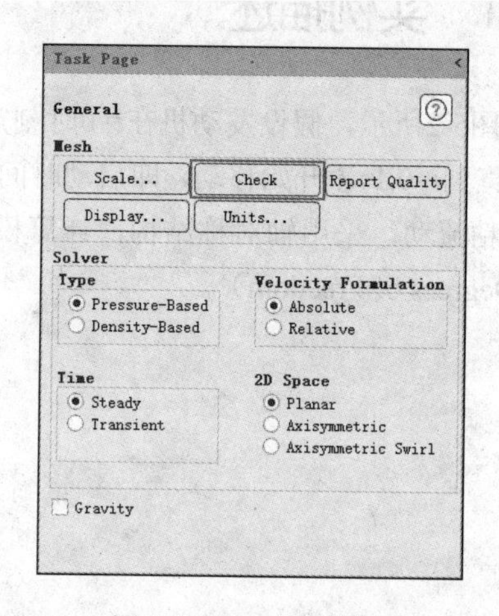

图 5-5　General 面板

（3）网格尺寸比例设置：单击 General 面板中的 Scale...按钮，打开 Scale Mesh 面板，在 Mesh Was Created In 下拉菜单中选择 m，在 View Length Unit In 下拉菜单中选择 m，表示网格建立和显示的长度单位均为 m，如图 5-6 所示。

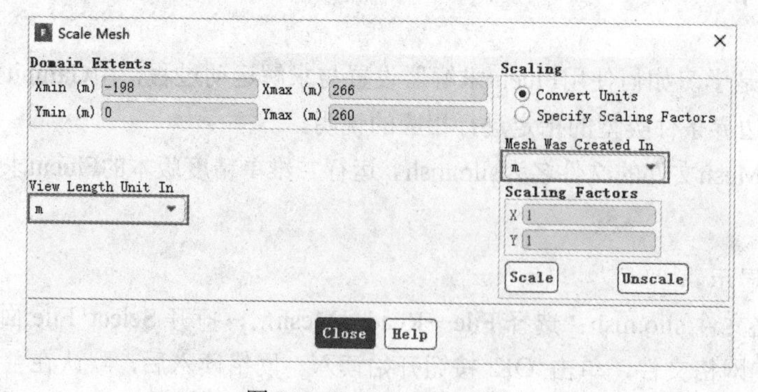

图 5-6　Scale Mesh 面板

（4）定义单位：单击 General 面板中的 Units…按钮，打开 Set Units 面板，将长度单位设置为英寸，如图 5-7 所示。

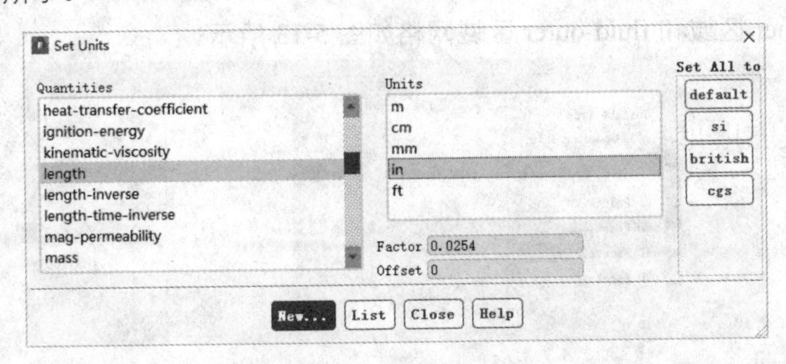

图 5-7　定义长度单位为英寸

（5）镜像模型：在功能区选择 View→Display→Views，打开 Views 面板，在 Views 列表中选择 front 视图，在 Mirror Planes 列表中选择中心线（axis-out 和 axis-in），如图 5-8 所示。这里的对称面为 Gambit 定义好的弹体内壁及中心线，镜像后的效果图如图 5-8 所示。单击 Apply 按钮，得到的网格视图如图 5-9 所示。

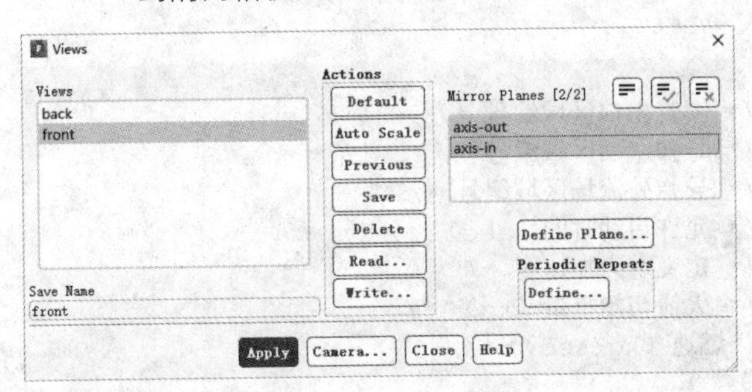

图 5-8　Views 面板

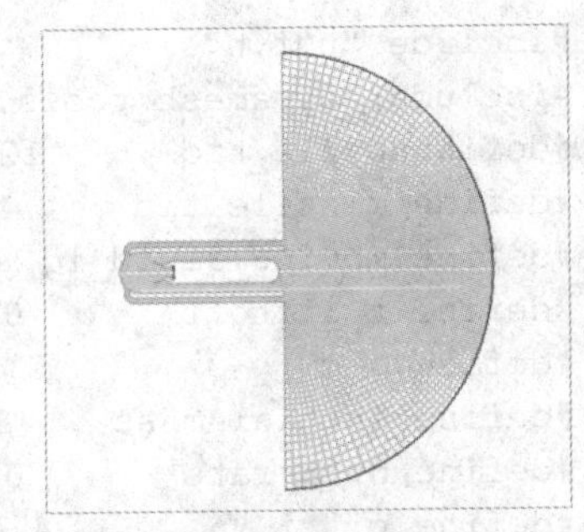

图 5-9　镜像后的网格

（6）旋转模型：单击 Views 面板中的 Camera 按钮，打开 Camera Parameters 面板，相机方向设置为 Up Vector，（X,Y,Z）向量设置为（1,0,0），如图 5-10 所示。单击 Apply 按钮，得到的网格视图如图 5-11 所示。

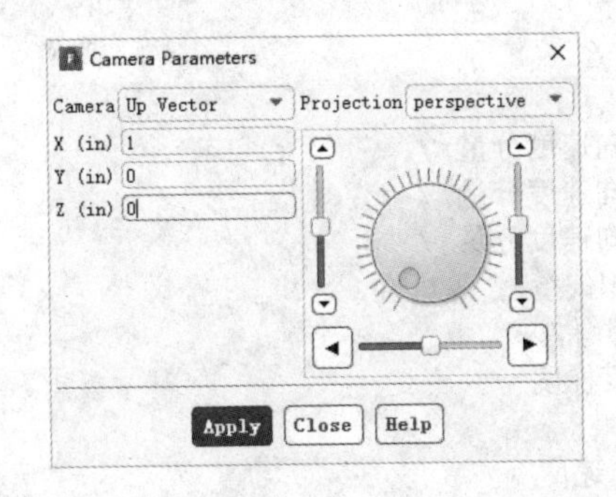

图 5-10　Camera Parameter 面板

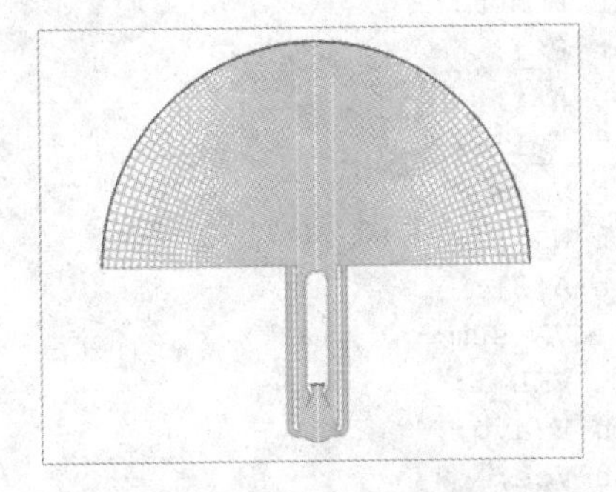

图 5-11　旋转后的网格

步骤 02 显示流动区域。

由于要模拟导弹的动态过程，需要采用 layering 算法重建移动区域的四边形网格，因此这里需要定义流动内部及流动外部区域。

在功能区选择 Domain→Surface→manage，先单击 fluid-inner，再单击 Create 创建名为 fluid-inner 的区域，如图 5-12 所示。用同样的方法创建名为 fluid-outer 的区域。

得到的 fluid-inner 区域和 fluid-outer 区域网格如图 5-13 所示。

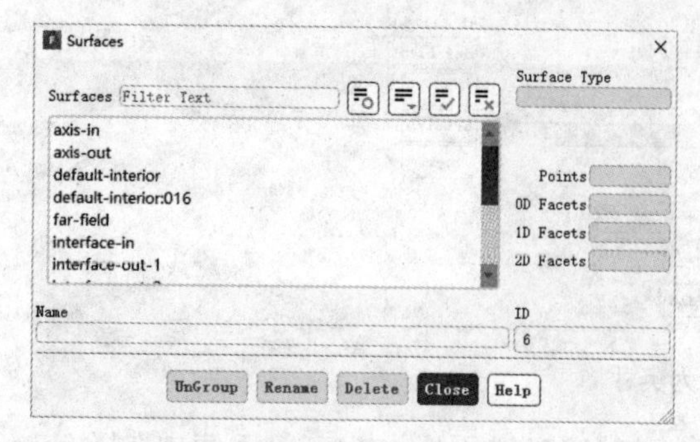

图 5-12　定义流动区域

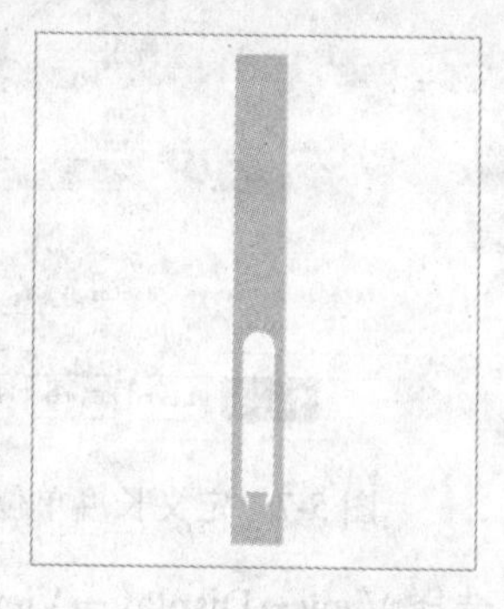
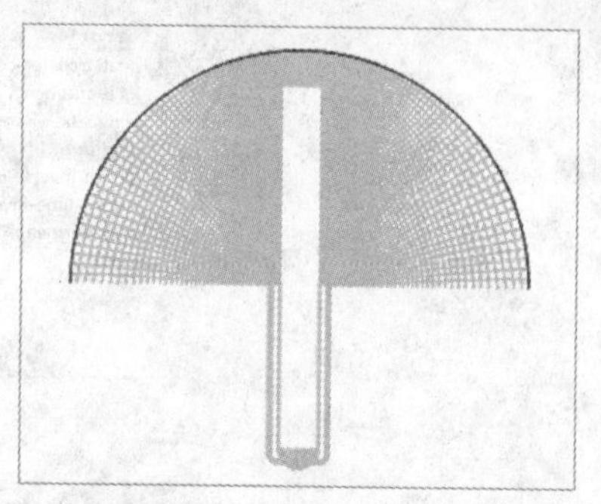

图 5-13　流动内部及流动外部区域

步骤 03 编写 UDF 并编译。

编写的 UDF 及部分说明如下：

```
#include "udf.h"
#include "dynamesh_tools.h"
#definEnozzle_tid       12            /* 喷管出口区域编号 */
#define missile_tid      14            /* 导弹壁面区域编号 */
#define moving_fluid_id  2             /* 导弹外流场区域编号 */
#define t_liftoff        0.1           /* 允许启动时间（sec） */
#define g_c             9.81           /* 定义重力加速度 */
#define initial_mass     200.0         /* 火箭初始重量（kg） */
#define burn_rate        0.0           /*燃速（kg/sec） */
#define pi              4.0*atan(1.0)

float U_sum;                           /* U 方向入口速度总和 */
float V_sum;                           /* V 方向入口速度总和*/
float W_sum;                           /* W 方向入口速度总和 */
float A_sum;                           /* 总面积 */
float P_sum;                           /* 总压 */
float P_i;                             /* i 面上压强*/
float A_i;                             /* i 面面积*/
float U_i;                             /* i 面上 U 方向速度分量*/
float V_i;                             /* i 面上 V 方向速度分量*/
float W_i;                             /* i 面上 W 方向速度分量*/
float A[3];                            /* i 面上的面积矢量*/
float VA_sum;                          /* 面积矢量总和 */
float VEL_i;                           /* i 面上的速度梯度*/
float V_avg;                           /* 平均速度 */
float V_e;                             /* 喷管出口相对速度 */
float Pthrust;                         /* Thrust due to pressure */
float Mthrust;                         /* Thrust due to momEntum */
float MDOT;                            /* 质量流率 */
float Vmiss[3];                        /* 导弹速度矢量 */
Domain *domain;
```

```
Face_t f;                         /* Nozzle faces */
Thread *t;                        /* Nozzle thread */
Dynamic_Thread *t Miss;           /* Missile wall thread */
DEFINE_SDOF_PROPERTIES (launch, prop, dt, time, dtime)
{
/* 定义质量惯性矩 */
   prop[SDOF_MASS] = initial_mass - (burn_rate * time);
   prop[SDOF_IXX] = 0.0;
   prop[SDOF_IYY] = 0.0;
   prop[SDOF_IZZ] = 0.0;
/* 定义出口力矩 */
   prop[SDOF_LOAD_M_X] = 0.;
   prop[SDOF_LOAD_M_Y] = 0.;
   prop[SDOF_LOAD_M_Z] = 0.;
/* 计算火箭推力及赋值给 X 方向出口分量 */
   U_sum = 0.0;
   V_sum = 0.0;
   W_sum = 0.0;
   A_sum = 0.0;
   P_sum = 0.0;
   Pthrust = 0.0;
   A_sum = 0.0;
   VA_sum = 0.0;
   Pthrust = 0.0;
   Mthrust = 0.0;
/* Lookup thread values */
   domain = Get_Domain (1);
   t = Lookup_Thread (domain, nozzle_tid);
   t Miss = THREAD_DT (Lookup_Thread (domain, missile_tid)); /* Missile wall */
/* 计算出口面积加权平均速度*/
Message ("\n ******************************************");
Message ("\n *******  喷管出口条件  *******");
Message ("\n ******************************************");
/* Visit each face on the inlet and add up Vx, Vr, Area, and Pressure */
   begin_f_loop (f, t)
   {
/* 返回当前面的面积矢量 */
      F_AREA (A, f, t);
/* Message ("\n check 1");*/
/* 计算当前面积 */
      A_i = NV_MAG (A);
/* Message ("\n check 2");*/
/* 返回当前面压强 */
      P_i = F_P (f,t);
/*Message ("\n check 3");*/
      U_i = F_U (f,t);     /* 当前面 U 方向速度 */
      V_i = F_V (f,t);     /* 当前面 V 方向速度*/
#if RP_2D
  W_i = 0.0;               /* W 方向速度 (2D) */
#else
  W_i = F_W (f, t);        /* W 方向速度 (3D) */
```

```
#Endif
        VEL_i = sqrt (U_i*U_i+V_i*V_i+W_i*W_i);
        A_sum += A_i;
         VA_sum += VEL_i * A_i;
         Pthrust += P_i * A_i;    /*压力增量*/
    }
    End_f_loop (f, t)
#if RP_2D
 if (rp_axi)
  {A_sum *= 2*pi;
   VA_sum *= 2*pi;
   Pthrust *= 2*pi;}
#End if
    V_avg = VA_sum / A_sum;
Message ("\n -> CurrEnt Time = %f sec", time);
Message ("\n -> Liftoff time = %f sec", t_liftoff);
Message ("\n -> Total inlet area = %f m2", A_sum);
Message ("\n -> = %f ft2", A_sum / (0.3048 * 0.3048) );
Message ("\n");
Message ("\n -> Average Velocity = %f m/sec", V_avg);
Message ("\n = %f ft/sec", V_avg / 0.3048) ;
Message ("\n");
Message ("\n -> Average Inlet Pressure = %f Pa", Pthrust / A_sum);
Message ("\n    = %f psi", Pthrust / A_sum * (14.7/101325.) );
/*初始入口截面质量流率*/
   MDOT = 0.0;
/* 入口截面质量流率变化量 */
   if (THREAD_VAR (t) .mfi.flow_spec == MASS_FLOW_TYPE)
    {
       MDOT = 0.1379511*THREAD_VAR (t) .mfi.mass_flux_ave;

Message ("\n -> Mass Flow Rate = %f kg/sec", MDOT);
Message ("\n -> = %f lbm/sec", MDOT / 2.205) ;
    }
   else
    {
    Message ("\n  NOW INSIDE UNTESTED PORTION OF THE UDF");
if (time < t_liftoff)
       {DT_VEL_CG (t Miss) [0] = 0.0;}
Message ("\n ****************************************");
Message ("\n ********  推力 / 速度   *********");
Message ("\n ****************************************");
Message ("\n -> Missile Velocity = %f m/sec", Vmiss[0]);
Message ("\n -> = %f ft/sec", Vmiss[0]/0.3048) ;
#if RP_2D
   if (rp_axi)
   {
Message ("\n -> Missile Velocity Axial  = %f m/sec", DT_VEL_CG (t Miss) [0]);
Message ("\n -> = %f ft/sec", DT_VEL_CG (t Miss) [0]/0.3048) ;
Message ("\n -> Missile Velocity Radial = %f m/sec", DT_VEL_CG (t Miss) [1]);
Message ("\n -> = %f ft/sec", DT_VEL_CG (t Miss) [1]/0.3048) ;
```

```
    }
    else
    {
Message ("\n -> Missile Velocity (X)  = %f m/sec", DT_VEL_CG (t Miss) [0]) ;
Message ("\n -> = %f ft/sec", DT_VEL_CG (t Miss) [0]/0.3048) ;
Message ("\n -> Missile Velocity (Y) = %f m/sec", DT_VEL_CG (t Miss) [1]) ;
Message ("\n -> = %f ft/sec", DT_VEL_CG (t Miss) [1]/0.3048) ;
    }
#Endif
#if RP_3D
Message ("\n -> Missile Velocity (Z) = %f m/sec", DT_VEL_CG (t Miss) [2]) ;
Message ("\n -> = %f ft/sec", DT_VEL_CG (t Miss) [2] / 0.3048) ;
#Endif
        V_e = V_avg - Vmiss[0];
        Mthrust = V_e * MDOT;
Message ("\n -> Relative Velocity = %f m/sec", V_e) ;
Message ("\n -> = %f ft/sec", V_e / 0.3048) ;
Message ("\n") ;
Message ("\n -> MomEntum Thrust = %f N", V_e*MDOT) ;
Message ("\n -> = %f lbf", V_e*MDOT / 4.448) ;
Message ("\n") ;
Message ("\n -> Pressure Thrust = %f N", Pthrust) ;
Message ("\n -> = %f lbf", Pthrust / 4.448) ;
Message ("\n") ;
Message ("\n -> TOTAL THRUST = %f N", Pthrust+Mthrust) ;
Message ("\n -> = %f lbf", (Pthrust+Mthrust) /4.448) ;
Message ("\n ****************************************") ;
Message ("\n") ;
Message ("\n") ;
/*  出口喷射总推力 */
        prop[SDOF_LOAD_F_X] = Pthrust + Mthrust;
        prop[SDOF_LOAD_F_Y] = 0.0;
        prop[SDOF_LOAD_F_Z] = 0.0;
/* Dummy Override */
#if RP_2D
    prop[SDOF_LOAD_F_Z] = 0.;
  if (rp_axi)
    prop[SDOF_LOAD_F_Y] = 0.;
#Endif
}
```

UDF 代码编辑完成后，保持为 C 语言的源文件，命名为 silo.c，并与 Case 文件和 DAT 文件保存在同一文件目录下。

在功能区选择 User-Defined→User-Defined→Functions→Compiled，打开 Compiled UDFs 面板，如图 5-14 所示。

单击 Add...按钮，将源文件 silo.c 添加到 Source Files 列表中。Library Name 保持默认为 libudf，单击 Build 按钮建立 UDF 库并对 UDF 库进行编译。在弹出的面板中单击 OK 按钮（见图 5-15），确认源文件与 Case 文件和 Dat 文件在同一个文件夹目录下。

单击 Load 按钮，载入 udf 函数。

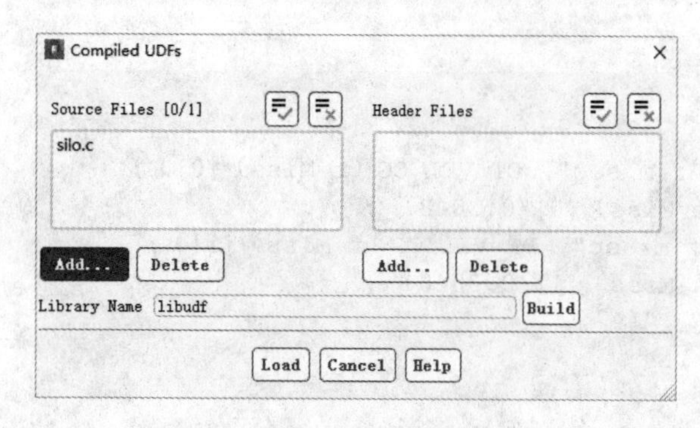

图 5-14 Compiled UDFs 面板

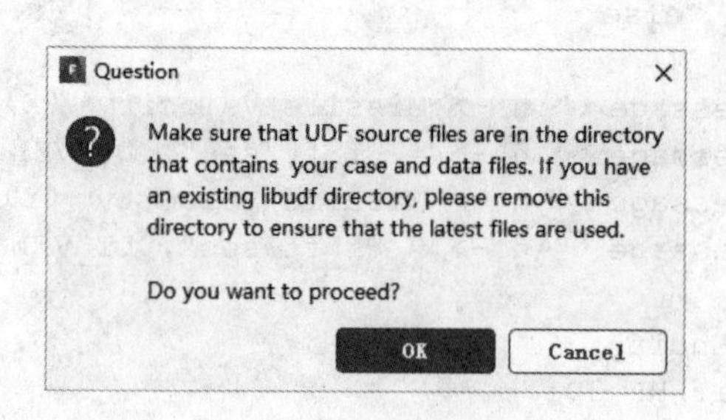

图 5-15 确认面板

步骤 04 模型的选择。

（1）基本求解器的选择。在 General 面板中对求解器进行设置，如图 5-16 所示，在 Type 下选中 Density-Based 单选按钮，在 Time 下选中 Transient 单选按钮，在 2D Space 下选中 Axisymmetric 单选按钮，即轴对称求解。

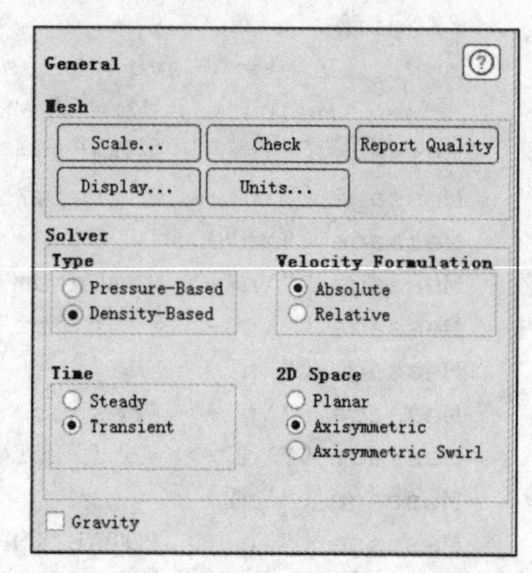

图 5-16 基本求解器的选择

动网格求解只能用一阶隐式时间离散的非稳态求解器求解。

（2）定义能量方程及湍流模型。单击导航栏中的 Models，打开 Models 面板，在 Models 面板中双击 Viscous-Spalart-Allmaras（1 eqn），打开 Viscous Model 面板，在 Model 列表中选择 Spalart-Allmaras（1 eqn）湍流模型，保持默认参数，单击 OK 按钮，如图 5-17 所示。

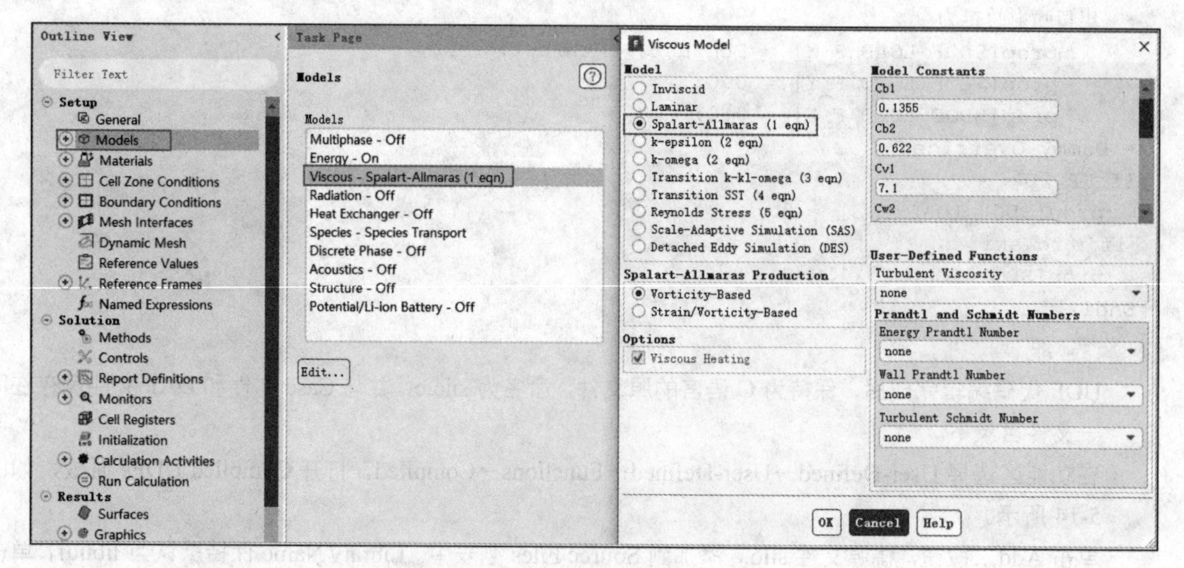

图 5-17 选择湍流模型

双击 Models 面板中的 Energy-On，打开 Energy 面板，在勾选 Energy Equation 复选框，激活能量方程，单击 OK 按钮确认，如图 5-18 所示。

双击 Models 面板中的 Species-Species Transport，打开 Species Model 面板，在 Model 列表中选中 Species Transport 单选按钮，其他参数保持默认设置，单击 OK 按钮确认，如图 5-19 所示。

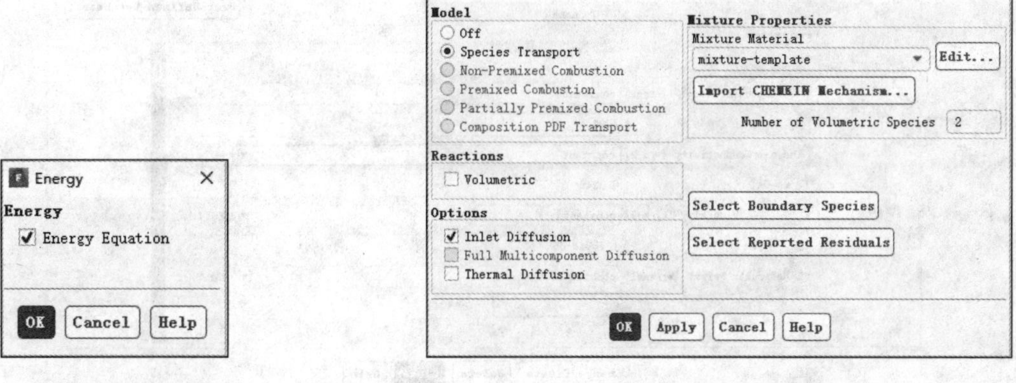

图 5-18　Energy 对话框　　　　图 5-19　选择组分输送模型

步骤 05 材料属性设置。

（1）可以通过热力计算得到出口流动参数，得到的出口流动参数如表 5-4 所示。

表 5-4　出口流动参数

参数名称	值
Cp	4000 j/kg-k
单位分子量	50 kg/kgmol

单击导航栏中的 Materials，打开 Create/Edit Materials 面板，如图 5-20 所示。单击 Create/Edit Materials 面板中的 Creat/Edit...按钮，打开 Creat/Edit Materials 面板。如图 5-21 所示，在 Name 下的输入框中将材料名定为 exhaust，在 Material Type 下的下拉菜单中将材料类型设置为 fluid，按照表 5-4 所示，将 Cp 和 Molecular Weight（分子量）设置为 4000 和 50，最后单击 Change/Create 按钮，完成对材料 exhaust 的定义。

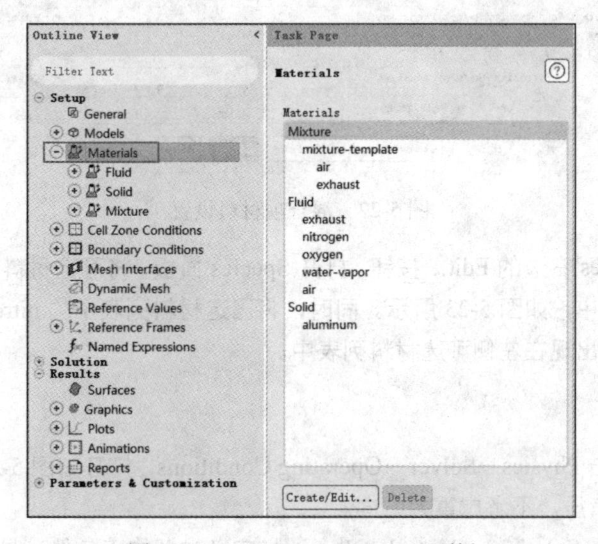

图 5-20　Create/Edit Materials 面板

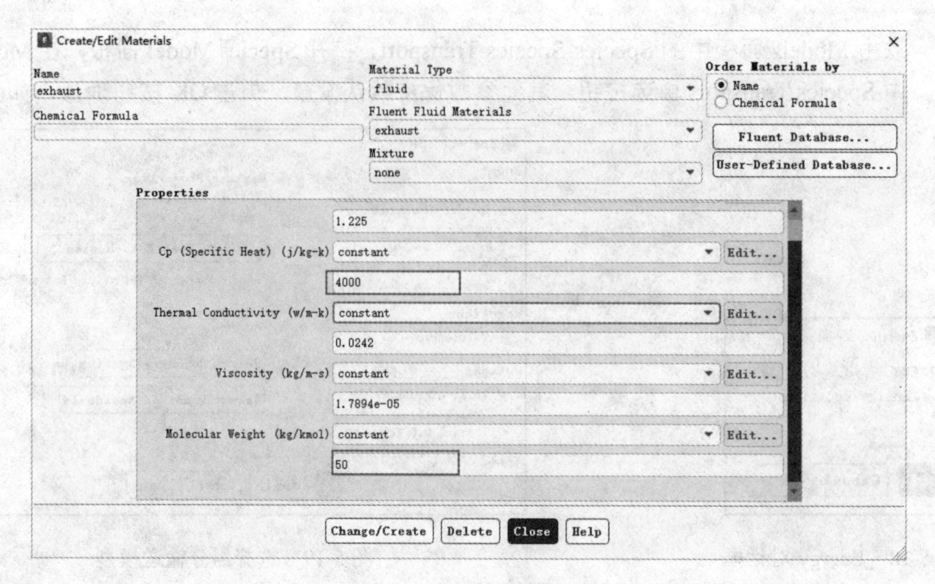

图 5-21　材料参数设置

（2）编辑材料混合项。双击 Create/Edit Materials 面板中的 mixture-template 项，打开混合项的设置面板，如图 5-22 所示。

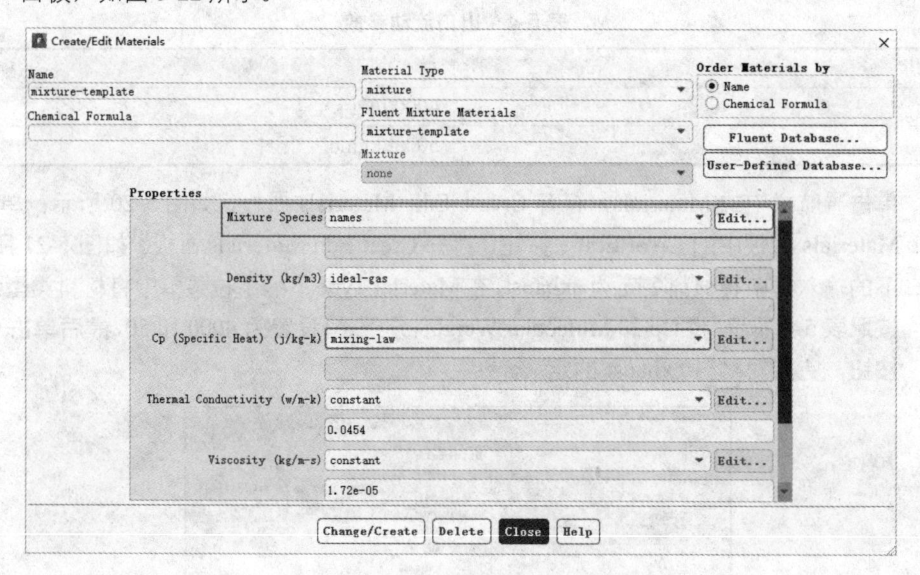

图 5-22　混合项材料设置

单击 Mixture Species 右边的 Edit…按钮，打开 Species 面板，将可选材料中的 air 和 exhaust 添加到右侧的已选材料列表中，如图 5-23 所示。同时，将已选材料列表中的 nitrogen、oxygen 和 water-vapor 移除，这些材料将出现在左侧可选材料列表中。

步骤 06 操作环境设置。

（1）在功能区单击 Physics→Solver→Operating Conditions，打开如图 5-24 所示的面板。定义大气压强为标准大气压，不考虑重力方向。

（2）在功能区选择 Solution→Controls→Limits，定义求解约束条件，具体设置如图 5-25 所示。

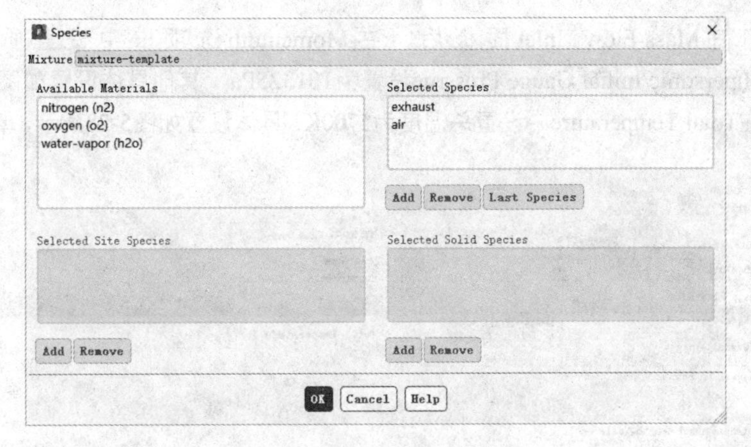

图 5-23　编辑材料混合项

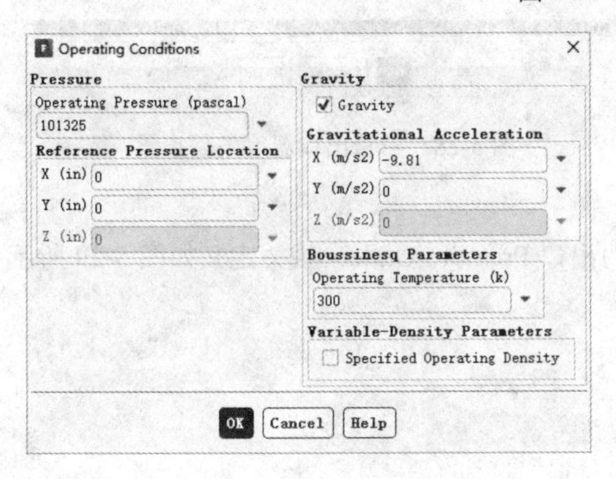

图 5-24　操作环境设置

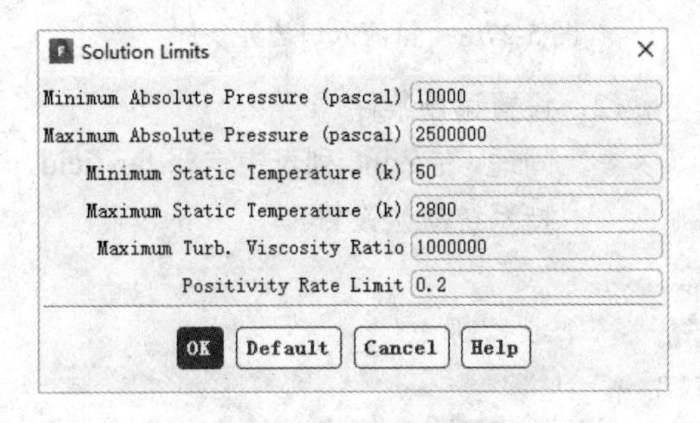

图 5-25　定义求解约束条件

步骤 07 定义边界条件。

（1）设置定义喷管出口条件。

① 单击导航栏中的Boundary Conditions，打开Boundary Conditions面板，选中Zone列表中的nozzle-exit，然后单击Edit...按钮，如图5-26所示。

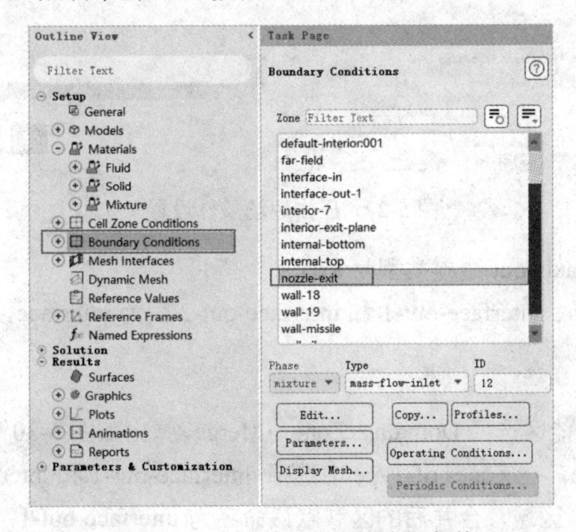

图 5-26　选择需要设置的边界条件

② 打开Mass-Flow Inlet面板后，在Momentum选项卡中设置质量流率为50kg/s，Supersonic/Initial Gauge Pressrue设置为101325Pa，其他具体设置如图5-27所示。

③ 在Total Temperature中设置总温度为2700K，具体设置如图5-28所示，单击OK按钮完成设置。

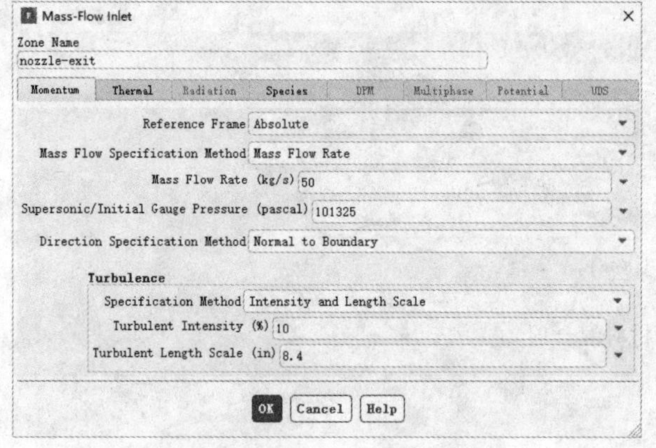

图 5-27 质量流入口边界条件

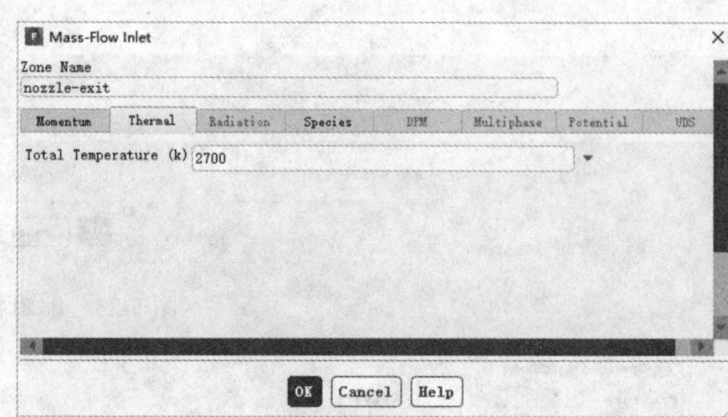

图 5-28 喷管出口温度条件设置

（2）设置远场条件。

同理，在Zone列表中选择far-field，设置压力出口Pressure-Outlet，相关定义如图5-29所示（保持系统默认设置）。

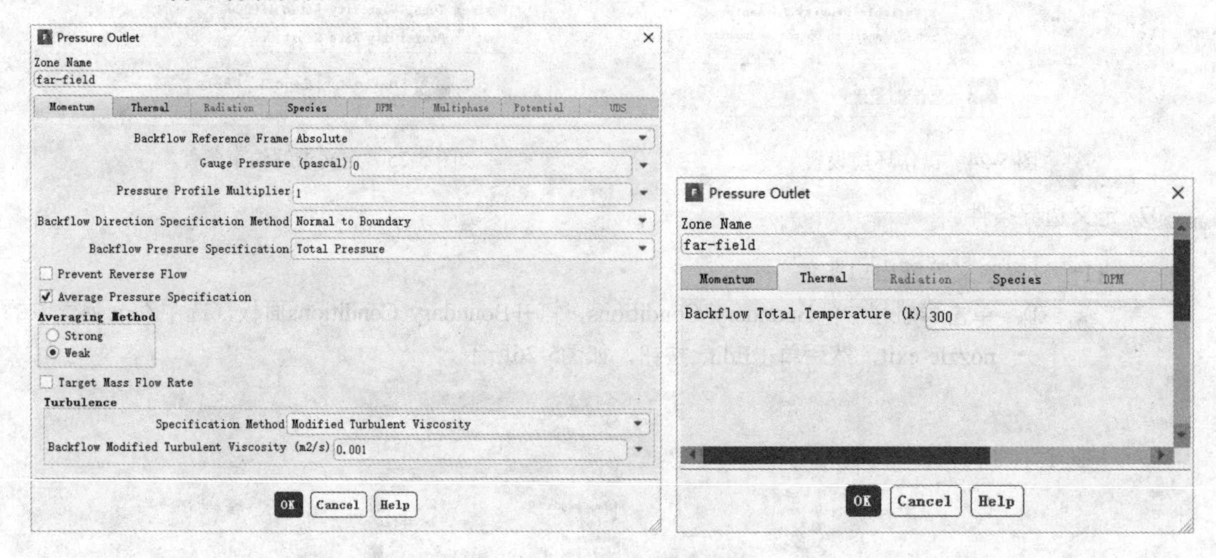

图 5-29 压力远场条件设置

（3）确认axis-in和axis-out边界类型为axis。

（4）确认interface-in、interface-out-1和interface-out-2同为interface。

步骤08 动网格设置。

（1）合并区域：在功能区选择Domain→Zone→Merge，弹出如图5-30所示的面板，在Multiple Types中选择interface，在Zones of Type中选择 interface-out-1和interface-out-2，单击Merge按钮，将其合并成一个区域，合并后的区域默认命名为interface-out-1，如图5-31所示。

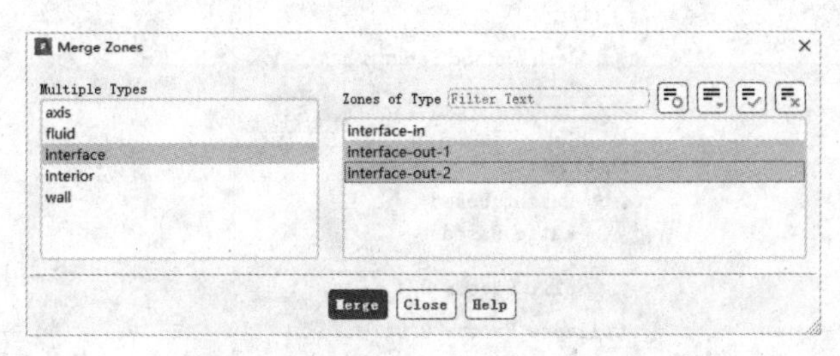

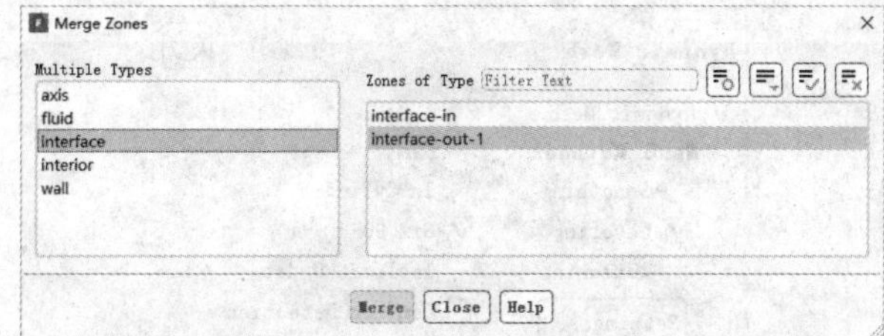

图 5-30 合并之前的 Merge Zones 面板　　　　图 5-31 合并之后的 Merge Zones 面板

（2）网格界面设置。

① 双击导航栏中的Mesh Interfaces项，创建新的网格界面，如图5-32所示。

② 弹出Create/Edit Mesh Interfaces面板后，在Mesh Interface中输入sliding-interface作为网格界面的名称。在 Interface Zone 1 和Interface Zone 2列表中分别选择interface-in和interface-out-1，如图5-33所示，其他保持默认值，单击Create/Edit...按钮，创建网格界面。

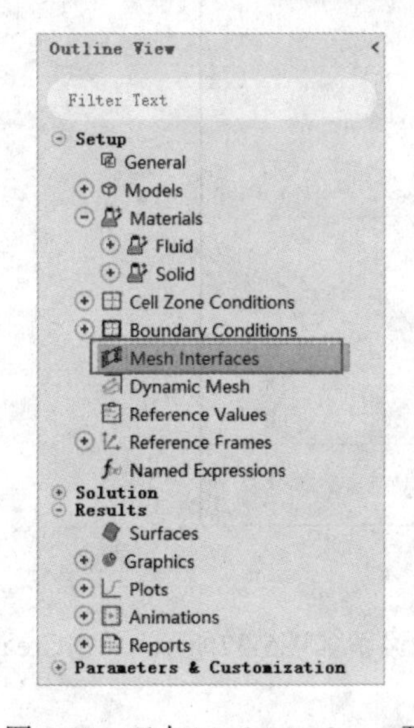

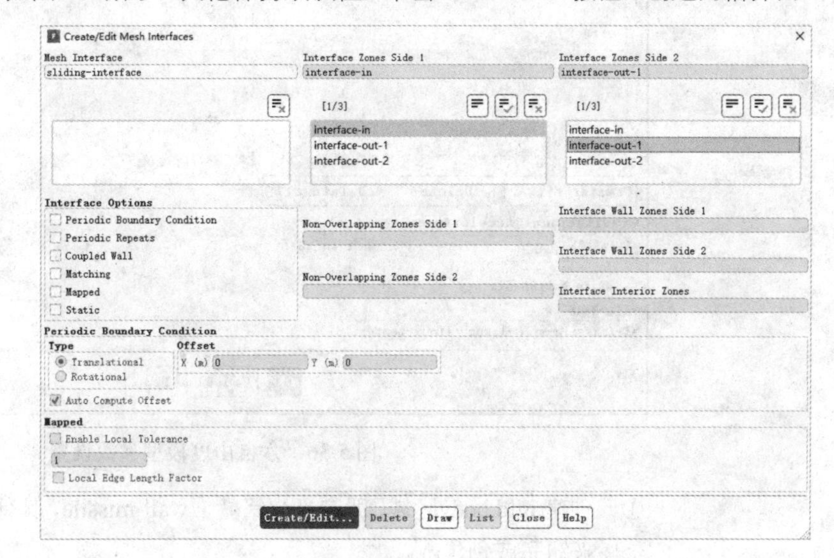

图 5-32 双击 Mesh Interfaces 项　　　　图 5-33 选择网格相互作用区域

（3）设置动网格参数。

① 单击导航栏中的Dynamic Mesh项，打开Dynamic Mesh面板，在Mesh Methods中勾选Layering复选框，在Options中勾选Six DOF复选框，如图5-34所示。

② 在Mesh Methods下单击Settings…按钮，进行动态层铺的初始网格设置，如图5-35所示。动态层铺的网格方法求解过程即随着计算区域被压缩，网格一层一层地被去掉；随着计算区域的扩张，网格一层一层地增加。因此，需要进一步设置Split Factor为0.4，Collapse Factor为0.04，即意味着当旧网格单元大于1.4倍理想网格值时，新一层网格开始建立，当旧网格层收缩小于0.96倍理想网格值时，网格层开始被破坏。

③ 在Six DOF选项卡中确认X方向的重力加速度为－9.81m/s^2。

（4）重建动网格区域。

单击 Dynamic Mesh 面板中的 Create/Edit 按钮，打开如图 5-36 所示的面板，具体设置如下：

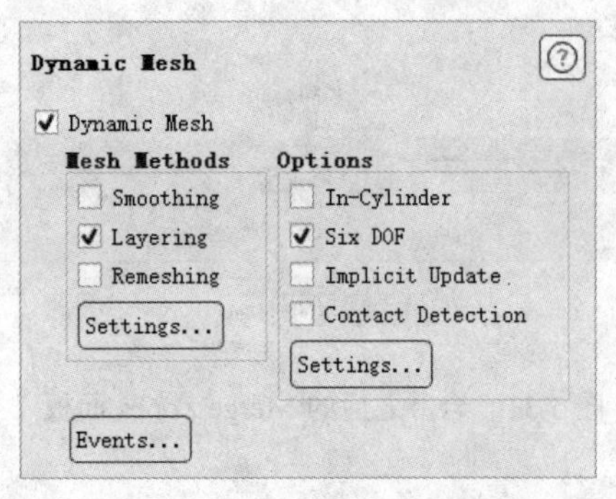

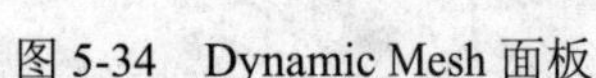
图 5-34　Dynamic Mesh 面板

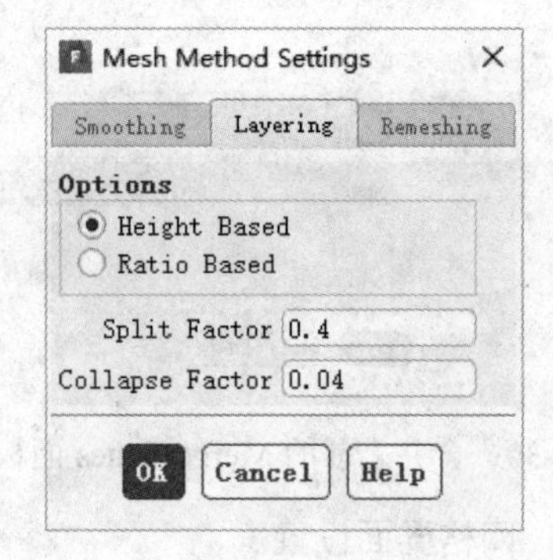

图 5-35　动态层铺的初始网格设置

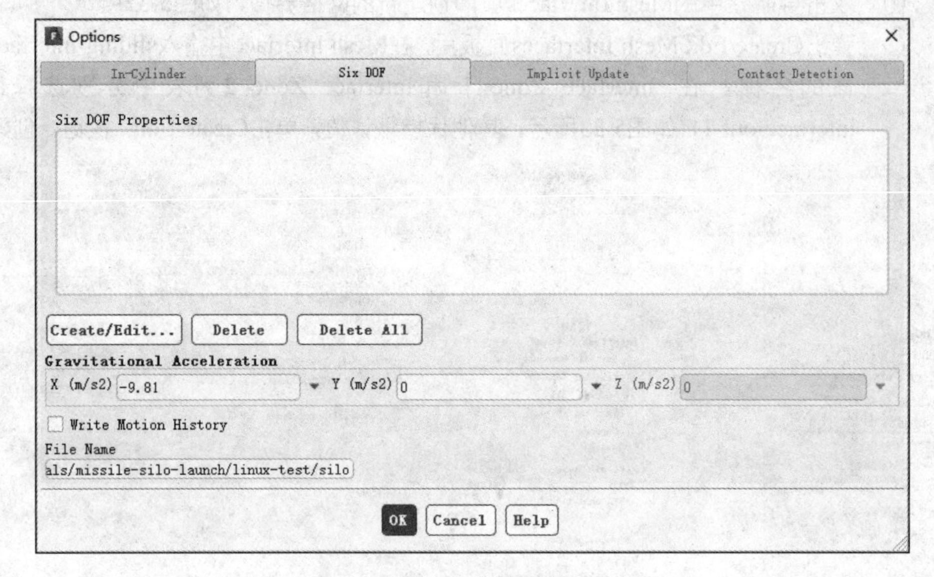

图 5-36　六自由度模型参数设置

① 创建rigid body区域，即定义火箭壁面wall-missile，其他具体设置如图5-37所示，单击Create按钮完成创建。

② 同理，定义nozzle-exit以及fluid-inner区域，不同的是在Six DOF中选择Passive，这样求解器不会计算该区域的力矩和力。

③ 创建stationary区域，即定义固定区域，在上层和底层的流体交界为定义网格重建及破坏的网格层坐标位置，因此需要明确声明为固定区域，相关设置如下：

- 在 Zone Names 下拉列表中选择 internal-bottom，区域类型 Type 选择 Stationary。
- 在 Meshing Options 选项卡中定义 Cell Height 的值为 1，单击 Create 按钮，如图 5-38 所示，同时关闭动网格区域控制面板。

（5）动网格运动过程设置。即设置发射前及发射后的运动状态，我们之前假设火箭启动的时间为 0.1s，因此需要对启动前后做相应设置。单击 Dynamic Mesh 面板中的 Events 按钮，首先在弹出的面板中设置 Number of Events 为 2，设置 Event－1 的时间为 0，Event－2 的时间为 0.1s，如图 5-39 所示。

单击每个 Event 后面的 Define…按钮，弹出相应的设置面板，相关设置如图 5-40 和图 5-41 所示。

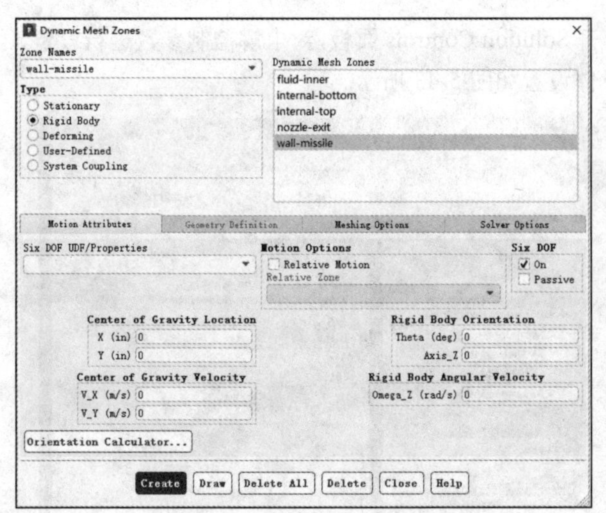

图 5-37　火箭壁面设置图

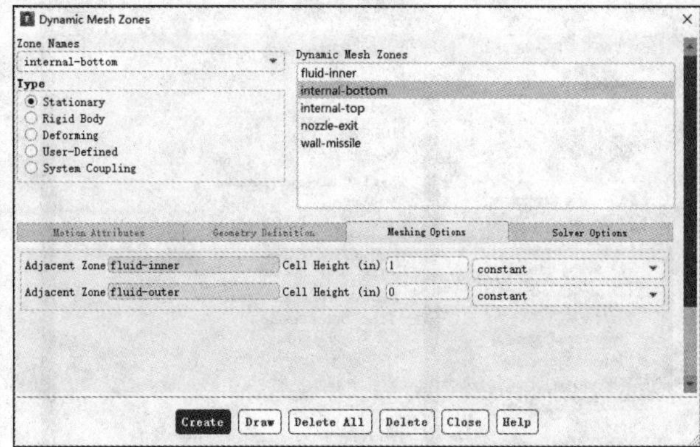

图 5-38　定义固定区域

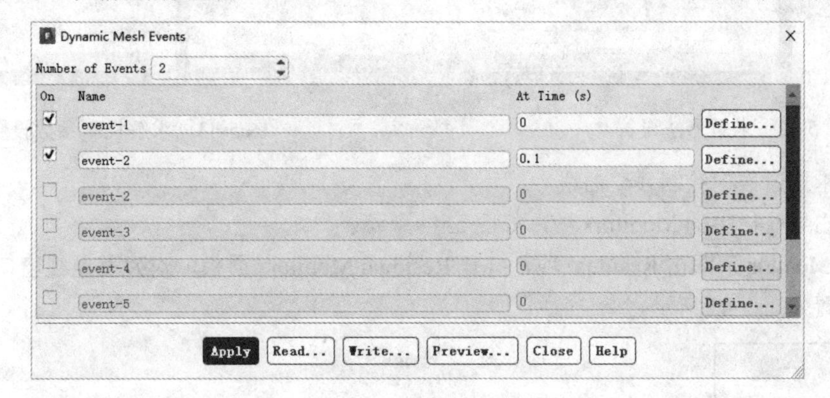

图 5-39　火箭壁面设置图

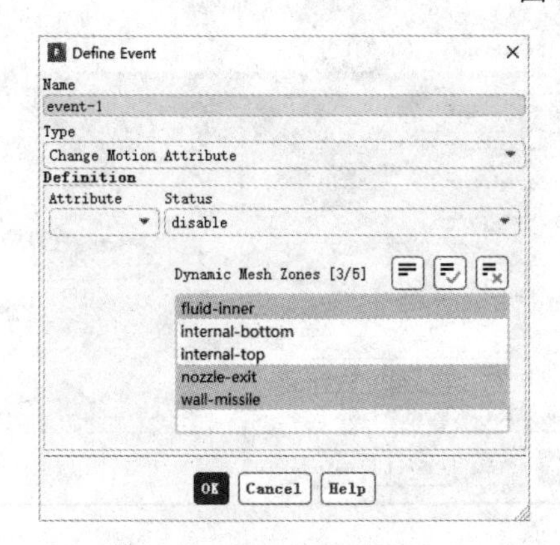

图 5-40　设置发射前状态

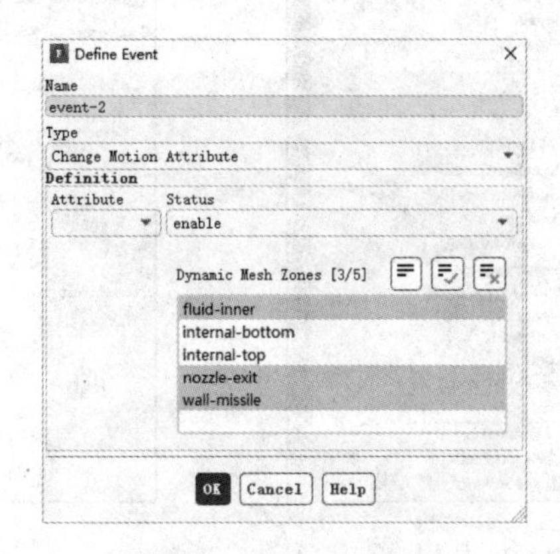

图 5-41　设置发射后状态

步骤 09　求解设置。

（1）求解控制参数设置。

双击导航栏中的 Solution→Methods 项，打开 Solution Methods 面板，对方程离散格式和通量类型进行设置，具体设置如图 5-42 所示。

双击导航栏中的 Solution→Controls 项，打开 Solution Controls 面板，对求解控制参数进行设置，设置 Courant Number 为 0.5，其他参数具体设置如图 5-43 所示。

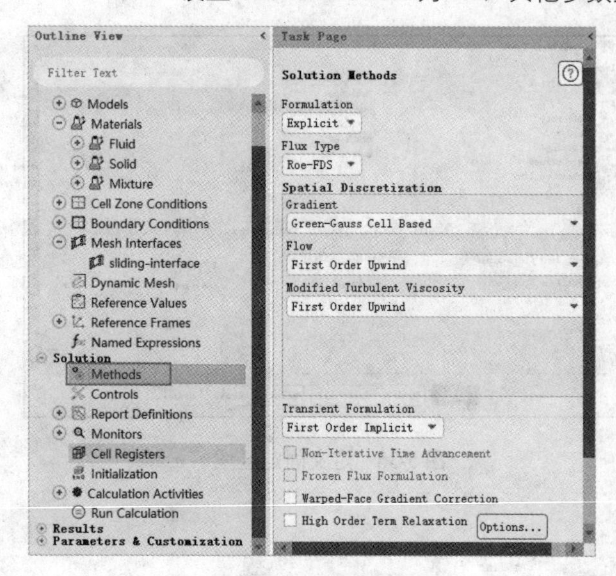

图 5-42　求解方法设置

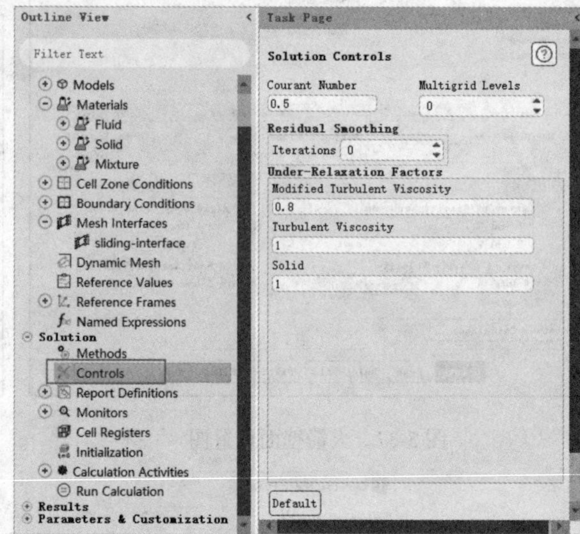

图 5-43　求解控制参数设置

（2）在求解过程中绘制残差曲线。

单击导航栏中的 Monitors 项，如图 5-44 所示。

在 Monitor 下双击 Residual 项，打开 Residual Monitors 面板，对残差监视窗口进行设置，具体设置如图 5-45 所示。

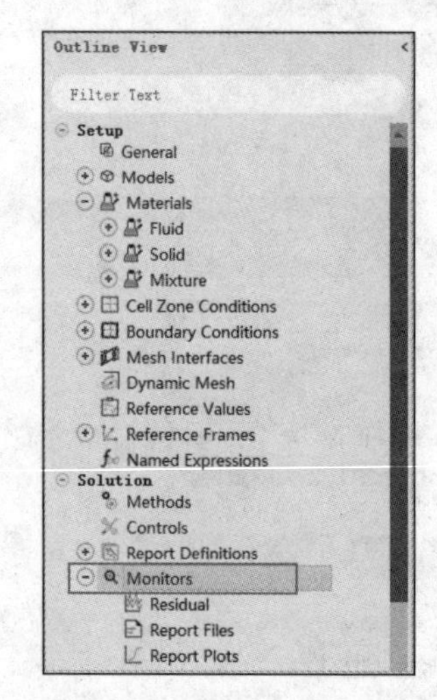

图 5-44　单击 Monitors 项

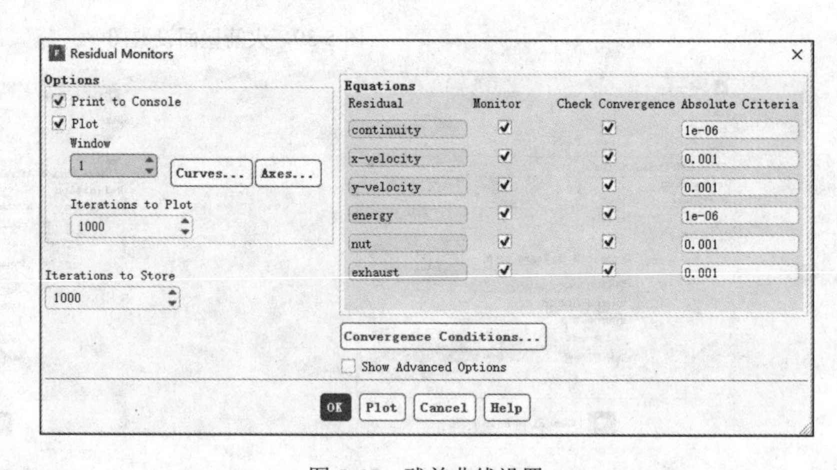

图 5-45　残差曲线设置

步骤 10 流场初始化及仿真设置。

（1）初始化过程设置。单击导航栏中的 Solution→Initialization 项，打开 Solution Initialization 面板，在 Compute from 下拉菜单中选择 far-field，然后单击 Initialize 按钮，对整个流场进行初始化，如图 5-46 所示。

（2）计算结果输出图形参数设置。选择菜单 File→Save Picture，在弹出的 Save Picture 面板中设置输出格式为 JPEG 格式，选择 Color 彩色输出，分辨率设置为 640×480，单击 Apply 按钮确认，如图 5-47 所示。

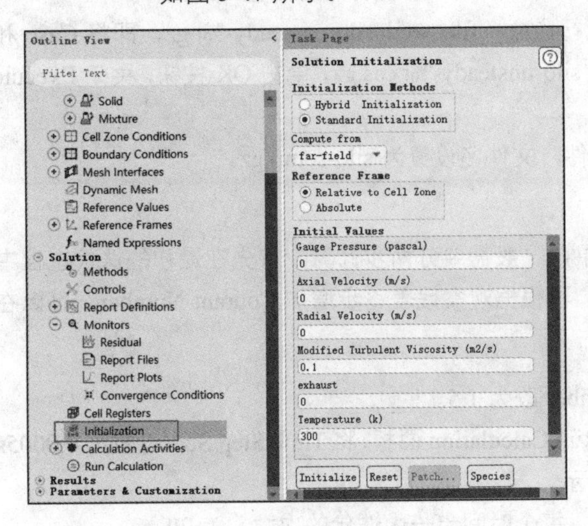

图 5-46　流场初始化

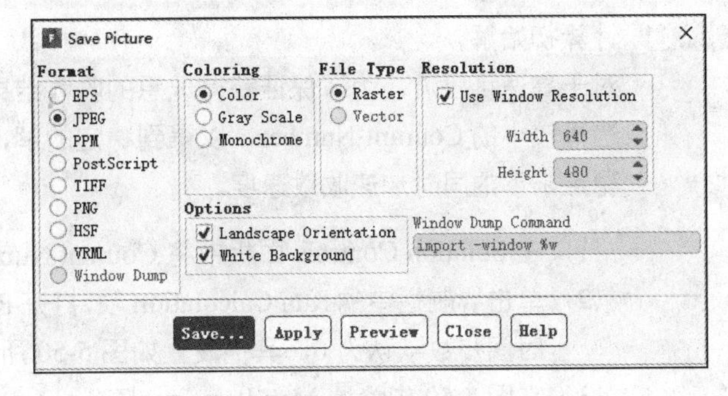

图 5-47　设置图片输出格式

（3）设置捕获图形的命令。单击导航栏中的 Calculation Activities 项，打开 Calculation Activities 面板，单击 Execute Commands 下的 Create/Edit…按钮，如图 5-48 所示。

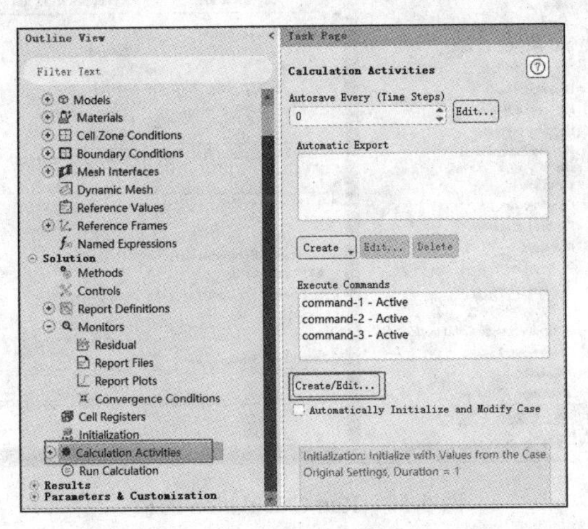

图 5-48　Calculation Activities 面板

打开如图 5-49 所示的 Execute Commands 面板，将 Defined Commands 的值设为 3。

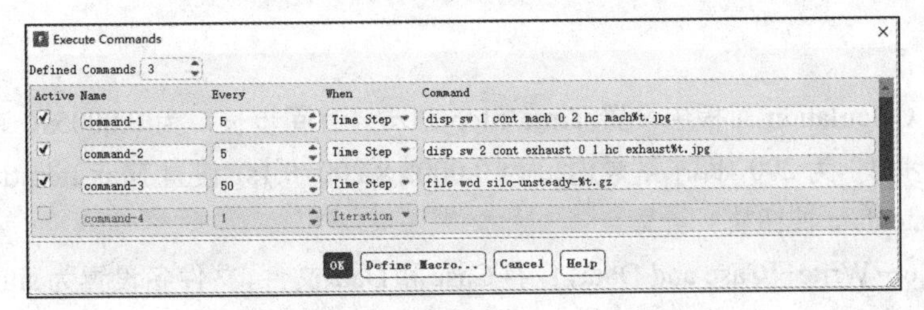

图 5-49　设置捕获图形的命令

在 command-1 中定义每 5 个时间步长执行命令：disp sw 1 cont mach 0 2 hc mach%t.jpg。

在 command-2 中定义每 5 个时间步长执行命令：disp sw 2 cont exhaust 0 1 hc exhaust%t.jpg，主要为了每 5 步显示速度（马赫数，排气速度）等值线，以及将矢量图输出到文件。

在 command-3 中定义每 50 个时间步长执行命令：file wcd silo-unsteady-%t.gz，即将 Case 和 Data 文件压缩保存到工作路径，文件名为 silo-unsteady-%t.cas.gz，单击 OK 按钮，关闭 Execute Commands 面板。

（4）完成上述操作以后，保存 Case 和 Data 文件，文件名设置为 silo-setup.gz。

步骤 11 计算初始解。

对于高速可压流，为了保证获得理想的收敛结果，一般需要分两步计算，首先在最初的迭代过程中选择较小的 Courant Number，以得到稳定的解，再根据观察残差逐步增加 Courant Number，可以在稳定求解的同时加速收敛速度。

（1）在 Solution Controls 面板中将 Courant Number 改为 1.5。

（2）单击导航栏中的 Run Calculation 项，打开 Run Calculation 面板，将 Time Step Size 设置为 0.0005s，时间步数默认为 0，其他设置如图 5-50 所示。

（3）在图 5-50 中设置 Max Iterations/Time Step（每个时间步长内迭代的次数）为 20 步。

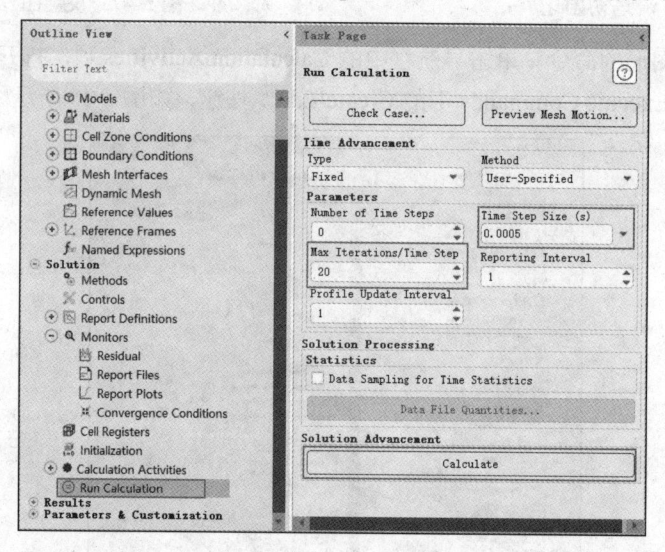

图 5-50　Run Calculation 面板

（4）单击 Calculate 按钮开始求解。

（5）保存 Case 和 Data 文件，文件名设置为 silo-init.cas.gz 和 silo-init.dat.gz。

步骤 12 计算非稳态解。

（1）在 Run Calculation 面板中设置 Time Step Size（时间步长）为 0.0005s，Number of Time Steps（时间步数）为 200，即求解总时间为 0.0005 × 200=0.1s，设置 Max Iterations/Time Step 为 20。

（2）单击 Calculate 按钮执行计算。

（3）选择 File→Write→Case and Data，保存 Case 和 Data 文件，文件名设置为 silo-unsteady-0200.cas.gz 和 silo-unsteady-0200.dat.gz。

步骤 13 后处理。

（1）显示0.1s时刻的流场马赫数及排气的质量分数等值线图。

① 选择File→Read→Data，打开Select File面板，选中保存的文件silo-unsteady-0200.dat.gz。

② 单击导航栏中的Graphics项，打开Graphics and Animations面板，如图5-51所示。

③ 双击Graphics列表中的Contours，打开Contours面板，如图5-52所示。

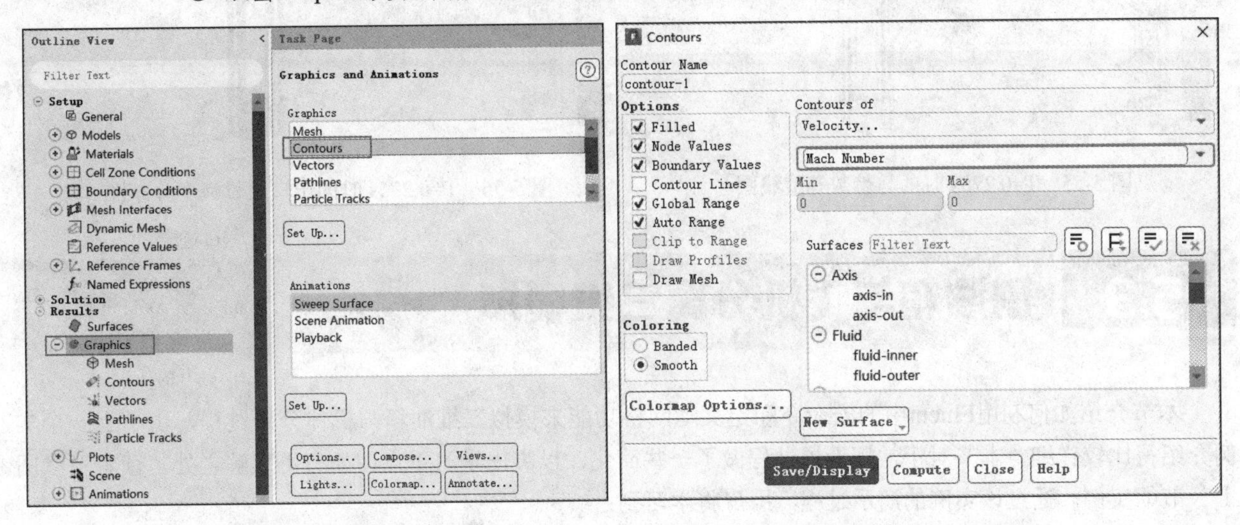

图5-51 Graphics and Animations面板

图5-52 Contours面板

④ 在Contours of列表下选择Velocity...和Mach Number，取消勾选Filled复选框，单击Save/Display按钮，得到如图5-53所示的马赫数等值线图。

⑤ 在Contours of列表下选择Species...和Mass fraction of exhaust，勾选Filled复选框，单击Save/Display按钮，组分exhaust的质量分数分布云图如图5-54所示。

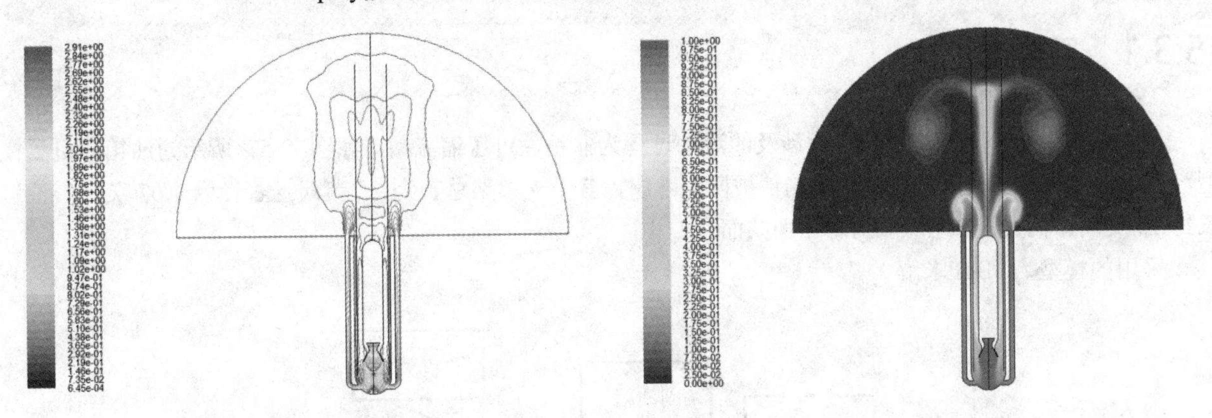

图5-53 马赫数等值线图

图5-54 T=0.1s时的出口质量流率分布图

（2）同理，改变求解时间项，设置Number of Time Steps（时间步数）为550，即求解总时间为0.0005×550=0.275s，设置Max Iterations per Time Step为20。分别选中保存的文件silo-unsteady-0550.cas.gz和silo-unsteady-0550.dat.gz，显示0.275s时流场马赫数等值线图及exhaust的质量分数云图，如图5-55和图5-56所示。

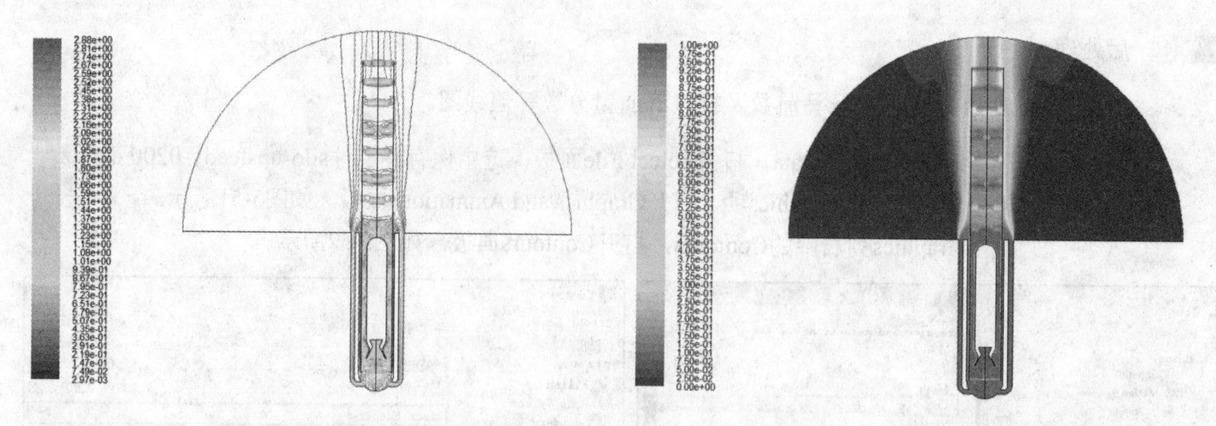

图 5-55　T=0.275s 时的马赫数等值线图　　图 5-56　T=0.275s 时的出口质量流率分布图

5.3 副油箱与飞机分离三维模拟

本节介绍如何利用Fluent中的宏命令和定义动网格功能来模拟三维油箱与机体分离过程，由于上一个实例介绍得比较详细，本节对于常规设置过程做了一些简化，以突出学习重点，如有不理解之处，读者可参阅上一节的实例。通过该实例的演示过程，用户将学习到：

- 使用 DEFINE_SDOF_PROPERTIES 宏命令来定义质量矩阵以及外力/力矩。
- 使用动网格特征。
- 可压、跨声速（1.2 马赫数）流体计算方法。
- 耦合隐性求解方法设置。

5.3.1 实例描述

副油箱与飞机分离三维模拟过程涉及的流动过程为非粘性可压缩流动，如图 5-57 所示为油箱与机翼模型，图中的支撑架作为风洞模型里的构件被同时考虑，其中支撑架总长为 25 英尺，直径为 1.67 英尺，油箱长约 10 英尺，机翼根部与一轴对称平面共面。

采用的模型为 6DoF求解。

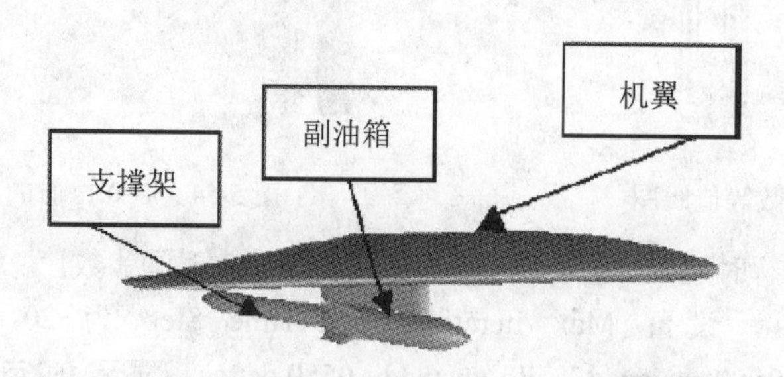

图 5-57　副油箱与飞机分离三维结构示意图

5.3.2 实例操作

本实例计算模型的Mesh文件的文件名为delta.msh.gz。运行三维单精度的Fluent求解器后，具体操作步骤如下：

步骤01 网格的操作。

（1）读入网格文件（delta.msh.gz）。

选择 File→Read→Cas，选择网格文件 delta.msh.gz。

（2）检查网格。

单击 General 面板中的 Check 按钮，对网格进行检查，如图 5-58 所示。检查网格的一个重要原因是确保最小体积单元为正值，Fluent 无法求解开始为负值的体积单元。

（3）显示网格。

单击 General 面板中的 Display…按钮，弹出 Mesh Display（网格显示）面板，在 Surfaces 列表中选择如图 5-59 所示的区域，单击 Display 按钮。窗口显示的网格如图 5-60 所示。

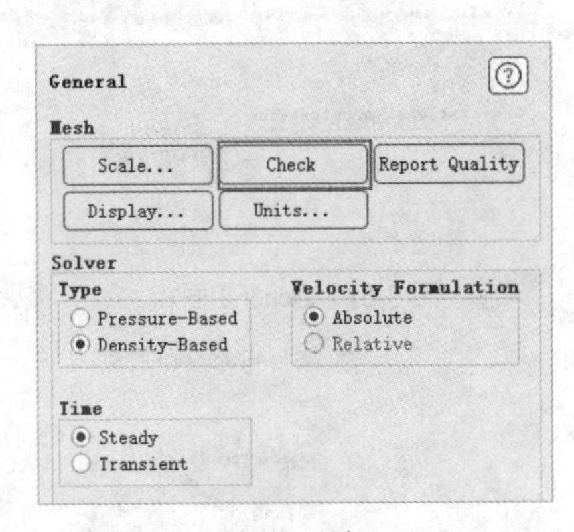

图 5-58 副油箱与飞机分离三维

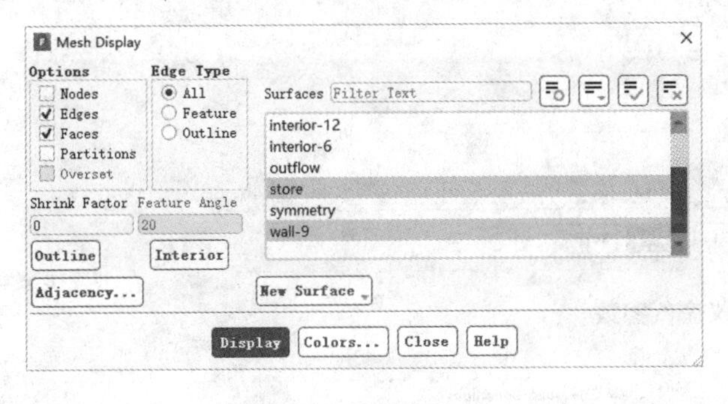

图 5-59 网格显示

图 5-60 背景色为白色的模型

步骤02 设置物理模型。

（1）在 General 面板中选择密度基求解器（Density-Based），先进行稳态求解（Steady）。勾选 Gravity 复选框，并将重力加速度设置为 Z 轴正方向的 9.807m/s²，如图 5-61 所示。

（2）激活能量方程，具体步骤为：在 Models 面板中双击 Energy，在弹出的 Energy 面板中勾选 Energy Equation 复选框，如图 5-62 所示。

（3）设置粘流模型为非粘性流动，具体步骤为：在 Models 面板中双击 Viscous，在弹出的 Viscous Model 面板中选中 Inviscid 单选按钮，如图 5-63 所示。

步骤03 设置材料属性。

设置流体物质：空气。具体步骤为：在 Create/Edit Materials 面板中双击材料 air，在弹出的 Create/Edit Materials 面板中将密度类型设置为理想气体（ideal-gas），其他保留对空气默认的物质数据设置，如图 5-64 所示。

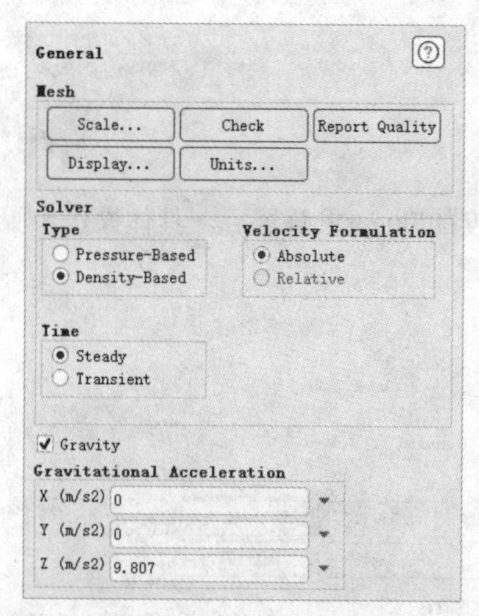

图 5-61 General 面板

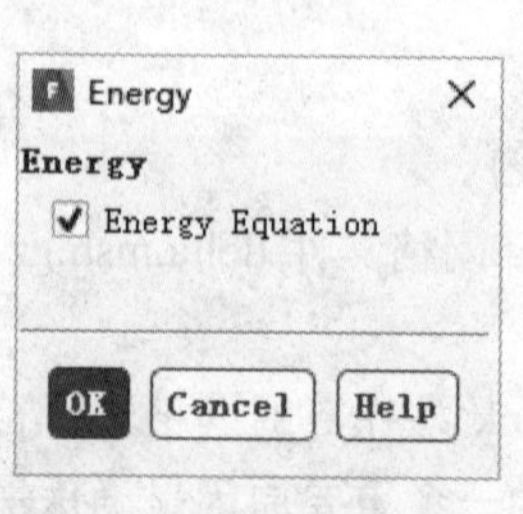

图 5-62 激活能量方程

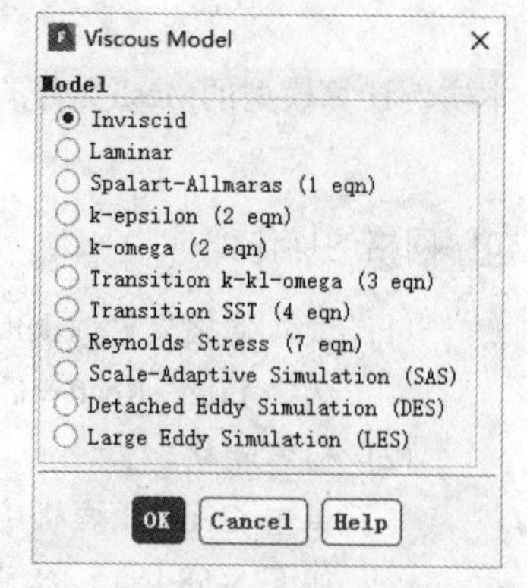

图 5-63 选择无粘流动模型

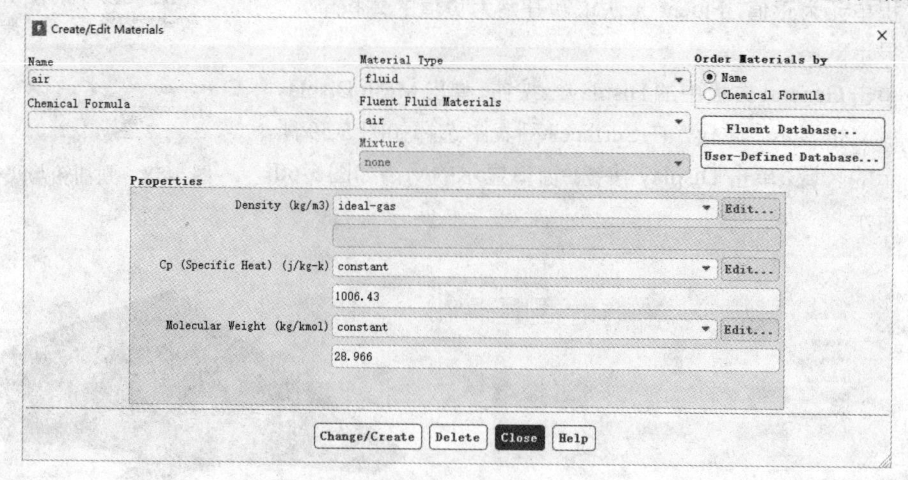

图 5-64 定义空气参数

步骤 04 操作环境设置。

在功能区选择 Physics → Solver → Operating Conditions，打开如图 5-65 所示的面板，定义大气压强（环境压强）为 20646Pa，海拔高度大约为 11600m，考虑重力环境，即增加 Z 方向的重力加速度 9.807m/s^2，同时定义环境温度为 288.16K，如图 5-65 所示。

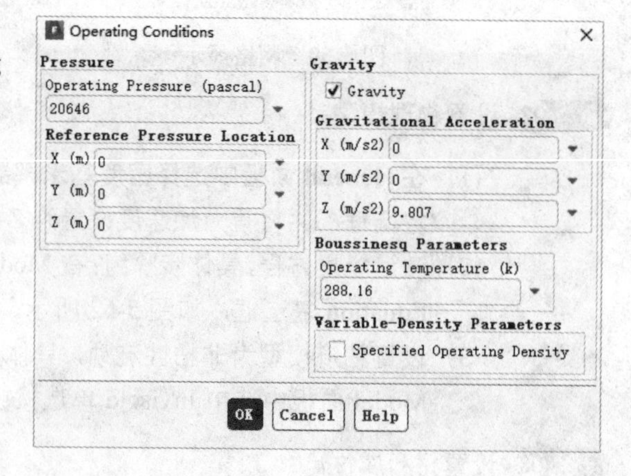

图 5-65 定义空气参数

步骤 05 定义边界条件。

（1）远场设置：在 Boundary Conditions 面板中，选择 Zone 列表中的 farfield 边界，在类型项 Type 中设置压力远场条件 pressure-far-field，单击 Edit 按钮，打开 Pressure Far-Field 面板，具体相关参数定义如表 5-5 所示。设置后的面板如图 5-66 所示。

表 5-5　压力远场参数定义

Parameters	Values
Gauge Pressure（Pascal）	0
Mach Number	1.2
Temperature（k）	216.65
X-Component of Flow Direction	–1
Y-Component of Flow Direction	0
Z-Component of Flow Direction	0

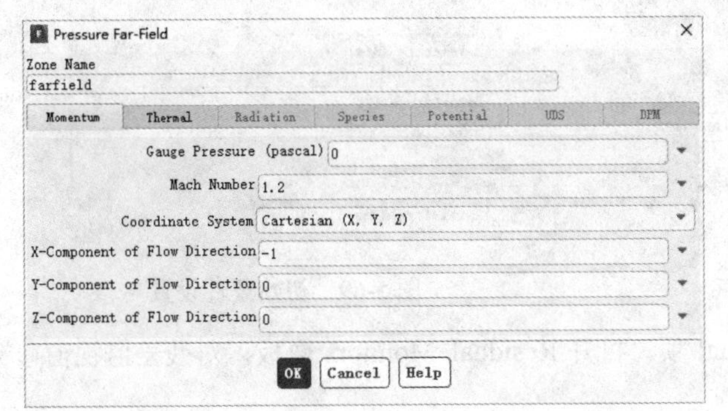

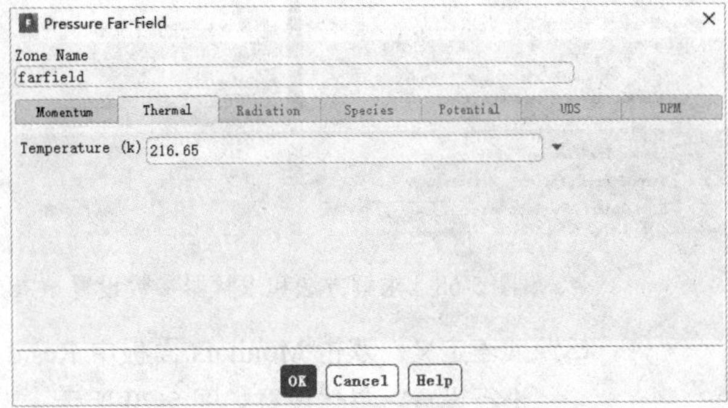

图 5-66　远场边界设置

（2）外流场设置。选择 Zone 列表中的 outflow 边界，在类型项 Type 中设置压力远场条件 pressure-outlet，单击 Edit 按钮，打开 Pressure Outlet 面板，实际出口压强为环境压强，因此这里表压定义为 0Pa，总温设为 216.65K，如图 5-67 所示。

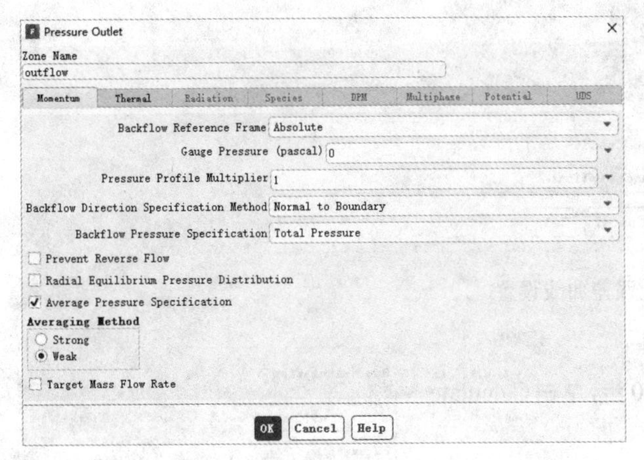

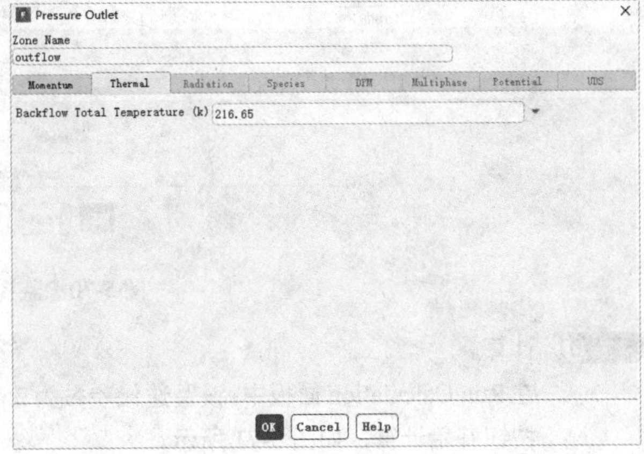

图 5-67　外流场设置

步骤 06 求解设置。

（1）设置求解控制参数。在 Solution Methods 和 Solution Controls 面板中，对求解方法和求解器参数进行设置，具体设置如图 5-68 所示。

（2）设置初始条件。在 Solution Initialization 面板中，设置 X 方向的初速度为–353.95m/s^2，然后单击 Initialize 按钮，对整个流场进行初始化，如图 5-69 所示。

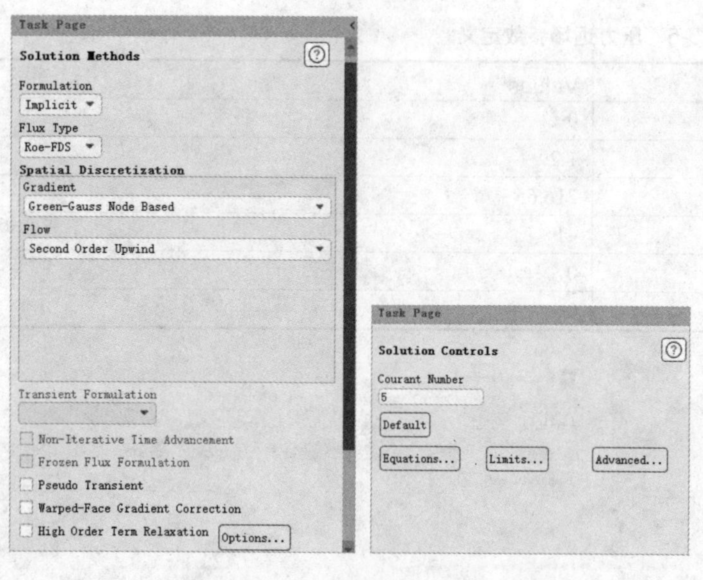

图 5-68 求解方法和求解器参数设置

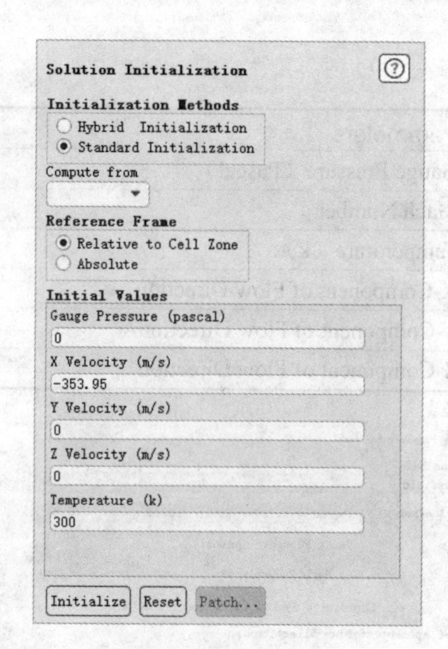

图 5-69 初始条件设置

（3）残差定义。双击 Monitors 面板中 Residual 项，打开 Residual Monitors 面板，对残差监视窗口进行设置，具体设置如图 5-70 所示。

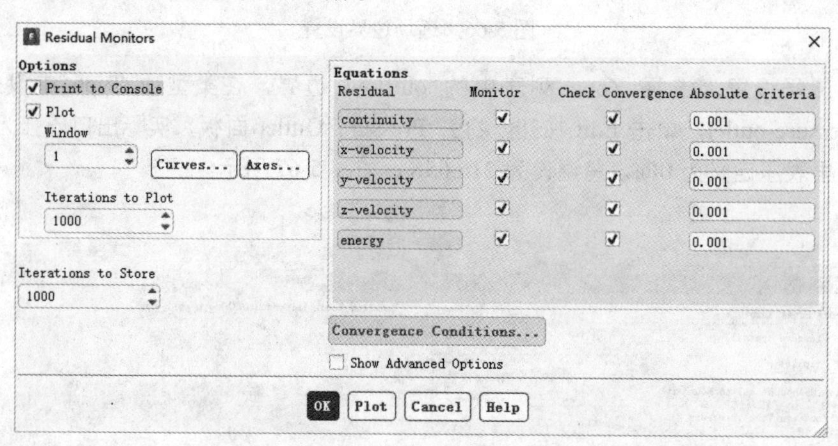

图 5-70 监视残差曲线设置

步骤 07 计算。

在 Run Calculation 面板中，设置迭代步数为 250 步，单击 Calculate 按钮开始计算，如图 5-71 所示。

步骤 08 保存结果。

此步操作为保存稳态流场计算结果，选择 File→Write→Case & Data，文件名定义为 delta-steady.gz。

文件保存路径必须与后续编译UDF文件相同。

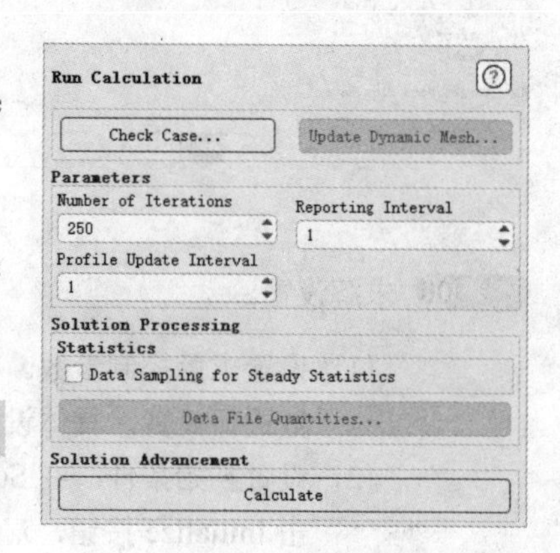

图 5-71 迭代设置

步骤09 编写和编译UDF。

（1）此处的UDF函数使用Defines DOF Properties宏命令来定义力和力矩，具体编写法则可参阅Fluent中帮助文件中对UDF宏命令的介绍，这里省略。编写的UDF如下：

```
/****************************************************
SDOF property compiled UDF with external forces/momEnts
****************************************************/
#include "udf.h"
DEFINE_SDOF_PROPERTIES (delta_missile, prop, dt, time, dtime)
{
  prop[SDOF_MASS]       = 907.185;
  prop[SDOF_IXX]        = 27.116;
  prop[SDOF_IYY]        = 488.094;
  prop[SDOF_IZZ]        = 488.094;
  /* add injector forces, momEnts */
  {
   register real dfront = fabs (DT_CG (dt) [2] -
                          (0.179832*DT_THETA (dt) [1])) ;
   register real dback  = fabs (DT_CG (dt) [2] +
                          (0.329184*DT_THETA (dt) [1])) ;
   if (dfront <= 0.100584)
     {
      prop[SDOF_LOAD_F_Z] = 10676.0;
      prop[SDOF_LOAD_M_Y] = -1920.0;
     }
   if (dback <= 0.100584)
     {
      prop[SDOF_LOAD_F_Z] += 42703.0;
      prop[SDOF_LOAD_M_Y] += 14057.0;
     }
  }
  printf ("\ndelta_missile: updated 6DOF properties") ;
}
```

（2）编译UDF，在功能区选择User-Defined→User-Defined→Functions→Compiled，具体步骤为：

① 在Source Files中单击Add按钮，增加six_dof_property.c文件，如图5-72所示。

② 单击Build按钮，建立Library，Fluent会弹出警告面板，提示UDF文件是否与之前保存的Case和Data文件处于同一工作路径，单击OK按钮确认。

③ 单击Load按钮，此时Fluent将调用宏命令完成油箱质量矩阵及外力和力矩的定义。

步骤10 转换非稳态求解模型及定义动网格。

（1）在General面板中将求解器改为瞬态求解（Transient），如图5-73所示。

（2）定义动网格。

① 打开Dynamic Mesh面板，在Mesh Methods中勾选Smoothing和Remeshing复选框，在Options中勾选Six DOF复选框，如图5-74所示。

② Smoothing设置，相应的设置参数如图5-75所示。

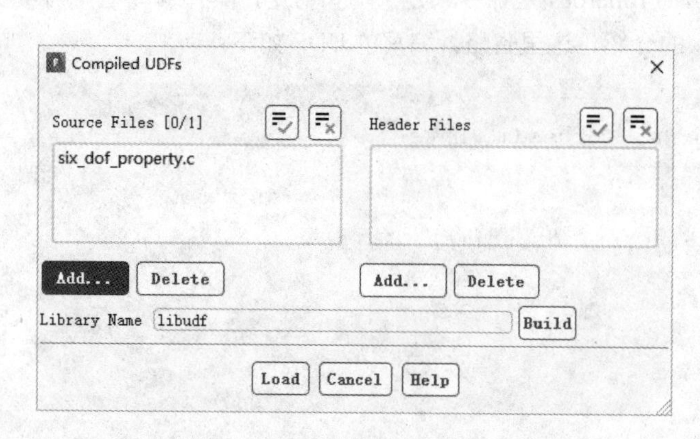

图 5-72 编译 UDF

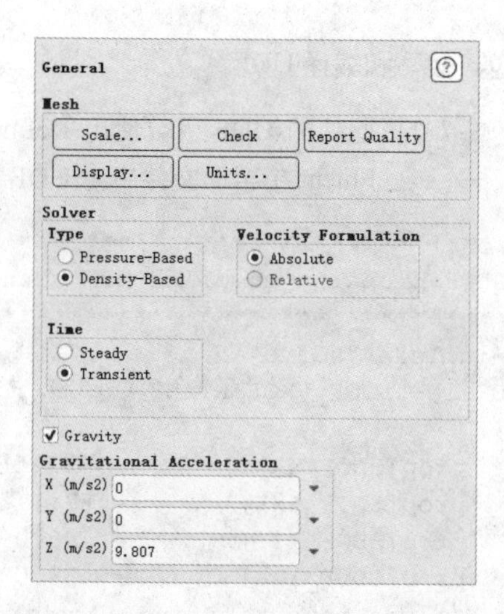

图 5-73 非稳态求解

通过调整Spring Constant Factor可以控制刚度平滑性条件，0 表示无阻尼，1 表示系统默认阻尼。

③ Remeshing设置，相应的设置参数如图5-75所示。

Size Function Variation值表示通过相应就近的边界网格来控制内部网格属性，取 0.4 表明内部网格尺寸是就近边界网格尺寸的 1.4 倍。取 100 表明给定的内部网格尺寸远远大于边界网格。

Size Function Rate值表示从边界到内部网格的变化率，可以为－0.98~0.98，默认值为0.7，0表示线性变化过程。负值表明转变率增加，正值表示转变率减小。在本例中，考虑到靠近油箱附近的网格需要较大的网格密度，设置较大的Size Function Rate使得网格过渡的速度变慢些。

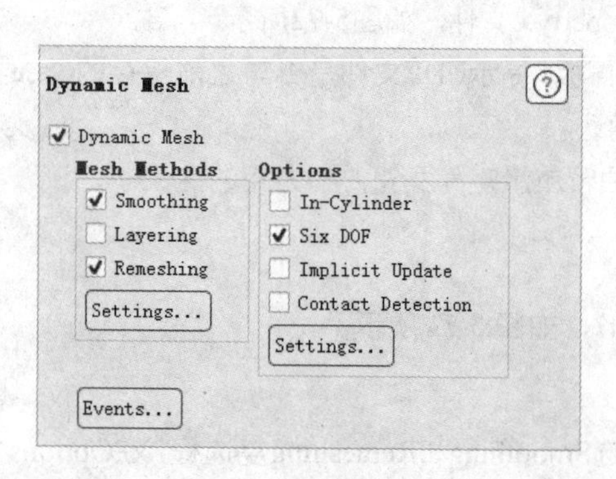

图 5-74 动网格设置

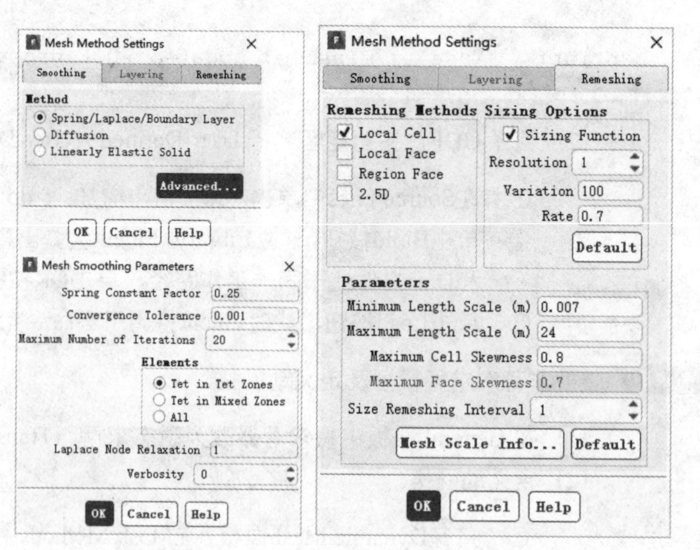

图 5-75 Smoothing 设置和 Remeshing 设置

④ 单击OK按钮关闭该面板。

（3）移动区域设置。

单击 Dynamic Mesh 面板中的 Create/Edit 按钮，打开如图 5-76 所示的面板，具体设置如下：

① 创建Rigid Body区域，在Zone Names下拉列表中选中store，在类型Type选项中选中Rigid Body单选按钮。

② 在Motion Attributes选项卡中设置如下：

- 在 Six DOF 下勾选 On 复选框。
- 在 Six DOF UDF/Properties 下拉列表中选择 delta missile::libudf。
- 设置 Center of Gravity Velocity 为（–0.1353393，–0.09516563，2.641932），以及 Rigid Body Angular Velocity 为（0.1705652，0.7203959，0.215902）。

③ 在Meshing Options列表中设置Cell Height为0.05。

④ 其他具体设置如图5-76所示，单击Create按钮完成创建。

⑤ 以同样的方法创建boattail，在此基础上要勾选Passive复选框。

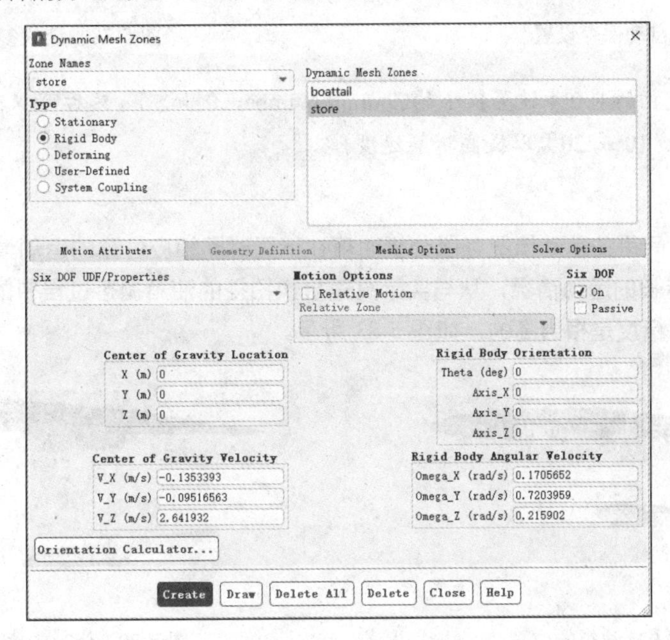

图 5-76　移动区域设置

步骤 11 计算。

（1）设置自动保存命令。

单击 Calculation Activities 面板中 Autosave Every 右侧的 Edit 按钮，在弹出的面板中设置每 100 步自动保存 Case 和 Data 文件，具体设置如图 5-77 所示。

（2）计算。

① 单击导航栏中的Run Calculation项，打开Run Calculation面板，Time Step Size（时间步长）为 0.002s，Number of Time Steps 为 400，这样油箱跌落总时间为 0.8s；设置 Max Iterations/Time Step（每个时间步长内迭代的次数）为20步，如图5-78所示。

② 单击Calculate按钮开始计算。

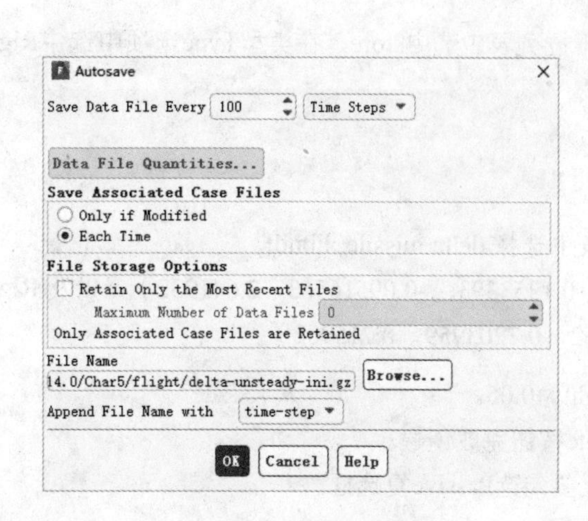

图 5-77 自动保存设置

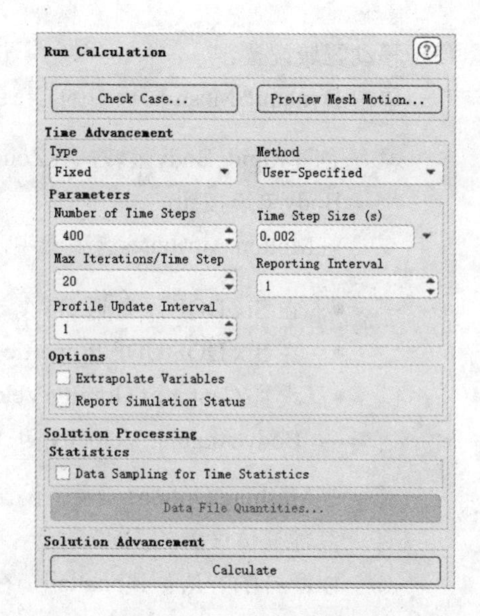

图 5-78 迭代参数设置

读者可以在最初的100步设置较小的Courant Number（例如5），然后可以在后200步增大Courant Number（例如10或20）以提高求解速度。

步骤 12 后处理。

通过保存不同时间段的运动情况可以分析油箱在不同时间相应位置的运动情况，图 5-79～图 5-82 显示每 100 时间步长的运动情况，从与实际高速摄像拍摄的油箱抛落过程中的叠加影像做的对比分析可以看出，计算精度是相当高的，如图 5-83 所示。

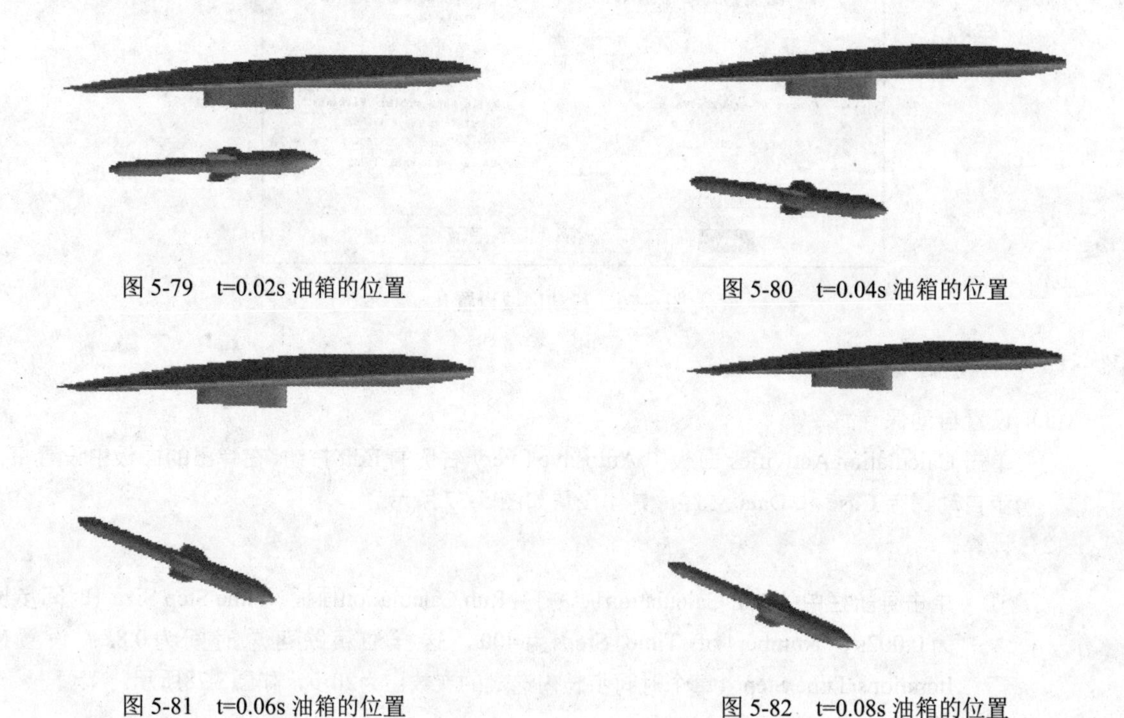

图 5-79 t=0.02s 油箱的位置

图 5-80 t=0.04s 油箱的位置

图 5-81 t=0.06s 油箱的位置

图 5-82 t=0.08s 油箱的位置

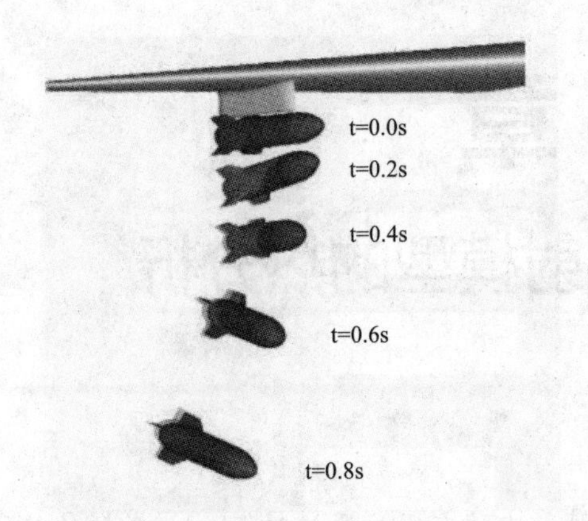

图 5-83　高速摄像拍摄的油箱抛落过程中的叠加影像对比

5.4 小结

本章在介绍UDF基本用法的基础上，通过应用案例介绍了Fluent动网格的应用。其中井下火箭发射过程二维模拟关键在于编写UDF控制火箭的运动代码以及设置移动区域控制动网格运动；三维油箱与机体分离过程的模拟关键在于Smoothing以及Remeshing的参数设置，同时理解UDF函数使用的是DEFINESD OF PROPERTIES宏命令来定义力和力矩，具体编写法则可以参考Fluent用户手册以及参阅帮助中对UDF宏命令的介绍。通过功能介绍和实例讲解使读者能够进一步掌握UDF的基本用法及动网格设置的基本操作过程。

第6章

基于辐射模型的热分析

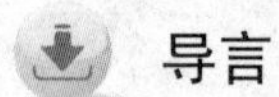

导言

本章介绍 Fluent 在传热计算中的应用。通过对 Fluent 求解传热问题的理论模型的介绍，对室内通风问题和汽车头灯热负荷的两个计算实例的应用，使读者了解使用 Fluent 求解传热问题的基本过程和使用方法。

学习目标

- ☑ Fluent 中的传热问题综述。
- ☑ Fluent 中的 DO 辐照算法。
- ☑ Fluent 中太阳辐射模型的应用和求解过程。
- ☑ 辐射模型的拓展应用实例解析。

6.1 综述

传热是指热能从空间某处到另一处的流动过程。按照热能传递的基本物理过程和流动方式，可以将传热问题分为三种类型：导热、对流和辐射。本章简要介绍Fluent中求解传热问题的模型和根据不同模型对三种类型的传热问题的处理方法。

在Fluent软件中包含常见的各种类型的传热问题，既包括简单的导热/对流问题，又包括传热和流动的耦合计算，以及比较复杂的浮力驱动流动/自然对流和辐射传热问题。Fluent软件通过在能量方程中加入或屏蔽相应的项来考虑不同类型问题中相关因素的影响。在Fluent软件中还包含对周期性变化结构下传热问题的模型，大大方便了对此类问题的求解。

用户可以方便地在Fluent软件中考虑流体和固体区域中的导热和对流传热问题，这样就可以对流体中的热混合和固体复合材料中的导热等问题进行建模。在Fluent模型中考虑传热问题时，只需要激活相应的物理模型，给出热边界条件，并输入控制传热的材料特性，就可以完成传热问题的建模过程。

由于自然对流问题相对于一般的导热和对流问题更为复杂，Fluent软件中专门建立了求解自然对流问题的模型。自然对流是由于流体受到加热后密度产生变化，引起温度不同部分的流体在浮力的作用下产生的流动现象。Fluent软件采用两种不同的方法来模拟自然对流现象。

一是使用瞬态计算的方法，从初始的压力和温度计算封闭区域中的密度，得到封闭区域中初始条件下的质量。在随着时间步长进行迭代求解时，按照适当的方式保证该初始质量的守恒条件，这种方法适用于用户定义的计算区域中温差很大的情况。

二是使用Boussinesq模型进行稳态计算的方法，其中需要用户设定一个恒定的密度，这样就对用户定义的封闭域中流体的质量进行了设定，该方法只适用于用户定义的计算域中温差很小的情况。

在进行壁面传热计算时，Fluent软件中的默认设置不考虑壁面上的热阻，将壁面作为 0 厚度进行处理。当需要考虑壁面法向方向的导热时，只需要对壁面设置厚度，给出壁面厚度方向上适当的热阻就可以。但在一些应用中需要考虑在壁面平面方向上的导热，用户可以采用两种处理方法：一种是在壁面法向方向上对厚度划分网格，另一种是使用壳层导热方法。

壳层导热方法的处理要更为方便，并且能够很容易地打开或者关闭在壁面上的共轭传热项。如果用户对壁面设置了厚度，使用壳层导热方法时，所使用的材料特性就由Wall面板上的Shell Conduction开关进行控制，Fluent软件在求解过程中自动对壁面增加一层柱体网格或六面体网格。

在瞬态热分析问题中考虑壁面的热质量时，例如对于浸泡问题，使用壳层导热方法可以简化求解模型，并且可以使用包含多个接头的传热问题来计算通过接头的导热。壳层导热方法可用于边界壁面和内壁面，但在一些情况下不能够使用该方法，这些情况包括：非保角界面、二维传热计算模型、使用基于密度的求解器、使用非预混或部分预混燃烧模型、使用DO（离散坐标）辐射模型/能量耦合方法等。

Fluent软件中将辐射作为能量方程的源项进行建模，使用辐射传递方程来进行辐射传热的计算。Fluent提供 5 种辐射模型来求解辐射传热问题，并且在辐射模型中可以包括或者不包括参与性介质。对辐射问题进行建模的辐射模型为：

- 离散传递辐射（DTRM）模型。
- P-1 辐射模型。
- Rosseland 辐射模型。
- 表面辐射（S2S）模型。
- 离散坐标（DO）辐射模型。

由于这 5 种辐射模型是对特定的辐射传热问题进行考虑时发展出来的辐射计算模型，有其特定应用范围和使用条件，因此用户在辐射传热的计算中选择使用辐射模型时，要考虑辐射模型的使用范围和约束条件。这里给出一些选择辐射传热模型的基本考虑因素。

首先要考虑光学厚度条件，这是因为这 5 种辐射传热计算模型针对光学厚度条件做出了某些简化和假设来方便求解计算过程。光学厚度的定义为aL，其中，a是计算域中介质的吸收率，L是计算域中适当的长度尺度。

例如，对于燃烧室中的流动，L就是燃烧室的直径。当$aL >> 1$时，用户最好选择P-1 和Rosseland模型进行辐射计算。P-1 模型典型的使用范围是光学厚度大于 1，但是当光学厚度大于 3 时，使用Rosseland模型的计算效率更高。DTRM和DO模型在整个光学厚度的范围内都可以使用，但其计算比较耗费时间，对于光学厚度较高的情况，推荐使用DO模型的二阶离散算法。因此，在允许的情况下，用户应当使用采用“无穷厚极限”假设的辐射模型，如P-1 和Rosseland模型；对于光学厚度较薄的问题（$aL<1$），就只能够使用DTRM和DO模型。

其次是散射和发射的因素，P-1、Rosseland和DO模型考虑了散射，而DTRM模型则忽略了散射，Rosseland模型在壁面上使用了温度滑移条件，因此对壁面发射率不敏感。当需要考虑气体介质中固体或液体微粒的散射或吸收作用时，只能够使用P-1 和DO模型，而且只有DO模型能够考虑半透明壁面、镜面壁面和部分镜面壁面以及非灰体辐射的情况。

其他需要考虑的因素还包括局部热源的问题，当计算域中包括局部热源时，P-1 模型可能会高估热源产生的辐射热流，而DTRM模型需要相当大的射线数量才能够得到比较准确的结果，所以最好使用DO模型来对这种情况进行仿真。

另外，需要考虑的因素还包括辐射介质的因素，当封闭域中为无吸收无散射的非参与性介质时，尽管所有的辐射模型都可以进行非参与性介质的计算，但在计算各个表面之间的辐射热流时，还是使用S2S模型效率最高。

在某些与太阳辐射热流有关的应用中，如室内温度控制和建筑物中人体舒适型模型的应用，需要进行太阳辐射热流的计算。Fluent提供了太阳加载模型对计算域中太阳辐射热流的作用进行仿真，模型包含两个选项：太阳射线跟踪选项和DO辐照选项。太阳射线跟踪选项是使用射线跟踪模型将太阳辐射载荷用于能量方程中源项的方法。DO辐照选项是使用离散坐标（DO）模型计算进入计算域中的辐射载荷的方法，并且包含可用于直接对DO模型提供外部射线方向和强度参数的选项。太阳加载模型包括太阳计算器，能够计算给定日期、时间和位置天空中的太阳方位。太阳加载模型只在 3D求解器中使用，并能用于稳态和非稳态流场计算。

在Fluent中可以很方便地对具有周期重复性几何结构的问题进行建模。当流动在长度L上出现重复现象，并且在每个L长度的重复模块上沿着流动的方向压降为常数时，就形成了顺流周期性流动条件。这时如果热流边界条件为常温壁面或不变的壁面热流类型，就构成了周期性传热计算问题。在此类问题中，充分发展后的温度场（使用适当的方式缩放）呈现出周期性变化特性，可以使用对边界条件采用严格限制的单一模块或单个周期长度数值模型进行分析。

在计算周期性传热问题时，还要考虑周期性传热问题分析的约束条件。首先，必须使用基于压力的求解器；其次，必须使用确定的热流或常温壁面类型的热边界条件，而且在某些问题中，不能混合使用不同类型的热边界条件，即所有的边界要么是常温壁面，要么都指定成热流，并且对于常温壁面情况，所有的壁面必须有相等的温度或者设置成绝热壁面，在壁面上也不能够考虑粘性耗散热效应或包含体积热源；再次，在涉及固体区域的情况下，固体区域不能与周期性对称面相交；最后，流体的热动力学与输运特性（比热、导热率、粘度、密度） 不能设定为温度的函数（因此不能模拟化学反应流动），但输运特性可以在空间上周期性变化，这样用户就可以模拟周期性湍流。

在给出的两个应用实例中，6.3 节的实例给出了通风问题的求解方法和设置过程，介绍了太阳加载模型的设置和求解过程，并使用S2S和P-1 模型进行辐射计算。6.4 节的实例介绍了汽车自动头灯热分析计算模型的分析和设置过程，在流场计算的基础上采用DO模型计算了辐射热流。

6.2 太阳加载模型

Fluent提供了太阳加载模型，能够用于计算进入计算域的太阳射线的辐射影响。模型有两个可用的选项：太阳射线跟踪选项和DO辐照选项。射线跟踪方法是将太阳负荷用于能量方程中源项的非常有效和实际的方法。在用户希望使用离散坐标（DO）模型计算计算域中的辐射影响时，Fluent给出了用于直接对DO模型提供外部射线方向和强度参数的选项。

6.2.1 简介

Fluent提供了太阳辐射载荷的仿真，从而可以方便地应用于自动气候控制（ACC）和建筑物中人体舒适模型的分析中。

在许多ACC应用中需要考虑太阳辐射的影响，得到乘客（和驾驶员）周围的温度、湿度和速度场。对于ACC系统，测试的是系统“沐浴”在强烈的太阳辐射下时对乘客车厢的降温性能。Fluent的太阳加载模型能够允许用户模拟太阳负荷的影响并预测在太阳暴晒下ACC系统将轿车的车厢降温到合理温度所使用的时间，并能够预测将温度降低到指定的温度点所需要的时间间隔和在计算域中的冷却面积。

在建筑物分析中，太阳辐射构成了温暖天气下对制冷系统的显著负荷，尤其是使用了大量美观的玻璃墙面的建筑物。即使在较冷的天气下，由于现代建筑群很好地隔绝了冬天的热损失，太阳负载也可能产生制冷系统的工作负荷。Fluent的太阳加载模型为工程师提供确定建筑物内部太阳加热效应的有效工具的同时，也考虑了一天中不同时间穿过所有玻璃天幕的太阳辐射，从而能够在流场研究前进行重要性决策。

6.2.2 太阳射线跟踪算法

太阳加载模型的射线跟踪算法用于预测入射太阳辐射所引起的直接照射热流，该算法将太阳辐射处理成具有太阳位置向量和照射参数的一条射线，并将其用于用户指定的壁面、入口和出口边界上，通过进行面与面之间的遮蔽分析来确定在所有边界面元和内部壁面上被遮挡的部分，然后计算入射太阳辐射在边界面元上所产生的热流。

在射线跟踪计算中，太阳射线跟踪算法只包括与流体区域毗邻的边界区域。换言之，属于固体的边界区域将被忽略。

太阳射线跟踪算法计算所产生的热流通过能量方程中的源项耦合到Fluent的计算中。热源被直接加入每个表面上的边界计算单元上，并按照这个次序分配到相邻的单元中：壳层导热单元、固体单元和流体单元。

热源只被分配到毗邻的其中一种单元上。用户可以选择越过这种次序，通过在文本用户窗口中输入指令就能够在太阳载荷计算中包括毗邻的流体单元。太阳位置向量和太阳强度可以由用户直接输入，或者由太阳计算器进行计算。直接和漫射辐照参数也能够使用UDF确定，并使用Radiation Model面板上相关的选项叠加到Fluent中。

太阳射线跟踪选项允许用户在所建立的Fluent模型中包括直接太阳照射以及漫射太阳辐射的影响。直接太阳照射计算使用了两波段光谱模型来考虑可见光和红外波段中不同的材料特性。漫射辐射计算使用了单波段半球平均光谱模型。

不透明材料光谱特性使用两波段吸收率进行表征。半透明材料需要指定吸收率和透过率。用户指定的透过率和吸收率定义的是法向入射方向。对于给定的入射角，Fluent重新计算/内插了用户给出的值。

太阳射线跟踪算法也考虑了内部散射和漫射的载荷，对直接入射太阳辐照的反射部分进行了追踪。该反射热流的分数称为内部散射能量，应用于太阳加载计算中的所有表面，用面积进行加权。内部散射能量取决于在TUI设置的散射分数，其默认值为1。根据主表面上的反射率，散射分数就能够看成计算域中剩余部分所包括（或排除）的大量辐射。

在内部散射能量中还包括漫射太阳辐照透过部分的贡献（通过半透明壁面进入计算域中的部分取决于半球透过率）。内部散射能量总的值在Fluent控制台窗口中显示。用内部散射能量除以参与太阳加载计算的表面的总面积得到环境热流。

太阳射线跟踪不是参与性的辐射模型。模型没有处理表面的发射，并且主要入射负荷的反射部分均匀分布于所有的表面，而不是发生反射的局部的表面。在表面发射是重要因素的情况下，用户需要将辐射模型（例如P-1）与太阳射线跟踪一起使用。

太阳射线跟踪中使用的遮蔽计算直接应用了向量几何。射线从测试面元的几何中心沿太阳方向上开始跟踪。四重树状后处理步骤用于减小跟踪算法的复杂性，能够产生对10^4个面元或更大数目面元的很长的运行时间。在文本界面上能够修改四重树状提纯因子。该参数的默认值是 7，已经足以覆盖在单个单元与五百万个单元之间网格尺寸的整个谱系。如果网格超过五百万个单元，增加该参数能够减小计算太阳负荷所需要的CPU时间。

太阳射线跟踪算法中需要对太阳方位、辐照强度以及物质的辐射热物理参数进行设置，包括太阳方向向量、直接太阳辐照、漫射太阳辐照、光谱分数、不透明壁面的直接和红外吸收率、半透明壁面的直接和红外吸收率与透过率、半透明壁面的漫射半球吸收率和透过率、 四重树状提纯因子、散射分数和地面反射率等参数。

用户可以在Radiation Model面板上输入太阳方向向量元素（X、Y、Z），和漫射太阳辐照值一起作为输入常数，或者使用太阳计算器推导这些参数。辐照也可以使用UDF进行定义。Fluent中给出了太阳射线跟踪算法中散射函数和四重树状提纯因子的默认设置。

地面反射率是地面总的反射率，用于计算地面反射的辐射产生的漫射辐射部分。用户可以在控制台窗口中使用文本指令修改这些默认值。如果用户希望在太阳射线跟踪中加入特性壁面区域的吸收率和透过率参数，需要打开Wall边界条件面板进行设置。

6.2.3 DO 辐照算法

太阳加载模型的离散坐标（DO）辐照选项为用户提供了直接应用DO模型计算太阳负荷的方法。但是，与射线跟踪太阳加载算法不同的是，DO辐照方法不计算热流，因而不能够直接应用于能量方程中。相反，辐照热流直接作为边界条件应用到半透明壁面上，所产生的辐射热流从DO辐射传递方程的解计算导出。

在半透明壁面上，DO辐照算法所需要设置的参数有总的辐照（直接和漫射）、光束方向、光束宽度和漫射分数等。在使用DO辐照算法计算太阳辐射载荷时，用户可以在每个半透明壁面上给出太阳辐射边界条件，通过壁面的Wall面板进行设置，用户可以设置光束方向，而总的辐照可以通过Radiation Model面板上设置的太阳参数（例如太阳计算器）计算导出。使用DO算法计算太阳方位和总的辐照量时，通过选择Use Beam Direction from Solar Parameters 和Use Total Irradiation from Solar Parameters 选框完成设置。Fluent对DO辐照设置的光束宽度（对太阳的对向角）为默认值 0.53°。

在DO模型中使用的光束方向的符号与输入或从太阳参数导出的太阳方向向量相反。DO模型中的光束方向是外部辐射的方向（例如来自于太阳的辐射），而在太阳加载模型中太阳方向向量指向太阳。入射辐射与太阳角度有相反的符号是因为它们是从相反的视角定义的量。

6.2.4 太阳计算器

Fluent提供了太阳计算器来计算给定时间、日期和位置的太阳光束方向和辐照度。计算得到的参数作为太阳射线跟踪算法或离散坐标（DO）辐照算法半透明边界条件的输入条件。

Fluent中太阳计算器所需要的输入参数包括：全球位置（纬度、经度和时区）、起始日期和时间、网格指向、太阳辐照算法和日照因子。全球位置由纬度、经度和时区（相对于GMT）组成。对于瞬态仿真，每天的时间是起始时间加上经过时间。

对于网格指向，用户需要在CFD网格中指定北和东方向向量。Fluent默认设置中，太阳辐照方法使用晴朗天空条件，用户也可以选择理论最大化方法。日照因子只是简单地计算入射负荷的线性递减因子，允许适当情况下考虑云层覆盖的影响。这些参数从Radiation Model面板展开的Solar Calculator面板上输入，用户还可以使用文本界面命令行输入这些参数。

当激活太阳计算器后，就能够计算并在控制台窗口显示相关的参数，包括太阳方向向量、地球表面直接法向太阳辐照、垂直和水平表面漫射太阳辐照和垂直表面上地面反射的（漫射）太阳辐照。

Fluent对计算太阳辐射负荷提供了两个选项：晴朗天气条件方法和理论最大值方法。尽管这两个方法比较类似，但还是有关键的不同。晴朗天气条件方法中对太阳负荷产生很大衰减的代表性大气条件是晴空，但并不是完全无云条件。

在太阳计算器中选择了晴朗天气方法选项时，直接法向太阳辐照的计算使用ASHRAE晴朗天气条件方法。当选择了理论最大化方法选项后，对直接法向太阳辐照和漫射太阳辐照的理论最大值使用NREL的理论最大化方法进行计算。

Fluent对计算域中的每个表面计算漫射太阳辐照的中心分量（垂直和水平）。当选择了理论最大化方法后，这些漫射辐照值给出了垂直和水平表面影响的最大估计。

对法向直接辐照应用晴朗天气条件方法的方程来自于ASHRAE手册：

$$Edn = \frac{A}{e^{\frac{B}{\sin\beta}}} \tag{6-1}$$

其中，A 和 B 分别为在大气质量m=0 时的太阳辐照和大气消光系数。这些值是根据在无云日子中地球表面的数据得到的。β 是在水平线以上的太阳高度（单位度）。

在理论最大值方法中，对直接法向辐照所使用的方程来自于NREL的太阳方位和强度程序（Solpos）：

$$Edn = S_{\text{etm}} S_{\text{unprime}} \tag{6-2}$$

S_{etm} 是大气顶部的直接法向太阳辐照，S_{unprime} 是考虑太阳负荷经过大气产生衰减的修正因子。

太阳模型中不同负荷的计算是根据 2001 年ASHRAE原理手册提出的方法进行计算的。在垂直表面上漫射太阳辐照计算方程为：

$$Ed = CYEdn \tag{6-3}$$

其中，C是常数，由 2001 年ASHRAE原理手册确定，Y是在垂直表面上的天空漫射辐射与在水平表面上的天空漫射辐射的比，Edn是无云日子中地球表面的直接法向辐照。

对非垂直的其他表面，漫射太阳辐照计算公式为：

$$Ed = CEdn\frac{(1+\cos\varsigma)}{2} \tag{6-4}$$

其中，ς 是表面从水平表面倾斜的角度（单位度）。

地面反射太阳辐射在表面上形成的辐照计算公式为：

$$Er = Edn(C+\sin\beta)\rho_g\frac{(1+\cos\varsigma)}{2} \tag{6-5}$$

其中，ρ_g 为地面反射率。当漫射太阳辐射的输入从太阳计算器得出时，给定表面上总的漫射辐照为 Ed 和 Er 的和。否则，如果选择了Radiation面板上的常数（Constant）选项，那么总的漫射辐照将与面板上所指定的值相同。

用户使用串行求解器对太阳载荷进行稳态求解时，只需要对用户的情况简单地设置太阳加载模型和边界条件，然后进行仿真。得到的解的数据文件将包括太阳流量，用户可以在后处理中使用。对于稳态解，太阳负荷对初场条件使用。如果用户希望开始求解时不考虑太阳载荷，随后加入太阳载荷的影响，就需要通过文本用户界面（TUI）打开太阳加载模型。用户也可以通过文本界面命令行设置模型，然后就可以在任何时间计算太阳载荷。

当用户希望在串行求解器上进行瞬态太阳载荷模拟时，设置过程与稳态求解情况相同，但用户需要在Radiation Model面板上指定附加的Time Steps per Solar Load Update参数。Fluent按照指定的频率重新计算太阳方位和辐照，并更新太阳载荷。

Fluent中的太阳射线跟踪算法不能够进行并行处理。因此，用户必须在串行模型的情况下生成太阳数据，然后在并行仿真中使用这些数据。对于稳态和瞬态的仿真，分别遵循下面的步骤：

在并行运算中，对太阳载荷稳态仿真的一般过程按照如下的步骤进行：

步骤01 在 Fluent 中打开串行求解器，并读入（或设置）用户的工程文件。

步骤02 设置太阳加载模型。

步骤03 设置边界条件。

步骤04 在 Solution Initialization 面板中给出解的初始条件。

步骤05 保存工程和数据文件。

步骤06 打开并行求解器并读入工程和数据文件。

步骤07 设置和运行用户的并行稳态仿真计算。

在并行运算中，对太阳载荷瞬态仿真的一般过程按照如下的步骤进行：

步骤01 在 Fluent 中打开串行求解器，并读入（或设置）用户的工程文件。

步骤02 设置太阳加载模型，包括指定 Radiation Model 面板上的 Time Steps per Solar Load Update 参数。

步骤03 设置边界条件。

步骤04 在文本界面中打开自动保存文件的功能。这样在设定的时间间隔上并行求解器就会将数据写入各自的太阳数据文件（autosave-solar-data）。这时，用户要确保对自动保存太阳载荷数据所设置的频率与更新的频率相同。如果需要使用不同的自动保存频率，那么对自动保存所设置的时间步应该是太阳载荷更新时间步的整数倍。

步骤05 关闭 Solution Controls 面板上的所有输运方程。

步骤06 保存工程文件。

步骤07 解的初始设置，即稳态情况下得到的计算太阳载荷数据，并将其写入控制台窗口中。

步骤08 在 Run Calculation 面板上将 Max Iterations per Time Step 设置为 1。

步骤09 进行仿真计算。当求解器进行迭代时，Fluent 将按照用户在自动保存命令行中设置的时间步频率将数据写入独立的数据文件，并在控制台窗口中显示该操作。数据文件将会保存在用户的工作目录下，文件名通过将时间步数目添加在文件名后进行标识。例如，solar_data002.dat 就是包括了第二个时间步的太阳数据文件。自动保存的太阳数据文件不能够用于后处理过程。

步骤10 打开并行求解器。

步骤11 读取工程文件。

步骤12 在文本界面上打开自动读取文件功能，求解器就会自动读取在串行求解中“自动保存”的太阳数据文件（autoread-solar-data）。用户要确保自动读取太阳载荷数据的频率与自动保存和更新太阳数据所使用的频率相同。如果用户选择使用不同的频率，那么对自动保存所设置的时间步应该是更新的时间步的整数倍，自动读取的时间步应该是自动保存的时间步的整数倍。

步骤13 用户要确保在并行仿真中需要求解的方程在 Solution Controls 面板上都已经设置过了。

步骤14 运行瞬态仿真计算。这时，在求解过程结束后，使用自动读取频率读入的最后一个时间步的太阳热流数据是可以使用的。

6.2.5 太阳加载模型的设置

在Models面板中单击Radiation Model项，打开Radiation Model面板，如图 6-1 所示。

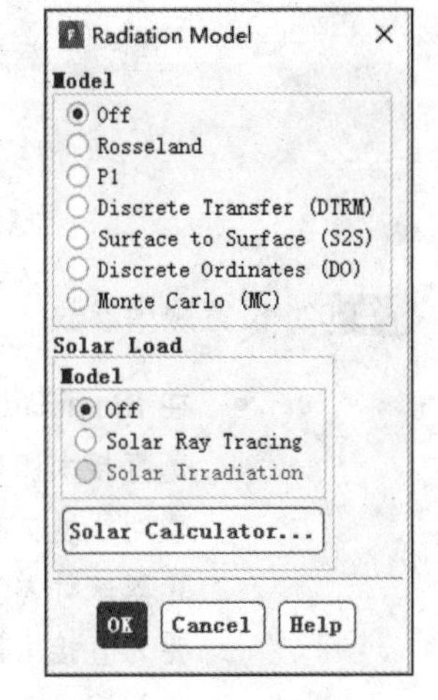

图 6-1 太阳加载模型

太阳加载模型有两个选项：Solar Ray Tracing和Solar Irradiation。Solar Ray Tracing选项即能够作为孤立的太阳辐射负荷模型使用，也能够与Fluent的某个辐射模型联合使用（包括P1、Rosseland、离散传递、S2S、离散坐标模型）。Solar Irradiation选项只能够在Discrete Ordinates（DO）辐射模型激活时使用。

1. 在Radiation Model面板中激活太阳加载模型

步骤01 选中 Solar Load 下的 Solar Ray Tracing 单选按钮来激活太阳射线跟踪算法，如图 6-2 所示。

步骤02 为了激活 DO 辐照选项，首先在 Model（模型）下选中 Discrete Ordinates（DO）单选按钮，然后在 Solar Load 下选中 Solar Irradiation 单选按钮，如图 6-3 所示。

2. 定义太阳参数

步骤01 输入 Sun Direction Vector 的 X、Y 和 Z 元素的值。替代的另一种方法是，用户可以通过激活 Use Direction Computed from Solar Calculator 选项来选择从太阳计算器计算该向量。

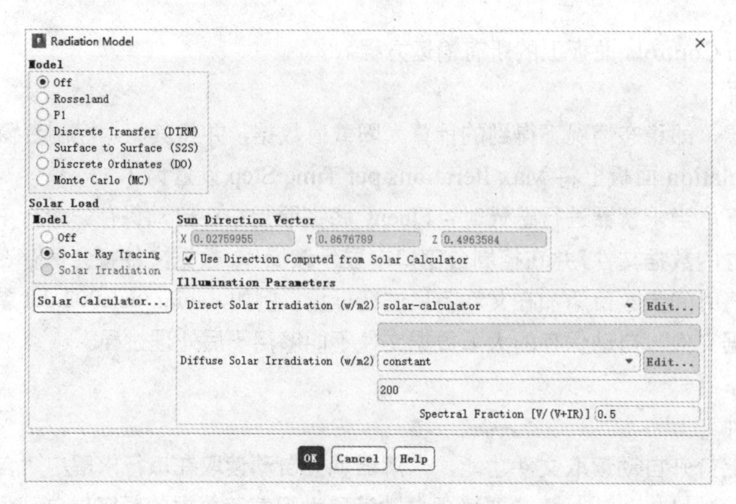

图 6-2　激活太阳射线跟踪算法

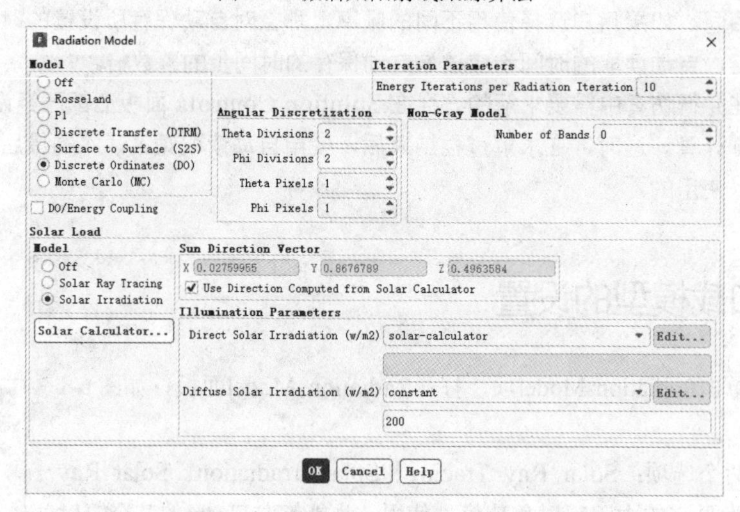

图 6-3　激活 Solar Irradiation 单选按钮

步骤 02 设置照射参数。

- 在 Illumination Parameters 下的 Direct Solar Irradiation 文本框中输入直接太阳辐照的值。该参数是直接太阳辐照在单位面积上产生的能量，单位为 W/m^2。其大小取决于一年中的时间和天空的晴朗程度。在 Direct Solar Irradiation 下拉列表中，用户可以输入 constant（常数），使用太阳计算器来计算直接太阳辐照；或者使用用户定义函数指定直接太阳辐照。对于瞬态计算，用户需要为直接太阳辐照设置附加的随时间变化的 piecewise-linear（分段线性）和 polynomial（多项式）廓线。
- 输入 Diffuse Solar Irradiation（漫射太阳辐照）的值。该参数是漫射太阳辐照在单位面积上产生的能量，单位为 W/m^2。该参数的取值可以取决于一年中的时间、天空的晴朗程度，也可以取决于地面反射率。在 Diffuse Solar Irradiation 下拉列表中，用户可以输入 constant（常数），使用太阳计算器来计算直接太阳辐照，或者使用用户定义函数指定直接太阳辐照。对于瞬态计算，用户需要为直接太阳辐照设置附加的随时间变化的 piecewise-linear（分段线性）和 polynomial（多项式）廓线。

- 如果用户使用了 Solar Ray Tracing 太阳加载模型，那么用户需要输入 Spectral Fraction（光谱分数）值。光谱分数是可见光部分的入射太阳辐射占太阳辐射光谱的分数。对于 DO 辐照不使用光谱分数，因为 DO 辐照的应用并不只限于单个波段。

$$\text{Spectral Fraction} = \frac{V}{V + IR} \tag{6-6}$$

其中，V 是入射的可见光太阳辐射，$V + IR$ 是总的入射太阳辐射（可见光+红外）。

3. 使用太阳计算器计算太阳光束方向和辐照量

步骤01 单击 Radiation Model 面板上的 Solar Calculator...按钮，打开如图 6-4 所示的 Solar Calculator 面板。

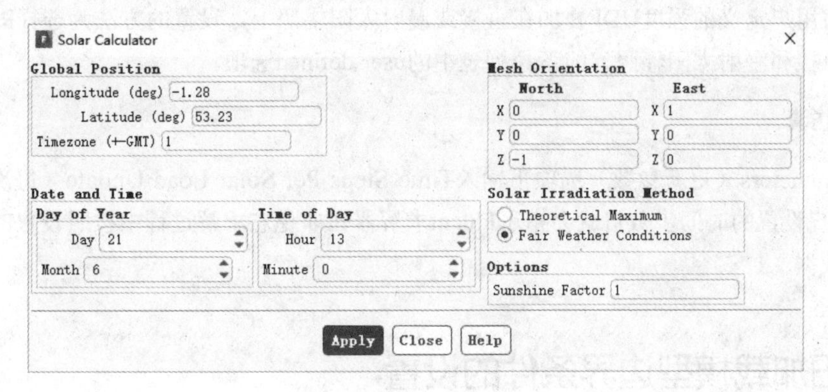

图 6-4　Solar Calculator 面板

步骤02 在 Solar Calculator 面板中，使用下列参数来定义 Global Position（全球位置），用户必须为太阳计算器设置这三个全球位置参数。

- 输入 Longitude（经度）的实数值，单位为度。经度值的变化范围为[－180，180]度，负值代表西半球，正值代表东半球。
- 输入 Latitude（纬度） 的实数值，单位为度。纬度值的变化范围为[－90，90]度，－90º 为南极点，90º 为北极点，0º 定义为赤道。
- 输入 Timezone（时区）的整数值，为当地时区相对于格林尼治时区（±GMT）的小时数，范围为–12 ~ +12。

步骤03 使用下列参数来定义当地的日期和时间（Date and Time）。

- 在 Day of Year（每年中的日期）选区中输入 Day （日）和 Month（月）选项的整数值。
- 在 Time of Day（每天中的时间）选区中输入 Hour（小时）选项的整数值，取值范围为[0，24]；对 Minute（分钟）选项输入整数或浮点数类型的值。

每天的时间是按照 24 小时时钟进行计量的：0 时 0 分相应于上午 12:00，23 时 59.99 分相应于下午 11:59.99。例如，如果当地时间为上午 12:01:30，用户需要对 Hour 输入 0，对 Minute 输入 1.5。如果当地时间为下午 4:17，用户就要对 Hour 输入 16，对 Minute 输入 17。

步骤04 在 CFD 网格坐标系中，将 Grid Orientation（网格方向）定义为向北和向东的向量。

步骤05 选择合适的 Solar Irradiation Method（太阳辐照方法），默认设置为 Fair Weather Conditions（晴朗天气条件）方法。

步骤06 输入 Sunshine Factor（阳光分数）的整数值（默认值为 1）。

步骤07 单击 Apply 按钮。

太阳计算器计算输出参数，并在控制台窗口中显示结果。默认值显示如下：

```
Fair Weather Conditions:
  Sun Direction Vector:  X: 0.0275996, Y: 0.867679, Z: 0.496358
  Sunshine Fraction: 1
  Direct Normal Solar Irradiation (at Earth's surface) [W/m^2]: 859.056
  Diffuse Solar Irradiation - vertical surface: [W/m^2]: 97.2244
  Diffuse Solar Irradiation - horizontal surface [W/m^2]: 115.113
  Ground Reflected Solar Irradiation - vertical surface [W/m^2]: 86.0498
```

用户可以使用DEFINE_SOLAR_INTENSITY宏指令写入用户定义函数（UDF）来指定直接和漫射太阳强度，这样就能够将用户定义的强度UDF叠加在直接或漫射太阳辐照上，设置的方法为选择Radiation Model面板上这些参数（直接和漫射太阳辐照）的下拉列表中的user-defined选项。

4. 对于瞬态仿真

在Update Parameters（更新参数）选项下输入Time Steps Per Solar Load Update（每次太阳载荷更新的时间步）参数。用户设置的时间步数目就会指示Fluent求解器在非稳态求解过程中按照设置的流场计算时间间隔更新太阳载荷数据。

6.2.6 太阳加载模型边界条件的设置

用户在定义了太阳加载模型的太阳参数后，还需要设置参与太阳加载的边界区域的边界条件，打开边界条件定义的面板Define→Boundary Conditions，选择太阳射线跟踪算法后，设置边界条件的步骤如下：

1. 设置太阳加载中所有涉及入口和出口边界区域的边界条件

步骤01 打开入口和出口边界条件面板（例如 Velocity Inlet（速度入口）），并单击 Radiation 选项卡，如图 6-5 所示。

步骤02 激活 Participates in Solar Ray Tracing（参与太阳射线跟踪）复选框。如果用户通过关闭该选项来屏蔽太阳射线跟踪计算，就会忽略相应的表面，太阳射线穿过表面时与表面不发生相互作用，而不考虑边界条件的类型。

步骤03 单击 OK 按钮。

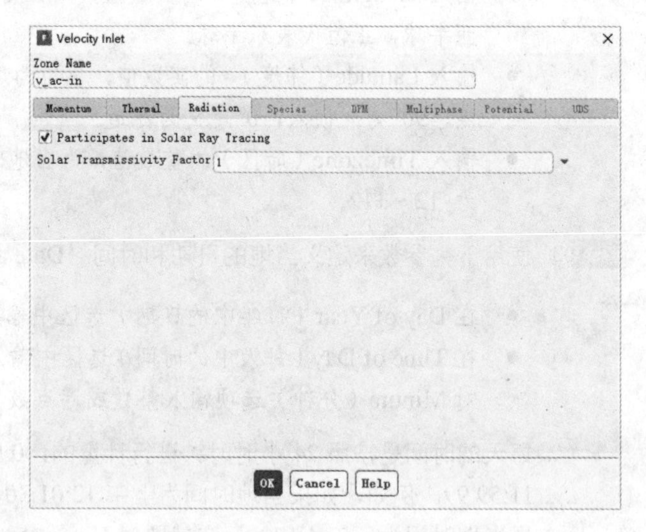

图 6-5 设置太阳加载中的边界条件

2. 设置太阳加载中所有包括壁面边界区域的边界条件

步骤01 打开 Wall 面板，并单击 Radiation 选项卡。

步骤02 将壁面定义为 opaque 或 semi-transparent 类型。不透明壁将不允许任何太阳辐射穿过，而半透明壁可以允许一部分太阳辐射穿过。

（1）对于不透明壁面，在 BC Type 下拉列表中选择 opaque 选项。然后勾选 Participates in Solar Ray Tracing 复选框，并输入 Direct Visible（直接可见光）和 Direct IR（直接红外）吸收率常数，如图 6-6 所示。在光谱可见光和红外部分的吸收确定了不透明壁面的表面材料的辐射热物理特性。

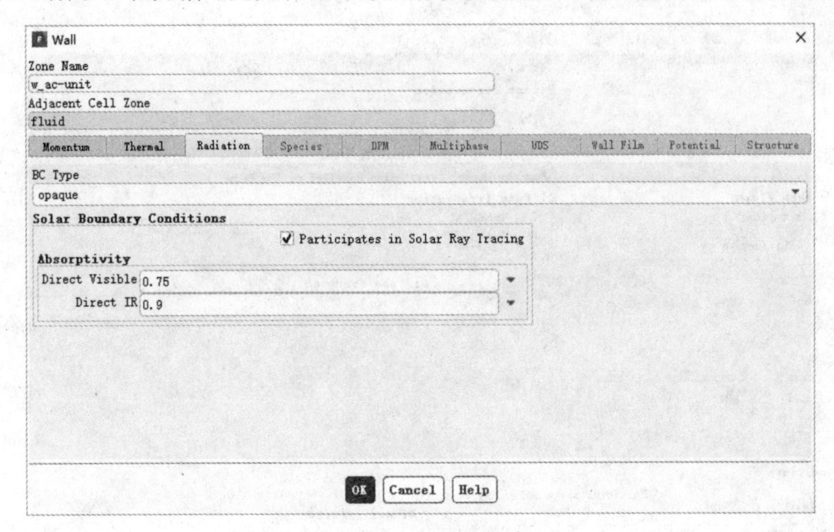

图 6-6　壁面边界条件

（2）对于半透明壁面，选择 BC Type 下拉列表中的 semi-transparent 选项，如图 6-7 所示。然后勾选 Participates in Solar Ray Tracing 复选框，并输入 Direct Visible、Direct IR 和 Diffuse Hemispherical（漫射半球）吸收率及透过率常数。光谱可见光和红外部分的吸收和透过率以及“遮蔽”公式（漫射半球）确定了半透明壁面的表面材料的辐射热物理特性。

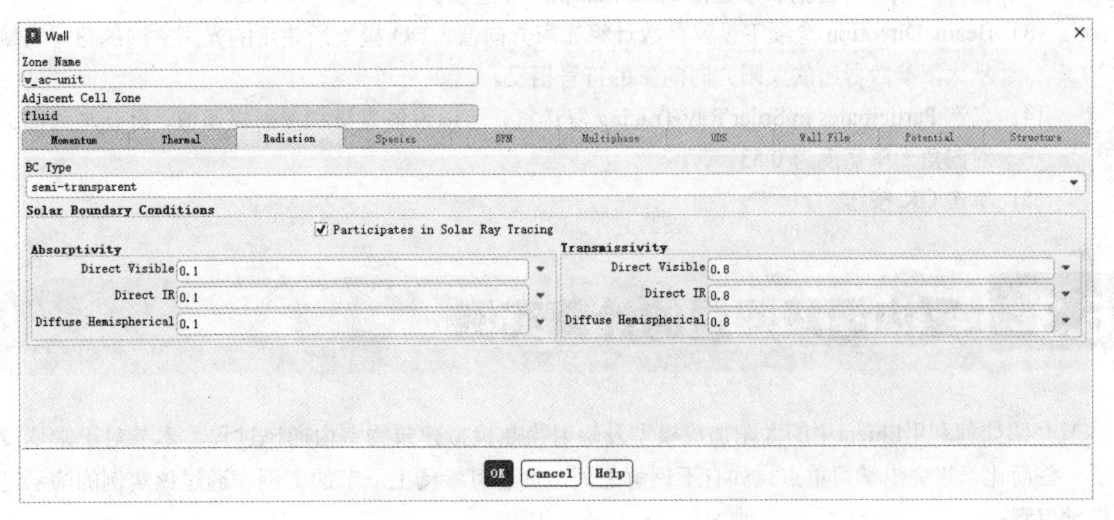

图 6-7　semi-transparent 选项设置

（3）单击 OK 按钮。

选择 DO 辐照算法后，设置边界条件的步骤如下：

对于 DO 辐照，所有边界条件的设置与 DO 模型的设置相同，只是多了用户可以选择半透明边界表面来提供太阳辐照源的设置步骤。

(1) 打开 Wall 面板，并单击 Radiation 选项卡，如图 6-8 所示。

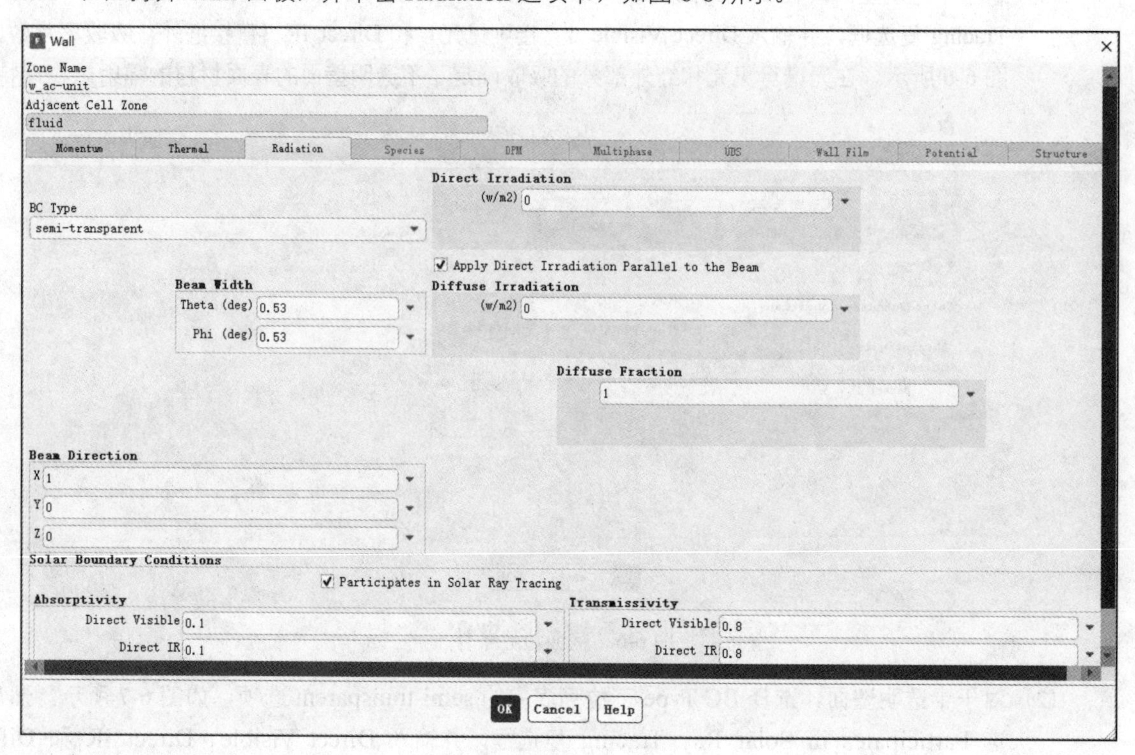

图 6-8　设置 Wall 边界条件

(2) 在 BC Type 下拉列表中选择 semi-transparent 选项。

(3) Beam Direction 选项下设置参数计算光束方向值。DO 模型所使用的光束方向的符号与输入或从太阳参数导出的太阳方向向量的符号相反。

(4) 勾选 Participates in Solar Ray Tracing 复选框，可以设置直接和漫射辐照值，默认与太阳之间的对向角光束宽度为 0.53°。

(5) 单击 OK 按钮。

6.3 室内通风问题的计算实例

本节介绍如何利用Fluent中的太阳加载模型及辐射换热模拟建筑物室内通风过程，本节对于常规设置过程做了一些简化，以突出学习重点，如有不理解之处，读者可参阅上一节的实例。通过该实例的演示过程，用户将学习到：

- 通风问题的求解方法和设置过程。
- 太阳加载模型的设置和求解过程。
- 辐射模型的设置过程。
- 通风问题的数据处理和显示。

6.3.1 实例描述

在本实例中给出了使用太阳加载模型对建筑物室内通风问题求解的指导和建议。开始求解问题时取消了辐射的影响，然后将辐射模型加入计算中，来研究内部表面之间的辐射换热影响。所考虑的问题是在英国菲尔德Fluent欧洲办事处接待区的通风问题。

接待区的前墙从底层到一层的天花板高度几乎完全是玻璃幕墙，如图6-9所示，在第二层地板的楼梯平台之上的屋顶上也是玻璃幕墙区域。

该实例考虑的是在夏季正常天气下典型的辐射负荷量。相邻的房间和办公室安装有空调，保持在大约20º C的恒定温度。因此，热量将从内墙传递到这些房间。

一些热量传递到地板上。因为地板是混凝土构造的，假定具有很大的热质量和固定的温度。所考虑的外部条件是25º C的舒适正常的条件。对于建筑物外部使用了 4W/m²K的外部传热系数来考虑对流传热。在接待员的桌子后面有空调冷却单元。

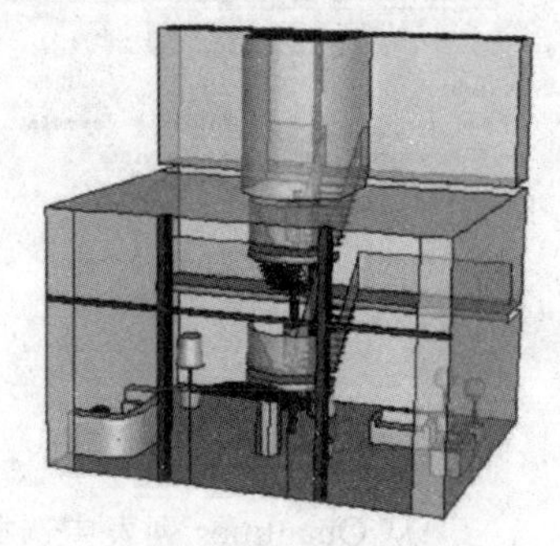

图6-9 接待区示意图

6.3.2 实例操作

在本实例的求解过程中，假定用户熟悉Fluent的界面，并且对基本的设置和求解过程有很好的理解。问题的求解过程中，将指导用户使用太阳加载模型和辐射模型，因从需要学习Fluent在传热和辐射应用方面的基础知识，而不再详细说明这些模型的基本原理，而是集中讨论在求解室内通风问题的求解模型的应用。

本实例计算模型的Mesh文件的文件名为fel_atrium.msh。运行三维版本的Fluent求解器后，具体操作步骤如下：

步骤01 网格的读取和显示。

（1）读入网格文件 fel_atrium.msh。选择 File→Read→Mesh，打开文件选择面板，选择相应的网格文件，单击 OK 按钮开始读入。网格读入后，默认在主窗口中显示网格，如图6-10所示。

（2）网格检查。单击 General 面板中的 Check 按钮。控制窗口显示的网格数据如图6-11所示，没有负体积网格。

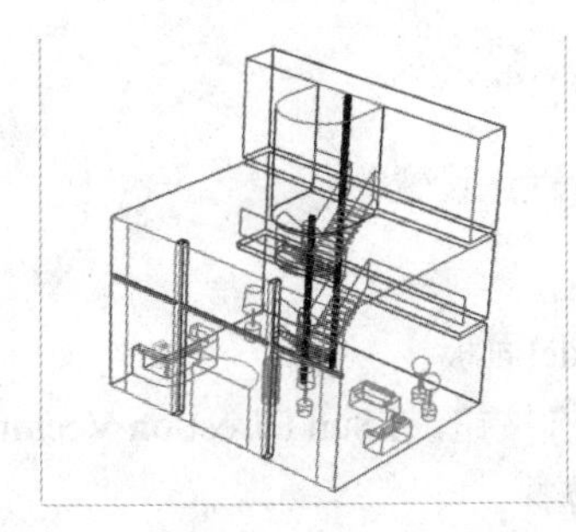

图6-10 网格的图形显示（特征）

```
Domain Extents:
  x-coordinate: min (m) = -1.500000e+00, max (m) = 8.500000e+00
  y-coordinate: min (m) = 0.000000e+00, max (m) = 1.000000e+01
  z-coordinate: min (m) = 0.000000e+00, max (m) = 8.000000e+00
Volume statistics:
  minimum volume (m3): 3.463338e-06
  maximum volume (m3): 2.958776e-02
    total volume (m3): 5.690695e+02
Face area statistics:
  minimum face area (m2): 3.858207e-04
  maximum face area (m2): 2.253792e-01
Checking mesh.........................
Done.
```

图6-11 网格信息

在模型中遵循了标识网格的命名习惯，所有的墙面使用前缀 w，所有的速度入口使用前缀 v。

步骤 02 单位设置。

将默认的温度单位改为摄氏度。单击 General 面板中的 Units...按钮，打开 Set Units 面板，如图 6-12 所示。

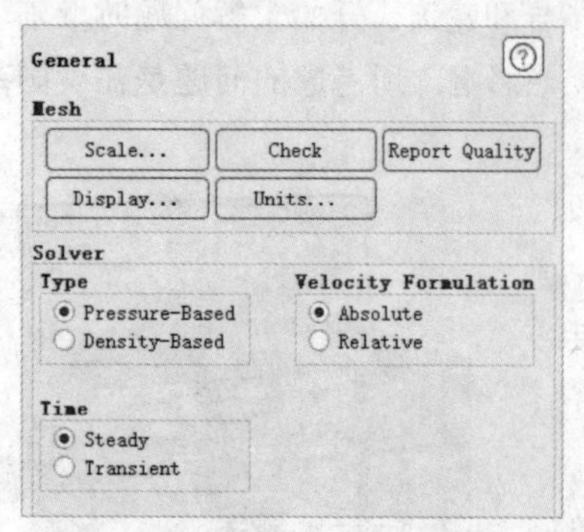

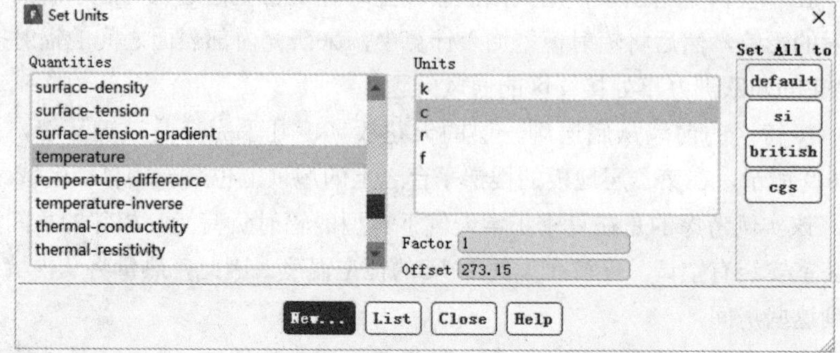

图 6-12 单位设置

从 Quantities 列表中选择 temperature。

从 Units 列表中选择 c，单击 Close 按钮关闭 Set Units 面板。

步骤 03 模型的设置。

（1）全局设置。打开 General 面板，在面板中选中 Pressure-Based 和 Steady 单选按钮，选择基于压力的求解器进行稳态求解。勾选 Gravity 复选框，设置重力加速度为-Y 方向，大小为 9.81m/s²，如图 6-13 所示。设置重力的原因是流动的主要部分受自然对流驱动。

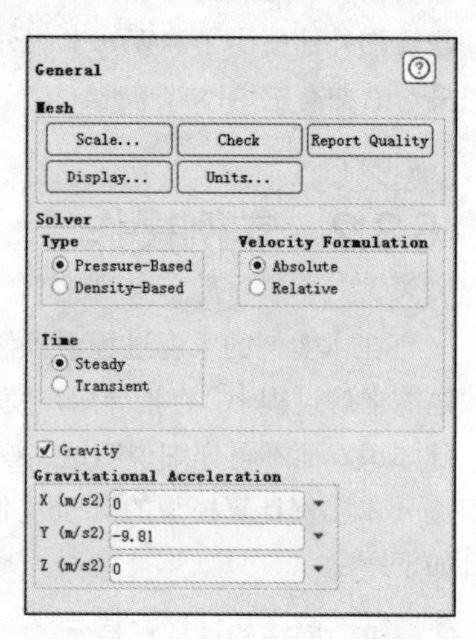

图 6-13 General 面板设置

（2）激活能量方程。打开 Models 面板，双击 Models 面板中的 Energy，打开 Energy 面板，勾选 Energy Equation 复选框，激活能量方程，单击 OK 按钮确认。

（3）湍流模型选择。预期流动是湍流的，因此需要合适的湍流模型。

① 双击Models面板中的Viscous项，打开Viscous Model面板。

② 从Model列表中选择k-epsilon（2 eqn）。

③ 在k-epsilon Model下选中RNG单选按钮。

④ 在Options下的Buoyancy Effects下拉列表中选择Full。

⑤ 单击OK按钮，关闭Viscous Model面板。

设置后的 Viscous Model 面板如图 6-14 所示，其他项保持默认设置。

（4）激活太阳加载模型。

① 双击Models面板中的Radiation项，打开Radiation Model面板。

② 在Solar Load下的Model框中选中Solar Ray Tracing单选按钮，在Sun Direction Vector下保留Use Direction Computed from Solar Calculator的默认选择。

③ 从Direct Solar Irradiation和Diffuse Solar Irradiation下拉列表中选择solar-calculator。

④ 保留Spectral Fraction [V/(V+IR)]的默认值0.5。采用0.5的值将长波（IR）和短波（V）辐射各分为50%。

设置后的Radiation Model面板如图6-15所示，其他保持默认。

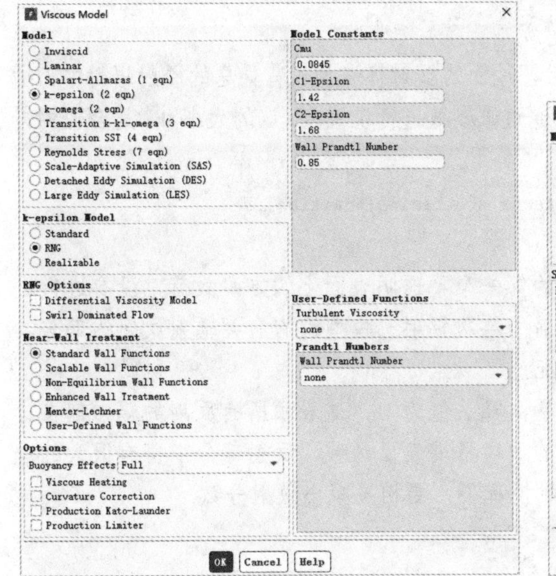

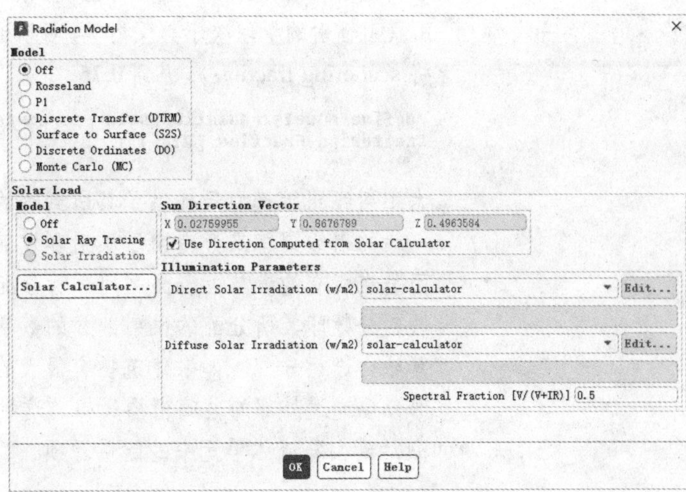

图6-14　湍流模型的选择

图6-15　激活太阳加载模型

⑤ 单击Radiation Model面板上的Solar Calculator…按钮，弹出如图6-16所示的面板。

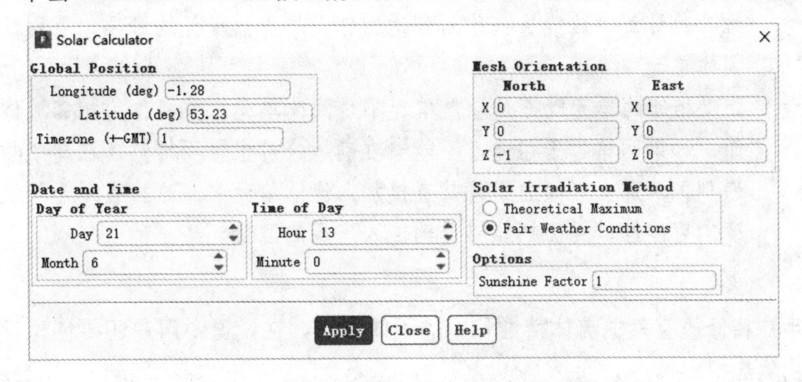

图6-16　Global Position组合框设置

- 在Global Position组合框中，对Longitude输入–1.28，对Latitude输入53.23，对Time Zone输入1，该值设置了英国的夏季时间。
- 在Mesh Orientation组合框中，对North输入0，0，–1，对East输入1，0，0。
- 保留Date and Time的默认值。默认值为夏季中午条件。
- 在Solar Irradiation Method组合框中，保留Fair Weather Conditions的默认选择。这些条件用于描述很少云层覆盖的晴朗天气条件。
- 保留Sunshine Factor的默认值1。用户可以假定是无云天气。
- 单击Apply按钮，关闭Solar Calculator面板。

  在Fluent控制台将会显示信息，表示将使用漫射和直射部分来计算太阳载荷。

⑥ 通过TUI来修改其他可用的模型参数。

- 保留 ground-reflectivity 的默认值。

```
/define/models/radiation/solar-parameters> ground-reflectivity
Ground Reflectivity [0.2]
```

当对漫射辐射选择了太阳计算器选项后，地面的反射将被加入背景总的漫射辐射中。地面反射辐射的量取决于其反射率，可以通过该参数进行设置。默认的大小 0.2 是合理的。将 scattering fraction 减小到 0.75。

```
/define/models/radiation/solar-parameters> scattering-fraction
Scattering Fraction [0.75] 1
```

太阳射线跟踪模型只提供了其所到达的第一个不透明表面上的方向载荷，没有进行进一步的射线跟踪来考虑由于反射和发射的再次辐射。模型没有舍弃辐射反射的部分，而是在所有的参与性表面之间进行分配。

散射分数即其所分配的反射部分的数量，默认值为 1。这表示所有反射的辐射都在计算域内进行分配。如果建筑物有很大的玻璃幕墙表面区域，反射部分中将有很大的一部分会通过外部的玻璃窗损失掉。这种情况下，要相应减小散射分数。

- 激活到相邻流体单元中的能量源项。

```
/define/models/radiation/solar-parameters> sol-adjacent-fluidcells
Apply Solar Load on  adjacent Fluid Cells? [no] yes
```

太阳载荷模型对受到太阳载荷的每个面都计算能量源项。默认情况下，如果使用了二维导热计算，该能量将作为到达相邻壳层导热单元的源项。否则，其将被加入相邻的固体单元中。

如果相邻的单元既不是导热单元不是固体单元，其将作为相邻流体单元的热源项。然而，如果网格过于粗糙，不能够准确地分辨出壁面传热（在建筑物研究的情况下经常遇到），那么更倾向于将其直接加入流体单元中。这将有助于降低不自然的高壁面温度的可能性，并仍然能够得到传入房屋的能量。

步骤04 设置材料。

该步骤中用户将修改空气的流体特性和钢的固体特性。在设置中用户还要创建新的物质（玻璃和一般的建筑物隔热材料）。

（1）打开 Create/Edit Materials 面板，双击材料列表中的 air，修改空气的特性参数。

① 从Density下拉列表中选择boussinesq，并对Density输入1.18。
密度值为1.18kg/m^{3}设置了在25°C和1atm时对应的空气密度。对于包含自然对流的问题，这样的设置更稳定，对于温度中相对较小的变化是有效的。总之，如果温度范围超过了绝对温度（单位为K）的10%～20%，那么应当考虑使用另外的方法。

② 在Thermal Expansion Coeffcient（1/K）中输入0.00335，并单击Change/Create按钮。
假定理想气体关系式是绝对温度（单位为K）的倒数，对于温度为25°C的空气为0.00335。设置后的air的材料属性如图6-17所示。

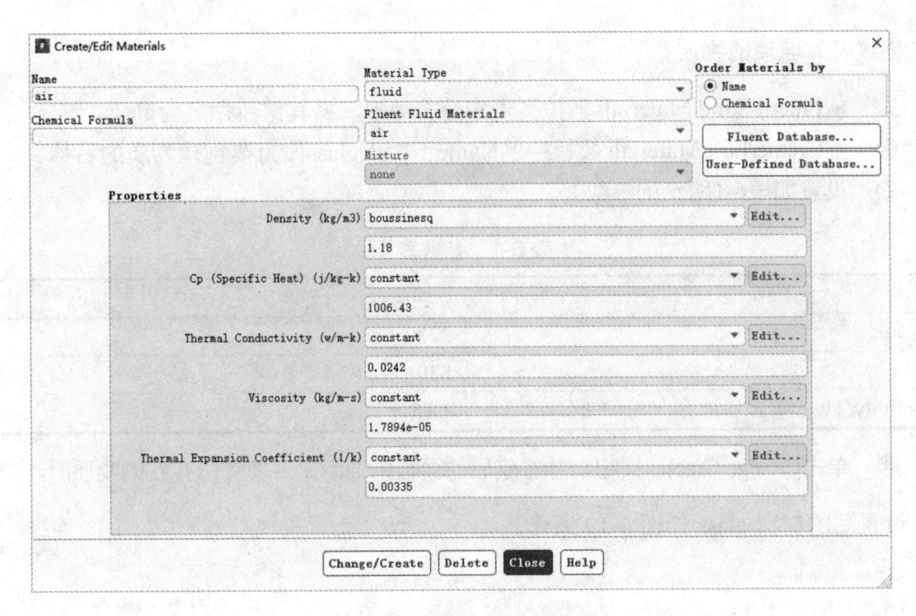

图 6-17 air 材料属性设置

（2）添加材料——钢。

① 单击Create/Edit Materials面板中的Creat/Edit按钮，打开材料编辑面板。

② 单击Fluent Database按钮来打开Fluent Database Materials面板。

③ 从Material Type下拉列表中选择solid，然后从Fluent Solid Materials下拉列表中选择steel，如图6-18所示。

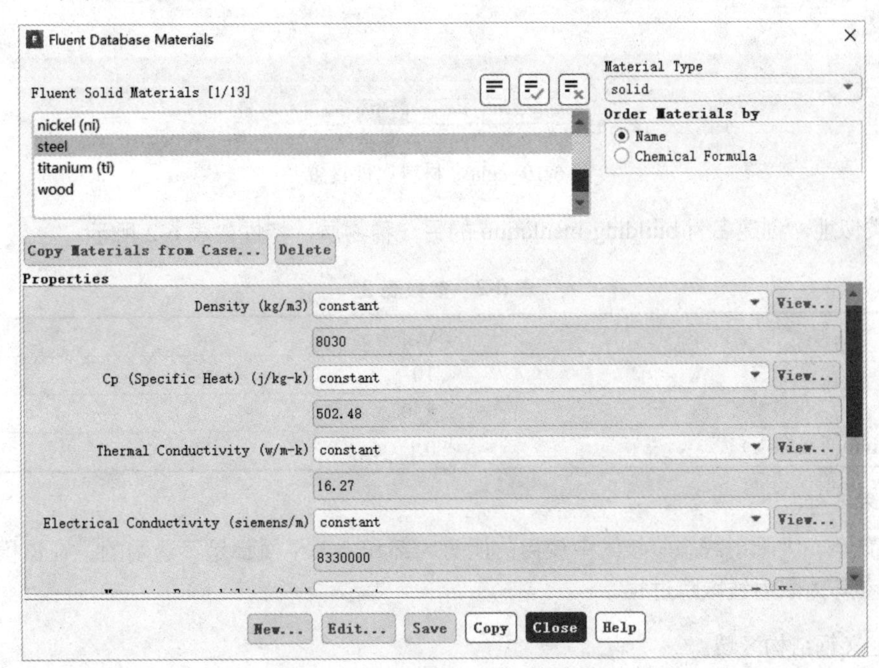

图 6-18 从材料库中选择钢材料

④ 单击Copy按钮，将钢材料添加到当前材料列表中，同时关闭Fluent Database Materials面板。

（3）创建名为玻璃的物质。

① 从Fluent Solid Materials下拉列表中选择steel，将其重新命名为glass。

② 在Create/Edit Materials面板中的Name下输入glass作为要创建物质的名称。

③ 设置如表6-1所示的参数。

表 6-1　参数表 1

Parameter	Value
Density（kg/m^3）	2220
Cp（j/kg-k）	830
Thermal Conductivity（w/m-k）	1.15

④ 单击Change/Create 按钮，并在随后的面板中询问是否覆盖已存在的物质时，单击NO按钮。

设置后的材料 glass 如图 6-19 所示。

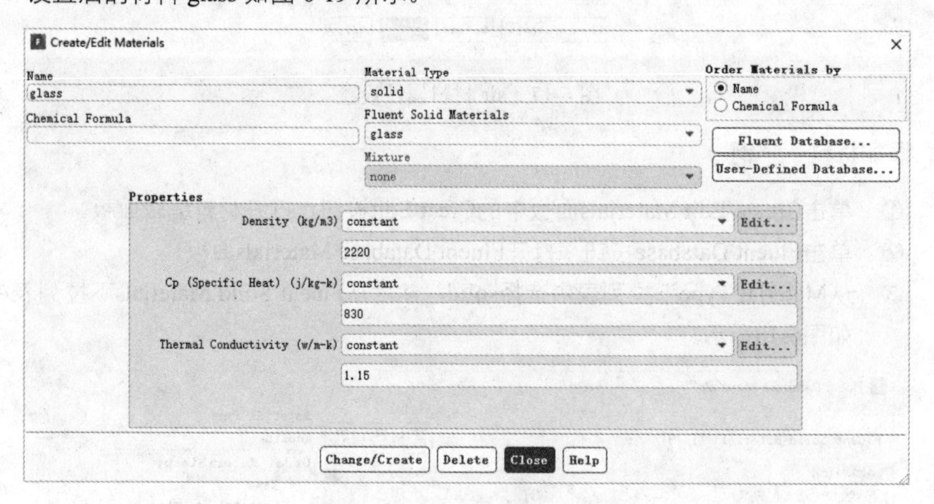

图 6-19　glass 材料属性设置

（4）类似地，创建名为 building-insulation 的另一种物质，特性如表 6-2 所示。

表 6-2　参数表 2

Parameter	Value
Density（kg/m^3）	10
Cp（j/kg-k）	830
Thermal Conductivity（w/m-k）	0.1

步骤 05 设置边界条件。

默认设置下，太阳射线跟踪技术中使用的所有内部和外部平面都是不透明的。在该模型中，所有的壁面都参与太阳射线跟踪过程。

（1）定义钢结构区域。

① 双击Cell Zone Conditions面板中的solid-steel-frame，打开Solid面板。

② 在Material Name下拉菜单中选择steel。

Steel Frame实际上是中空的单元，在本例中，其被描述成固体单元。钢的特性仅仅是为了简化而被保留。

③ 单击OK按钮，关闭Solid面板。

设置后的 solid-steel-frame 如图 6-20 所示。

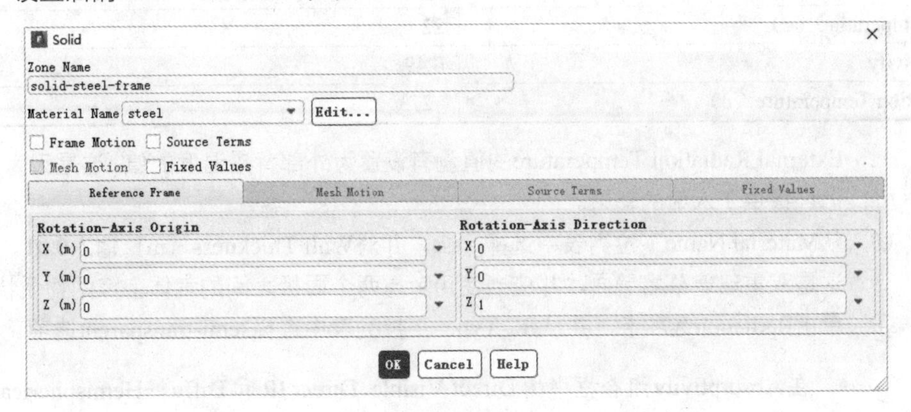

图 6-20　钢结构区域参数设置

（2）设置 w_floor 的边界条件。

① 打开Boundary Conditions面板，在Zone Name列表中选择w_floor，单击Edit按钮，弹出Wall面板。

② 单击Thermal选项卡，激活Thermal Conditions组合框中的Temperature选项。

③ 单击Radiation选项卡，在Absorptivity组合框下对Direct Visible输入0.81，对Direct IR输入0.92。

设置后的 Wall 面板如图 6-21 所示，单击 OK 按钮，关闭 Wall 面板。

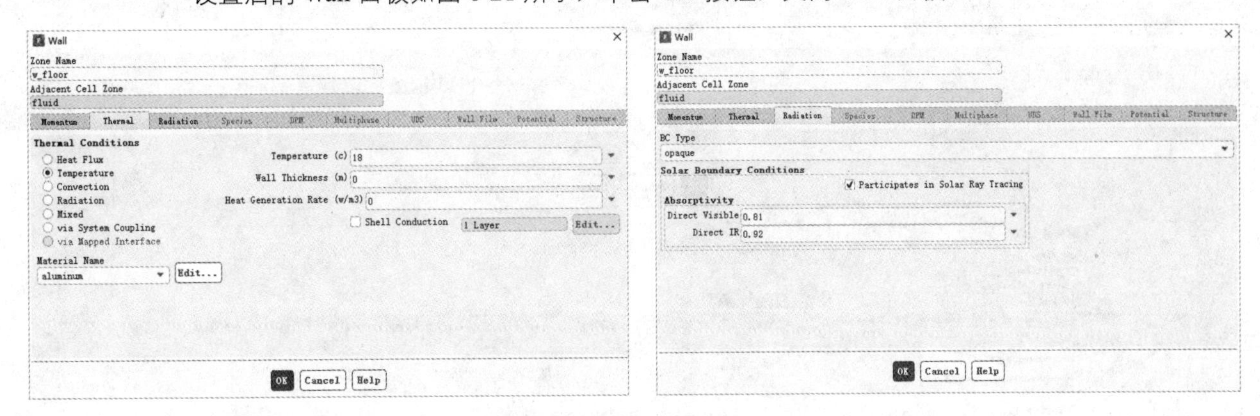

图 6-21　w_floor 边界条件设置

（3）对外部玻璃幕墙壁面（w_south-glass）设置边界条件。

① 依照上面的步骤，打开wall边界w_south-glass的编辑面板，单击Thermal选项卡，并在Thermal Conditions组合框中激活Mixed选项。

将热条件设置为Mixed来考虑外部的对流传热和从玻璃窗单元向外部散发的辐射散热损失。

② 设置如表6-3所示的参数。

表6-3 参数表3

Parameter	Value
Heat Transfer Coefficient（w/m²–k）	4
Free Stream Temperature（c）	22
External Emissivity	0.49
External Radiation Temperature（c）	–273

External Radiation Temperature的值没有设置为外部背景温度的值，这是因为太阳加载模型已经提供了入射的辐射。

③ 从Material Name下拉列表中选择glass，并对Wall Thickness（m）输入0.01。

这是双重玻璃幕墙壁面，并应当使用考虑两个面板之间的气体空隙的物质特性。

④ 单击Radiation选项卡，并从BC Type 下拉列表中选择semi-transparent选项。

- 在Absorptivity组合框中的Direct Visible、Direct IR和Diffuse Hemispherical中输入0.49。
- 在Transmissivity组合框中的Direct Visible和Direct IR中输入0.3，在Diffuse Hemispherical中输入0.32。

设置后的面板如图6-22所示，单击OK按钮，关闭Wall面板。

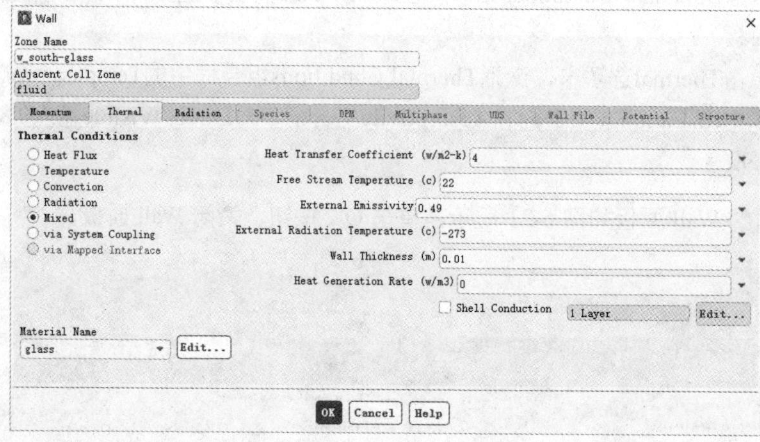

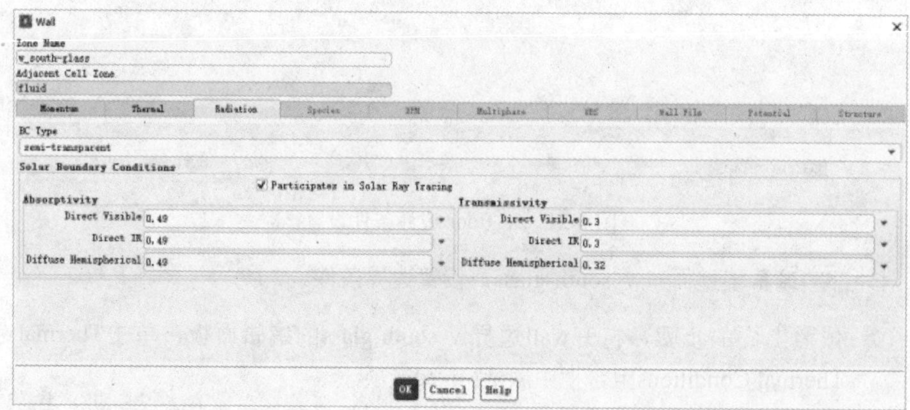

图6-22 w_south-glass边界条件设置

（4）类似地，设置 w_doors-glass 和 w_roof-glass 的边界条件。

（5）设置 w_roof solid 的边界条件。

屋顶是不透明的外部表面，接受来自于外部的太阳载荷。当其隔热性良好时，假定有很少热量能够穿过屋顶。可以使用默认的零热流条件。

① 打开wall边界w_roof_solid的编辑面板，保留Thermal选项卡中的默认设置。

② 单击Radiation选项卡。

- 确保将 BC Type 设置为 opaque，并激活 Participates in Solar Ray Tracing 复选框。
- 在组合框中，在 Direct Visible 中输入 0.26，在 Direct IR 中输入 0.9。

设置后的面板如图 6-23 所示，单击 OK 按钮，关闭 Wall 面板。

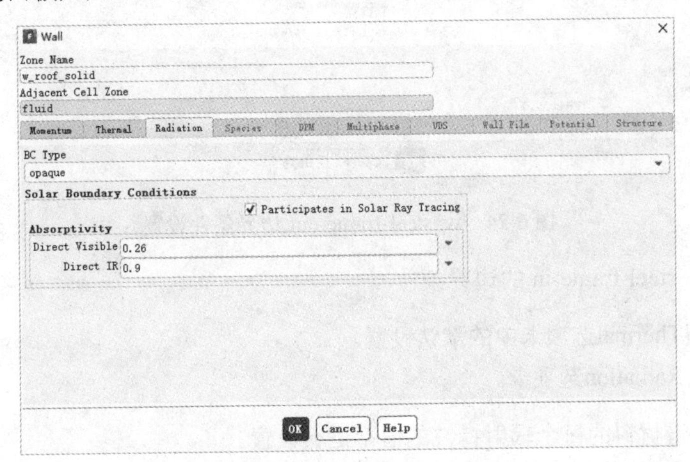

图 6-23　w_roof_solid 边界条件设置

（6）设置 w_steel-frame-out 的边界条件。

① 单击Thermal选项卡，并选中Thermal Conditions组合框中的Mixed单选按钮。

用户需要考虑外部太阳载荷和对流。计算的太阳载荷不应用到计算域边界上的任何不透明表面的外部表面上。相反，其将使用热条件进行限制。

当方向向量为（0.0275,0.867,0.496）时，太阳计算器计算的直接太阳载荷为859.1W/m^2。直接向南垂直表面上的载荷为425W/m^2。另外，漫射垂直表面的载荷为134.5W/m^2，地面反射的辐射为86W/m^2，因此总的垂直表面上的载荷为645.5W/m^2。这等于等价的辐射温度326.65K或者53.5^{o}C。

当壁面厚度明确给出时，用户可以忽略物质名称和壁厚。

对参数按表6-4进行设置。

表 6-4　参数表 4

Parameter	Value
Heat Transfer Coefficient（w/m^2-k）	4
Free Stream Temperature（c）	25
External Emissivity	0.91
External Radiation Temperature（c）	53.5

② 在Radiation选项卡下保留默认的设置。

该壁面边界将不面对任何入射辐射，因为其与空气不相邻。

设置后如图6-24所示，单击OK按钮，关闭Wall面板。

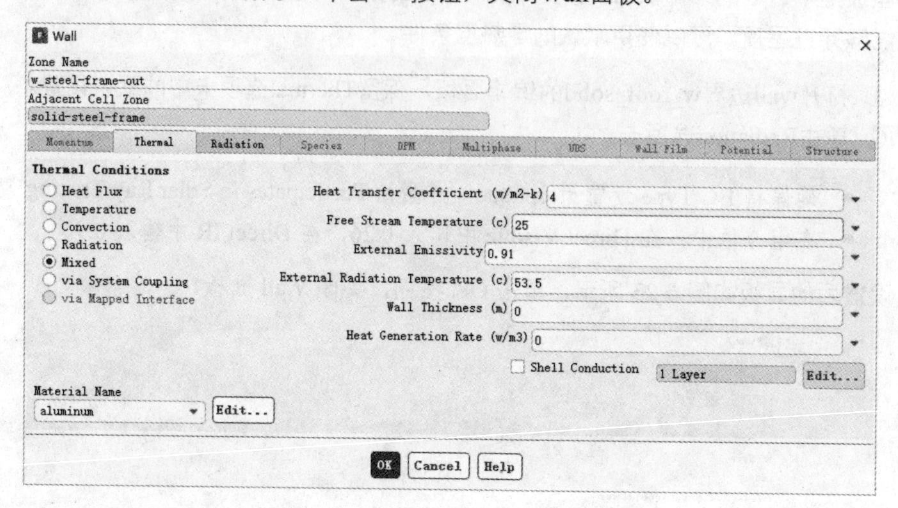

图 6-24　w_steel-frame-out 边界条件设置

（7）设置对 w_steel-frame-in 的边界条件。

① 保留Thermal选项卡中的默认设置。

② 单击Radiation选项卡。

对深灰光滑材料的每个辐射特性的值都进行设置。

- 将 BC Type 设置为 opaque，并勾选 Participates in Solar Ray Tracing 复选框。
- 在 Absorptivity 组合框中，在 Direct Visible 中输入 0.78，在 Direct IR 中输入 0.91。

设置后如图 6-25 所示，单击 OK 按钮，关闭 Wall 面板。

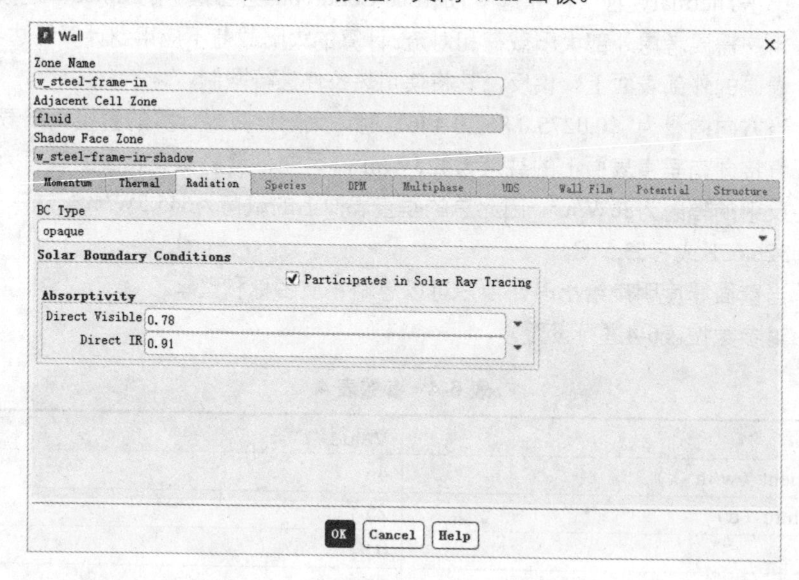

图 6-25　w_steel-frame-in 边界条件设置

（8）设置对 w_north-wall 的边界条件。

① 单击Thermal选项卡，在Thermal Conditions组合框中选中Convection单选按钮。按表6-5进行参数的设置。

表 6-5　参数表 5

Parameter	Value
Heat Transfer Coefficient（w/m^2-k）	4
Free Stream Temperature（c）	20
Material Name	building-insulation
Wall Thickness（m）	0.1

② 单击Radiation选项卡。

- 确保将 BC Type 设置为 opaque，并勾选 Participates in Solar Ray Tracing 复选框。
- 在 Absorptivity 组合框中，在 Direct Visible 中输入 0.26，在 Direct IR 中输入 0.9。

设置后如图6-26所示，单击OK按钮，关闭Wall面板。

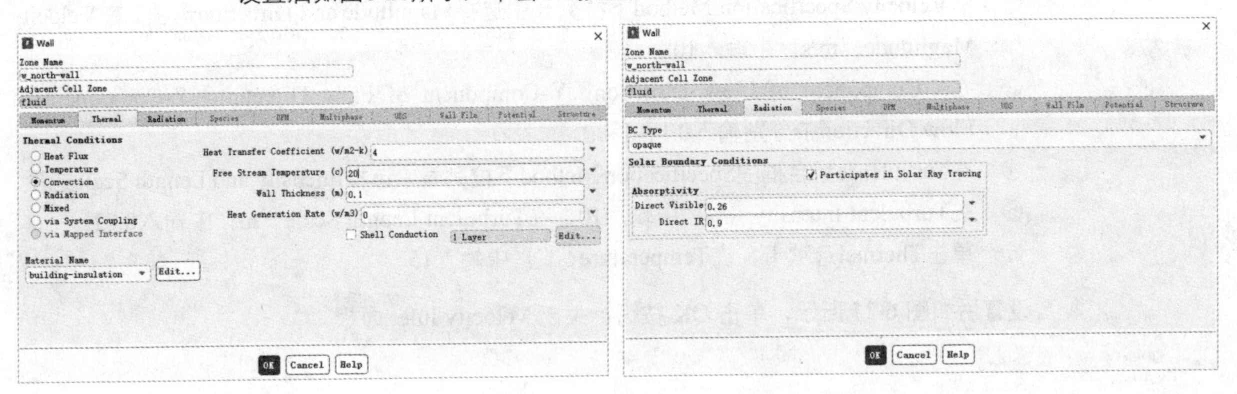

图 6-26　w_north-wall 边界条件设置

（9）类似地，设置其他内部壁面的边界条件，分别为 w_east-wall、w_west-wall、w_room-walls 和 w_ pillars。

（10）设置剩余壁面的边界条件。

剩余的壁面分别为 w_ac-unit、w_door-top、w_door-top-shadow、w_glass-barriers、w_glass-barriers-shadow、w_landings、w_plants-and_furniture、w_south-wall、w_steel-frame-in-shadow、w_steel-frame-out-ends、w_steps 和 w_steps-shadow。所有的这些壁面都采用默认的热条件（耦合或零热流）。

① 保留所有这些壁面的默认热边界条件。

② 根据表6-6中所提供的值来设置辐射特性。

边界 w_ac-unit 和 w_plants-and_furniture 使用 Furnishings 辐射特性。边界 w_door-top、w_door-top-shadow 和 w_south-wall 使用 Walls 辐射特性。边界 w_glass-barriers 使用 Internal Glass 辐射特性。边界 w_landings、w_steps 和 w_steps-shadow 使用 Flooring 辐射特性。保留其余表面的默认辐射特性。

表 6-6　参数表 6

Surface	Material	Radiant Properties
Walls	Matt White Paint	$\alpha_V = 0.26, \alpha_{IR} = 0.9$
Flooring	Dark Grey Carpet	$\alpha_V = 0.81, \alpha_{IR} = 0.92$
Furnishings	Various, generally mid coloured matt	$\alpha_V = 0.75, \alpha_{IR} = 0.9$
Steel Frame	Dark gray glass	$\alpha_V = 0.78, \alpha_{IR} = 0.91$
External Glass	Double glazed coated glass	$\alpha_V = 0.49, \alpha_{IR} = 0.49, \alpha_D = 0.49,$ $\tau_V = 0.3, \tau_{IR} = 0.3, \tau_D = 0.32$
Internal Glass	Single layer clear float glass	$\alpha_V = 0.09, \alpha_{IR} = 0.09, \alpha_D = 0.1,$ $\tau_V = 0.83, \tau_{IR} = 0.83, \tau_D = 0.75$

（11） 设置空调设备的边界条件。

空调设备需要设置两个边界：入口 v_ac_in 和出口 p_ac_out。

① 打开v_ac_in边界的编辑面板。

② 从Velocity Specification Method下拉列表中选择Magnitude and Direction选项。在Velocity Magnitude（m/s）中输入10。

③ 在X-Component of Flow Direction、Y-Component of Flow Direction和Z-Component of Flow Direction中分别输入0.1、1和0。

④ 在Turbulence组合框的Specification Method下拉列表中选择Intensity and Length Scale选项。

⑤ 在Turbulent Intensity（%）中输入10，在Turbulent Length Scale（m）中输入0.02。

⑥ 单击Thermal选项卡，在Temperature（C）中输入15。

设置后如图 6-27 所示，单击 OK 按钮，关闭 Velocity Inlet 面板。

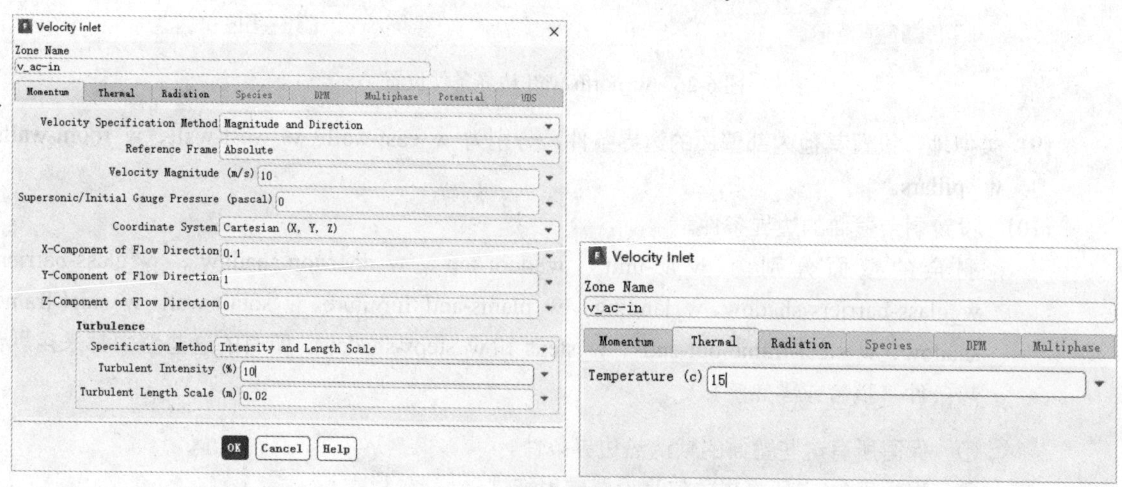

图 6-27　v_ac_in 边界条件设置

步骤 06 求解过程的设置。

（1）求解方法设置。

① 打开Solution Methods面板，在Scheme下拉菜单中选择SIMPLE。

② 在Gradient下拉菜单中选择Green-Gauss Node Based。

③ Momentum、Turbulent Kinetic Energy和Turbulent Dissipation Rate的离散格式均设置为First Order Upwind。

④ 选择Body Force Weighted作为对Pressure的离散格式，自然对流问题本质上是不稳定的，在开始时使用一阶迎风离散格式进行求解比较好一些。当收敛后，可以使用更高阶的格式。

设置后如图 6-28 所示。

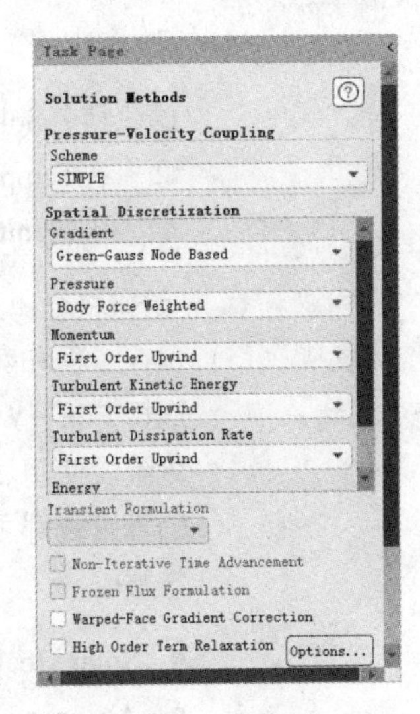

图 6-28 求解方法设置

（2）求解控制参数设置。

打开 Solution Controls 面板，在 Under-Relaxation Factors 组合框中，在 Pressure 中输入 0.3，在 Momentum 中输入 0.2，在 Energy 中输入 0.9。

用户可以使用初始的默认松弛因子求解该问题。输入的值能够保证在问题适当稳定时可以提供最佳的收敛速率。如果需要使用较大的松弛因子，建议 momentum 为 0.3~0.5，energy 为 0.8~0.9。

单击 OK 按钮，关闭 Solution Controls 面板。

（3）定义监控器。

由于瞬态性较高，在本例中可能难以获得好的收敛结果，通过监控一些有用的表面来观察解的推进过程很有用。这里，用户可以监控通过玻璃的传热。

① 打开Monitors面板，单击Surface Monitors下的Create按钮，打开Surface Report Definition面板。

② 打开Plot、Print和Write选项。

③ 在Report Type下拉菜单中选择Integral。

④ 从Field Variable下拉列表中选择Wall Fluxes...和Total Surface Heat Flux选项。

⑤ 从Surfaces列表中选择w_southglass。

设置后的面板如图 6-29 所示，单击 OK 按钮，关闭 Surface Report Definition 面板。

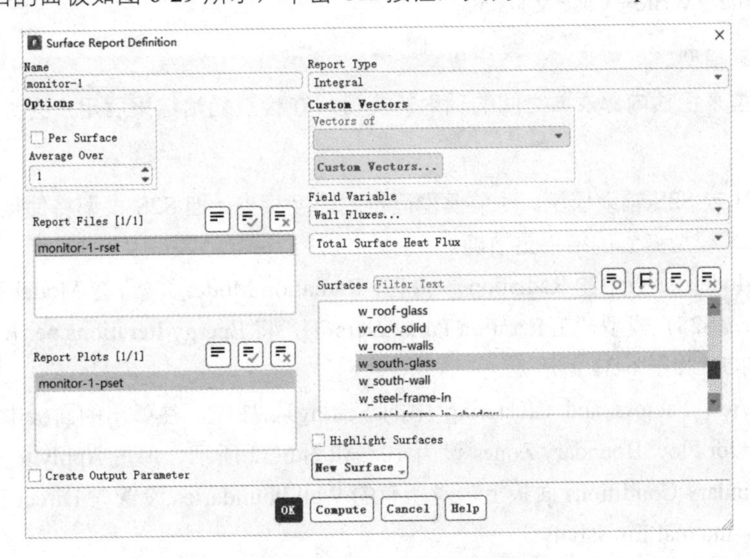

图 6-29 定义表面监控器

（4）解的初始化。

① 打开Solution Initialization面板，从Compute From下拉列表中选择all-zones。

② 在Temperature中输入22，对所有剩余的参数输入0。

③ 单击Initialize按钮，进行初始化。

初始化将会比一般的问题使用稍长的时间，因为太阳加载模型要计算应用的所有表面上的热载荷。

（5）保存工程和数据文件（fel_atrium.cas 和 fel_atrium.dat）。

选择 File→Write→Case & Data。

该阶段使用后处理工具来检查每个表面上受到的太阳热载荷。通过选择绘制任何一个壁面热流的等值线都可以容易地实现。

注解：

- Solar Heat Flux（太阳热流）。
- Absorbed Visible Solar Flux（吸收的太阳可见光热流）。
- Absorbed IR Solar Flux（吸收的太阳红外热流）。
- Reflected Visible Solar Flux(反射的太阳可见光热流)。
- Reflected IR Solar Flux（反射的太阳红外热流）。
- Transmitted Visible Solar Flux（透过的太阳可见光热流）。
- Transmitted IR Solar Flux（透过的太阳红外热流）。

（6）开始第一次求解。在 Run Calculation 面板中设置迭代步数为 1000，单击 Calculate 按钮开始进行求解，如图 6-30 所示。

（7）迭代完成后，保存工程和数据文件（fel_atrium-1.cas 和 fel_atrium-1.dat）。

选择 File→Write→Case & Data。

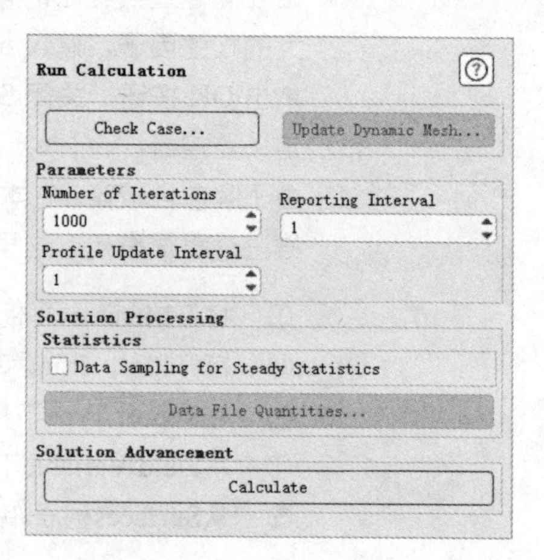

图 6-30 迭代求解

步骤 07 加入辐射计算模型。

激活辐射模型来包括内部表面之间的辐射热交换。在检查初始结果后用户会见到更高的温度，尤其是在二楼。

（1）激活 P1 或 S2S 辐射模型。两个模型运行的速度相当，但 S2S 模型将使用几个小时来计算角系数。S2S 模型得到的结果更精确。

双击 Models 面板中的 Radiation 项，打开 Radiation Model 面板，在 Model 列表中选中 Surface to Surface（S2S）模型，在 Iteration Parameters 下，将 Energy Iterations per Radiation Iteration 的值减小到 5，如图 6-31 所示。

单击 View Factors and Clustering 中的 Settings...按钮，在弹出的面板中将 Faces per Surface Cluster for Flow Boundary Zones 设为 10，如图 6-32 所示。单击 Apply to All Walls，关闭面板。

（2）在 Boundary Conditions 面板上，对所有的 Wall boundaries 设置与 Direct IR absorptivity（α_{IR}）相等的 Internal Emissivity。

（3）第二次求解，迭代 1000 步。在 Run Calculation 面板中设置迭代步数为 1000，单击 Calculate 按钮开始进行求解。

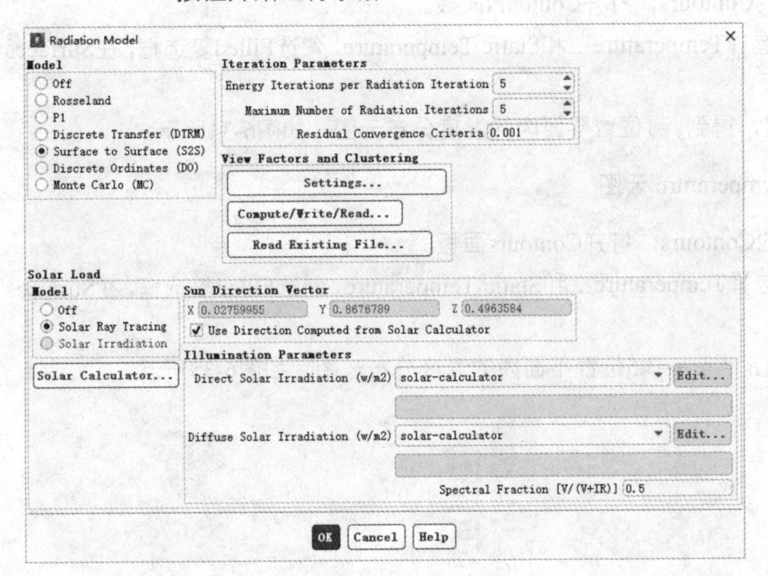

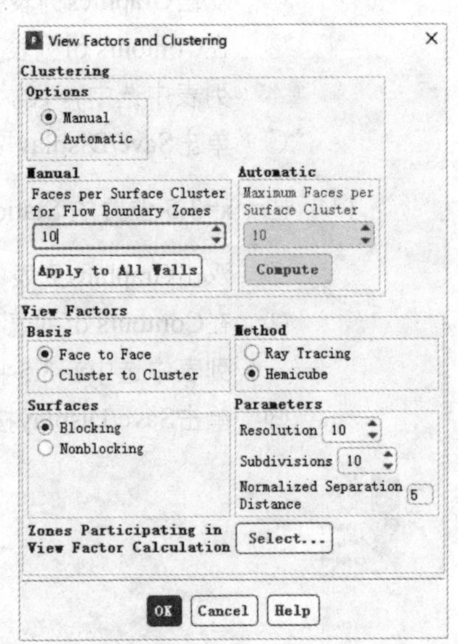

图 6-31　Radiation Model 面板

图 6-32　View Factors and Clustering 面板

（4）保存工程和数据文件（fel_atrium-p1.cas 和 fel_atrium-p1.dat）。

单击 File→Write→Case & Data...。

步骤 08 后处理。

（1）创建在位置 x=3.5 和 y=1 处的 Iso-Surfaces。

① 在功能区选择Results→Surface→Iso-Surface，如图6-33所示。

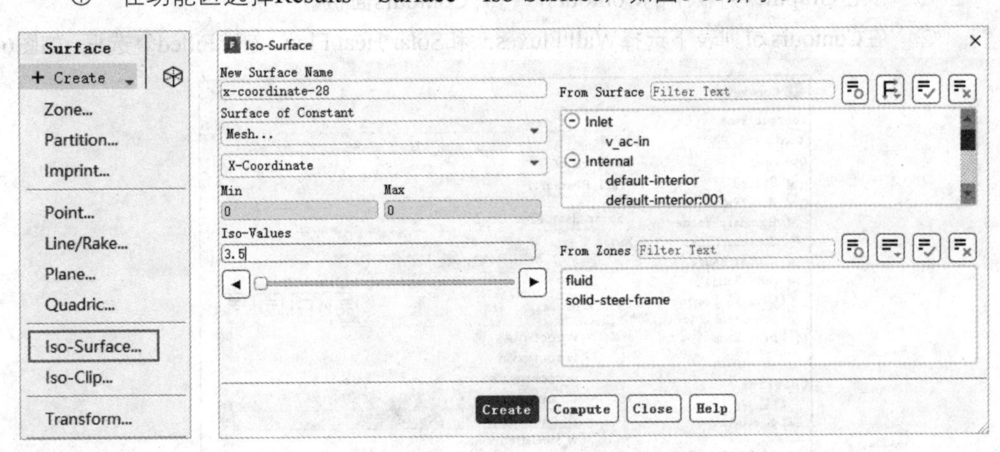

图 6-33　创建等值面

② 弹出Iso-Surface面板，在Surface of Constant下拉菜单中选择Mesh...和X-Coordinate，在Iso-values中输入3.5，即创建x=3.5的等值面。

③ 单击Create按钮。

④ 以同样的方法创建y=1的等值面。

（2）显示在一楼 y=1 位置的 Static Temperature 云图。

① 双击Graphics列表中的Contours，打开Contours面板。

② 在Contours of列表下选择Temperature...和Static Temperature，勾选Filled复选框，在Surfaces列表中选中y=1的平面。

③ 单击Save/Display按钮，得到y=1位置平面内的温度分布云图，如图6-34所示。

（3）显示 x=3.5 位置的 Static Temperature 云图

① 双击Graphics列表中的Contours，打开Contours面板。

② 在Contours of列表下选择Temperature...和Static Temperature，勾选Filled复选框，在Surfaces列表中选中x=3.5平面。

③ 单击Save/Display按钮，得到x=3.5位置平面内的温度分布云图，如图6-35所示。

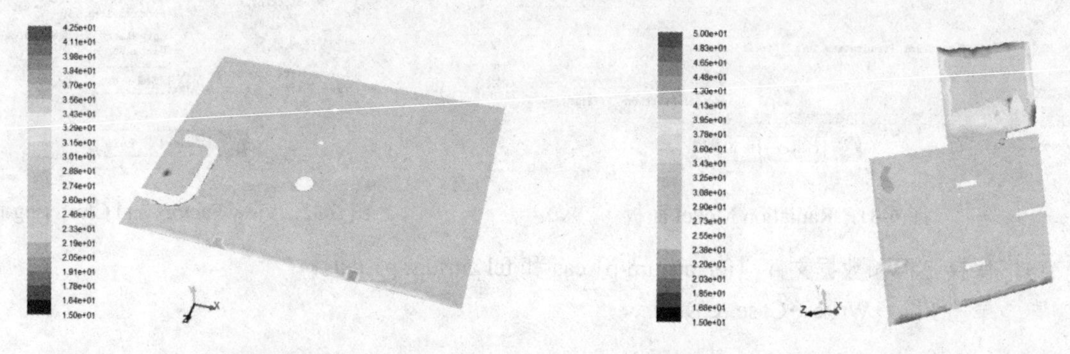

图 6-34　y=1 位置平面内的温度分布云图　　图 6-35　x=3.5 位置平面内的温度分布云图

（4）显示南墙及玻璃上的太阳热流。

① 双击Graphics列表中的Contours，打开Contours面板。

② 在Contours of列表下选择Wall Fluxes...和Solar Heat Flux，勾选Filled复选框，如图6-36所示。

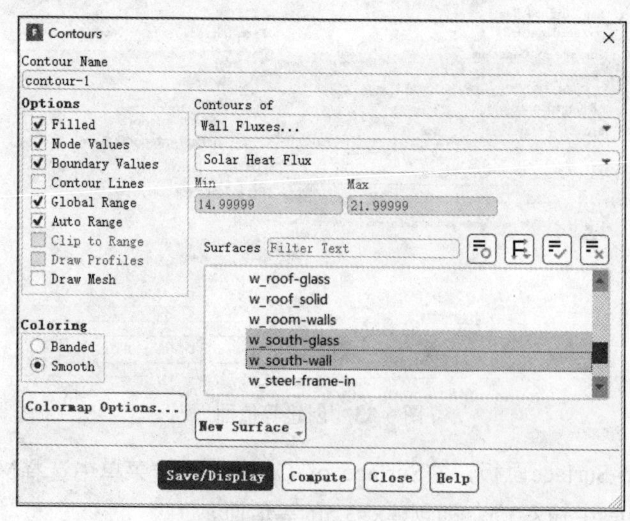

图 6-36　Contours 面板设置

③ 单击Save/Display按钮，得到南墙及玻璃上的太阳热流分布云图，如图6-37所示。

（5）显示南墙及玻璃上的 Transmitted Visible Solar Flux 分布云图，如图 6-38 所示。

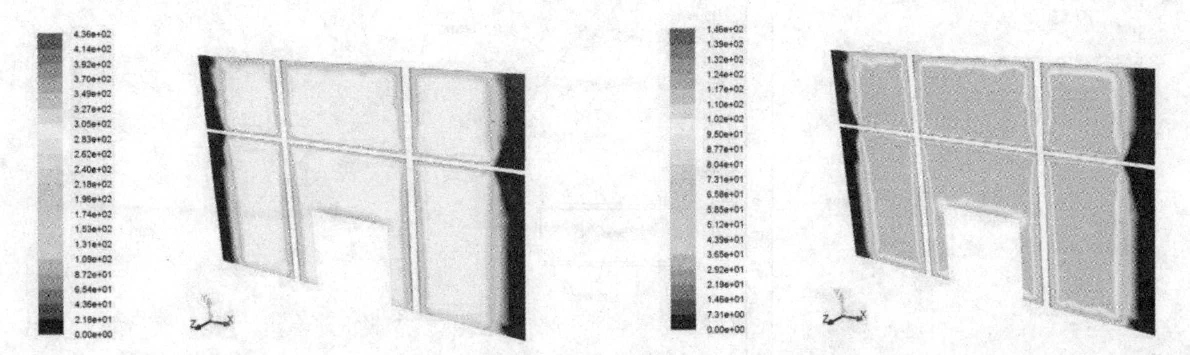

图 6-37　南墙及玻璃上的太阳热流分布云图　图 6-38　Glass Surfaces 上的 Transmitted Visible Solar Flux 分布云图

对于所有的不透明物质，用户需要知道红外和可见光波段的吸收率。一般情况下，红外波段的吸收率较高。从制造商或供应商那里可能难以得到可靠的输入数据，因此，需要根据一些标准的传热学教科书的数据进行估计。

对于透明的材料，用户需要提供直接辐射红外和可见光部分的吸收率和透过率。用户设置的是法向入射的参数。Fluent会根据实际的入射角度进行调整。还需要用户提供总的漫射辐射吸收率和透过率（主要是红外波段），这是半球平均值。

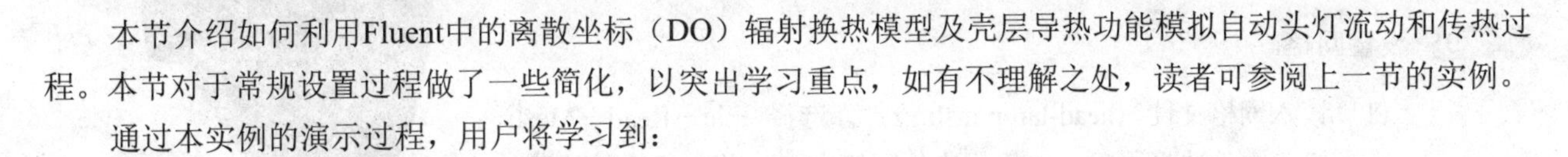

6.4 使用DO辐射模型的头灯热模型

本节介绍如何利用Fluent中的离散坐标（DO）辐射换热模型及壳层导热功能模拟自动头灯流动和传热过程。本节对于常规设置过程做了一些简化，以突出学习重点，如有不理解之处，读者可参阅上一节的实例。

通过本实例的演示过程，用户将学习到：

- 设置 DO 辐射模型。
- 设置物质属性和边界条件。
- 求解能量和流动方程。
- 解的初始化和获取。
- 保存工程和数据文件。
- 进行结果的后处理。

6.4.1 实例描述

图 6-39 中给出了自动头灯的示意图。40W的电能在灯丝内消耗掉。灯丝的一部分热量通过辐射传递，一部分通过自然对流传递。灯丝发出的辐射一部分穿过了灯泡，一部分被反射，一部分被吸收。头灯的灯泡用玻璃制成，而镜片、灯座和反射器使用聚碳酸酯制成。

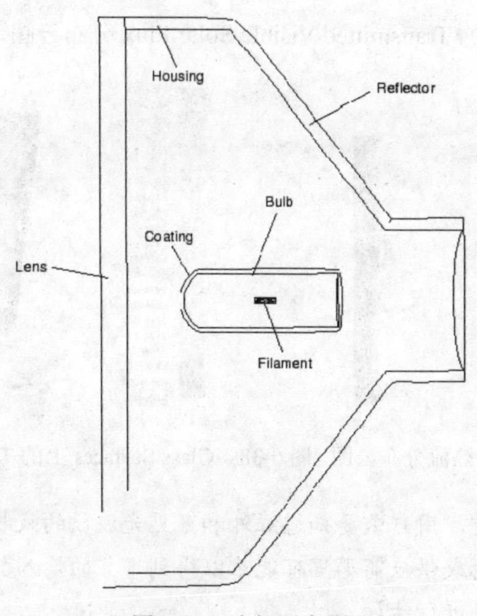

图 6-39　头灯示意图

6.4.2　实例操作

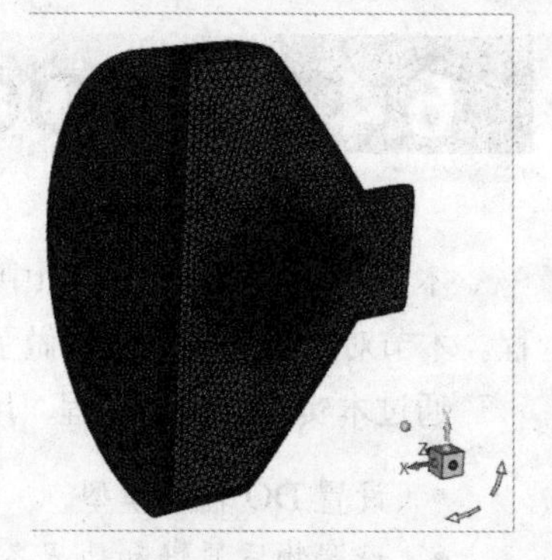

图 6-40　网格的图形显示

本例中假定用户熟悉Fluent的界面，并了解DO辐射模型，在设置的求解过程中一些基本步骤就不明确给出了。

本实例计算模型的Mesh文件的文件名为head-lamp.msh.gz。运行三维版本的Fluent求解器后，具体操作步骤如下：

步骤01 设置网格。

（1）读入网格文件（head-lamp.msh.gz）。选择 File→Read→Mesh，打开文件选择面板，选择相应的网格文件，单击 OK 按钮开始读入。网格读入后，默认在主窗口中显示网格，如图 6-40 所示。当 Fluent 读取网格文件时，在控制台窗口中会报告读取进展的信息。

（2）检查网格。单击 General 面板中的 Check 按钮。控制窗口显示的网格数据如图 6-41 所示，没有负体积网格。

```
Domain Extents:
   x-coordinate: min (m) = -4.412764e-02, max (m) = 2.500000e-02
   y-coordinate: min (m) = -5.250001e-02, max (m) = 5.250001e-02
   z-coordinate: min (m) = -3.061617e-18, max (m) = 5.248965e-02
 Volume statistics:
   minimum volume (m3): 1.461977e-12
   maximum volume (m3): 5.486928e-09
     total volume (m3): 1.755624e-04
 Face area statistics:
   minimum face area (m2): 1.925403e-08
   maximum face area (m2): 6.971752e-06
 Checking mesh.............................
Done.
```

图 6-41　网格信息

（3）缩放网格。单击 General 面板中的 Scale 按钮，在弹出的 Scale Mesh 面板中（见图 6-42）进行如下操作：

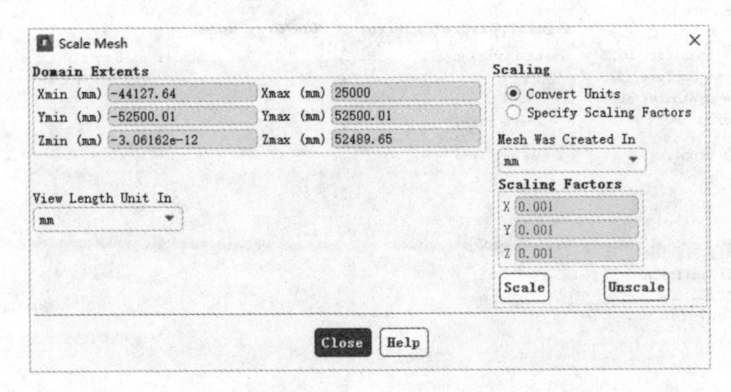

图 6-42　缩放网格

① 在Mesh Was Created In下拉菜单中选择mm，单击Scale按钮。

② 在View Length Unit In下拉菜单中选择mm。

③ 单击Close按钮关闭面板。

步骤 02 设置模型。

激活 DO 辐射模型。

① 双击 Models 面板中的 Radiation 项，打开 Radiation Model 面板。

② 在 Model 面板下选中 Discrete Ordinates（DO）单选按钮。

③ 在 Angular Discretization 下保留 Theta Divisions 和 Phi Divisions 的默认值 2。

④ 将 Theta Pixels 和 Phi Pixels 的值增加到 6。

对于穿过半透明介质的辐射，推荐设置 Theta Divisions 和 Phi Divisions 的最小像素数为 3。

经过半透明介质的辐射计算可能需要大量CPU时间。

⑤ 在 Iteration Parameters 下，将 Flow Iterations per Radiation Iteration 的值减少到 1。设置后的 Radiation Model 面板如图 6-43 所示，其他项保持默认设置。

⑥ 单击 OK 按钮，弹出消息窗口，告知加入了附加的物质属性，在消息窗口中单击 OK 按钮，激活辐射模型就会自动激活能量方程，无须再另外激活能量方程。

步骤 03 材料设置。

打开 Create/Edit Materials 面板，开始设置材料。

（1）创建新的固体：玻璃。

① 从Material Type列表双击solid项。

② 在Name中输入glass作为物质名称，并删除Chemical Formula下的条目。

③ 在Properties下输入物质属性。

- 在 Density 下输入 2220，在 Cp 下输入 745。
- 在 Thermal Conductivity 和 Absorption Coefficient 下分别输入 1.38 和 831，如图 6-44 所示。

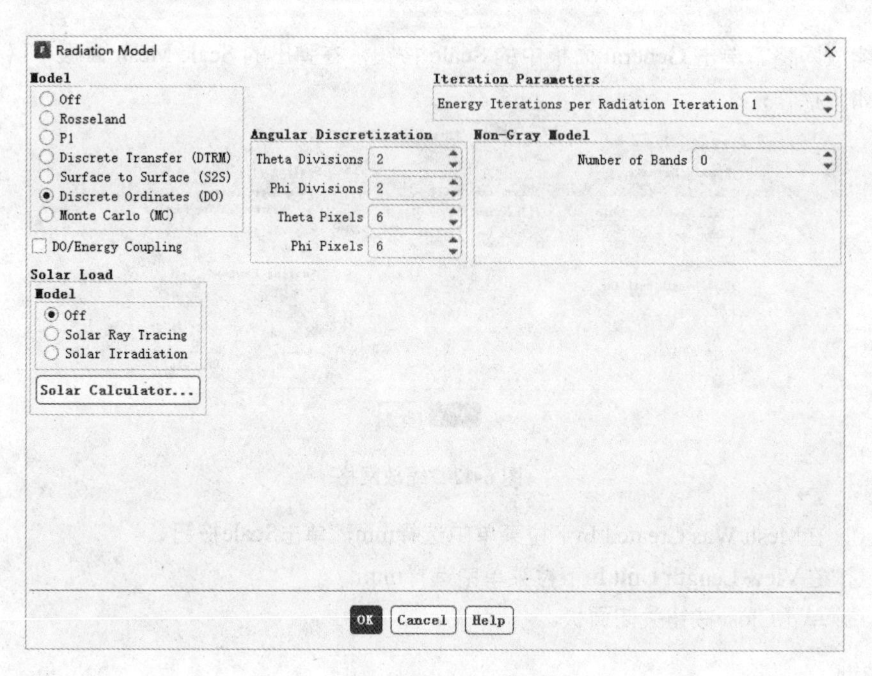

图 6-43　激活 DO 辐射模型

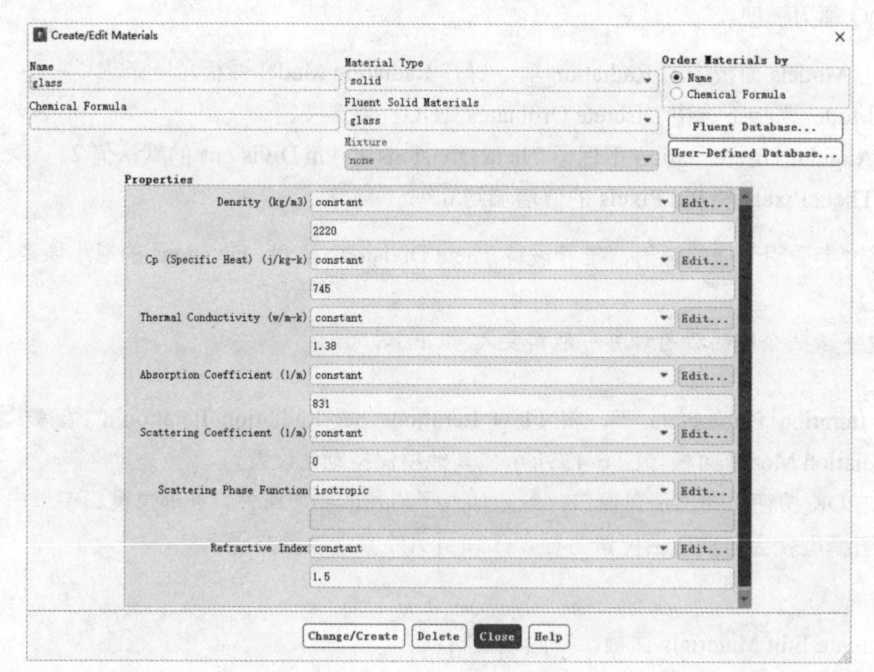

图 6-44　玻璃属性设置

- 保留 Scattering Coefficient 的默认值。
- 在玻璃中不存在将辐射散射到不同方向的微粒。
- 在 Refractive Index 中输入 1.5。
- 保留其他参数的默认值，并单击 Change/Create 按钮。
- 在弹出是否覆盖 aluminum 的面板中单击 No 按钮。

如果用户覆盖了aluminium，该组分就会从物质列表中去除。

（2）类似地，创建新的固体 polycarbonate，其属性输入如表 6-7 所示。

表 6-7　属性表 1

属　　性	值
Density	1200
Cp	1250
Thermal Conductivity	0.3
Absorption Coefficient	930
Scattering Coefficient	0
Refractive Index	1.57

（3）类似地，创建新的固体 coating，其属性输入如表 6-8 所示。

表 6-8　属性表 2

属　　性	值
Density	2000
Cp	400
Thermal Conductivity	0.5
Absorption Coefficient	0
Scattering Coefficient	0
Refractive Index	1

（4）类似地，创建新的固体 socket，其属性输入如表 6-9 所示。

表 6-9　属性表 3

属　　性	值
Density	2179
Cp	871
Thermal Conductivity	0.7
Absorption Coefficient	0
Scattering Coefficient	0
Refractive Index	1

（5）修改空气的属性。

① 从Density下拉列表中选择incompressible-ideal-gas，如图6-45所示。

② 从Thermal Conductivity下拉列表中选择polynomial，打开如图6-46所示的Polynomial Profile面板。

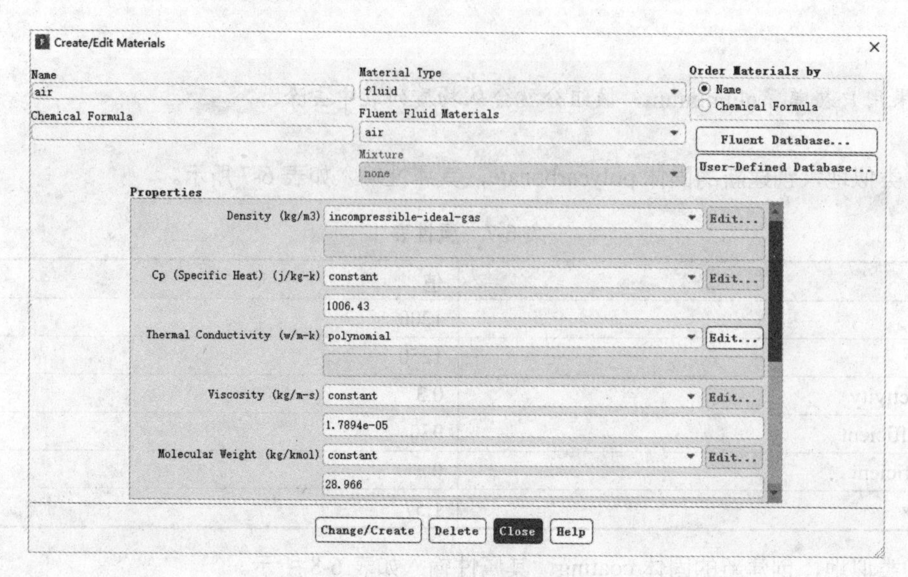

图 6-45　修改空气属性

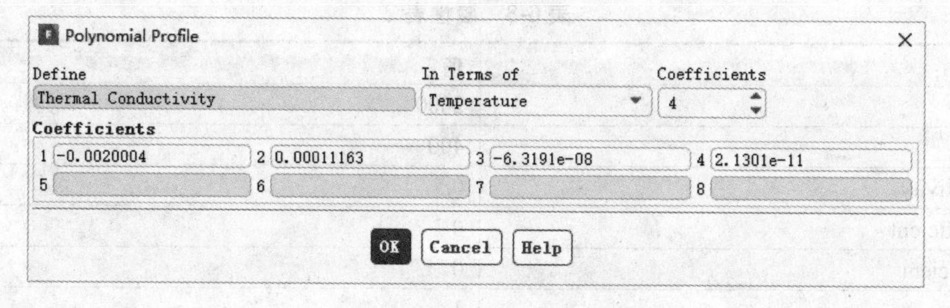

图 6-46　Polynomial Profile 面板

头灯中的温度在2800~3500K变化。因此，导热率会发生相当大的变化。导热率使用曲线拟合方法拟合到n阶多项式。使用最小平方近似的方法来确定多项式中的系数。进行曲线拟合的属性数据是在大气压条件下得到的。

- 将Coefficients的数量增加到 4。
- 分别输入这 4 个系数的值–0.0020004、0.00011163e、–6.3191e–08 和 2.1301e–11，并单击OK按钮。

③　保留Absorption Coefficient和Scattering Coefficient的默认设置。

在这样高的工作温度下空气的Absorption Coefficient（a）可以忽略。光学厚度（$a \times L$）的值要远小于1（L是某个特征长度）。

对于Scattering Coefficient，空气中没有微粒将辐射散射到不同的方向上，因此散射系数被设置为0（假定湿度为0）。

④　保留其他参数值的默认设置。

（6）单击 Change/Create 按钮并关闭面板。

步骤 04　操作条件。

在功能区选择 Physics→Solver→Operating Conditions。

（1）勾选 Gravity 复选框，如图 6-47 所示的面板就会展开显示相关的输入项。

（2）在 Gravitational Acceleration 下输入 Y 方向的值 -9.81m/s^2。

（3）单击 OK 按钮。

因为密度定义成了温度的函数（不可压理想气体），所以需要指定 *Y* 方向动量方程中体积力项中的参考密度。如果没有指定 Variable-Density Parameters，在每次迭代时，操作密度就使用整个计算过程中的平均空气密度。

步骤 05 边界条件设置。

打开 Boundary Conditions 面板，开始边界条件设置。

（1）将镜片的内表面设置成半透明。

① 从Zone列表中选择lens-inner，并单击Edit...按钮，内表面设置如图6-48所示。

这是一个有两个侧面的内部壁面，因此与之相对应的也有一个阴影区。阴影面向流体区域。

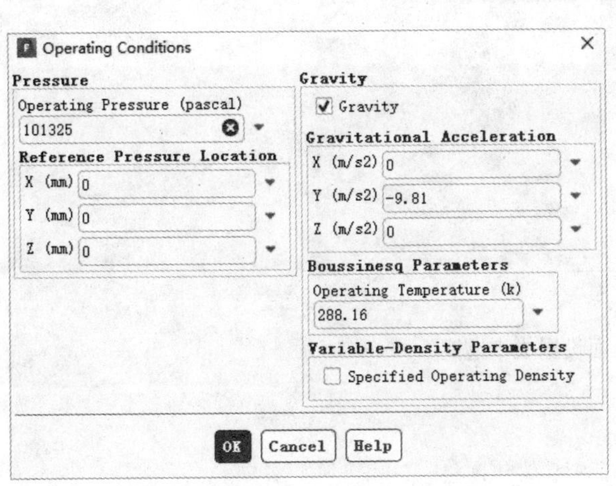

图 6-47 勾选 Gravity 复选框

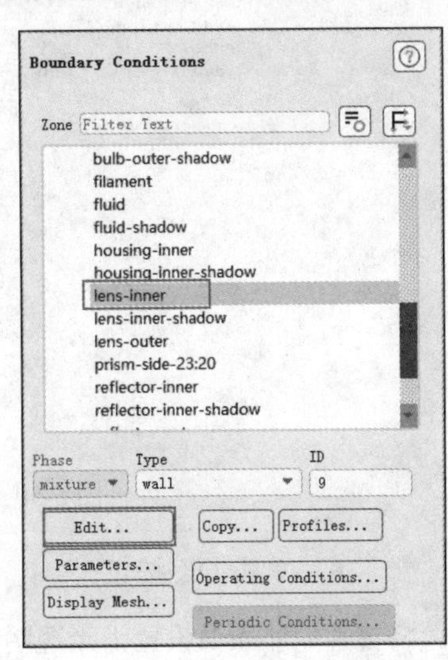

图 6-48 边界条件设置

单击Radiation选项卡，从BC Type下拉列表中选择semi-transparent，如图6-49所示。

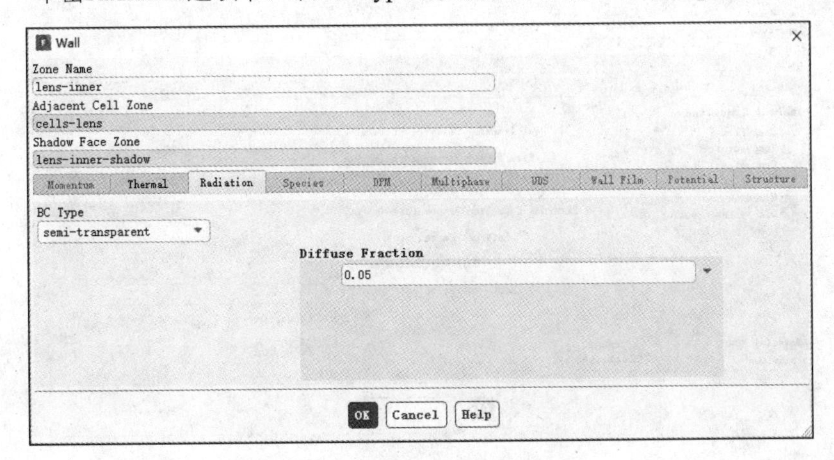

图 6-49 lens-inner 边界条件设置

计算了净入射辐射量。其中，Diffuse Fraction是漫射反射和透射的部分。可以使用Snell定律通过对整个入射立体角积分来计算每个入射方向上半透明边界的反射率和透射率。其余的部分被处理成镜向性质。

对于干净的表面，漫射分数为0。然而，对于粗糙玻璃，会存在漫射的部分。

- 在 Diffuse Fraction 下输入 0.05。
- 单击 OK 按钮。

② 从Zone列表中选择lens-inner-shadow，并单击Edit…按钮。

- 单击 Radiation 选项卡，在 Diffuse Fraction 下输入 0.05，如图 6-50 所示。

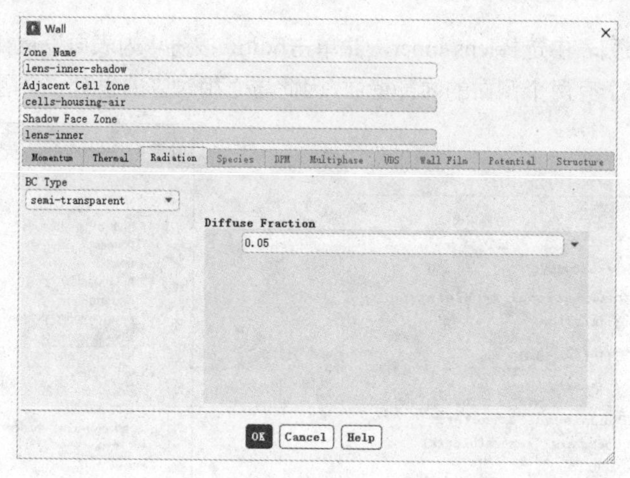

图 6-50 镜片的内表面设置成半透明

- 单击 OK 按钮。

(2) 将镜片的外表面设置为半透明。

① 从Zone列表中选择lens-outer，并单击Edit…按钮，外表面设置如图6-51所示。

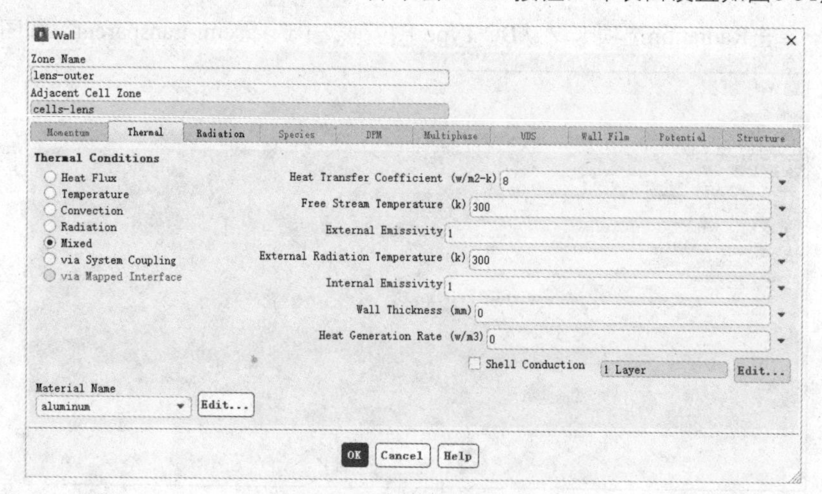

图 6-51 lens-outer 设置

② 在Thermal选项卡下设置下列参数的值：

在Thermal Conditions下选中Mixed单选按钮。

在Heat Transfer Coefficient（$W/m^2 \cdot K$）中，输入值8。

镜片的外表面暴露在空气中，没有被建模。假定小汽车在静态位置，因此镜片外表面的冷却原理是通过自然对流和辐射。对外部的对流传热可以使用平滑平板努赛特数关系式近似。根据已知的平均温度，对流传热量可以确定为8 $W/m^2 \cdot K$。

对于Free Stream Temperature保留300 K的默认值。

对于External Emissivity和External Radiation Temperature保留1和300 K的默认值。

因为入射辐射为漫射（$Q_{in,rad}$），可以将半透明边界壁面设置为Mixed，然后提供External Emissivity（$E_e = 1$）和 External Radiation Temperature（T_e）。用户也可以设置对流条件，如传热系数和对流参考温度。如果壁面是半透明的，对入射辐射Fluent将使用下列关系式：

$$Q_{in,rad} = E_e \times Stefan - Bolzmann\_Constant \times T_e^4$$

出射辐射从内部计算。但如果是漫射壁面（不是半透明的），其中的出射辐射不计算，这样Fluent使用下列关系式：

$$Q_{net} = E_e \times Bolzmann\_Constant \times (T_{wall}^4 - T_e^4)$$

上式用于计算与外部交换的净辐射热量。

如果入射辐射为方向辐射，即靠近的热源，那么用户不需要使用Mixed条件，但可以设置光束方向、光束宽度和入射辐照。

其他参数保留默认设置。

当小汽车静止时，头灯中经历的是极端的温度条件。

③ 单击Radiation选项卡，并从BC Type下拉列表中选择semi-transparent。

其他参数保留默认设置，如图6-52所示。

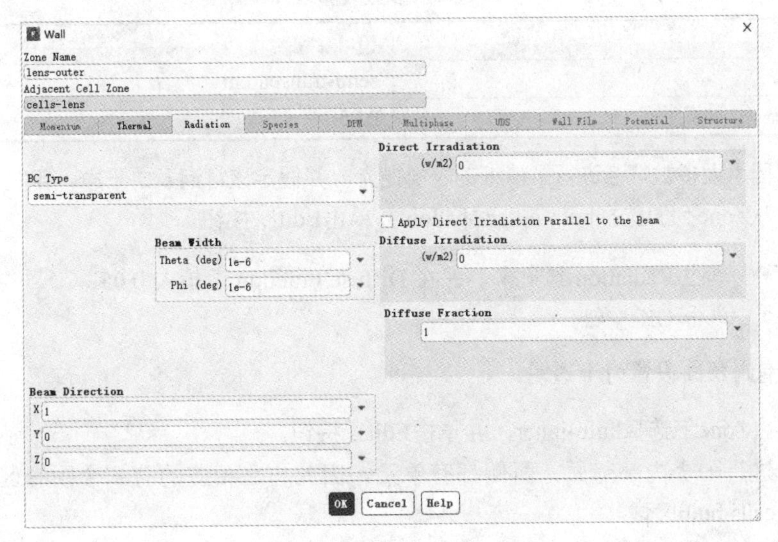

图 6-52 semi-transparent 设置

（3）将灯泡外表面设置为半透明。

二维导热将允许用户模拟沿着平面方向的导热。黑涂层通常为陶瓷，用在灯泡的顶端，用于保护反射器和镜片部分免受灯丝产生的高强度辐射的损伤。表面上应用的半透明BC类型允许辐射透过该表面，也考虑了反射。相反，内部发射率也不会应用于半透明壁面上，这里发射和吸收使用玻璃的吸收系数，考虑发生在整个体积中的现象。

① 从Zone列表中选择bulb-outer并单击Edit...按钮，打开如图6-53所示的面板。

这是一个内部壁面，两侧都有单元，因此与之相应的有一个阴影区域。阴影区域面向cells-bulb区域。

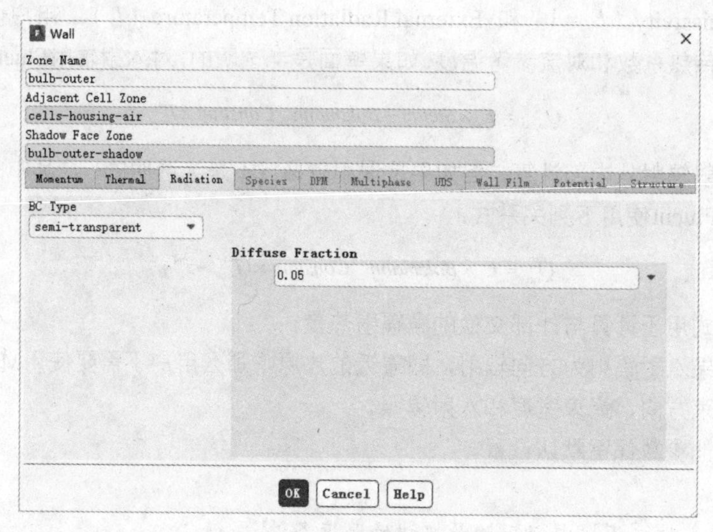

图 6-53　bulb-outer 内部壁面设置

单击Radiation选项卡，并按照表6-10进行参数设置。

表 6-10　参数设置表 1

参　数	设　置
BC Type	semi-transparent
Diffuse Fraction	0.05

因为大多数灯泡进行了精细的表面抛光，并假定该灯泡表面干净，用户将输入的值为0.05。

② 从Zone列表选择bulb-outer-shadow并单击Edit...按钮。

- 单击 Radiation 选项卡，并在 Diffuse Fraction 下输入 0.05。
- 单击 OK 按钮。

（4）将灯泡内表面设置为半透明。

① 在Zone下选择bulb-inner，并单击Edit...按钮。

这是一个内部壁面，两侧都有单元，因此与之相应的有一个阴影区域。阴影区域面向cells-bulb区域。

单击Radiation选项卡，并按照表6-11进行参数设置。

表 6-11 参数设置表 2

参 数	设 置
BC Type	semi-transparent
Diffuse Fraction	0.05

② 从Zone列表选择bulb-inner-shadow并单击Edit...按钮。

- 单击 Radiation 选项卡，并在 Diffuse Fraction 下输入 0.05。
- 单击 OK 按钮。

③ 设置灯泡外表面涂层的边界条件。

- 从 Zone 列表选择 bulb-coatings 并单击 Edit…按钮，弹出如图 6-54 所示的面板。

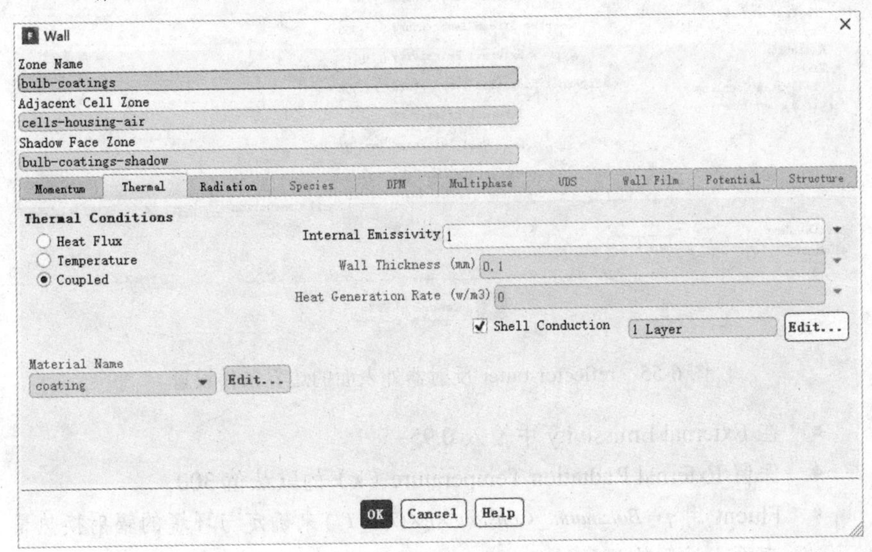

图 6-54 bulb-coatings 外表面涂层的边界条件设置

- 从 Material Name 下拉列表中选择 coating。
- 在 Wall Thickness（mm）中输入 0.1。
- 灯泡外表面涂层的大致厚度为 0.1 mm。
- 勾选 Shell Conduction 复选框。
- 保留其他参数的默认值并单击 OK 按钮。

在Fluent控制台将弹出一条消息，显示已经创建新的导热区域。
在控制台提示符中输入下列格式命令行：

```
(rpsetvar/temperature/shell-secondary-gradient?#f)
```

该命令行忽略了高度倾斜壳层导热单元的二阶梯度，以保证稳定性。

④ 设置反射器外表面的边界条件。

- 从 Zone 列表中选择 reflector-outer 并单击 Edit…按钮，弹出如图 6-55 所示的面板。
- 在 Thermal Conditions 下选中 Mixed 单选按钮。

- 对包围灯座外部圆柱壁面的流体没有进行建模。但该外表面也通过自然对流冷却。另外，在外表面和环境之间也存在辐射换热。
- 在 Heat Transfer Coefficient（$W/m^2 \cdot K$）中输入 7。
- 保留 Free Stream Temperature（k）的默认值 300。
- Fluent 使用牛顿冷却定律 q=h（Ts－Tref）来确定对流产生的热损失。h 可以通过使用对圆柱体自然对流的 Churchill 和 Chu 关系式确定。

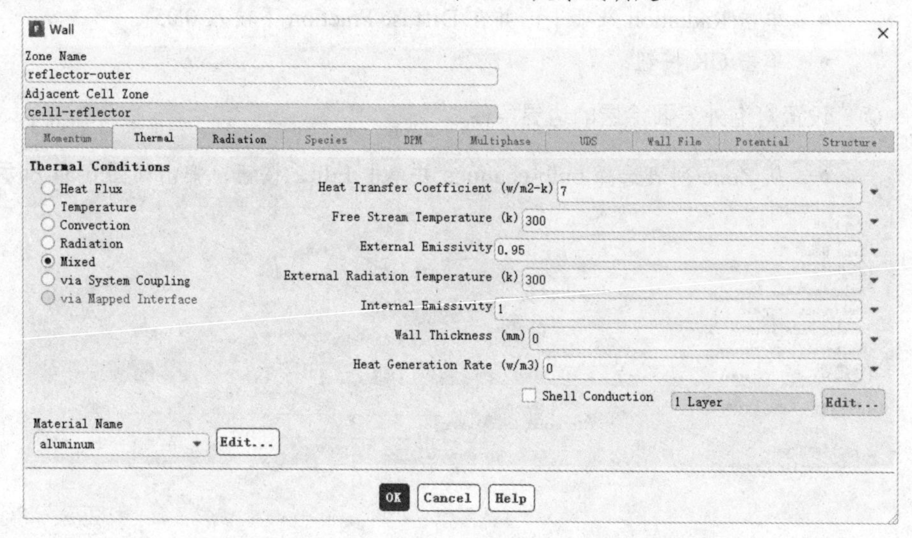

图 6-55　reflector-outer 反射器外表面的边界条件设置

- 在 External Emissivity 中输入 0.95。
- 保留 External Radiation Temperature（k）的默认值 300。
- Fluent 用 $q = Bolzmann\_Constant \times e \times (T_s^4 - T_e^4)$ 来确定与环境的辐射换热量。T_s 是反射器外表面上计算的温度。
- 保留其他参数的默认值，并关闭面板。
- 反射器的外表面使用黑涂层，内表面用高反射物质涂覆。尽管如此，内外表面之间还会产生辐射换热。

⑤ 设置反射器内表面的边界条件。

- 从 Zone 列表选择 reflector-inner，并单击 Edit...按钮。
- 在 Internal Emissivity 中输入 0.2。
- 单击 Radiation 选项卡，并在 Diffuse Fraction 中输入 0.3，如图 6-56 所示。

如果漫射分数为 0，所有的入射辐射都发生镜向反射（如同干净的镜面），其中入射角等于反射角。实际上，反射器并非都 100%反射，上面可能存在灰尘。入射辐射的反射部分使用下面的公式计算：

$$Q_{\text{refrected}} = (1-df) \times Q_{\text{incoming}} + df \times (1-e) \times Q_{\text{incoming}}$$

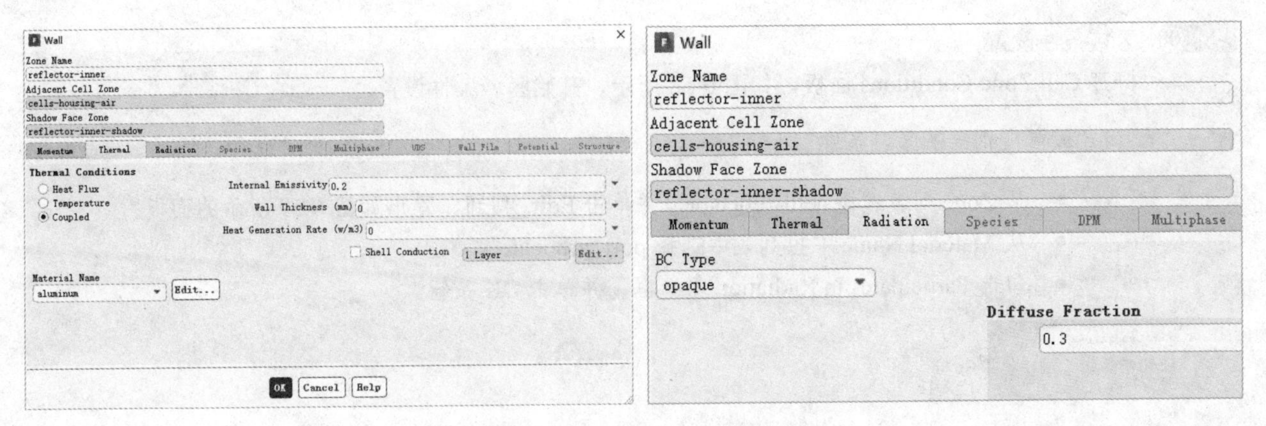

图 6-56　reflector-inner 边界条件设置

其中，*df*是漫射分数，*e*为内部发射率。等号右边的第一项是镜向反射部分，第二项是漫射反射部分。入射辐射中被吸收的部分为$e \times df \times Q_{incoming}$，发射的部分是$df \times e \times n^2 \times \sigma \times T^4$，其中$n$是流体的折射指数。从上面的公式可以看出，如果在Thermal选项卡中定义的发射率e不为0，并且Diffuse Fraction大于0，就会存在一些吸收。

单击OK按钮。

- 从 Zone 列表中选择 reflector-inner-shadow，并单击 Edit...按钮。
- 在 Internal Emissivity 中输入 0.2。
- 单击 Radiation 选项卡，并在 Diffuse Fraction 中输入 0.3。
- 单击 OK 按钮。

⑥ 指定灯丝上的热流。

40瓦电源功率变成热从灯丝上耗散出去。灯丝的面积是6.9413e–6m²，因此热流为40/6.9413e–6，等于5760000W/m²。

- 在 Zone 中选择 filament，并单击 Edit...按钮，弹出如图 6-57 所示的面板。

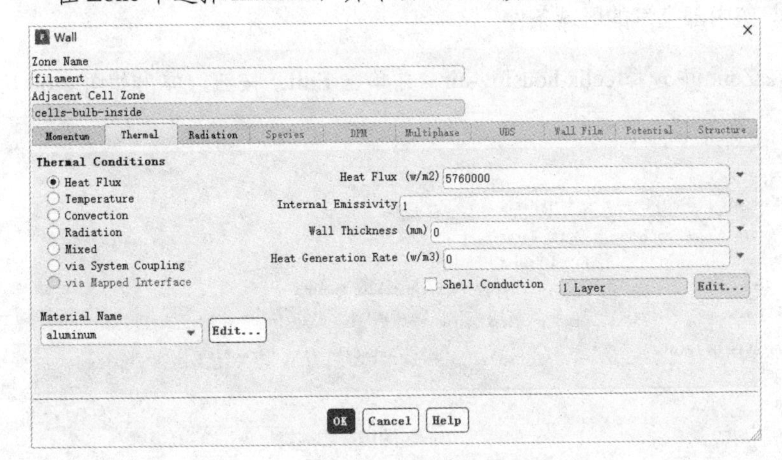

图 6-57　filament 边界条件设置

- 在 Heat Flux（W/m²）中输入 5760000。
- 保留其他参数的默认值，并单击 OK 按钮。

步骤 06 区域条件设置。

打开 Cell Zone Conditions 面板，如图 6-58 所示，开始区域条件设置。

（1）设置反射器的区域条件。

- 从 Zone 列表选择 celll-reflector，并单击 Edit...按钮，弹出如图 6-59 所示的面板。
- 从 Material Name 下拉列表中选择 polycarbonate。
- 勾选 Participates In Radiation 复选框，并单击 OK 按钮。

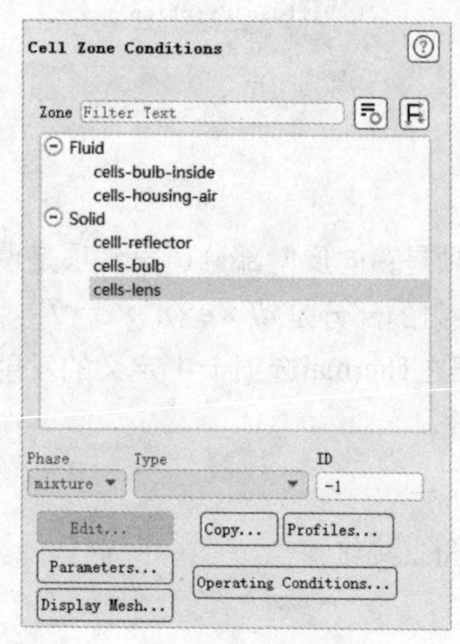

图 6-58　Cell Zone Conditions 面板

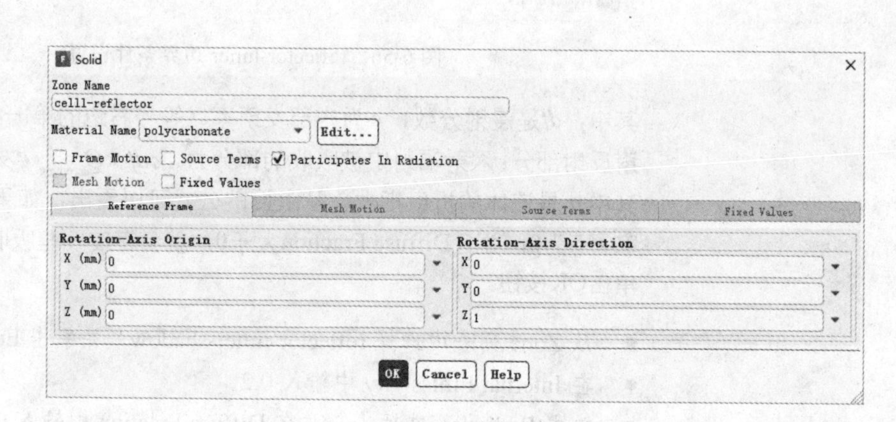

图 6-59　celll-reflector 反射器的区域条件设置

（2）设置灯泡厚度的区域条件。

- 在 Zone 中选择 cells-bulb，并单击 Edit…按钮。
- 从 Material Name 下拉列表中选择 glass。
- 勾选 Participates In Radiation 复选框，代表考虑灯泡厚度内部辐射的透射和吸收，单击 OK 按钮。

（3）设置灯座内部空气的区域条件。

- 在 Zone 中选择 cells-housing-air，并单击 Edit…按钮，弹出如图 6-60 所示的面板。

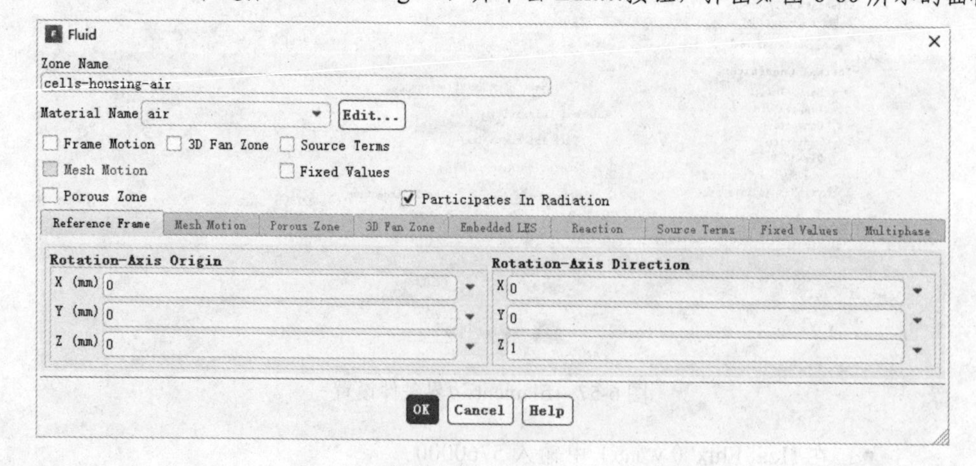

图 6-60　灯座内部空气的区域条件设置

- 保留面板上显示的默认设置值，并单击 OK 按钮。

这样将考虑从灯泡到其他部件之间的表面-表面辐射。

（4）设置镜片的区域条件。

- 在 Zone 中选择 cells-lens，并单击 Edit…按钮。
- 从 Material Name 下拉列表中选择 polycarbonate。
- 勾选 Participates In Radiation 复选框，并单击 OK 按钮。

这将考虑灯泡厚度内部辐射的透射和吸收。

步骤07 求解计算。

使用一系列步骤进行求解。首先，将能量和辐射方程从流动中解耦。然后不考虑流动方程求解能量和辐射方程。当各个部件上的温度充分扩展后，求解能量和流动方程。

流动和能量将会收敛。然后，将能量和辐射方程迭代到收敛。该过程将一直进行到解的监控器或残差监控器不再发生明显变化。

（1）设置求解参数。

① 打开Solution Methods面板，在Scheme下拉菜单中选择SIMPLE。

② 在Gradient下拉菜单中选择Green-Gauss Cell Based。

③ 将Momentum、Energy和Discrete Ordinates的离散格式均设置为First Order Upwind。

④ 选择Body Force Weighted作为对Pressure的离散格式，自然对流问题本质上是不稳定的，在开始时使用一阶迎风离散格式进行求解比较好一些。设置后如图6-61所示。

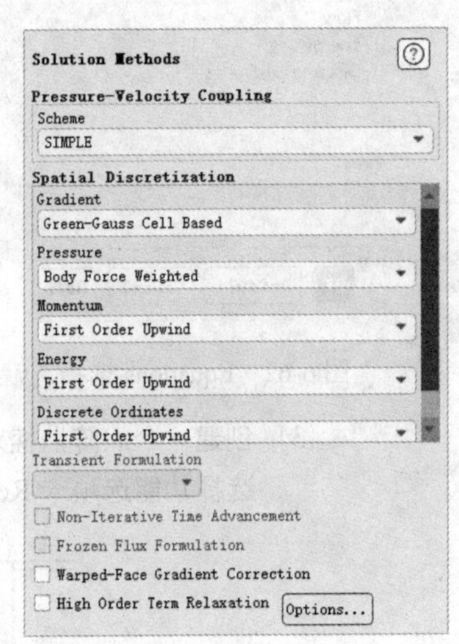

图 6-61 求解方法设置

⑤ 打开Solution Controls面板，在Under-Relaxation Factors组合框中，按照表6-12设置松弛因子。

表 6-12 设置相关数值

项 目	数 值
Pressure	0.3
Density	0.8
Body Forces	0.8
Momentum	0.6
Energy	0.8
Discrete Ordinates	0.8

为了保持计算时残差的稳定性，降低Energy和DO的松驰因子。

⑥ 单击Solution Controls面板中的Equations按钮，在弹出的Equations列表中选中Energy和Discrete Ordinates两项，不选Flow项，如图6-62所示，然后单击OK按钮关闭面板。

（2）显示对称类型的表面。

在 General 面板中单击 Display 按钮，打开 Mesh Display 面板。

① 在Surfaces列表右上角单击按钮取消所有表面的选择。

② 在Edge Type下选择Outline。

③ 从Surfaces列表中选择Symmetry，如图6-63所示。

④ 单击Display按钮，显示窗口如图6-64所示。

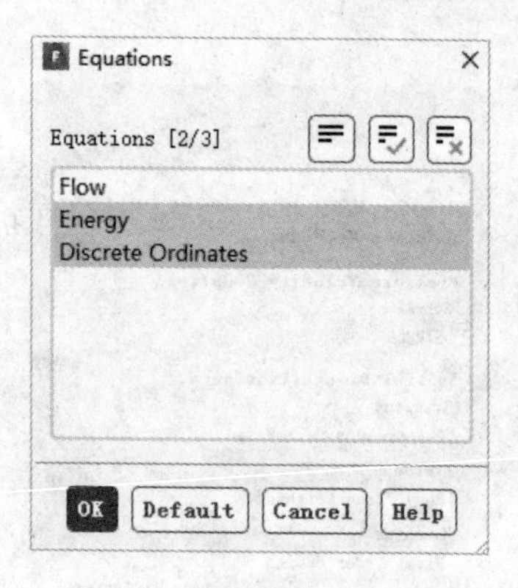

图 6-62　Equations 选择

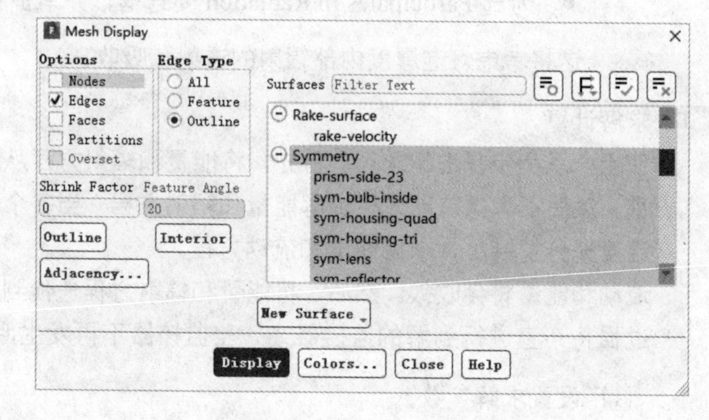

图 6-63　Mesh Display 面板

（3）创建一个点阵监控对称面上的速度，如图 6-65 所示。

选择功能选项卡 Results→Surface→Line/Rake。

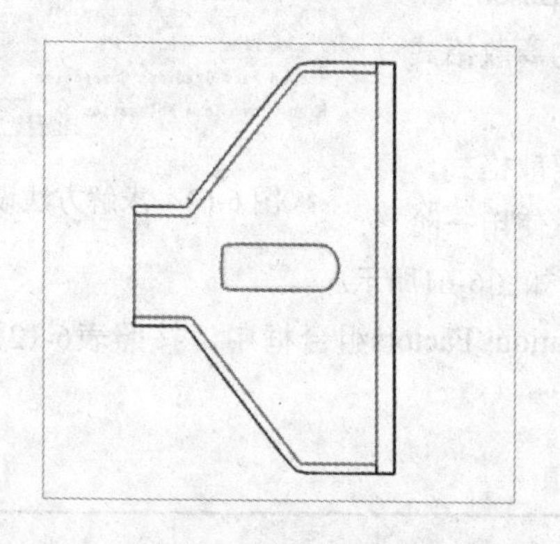

图 6-64　显示对称面

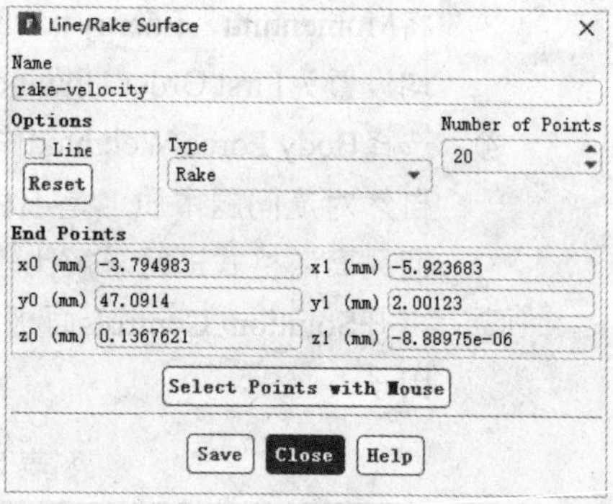

图 6-65　监控对称面上的速度

① 从Type下拉列表中选择Rake。

② 将Number of Points增加到20。

③ 单击Select Points with Mouse按钮，将弹出Working面板，询问用户用鼠标按键单击图形窗口中的两个位置。

④ 右击图形窗口，定义这一系列点的两个末端点，如图6-66所示。

⑤ 在New Surface Name下输入rake-velocity。

⑥ 单击Create按钮，并关闭面板。

（4）显示点阵。

在 General 面板中单击 Display 按钮，打开 Mesh Display 面板。

① 保留前面的设置，并从Surfaces列表中选择rake-velocity。

② 单击Display按钮，得到如图6-67所示的网格显示。

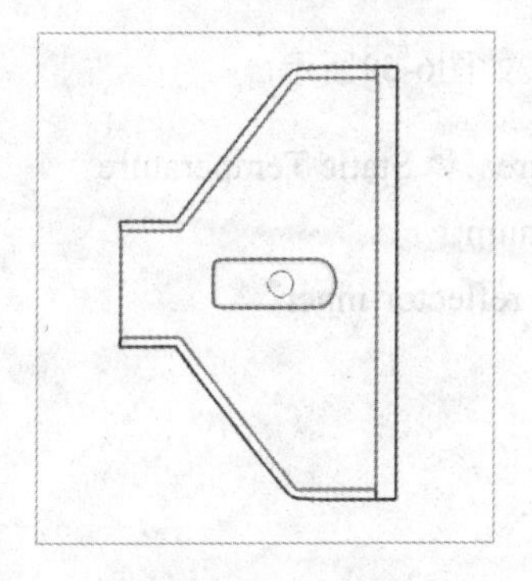

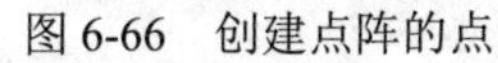

图 6-66 创建点阵的点

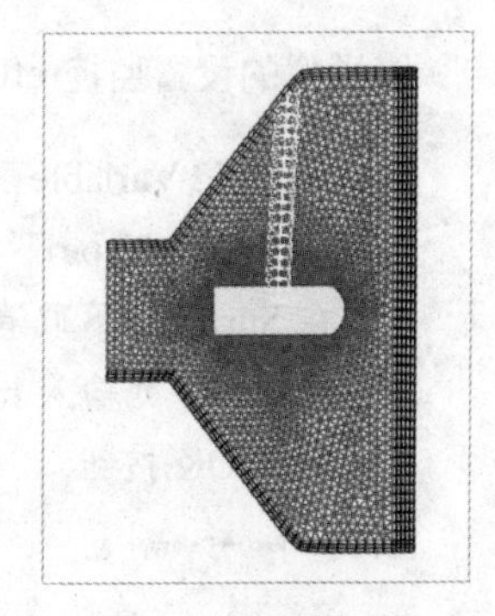

图 6-67 创建的点阵

(5) 打开求解过程中 rake-velocity 中的速度绘图和在 reflector-inner 上的最大温度。

① 打开Monitors面板，单击Surface Monitors列表下方的Create按钮，打开如图6-68所示的Surface Report Definition面板。

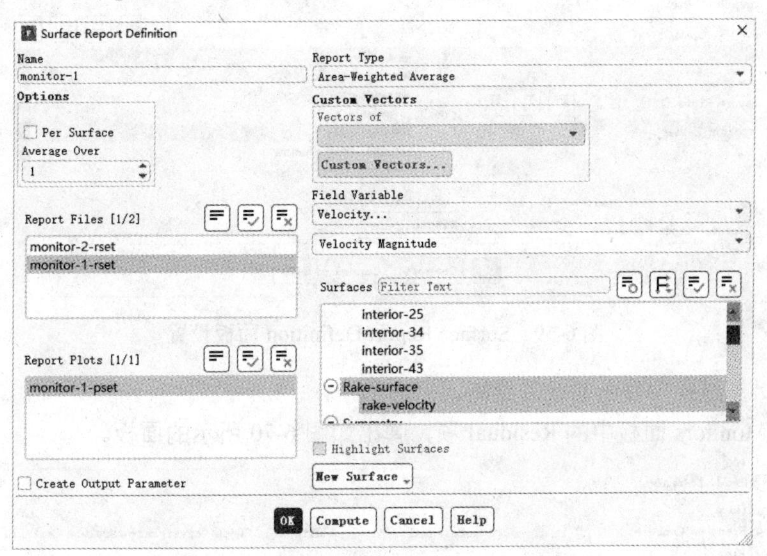

图 6-68 Surface Report Definition 面板设置

② 对监控器激活Plot、Print和Write。

③ 做如下设置：

- 从 Report Type 下拉列表中选择 Area-Weighted Average。
- 从 Field Variable 下拉列表中选择 Velocity...和 Velocity Magnitude。
- 在 Surfaces 列表中选择 rake-velocity。

如果用户使用的是Linux或UNIX系统，按键盘上的R字母，以快速选择名称以子母r开头的区域。但是首先用户需要选择一个区域，使其处于操作中。然后，第二次单击以选择名称以相同字母r开头的第二个区域。

- 在 Name 处输入 head-lamp-V.out。
- 单击 OK 按钮。

④ 以类似的设置监控reflector-inner上的最大温度，如图6-69所示。

- 从 Field Variable 下拉列表中选择 Temperature...和 Static Temperature。
- 从 Report Type 下拉列表中选择 Facet Maximum。
- 在 Surfaces 下取消选择 rake-velocity 并选择 reflector-inner。
- 在 Name 处输入 head-lamp- T.out。
- 单击 OK 按钮。

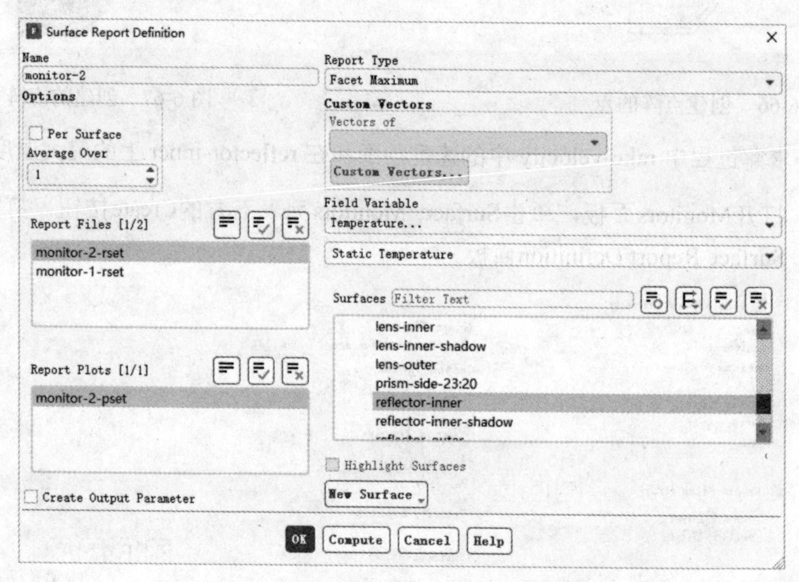

图 6-69 Surface Report Definition 面板设置

（6）打开计算过程中残差曲线的绘制。

双击 Monitors 面板中的 Residual 项，弹出如图 6-70 所示的面板。

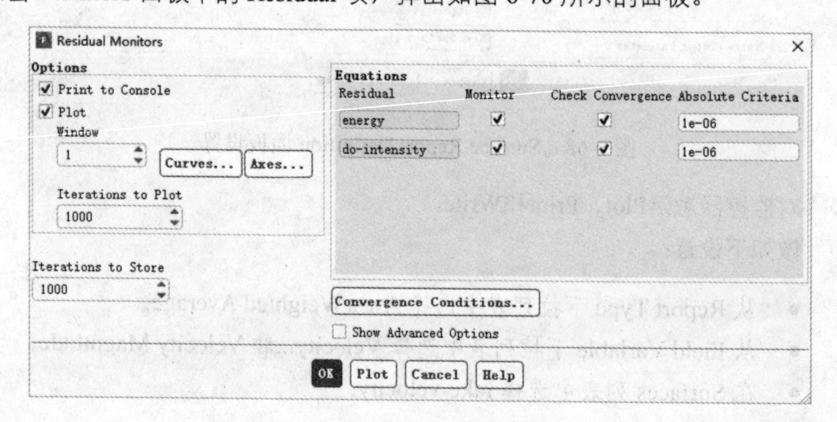

图 6-70 残差曲线监视设置

① 在Options下选择Plot。

② 单击OK按钮。

（7）保存工程文件（head-lamp.cas.gz 和 head-lamp.dat.gz）。

单击 File→Write→Case&Data。

保留默认的文件名并单击 OK 按钮。

（8）解的初始化。

打开 Solution Initialization 面板，如图 6-71 所示，速度和压力的值设置为 0。

① 检查初始温度的值是否设置为了300 K。

② 单击Initialize按钮进行初始化。

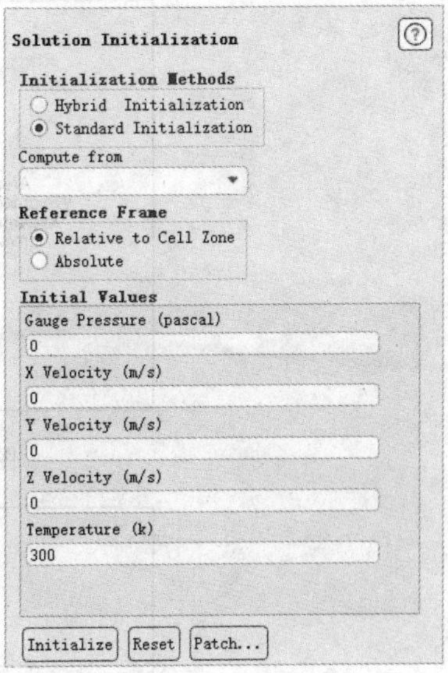

图 6-71　流场初始化

（9）在 cells-bulb-inside 上填充高温（500 K）。

在 Solution Initialization 面板中单击 Patch…按钮，打开如图 6-72 所示的 Patch 面板。

① 从Variable列表中选择Temperature。

② 从Zones To Patch列表中选择cells-bulb-inside。

③ 输入500 K的温度值。

④ 单击Patch按钮，并关闭面板。

（10）进行 20 次迭代来开始计算过程。

如图 6-73 所示，在 Run Calculation 面板中设置迭代步数为 20，单击 Calculate 按钮开始计算。

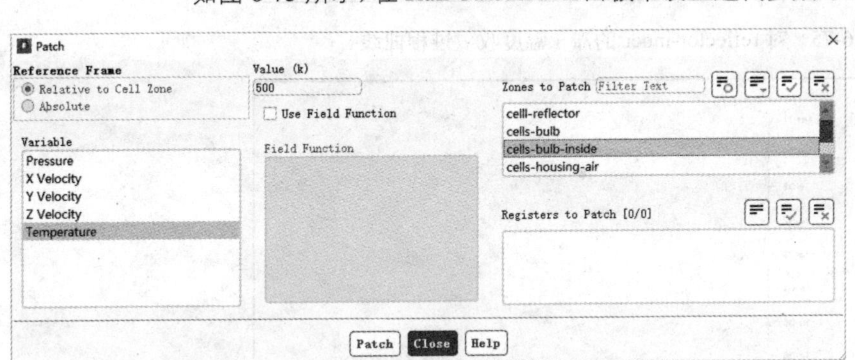

图 6-72　填充高温条件

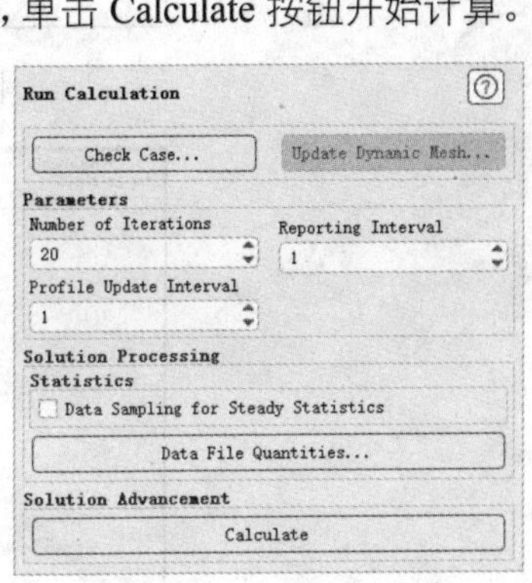

图 6-73　迭代计算

（11）调整求解参数。

对于 Energy 和 Discrete Ordinates 将 under-relaxation factors 增加到 1。由于解现在是稳定的，用户可以将对 Energy 和 Discrete Ordinates 的亚松驰因子增加到 1.0。这样将明显地加速 Discrete Ordinates 方程的迭代过程。

（12）通过请求另外 500 次迭代继续 Energy 和 Discrete Ordinates 的计算（收敛过程曲线见图 6-74 和图 6-75，收敛残差曲线见图 6-76）。

某些情况下，使用对 Energy 和 Discrete Ordinates 为 1.0 的亚松驰因子，在大约 80～100 步的迭代后，残差曲线就变得平滑。将对它们的压缩驰因子减小到 0.8，就会迫使残差进一步收敛。

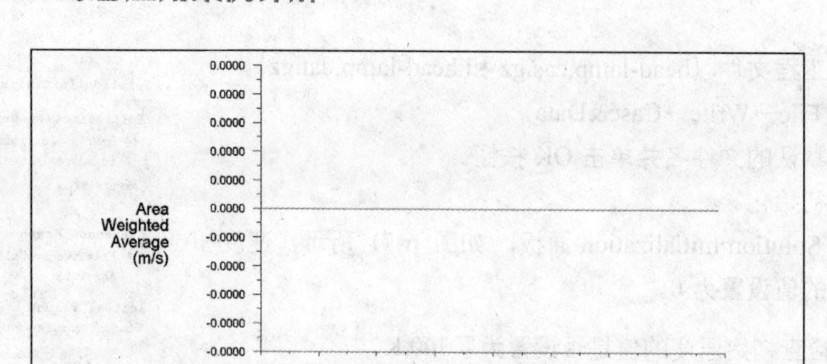

图 6-74　对 rake-velocity 的速度大小收敛过程曲线

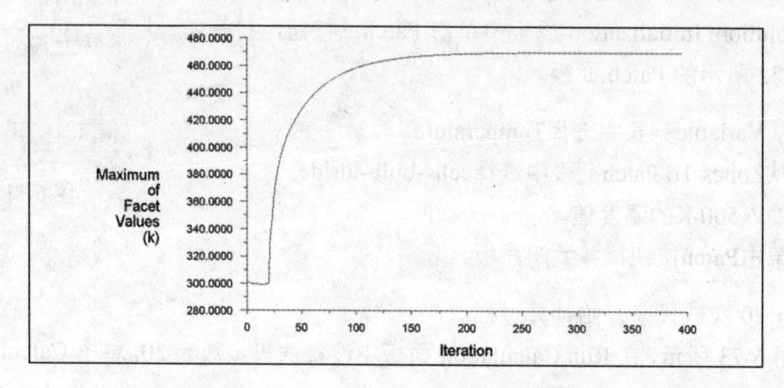

图 6-75　对 reflector-inner 的滞止温度收敛过程曲线

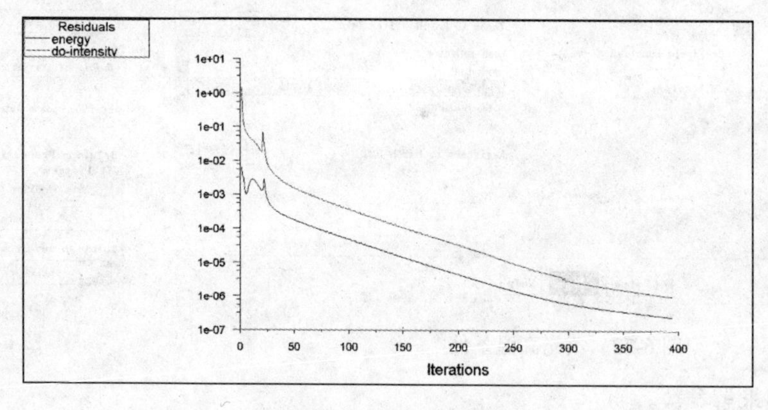

图 6-76　收敛残差曲线

（13）流动和能量方程的迭代过程。

打开 Solution Controls 面板，单击面板中的 Equations 按钮，打开 Equations 面板（见图 6-77）。

① 取消Discrete Ordinates的选择，从Equations列表中选择Flow 和Energy。

② 将对Energy的亚松驰因子减小到0.8。

③ 保留对其他参数的默认值，并单击OK按钮。

（14）通过请求另外 1000 次迭代继续计算过程（收敛过程曲线见图 6-78 和图 6-79，收敛残差曲线见图 6-80）。

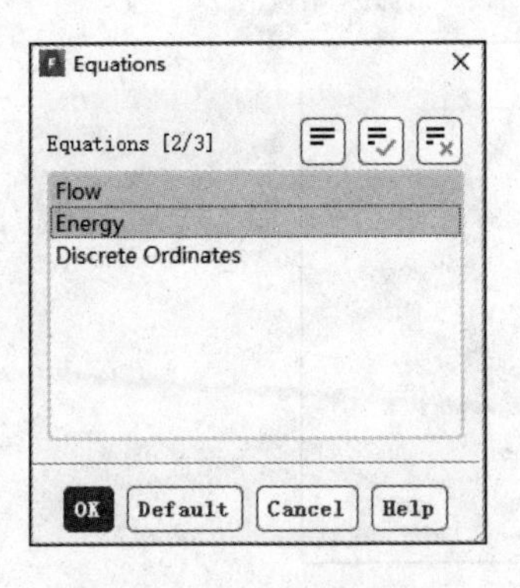

图 6-77 选择 Equations

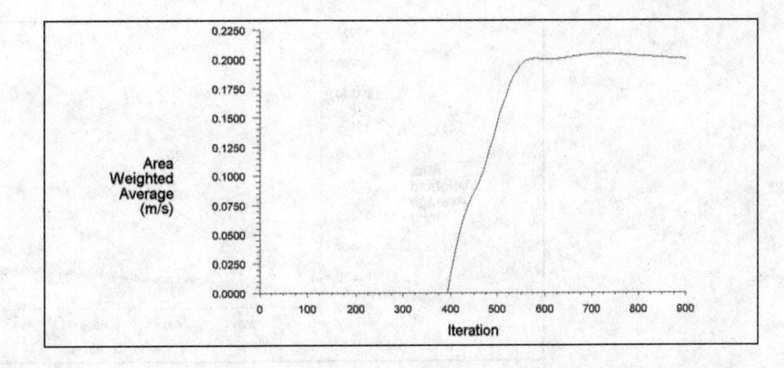

图 6-78 对 rake-velocity 的速度大小收敛过程曲线

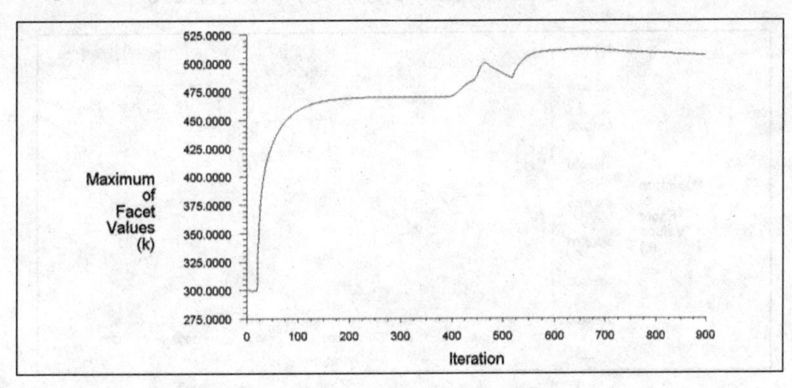

图 6-79 对 reflector-inner 的滞止温度收敛过程曲线

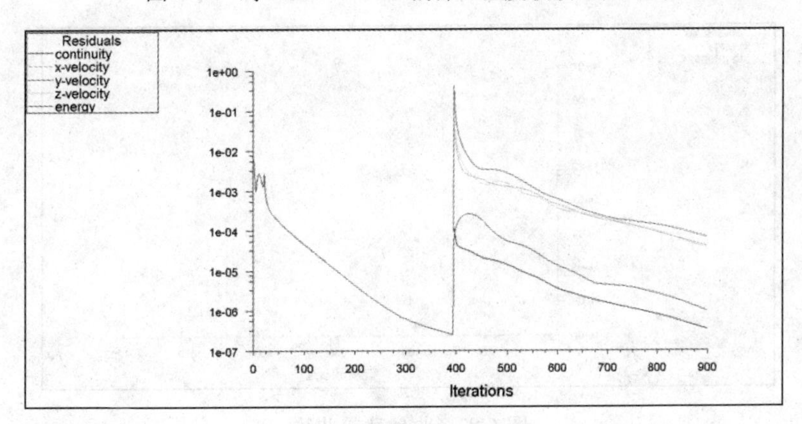

图 6-80 收敛残差曲线

（15）DO 和 Energy 方程的迭代。

① 打开Solution Controls面板，单击面板中的Equations按钮，打开Equations面板。从列表中取消Flow的选择，选择Energy和Discrete Ordinates。

② 将对Energy的亚松驰因子增加到1。

③ 保留对其他参数的默认值，并单击OK按钮。

（16）通过请求另外 5000 次迭代继续计算过程（收敛过程曲线见图 6-81 和图 6-82，收敛残差曲线见图 6-83）。

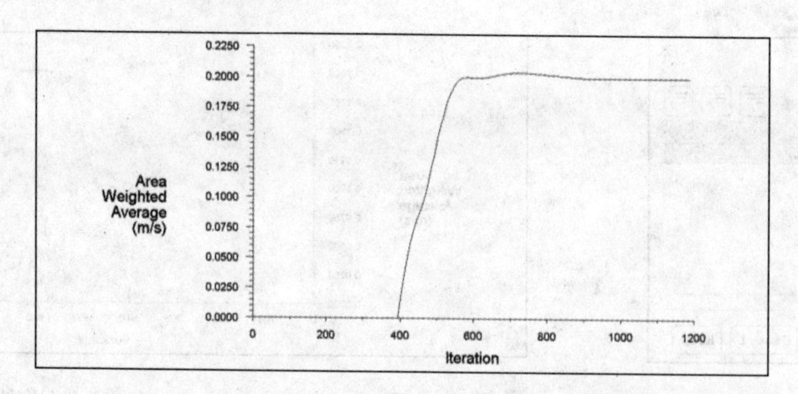

图 6-81　对 rake-velocity 的速度大小收敛过程曲线

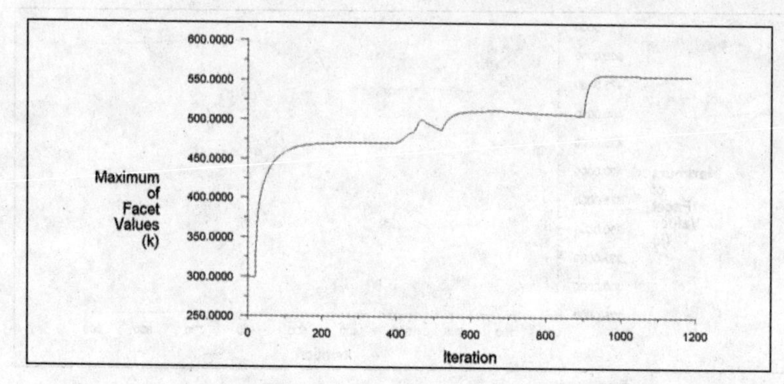

图 6-82　对 reflector-inner 的滞止温度收敛过程曲线

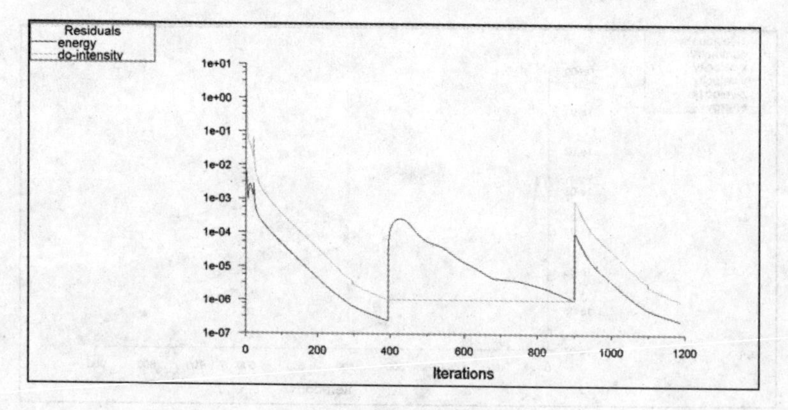

图 6-83　收敛残差曲线

（17）重复步骤 10～步骤 14，直到最大温度和速度不再变化。

应当不超过 3 个这样的循环。在每个循环中保存数据文件。

步骤 08 后处理。

（1）显示速度向量。

① 打开Graphics and Animations面板，双击Graphics列表中的Vector项，打开Vectors面板，如图6-84所示。

② 从Surfaces列表中取消所有表面的选择。

③ 从Surfaces列表中选择Symmetry。

④ 在Scale中输入0.2，将矢量放大便于观察。

单击 Save/Display 按钮，显示速度矢量，如图 6-85 所示。

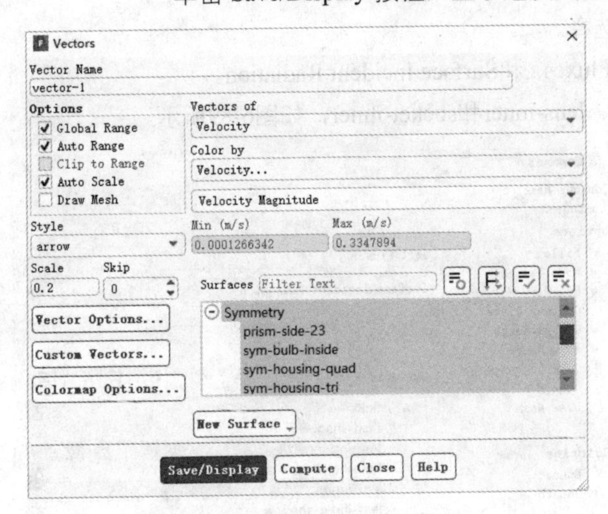

图 6-84 速度矢量显示设置

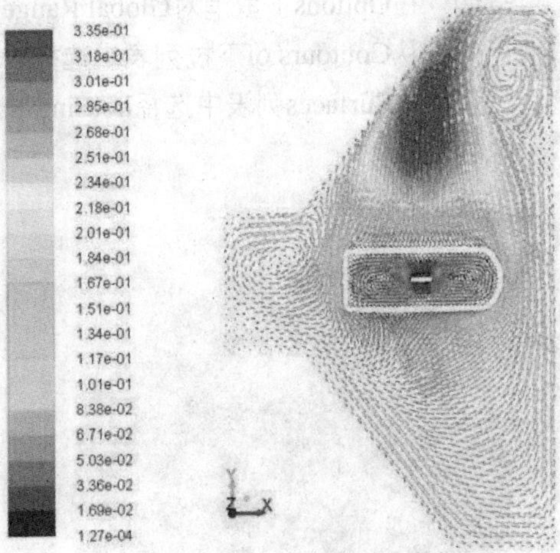

图 6-85 速度矢量

（2）显示滞止温度等值线。

① 双击Graphics列表中的Contours项，打开Contours面板。

② 在Options下取消对Global Range的选择。

③ 从Contours of下拉列表中选择Temperature...和Static Temperature。

④ 从Surfaces列表中选择housing-inner、lens-inner和socket-inner，如图6-86所示。

⑤ 单击Graphics and Animations面板中的Views按钮，在Views面板中设置显示镜像后的图形，单击Apply按钮后关闭面板，如图6-87所示。

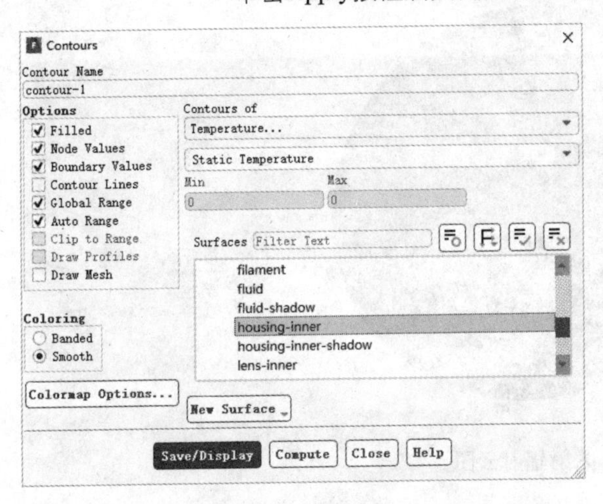

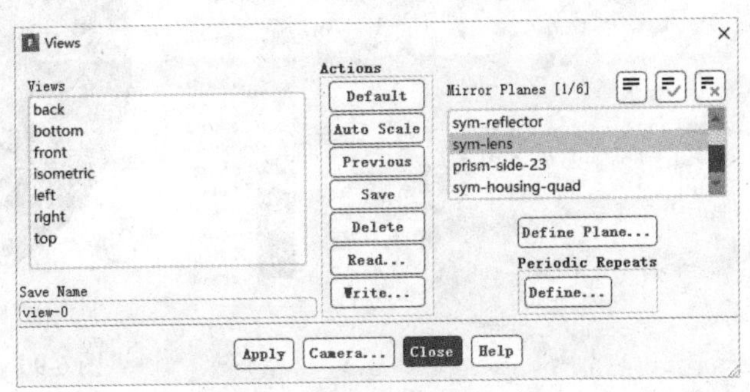

图 6-86 显示滞止温度等值线的设置

图 6-87 显示镜像部分

单击 Contours 面板中的 Save/Display 按钮。显示的滞止温度云图如图 6-88 所示。用户可以在等值线图形中的灯座上看见两个热点。

（3）显示入射辐射云图。

① 双击Graphics列表中的Contours项，打开Contours面板。

② 在Options下取消对Global Range的选择。

③ 从Contours of下拉列表中选择Wall Fluxes...和Surface Incident Radiation。

④ 从Surfaces列表中选择housing-inner、lens-inner和socket-inner，如图6-89所示。

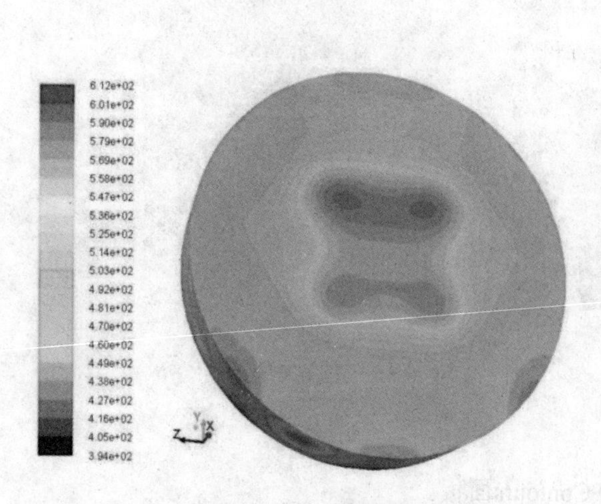

图 6-88 滞止温度云图

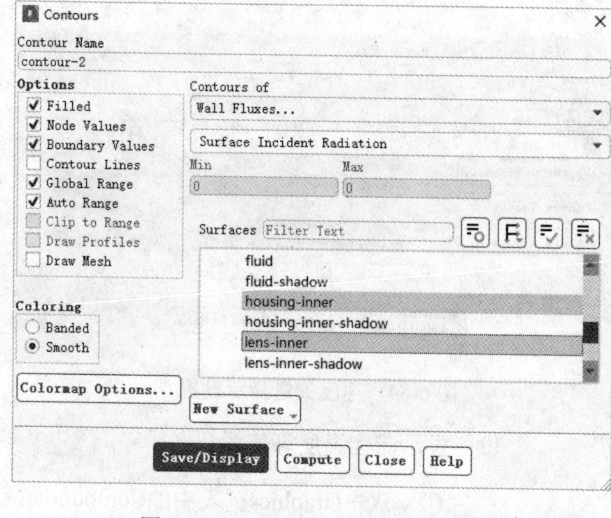

图 6-89 显示入射辐射云图设置

表面入射辐射的等值线在图 6-90 中给出。用户可以在等值线图形中的灯座上看见两个热点。本实例教程中的辐射是高度区域化的，其来自于小的光源（高温和相对较小的灯丝）。如果使用更高的theta和phi角度划分，可以消除这两个热点。

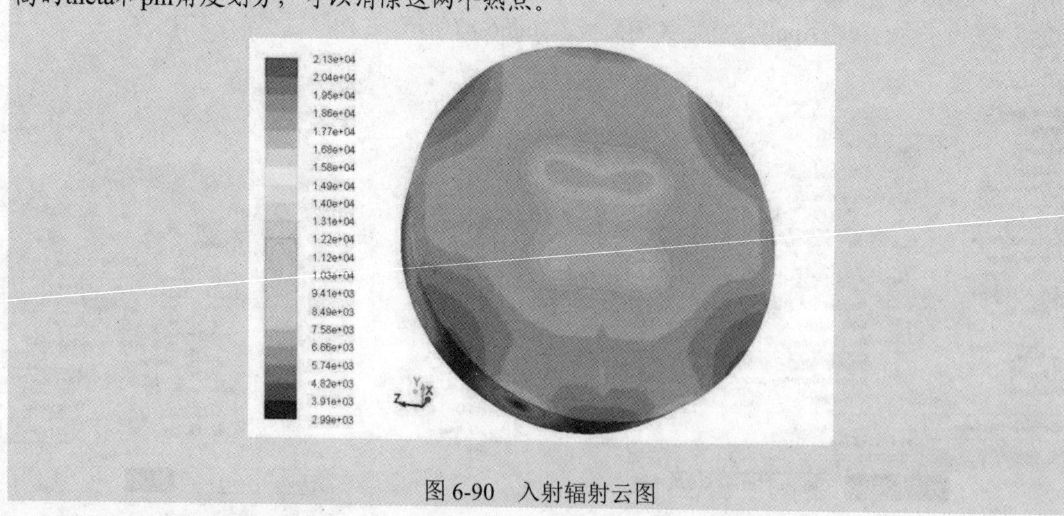

图 6-90 入射辐射云图

类似地，用户可以显示入射辐射的反射、吸收和透射部分的等值线图形，且只能对半透明壁面这样处理。

结果讨论：

- 本例中，没有考虑玻璃和镜片吸收系数的光谱分布，并假定吸收系数为常数（灰体模型）。使用了吸收系数的波长加权平均值：

$$a = \text{sum}(a \times \text{wave\_length}) / \text{sum}(\text{wave\_length})$$

如果需要得到更精确的结果，可以使用Fluent 的非灰DO模型。

- 当网格较为粗糙时，靠近灯丝存在很大的温度梯度，使能量方程可能存在收敛上的困难。一个解决方法是使灯泡区域的网格更为细化。
- 在存在区域性热源的情况下，如果需要更为精确的结果，应当使用更高的角度离散处理。本例中，在灯丝上的辐射是高度区域化的，可能需要高达 4×4 的角度划分。本教程中使用了 2×2 的角度离散处理。也可以进行角度离散的敏感性研究，用户可以在开始时使用 2×2 的角度离散处理，然后使用 4×4 的角度划分继续计算，直到在主要部件上的最大温度没有明显的变化为止。
- 自动头灯的冷凝是一个问题，可以使用用户定义函数（UDF）进行建模。

6.5 小结

本章主要介绍了Fluent在辐射传热计算中的应用。首先简要地介绍了Fluent中求解传热问题的模型和根据不同模型对三种类型传热问题的处理方法；然后通过两个实例对基本计算模型进行了详细讲解。

实例 1 给出了通风问题的求解方法和设置过程，其中介绍了太阳加载模型的设置和求解过程，并使用S2S和P-1 模型进行辐射计算。在实例 2 中介绍了汽车自动头灯热分析计算模型的分析和设置过程，在流场计算的基础上采用DO模型计算了辐射热流。通过实例讲解使读者了解利用Fluent求解传热问题的基本方法。

第7章 基于传热模型的热分析

导言

本章介绍 Fluent 在电力设备传热计算中的应用。通过对电力变压器和埋地管廊内电缆的两个计算实例的应用，使读者了解使用 Fluent 求解电力发热设备传热问题的基本过程和使用方法。

学习目标

- ☑ Fluent 中发热量处理为内热源等效设置。
- ☑ Fluent 中自然对流传热物性参数设置。
- ☑ 电力设备发热应用实例解析。

7.1 综述

对于电力设备热仿真分析计算，一般主要有两个分析重点。其一是流动及传热的耦合计算，涉及电力设备发热量的等效内热源设置；其二是封闭空间的自然对流传热，涉及自然对流传热求解流体物性参数设置。

电力设备发热量等效内热源设置的一般处理方式为体发热源和面热流密度，其设置难点在于数值的计算准确及材料属性的设置。

自然对流问题相对于一般的导热和对流问题更为复杂，Fluent软件中专门建立了求解自然对流问题的模型。自然对流是由于流体受到加热后密度产生变化，引起温度不同部分的流体在浮力的作用下产生的流动现象。Fluent软件采用两种不同的方法来模拟自然对流现象。

一是使用瞬态计算的方法，从初始的压力和温度计算封闭区域中的密度，得到封闭区域中初始条件下的质量。在随着时间步长进行迭代求解时，按照适当的方式保证该初始质量的守恒条件，这种方法适用于用户定义的计算区域中温差很大的情况。

二是使用Boussinesq模型进行稳态计算的方法，其中需要用户设定一个恒定的密度，这样也就对用户定义的封闭域中流体的质量进行了设定，该方法只适用于用户定义的计算域中温差很小的情况。

接下来以电力设备变压器及埋地电缆温度场仿真为例详细介绍如何在Fluent软件中进行传热和流动的耦合计算，以及比较复杂的浮力驱动流动/自然对流传热计算。

7.2 变压器内温度场及流场仿真分析

本节介绍如何利用Fluent中的内热源设置及考虑油的物性参数随温度变化来模拟变压器内的温度场及流场分布，本节对于常规设置过程做了一些简化，以突出学习重点，如有不理解之处，请读者参阅实例。本节的学习主要完成以下任务：

通过本实例的演示过程，用户将学习到：

- 使用 Cell Zones 中的内热源设置来进行铁芯及绕组发热等效处理。
- 物性参数密度随温度变化设置。
- 流固耦合传热面材料属性设置。

7.2.1 实例描述

对于电力设备变压器而言，其内部铁芯及绕组的温度分布是模拟计算分析的关键。变压器内部冷却介质绝缘油由于密度随温度变化，在变压器内部形成自循环。

因为变压器三维模型结构复杂，本节以变压器二维几何模型为例进行变压器热仿真分析。其几何结构模型如图 7-1 所示，其由铁芯、高压绕组、中压绕组、内部挡板及散热翅片等组成，其中铁芯、高压绕组及中压绕组为发热元件，变压器内部绝缘油因密度差变化在油箱内形成自循环流动，在散热翅片处将热量散出。

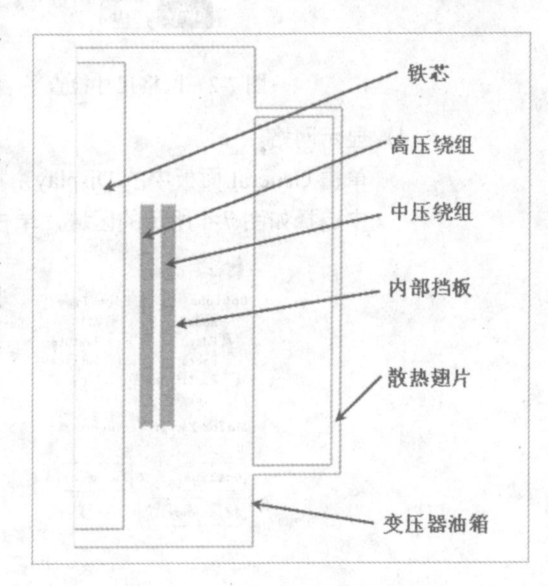

图 7-1 变压器二维结构示意图

7.2.2 实例操作

本例中假定用户熟悉Fluent的界面，并了解内热源设置，在设置的求解过程中一些基本步骤就不明确给出了。

本实例计算模型的Mesh文件的文件名为transformer.msh。运行二维双精度版本的Fluent求解器后，具体操作步骤如下：

步骤01 设置网格。

（1）读入网格文件（transformer.msh）。

选择 File→Read→Mesh，选择网格文件 transformer.msh。

（2）网格尺寸。

单击 General 面板中的 Scale…按钮，对网格尺寸进行检查，如图 7-2 所示，默认单位为 m。

（3）网格检查。

单击 General 面板中的 Check 按钮，对网格进行检查，如图 7-3 所示。检查网格的一个重要原因是确保最小体积单元为正值，Fluent 无法求解开始为负值的体积单元。

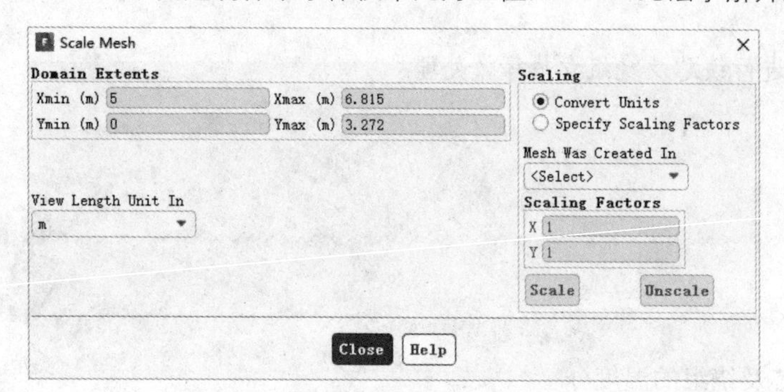

图 7-2 网格尺寸检查

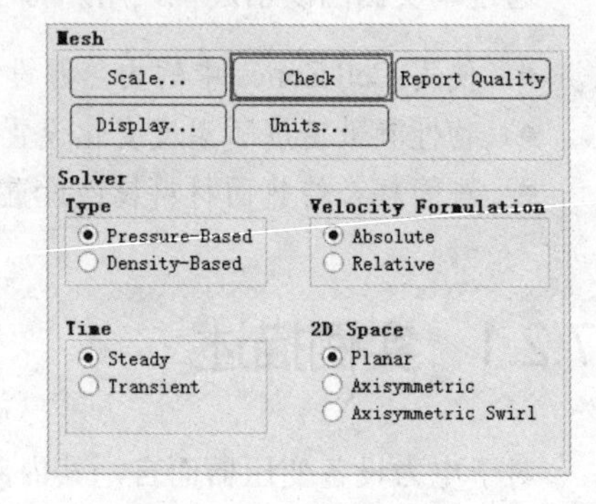

图 7-3 网格质量检查

（4）显示网格。

单击 General 面板中的 Display…按钮，弹出 Mesh Display（网格显示）面板，在 Surfaces 列表中选择如图 7-4 所示的区域，单击 Display 按钮。窗口显示的网格如图 7-5 所示。

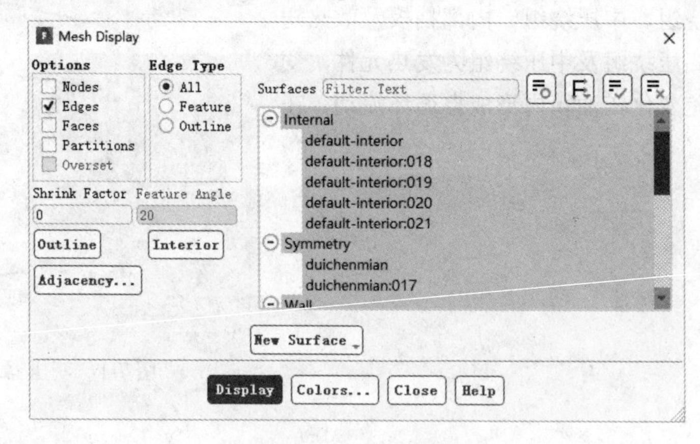

图 7-4 网格显示

步骤02 设置模型。

（1）在 General 面板中选择压力基求解器（Pressure-Based），进行稳态求解（Steady）。勾选 Gravity，并将重力加速度设置为 Y 轴正方向的-9.8m/s²，如图 7-6 所示。

（2）在 General 面板中单击 Units…按钮，将 Temperature 的单位改为℃，如图 7-7 所示。

（3）激活能量方程，具体步骤为：在 Models 面板中双击 Energy，在弹出的 Energy 面板中勾选 Energy Equation，如图 7-8 所示。

图 7-5　背景色为白色的模型

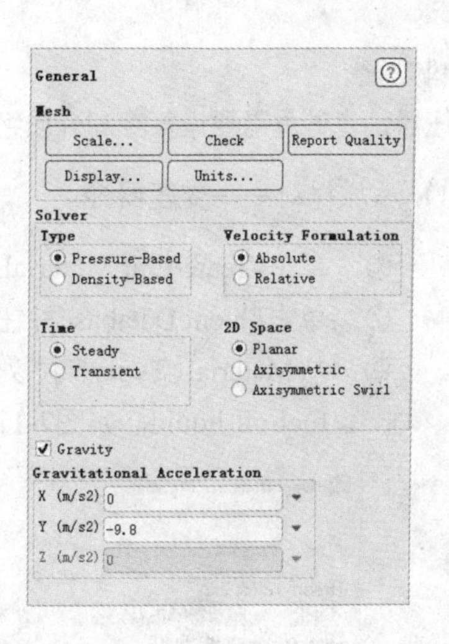

图 7-6　General 面板设置

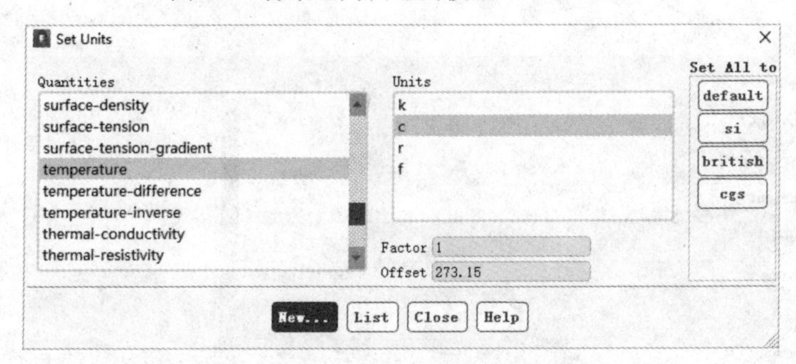

图 7-7　温度单位修改设置

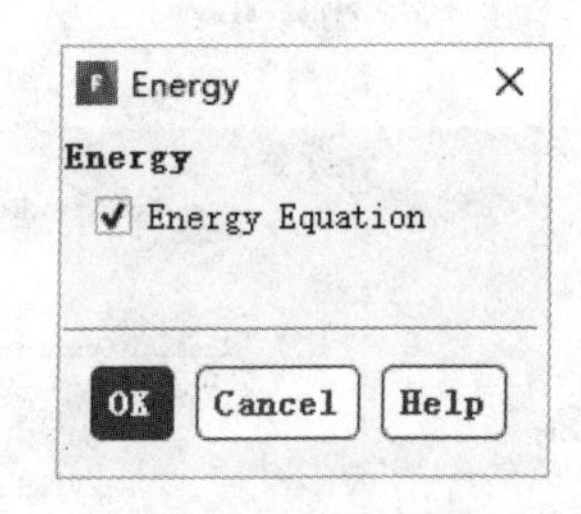

图 7-8　激活能量方程

（4）设置粘性模型为湍流模型中的 k-epsilon，具体步骤为：在 Models 面板中双击 Viscous，在弹出的粘性模型面板中激活 k-epsilon 单选按钮，如图 7-9 所示。

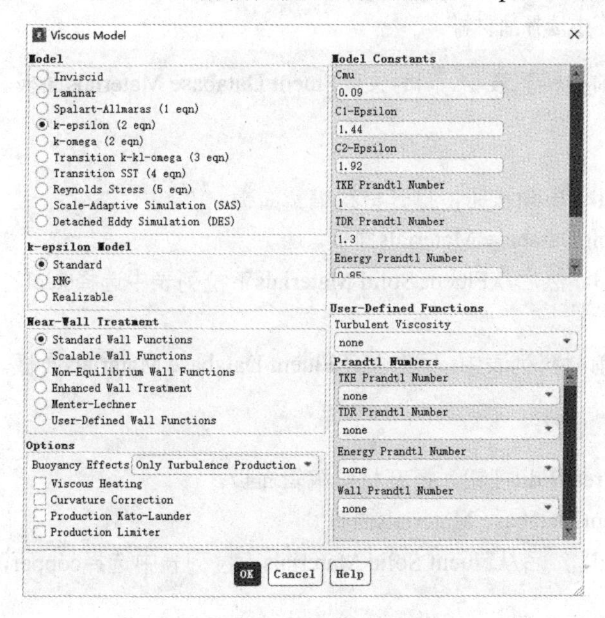

图 7-9　选择 k-epsilon 流动模型

（5）设置辐射换热模型为 P1，具体步骤为：在 Models 面板中双击 Radiation，在弹出的 Radiation Model 面板中激活 P1 单选按钮，如图 7-10 所示。

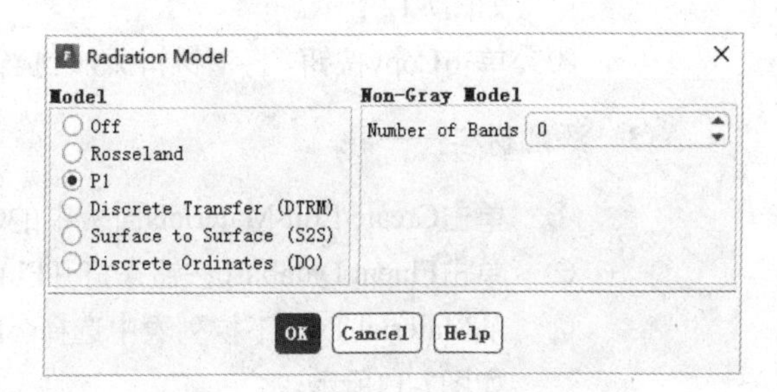

图 7-10　选择 P1 辐射换热模型

步骤03 材料设置。

变压器仿真计算需要设置冷却介质绝缘油、铁芯材料不锈钢及绕组的材料铜，具体操作步骤如下：

（1）添加材料——变压器油。

① 单击Create/Edit Materials面板中的Creat/Edit按钮，打开材料编辑面板。

② 单击Fluent Database按钮来打开Fluent Database Materials面板。

③ 从Material Type下拉列表中选择fluid，然后从Fluent Fluid Materials下拉列表中选择fuel-oil-liquid，如图7-11所示。

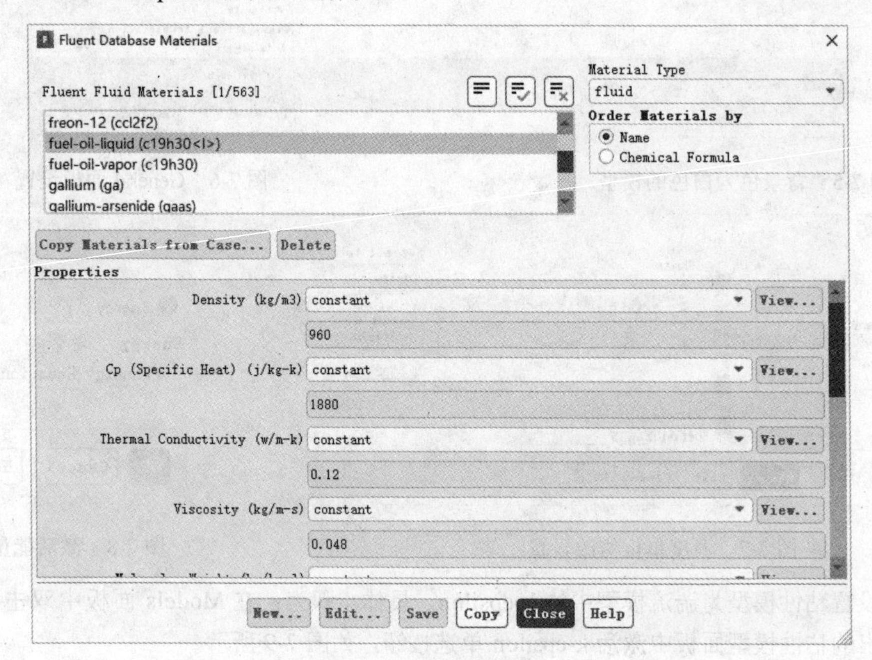

图 7-11 从材料库中选择油材料

④ 单击Copy按钮，将油材料添加到当前材料列表中，同时关闭Fluent Database Materials面板。

（2）添加材料——钢。

① 单击Create/Edit Materials面板中的Creat/Edit按钮，打开材料编辑面板。

② 单击Fluent Database按钮来打开Fluent Database Materials面板。

③ 从Material Type下拉列表中选择solid，然后从Fluent Solid Materials下拉列表中选择steel，如图7-12所示。

④ 单击Copy按钮，将钢材料添加到当前材料列表中，同时关闭Fluent Database Materials面板。

（3）添加材料——铜。

① 单击Create/Edit Materials面板中的Creat/Edit按钮，打开材料编辑面板。

② 单击Fluent Database按钮来打开Fluent Database Materials面板。

③ 从Material Type下拉列表中选择solid，然后从Fluent Solid Materials下拉列表中选择copper，如图7-13所示。

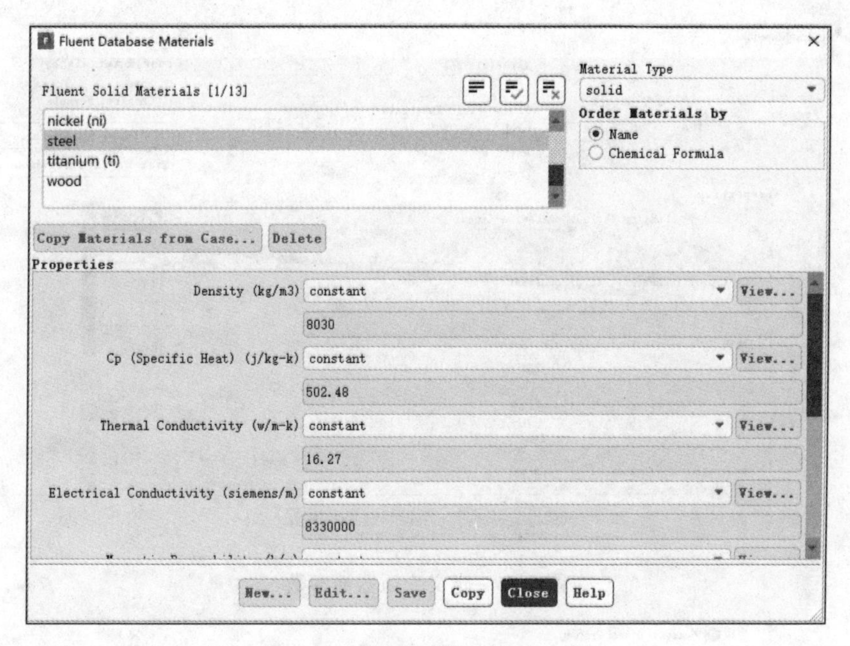

图 7-12　从材料库中选择钢材料

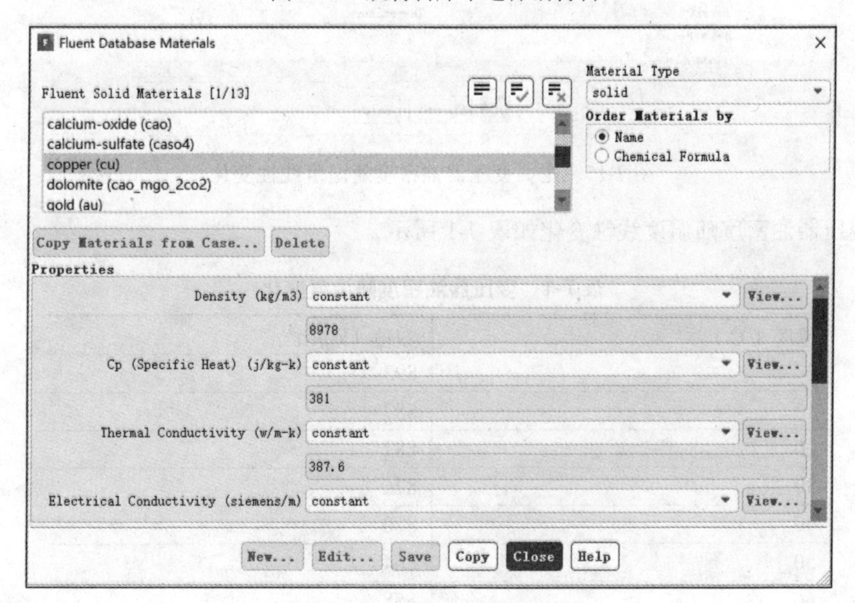

图 7-13　从材料库中选择铜材料

④ 单击Copy按钮，将铜材料添加到当前材料列表中，同时关闭Fluent Database Materials面板。

（4）修改变压器油材料物性参数。

① 双击Create/Edit Materials面板中的fuel-oil-liquid，打开Creats/Edit Materials面板，如图7-14所示。

② 在Name处输入oil，在Chemical Formula处输入oil，修改材料名称。

③ 在Density下拉框中选择piecewise-linear，将变压器油的密度改成随温度线性变化，如图7-15所示。

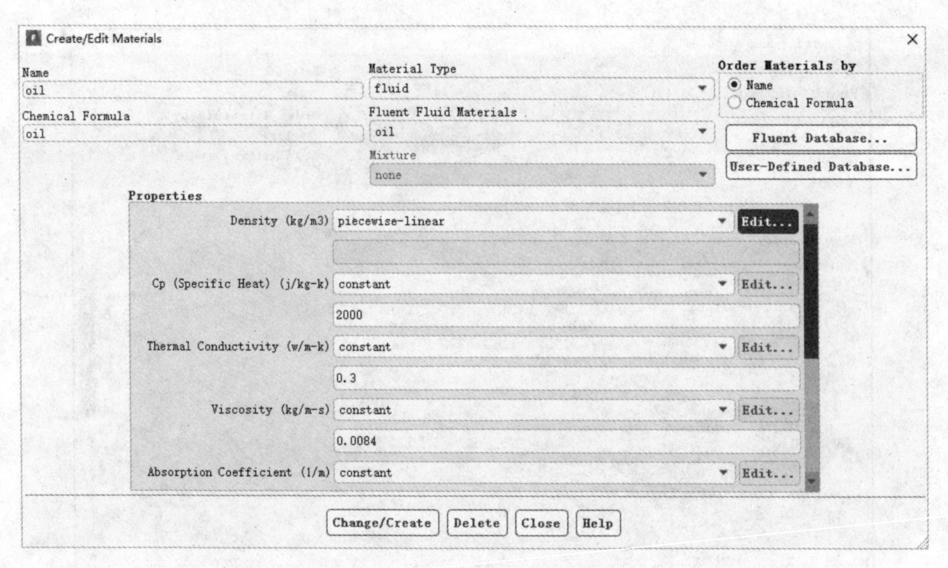

图 7-14　定义变压器油参数

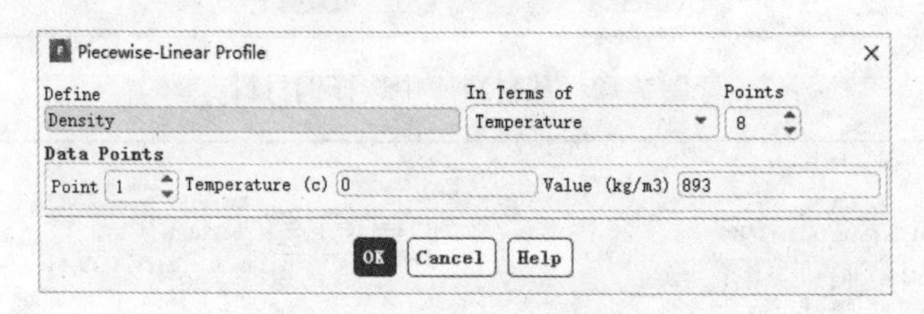

图 7-15　定义变压器油密度随温度线性变化

变压器油密度随温度线性变化如表 7-1 所示。

表 7-1　变压器油密度随温度变化

温度（℃）	数值（kg/m^3）
0	893
10	887
20	882
30	876
40	870
50	864
60	858
70	852

对于变压器油密度随温度变化，其处理方式为采用boussinesq方式或者采用多项式拟合的方式，具体以仿真出来结果的精度进行分析。

④　将oil的比热容及导热系数修改如图7-14所示，单击Change/Create按钮，保存设置。

（5）修改不锈钢、铜及铝材料物性参数。

参照上述步骤将铝的材料名称修改为 youxiang，将铜的材料名称修改为 raozu，将不锈钢的材料名称修改为 tiexin。

步骤04 操作条件。

在功能区选择 Physics→Solver→Operating Conditions，打开如图 7-16 所示的面板，定义大气压强（环境压强）为 101325Pa，考虑重力环境，即增加 Y 方向的重力加速度为-9.8，同时定义环境温度为 20℃。

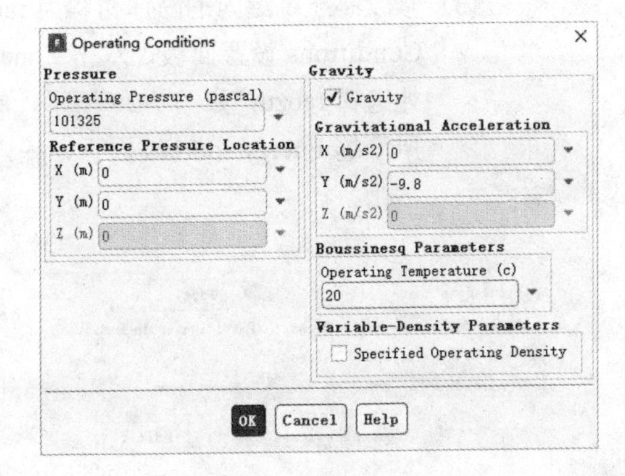

图 7-16 操作压力设置

步骤05 定义计算区域。

设置完材料属性后，需要分别设置不同区域的材料属性，具体操作设置如下：

（1）修改计算域内流体材料为 oil，具体步骤为：双击 Cell Zone Conditions，弹出 Cell Zone Conditions 设置面板，双击 Zone 下的 Fluid，弹出 Fluid 面板，在 Material Name 处选择 oil，如图 7-17 所示。

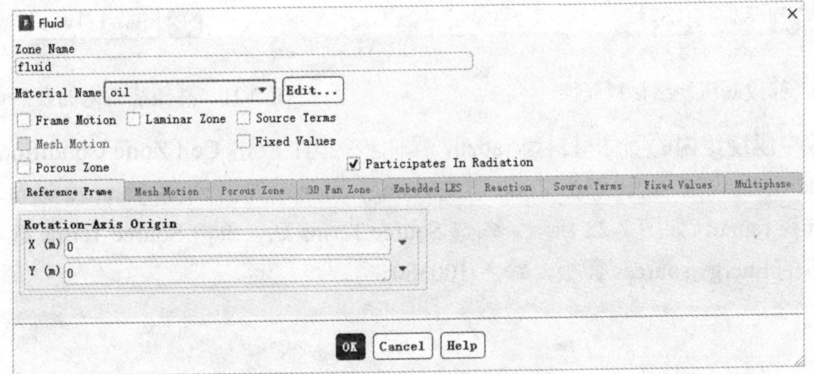

图 7-17 修改流体域内的材料属性

（2）修改铁芯内的固体材料为 tiexin，具体步骤为：双击 Cell Zone Conditions，弹出 Cell Zone Conditions 设置面板，双击 Zone 下的 tiexin，对 tiexin 进行设置，在 Material Name 处选择 tiexin，如图 7-18 所示。勾选 Source Terms 后，单击 Source Terms 选项，弹出如图 7-19 所示的内热源设置，单击 Edit...按钮，输入 20000。

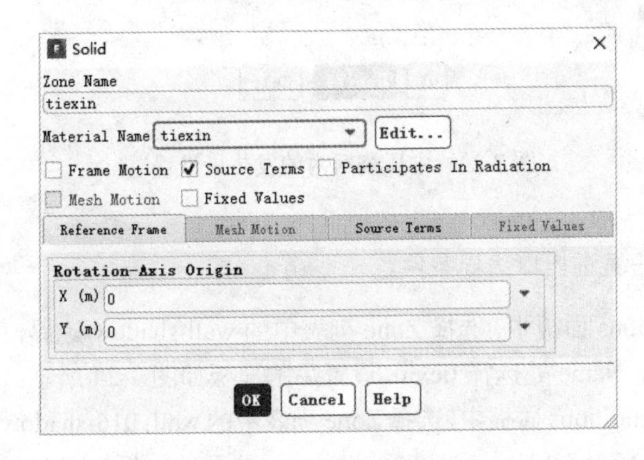

图 7-18 修改铁芯材料属性

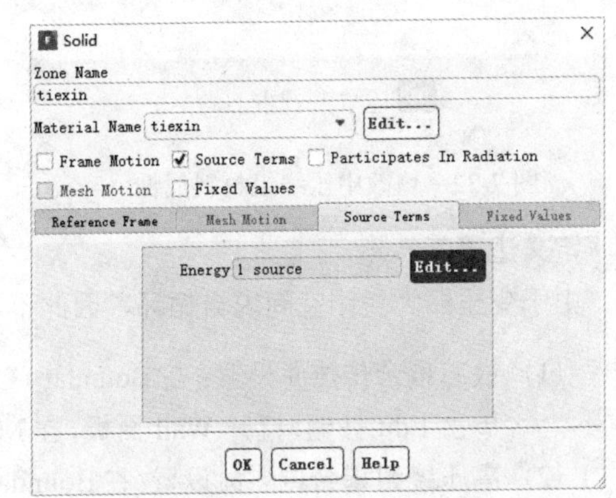

图 7-19 增加铁芯内的发热量设置

（3）修改高压绕组内的固体材料为 raozu，具体步骤为：双击 Cell Zone Conditions，弹出 Cell Zone Conditions 设置面板，双击 Zone 下的 gaoyaraozu，对 gaoyaraozu 进行设置，在 Material Name 处选择 raozu，如图 7-20 所示。勾选 Source Terms 后，单击 Source Terms 选项，弹出如图 7-21 所示的 Energy sources 面板，输入 72820。

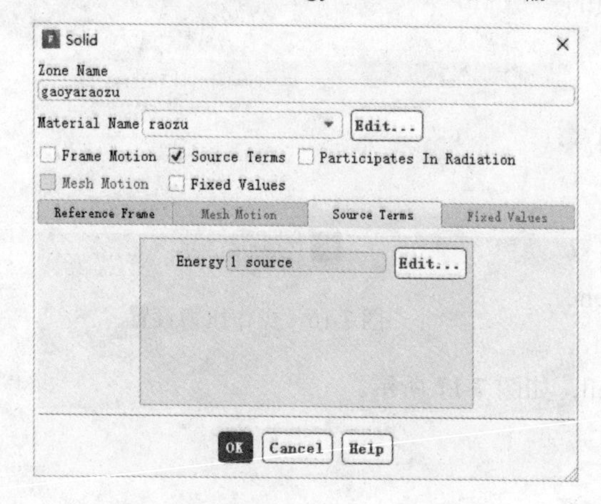

图 7-20　修改高压绕组材料属性

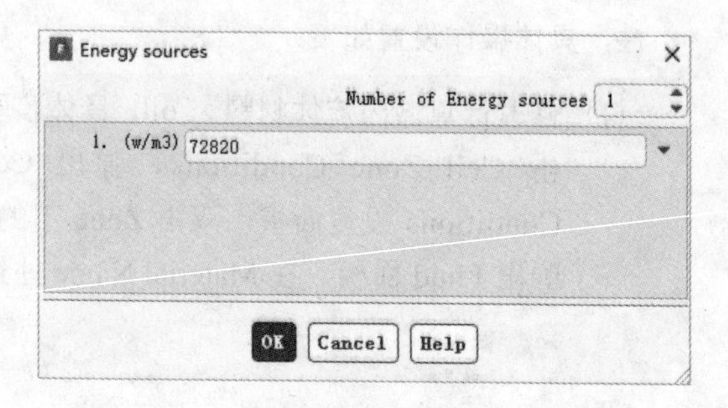

图 7-21　高压绕组内的发热量设置

（4）修改中压绕组内的固体材料为 raozu，具体步骤为：双击 Cell Zone Conditions，弹出 Cell Zone Conditions 设置面板，双击 Zone 下的 zhongyaraozu，弹出 zhongyaraozu 设置，在 Material Name 处选择 raozu，如图 7-22 所示。勾选 Source Terms 后，单击 Source Terms 选项，弹出如图 7-23 所示的 Energy sources 面板，输入 100380。

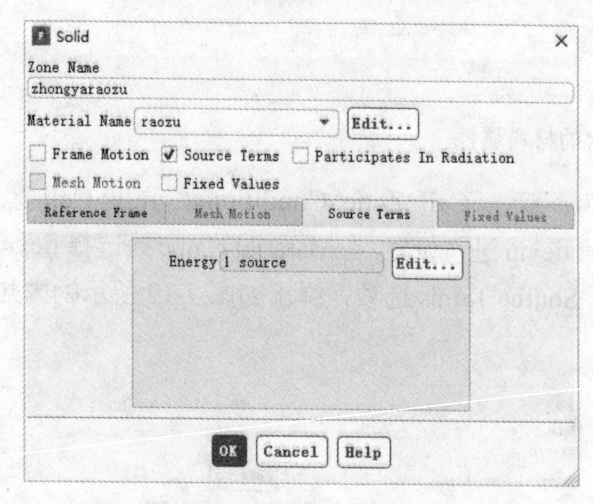

图 7-22　修改中压绕组材料属性

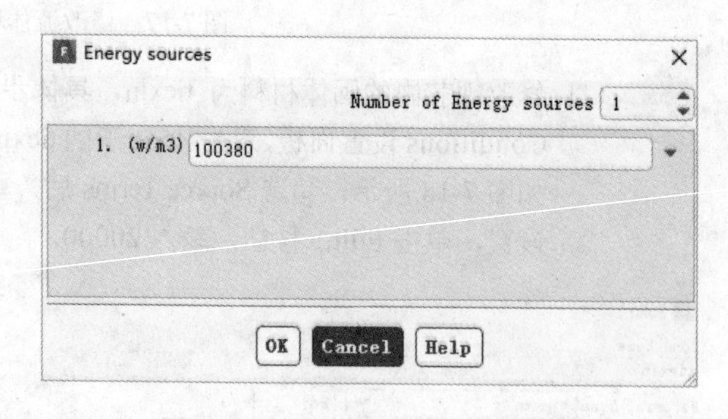

图 7-23　中压绕组内的发热量设置

步骤 06　定义边界条件。

由于变压器为封闭空间内自循环，因此不需要设置进出口边界条件。

（1）铁芯耦合传热面设置：在 Boundary Conditions 面板中，选择 Zone 列表中的 wall-shadow 边界，单击 Edit 按钮，打开 Wall 面板，在 Material Name 处选择 tiexin，设置后的面板如图 7-24 所示。

（2）高压绕组耦合传热面设置：在 Boundary Conditions 面板中，选择 Zone 列表中的 wall:016-shadow 边界，单击 Edit 按钮，打开 Wall 面板，在 Material Name 处选择 raozu，设置后的面板如图 7-25 所示。

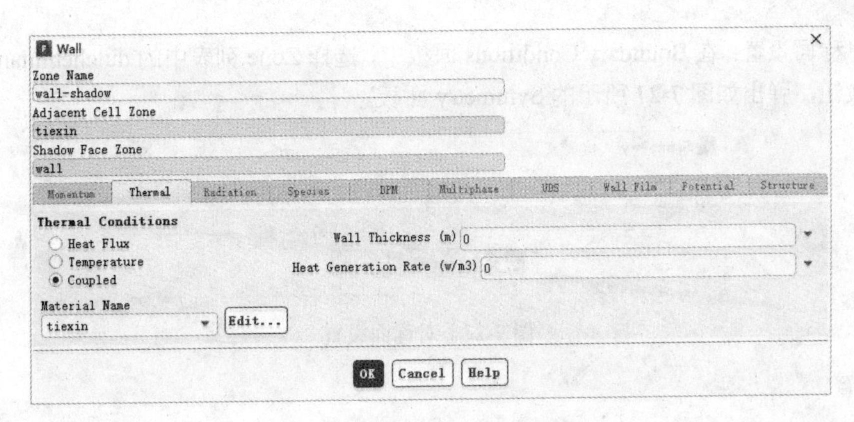

图 7-24　铁芯耦合传热面设置

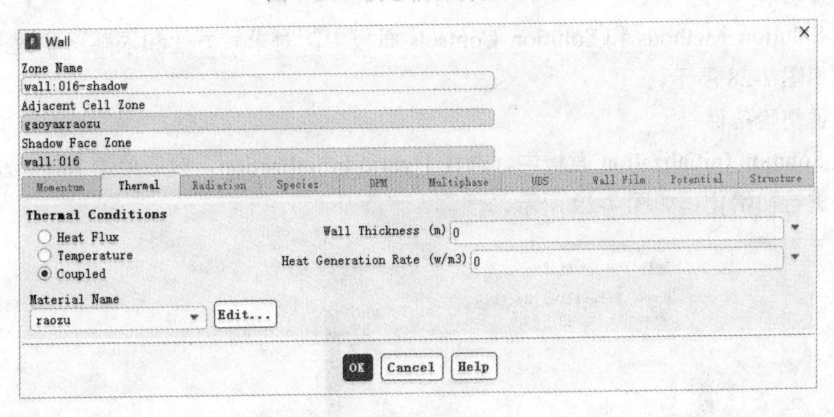

图 7-25　高压绕组耦合传热面设置

（3）参照上述设置，对中压绕组及挡板进行设置。

（4）散热传热面对流换热设置：在 Boundary Conditions 面板中，选择 Zone 列表中的 wall-srq 边界，单击 Edit 按钮，打开 Wall 面板。单击 Thermal 选项，选中 Convection，在 Heat Transfer Coefficient 处输入 23.9，在 Free Stream Temperature 处输入 20，在 Material Name 处选择 youxiang，设置后的面板如图 7-26 所示。

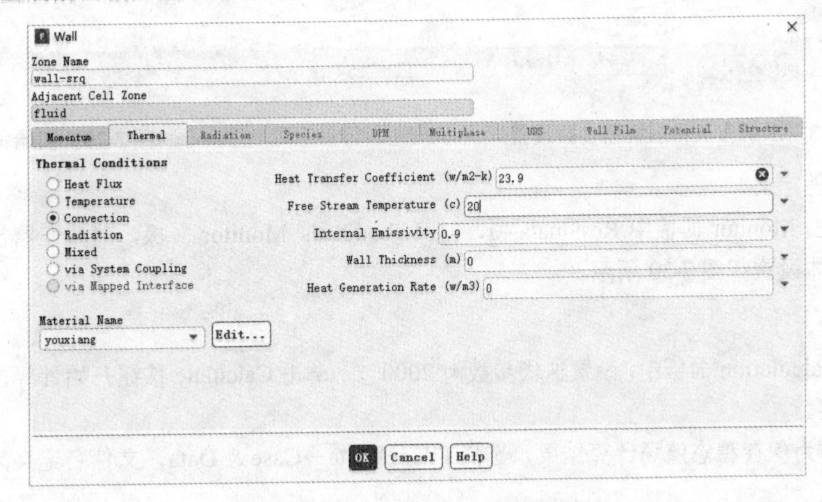

图 7-26　散热传热面对流换热设置

（5）对称面设置：在 Boundary Conditions 面板中，选择 Zone 列表中的 duichenmian 边界，单击 Edit 按钮，弹出如图 7-27 所示的 Symmetry 面板。

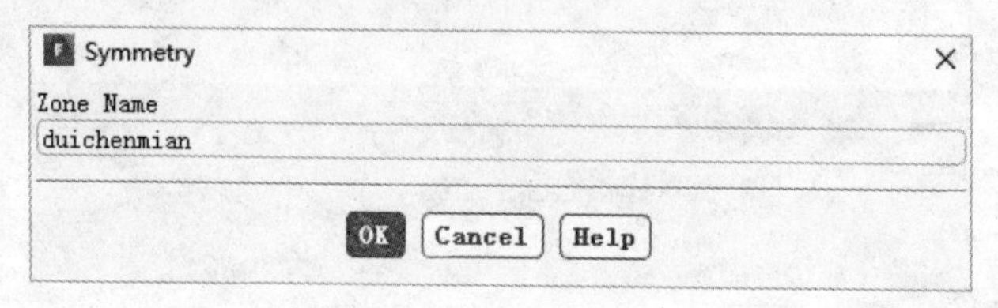

图 7-27　对称面设置

步骤 07 求解设置。

（1）设置求解控制参数。

在 Solution Methods 和 Solution Controls 面板中，对求解方法和求解器参数进行设置，具体设置如图 7-28 所示。

（2）设置初始条件。

在 Solution Initialization 面板中，选择 Hybrid Initialization，然后单击 Initialize 按钮，对整个流场进行初始化，如图 7-29 所示。

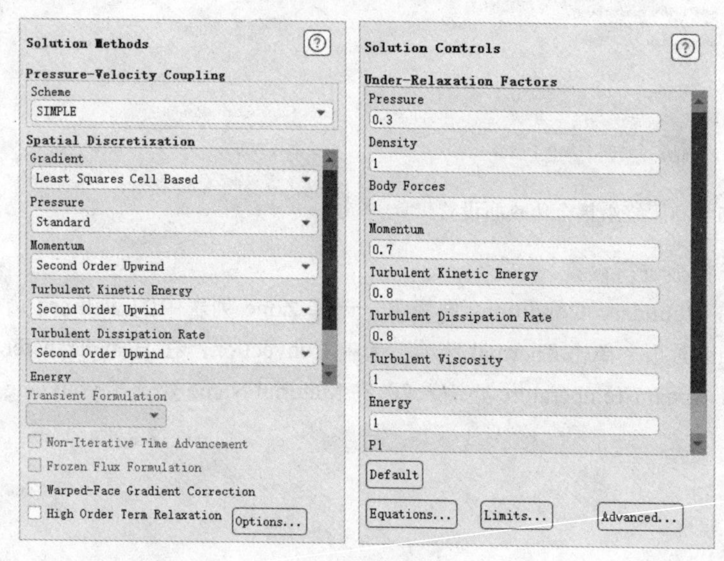

图 7-28　求解方法和求解器参数设置

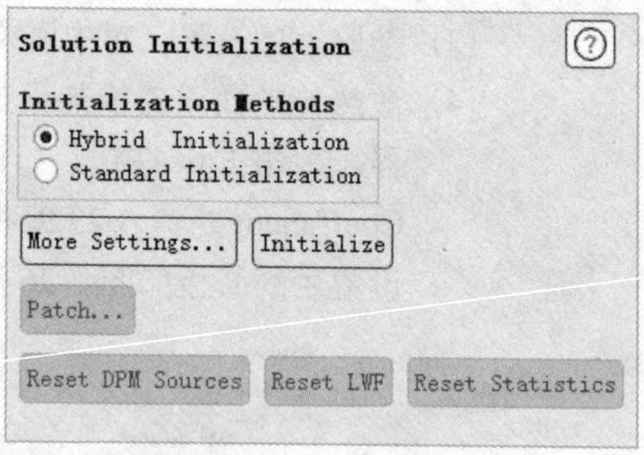

图 7-29　初始条件设置

（3）残差定义。

双击 Monitor 面板中 Residuals 项，打开 Residuals Monitor 面板，对残差监视窗口进行设置，具体设置如图 7-30 所示。

步骤 08 计算设置。

在 Run Calculation 面板中，设置迭代步数为 2000 步，单击 Calculate 按钮开始计算，如图 7-31 所示。

步骤 09 保存结果。

此步操作为保存稳态流场计算结果，选择 File→Write→Case & Data，文件名定义为 transformer。

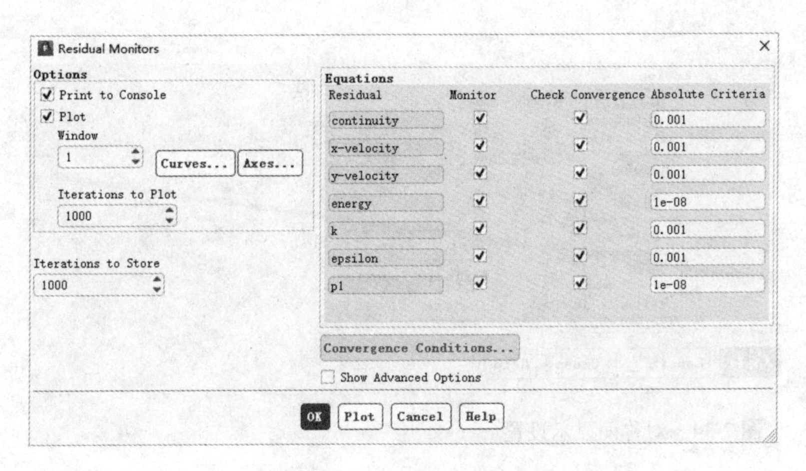

图 7-30 监视残差曲线设置

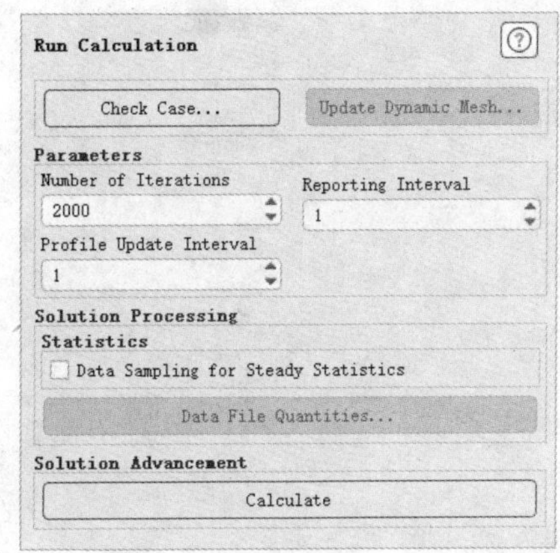

图 7-31 迭代设置

步骤10 后处理。

（1）显示 Static Temperature 云图。

① 双击Graphics列表中的Contours，打开Contours面板。

② 在Contours of列表中选择Temperature...和Static Temperature，在Options中选择Filled、Auto Range，保持Surfaces列表中的平面不变，如图7-32所示。

③ 单击Save/Display按钮，得到温度分布云图，如图7-33所示。

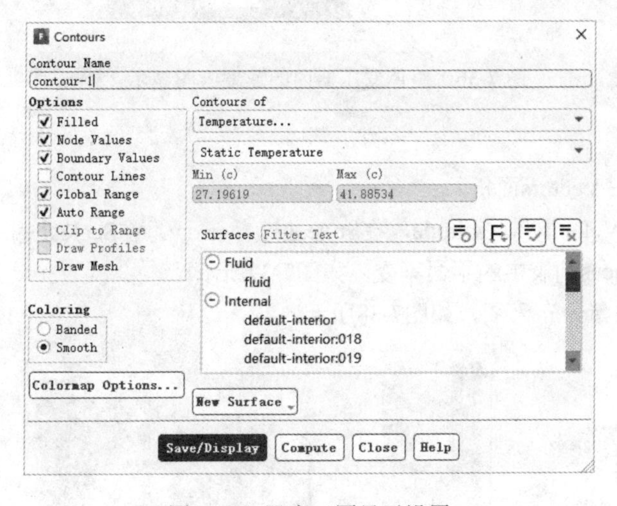

图 7-32 温度云图显示设置

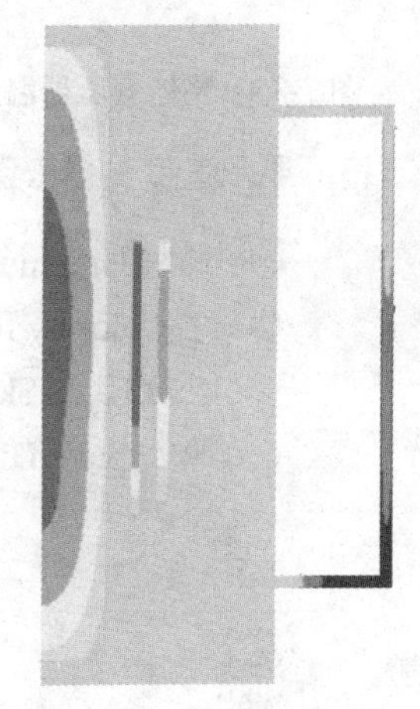

图 7-33 变压器温度分布云图

④ 单击Graphics and Animations下的View按钮，在Mirror Planes中选择如图7-34所示的截面，单击Apply按钮，显示如图7-35所示的温度云图。

（2）显示速度云图。

① 双击Graphics列表中的Contours，打开Contours面板。

② 在Contours of列表中选择Velocity和Velocity Magnitude，在Options中选择Filled、Auto Range，保持Surfaces列表中的平面不变。

③ 单击Save/Display按钮，得到速度分布云图，如图7-36所示。

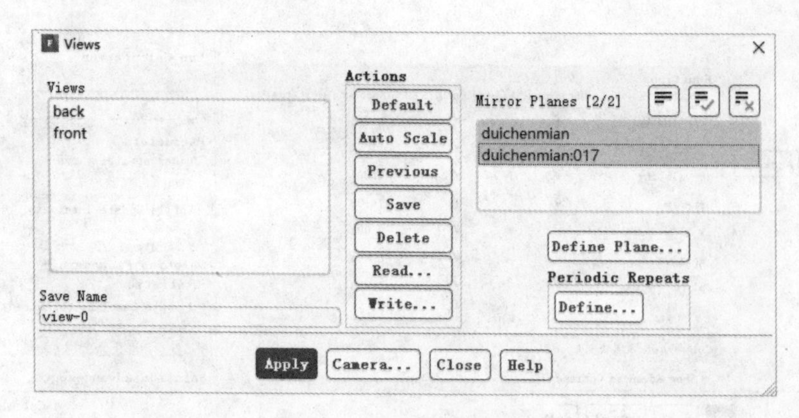

图 7-34　对称面显示设置

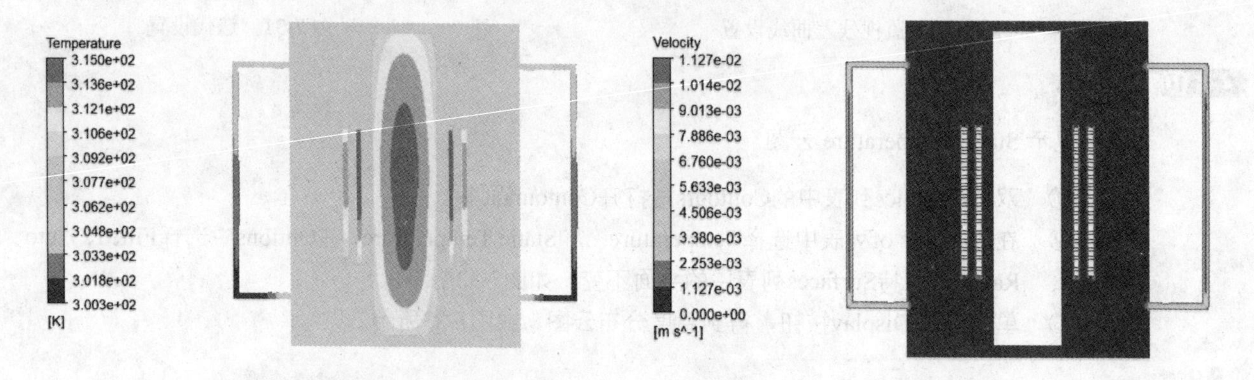

图 7-35　整体变压器温度云图显示　　　　图 7-36　整体变压器内的速度云图显示

（3）显示速度矢量云图。

① 双击Graphics列表中的Vectors，打开Vectors面板。

② 在Color by列表中选择Velocity…和Velocity Magnitude，在Style处选择arrow，在Scale处输入0.1，在Skip处输入10，保持Surfaces列表中的平面不变，如图7-37所示。

③ 单击Save/Display按钮，得到速度矢量分布云图，如图7-38所示。

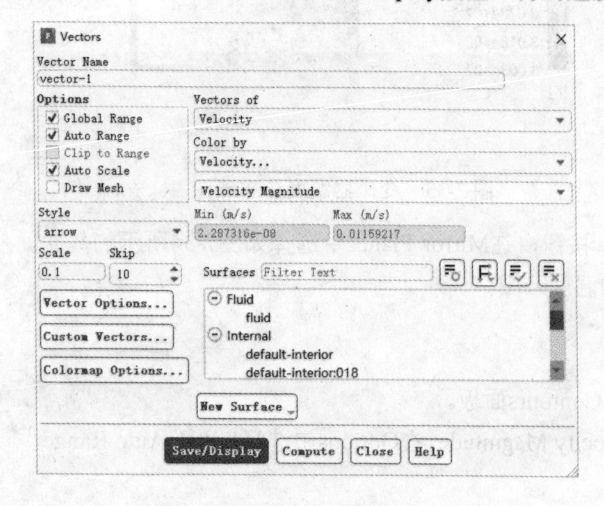

图 7-37　速度矢量云图显示设置

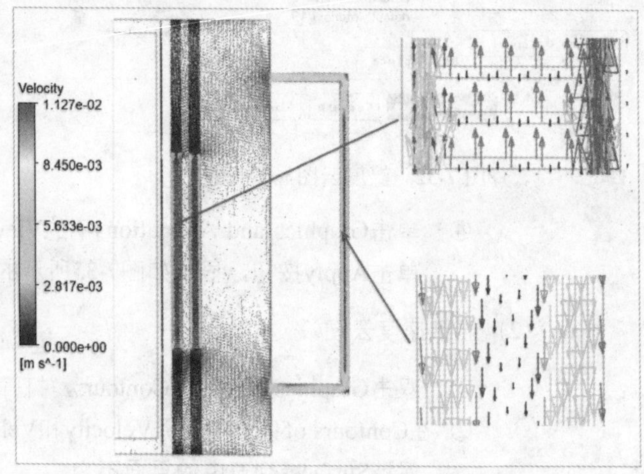

图 7-38　速度矢量云图显示

7.3 埋地管廊内电缆温度场及流场仿真分析

本节介绍如何利用Fluent中的boussinesq假设及封闭空间自然对流模拟埋地管廊内电缆温度场及流场分布。本节对于常规设置过程做了一些简化，以突出学习重点。通过本实例的演示过程，用户将学习到：

- 设置物质属性和边界条件。
- 求解能量和流动方程。
- 不同类型传热边界设置。
- 流固耦合传热面材料属性设置。
- 解的初始化和获取。

7.3.1 实例描述

地下管廊内输电电缆在输电过程中会产生热量，地下管廊内的空气受热密度变化在地下管廊的封闭空间内流动，与四周土壤进行换热，因为地下管廊三维模型结构复杂，本节以埋地管廊内电缆的二维几何模型为例进行输电电缆热仿真分析。

其几何结构模型如图 7-39 所示，其由发热体、管廊内的空气域及土壤域等组成，其中固体域 1、固体域 2 及固体域 3 均为输电电缆等效发热元件，地下管廊内的空气因密度差变化在管廊内形成自循环流动，与四周土壤进行对流换热。

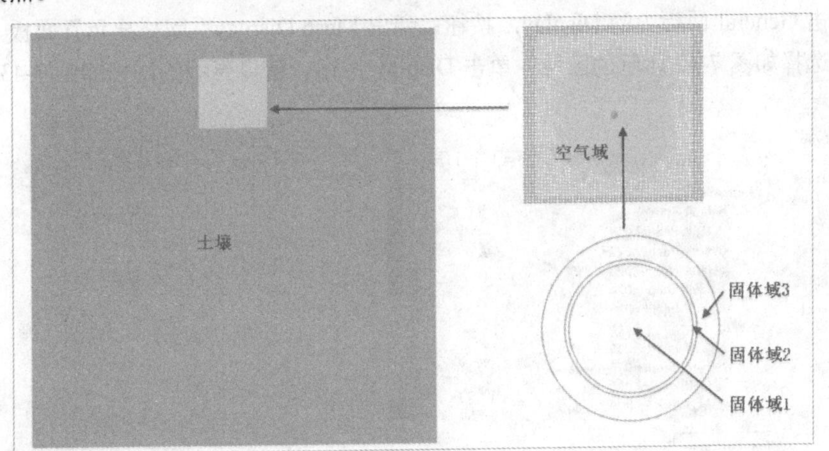

图 7-39　埋地管廊内输电电缆传热分析二维结构示意图

7.3.2 实例操作

本例中假定用户熟悉Fluent的界面，并了解内热源及材料修改设置，在设置的求解过程中一些基本步骤就不明确给出了。

本实例计算模型的Mesh文件的文件名为gtdr.msh。运行二维双精度版本的Fluent求解器后，具体操作步骤如下：

步骤01 设置网格。

（1）读入网格文件（gtdr.msh）。

选择 File→Read→Mesh，选择网格文件 gtdr.msh。

（2）网格尺寸。

单击 General 面板中的 Scale…按钮，对网格尺寸进行检查，如图 7-40 所示，默认单位为 mm。

（3）网格检查。

单击 General 面板中的 Check 按钮，对网格进行检查，如图 7-41 所示。检查网格的一个重要原因是确保最小体积单元为正值，Fluent 无法求解开始为负值的体积单元。

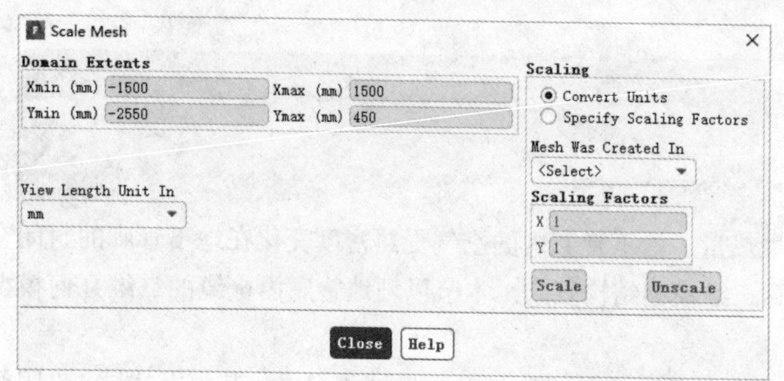

图 7-40　网格尺寸检查

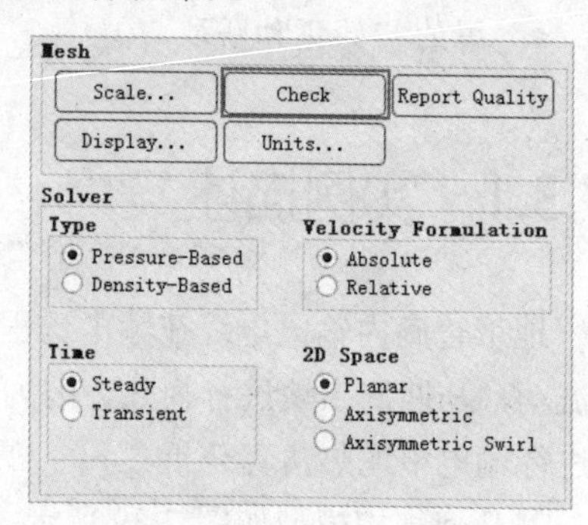

图 7-41　网格质量检查

（4）显示网格。

单击 General 面板中的 Display…按钮，弹出 Mesh Display（网格显示）面板，在 Surfaces 列表中选择如图 7-42 所示的区域，单击 Display 按钮。窗口显示的网格如图 7-43 所示。

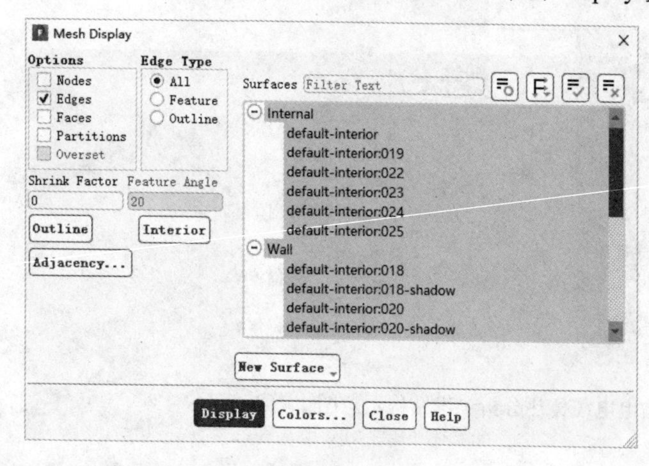

图 7-42　网格显示

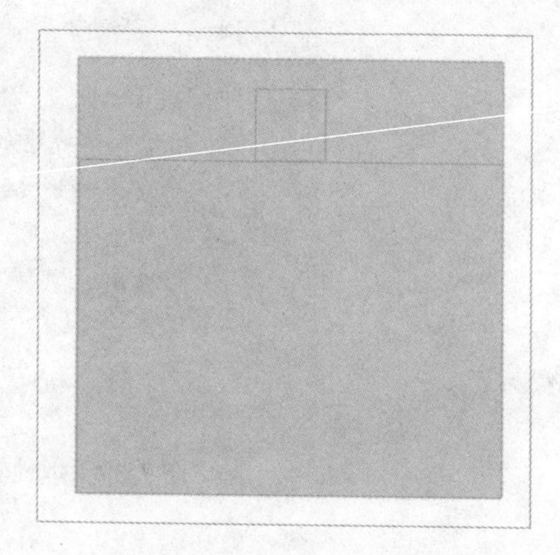

图 7-43　背景色为白色的模型

步骤02 设置模型。

（1）在 General 面板中选择压力基求解器（Pressure-Based），进行稳态求解（Steady）。勾选 Gravity，并将重力加速度设置为 Y 轴正方向的-9.8m/s^2，如图 7-44 所示。

(2) 激活能量方程，具体步骤为：在 Models 面板中双击 Energy，在弹出的 Energy 面板中勾选 Energy Equation，如图 7-45 所示。

(3) 设置粘性模型为湍流模型中的 Laminar，具体步骤为：在 Models 面板中双击 Viscous，在弹出的粘性模型面板中激活 Laminar 单选按钮，如图 7-46 所示。

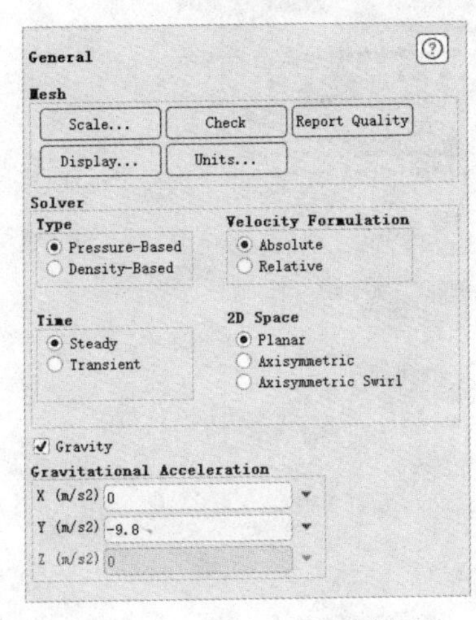

图 7-44　General 面板设置

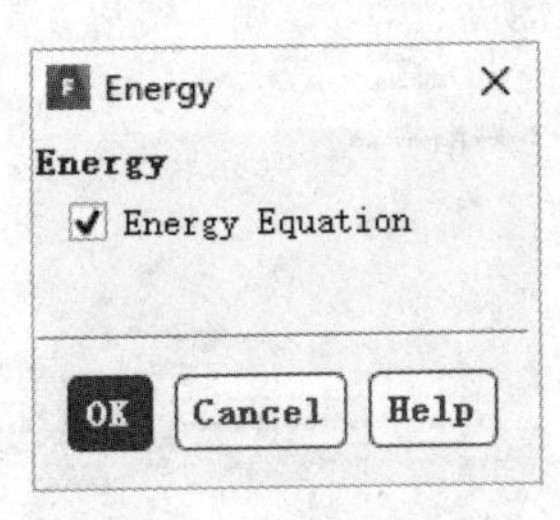

图 7-45　激活能量方程

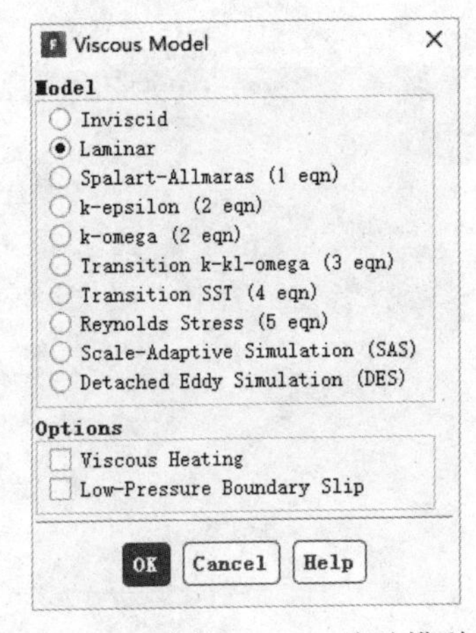

图 7-46　选择 Laminar 流动模型

步骤 03 材料设置。

输电电缆仿真计算需要设置三种固体材料及土壤等材料，具体操作步骤如下：

(1) 添加材料——steel。

① 单击Create/Edit Materials面板中的Creat/Edit按钮，打开材料编辑面板。

② 单击Fluent Database按钮来打开Fluent Database Materials面板。

③ 从Material Type下拉列表中选择solid，然后从Fluent Solid Materials下拉列表中选择steel，如图7-47所示。

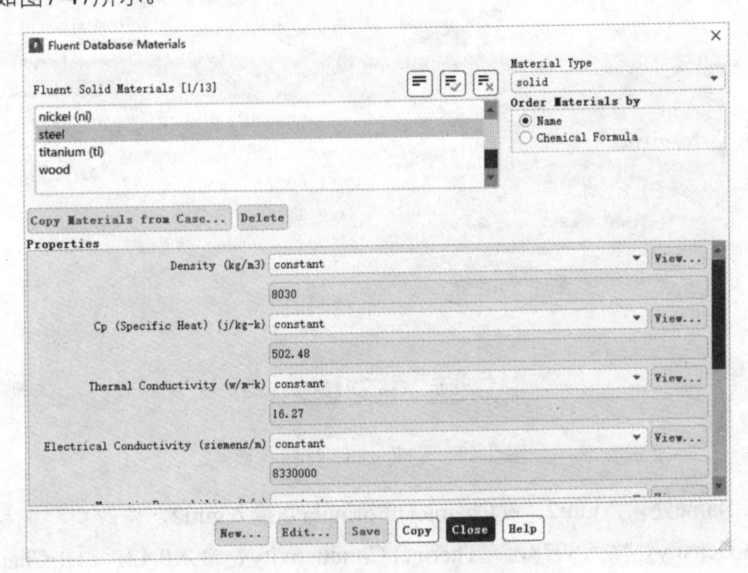

图 7-47　从材料库中选择 steel 材料

④ 单击Copy按钮，将钢材料添加到当前材料列表中，同时关闭Fluent Database Materials面板。

（2）修改新增 guti1 材料物性参数。

① 双击Create/Edit Materials面板中的steel，打开steel材料编辑面板，如图7-48所示。

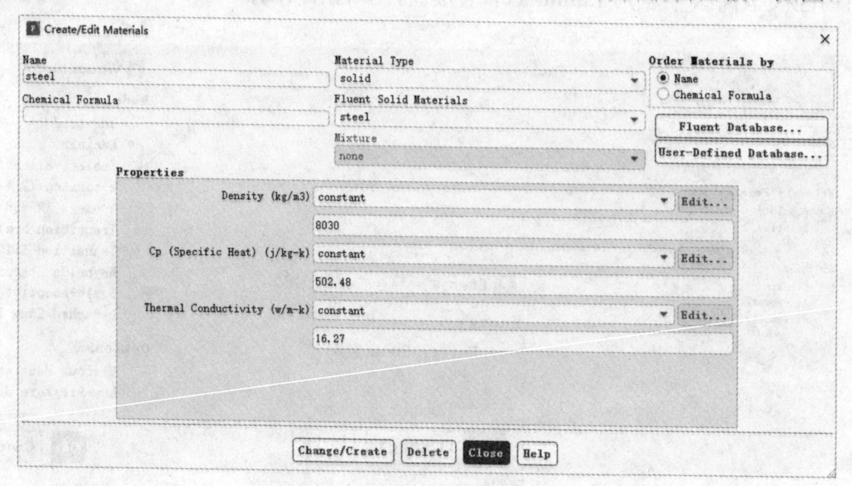

图 7-48　定义 guti1 材料参数

② 在Name处输入guti1，在Chemical Formula处输入guti1，修改材料名称。

③ 在Density处输入8978，在Thermal Conductivity处输入236，单击Change/Create按钮，保存设置。

（3）修改新增 guti2 材料物性参数。

① 按照上面（1）的操作办法，新增steel，然后双击Create/Edit Materials面板中steel，打开steel材料编辑面板，如图7-49所示。

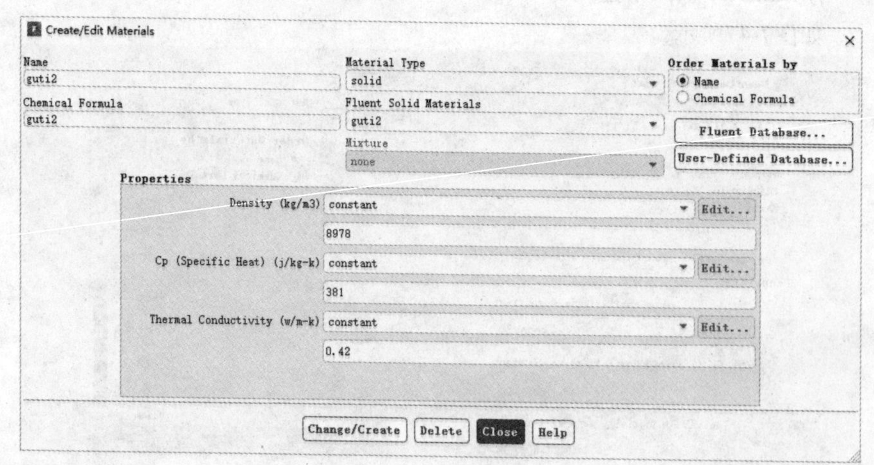

图 7-49　定义 guti2 材料参数

② 在Name处输入guti2，在Chemical Formula处输入guti2，修改材料名称。

③ 在Density处输入8978，在Thermal Conductivity处输入0.42，单击Change/Create按钮，保存设置。

（4）修改新增 guti3 材料物性参数。

① 按照上面（1）的操作办法，新增steel，然后双击Create/Edit Materials面板中steel，打开steel材料编辑面板，如图7-50所示。

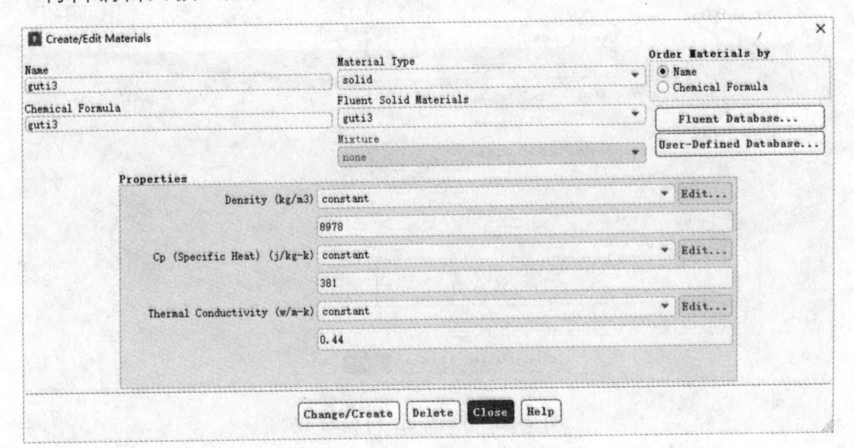

图 7-50 定义 guti3 材料参数

② 在Name处输入guti3，在Chemical Formula处输入guti3，修改材料名称。

③ 在Thermal Conductivity处输入0.44，单击Change/Create按钮，保存设置。

（5）修改新增 turang 材料物性参数。

① 按照上面（1）的操作办法，新增steel，然后双击Create/Edit Materials面板中steel，打开steel材料编辑面板，如图7-51所示。

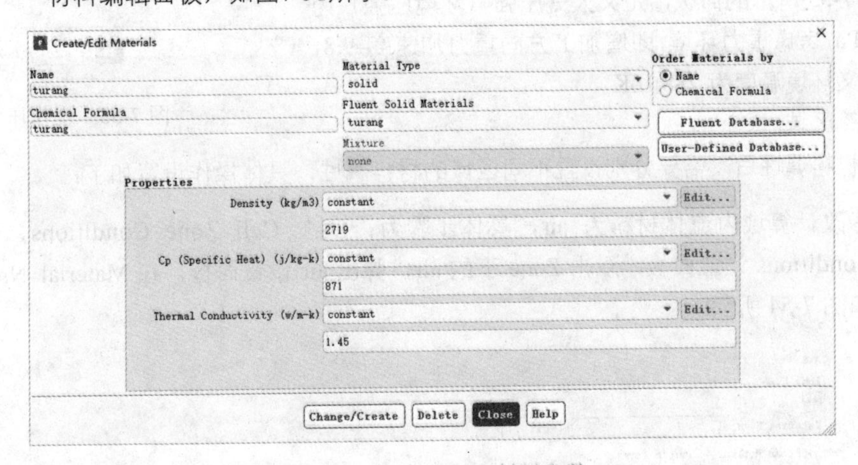

图 7-51 定义 turang 材料参数

② 在Name处输入turang，在Chemical Formula处输入turang，修改材料名称。

③ 在Thermal Conductivity处输入1.45，其他参数参照图7-51进行设置，单击Change/Create按钮，保存设置。

（6）修改 air 材料物性参数。

① 双击Create/Edit Materials面板中的air，打开air材料编辑面板，如图7-52所示。

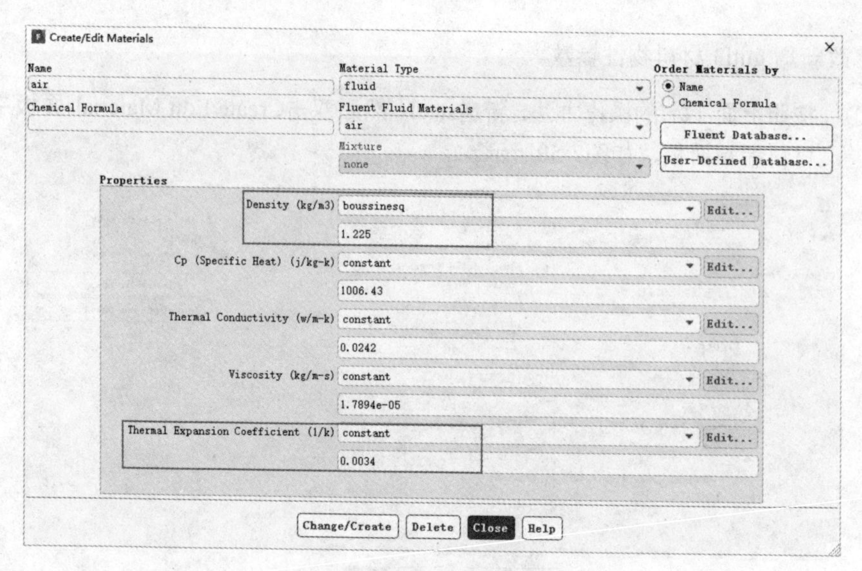

图 7-52　修改 air 材料参数

② 在Density（kg/m^3）处选择boussinesq，数值输入1.225，在Thermal Expansion Coefficient处输入0.0034，其他参数参照图7-52进行设置，单击Change/Create按钮，保存设置。

步骤 04 操作条件。

在功能区选择 Physics→Solver→Operating Conditions，打开如图 7-53 所示的面板，定义大气压强（环境压强）为 101325Pa，考虑重力环境，即增加 *Y* 方向重力加速度–9.8，同时定义环境温度为 288.16K。

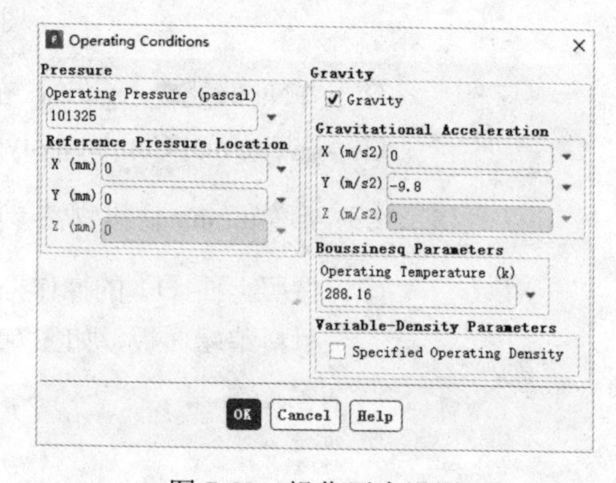

图 7-53　操作压力设置

步骤 05 定义计算区域。

设置完材料属性后，需要分别设置不同区域的材料属性，具体操作设置如下：

（1）修改计算域内流体材料为 air，具体步骤为：双击 Cell Zone Conditions，弹出 Cell Zone Conditions 设置面板，双击 Zone 下的 air，弹出 air 设置面板，在 Material Name 处选择 air，如图 7-54 所示。

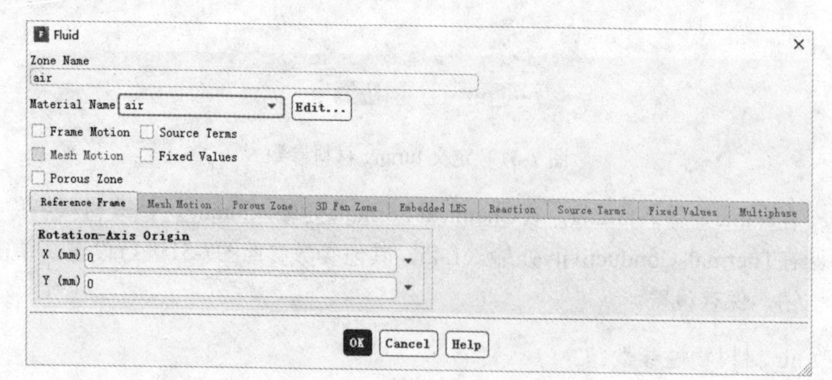

图 7-54　修改流体域内的材料属性

（2）修改 guti1 固体域材料为 guti1，具体步骤为：双击 Cell Zone Conditions，弹出 Cell Zone Conditions 设置面板，双击 Zone 下的 guti1，弹出 guti1 设置面板，在 Material Name 处选择 guti1，如图 7-55 所示。勾选 Source Terms 后，单击 Source Terms 选项，弹出如图 7-56 所示的 Energy Sources 面板，单击 Edit，输入 152815.08。

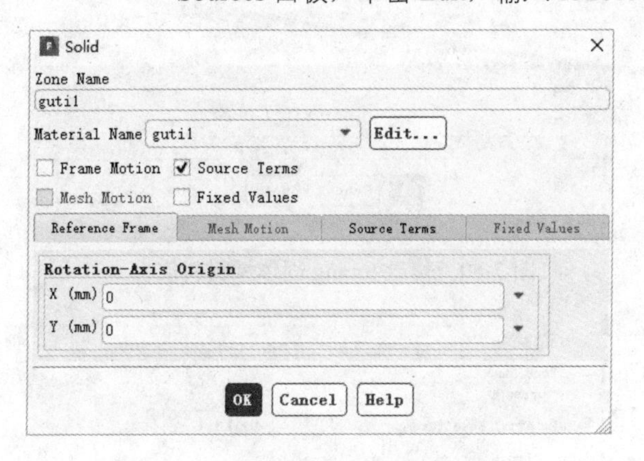

图 7-55 修改 guti1 固体域材料属性

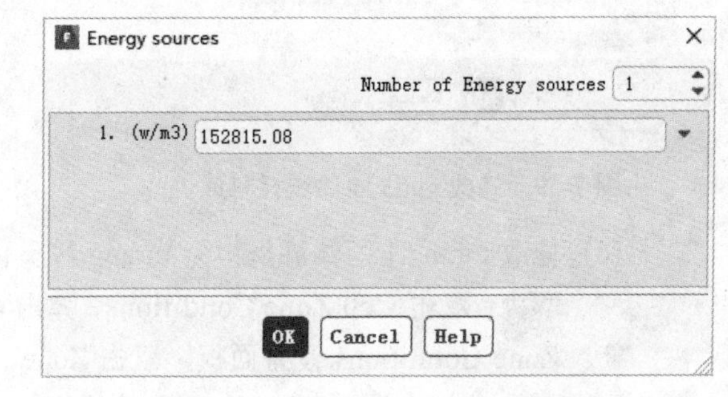

图 7-56 增加铁芯内的发热量设置

（3）修改 guti2 固体域材料为 guti2，具体步骤为：双击 Cell Zone Conditions，弹出 Cell Zone Conditions 设置面板，双击 Zone 下的 guti2，弹出 guti2 设置面板，在 Material Name 处选择 guti2，如图 7-57 所示。勾选 Source Terms 后，单击 Source Terms 选项，弹出如图 7-58 所示的 Energy sources 面板，输入 0.5359。

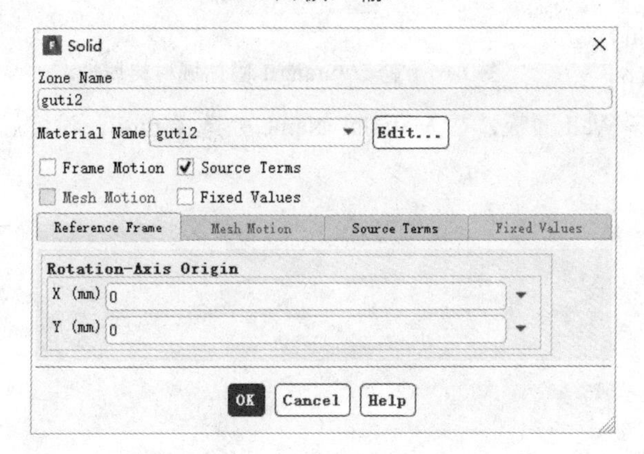

图 7-57 修改 guti2 固体域材料属性

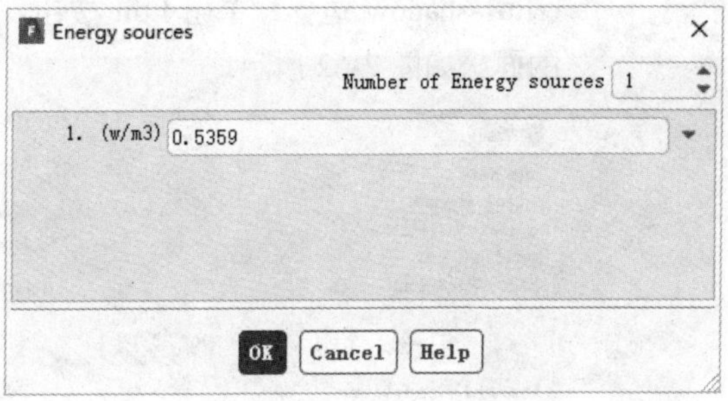

Energy sources

Number of Energy sources 1

1. (w/m3) 0.5359

OK Cancel Help

图 7-58 guti2 固体域内的发热量设置

（4）修改 guti3 固体域材料为 guti3，具体步骤为：双击 Cell Zone Conditions，弹出 Cell Zone Conditions 设置面板，双击 Zone 下的 guti3，弹出 guti3 设置面板，在 Material Name 处选择 guti3，如图 7-59 所示。

（5）修改 turang 固体域材料为 turang，具体步骤为：双击 Cell Zone Conditions，弹出 Cell Zone Conditions 设置面板，双击 Zone 下的 turang，弹出 turang 设置面板，在 Material Name 处选择 turang，如图 7-60 所示。

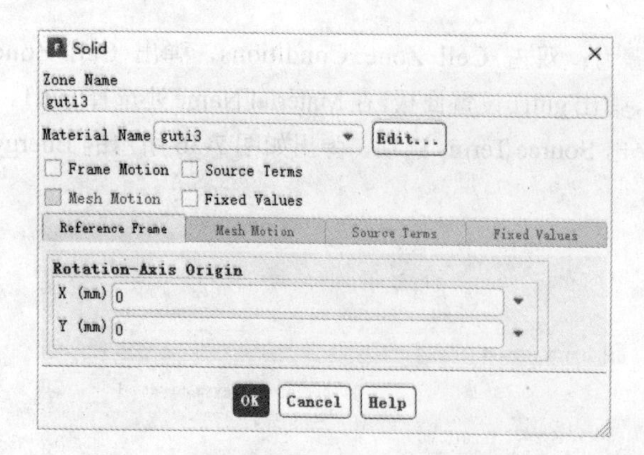

图 7-59 修改 guti3 固体域材料属性

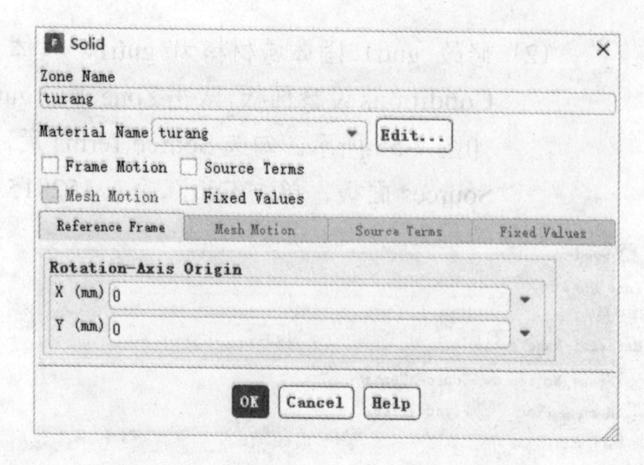

图 7-60 修改 turang 固体域材料属性

(6) 修改 turang.1 固体域材料为 turang.1，具体步骤为：双击 Cell Zone Conditions，弹出 Cell Zone Conditions 设置面板，双击 Zone 下的 turang.1，弹出 turang.1 设置面板，在 Material Name 处选择 turang，如图 7-61 所示。

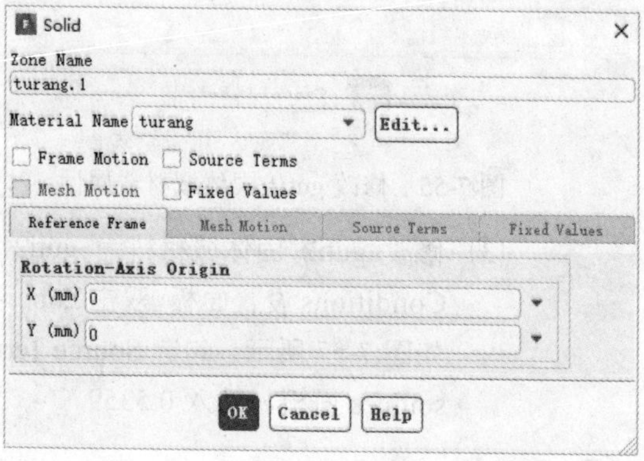

图 7-61 修改 turang.1 固体域材料属性

步骤 06 定义边界条件。

由于埋地管廊内空气流动为封闭空间内自循环，因此不需要设置进出口边界条件。

(1) 电缆 1 耦合传热面设置：在 Boundary Conditions 面板中，选择 Zone 列表中的 reliu1-shadow 边界，单击 Edit 按钮，打开 Wall 面板，在 Material Name 处选择 gutil，设置后的面板如图 7-62 所示。

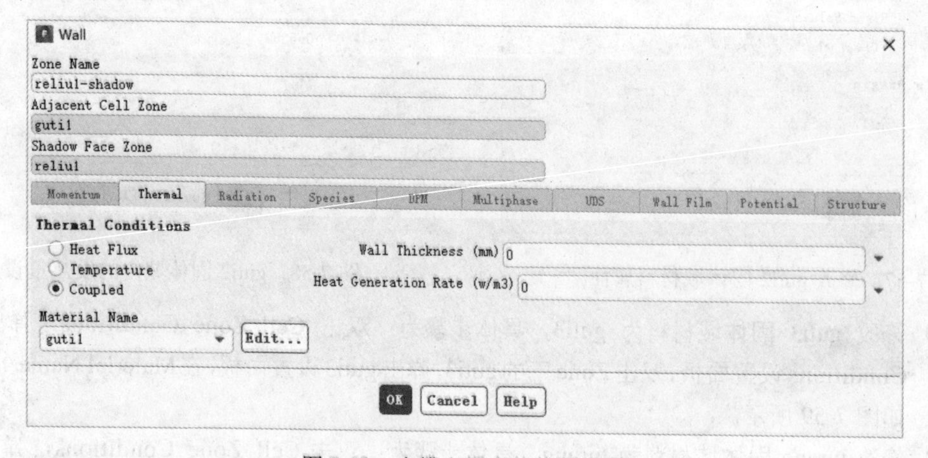

图 7-62 电缆 1 耦合传热面设置

(2) 电缆 2 耦合传热面设置：在 Boundary Conditions 面板中，选择 Zone 列表中的 reliu2-shadow 边界，单击 Edit 按钮，打开 Wall 面板，在 Material Name 处选择 guti2，设置后的面板如图 7-63 所示。

(3) 参照上述设置，对电缆 3 进行设置。

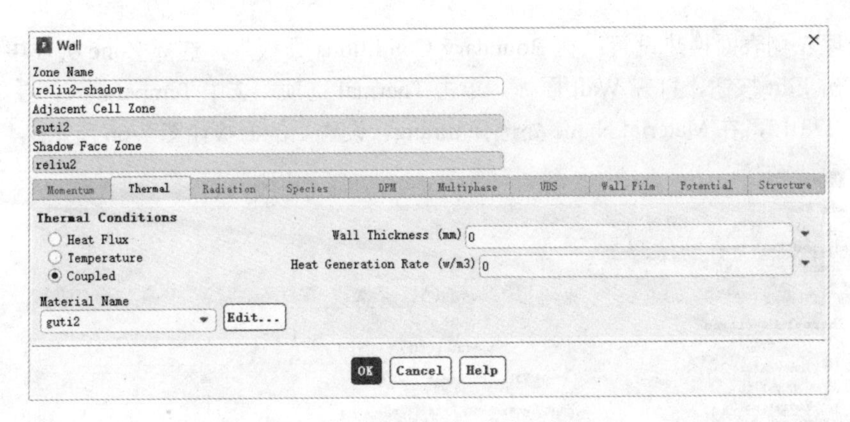

图 7-63　电缆 2 耦合传热面设置

（4）土壤上表面对流换热设置：在 Boundary Conditions 面板中，选择 Zone 列表中的 upwall 边界，单击 Edit 按钮，打开 Wall 面板。单击 Thermal 选项，选中 Convection，在 Heat Transfer Coefficient 处输入 7.29，在 Free Stream Temperature 处输入 313.15，在 Material Name 处选择 turang，设置后的面板如图 7-64 所示。

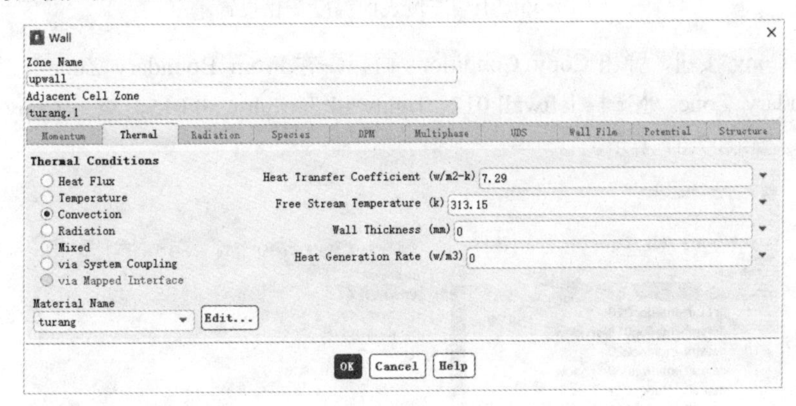

图 7-64　土壤上表面对流换热设置

（5）土壤下表面换热设置：在 Boundary Conditions 面板中，选择 Zone 列表中的 downwall 边界，单击 Edit 按钮，打开 Wall 面板。单击 Thermal 选项，选中 Temperature，在 Temperature 处输入 298.15，在 Material Name 处选择 turang，设置后的面板如图 7-65 所示。

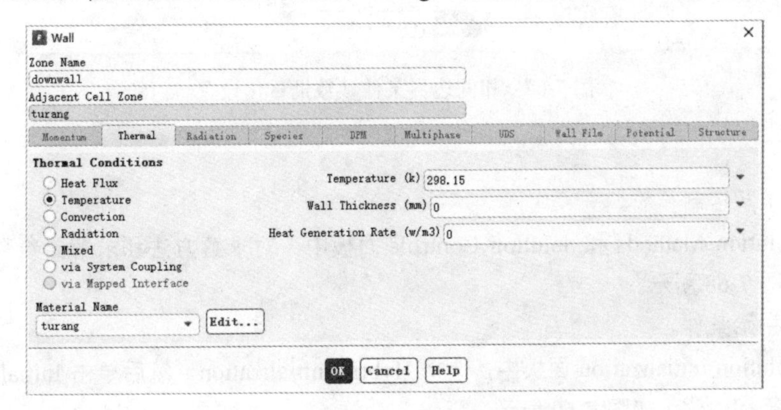

图 7-65　土壤下表面温度边界设置

（6）土壤左侧表面换热设置：在 Boundary Conditions 面板中，选择 Zone 列表中的 leftwall 边界，单击 Edit 按钮，打开 Wall 面板。单击 Thermal 选项，选中 Temperature，在 Temperature 处输入 273.15，在 Material Name 处选择 turang，设置后的面板如图 7-66 所示。

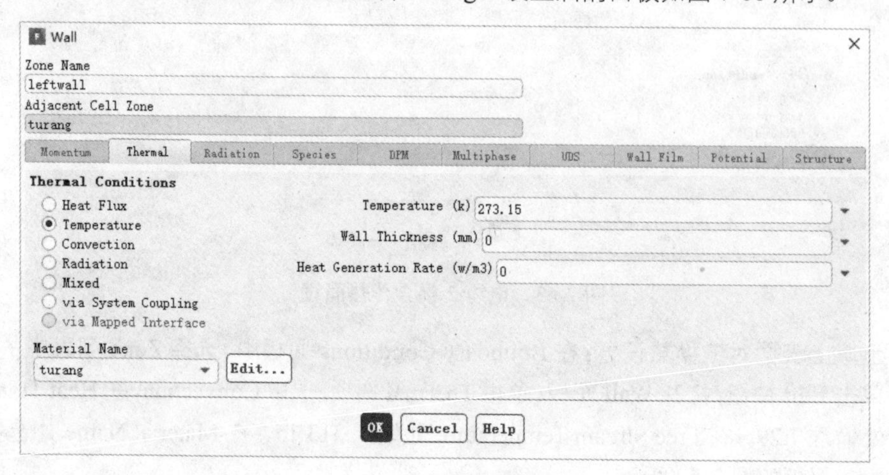

图 7-66　土壤左侧表面温度变化设置

（7）单击 Copy 按钮，弹出 Copy Conditions 面板，在 From Boundary Zone 下选择 leftwall，在 To Boundary Zones 处选择 leftwall:017、rightwall 及 rightwall:015，单击 Copy 按钮实现边界条件设置，如图 7-67 所示。

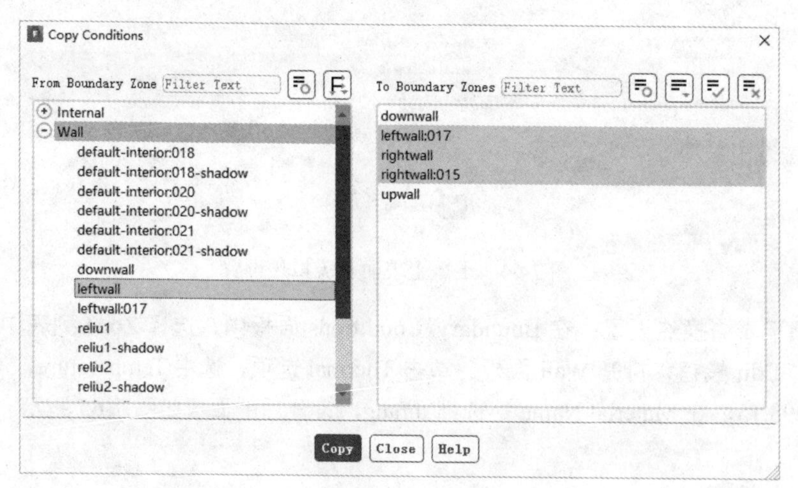

图 7-67　相同边界条件参数批量化设置

步骤 07 求解设置。

（1）设置求解控制参数。

在 Solution Methods 和 Solution Controls 面板中，对求解方法和求解器参数进行设置，具体设置如图 7-68 所示。

（2）设置初始条件。

在 Solution Initialization 面板中，选择 Hybrid Initialization，然后单击 Initialize 按钮，对整个流场进行初始化，如图 7-69 所示。

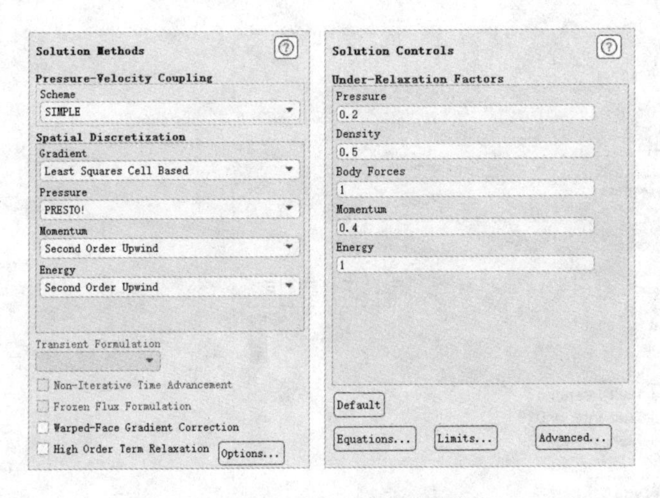

图 7-68　求解方法和求解器参数设置

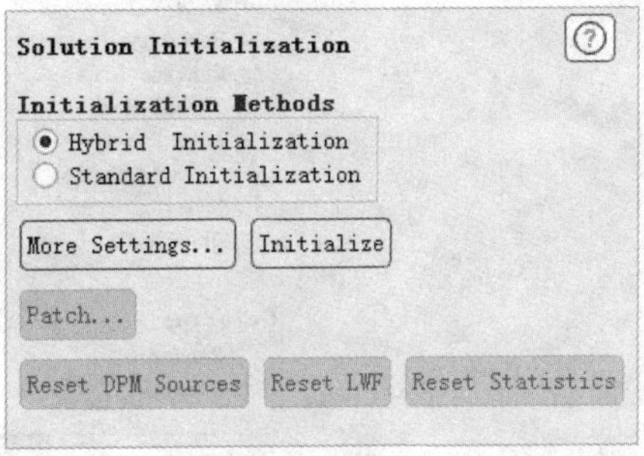

图 7-69　初始条件设置

（3）残差定义。

双击 Monitor 面板中的 Residuals 项，打开 Residuals Monitor 面板，对残差监视窗口进行设置，具体设置如图 7-70 所示。

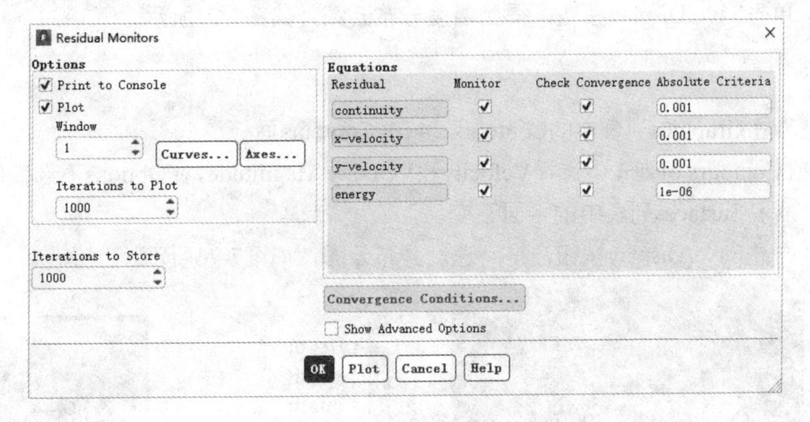

图 7-70　监视残差曲线设置

步骤 08 计算设置。

在 Run Calculation 面板中，设置迭代步数为 10000 步，单击 Calculate 按钮开始计算，如图 7-71 所示。

步骤 09 保存结果。

此步操作为保存稳态流场计算结果，选择 File→Write→Case & Data，文件名定义为 gtdr。

步骤 10 后处理。

（1）显示 Static Temperature 云图。

① 双击Graphics列表中的Contours，打开Contours面板。

② 在Contours of列表中选择Temperature...和Static Temperature，在Options下选择Filled、Auto Range，保持Surfaces列表中的平面不变，如图7-72所示。

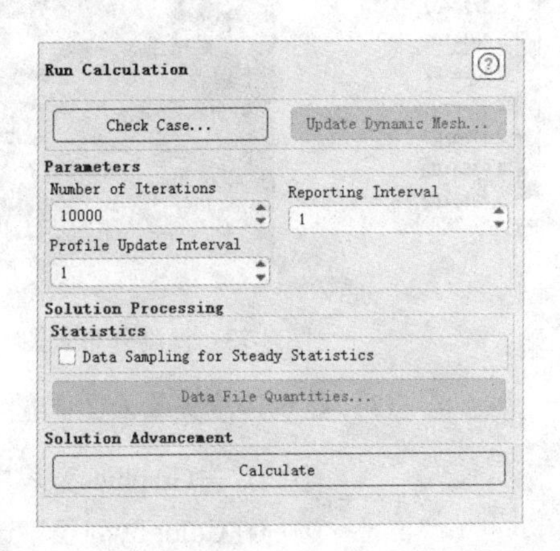

图 7-71　迭代设置

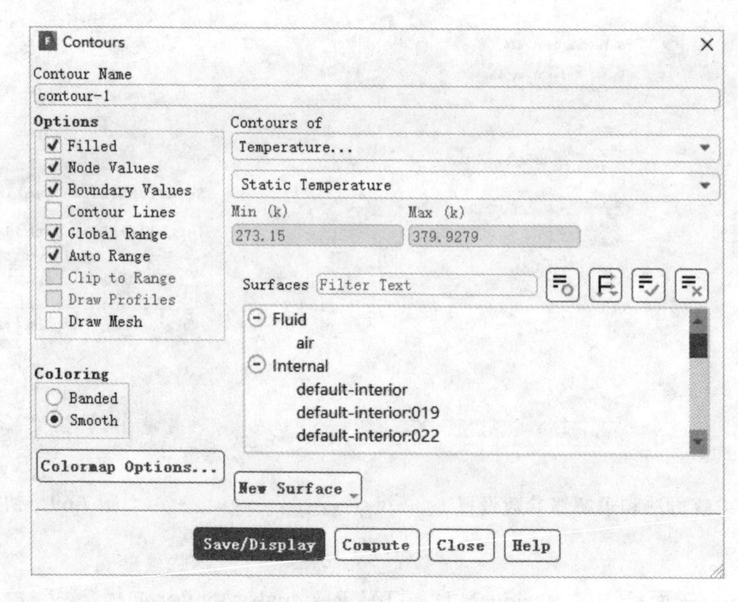

图 7-72　温度云图显示设置

③　单击Save/Display按钮，得到温度分布云图，如图7-73所示。

（2）显示速度云图。

①　双击Graphics列表中的Contours，打开Contours面板。

②　在Contours of列表中选择Velocity和Velocity Magnitude，在Options下选择Filled、Auto Range，保持Surfaces列表中的平面不变。

③　单击Save/Display按钮，得到速度分布云图，如图7-74所示。

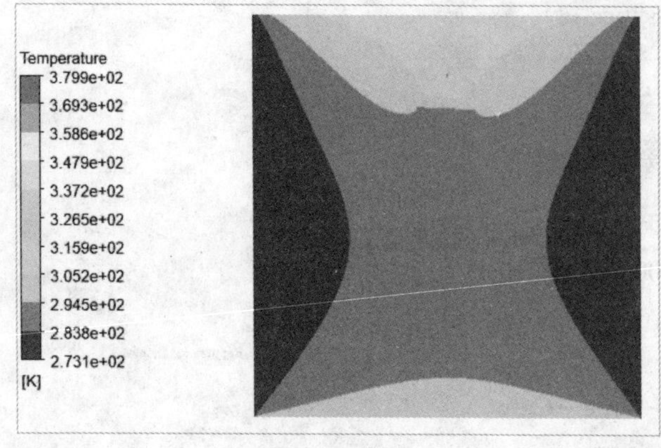

图 7-73　温度分布云图

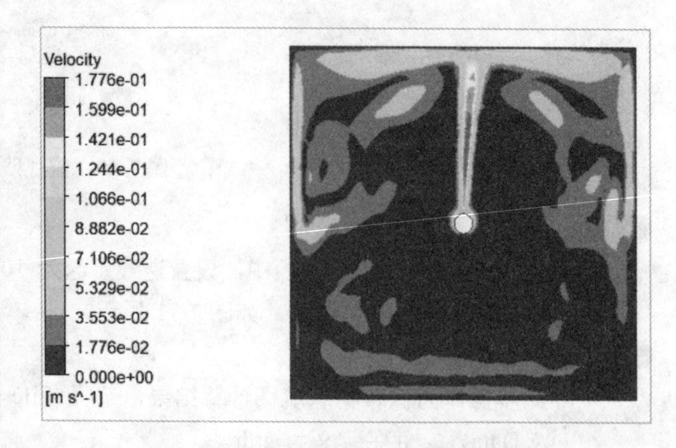

图 7-74　埋地管廊内空气速度云图

（3）显示速度矢量云图。

①　双击Graphics列表中的Vectors，打开Vectors面板。

②　在Color by列表下选择Velocity...和Velocity Magnitude，在Style处选择arrow，在Scale处输入0.5，在Skip处输入5，保持Surfaces列表中的平面不变，如图7-75所示。选择Draw Mesh，弹出如图7-76所示的Mesh Display面板，按照图7-76进行设置。

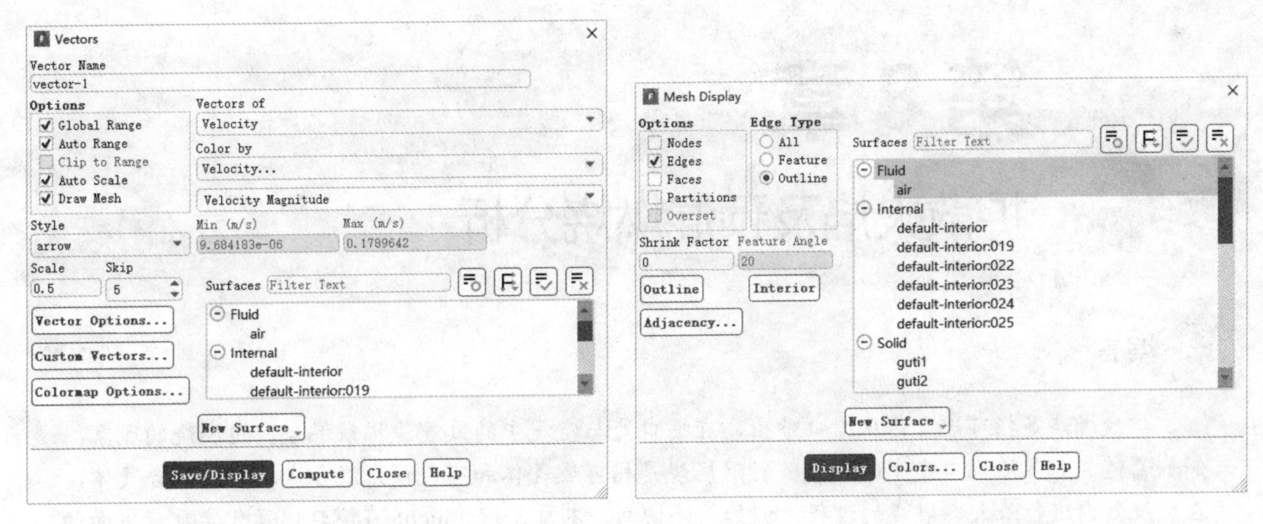

图 7-75 速度矢量云图显示设置

图 7-76 网格显示设置

③ 单击Display按钮，得到速度矢量分布云图，如图7-77所示。

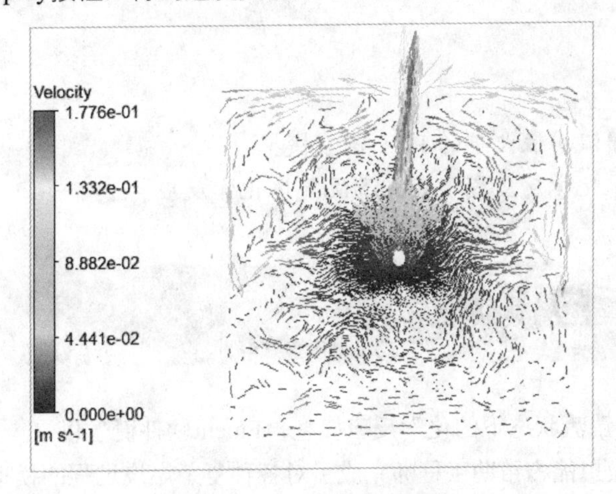

图 7-77 速度矢量云图显示

7.4 小结

本章主要介绍了Fluent在电力设备传热计算中的应用。首先简要地介绍了Fluent中求解自然对流及内热源等效处理方法；然后通过两个实例对基本计算模型进行了详细讲解，实例 1 给出了电力设备变压器的求解方法和设置过程，其中介绍了体热及变压器油密度随温度变化的设置和求解过程，在实例 2 中介绍了埋地管廊内电缆传热分析计算模型的分析和设置过程，通过实例讲解使读者了解利用Fluent求解电力设备传热问题的基本方法。

第8章 扩散火焰及预混燃烧分析

导言

扩散燃烧是指可燃气体从喷口喷出，在喷口处与空气中的氧气边扩散混合、边燃烧的现象，例如管道、容器泄漏口发生的燃烧。预混燃烧是指可燃气体和空气预先混合成均匀的混合气体，在燃烧器内进行着火、燃烧的过程，例如气焊切割。本章介绍 Fluent 在燃烧以及化学反应方面的应用，并详细讲解两个燃烧化学反应的实例。通过本章的学习，读者能够利用 Fluent 求解燃烧以及化学反应问题。

学习目标

- ☑ Fluent 中引火喷流扩散火焰的 PDF 传输模拟。
- ☑ Fluent 有限速率化学反应模型模拟预混气体化学反应。

8.1 化学反应模型简介

化学反应模型，尤其是湍流状态下的化学反应模型自Fluent软件诞生以来一直占有很重要的地位。多年来，Fluent强大的化学反应模拟能力帮助工程师完成了对各种复杂燃烧过程的模拟。

Fluent可以模拟这几种化学反应：NO_x和其他污染形成的气相反应、在固体（壁面）处发生的表面反应（如化学蒸汽沉积）、粒子表面反应（如炭颗粒的燃烧），其中的化学反应发生在离散相粒子表面。Fluent可以模拟具有或不具有组分输运的化学反应。

涡耗散概念、PDF转换以及有限速率化学反应模型已经加入Fluent的主要模型中，包括涡耗散模型、均衡混合颗粒模型、小火焰模型，以及模拟大量气体燃烧、煤燃烧、液体燃料燃烧的预混和模型。

许多工业应用中设计发生在固体表面的化学反应，Fluent表面反应模型可以用来分析气体和表面组分之间的化学反应及不同表面组分之间的化学反应，以确保表面沉积和蚀刻现象被准确预测。对催化转化、气体重整、污染物控制装置及半导体制造等的模拟都受益于这一技术。

Fluent的化学反应模型可以和大涡模拟（LES）及分离涡模拟（DES）湍流模型联合使用，这些非稳态湍流模型耦合到化学反应模型中，我们才可能预测火焰稳定性及燃尽特性。

Fluent提供了几种化学组分输运和反应流的模型，本节大致介绍一下这些模型。

Fluent提供了 4 种模拟反应的模型：通用有限速率模型、非预混燃烧模型、预混燃烧模型和部分预混燃烧模型。

通用有限速率模型是基于组分质量分数的输运方程解，采用所定义的化学反应机制对化学反应进行模拟。反应速率在这种方法中以源项的形式出现在组分输运方程中，计算反应速度有几种方法：从Arrhenius速度表达式计算、从Magnussen和Hjertager的漩涡耗散模型计算或者从EDC模型计算。

非预混燃烧模型并不是解每一个组分输运方程，而是解一个或两个守恒标量（混和分数）的输运方程，然后从预测的混合分数分布推导出每一个组分的浓度。该方法主要用于模拟湍流扩散火焰。

对于有限速率公式来说，这种方法有很多优点。在守恒标量方法中，通过概率密度函数或者PDF来考虑湍流的影响。反映机理并不是由我们来确定的，而是使用flame sheet（mixed-is-burned）方法或者化学平衡计算来处理反应系统。层流Flamelet模型是非预混和燃烧模型的扩展，它考虑到了从化学平衡状态形成的空气动力学的应力诱导分离。

预混燃烧模型方法主要用于完全预混合的燃烧系统。在这些问题中，完全的混合反应物和燃烧产物被火焰前缘分开，解出反应发展变量来预测前缘的位置。湍流的影响是通过考虑湍流火焰速度来计算出的。

部分预混燃烧模型用于描述非预混和燃烧与完全预混和燃烧结合的系统。在这种方法中，我们解出混合分数方程和反应发展变量来分别确定组分浓度和火焰前缘位置。

解决包括组分输运和反应流动的任何问题，首先要确定什么模型合适。模型选取的大致方针如下：

- 通用有限速率模型主要用于化学组分混合、输运和反应的问题，以及壁面或者粒子表面反应的问题（如化学蒸气沉积）。
- 非预混燃烧模型主要用于包括湍流扩散火焰的反应系统，这个系统接近化学平衡，其中的氧化物和燃料以两个或者三个流道分别流入所要计算的区域。
- 预混燃烧模型主要用于单一或完全预混和反应物流动。
- 部分预混燃烧模型主要用于区域内具有变化等值比率的预混和火焰的情况。

本章的目的是利用Fluent模拟燃烧及化学反应，将用到三个Fluent中的具体模型：有限速率化学反应（Finite Rate Chemistry）模型、混合组分/PDF模型以及层流小火焰（Laminar Flamelet）模型。

有限速率化学反应模型的原理是求解反应物和生成物输运组分方程，并由用户来定义化学反应机理。反应率作为源项在组分输运方程中通过阿累纽斯方程或涡耗散模型来描述。有限速率化学反应模型适用于预混燃烧、局部预混燃烧和非预混燃烧。该模型可以模拟大多数气相燃烧问题，在航空航天领域的燃烧计算中有广泛的应用。

混合组分/PDF模型不求解单个组分输运方程，但求解混合组分分布的输运方程。各组分浓度由混合组分分布求得。混合组分/PDF模型尤其适合湍流扩散火焰的模拟和类似的反应过程。在该模型中，用概率密度函数PDF来考虑湍流效应。

该模型不要求用户显式地定义反应机理，而是通过火焰面方法（即混即燃模型）或化学平衡计算来处理，因此比有限速率模型有更多的优势。该模型可应用于非预混燃烧（湍流扩散火焰），可以用来计算航空发动机的环形燃烧室中的燃烧问题及液体/固体火箭发动机中的复杂燃烧问题。

层流小火焰模型是混合组分/PDF模型的进一步发展，用来模拟非平衡火焰燃烧。在模拟富油一侧的火焰时，典型的平衡火焰假设失效，就要用到层流小火焰模型。层流小火焰近似法的优点在于，能够将实际的动力效应融合在湍流火焰中，但层流小火焰模型适合预测中等强度非平衡化学反应的湍流火焰，而不适合反应速度缓慢的燃烧火焰。该模型可以模拟形成No_x的中间产物，可以模拟火箭发动机的燃烧问题和RAMJET及SCRAMJET的燃烧问题。

8.2 引火喷流扩散火焰的PDF传输模拟

本节介绍如何利用Fluent中的PDF传输模型进行火焰设置和求解。所使用的PDF模型包括真实的有限速率化学反应效应，如非平衡CO和OH，以及局部火焰的熄灭。通过本实例的演示过程，用户将学习到：

- 部分预混燃烧模型的设置和求解过程。
- PDF 传输模型的设置和求解过程。
- 部分预混燃烧模型的求解方法。
- 热流输出的能量平衡校核。
- 数据结果的后处理。

8.2.1 实例描述

模拟的火焰是轴对称喷流预混火焰。燃烧室有一个直径为 7.2mm的主喷嘴，外面是燃烧引火环，直径为18.1mm。引火环用于延迟火焰的漂移过程。主射流的成分为 25%的CH_4和 75%的空气（体积比），这样的选择使炭烟灰的生成最小，易于建模。

混合物分数的化学当量系数值为 0.351，火焰长度（定义为轴线上混合物分数为化学当量系数的点）大约是 47 倍的射流喷嘴直径。

选择使用简单的轴对称喷流预混火焰可以得到广泛和精确的实验结果。数据的采集在Sandia国家实验室，包括T、N_2、O_2、CH_4、CO_2、H_2O、H_2、OH、NO和CO同时的监测量。试验测量的火焰包括层流到接近完全熄灭的火焰，这里模拟的火焰是呈现中等程度局部熄灭的火焰。

PDF输运的求解过程分两步。第一步，使用Fluent中的部分预混模型得到化学等价解。第二步，使用PDF输运模型得到最终解。

这里并不需要部分预混的仿真结果，只是将其作为第二步求解的初场条件。PDF输运仿真的计算很耗时间。因此，好的初场条件可以大大减少计算时间和达到收敛所需要的迭代数量。

8.2.2 实例操作

在实例的演示过程中，假定用户熟悉Fluent的界面，并对PDF输运模型和部分预混燃烧模型的基本设置和求解过程很了解，一些步骤将不再明确给出。

在具体的求解过程之前，需要将CHEMKIN机制文件CH4-skel.che和热动力学数据库文件therm.dat复制到工作文件夹。

本实例计算模型的Mesh文件的文件名为flameD.msh.gz。运行二维双精度版本的Fluent求解器后，具体操作步骤如下：

步骤 01 网格设置。

（1）读取网格文件 flameD.msh.gz。

（2）检查网格。在 General 面板中单击 Check 按钮。

（3）显示网格，如图 8-1 所示。

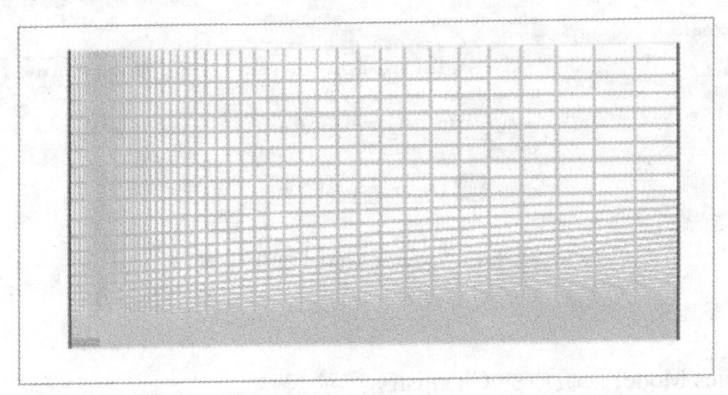

图 8-1 网格显示

步骤 02 模型设置。

（1）在 General 面板的 Solver 框下，Type 选择 Pressure-Based，2D Space 选择 Axisymmetric，Time 选择 Steady，如图 8-2 所示。

（2）选择 k-epsilon（2 eqn）湍流模型。

在 Models 面板中双击 Viscous 项，打开 Viscous Model 对话框，在对话框中选择 k-epsilon（2 eqn）湍流模型，如图 8-3 所示。

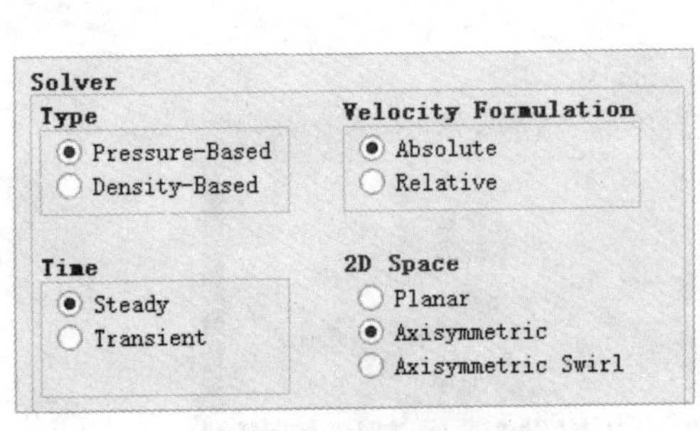

图 8-2 求解器设置

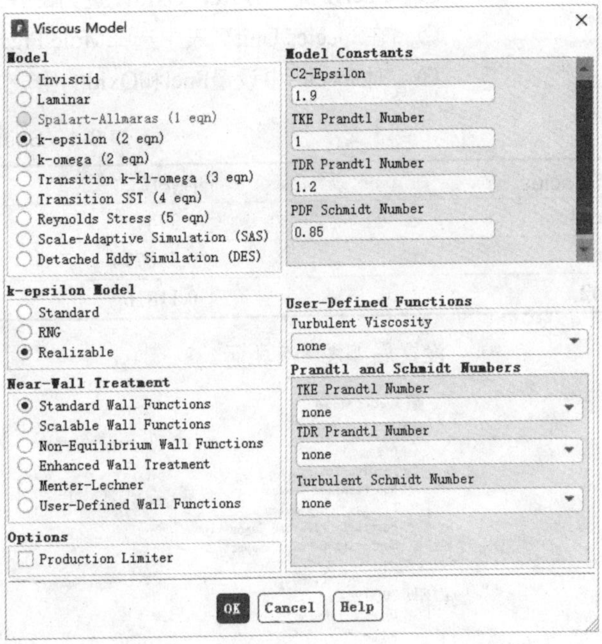

图 8-3 Viscous Model 面板

（3）开启 Models 面板中的 Species 模型。从 Species Model 列表中选择 Partially Premixed Combustion 模型，弹出 Species Model 面板，如图 8-4 所示。

当燃料与空气预混时，用户不能够使用平衡非预混模型，其将在化学平衡的入口流动中燃烧。

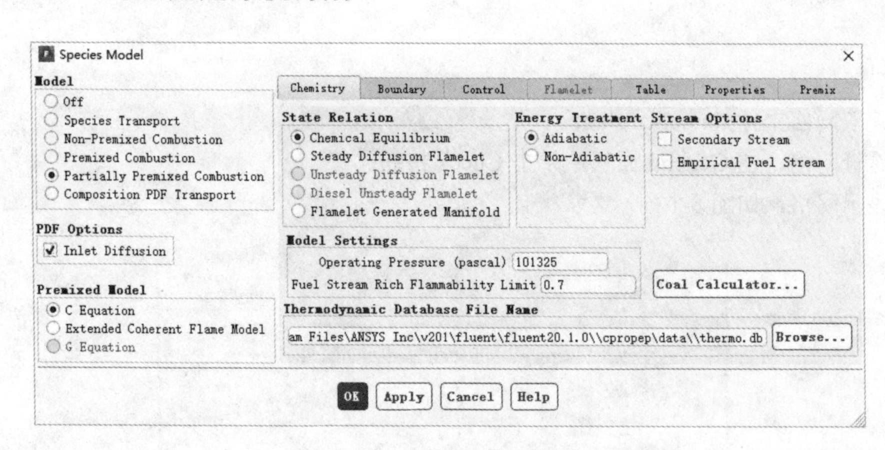

图 8-4 Species Model 面板设置

步骤 03 PDF 表设置。

（1）单击 Species Model 面板中的 Chemistry 选项卡。

① 确保选择了Chemical Equilibrium和Adiabatic选项。

② 在Fuel Stream Rich Flammability Limit中输入0.7。

（2）单击 Boundary 选项卡。

① Fuel设置为294K，Oxid设置为291K。

② 在Species Unit列表中选择Mole Fraction。

③ 对Species中设置Fuel和Oxid的组成成分，如表8-1所示。

表 8-1 Species 的设置

Species	Fuel	Oxid
ch4	0.3741	0
n2	0.550774	0.81122
o2	0.11816	0.18878

设置后如图 8-5 所示。

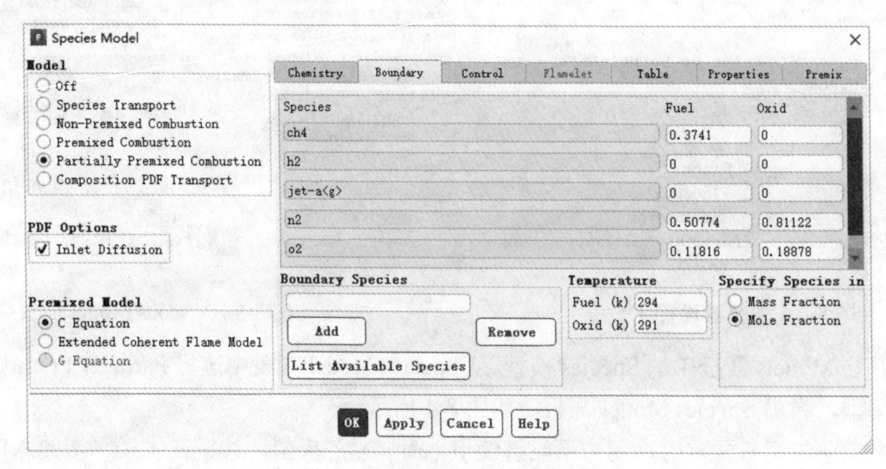

图 8-5 设置后的 Boundary 选项卡

（3）单击 Table 选项卡。

① 在Table选项卡中，将Maximum Number of Species设置为20。

② 单击Calculate PDF Table按钮，如图8-6所示。

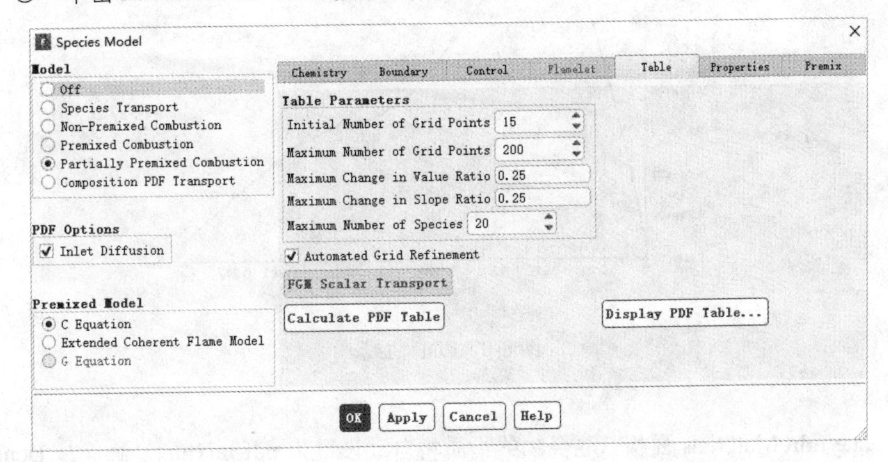

图 8-6　Table 选项卡设置

（4）单击 Premix 选项卡。

检查 Premixed 选项卡中的 Unburnt Mixture 和 Laminar Flame Speed 特性。

为了计算未燃烧混合物的特性，使用了三阶多项式函数（混合物分数的函数）来计算混合的未燃物密度、温度、比热和热扩散率，而且使用了分段线性函数（质量分数的函数）来计算层流火焰速度。

（5）单击 OK 按钮，关闭 Species Model 面板。

（6）检查 Mean Temperature 和 Mean Mixture Fraction 之间的关系。

单击 Display→PDF Tables/Curves，弹出 PDF Table 面板，如图 8-7 所示。单击 Plot 按钮，得到如图 8-8 所示的图形。

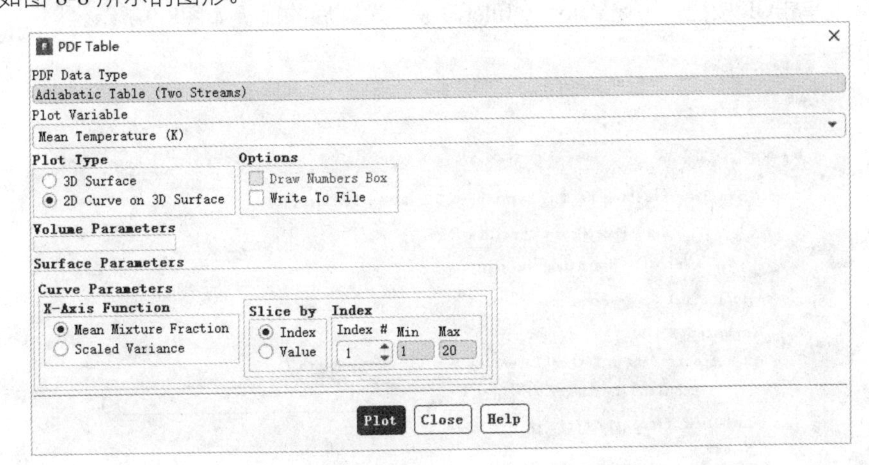

图 8-7　PDF Table 面板

（7）写入 PDF 文件 flameD.pdf.gz。

单击 File→Write→PDF。

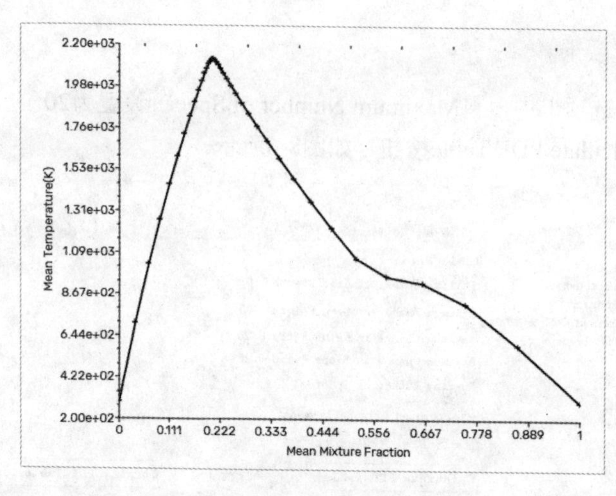

图 8-8　PDF 曲线

步骤 04 材料设置。

打开 Create/Edit Materials 面板，混合物的物质将自动设置为 pdf-mixture。确保从 Density 和 Laminar Flame Speed 下拉列表中分别选择 pdf 和 prepdf-polynomial 两个选项。

步骤 05 操作条件设置。

单击 Physics→Operating Conditions。

保留操作条件的默认设置。

步骤 06 边界条件设置。

打开 Boundary Conditions 面板，开始边界条件设置。

（1）设置 coflow 的边界条件。

① 在Velocity Magnitude中输入0.9 m/s，并在Turbulence下的Specification Method下拉列表中选择Intensity and Viscosity Ratio。

② 单击OK按钮，关闭Velocity Inlet面板。设置后的面板如图8-9所示。

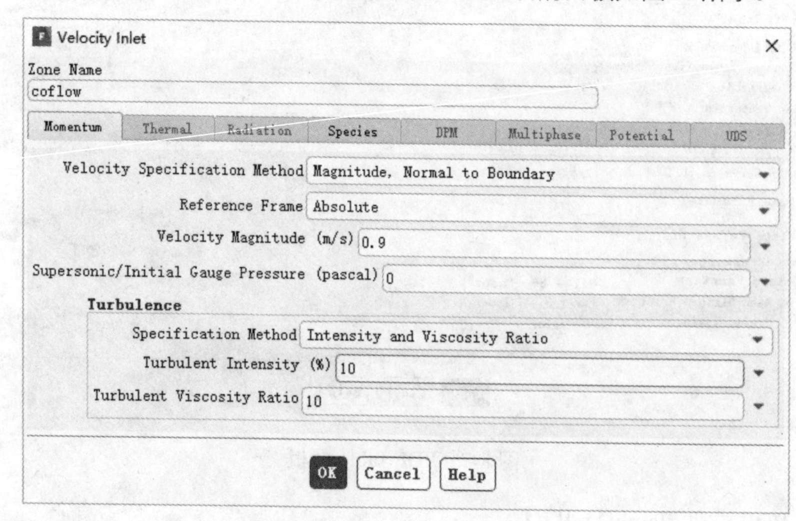

图 8-9　coflow 边界条件设置

（2）设置 jet 的边界条件。

① 在Velocity Magnitude中输入49.6 m/s，并从Turbulence下的Specification Method下拉列表中选择 Intensity and Hydraulic Diameter选项。

② 在Hydraulic Diameter中输入0.0072 m。

③ 在Species选项卡中，在Mean Mixture Fraction中输入1。

④ 单击OK按钮，关闭Velocity Inlet面板。设置后的面板如图8-10所示。

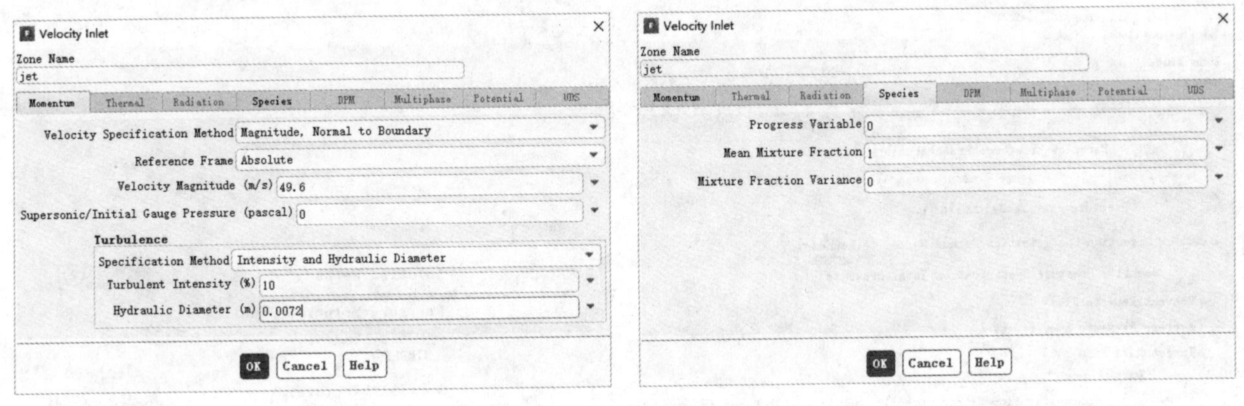

图 8-10　jet 边界条件设置

（3）设置 pilot 的边界条件。

① 在Velocity Magnitude中输入11.4 m/s，并从Turbulence下的Specification Method下拉列表中选择 Intensity and Hydraulic Diameter选项。

② 在Hydraulic Diameter中输入0.0165 m。

③ 在Species选项卡中，在Progress Variable中输入0.0165，在Mean Mixture Fraction中输入0.2755。

④ 单击OK按钮，关闭Velocity Inlet面板。设置后的面板如图8-11所示。

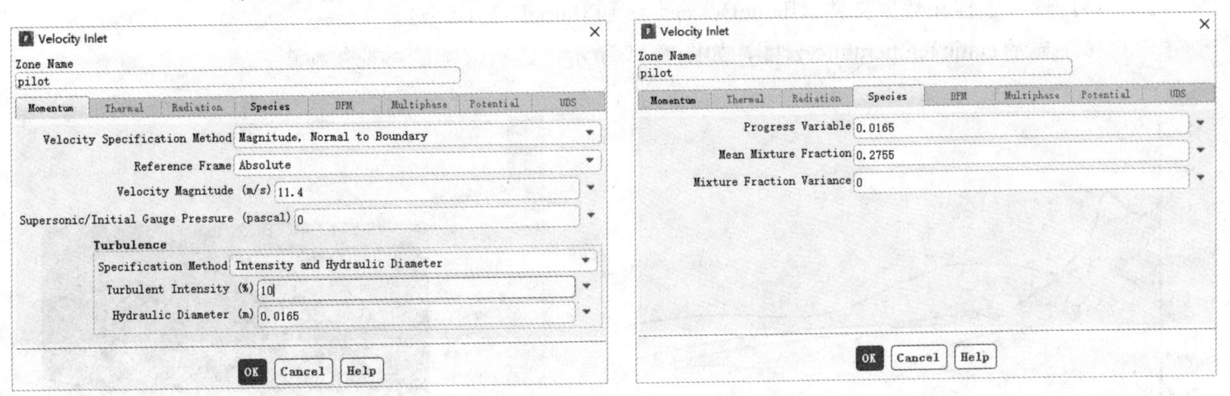

图 8-11　pilot 边界条件设置

（4）设置对 outlet 的边界条件。

在出口处可能出现逆向流动（也可能出现在最终的稳态解中或迭代过程中），因此，设置回流压力出口特性是一个好办法。

① 从Turbulence下的Specification Method下拉列表中选择Intensity和Hydraulic Diameter选项。

② 分别在BackHow Turbulence Intensity和BackHow Hydraulic Diameter中输入5 %和0.36 m。

③ 单击OK按钮，关闭Pressure Outlet面板。设置后的面板如图8-12所示。

步骤07 部分预混燃模型的求解。

（1）打开 Solution Methods 面板，在 Spatial Discretization 组合框中，从 Pressure 下拉列表中选择 PRESTO！选项，如图 8-13 所示。

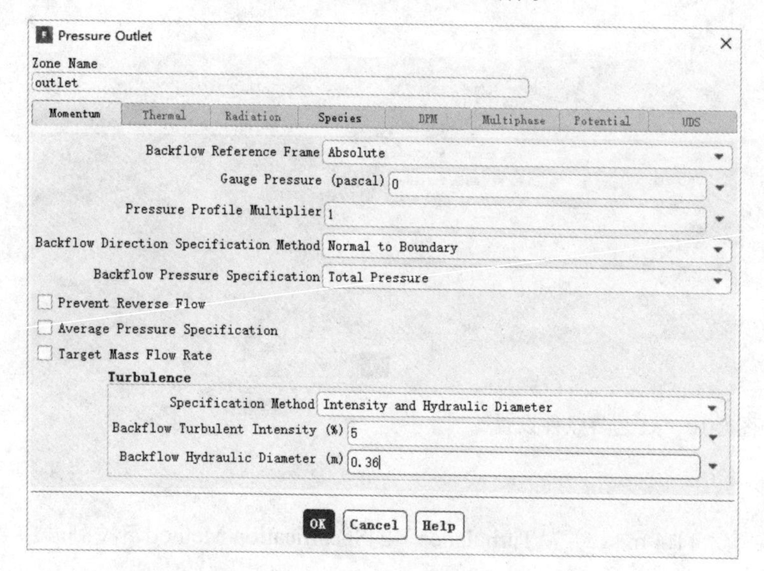

图 8-12　outlet 边界条件设置

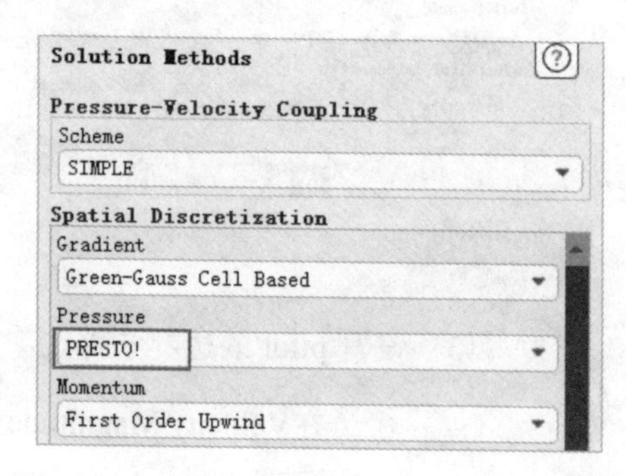

图 8-13　空间离散的设置

（2）打开计算过程中的残差绘制选项。

（3）从 coflow 区域开始流场的初始化。

（4）请求 250 步迭代，开始计算，图 8-14 所示为迭代残差曲线。

（5）保存工程和数据文件（flameD-1.cas.gz 和 flameD-1.dat.gz）。

（6）显示 static temperature 云图，如图 8-15 所示，进行火焰的可视化检查。

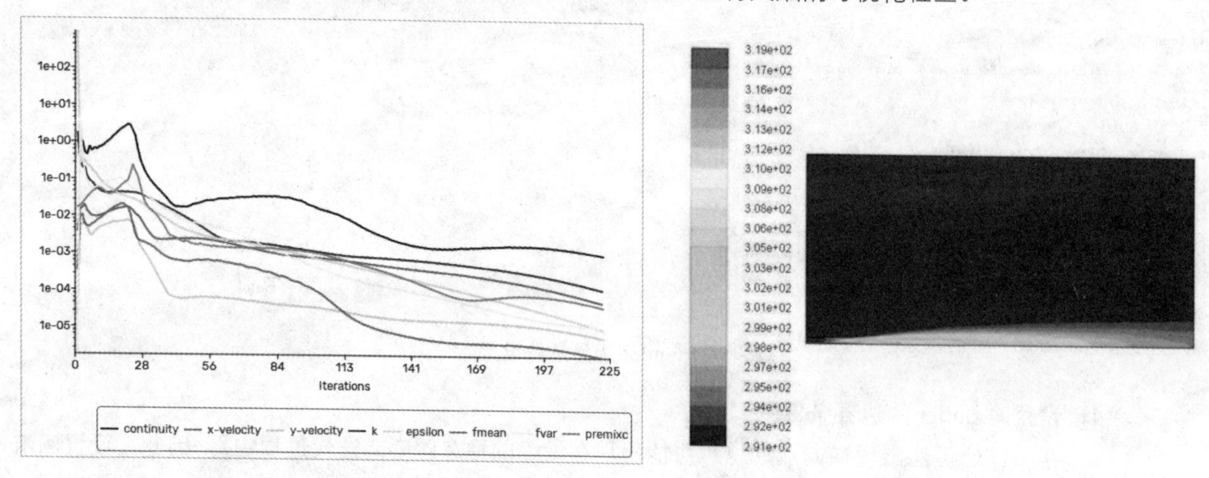

图 8-14　迭代残差曲线

图 8-15　static temperature 云图

平衡的部分预混解将作为PDF输运仿真的初始条件。

步骤 08 激活 PDF 输运模型。

（1）导入 CHEMKIN 格式的化学反应机制。

这里使用了 CH4-skel.che 机制，具有 16 种组分和 41 个化学反应。

单击 File→Import→CHEMKIN Mechanism，弹出如图 8-16 所示的面板。

① 在 Material Name 中输入 ch4-skel，在 Kinetics Input File 下单击 Browse... 按钮选择 CH4-skel.che。

② 在Thermodynamic Database下单击Browse...按钮选择thermo.db，单击Import按钮。

③ 关闭Import CHEMKIN Format Mechanism面板。

确保已经输入了文件CH4-skel.che和thermo.db的正确路径。

（2）修改 Species 面板中的模型，激活 Composition PDF Transport 模型。

从 Species Model 列表选择 Composition PDF Transport 模型，弹出 Species Model 对话框，如图 8-17 所示。

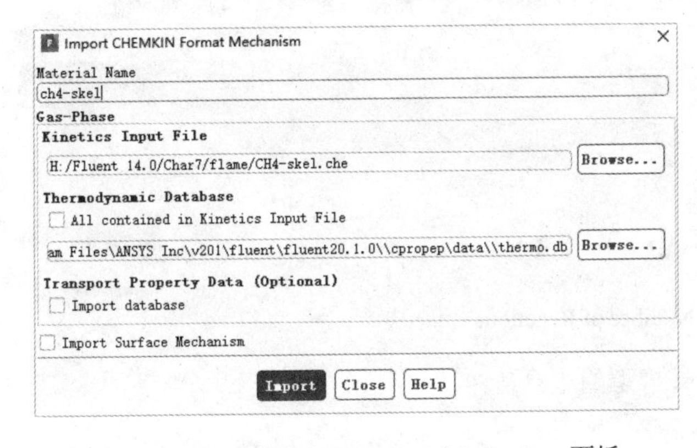

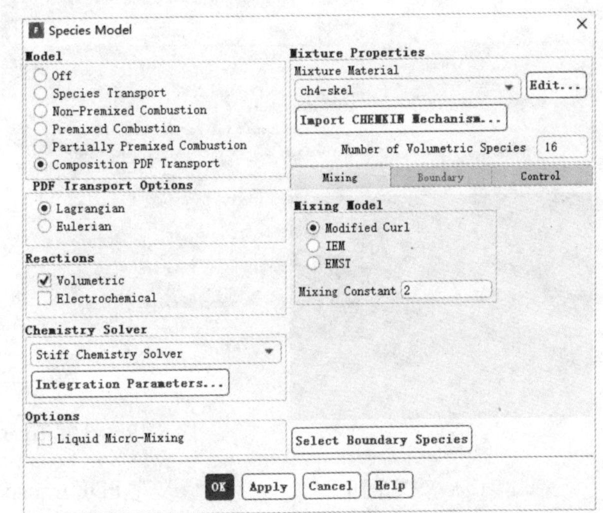

图 8-16 Import CHEMKIN Format Mechanism 面板

图 8-17 激活 Composition PDF Transport 模型

① 从Model选项区域中选择Composition PDF Transport 选项，并选中Volumetric复选框。

② 从Mixture Material下拉列表中选择ch4-skel。

③ 单击Mixture Material下拉列表右边的Edit...按钮。

- 确保从 Cp 下拉列表中选择了 mixing-law 选项，如图 8-18 所示。
- 在 Reaction 选项后单击 Edit...按钮，并确保 Total Number of Reactions 为 41，如图 8-19 所示。
- 单击 OK 按钮，关闭 Reactions 面板。
- 单击 Change 按钮，并关闭 Edit Material 面板。

④ 单击OK按钮，关闭Species Model面板。

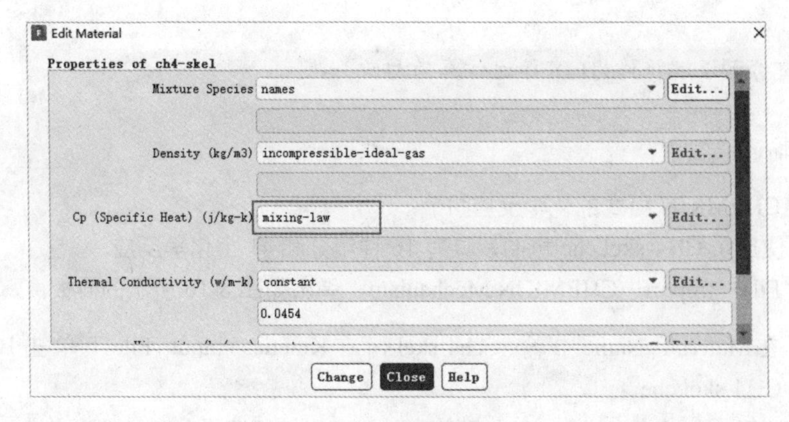

图 8-18　编辑材料

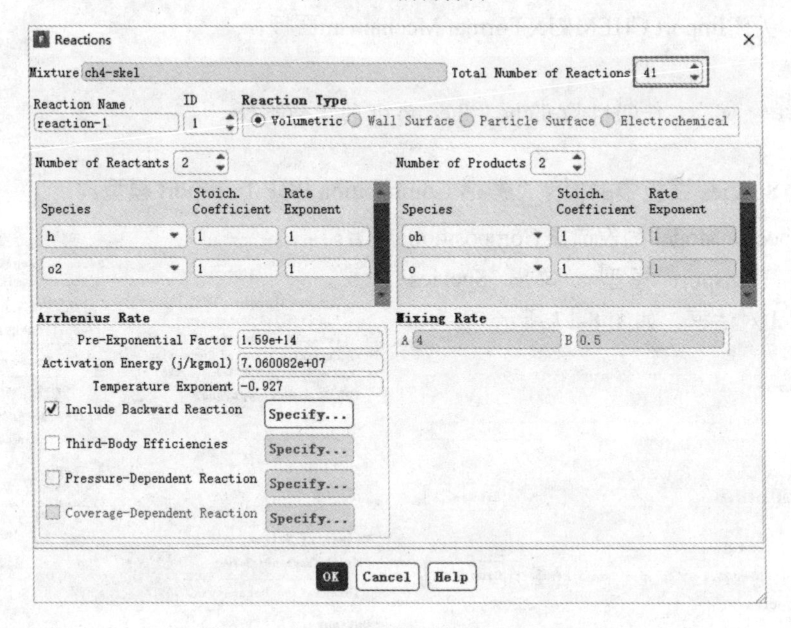

图 8-19　设置 Total Number of Reactions

（3）如之前的操作一样，修改对 PDF transport 模型的边界条件。

① 设置coflow的边界条件。

- 在 Thermal 中，在 Temperature 中输入 291K。
- 在 Species 中，在 O_2 中输入 0.233。
- 单击 OK 按钮，关闭 Velocity Inlet 面板。

② 设置jet的边界条件。

- 在 Thermal 中，在 Temperature 中输入 294K。
- 在 Species 中，分别在 O_2 和 CH_4 中输入 0.19664 和 0.15607。
- 单击 OK 按钮，关闭 Velocity Inlet 面板。

③ 设置pilot的边界条件。

- 在 Thermal 中，设置 Temperature 为 1908K。
- 在 Species 中，分别对 H_2O、CO_2、O_2 和 CO 输入 0.092、0.11、0.056 和 0.004。
- 单击 OK 按钮，关闭 Velocity Inlet 面板。

④ 设置outlet的边界条件。

- 在 Thermal 中，设置 BackHow Total Temperature 为 291K。
- 在 Species 中，在 O_2 中输入 0.233。
- 单击 OK 按钮，关闭 Pressure Outlet 面板。

⑤ 通过在Thermal选项卡中选择heat flux选项并保留默认值0，将jet_wall和pilot_wall设置为绝热壁面。

所构建的网格能够将迎风喷流和引火环分辨出来。通过这样的方式，湍流流动可以得到演变，求解结果就降低了对所设置的入口边界条件的敏感性。

步骤 09 对组分 PDF 输运模型的求解。

（1）设置求解参数。

（2）打开 Solution Methods 面板，在 Spatial Discretization 组合框中，在 Momentum、Turbulence Kinetic Energy 和 Turbulent Dissipation Rate 下拉列表中选择 Second Order Upwind，如图 8-20 所示。

（3）创建求解监控器来跟踪出口附近 CO 的质量分数。

该监控器将用于确认解的收敛。当用户感兴趣的量达到了稳态值时，就认为流动已经收敛。

① 创建目标表面。

在功能区选择Results→Surface→Create→Point...。

- 对 x 和 y 分别输入 0.7 和 0.01，这是一个出口附近的点。
- 在 Name 中输入 point-outlet 作为新表面的名称。
- 单击 Save 按钮，关闭 Point Surface 面板，如图 8-21 所示。

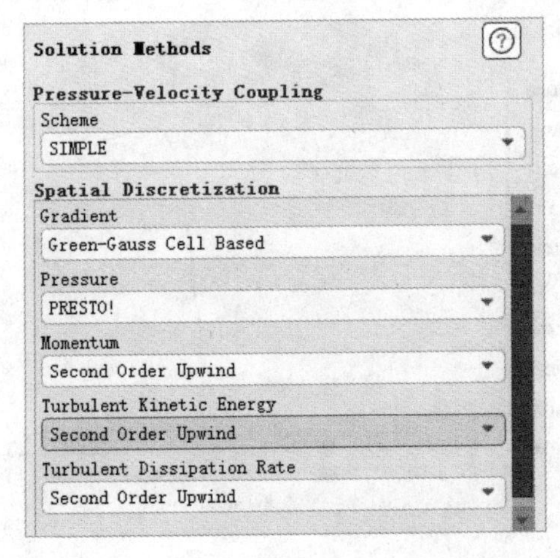

图 8-20 空间离散的设置

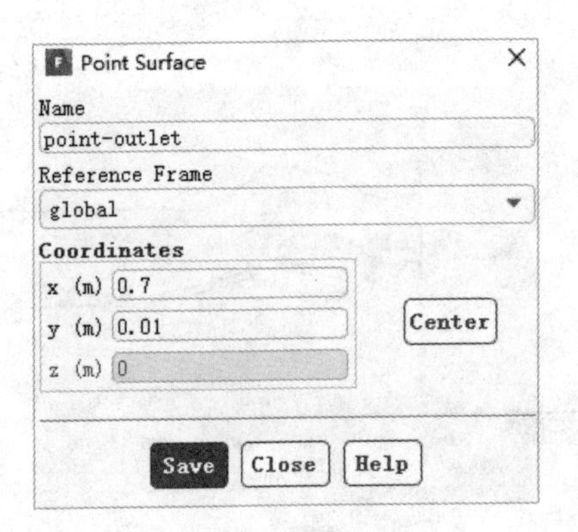

图 8-21 创建监视点

② 选择求解监控器来监控point-outlet上的CO质量分数。

- 单击 Monitors 面板中 Surface Monitor 下的 Create 按钮。
- 打开 monitor-1 的 Plot、Print 和 Write 选项，从 Field Variable of 下拉列表中选择 Species 和 Mean co Mass fraction 选项。
- 从 Report Type 下拉列表中选择 Area-Weighted Average 选项，并从 Surfaces 列表中选择 point-outlet 选项。单击 OK 按钮，关闭 Surface Report Definition 面板，如图 8-22 所示。

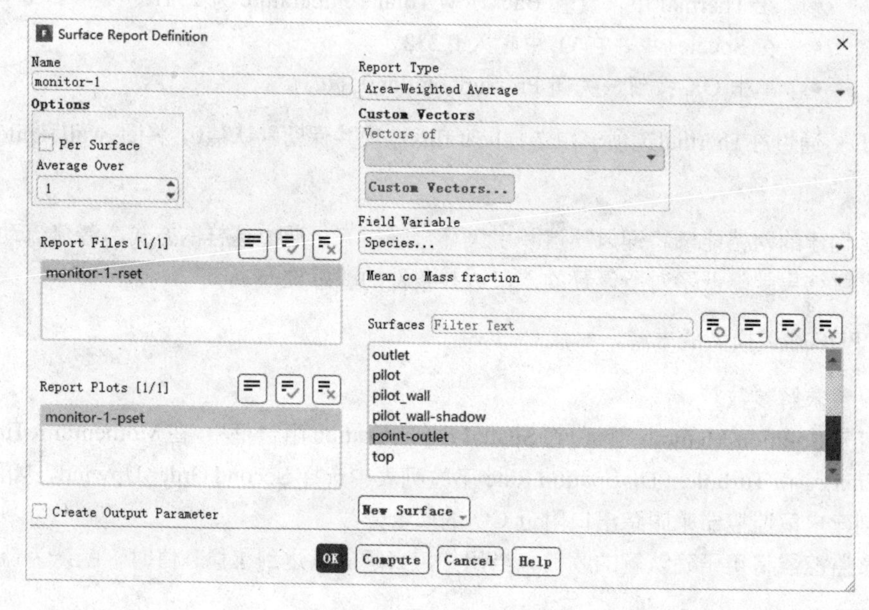

图 8-22 对监视点进行设置

（4）请求 500 步迭代，迭代残差曲线和 point-outlet 上的平均 CO 质量分数收敛时间曲线分别如图 8-23 和图 8-24 所示。

Fluent 将使用 ISAT 来加速化学反应的计算。刚性化学反应机制的积分计算很耗时间，ISAT 即时构建了化学反应表。因此，初始求解很慢，但当表被填充后速度就增加了。这样就很好理解 ISAT 是什么及其如何施加于有效的 PDF 输运计算。

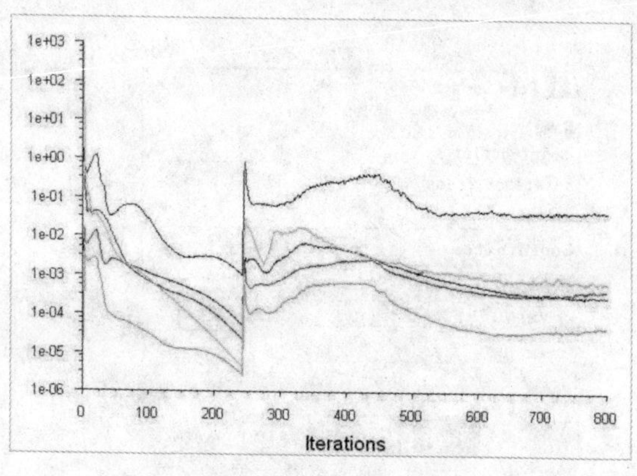

图 8-23 迭代残差曲线

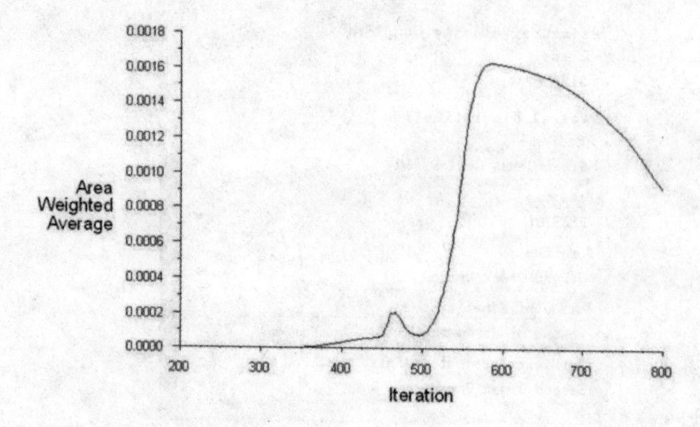

图 8-24 在 point-outlet 上的平均 CO 质量分数收敛时间曲线

细致的化学反应计算比较耗时，迭代需要几个小时才能完成。因此，建议用户进行一组迭代来确保设置完成，然后读取数据文件flameD-2.dat.gz。

（5）保存工程和数据文件 flameD-2.cas.gz 和 flameD-2.dat.gz。

（6）改变 ISAT 的公差值。

双击 Models 面板中的 Species 项，弹出如图 8-17 所示的面板，单击 Integration Parameters... 按钮，打开 Integration Parameters 面板，如图 8-25 所示。

- 设置 ISAT Error Tolerance 为 0.0001。
- 在 Max. Storage 中输入 500。
- 单击 OK 按钮，关闭 Integration Parameters 面板。

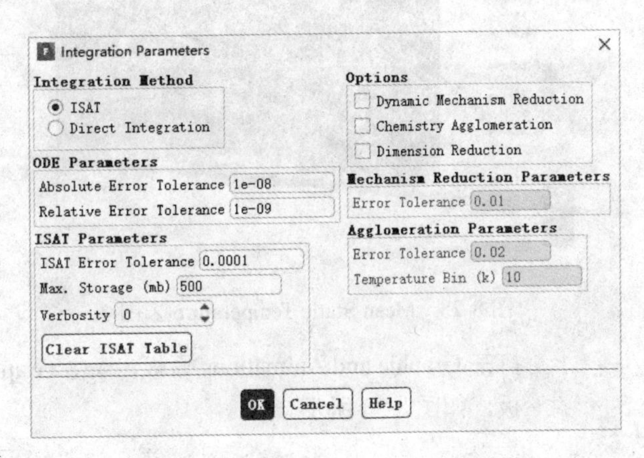

图 8-25 Integration Parameters 面板

（7）进行另外 500 步迭代求解，迭代残差曲线及在 point-outlet 上的平均 CO 质量分数收敛时间曲线如图 8-26 和图 8-27 所示。

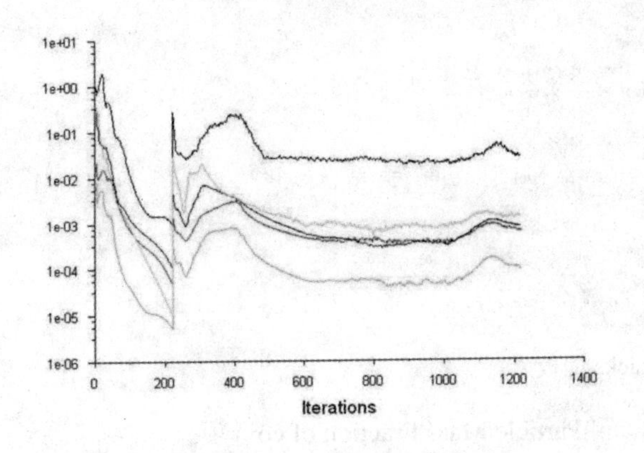

图 8-26 迭代残差曲线

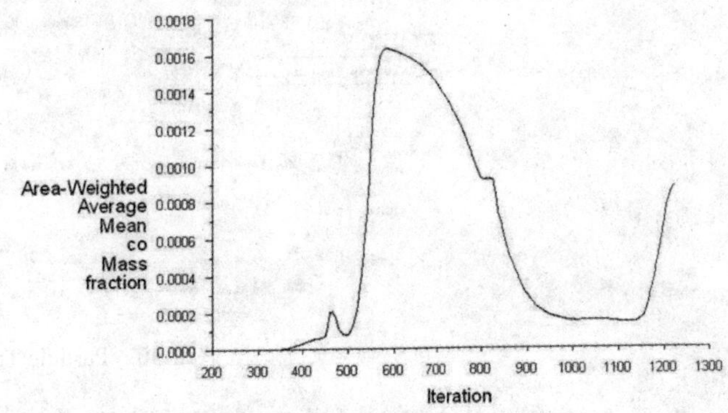

图 8-27 point-outlet 上的平均 CO 质量分数收敛时间曲线

为了得到更为准确的结果，可以增加时间平均的迭代步数，工程文件运行的时间会更长。

（8）检查 heat flux 输出，保证能量的守恒。

单击 Report→Fluxes。这是在 PDF 输运模型中检查收敛性很好的方式。净的热流应该为进入入口/壁面热量或逸出出口/壁面热量的百分之几。

（9）保存工程和数据文件 flameD-3.cas.gz 和 flameD-3.dat.gz。

步骤 10 后处理。

（1）显示 Mean Static Temperature 云图，如图 8-28 所示。

（2）显示 RMS Static Temperature 云图，如图 8-29 所示。

（3）关闭 Contours 面板。

（4）显示 CO 质量分数的微粒轨道。

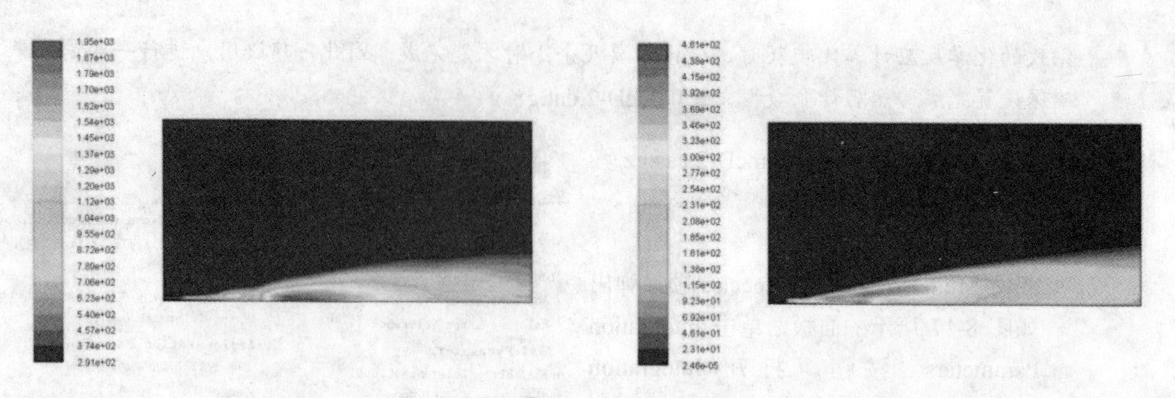

图 8-28　Mean Static Temperature 云图　　图 8-29　RMS Static Temperature 云图

打开 Graphic and Animations 面板，双击 Graphics 列表中的 Particle Tracks 项，打开 Particle Tracks 面板，如图 8-30 所示。

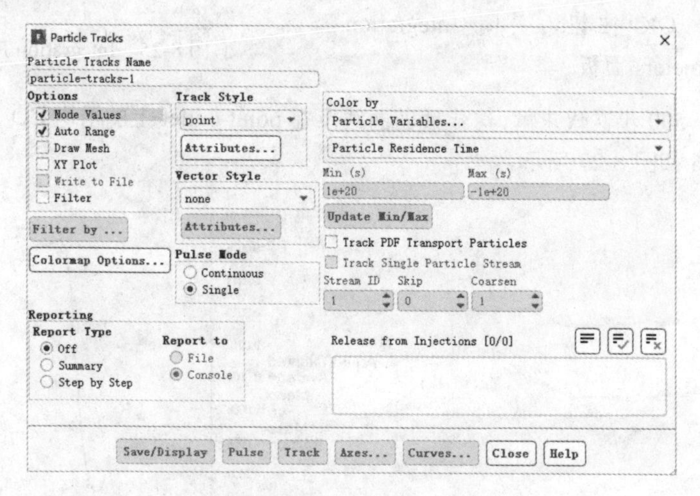

图 8-30　Particle Tracks 面板

① 从Color By列表中选择Particle Variables…和Particle Mass Fraction of co选项。
② 勾选Track PDF Transport Particles复选框。
③ 单击Save/Display按钮，得到如图8-31所示的CO质量分数的微粒轨道，关闭Particle Tracks面板。

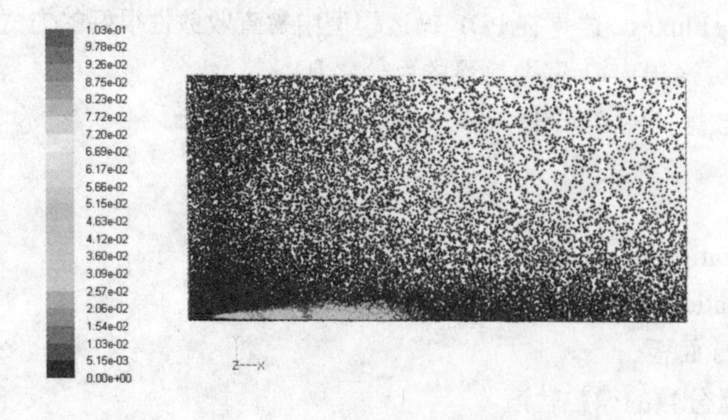

图 8-31　CO 质量分数的微粒轨道

8.3 预混气体化学反应的模拟

本节介绍如何利用Fluent中的有限速率化学反应模型（finite-rate chemistry model）进行一个锥形反应器中甲烷与空气预混燃烧化学反应。通过本实例的演示过程，用户将学习到：

- 设置和求解锥形反应器中甲烷与空气预混燃烧化学反应问题。
- 利用组分输入模型中的有限速率化学反应模型。
- 学会对该类问题进行合理的求解设置。
- 对结果进行后处理。

8.3.1 实例描述

锥形反应器如图 8-32 所示。温度为 650K的甲烷与空气的混合气体（混合比为 0.6）以 60m/s的速度从入口进入反应器。燃烧中包含CH_4、O_2、CO_2、CO、H_2O和N_2 之间的复杂化学反应。高速的气体流动在反应器中改变方向，然后从出口流出。

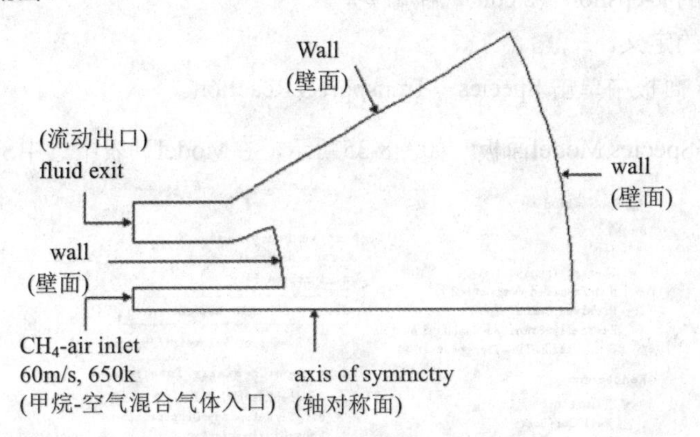

图 8-32 锥形反应器示意图

煤和载体空气通过内部的环形区域进入燃烧室，热的涡旋的二次空气通过外部的环形区域进入燃烧室。燃烧在燃烧室中发生，燃烧产物通过压力出口排出。

8.3.2 实例操作

甲烷与空气预混燃烧化学反应模拟计算模型的Mesh文件的文件名为conreac.msh。将conreac.msh复制到工作的文件夹下，运行二维Fluent求解器。

具体操作步骤如下：

步骤01 网格的操作。

（1）读入网格文件 conreac.msh。

单击 File→Read→Case。

（2）检查网格。

单击 General 面板上的 Check 按钮。

（3）显示网格。

得到如图 8-33 所示的网格。

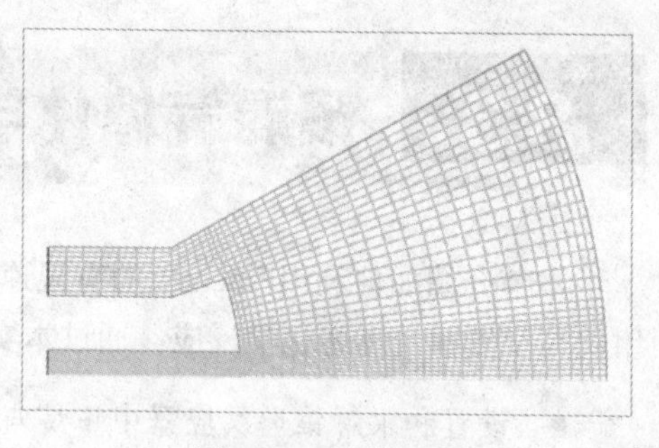

图 8-33 网格显示

步骤02 模型的选择。

（1）求解器全局设置。

在 General 面板中的 Solver 框下，在 Type 下选择 Pressure-Based，在 2D Space 下选择 Axisymmetric，在 Time 下选择 Steady，如图 8-34 所示。

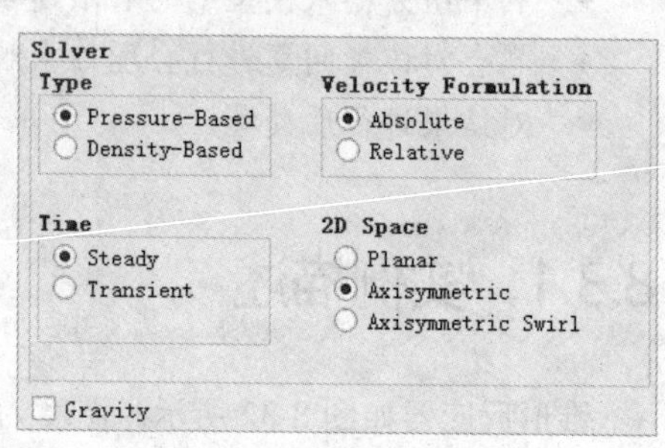

图 8-34 求解器设置

（2）在激活能量方程。

在 Models 面板中双击 Energy 项，选中 Energy Equation，单击 OK 按钮。

（3）选择标准的 k-epsilon（2 eqn）湍流模型。

（4）组分模型的定义。

在 Models 面板中单击 Species→Transport＆Reaction。

① 打开Species Model面板，如图8-35所示，在Model列表中选中Species Transport单选按钮。

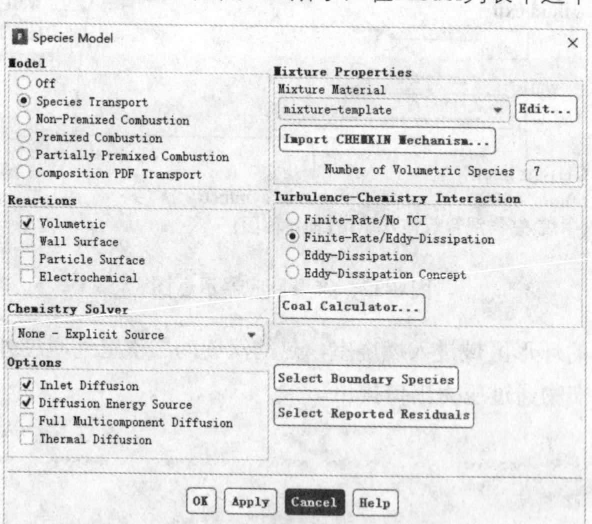

图 8-35 Species Model 面板

② 在Reactions列表中选中Volumetric复选框。

③ 在Turbulence-Chemistry Interaction列表下选择Finite-Rate/Eddy Dissipation单选按钮。

④ 在Mixture Material下拉列表中选择methane-air-2step项。

⑤ 单击OK按钮，关闭Species Model面板。

步骤03 流体物理属性的设置。

（1）从 Fluent 数据库中添加 nitrogen-oxide（no）。

在 Create/Edit Materials 面板中单击 Creat/Edit。

单击 Fluent Database 按钮，打开 Fluent Database Materials 面板，如图 8-36 所示。

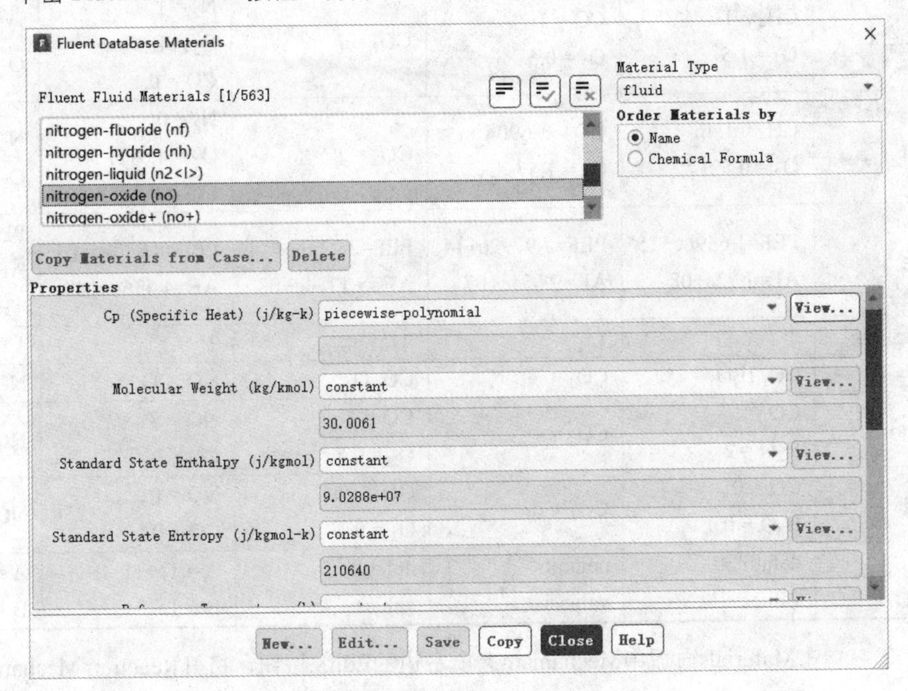

图 8-36　Fluent Database Materials 面板

- 在 Material Type 下拉列表中选择 fluid。
- 在 Fluent Fluid Materials 列表下选择 nitrogen-oxide（no）项。
- 单击 Copy 按钮，然后关闭 Fluent Database Materials 面板。

（2）修改混合气体 methane-air-2step。

① 在Material Type列表下选择mixture。

② 将Properties中的Thermal Conductivity的值设为0.0241。

③ 单击Materials面板中Mixture Species选项右边的Edit…按钮，打开Species面板。

- 将 nitrogen-oxide（no）添加到 Species 列表。
- 要确保氮气（N_2）是列表中的最后一个组分，如果不是，移出氮气后再重新添加。
- 单击 OK 按钮，关闭 Species 面板。

④ 化学反应的定义。

- 单击 Materials 面板中 Reaction 选项右边的 Edit…按钮，打开 Reactions 面板。
- 将 Total Number of Reactions 的值增加到 5，并根据表 8-2 定义 5 种化学反应。
  其中 PEF=Pre-Exponential Factor，AE=Activation Energy，TE=Temperature Exponent。
- 单击 OK 按钮，关闭 Reactions 面板。

表 8-2 化学反应组分表

Reaction ID	1	2	3	4	5
Number of Reactants	2	2	1	3	2
Species	CH_4, O_2	CO, O_2	CO_2	N_2, O_2, CO	N_2, O_2
Stoich. Coefficient	CH_4 = 1 O_2 = 1.5	CO = 1 O_2 = 0.5	CO_2 = 1	N_2 = 1 O_2 = 1 CO = 0	N_2 = 1 O_2 = 1
Rate Exponent	CH_4 = 1.46 O_2 = 0.5217	CO = 1.6904 O_2 = 1.57	CO_2 = 1	N_2 = 0 O_2 = 4.0111 CO = 0.7211	N_2 = 1 O_2 = 0.5
Arrhenius Rate	PEF=1.6596e+15 AE=1.72e+08	PEF=7.9799e+14 AE=9.654e+07	PEF=2.2336e+14 AE=5.1774e+08	PEF=8.8308e+23 AE=4.4366e+08	PEF=9.2683e+14 AE=5.7276e+08 TE = -0.5
Number of Products	2	1	2	2	1
Species	CO, H_2O	CO_2	CO, O_2	NO, CO	NO
Stoich. Coefficient	CO = 1 H_2O = 2	CO_2 = 1	CO = 1 O_2 = 0.5	NO = 2 CO = 0	NO = 2
Rate Exponent	CO = 0 H_2O = 0	CO_2 = 0	CO = 0 O_2 = 0	NO = 0 CO = 0	NO = 0
Mixing Rate	default values	default values	default values	A = 1e+11 B = 1e+11	A = 1e+11 B = 1e+11

⑤ 单击Materials面板中Mechanism选项右边的Edit...按钮，打开Reaction Mechanisms面板。

- 在 Reactions 列表中选择所有化学反应。
- 单击 OK 按钮，关闭 Reaction Mechanisms 面板。

⑥ 对于所有组分在Cp列表下选择piecewise-polynomial，对于混合物选择mixing law。

（3）单击 Change/Create 按钮，并且关闭 Materials 面板。

步骤 04 操作条件的设置。

单击 Physics→Operating Conditions。保持操作条件的默认值。

步骤 05 边界条件的设置。

在 Boundary Conditions 面板中设置边界条件。

（1）按照表 8-3 所示给出口 pressure-outlet-4 设置边界条件。

表 8-3 出口边界条件参数

Parameters	Values
Backflow Total Temperature	2500 K
Backflow Turbulence Length Scale	0.003 m
Species Mass Fractions	O_2 = 0.05，H_2O = 0.1，CO_2 = 0.1

（2）按照表 8-4 所示给入口 velocity-inlet-5 设置边界条件。

表 8-4 入口边界条件参数

Parameters	Values
Velocity Magnitude	60 m/s
Temperature	650 K
Turbulence Length Scale	0.003 m
Species Mass Fractions	$CH_4 = 0.034$，$O_2 = 0.225$

（3）保持 wall-1 的默认边界条件。

（4）关闭 Boundary Conditions 面板。

步骤 06 无化学反应的求解。

（1）修改组分模型。

在 Models 面板单击 Species→Transport & Reaction。

在 Reactions 选项中取消对 Volumetric 的选择。

（2）修改求解参数。

① 在Equations列表中选择所有方程，如图8-37所示。

② 将Under-Relaxation Factors中所有组分及Energy的值设为0.95。

③ 单击OK按钮，关闭Solution Controls面板。

（3）在求解过程中绘制残差曲线。

在 Monitors 面板单击 Residual。

（4）初始化流场，从入口 velocity-inlet-5 开始计算。

打开如图 8-38 所示的 Solution Initialization 面板，在 Compute from 下拉列表中选择 velocity-inlet-5。

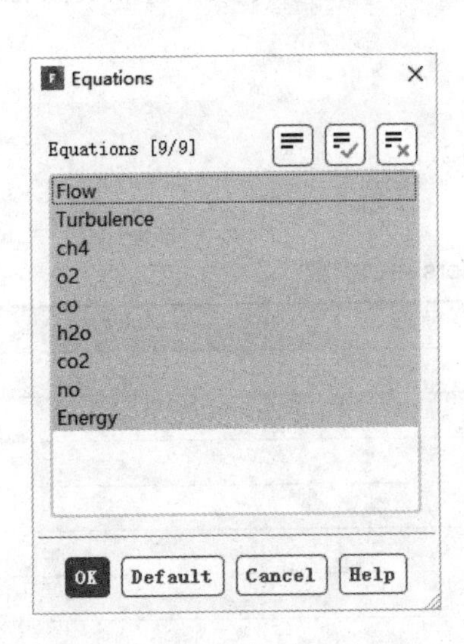

图 8-37 选择求解的 Equations

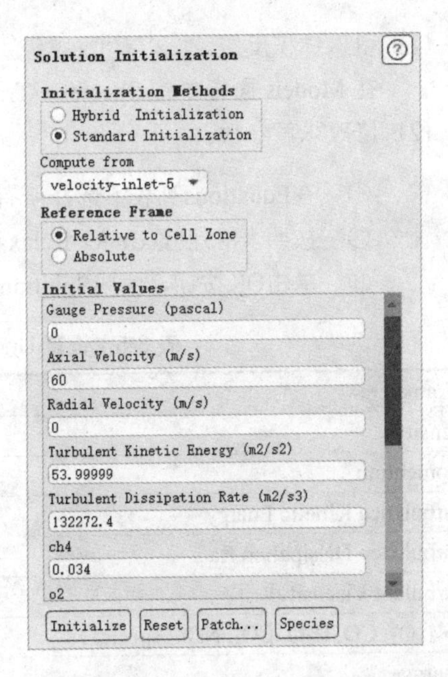

图 8-38 在 Solution Initialization 面板中进行初始化

（5）保存 Case 文件（5step_cold.cas.gz）。

（6）进行 200 步迭代求解。

在 Run Calculation 面板单击 Calculate。

（7）保存 Data 文件（5step_cold.dat.gz）。

步骤 07 无化学反应解的后处理。

（1）显示速度矢量图和流函数分布图。

在区域中显示速度矢量图。在 Scale 中输入 0.2，单击 Display 按钮，得到的速度矢量图如图 8-39 所示。

（2）显示流函数分布图。

在 Contours of 下拉列表中分别选择 Velocity...和 Stream Function，单击 Display 按钮，得到的流函数分布图如图 8-40 所示。

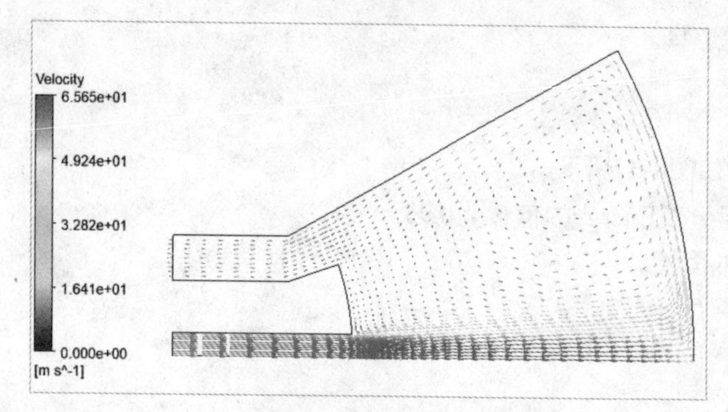

图 8-39　速度矢量图

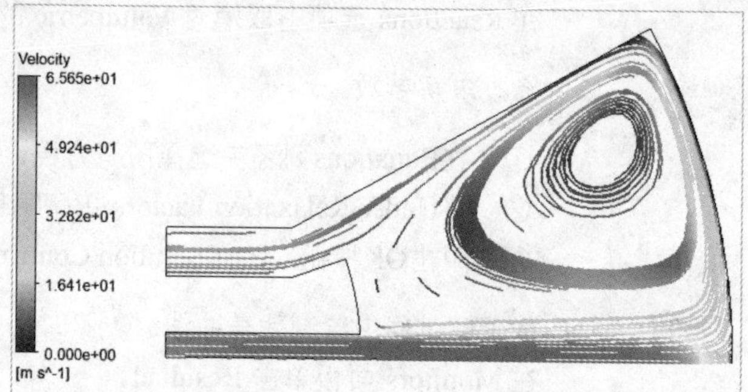

图 8-40　流函数分布图

步骤 08 反应流动的求解。

（1）引入体积反应。

在 Models 面板单击 Species→Transport & Reaction。在 Reactions 选项中选中 Volumetric 项。

（2）修改求解参数。

① 在Equations列表下选择所有方程。

② 按照表8-5设置Under-Relaxation Factors中的参数。

③ 单击OK按钮，关闭Solution Controls面板。

表 8-5　设置 Under-Relaxation Factors 中的参数

Parameters	Values
Density	0.8
Momentum	0.6
Turbulence Kinetic Energy	0.6
Turbulence Dissipation Rate	0.6
Turbulent Viscosity	0.6
CH_4, O_2, CO, H_2O, CO_2, NO（species）	0.8
Energy	0.8

（3）初始化一个温度区域来启动化学反应。

单击 Solution Initialization→Patch 选项。

① 打开如图8-41所示的Patch面板，在Variable列表下选择Temperature项。

② 在Value中输入1000。

③ 在Zones to Patch列表下选中fluid-6。

④ 单击Patch按钮。

⑤ 关闭Patch面板。

（4）进行 500 步迭代求解。

（5）保存 Case 和 Data 文件（5step.cas.gz 和 5step.dat.gz）。

（6）减小组分收敛标准。

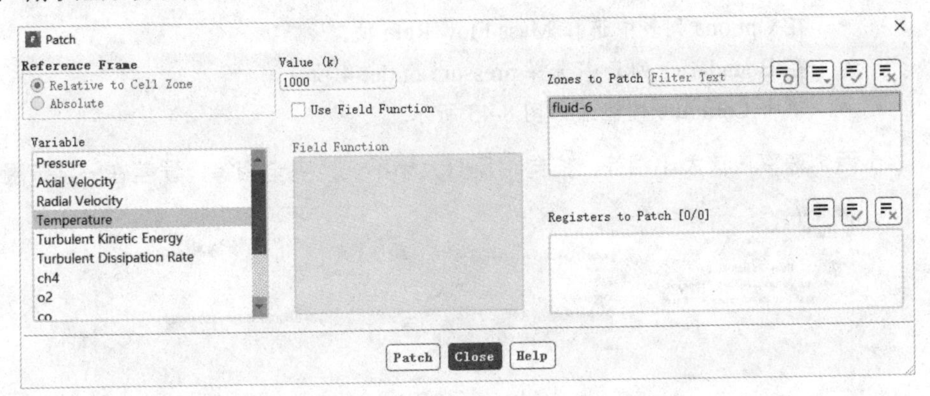

图 8-41　在 Patch 面板中设置温度区域

在 Monitors 面板单击 Residual。

① 将所有组分的Absolute Criterion改为1e-06。

② 单击OK按钮，关闭Residual Monitors面板。

（7）修改求解参数。

① 将Under-Relaxation Factors中所有组分及Energy的值设为0.95。

② 单击OK按钮，关闭Solution Controls面板。

（8）保存 Case 文件（5step_final.cas.gz）。

（9）再进行 1000 步迭代，在大概 300 步之后求解收敛。

（10）保存 Data 文件（5step_final.dat.gz）。

（11）计算气体通过所有边界的质量通量。

在 Report 面板单击 Fluxes。

① 计算入口边界velocity-inlet-5的质量流速率。

- 在 Options 列表中选择 Mass Flow Rate 项。
- 在 Boundaries 列表中选择 velocity-inlet-5 项。
- 单击 Compute 按钮，如图 8-42 所示。

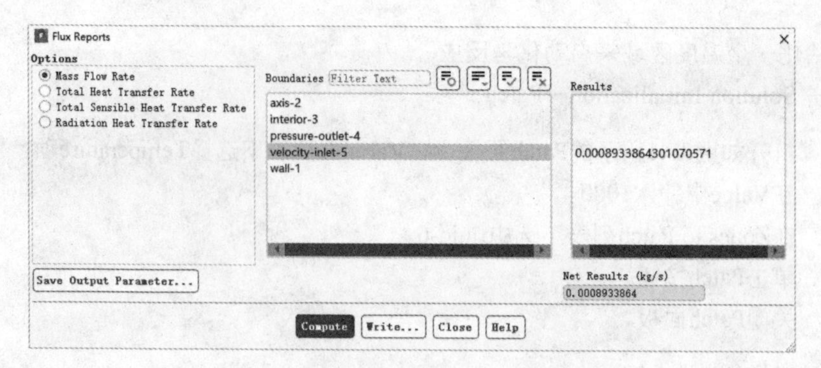

图 8-42　入口边界 velocity-inlet-5 的质量流速率

② 计算出口边界pressure-outlet-4的质量流速率。

- 在 Options 列表中选择 Mass Flow Rate 项。
- 在 Boundaries 列表中选择 pressure-outlet-4 项。
- 单击 Compute 按钮，如图 8-43 所示。

以上两个速率应该大小相等，方向相反（大小不一定完全相等，误差在一定范围内）。

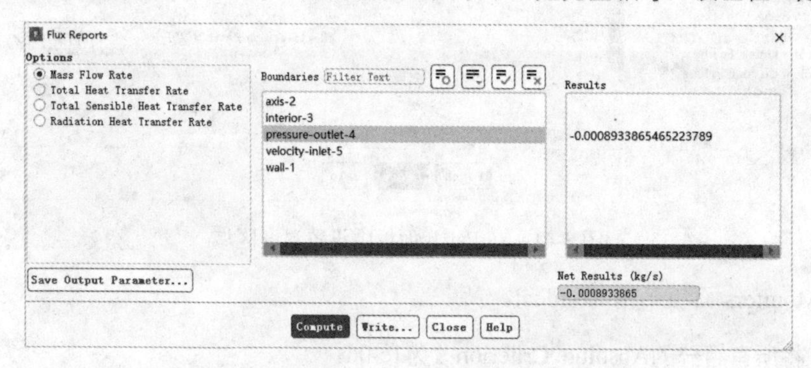

图 8-43　出口边界 pressure-outlet-4 的质量流速率

（12）计算气体通过所有边界的能量通量。

① 在Options列表中选择Total Heat Transfer Rate项。

② 在Boundaries列表中选择所有区域。

③ 单击Compute按钮，得到如图8-44所示的结果。

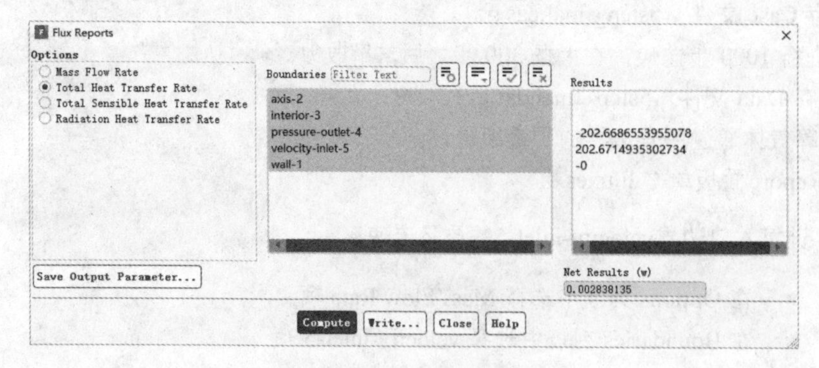

图 8-44　能量通量的计算

步骤09 化学反应解的后处理。

（1）显示区域中的速度矢量图，如图 8-45 所示，Scale 的值为 0.2。

（2）显示流函数分布图，如图 8-46 所示。

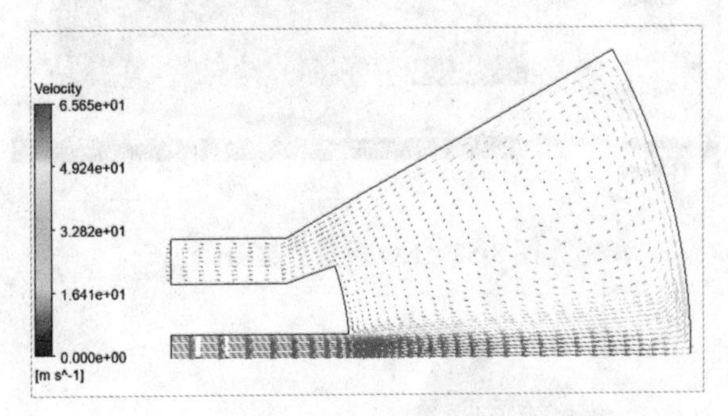

图 8-45　速度矢量图

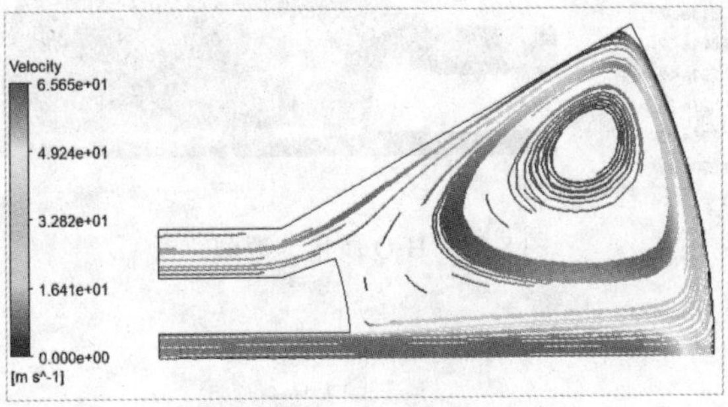

图 8-46　流函数分布图

（3）显示静态温度分布图，如图 8-47 所示。

（4）显示组分质量分数图：CH_4（见图 8-48）、CO_2（见图 8-49）、CO（见图 8-50）、H_2O（见图 8-51）、NO（见图 8-52）、O_2（见图 8-53）。

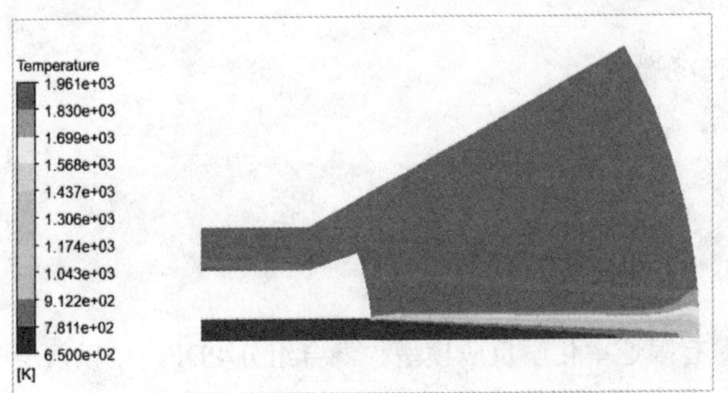

图 8-47　静态温度分布图

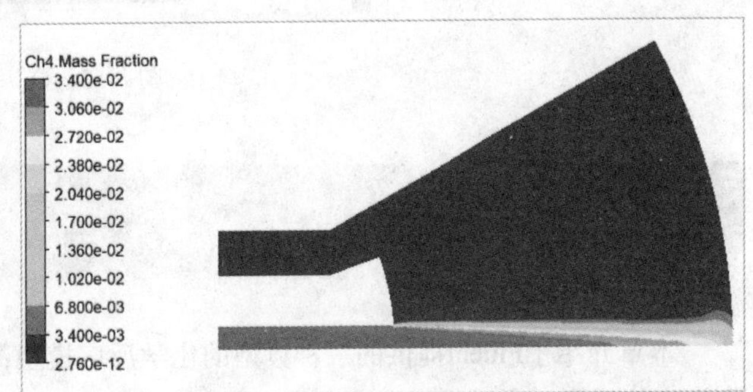

图 8-48　CH_4 质量分数图

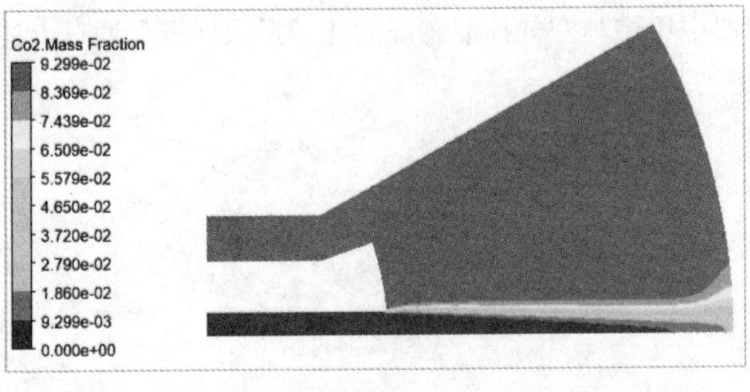

图 8-49　CO_2 质量分数图

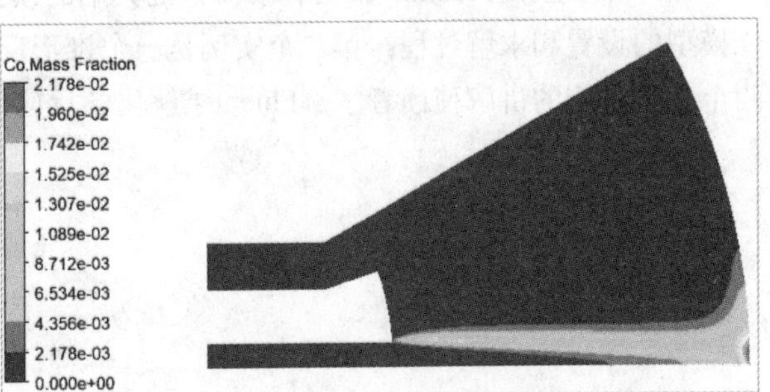

图 8-50　CO 质量分数图

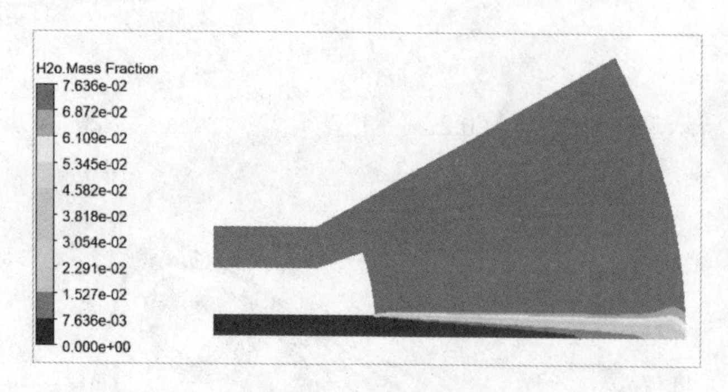

图 8-51 H_2O 质量分数图

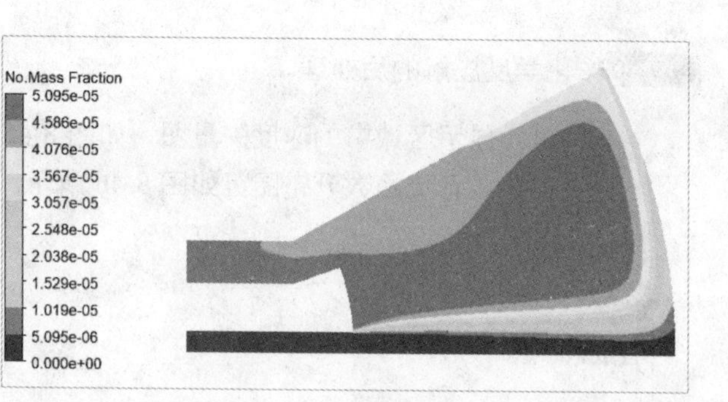

图 8-52 NO 质量分数图

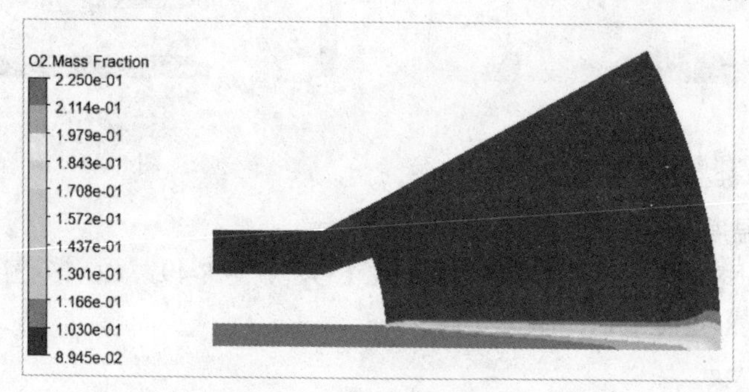

图 8-53 O_2 质量分数图

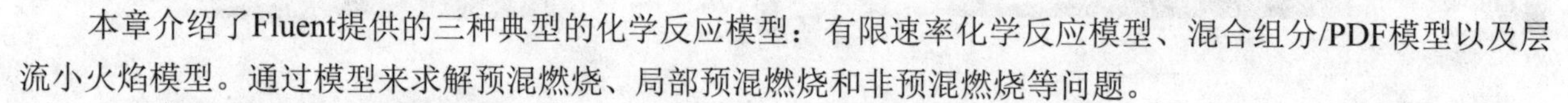

8.4 小结

本章介绍了Fluent提供的三种典型的化学反应模型：有限速率化学反应模型、混合组分/PDF模型以及层流小火焰模型。通过模型来求解预混燃烧、局部预混燃烧和非预混燃烧等问题。

第一个实例是Fluent对轴对称喷流预混火焰的模拟，使用PDF输运模型，通过实例使读者掌握部分预混燃烧模型的设置和求解过程；第二个实例是一个锥形反应器中甲烷与空气预混燃烧的化学反应问题。通过上述两个典型实例的讲解使读者了解Fluent求解化学反应问题的基本方法。

第9章 液体燃烧及煤炭燃烧分析

导言

液体及煤炭等可燃物在燃烧过程中需要经历多个过程，例如煤炭的燃烧过程大概可以分为水分的蒸发、挥发物析出及焦炭颗粒的燃烧等过程，其燃烧化学反应机理更复杂。本章介绍 Fluent 在液体及固体燃烧方面的应用，详细讲解两个燃烧实例。通过本章的学习，读者能够掌握利用 Fluent 求解液体及煤炭燃烧问题。

学习目标

- 有限速率化学反应模型的应用。
- 混合组分/PDF 模型的应用。
- 层流小火焰模型的应用。

9.1 液体燃料燃烧模拟

本节利用Fluent模拟一种液体燃料的蒸发和燃烧过程。利用Fluent中的离散相模型计算气体流动和液体喷射的耦合作用，同时利用混合分数/PDF平衡化学反应模型来预测蒸发燃料的燃烧。通过本实例的演示过程，用户将学习到：

- 为一个液体燃料系统定义一个概率密度函数（PDF）。
- 为 PDF 化学反应模型定义 Fluent 输入。
- 为蒸发的液滴定义一个离散的第二相。
- 利用基于压力的求解器求解流场，包括离散的燃料液滴和连续相的耦合。

混合分数/PDF模型通过求解一个输运方程来模拟非预混的湍流燃烧，该输运方程只包含混合分数这个单独的守恒标量。在问题的定义中需考虑包含基本组分和中间组分在内的多种化学组分，在平衡化学反应的假设下，它们的浓度可由预估的混合分数推出。组分的数据通过一个化学反应数据库得到，湍流与化学反应的相互影响利用β-PDF来模拟。

9.1.1 实例描述

液体燃料燃烧系统如图 9-1 所示。戊烷（C_5H_{12}）燃料以液体雾状喷射进一个二维管道，管道中存在空气流动，空气温度和流动速度分别为 650K和 1.0m/s。管道的壁面为等温壁，壁面温度恒定在 1200K。模型管道的高度H=1.0m，管道的长度为 10m。

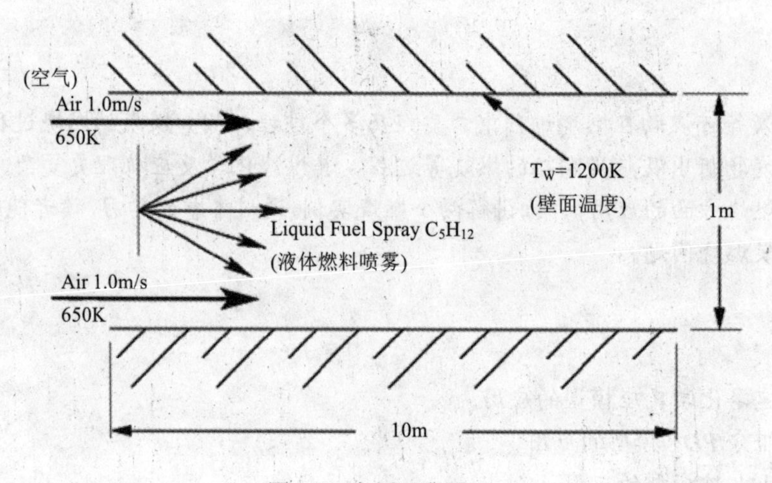

图 9-1 实例示意图

基于入口边界条件的流动Re数大概为 100000，该流动为湍流。戊烷蒸发进入空气后发生化学反应。燃烧利用混合分数/PDF方法来模拟，并且采用平衡的混合化学组分。

假设燃料喷雾由直径为 100μm的液滴组成，以 300K的温度喷射到管道中，喷雾覆盖的范围关于管道中心线对称，并且与管道中心线的夹角为 30°。液体燃料的质量流速度为 0.004kg/s，与流动中燃料的消耗条件相一致。

9.1.2 实例操作

首先利用Gambit生成计算区域的网格，并且对边界条件类型进行相应的指定，从而得到相应的计算模型，然后利用Fluent求解器对计算模型进行求解。

本章的主要目的是学习如何使用Fluent求解器，计算模型的确定不属于本章的内容，所以假设计算模型已经确定，Fluent只要读入就可以了。以后的实例介绍中都是如此，不再特殊说明。

假设本节液体燃料燃烧模拟计算模型的Mesh文件的文件名为ifuel.msh。运行二维Fluent求解器，具体操作步骤如下：

步骤 01 网格的操作。

（1）读入网格文件（ifuel.msh）。

单击 File→Read→Case…。

找到 ifuel.msh 文件以后，单击 OK 按钮，Mesh 文件就被导入 Fluent 求解器中了。当 Fluent 读入网格文件时，控制窗口会报告读入过程的信息以及网格的信息。可以看出，本实例网格包含 5200 个四边形单元。

（2）检查网格。

在 General 面板单击 Check。

本实例计算区域的长度单位为 SI 制（m），不需要设置计算区域的尺寸，否则要对几何区域的尺寸进行设置（单击 Grid→Scale…）。

（3）显示网格。

弹出如图 9-2 所示的面板，在 Surfaces 选项中选择所有面，单击 Display 按钮，得到如图 9-3 所示的网格。

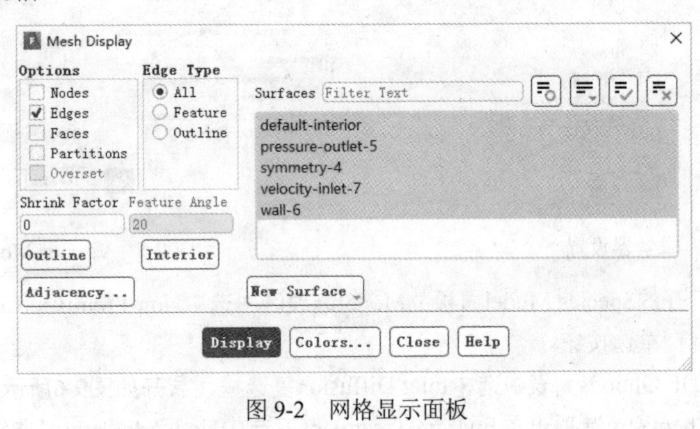

图 9-2　网格显示面板

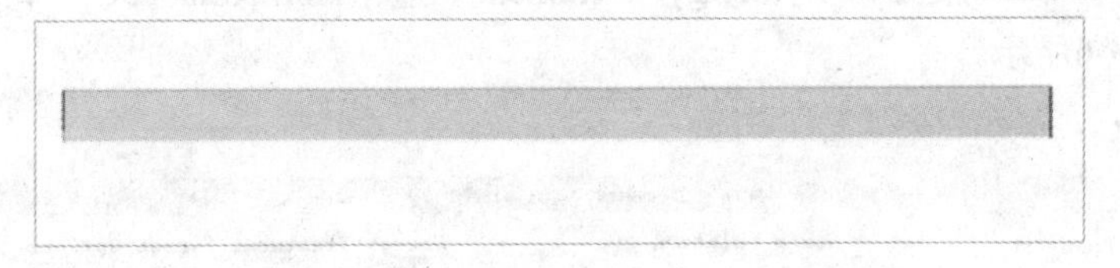

图 9-3　网格显示

步骤 02 模型的选择。

（1）基本求解器的选择。

在 General 面板中进行设置，保持求解器的默认设置，如图 9-4 所示。

（2）湍流模型的选择。

在 Models 面板单击 Viscous…。

① 在Model列表中选择k-epsilon [2 eqn]（k- ε 两方程模型），展开如图9-5所示的面板。

② 在k-epsilon Model列表中选择Standard，其他设置保持默认值。

③ 单击OK按钮，关闭湍流模型设置面板。

（3）非预混燃烧模型的选择。

在 Models 面板单击 Species→Transport&Reaction。

本节研究的液体燃料燃烧室是一个非绝热系统，在燃烧室的壁面会出现热传递，气体也会向液体燃料传递热量，所以在构造 PDF 模型时必须考虑非绝热的燃烧系统。

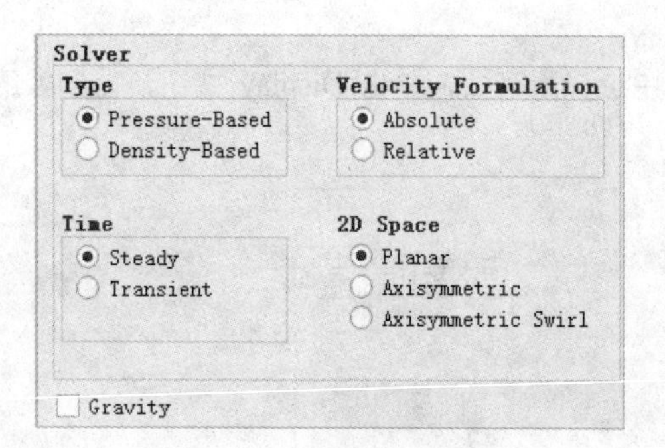

图 9-4 求解器设置

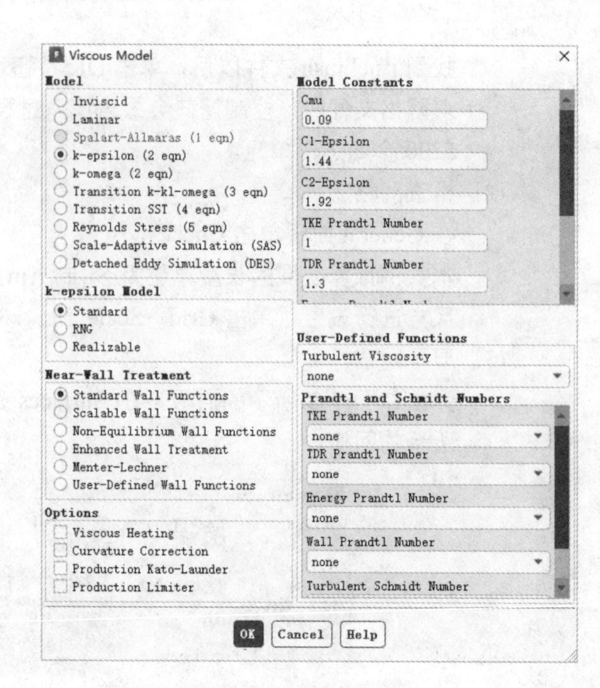

图 9-5 Viscous Model 面板

① 在打开的Species Model面板的Model选项区中选中Non-Premixed Combustion（非预混燃烧模型）单选按钮。

② 在PDF Options列表中选中Inlet Diffusion复选框，展开如图9-6所示的面板。

③ 在Chemistry选项卡的Energy Treatment下选中Non-Adiabatic（非绝热壁）单选按钮，如图9-6所示。

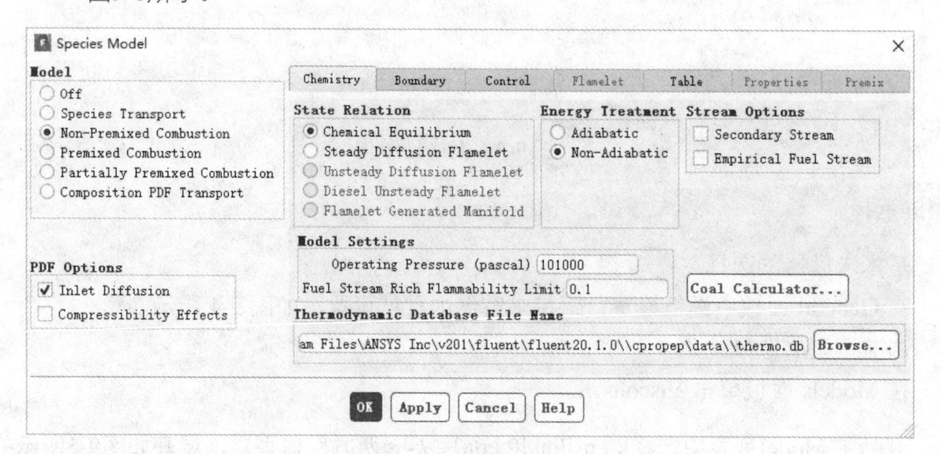

图 9-6 Species Model 面板

④ 在Model Setting下的Operating Pressure中输入101000。

⑤ 在Model Setting下的Fuel Stream Rich Flammability Limit中输入0.1。

⑥ 单击Boundary选项卡。

- 在 Boundary Species 中输入 c5h12，单击 Add 按钮，如图 9-7 所示。
- 在 Specify Species in 中选中 Mole Fraction 项。

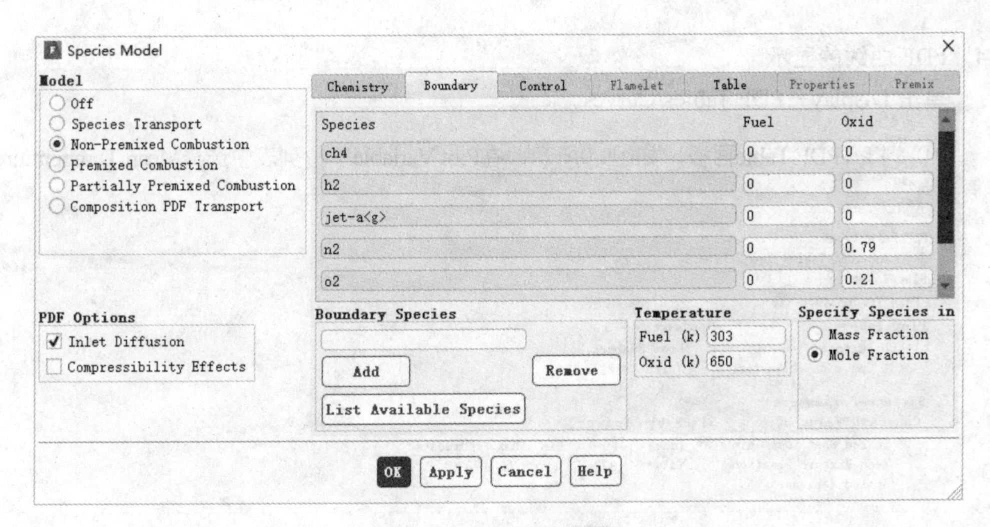

图 9-7 Boundary 选项卡

- 在 N_2 和 O_2 的 Oxid 选项下分别输入 0.79 和 0.21。
- 在 C_2H_{12} 的 Fuel 选项下输入 1。
- 在 Temperature 下的 Fuel(k)和 Oxid(k)文本框中分别输入 303 和 650。

平衡化学反应计算时需要系统的压力和入口来流的温度。液体燃料的入口温度为蒸发时的温度。氧化剂的入口温度与空气的入口温度相同。

⑦ 单击Table选项卡，如图9-8所示。

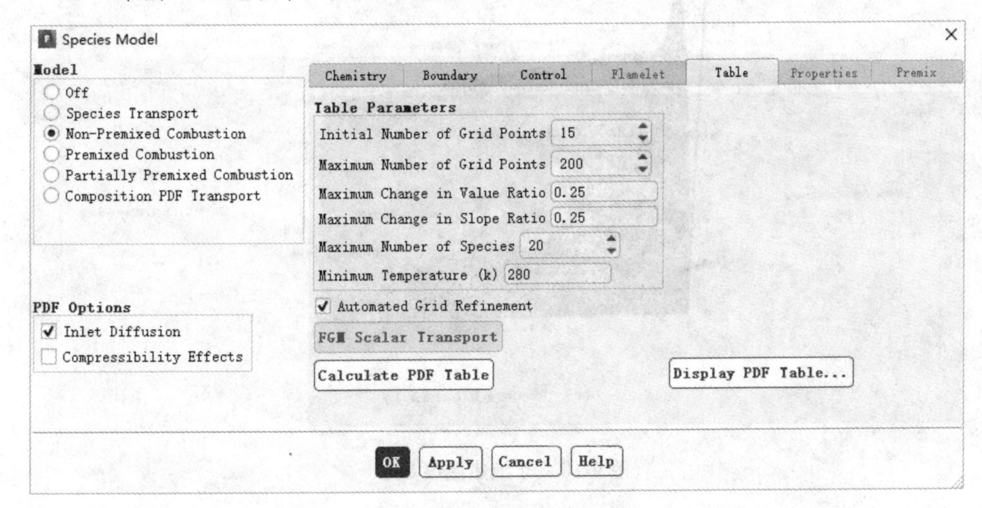

图 9-8 Table 选项卡

- 在 Minimum Temperature（k）中输入 280。
- 其他参数保持默认值。
- 单击 Apply 按钮。
- 单击 Calculate PDF Table 按钮。
- 保存 PDF 文件（lfuel.pdf.gz）。

单击 File→Write→PDF。

（4）PDF 曲线的显示。

单击 Display→PDF Tables/Curves。

① 打开PDF Table面板，如图9-9所示，在Plot Variable下拉列表中选择Mean Temperature（K）项。

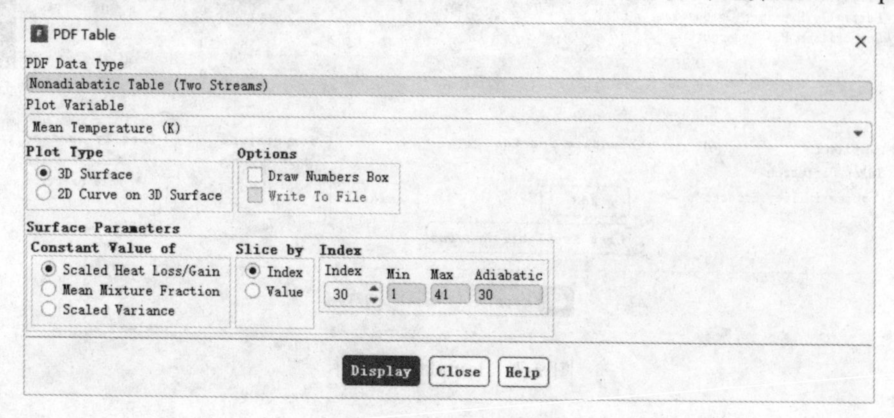

图 9-9　PDF Table 面板

② 单击Display按钮，得到如图9-10所示的结果。Fluent显示的最大平均温度为2.434305e+03K，这时的平均混合分数为6.751575e–02。

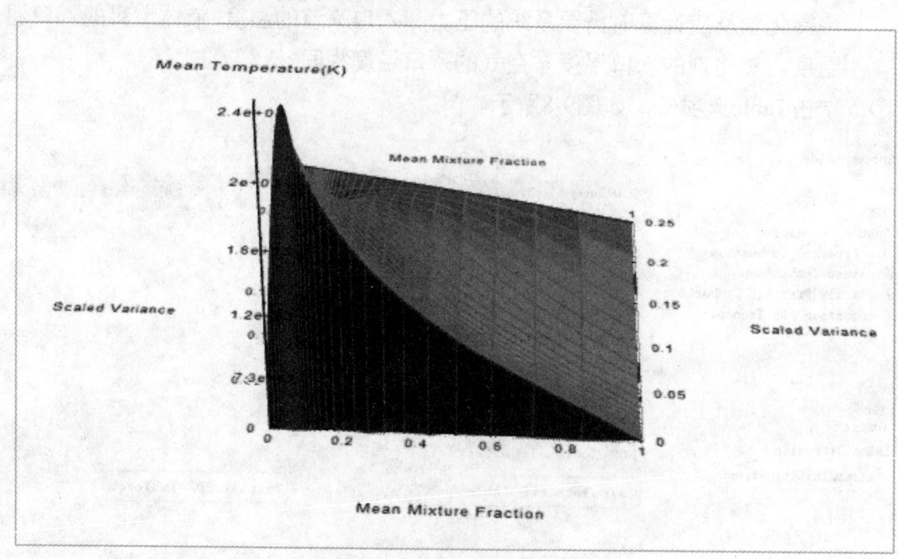

图 9-10　非绝热温度显示

（5）检查非绝热系统中组分/混合分数的关系。

① 在PDF Table 面板的Plot Variable下拉列表中选择Mass Fraction of C_5H_{12}项，如图9-11所示。

② 在Plot Type下选中2D Curve on 3D Surface项。

③ 单击Plot按钮，得到戊烷（C_5H_{12}）的摩尔分数，如图9-12所示。

（6）用同样的方法，可以画出 CO 的瞬时摩尔分数，如图 9-13 所示。

（7）定义离散相模型。

在 Models 面板单击 Discrete Phase。

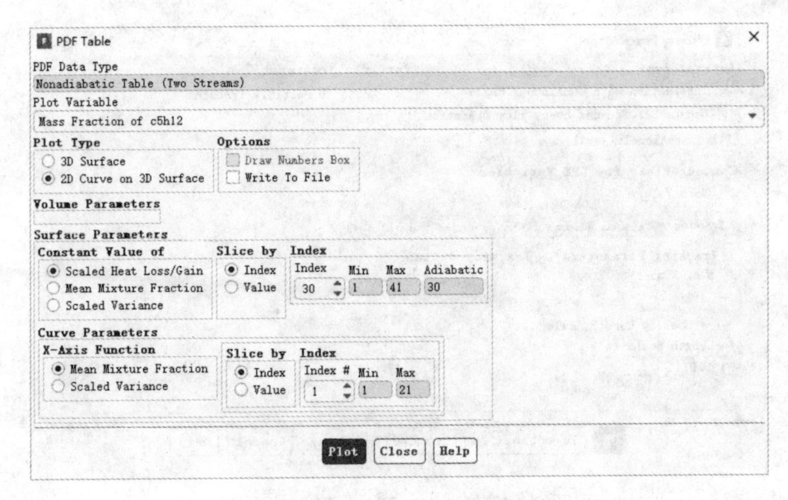

图 9-11　PDF Table 面板

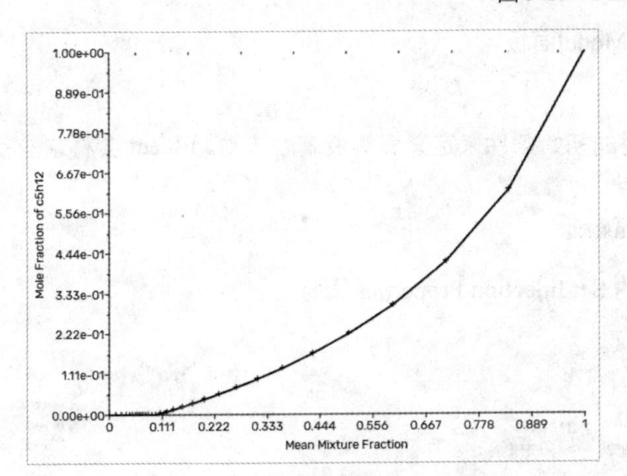

图 9-12　C_5H_{12} 的摩尔分数

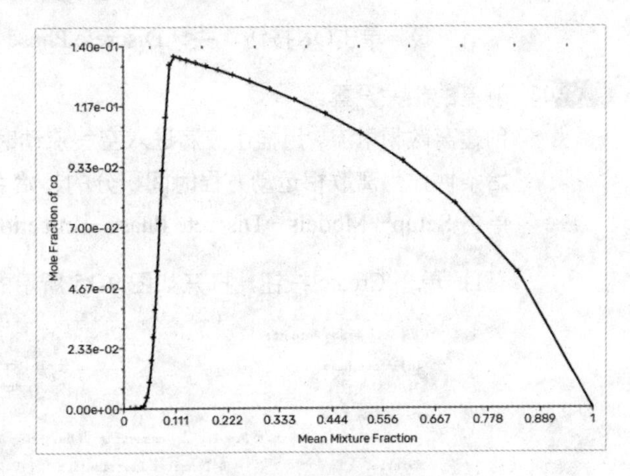

图 9-13　CO 的摩尔分数

打开 Discrete Phase Model 面板，如图 9-14 所示。在 Fluent 中，离散相模型用来模拟液滴的流动。该模型可以预测单个液滴的运动轨迹。通过交互式计算离散相轨迹和气相连续方程，可以得到液体燃料和空气流动之间的热量、动量和质量传递。

① 在Interaction下勾选Interaction with Continuous Phase复选框。

该选项允许离散相与气相耦合，即离散相的运动轨迹（沿该轨迹存在热传递和质量传递）会影响气相的方程。如果不选择此项，虽然能够追踪粒子和液滴的运动，但是它们对连续的气相不会产生影响。

② 在DPM Iteration Interval中选择5。

该耦合参数表示的是气相迭代求解与离散相轨迹更新求解的关系。在高离散相和大网格尺寸情况下，需要增加该参数的值。对于本问题应该选择较小的轨道更新频率。

③ 在Max. Number of Steps中选择1000。

④ 勾选Specify Length Scale复选框并保持其默认值。

Length Scale（m）控制着离散相轨迹积分的时间步长。0.01m表示沿10m长的计算区域内大概需要分为1000个时间步来计算轨迹。

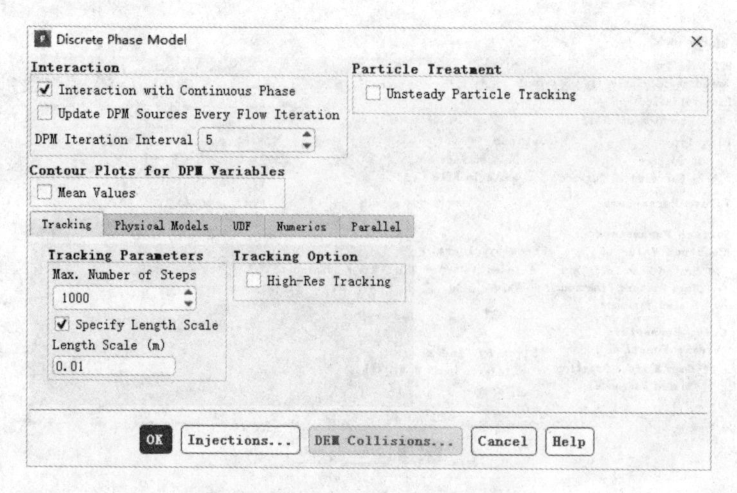

图 9-14 Discrete Phase Model 面板

⑤ 单击OK按钮，关闭Discrete Phase Model面板。

步骤 03 射流的相关设置。

创建离散相射流。用描述液滴进入空气流动时的初始条件来定义燃料液滴的流动。Fluent 会将这些初始条件作为离散相运动方程时间积分的起始点。

单击 Setup→Models→Discrete Phase→Injections…。

（1）单击 Create 按钮，打开如图 9-15 所示的 Set Injection Properties 面板。

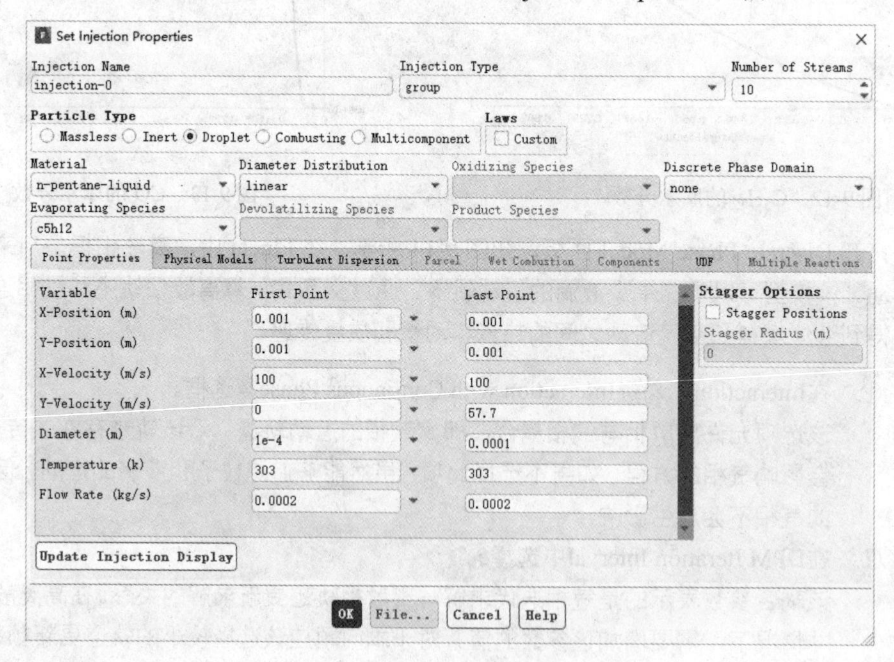

图 9-15 Set Injection Properties 面板

燃料来流定义了一组 10 个不同的初始条件。除了初始速度外，其他的条件均是相同的，初始速度随着喷雾所形成的锥与管道中心夹角的变化而变化。

（2）在 Injection Type 下拉列表中选择 group。

（3）在 Number of Streams 中选择 10。

通过这些输入，Fluent 通过 10 个离散的液滴来流来描述初始条件，每一个液滴都有其自己的一系列离散初始条件。本问题的初始速度将随液滴的不同而不同。

（4）在 Particle Type 下选中 Droplet 项。

（5）在 Material 下拉列表中选择 n-pentane-liquid 项。

在 Material 下拉列表中包含 Fluent 数据库中所有的液滴原料。从列表中选择一个适当的燃料，然后可以在 Material 面板中修改其属性。

（6）在 Evaporating Species 列表中选择 C_5H_{12}。

（7）单击 Point Properties 选项卡。

（8）根据表 9-1 设置 Point Properties 选项卡的参数。

表 9-1　Point Properties 选项卡的参数设置

Parameter	First Point	Last Point
X-Position（m）	0.001	0.001
Y-Position（m）	0.001	0.001
X-Velocity（m/s）	100	100
Y-Velocity（m/s）	0	57.7
Diameter（m）	1.0e-04	1.0e-04
Temperature（K）	303	303
Flow Rate（kg/s）	2.0e-04	2.0e-04

这些初始条件定义了燃料喷雾的液滴，这些液滴的直径都是 100μm。喷雾所形成的 30° 半角锥形由 Y 方向的速度表征，从 0 到 57.7m/s。总的质量流为 0.002kg/s。这里考虑的总质量流是半个对称管道中的液体燃料质量流。

（9）单击 Turbulent Dispersion 选项卡，如图 9-16 所示。

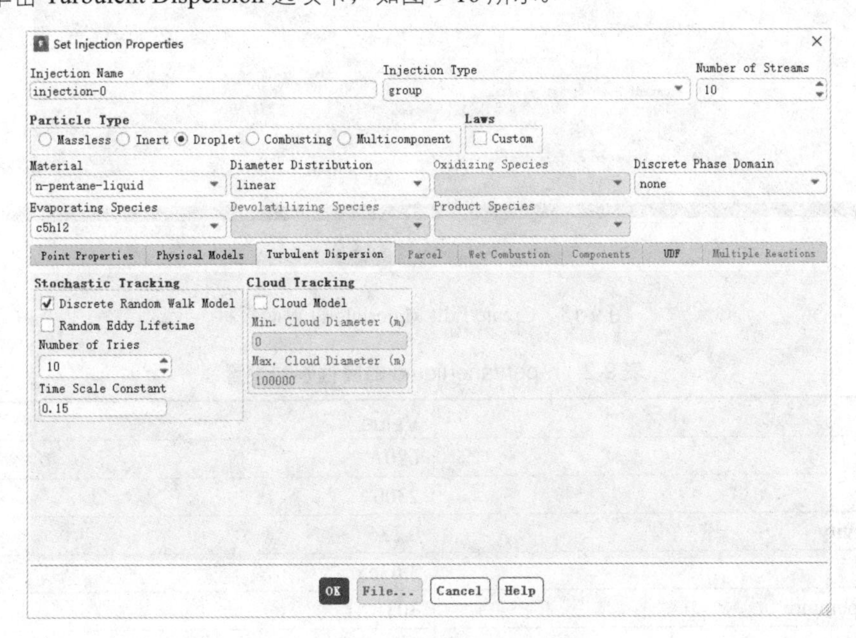

图 9-16　Turbulent Dispersion 选项卡

（10） 在 Stochastic Tracking 下勾选 Discrete Random 复选框，并将 Number of Tries 的值设为 10。Stochastic Tracking 用来模拟气相中湍流对液滴轨迹的影响。为了模拟真实的液滴散布，Stochastic Tracking 在液体燃料燃烧的模拟中显得很重要。

（11） 单击 OK 按钮，关闭 Set Injection Properties 面板。新的射流（默认名字为 injection-0）出现在 Injections 面板中，如图 9-17 所示。

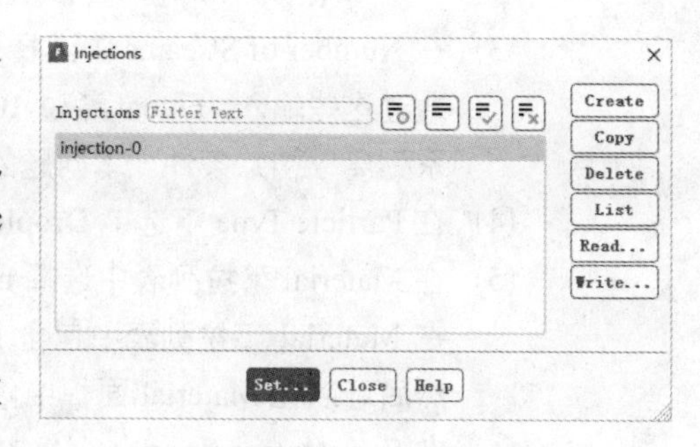

图 9-17 Injections 对话框

步骤 04 流体物理属性的设置。

定义离散相的参数。

单击 Setup→Materials。

（1） 打开如图 9-18 所示的 Create/Edit Materials 设置面板。在 Material Type 下拉列表中选择 droplet-particle 项。

（2） 根据表 9-2 设置 n-pentane-liquid 的属性参数。

对于 n-pentane-liquid 的属性，Fluent 数据库中默认的设置与表 9-2 中的参数相似，可以描述本例的燃料。这里是为了练习修改数据库属性的能力。

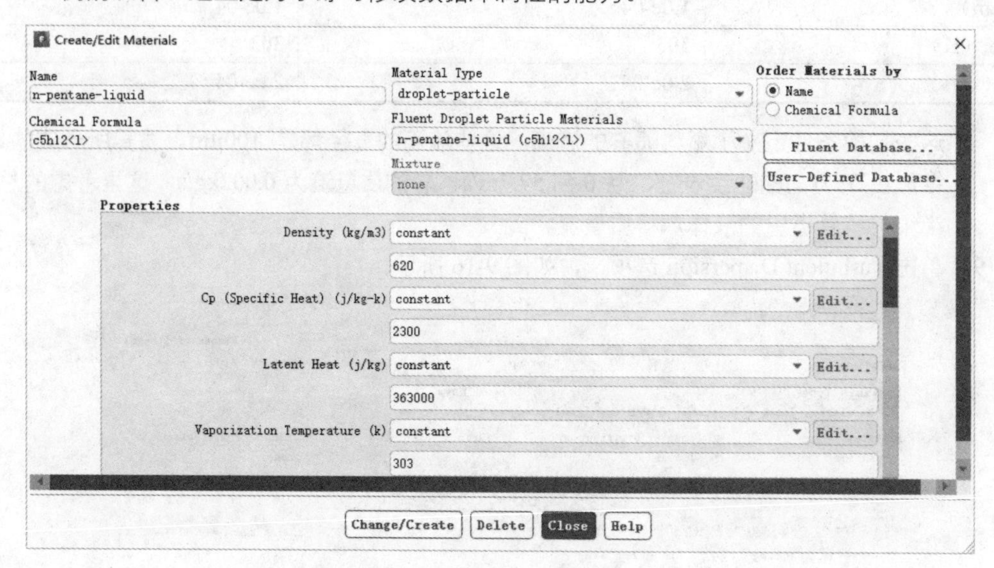

图 9-18 Create/Edit Materials 设置面板

表 9-2 n-pentane-liquid 的属性参数设置

Parameter	Value
Density	620
Cp	2300
Thermal Conductivity	0.136
Latent Heat	3.63e5
Vaporization Temperature	303
Boiling Point	306

（续表）

Parameter	Value
Volatile Component Fraction（%）	100
Binary Diffusivity	6.1e-6
Saturation Vapor Pressure	8.1e4
Heat of Pyrolysis	0

（3）单击 Change/Create 按钮，关闭 Create/Edit Materials 面板。

步骤 05 边界条件的设置。

（1）设置边界条件。

在 Boundary Conditions 面板中设置边界条件，如图 9-19 所示。

（2）入口边界条件的设置（velocity-inlet-7）。

① 选中velocity-inlet-7，单击Edit...按钮，打开如图9-20所示的面板。在Velocity Specification Method下拉列表中选择Magnitude and Direction项。

② 在Reference Frame下拉列表中选择Absolute项。

③ 在Velocity Magnitude（m/s）中输入1。

④ 在X-Component of Flow Direction中输入1，在Y-Component of Flow Direction中输入0。

⑤ 在Specification Method下拉列表中选择Intensity and Hydraulic Diameter。

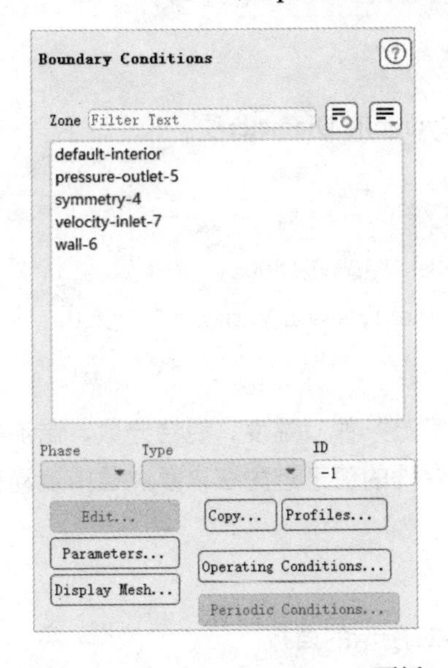

图 9-19 Boundary Conditions 面板

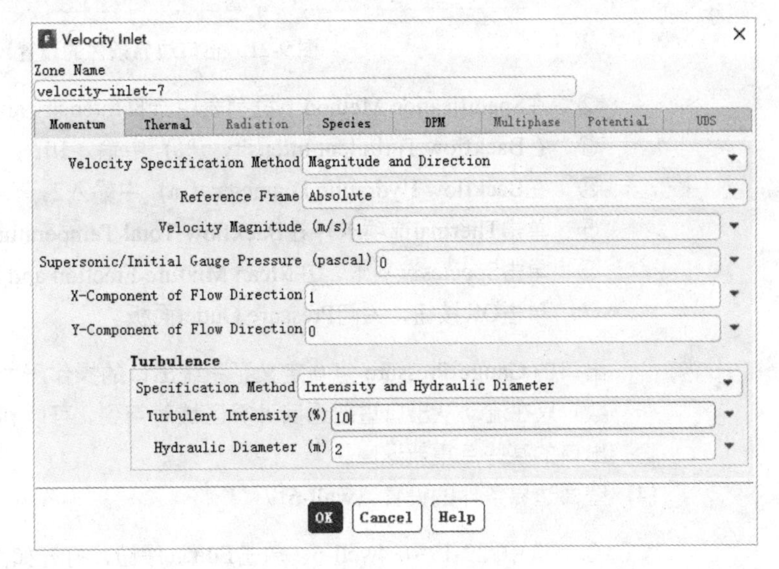

图 9-20 入口边界条件的设置

⑥ 在Turbulent Intensity（%）中输入10，在Hydraulic Diameter（m）中输入2.0。

⑦ 单击Thermal选项卡，在Temperature（k）中输入650。

⑧ 单击OK按钮，关闭Velocity Inlet面板。

这里设置的 Hydraulic Diameter 为管道高度的两倍，用来决定入口的湍流尺度。燃烧空气流动在入口处的湍流强度比较显著。对于 PDF 计算，需要定义入口的混合分数及其变化。这里，所有燃料由离散相蒸发进入系统，所以入口处的气相混合分数值为 0。

（3）出口边界条件的设置（pressure-outlet-5）。

① 选中图9-19所示的pressure-outlet-5项，单击Edit...按钮，打开如图9-21所示的面板。在Gauge Pressure（pascal）中输入0。

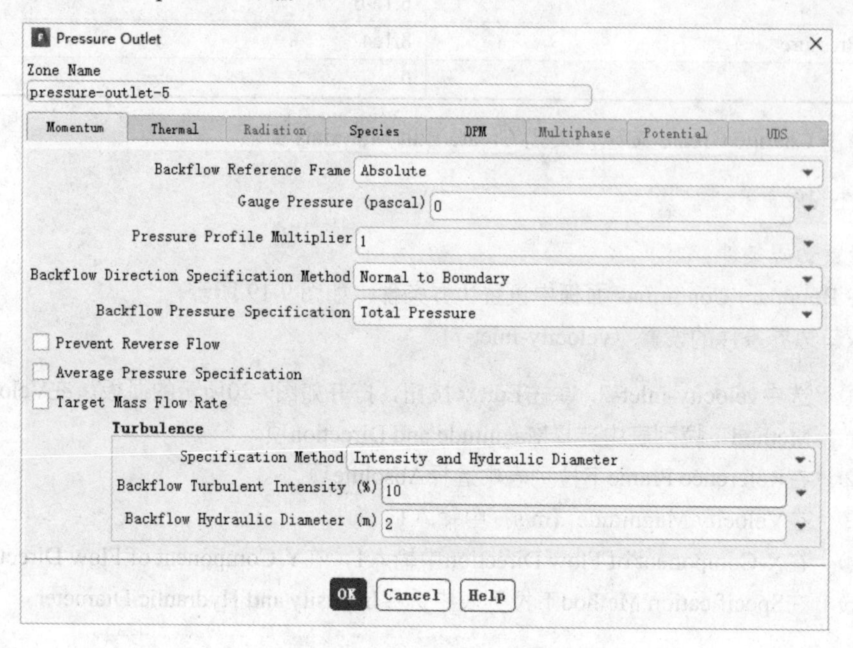

图 9-21　出口边界条件的设置

② 在Specification Method下拉列表中选择Intensity and Hydraulic Diameter项。

③ 在Backflow Turbulent Intensity（%）中输入10。

④ 在Backflow Hydraulic Diameter（m）中输入2。

⑤ 单击Thermal选项卡，在Backflow Total Temperature（k）中输入1800。

⑥ 单击Species选项卡，在Mean Mixture Fraction and Mixture Fraction Variance中输入0。

⑦ 单击OK按钮，关闭Pressure Outlet面板。

出口的 Gauge Pressure 为 0 定义了系统出口的操作压力。回流条件（温度、混合分数、湍流参数）只在流动从出口重新返回计算区域时用到。可以利用合理的值来避免在求解过程中流动在出口的某些点重新返回。

（4）壁面边界条件的设置（wall-6）。

① 选中图9-19中的wall-6，单击Edit...按钮，打开如图9-22所示的面板。

② 单击Thermal选项卡，在Thermal Conditions下选中Temperature单选按钮。

③ 在Temperature（k）中输入1200。

④ 单击OK按钮，关闭Wall面板。

液滴撞击壁面的默认边界条件为 reflect（反射），如图 9-23 所示。在 Boundary Cond. Type 下拉列表中，还有其他选项可以选择。本例中，假设液滴不会与燃烧室壁面发生碰撞。如果发生碰撞，可以选择 trap 条件。

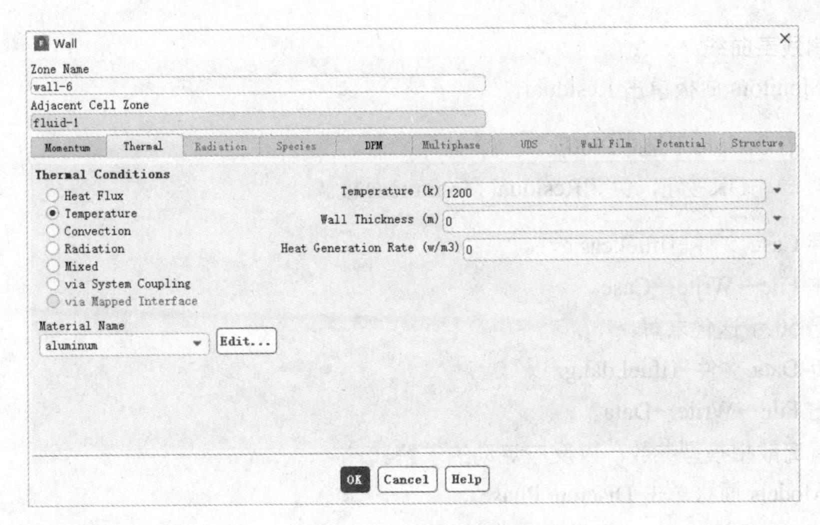

图 9-22　Thermal 选项卡

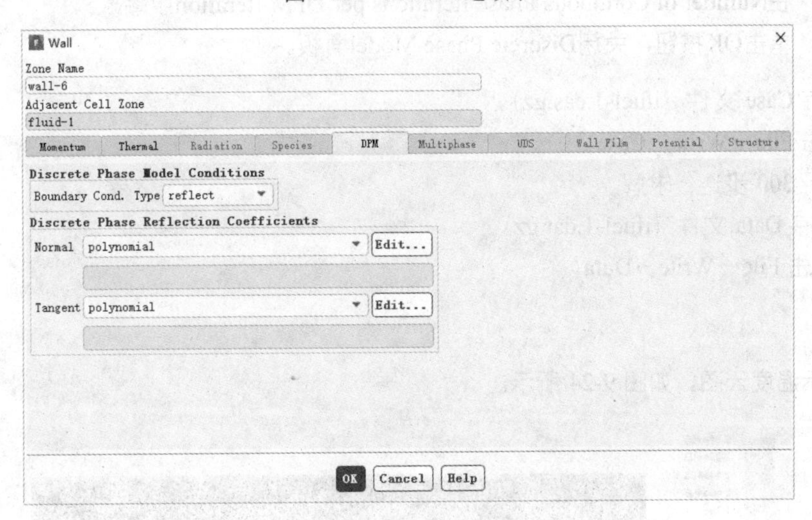

图 9-23　DPM 选项卡

步骤 06 求解的设置与控制。

（1）DPM 参数的设置。

在 Models 面板单击 Discrete Phase。

首先需要获得一个无反应流动的解，接着引入 DPM 轨迹。

① 在Number of Continous Phase Iterations per DPM Iteration中输入0。

② 单击OK按钮，关闭Discrete Phase Model面板。

（2）初始化问题。

① 打开Solution Initialization面板。在Compute From下拉列表中选择velocity-inlet-7。

② 单击Initialize按钮。

本问题中，由于空气已经预先加热，所以可以入口的初始条件来启动燃烧的计算。在其他燃烧系统中，需要寻找一个高温区，并在耦合计算开始之前追踪液滴。

（3）绘制残差曲线。

在 Monitors 面板单击 Residual。

① 在Options下选中Plot项。

② 单击OK按钮，关闭Residual Monitors面板。

（4）保存 Case 文件（ifuel.cas.gz）。

单击 File→Write→Case。

（5）进行 50 步迭代求解。

（6）保存 Data 文件（ifuel.dat.gz）。

单击 File→Write→Data。

（7）设置离散相模型参数，以反应流动的求解。

在 Models 面板单击 Discrete Phase。

① 在Number of Continous Phase Iterations per DPM Iteration中输入5。

② 单击OK按钮，关闭Discrete Phase Model面板。

（8）保存 Case 文件（ifuel-1.cas.gz）。

单击 File→Write→Case。

（9）进行 300 步迭代求解。

（10）保存 Data 文件（ifuel-1.dat.gz）。

单击 File→Write→Data。

步骤 07 后处理。

（1）显示温度云图，如图 9-24 所示。

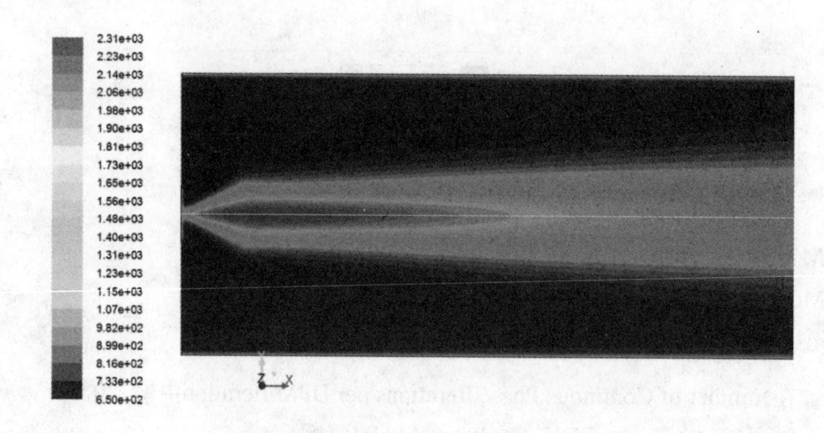

图 9-24 温度云图

在 Graphics and Animations 面板单击 Contours。

① 在Options下选中Filled项。

② 在Contours of 下拉列表中选择Temperature和Static Temperature项。

③ 单击Display按钮。

选择功能区中的 View→Display→Views，显示出对称的另一半（在 Views 面板的 Mirror Planes 下选取 symmetry-4 项，单击 Apply 按钮），如图 9-24 所示。

（2）显示混合分数图，如图 9-25 所示。

在 Graphics and Animations 面板单击 Contours。

① 在Contours of 下拉列表中选择Pdf和Mean Mixture Fraction项。

② 单击Display按钮，混合分数图如图9-25所示。

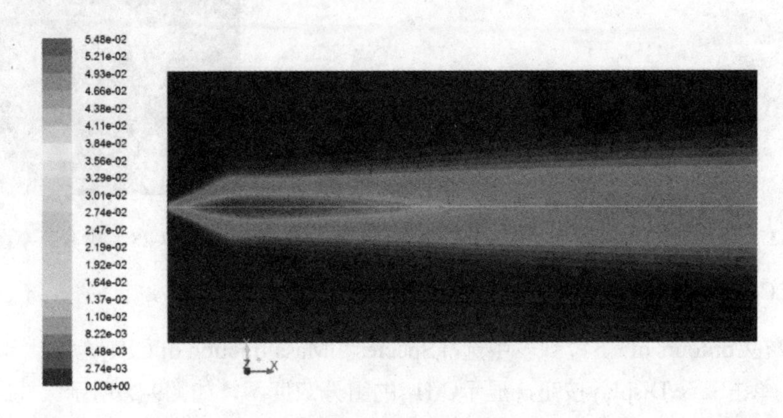

图 9-25 混合分数图

混合分数图显示了蒸发的液体燃料在气相中出现的位置。在火焰的富燃料区表现得比较显著，原因是该位置的氧气无法与燃料混合。

（3）液体燃料轨迹的显示。

在 Graphics and Animations 面板单击 Particle Tracks，弹出的面板如图 9-26 所示。

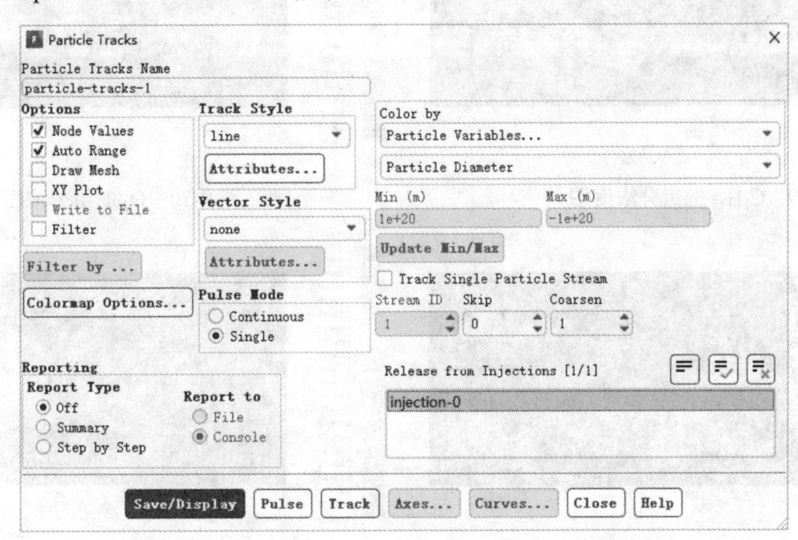

图 9-26 Particle Tracks 面板

① 在Release from Injections下选中injection-0项。

② 在Color by下拉列表中选择Particle Variables…和Particle Diameter项。

③ 单击Save/Display按钮，液体燃料轨迹如图9-27所示。

（4）显示喷雾速率图，如图 9-28 所示。

① 在Contours of下拉列表中选择Discrete Phase Sources和DPM Evaporation/Devolatilization项。

② 单击Save/Display按钮，显示喷雾速率图，如图9-28所示。

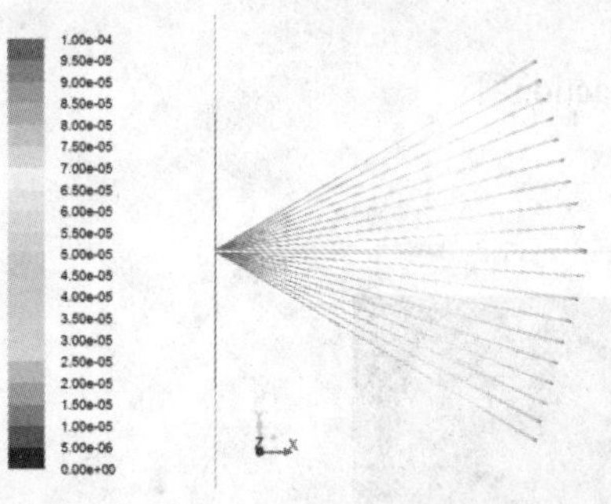

图 9-27　液体燃料轨迹图

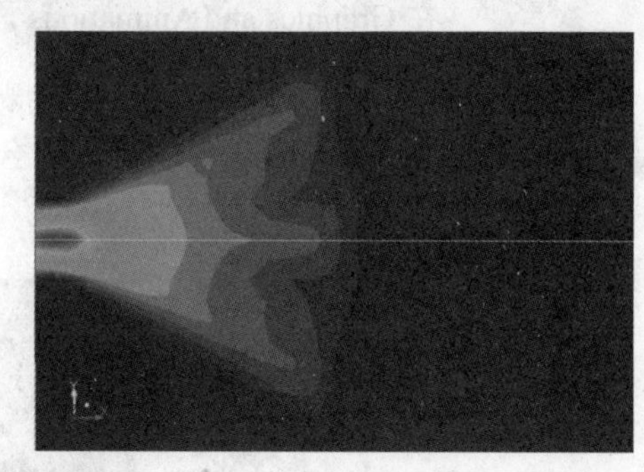

图 9-28　喷雾速率图

（5）显示 C_5H_{12} 的组分浓度图，如图 9-29 所示。

① 在Contours of 下拉列表中选择Species和Mass fraction of C_5H_{12}项。

② 单击Save/Display按钮，显示C_5H_{12}的组分浓度图，如图9-29所示。

（6）相似地，可显示 O_2（见图 9-30）、CO（见图 9-31）和 CO_2（见图 9-32）的组分浓度图。

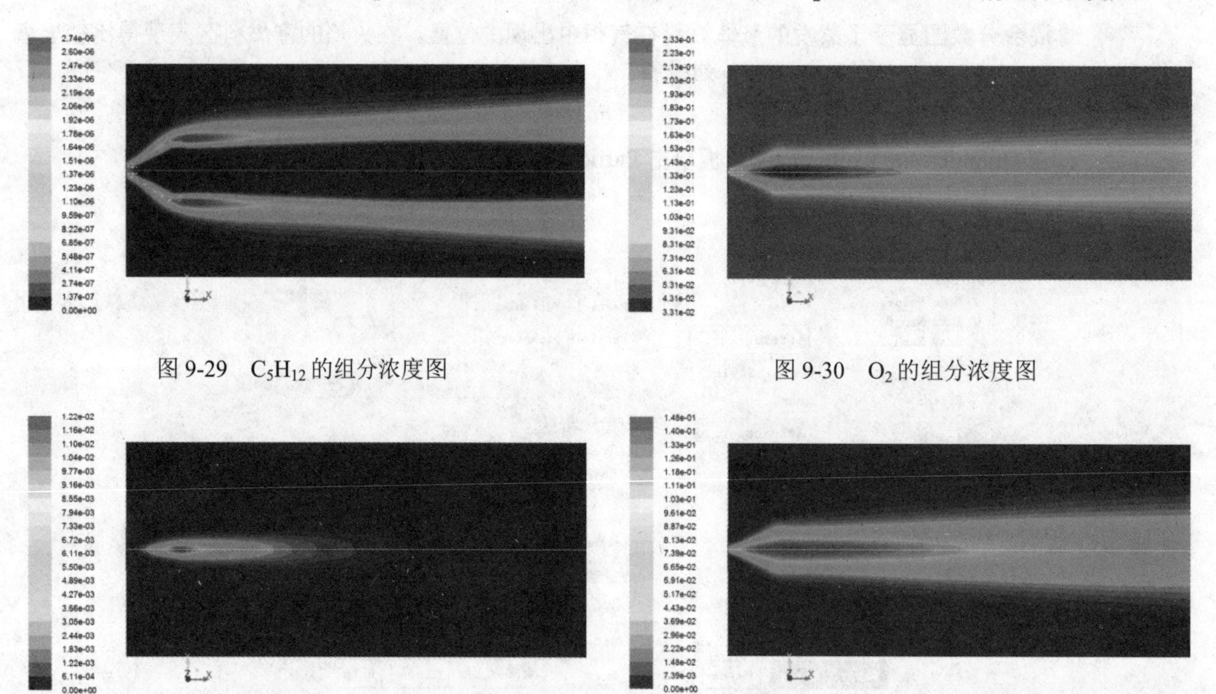

图 9-29　C_5H_{12} 的组分浓度图

图 9-30　O_2 的组分浓度图

图 9-31　CO 的组分浓度图

图 9-32　CO_2 的组分浓度图

9.2 煤燃烧模拟

本节学习利用Fluent中的涡破裂（EBU）模型来模拟一种煤燃烧的实例。通过本实例的演示过程，用户将学习到：

- 设置和求解一个煤燃烧问题。
- 学会使用 EBU（Eddy Break Up）模型。
- 学会对该类问题进行合理的求解设置。
- 对结果进行后处理。

9.2.1 实例描述

熔炉的三维切面图如图 9-33 所示。可以看出，左手边有两个环形的入口，右手边有一个圆形的出口。由于图形的对称性，只需要模拟该外形的四分之一。内部环形入口的内外半径分别为 0.055m和 0.067m。外部环形入口的内外半径分别为 0.07m和 0.117m。出口的半径为 0.425m。

煤和载体空气通过内部的环形区域进入燃烧室，热的涡旋的二次空气通过外部的环形区域进入燃烧室。燃烧在燃烧室中发生，燃烧产物通过压力出口排出。

图 9-33 模型示意图

9.2.2 实例操作

同上一个实例，假设计算模型已经确定，煤燃烧模拟计算模型的Mesh文件的文件名为coal-ebu.msh。将coal-ebu.msh和coal-ebu.c文件复制到工作的文件夹下，运行三维Fluent求解器。具体操作步骤如下：

步骤 01 网格的操作。

（1）读入网格文件（coal-ebu.msh）。
单击 File→Read→Case。

（2）检查网格。
在 General 面板单击 Check。

（3）显示网格。
在 General 面板单击 Display 按钮，弹出面板，在 Surfaces 选项中选择所有面，单击 Display 按钮，得到如图 9-34 所示的网格。

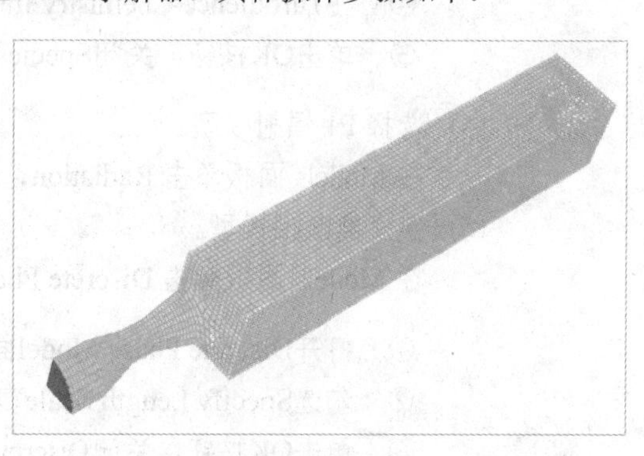

图 9-34 网格显示

步骤02 模型的选择。

（1）湍流模型的选择。

在 Models 面板单击 Viscous。

在模型列表中选择 k-epsilon[2 eqn]（$k-\varepsilon$ 两方程模型）项，在 $k-\varepsilon$ 模型列表中选择 Standard 项。

（2）激活能量方程。

（3）组分输运模型的选择。

在 Models 面板单击 Species。

① 打开的Species Model面板如图9-35所示，在Model下选中Species Transport项。

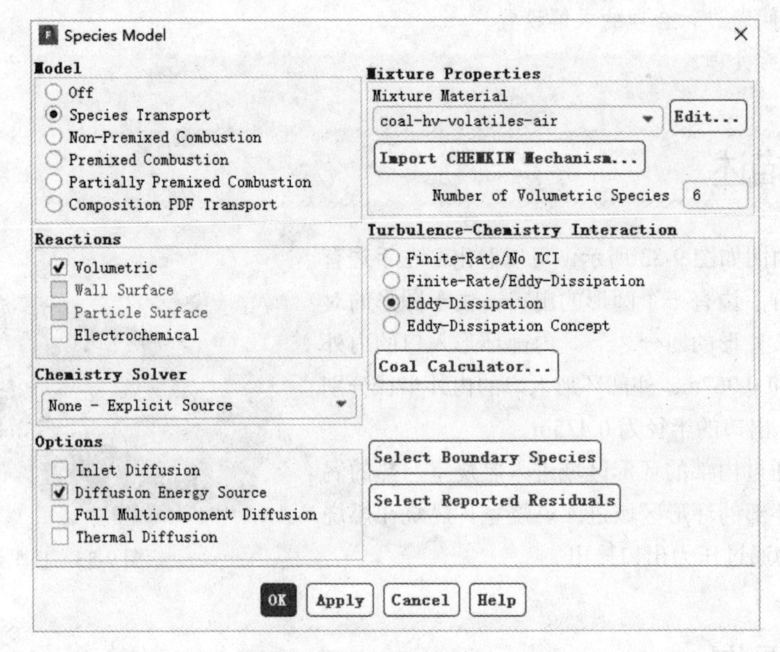

图 9-35 Species Model 面板

② 在Reactions下勾选Volumetric复选框。

③ 在Mixture Material下拉列表中选择coal-hv-volatiles-air项。

④ 在Turbulence-Chemistry Interaction中选中Eddy-Dissipation项。

⑤ 单击OK按钮，关闭Species Model面板。

（4）选择 P1 辐射模型。

在 Models 面板单击 Radiation，如图 9-36 所示。

（5）定义离散相模型。

在 Models 面板单击 Discrete Phase。

① 打开Discrete Phase Model面板，如图9-37所示，在Max. Number of Steps选项中选择40000。

② 勾选Specify Length Scale复选框，在Length Scale（m）中输入0.0025。

③ 单击OK按钮，关闭Discrete Phase Model面板。

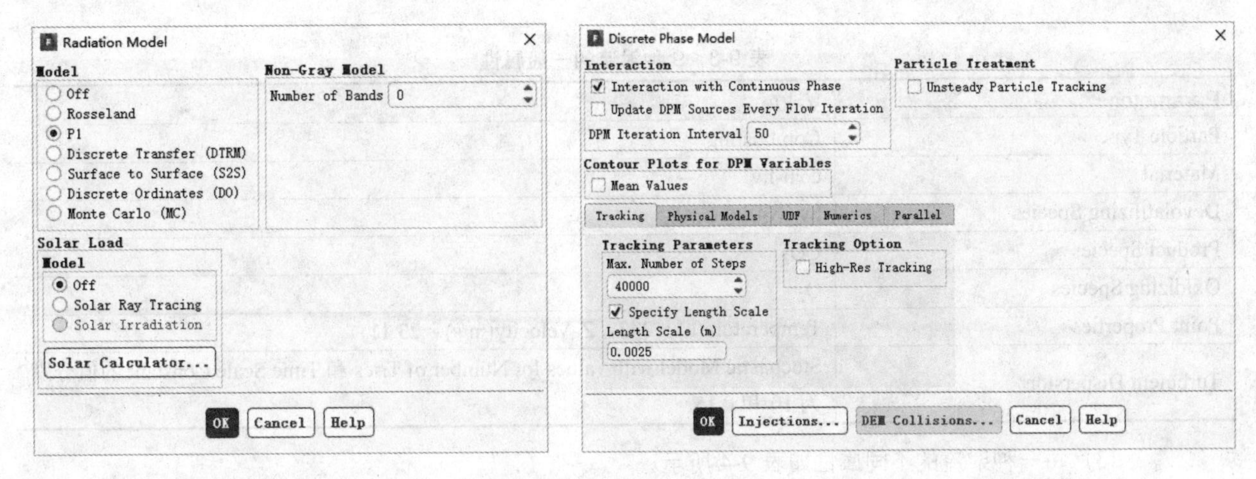

图 9-36 Radiation Model 面板

图 9-37 Discrete Phase Model 面板

步骤 03 射流的相关设置。

在面 v-1 上定义 9 种射流。

单击 Define→Injections…。

（1）单击 Create 按钮，打开如图 9-38 所示的 Set Injection Properties 面板。

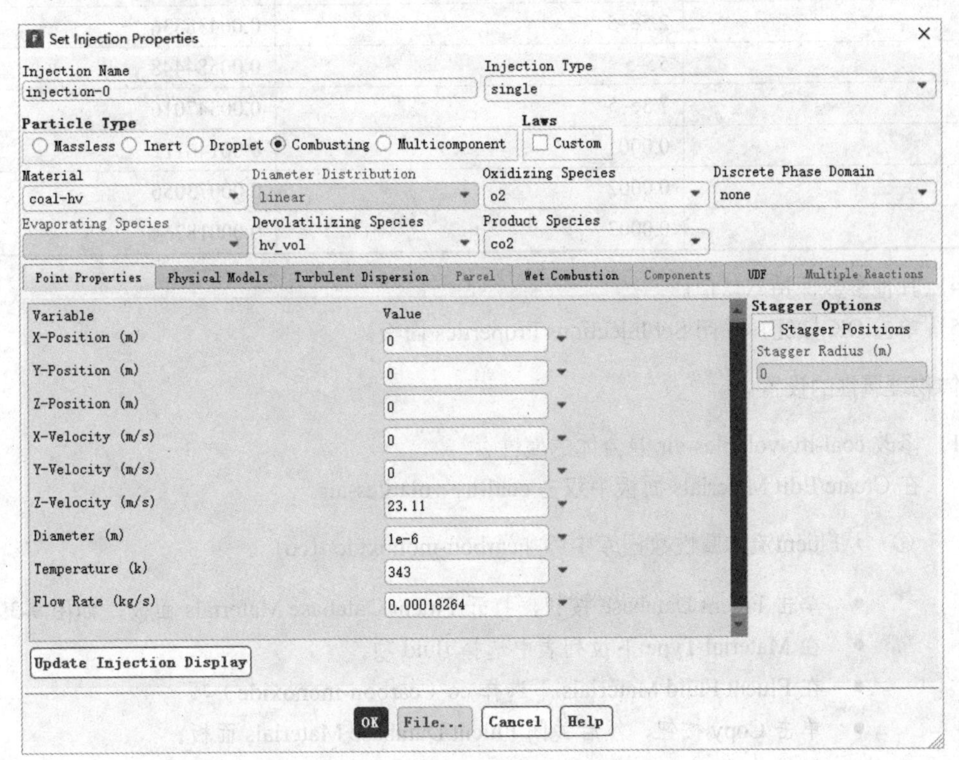

图 9-38 Set Injection Properties 面板

（2）9 种射流的一般属性如表 9-3 所示。

表 9-3 9 种射流的一般属性

Parameter	Value
Particle Type	Combusting
Material	coal-hv
Devolatilizing Species	hv_vol
Product Species	CO_2
Oxidizing Species	O_2
Point Properties	Temperature(k) = 343，Z-Velocity(m/s) = 23.11
Turbulent Dispersion	Stochastic Model with values for Number of Tries 和 Time Scale Constant 的值分别为 10 和 0.15

（3）每一种射流的不同属性如表 9-4 所示。

表 9-4 射流属性列表

Injection Name	Diameter（m）	Total Flow Rate
injection-0	1e–6	0.00018264
injection-1	5e–6	0.00073056
injection-2	1e–5	0.00127848
injection-3	2.5e–5	0.00438336
injection-4	5e–5	0.00584448
injection-5	7.3e–5	0.00347016
injection-6	0.0001	0.00146112
injection-7	0.0002	0.00073056
injection-8	0.0003	0.00018264

（4）其他参数保持默认值。

（5）单击 OK 按钮，关闭 Set Injections Properties 面板。

步骤 04 流体物理属性的设置。

（1）修改 coal-hv-volatiles-air 混合体的属性。

在 Create/Edit Materials 面板中双击 coal-hv-volatiles-air。

① 从Fluent流体属性数据库中添加carbon-monoxide（co）。

- 单击 Fluent Database 按钮，打开 Fluent Database Materials 面板，如图 9-39 所示。
- 在 Material Type 下拉列表中选择 fluid 项。
- 在 Fluent Fluid Materials 下选择 co（carbon-monoxide）项。
- 单击 Copy 按钮，然后关闭 Fluent Database Materials 面板。

② 单击Materials面板中Mixture Species选项右边的Edit按钮，打开Species面板，如图9-40所示。

- 将 co（carbon-monoxide）添加到 Selected Species 列表。
- 要确保氮气是列表中的最后一个组分，如果不是，移出氮气再重新添加。
- 单击 OK 按钮，关闭 Species 面板。

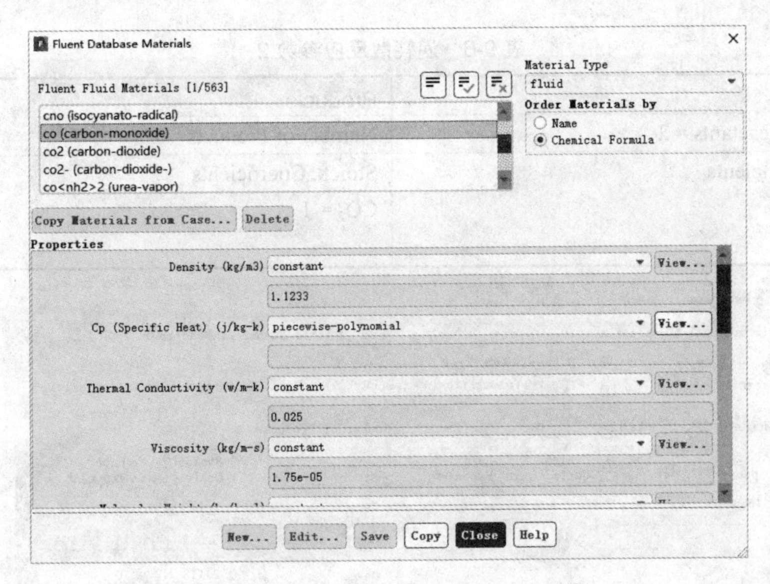

图 9-39　Fluent Database Materials 面板

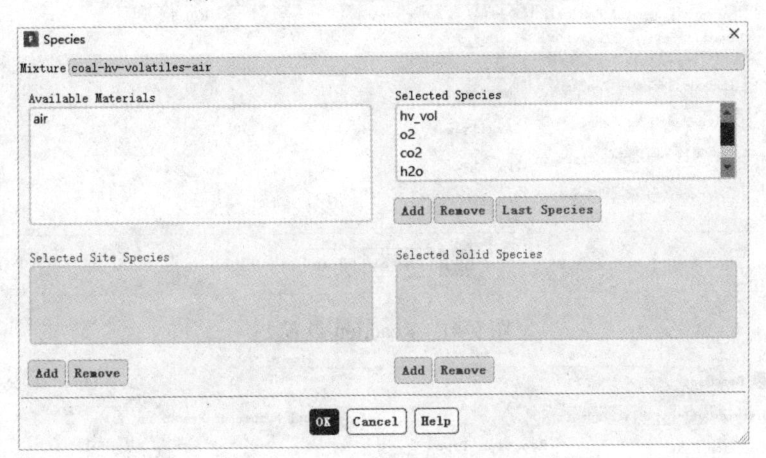

图 9-40　Species 面板

③ 单击Materials面板中Reaction选项右边的Edit按钮，打开Reactions面板。根据表9-5和表9-6编辑两个涡耗散反应模型，如图9-41和图9-42所示。

- 其他参数保持默认值。
- 单击 OK 按钮，关闭 Reactions 面板。

表 9-5　涡耗散反应参数 1

Reactants	Products
Number of Reactants = 2	Number of Products = 4
Stoich. Coefficients hv_vol =1 O_2 = 2.46	Stoich. Coefficients CO = 2.17 CO_2 = 0.633 H_2O = 2.118 N_2 = 0.071

表 9-6 涡耗散反应参数 2

Reactants	Products
Number of Reactants = 2	Number of Products = 1
Stoich. Coefficients CO = 1 O_2 = 0.5	Stoich. Coefficients CO_2 = 1

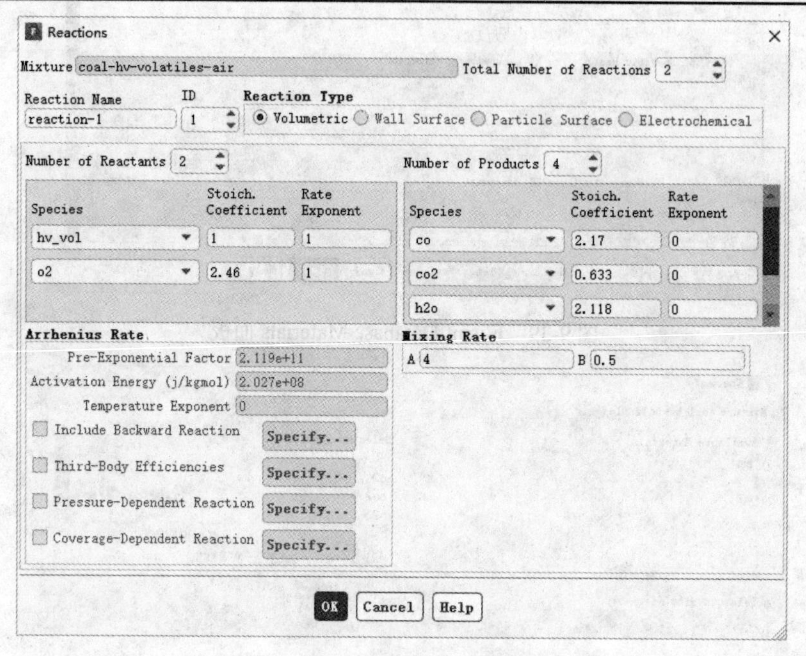

图 9-41 Reaction 设置 1

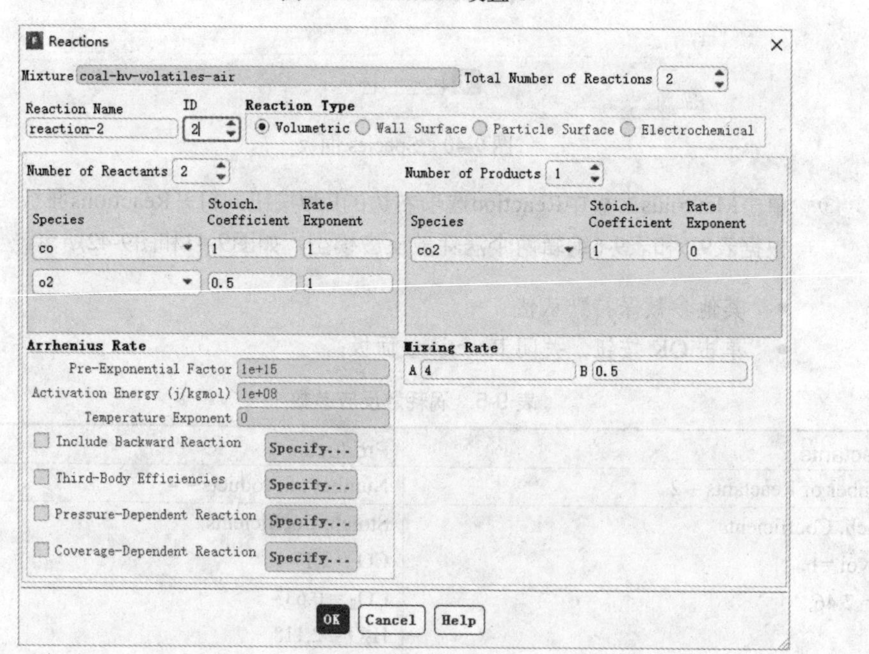

图 9-42 Reaction 设置 2

④ 根据表9-7在Create/Edit Materials面板的Properties列表下设置其他参数。

表 9-7 Properties 列表其他参数设置

Parameter	Value
Density	incompressible-ideal-gas
Cp	mixing-law
Thermal Conductivity	polynomial The first and second temperature coefficients are 0.01006 and 5.413e–5 respectively
Viscosity	polynomial The first and second temperature coefficients are 9.18e–6 and 3.161e–8 respectively
Absorption Coefficient	wsggm-domain-based
Scattering Coefficient	constant with a value of 0.5
Scattering Phase Function	isotropic

（2）设置燃烧粒子 coal-hv 的属性。

在 Materials Type 列表中双击 combusting-particle 项，根据表 9-8 设置 Properties 参数，如图 9-43 所示。煤的蒸发温度为 773K。但是，为了启动化学反应，将其设置为 343K，一旦火焰的形状已经获得，便将其改为原始值。

表 9-8 Materials Properties 参数设置

Property	Value
Density	1000
Cp	1100
Latent Heat	0
Vaporization Temperature	343
Volatile Component Fraction	55
Binary Diffusivity	3e–5
Swelling Coefficient	2
Burnout Stoichiometric Ratio	2.67
Combustible Fraction	36.7
Heat of Reaction for Burnout	3.29e7
React. Heat Fraction Absorbed by Solid	0
Combustion Model	Kinetics/Diffusion-Limited Mass Diffusion-Limited Rate Constant = 5e–12 Kinetics-Limited Rate Pre-Exponential Factor = 6.7 Kinetics-Limited Rate Activation Energy = 1.138e+08

（3）设置 O_2、CO_2、H_2O、CO 和 N_2 的属性。

在 Fluent Fluid Materials 列表中选择 oxygen(o2)项。然后在 Properties 的 Cp 下拉列表中选择 piecewise-polynomial 项，其他参数保持默认值，如图 9-44 所示。CO_2、H_2O、CO 和 N_2 利用同样方法设置。

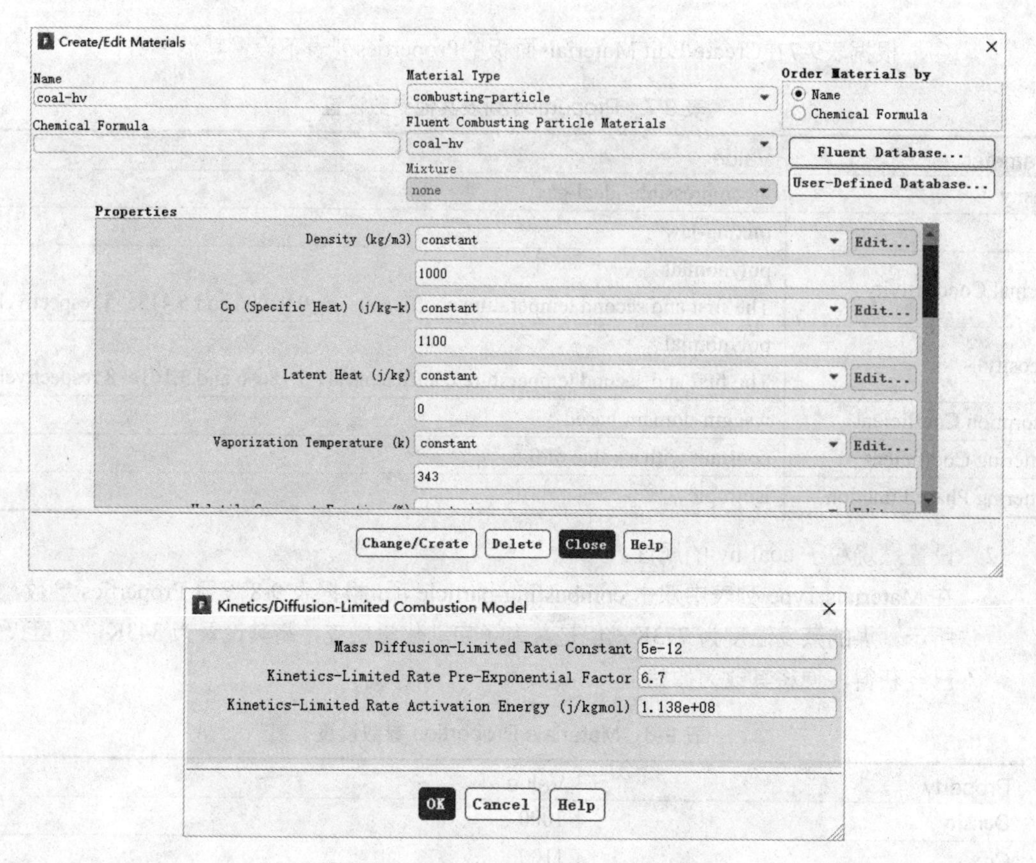

图 9-43 combusting-particle 属性设置

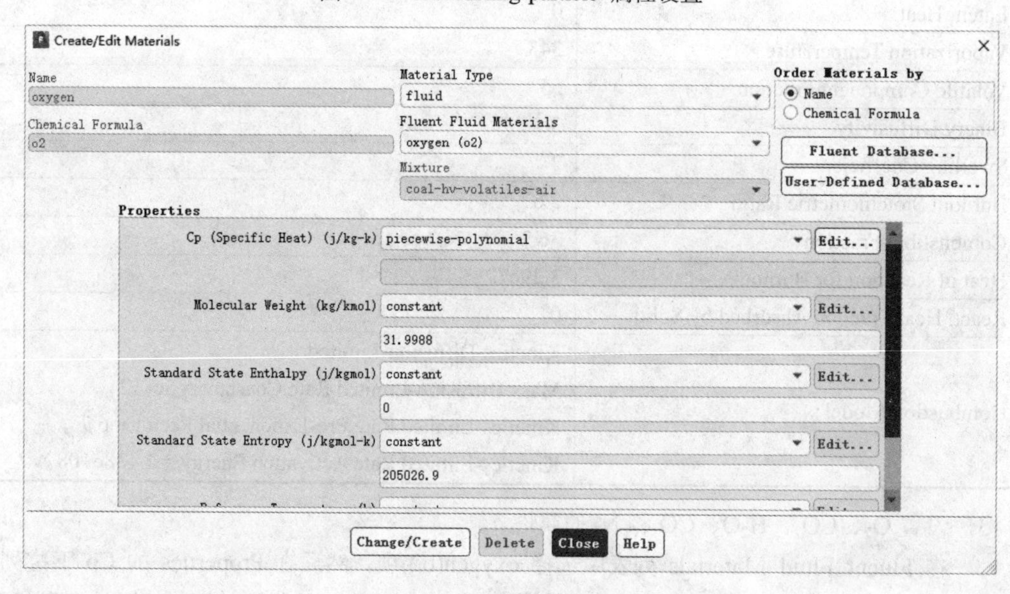

图 9-44 O_2 属性设置

（4）设置挥发煤的属性。

在 Fluent Fluid Materials 列表中选择 coal-hv-volatiles(hv_vol)项。将 Molecular Weight 和 Standard State Enthalpy 的值分别设置为 50 和－1.8474e+07，其他参数保持默认值，如图 9-45 所示。

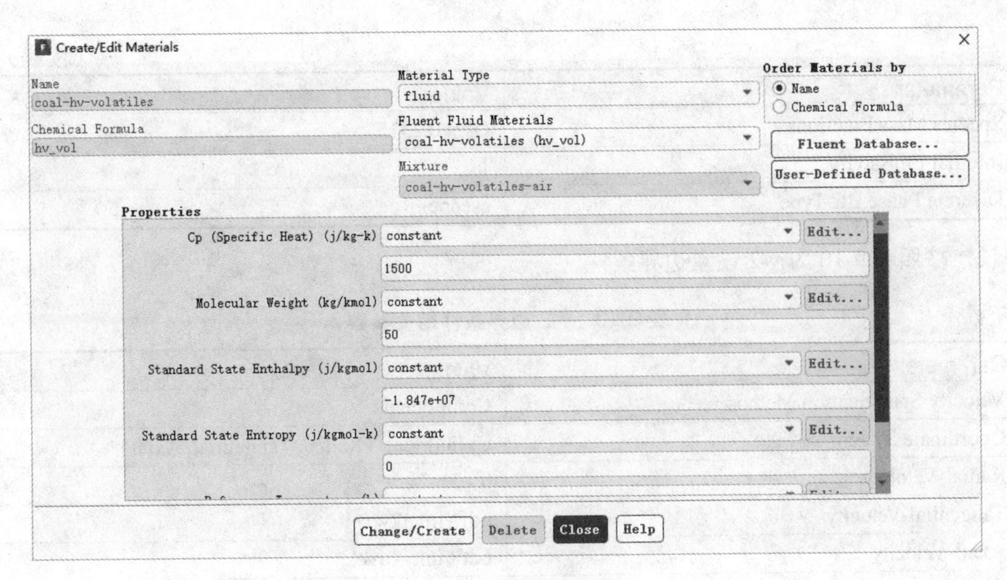

图 9-45　挥发煤属性设置

（5）单击 Change/Create 按钮，关闭 Create/Edit Materials 面板。

步骤 05 工作条件的设置。

单击 Define→Operating Conditions。

保持工作条件的默认值。

步骤 06 编辑用户自定义函数（UDFs）。

这些函数在设置边界条件时用到。

单击 User-Defined→User Defined→Functions→Interpreted。

（1）在 Source File Name 中输入 C 函数名：coal-ebu.c（开始复制到工作文件夹的文件名），如图 9-46 所示。

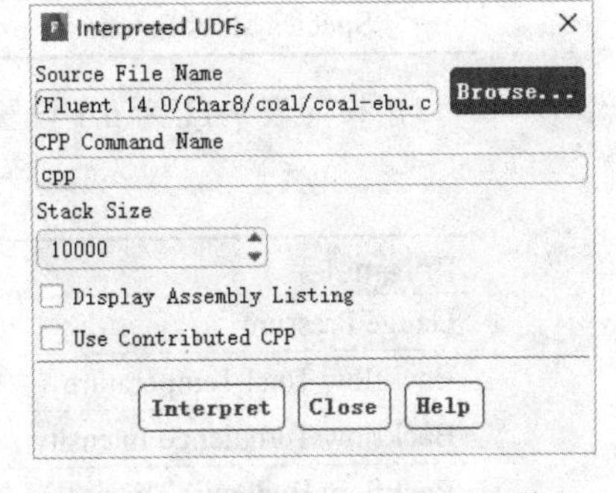

图 9-46　Interpreted UDFs 对话框

（2）在 CPP Command Name 中指定 C 预处理程序。

如果所引入的函数的当地变量的数目不会引起堆栈的溢出，就保持 Stack Size 的默认值 10000。在本例中，要使得设置的 Stack Size 的值大于所引入的当地变量的数目。

（3）如果想使用 Fluent 包含的预处理程序，勾选 Use Contributed CPP 复选框。

（4）单击 Interpret 按钮，关闭 Interpreted UDFs 面板。

步骤 07 边界条件的设置。

单击 Setup→Boundary Conditions。

（1）按照表 9-9 为 v-1 设置边界条件。

表 9-9　v-1 边界条件相关参数

Parameter	Value
Velocity Magnitude	23.11m/s
Temperature	343K
Turbulence Intensity	10%
Hydraulic Diameter	0.013m

（续表）

Parameter	Value
Species Mass Fractions	$O_2 = 0.2315$
Internal Emissivity	1
Discrete Phase BC Type	escape

（2）按照表 9-10 为 v-2 设置边界条件。

表 9-10　v-2 边界条件相关参数

Parameter	Value
Velocity Specification Method	Components
Coordinate System	Cylindrical（Radial, Tangential, Axial）
Radial-Velocity	0
Tangential-Velocity	udf vinlet2wvel
Axial-Velocity	udf vinlet2uvel
Temperature	573K
Turbulence Intensity	12 %
Hydraulic Diameter	0.047m
Species Mass Fractions	$O_2 = 0.2315$

（3）按照表 9-11 为 p-1 设置边界条件。

表 9-11　p-1 边界条件相关参数

Parameter	Value
Gauge Pressure	0
Backflow Total Temperature	1000K
Backflow Turbulence Intensity	10%
Backflow Hydraulic Diameter	1m
Species Mass Fractions	$O_2 = 0.2315$

（4）为壁面区域设置边界条件。各壁面的 Temperature 和 Internal Emissivity 值如表 9-12 所示，其余参数保持默认值。

表 9-12　壁面区域边界条件相关参数

Zone	Temperature	Internal Emissivity
w-1	343	0.6
w-2	573	0.6
w-3	873	0.6
w-4	1273	0.5
w-5	udf wall5temp	0.5
w-6	udf wall6temp	0.5
w-7	udf wall7temp	0.5
w-8	1323	0.5
w-9	1073	0.5

（5）将 Periodic 的边界条件设置为 Rotational。

步骤 08 无化学反应流动的求解。

（1）取消体积反应的选择。
在 Models 面板单击 Species。
在 Reactions 选项中取消对 Volumetric 的选择。

（2）取消 P1 辐射模型的选择。
在 Solution Controls 面板单击 Equations 按钮。

① 打开如图9-47所示的面板。在Equations列表下取消对P1的选择。

② 单击OK按钮，关闭Equations面板。

（3）取消连续相的影响。
在 Models 面板单击 Discrete Phase。
在 Interaction 选项中取消对 Interaction with Continuous Phase 的选择。

（4）对所有分区进行初始化流场。
单击 Initialization→Solution Initialization。
打开如图 9-48 所示的面板，在 Compute from 下拉列表中选择 all-zones 项。

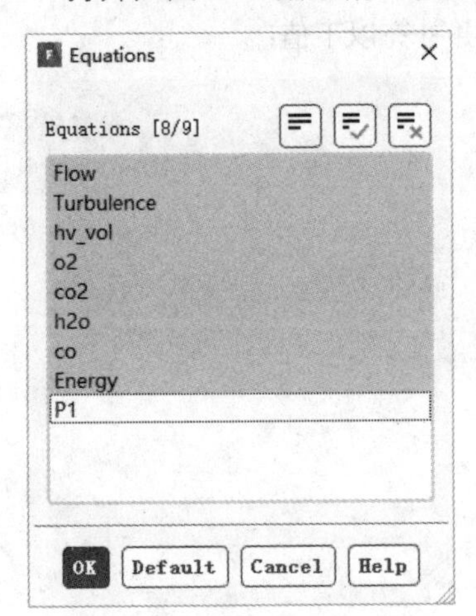

图 9-47 Equations 面板

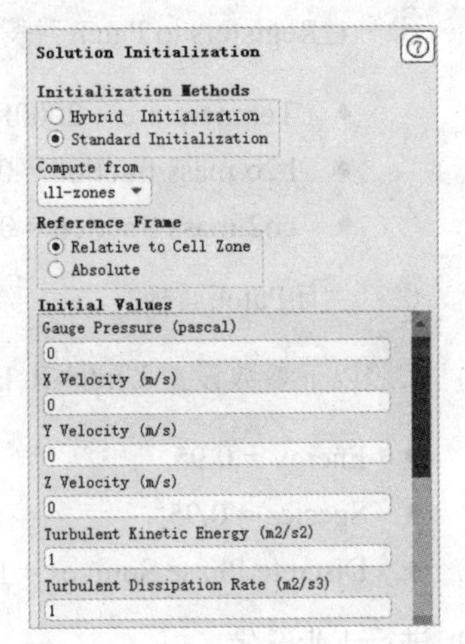

图 9-48 Solution Initialization 面板

（5）求解过程中绘制残差曲线。
单击 Monitors→Residual。

（6）进行 100 步迭代求解。
单击 Run Calculations→Calculate。

（7）改变求解控制参数。

① 在Discretization的Pressure下拉列表中选择PRESTO!项。

② 在Under-Relaxation Factors中，将Pressure、Momentum和Turbulence的值分别设为0.5、0.2和0.7。

（8）进行 100 步迭代求解。

步骤09 反应流动的求解。

（1）引入连续相的影响。

在 Models 面板单击 Discrete Phase。

在 Interaction 选项中选中 Interaction with Continuous Phase 选项，并将 Number of Continuous Phase Iterations per DPM Iteration 的值设为 1。

（2）引入体积反应。

在 Models 面板单击 Species。

在 Reactions 选项中选中 Volumetric 项。

（3）在反应区域设置高温和产物组分质量分数。

单击 Solution→Cell Register→New Region。

① 打开如图9-49所示的面板。在Shapes下选中Cylinder单选按钮。

② Input Coordinates中的参数按图9-49所示输入。

③ 单击Save/Display按钮，关闭Region Register面板。

（4）在反应区域补充以下参数：

单击 Initialization→Solution Initialization→Patch。

① 在Registers to Patch列表中选择cylinder-r0项，并补充以下值：

- Temperature = 2000K。
- h2o mass fraction = 0.01。
- co2 mass fraction = 0.01。

② 关闭Patch面板。

（5）按照以下参数设置 Under-Relaxation Factors：

- Energy = 0.95。
- Species = 0.95。
- Discrete Phase Sources = 1。

（6）进行 1 步迭代。

（7）保存 Case 和 Data 文件（coal-ebu-react-start.cas.gz 和 coal-ebu-react-start.dat.gz）。

（8）将 Number of Continuous Phase Iterations per DPM Iteration 的值改为 50。

单击 Setup→Models→Discrete Phase。

（9）将 Under-Relaxation Factors 的 Discrete Phase Sources 值改为 0.1。

（10）进行 300 步迭代。

步骤10 获得收敛解。

（1）从 Equations 列表中选中 P1（见图 9-50），并将 Under-Relaxation Factor 中 P1 的值设为 0.95。

（2）进行 300 步迭代求解。

（3）保存 Case 和 Data 文件（coal-ebu-1.cas.gz 和 coal-ebu-1.dat.gz）。

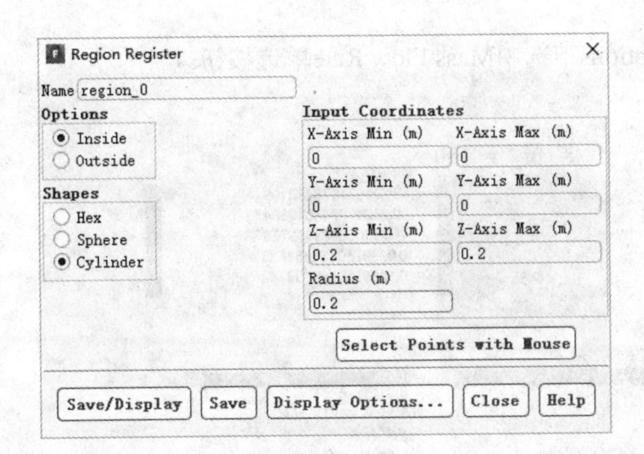

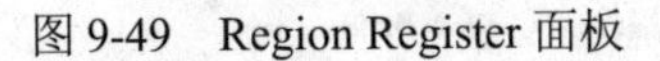
图 9-49 Region Register 面板

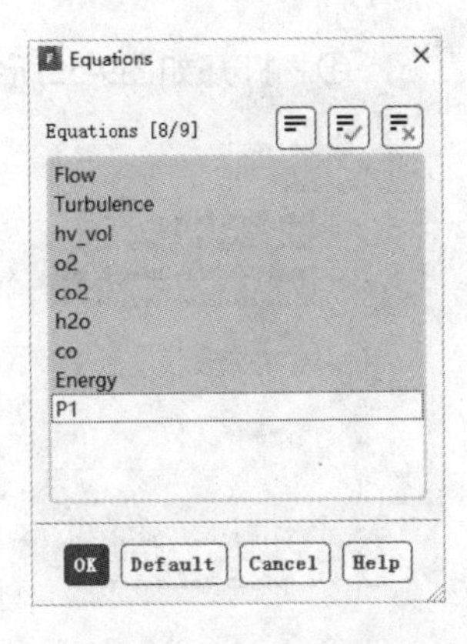

图 9-50 Equations 面板

（4）在 Discretization 下，在 Momentum、Turbulent Kinetic Energy、Turbulent Dissipation Rate、hv_vol、o2、co2、h2o、co 和 Energy 的列表中都选择 Second Order Upwind 项。

（5）再进行 300 步迭代求解。

（6）保存 Case 和 Data 文件（coal-ebu-2.cas.gz 和 coal-ebu-2.dat.gz）。

（7）将 Under-Relaxation Factors 中 Energy 和组分（hv_vol、o2、co2、h2o 和 co）的值都设为 1。

（8）设置燃烧粒子的蒸发温度。

在 Create/Edit Materials 面板中，在 Material Type 下拉列表中选择 combusting-particle 项，在 Properties 中的 Vaporization Temperature（k）中输入 773，如图 9-51 所示。

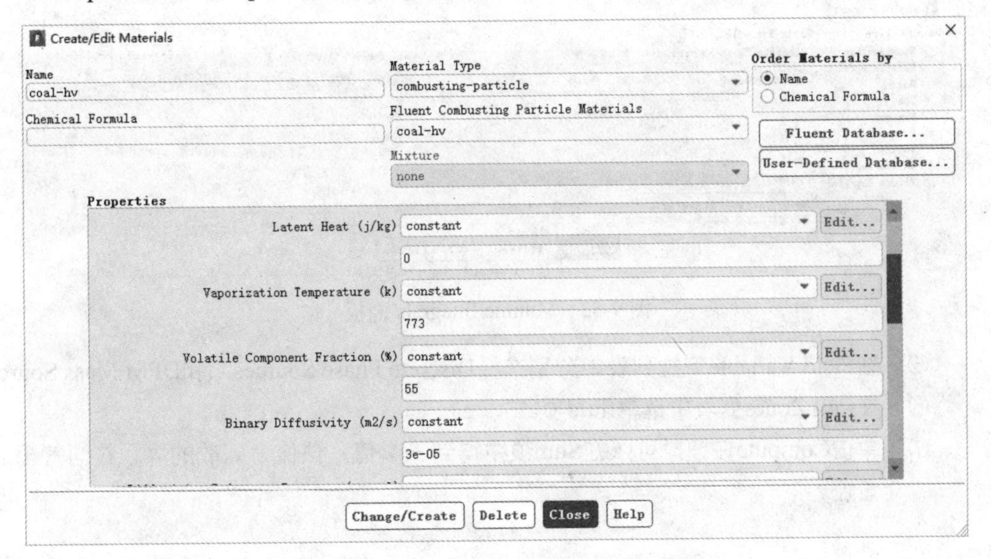

图 9-51 Create/Edit Materials 面板

（9）再进行 300 步迭代。

（10）保存 Case 和 Data 文件（coal-ebu-final.cas.gz 和 coal-ebu-final.dat.gz）。

步骤 11 后处理。

（1）检查收敛时的质量平衡。

在 Report 面板单击 Fluxes。

① 打开如图9-52所示的面板，在Options下选中Mass Flow Rate单选按钮。

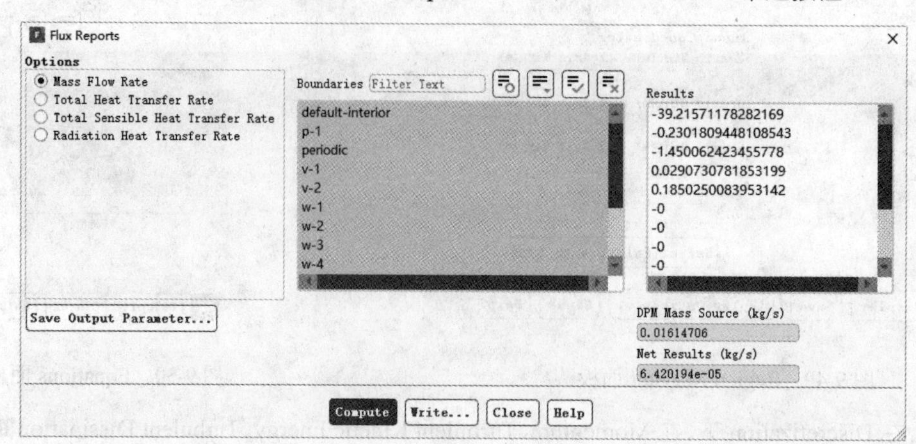

图 9-52 Flux Reports 面板

② 在Boundaries列表中选择所有区域。

③ 单击Compute按钮，在Flux Reports面板的右下角可以得到净气相质量通量，负值表示净气相质量通量是流出控制区域的。

④ 在Report面板单击Volume Integrals，打开如图9-53所示的面板，在Report Type下选中Sum单选按钮。

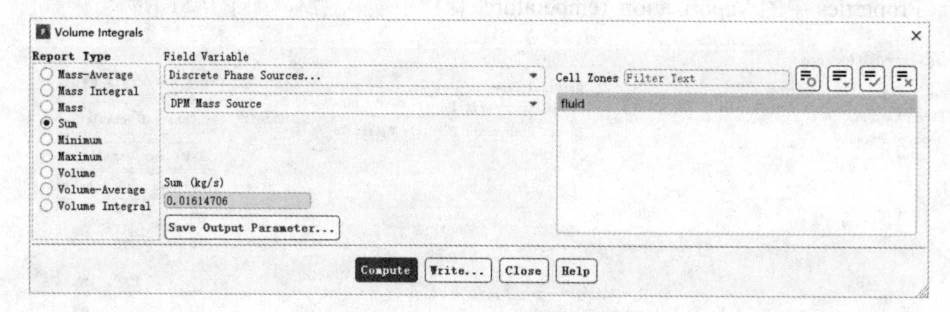

图 9-53 Volume Integrals 面板

⑤ 在Field Variable下拉列表中分别选择Discrete Phase Sources…和DPM Mass Source项。

⑥ 在Cell Zones列表中选中fluid项。

⑦ 单击Compute按钮，可以在Sum项中得到一个值，该值为离散的煤颗粒向气相迁移的净质量流。

以上两个质量流相加以后，与入口处的总质量流相比要小得多。

（2）检查净热流。

单击 Report→Fluxes。

① 在Options选项中选中Total Heat Transfer Rate单选按钮。

② 在Boundaries列表中选择所有区域。

③ 单击Compute按钮，在Flux Reports面板的右下角可以得到气相净热流，如图9-54所示。

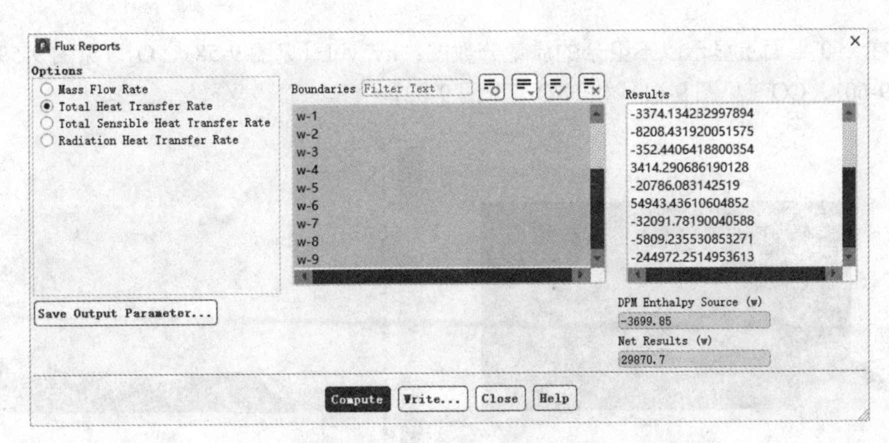

图 9-54　气相净热流的计算

④　在Report面板单击Volume Integrals，在Report Type列表下选中Sum单选按钮。

⑤　在Field Variable下拉列表中分别选择Discrete Phase Sources…和DPM Enthalpy Source项。

⑥　在Cell Zones列表下选中fluid项。

⑦　单击Compute按钮，可以在Sum项中得到一个值，该值为离散相的净热流，如图9-55所示。

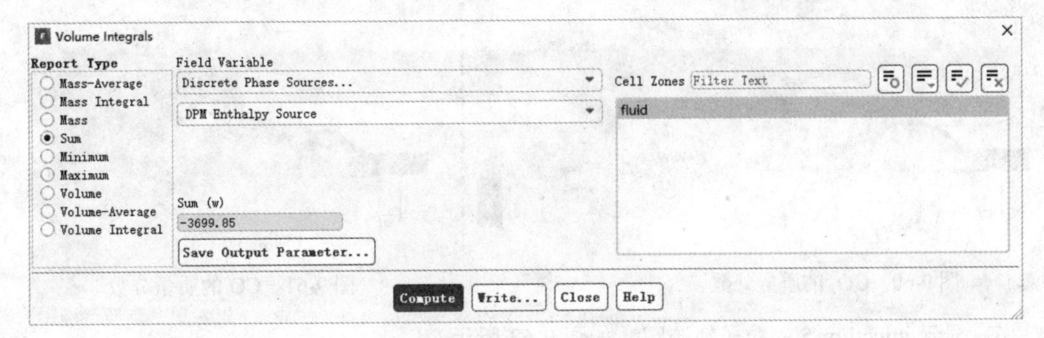

图 9-55　离散相净热流的计算

气相热流与离散相热流之和与入口边界处的热流相比要小得多。

(3) 显示 x=0 平面上的速度云图，如图 9-56 所示。

(4) 显示静态温度图，如图 9-57 所示。

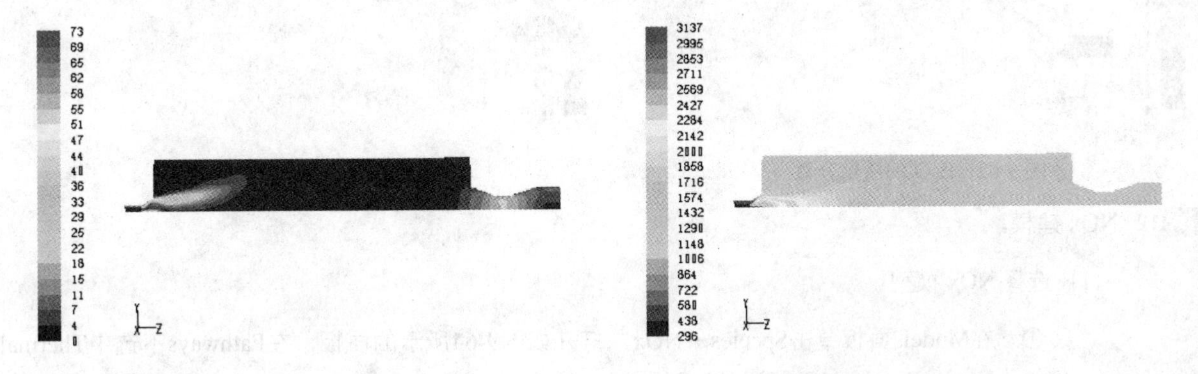

图 9-56　x=0 平面上的速度云图　　　　图 9-57　静态温度图

（5）在 x=0 平面上显示以下组分的质量分数图：hv_vol（见图 9-58）、O_2（见图 9-59）、CO_2（见图 9-60）、CO（见图 9-61）和 H_2O（见图 9-62）。

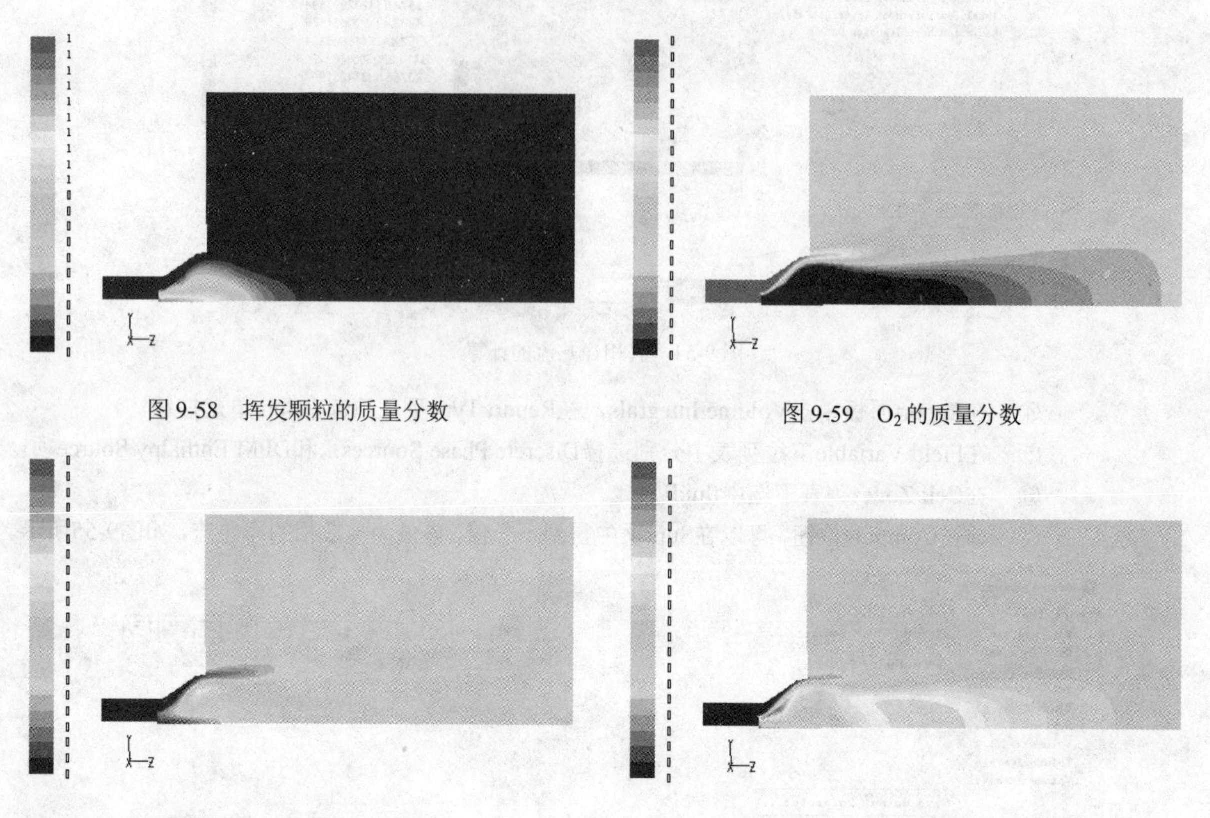

图 9-58　挥发颗粒的质量分数　　图 9-59　O_2 的质量分数

图 9-60　CO_2 的质量分数　　图 9-61　CO 的质量分数

（6）显示 injection-5 的粒子轨迹图，如图 9-63 所示。

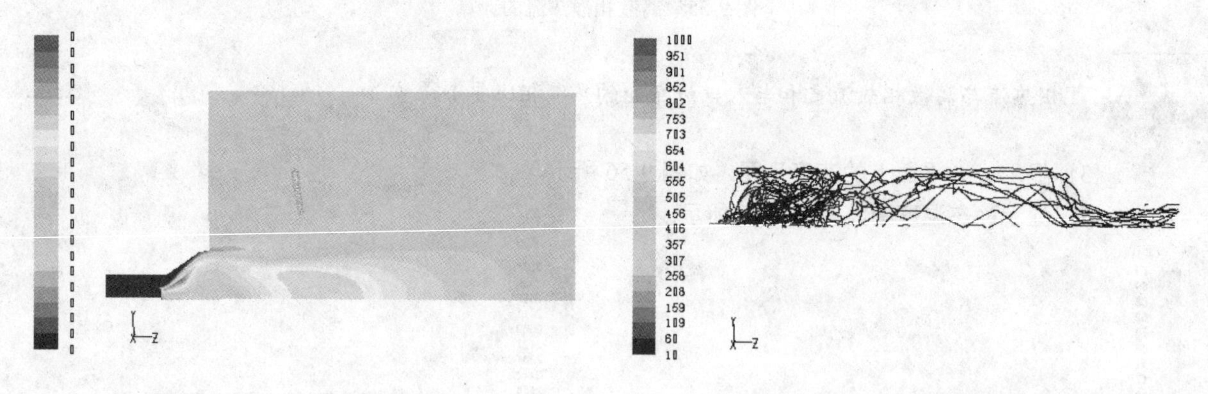

图 9-62　H_2O 的质量分数　　图 9-63　粒子轨迹图

步骤 12　NOx 建模。

（1）选择 NOx 模型。

① 在Models面板单击Species→NOx，打开如图9-64所示的面板，在Pathways下选中Thermal NOx、Prompt NOx和Fuel NOx项。

② 在[O] Model和[OH] Model下拉列表中选择partial-equilibrium。

③ 单击Prompt选项卡，在Fuel Species选项下选中hv_vol。

④ 将Fuel Carbon Number和Equivalence Ratio的值分别设为2.8和0.685。

⑤ 单击Fuel标签，在Fuel Type选项卡下选中Solid项。

⑥ 按照表9-13设置Fuel中的其他参数。

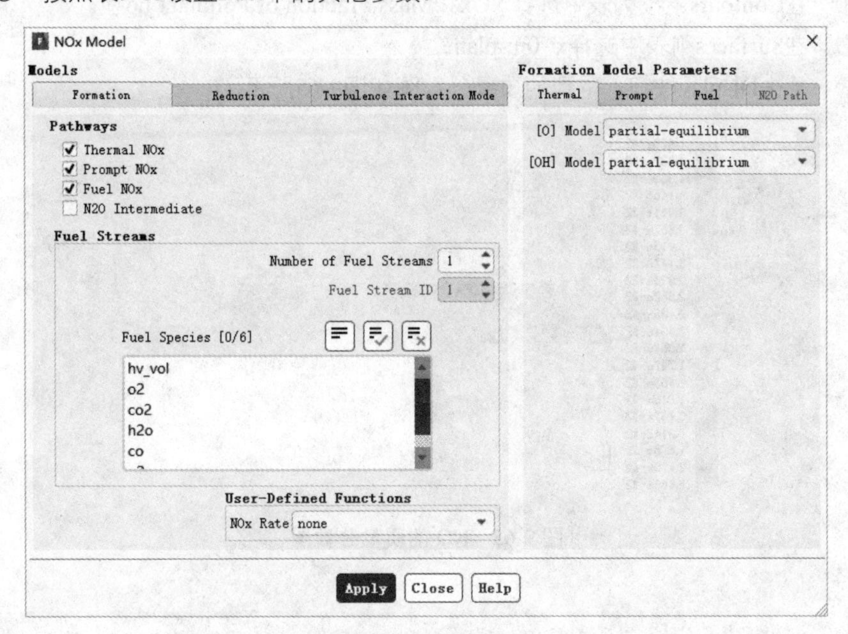

图 9-64 NOx Model 面板

表 9-13 Fuel 中的其他参数设置

Fuel Type	Solid
N Intermediate	$HCN/NH_3/NO$
Volatile N Mass Fraction	0.0398
Char N Mass Fraction	0.0596
Partition Fractions	
HCN	0.9
NH3	0.1
Char N Conversion	NO

⑦ 单击Turbulence Interaction Mode选项卡，在PDF Mode下拉列表中选择temperature项。

⑧ 将Beta PDF Points的值设为20。

⑨ 单击Apply按钮，关闭NOx Model面板。

（2）修改求解控制参数。

① 在Equations面板中只选中Pollutant no、Pollutant hcn和Pollutant nh3。

② 将Under-Relaxation Factors中与这些方程相对应的值改为1。

（3）将这三个方程的收敛残差改为 1e–06。

（4）进行 100 步迭代。

（5）Pollutant no、Pollutant hcn 和 Pollutant nh3 的离散格式选择 Second Order Upwind 项。

（6）再进行 100 步迭代。

（7）保存 Case 和 Data 文件（coal-ebu-final-no.cas.gz 和 coal-ebu-final-no.dat.gz）。

（8）显示 x=0m 平面上污染物 NO 的质量分数图。

① 在Contours下拉列表中选择NOx和Mass Fraction of Pollutant no项。

② 在Surfaces列表中选择x=0m-plane。

③ 单击Display按钮，得到的质量分数图如图9-65所示。

图 9-65 NO 的质量分数图

9.3 小结

本章以实例为主，第一个实例是液体燃料燃烧的模拟，比较全面地介绍了利用离散相模型模拟气相燃烧反应和液相喷雾的过程。通过学习该实例，读者可以学会使用PDF混合分数平衡化学反应模型来模拟气相的燃烧反应。该平衡化学反应模型可以应用到其他湍流扩散反应系统中。而且，通过设置和求解包含离散的蒸发液滴的液体燃料燃烧问题，可以学会如何创建离散的射流，学会怎样将气相与离散相耦合，学会怎么定义离散相的属性。

第二个实例示范了EBU模型在煤燃烧模拟中的应用。模拟中在入口定义了 9 种入射情况。煤粒子在挥发之前已经运动了一小段距离，挥发之后开始产生化学反应并且温度上升。在EBU煤燃烧中，煤微粒挥发并与氧气发生化学反应，并产生燃烧产物。关于如何决定挥发煤的组分的更多知识，可以参考ANSYS Fluent 2020用户手册。

第 10 章 泄漏及扩散分析

导言

本章介绍 Fluent 在污染物及药物扩散计算中的应用。通过对教室内甲醛扩散和海水沟渠内药物扩散的两个计算实例的应用，使读者了解使用 Fluent 求解污染物及药物扩散的基本过程和使用方法。

学习目标

- ☑ Fluent 中组分输送模型设置。
- ☑ Fluent 中组分输送模型内材料组成设置。
- ☑ 非稳态设置及计算。

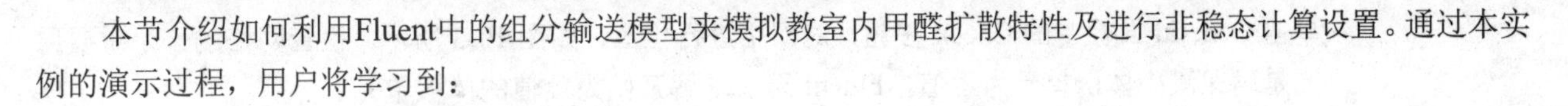

10.1 教室内甲醛非稳态扩散特性研究模拟

本节介绍如何利用Fluent中的组分输送模型来模拟教室内甲醛扩散特性及进行非稳态计算设置。通过本实例的演示过程，用户将学习到：

- 使用组分输送模型进行污染物扩散模拟。
- 非稳态计算设置及结果处理。
- 对非稳态计算结果进行后处理。

10.1.1 实例描述

甲醛泄漏量超标成为困扰建筑装修等领域的难题，因此如何分析当装修地板甲醛泄漏后，通过开启空调或者开窗后整个房间内的甲醛浓度分布就显得比较重要。

本节以大学阶梯教室为几何模型，模拟当教室前方地板发生甲醛泄漏后，不同空调通风速度下教室内的甲醛浓度分布。大学阶梯教室的几何结构模型如图 10-1 所示，空调出风口模拟空调新风进入，窗户保持开启，甲醛泄漏处为教室木地板甲醛泄漏位置。

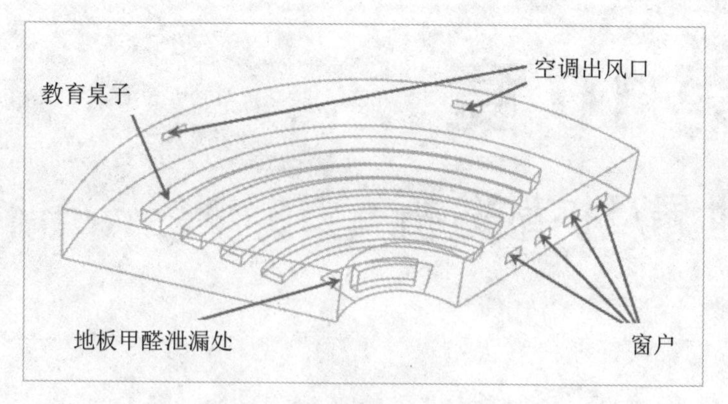

图 10-1　教室三维结构示意图

10.1.2　实例操作

本教程假定用户熟悉Fluent的界面，在设置的求解过程中一些基本步骤就不明确给出了。

本实例计算模型的Mesh文件的文件名为jqks.msh。运行三维双精度版本的Fluent求解器后，具体操作步骤如下：

步骤 01 设置网格。

（1）读入网格文件（jqks.msh）。

单击 File→Read→Mesh，选择网格文件 jqks.msh。

（2）网格尺寸。

单击 General 面板中的 Scale…按钮，对网格尺寸进行检查，如图 10-2 所示，单位默认为 m。

（3）网格检查。

单击 General 面板中的 Check 按钮，对网格进行检查，如图 10-3 所示。检查网格的一个重要原因是确保最小体积单元为正值，Fluent 无法求解开始为负值的体积单元。

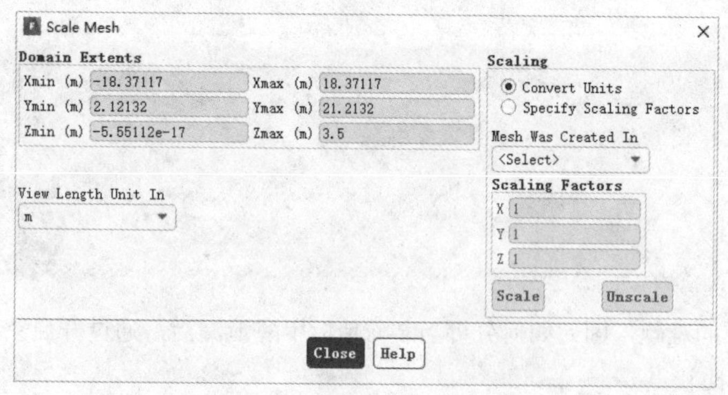

图 10-2　网格尺寸检查

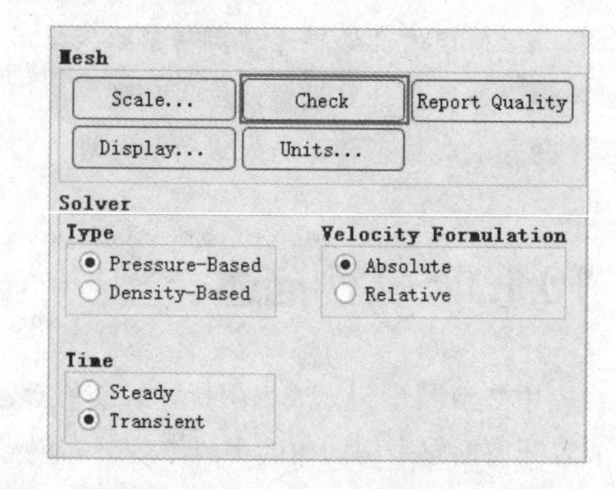

图 10-3　网格质量检查

（4）显示网格。

单击 General 面板中的 Display…按钮，弹出 Mesh Display（网格显示）面板，在 Surfaces 列表中选择如图 10-4 所示的区域，单击 Display 按钮。窗口显示网格如图 10-5 所示。

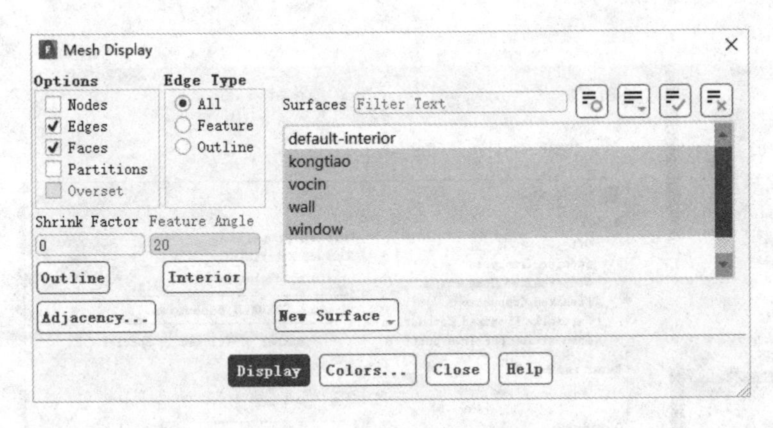

图 10-4　网格显示

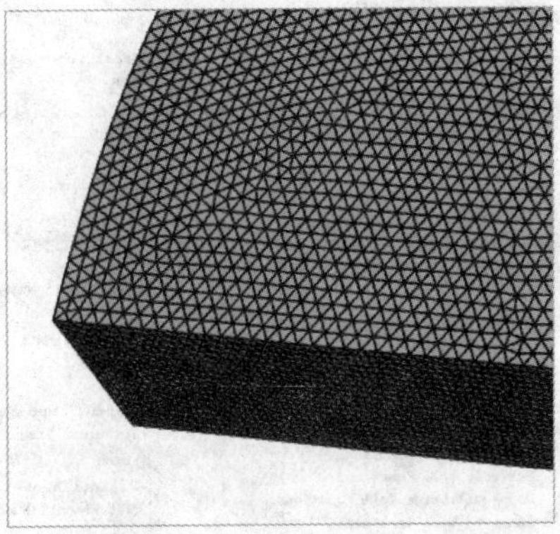

图 10-5　背景色为白色的模型

步骤 02 设置模型。

（1）在 General 面板中选择压力基求解器（Pressure-Based），进行非稳态求解（Transient）。勾选 Gravity 复选框，并将重力加速度设置为 Z 轴正方向的-9.8m/s²，如图 10-6 所示。

（2）激活能量方程，具体步骤为：在 Models 面板中双击 Energy，在弹出的 Energy 面板中勾选 Energy Equation 复选框，如图 10-7 所示。

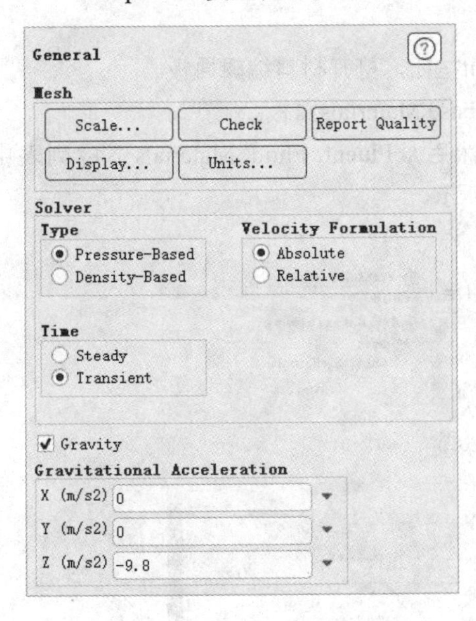

图 10-6　General 面板

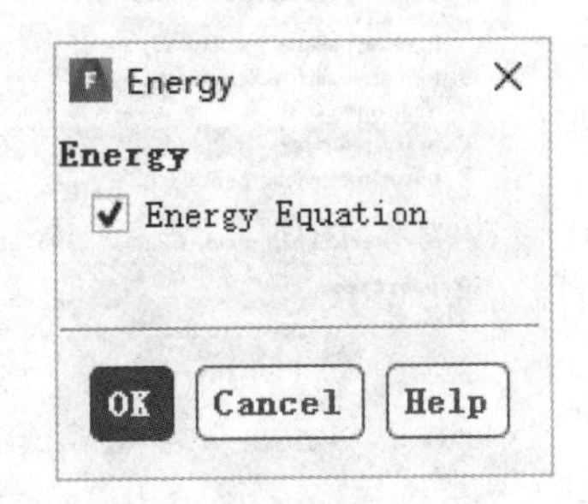

图 10-7　激活能量方程

（3）设置粘性模型为湍流模型中的 k-epsilon，具体步骤为：在 Models 面板中双击 Viscous，在弹出的粘性模型面板中激活 k-epsilon（2 eqn）单选按钮，如图 10-8 所示。

（4）设置组分输送模型，具体步骤为：在 Models 面板中双击 Species Model，在弹出的 Species Model 面板中激活 Species Transport 单选按钮，选择 Inlet Diffusion 和 Diffusion Energy Source，在 Mixture Material 处选择 mixture-template，其余参数保持默认，如图 10-9 所示。

步骤 03 材料设置。

教室内甲醛泄漏仿真计算需要新增甲醛并进行甲醛与空气的混合组分设置，具体操作步骤如下：

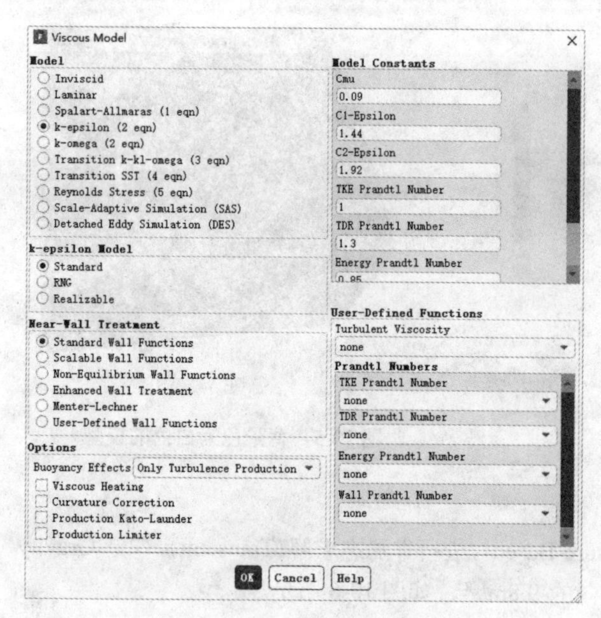

图 10-8　选择 k-epsilon 流动模型

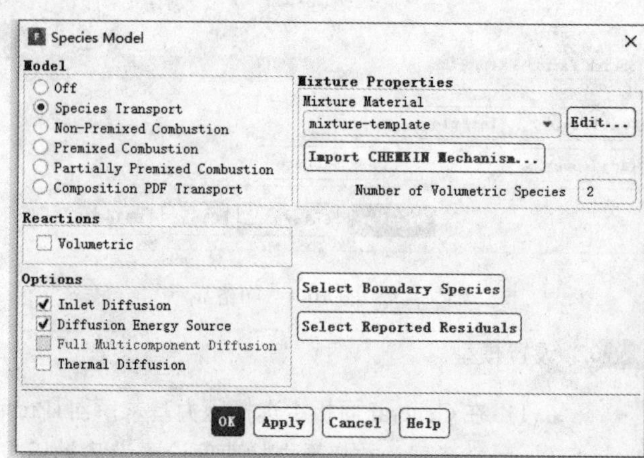

图 10-9　选择组分输送模型

（1）添加材料——甲醛。

① 单击Create/Edit Materials面板中的Creat/Edit按钮，打开材料编辑面板。

② 单击Fluent Database按钮来打开Fluent Database Materials面板。

③ 从Material Type下拉列表中选择fluid，然后从Fluent Fluid Materials下拉列表中选择trioxy-methylene（<ch2o>3），如图10-10所示。

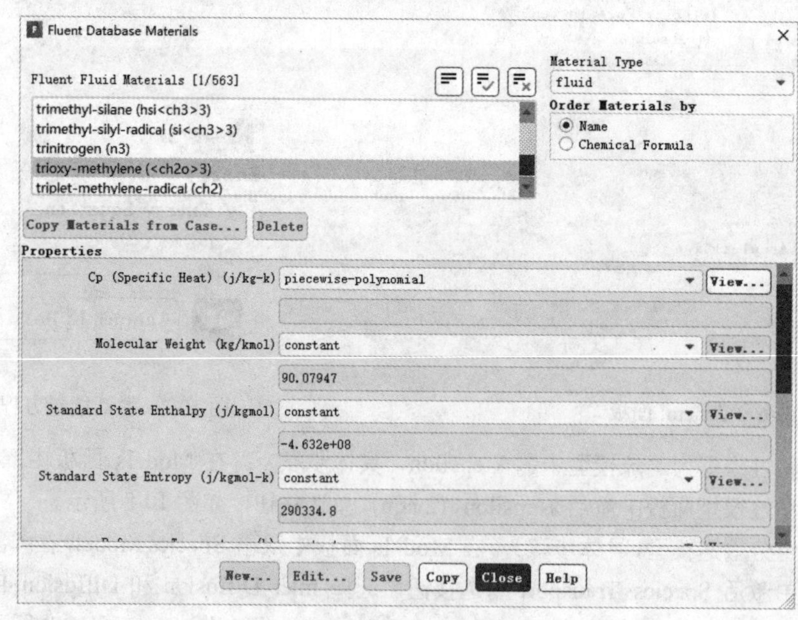

图 10-10　从材料库中选择甲醛材料

④ 单击Copy按钮，将甲醛材料添加到当前材料列表中，同时关闭Fluent Database Materials面板。

（2）修改混合物内材料组成。

① 双击Create/Edit Materials面板中mixture-template，打开mixture-template材料编辑面板，如图10-11所示。

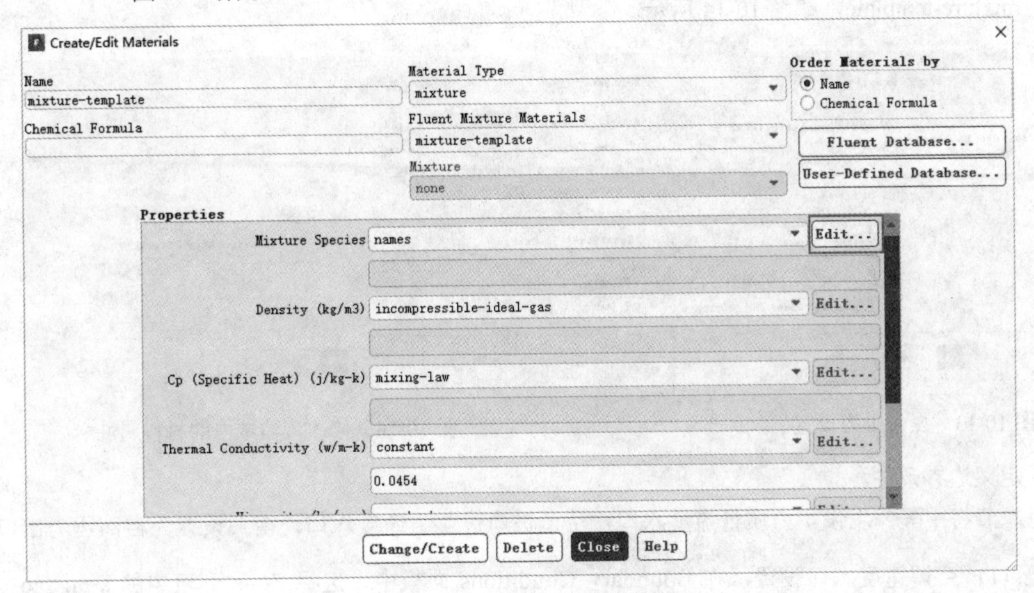

图 10-11　混合气体组分设置

② 单击Mixture Species后的Edit…按钮，弹出如图10-12所示的Species面板，将<ch2o>3添加至Selected Species，保证Selected Species下只有<ch2o>3和air，将其他的组分通过Remove按钮移除，单击OK按钮修改混合气体组分构成。

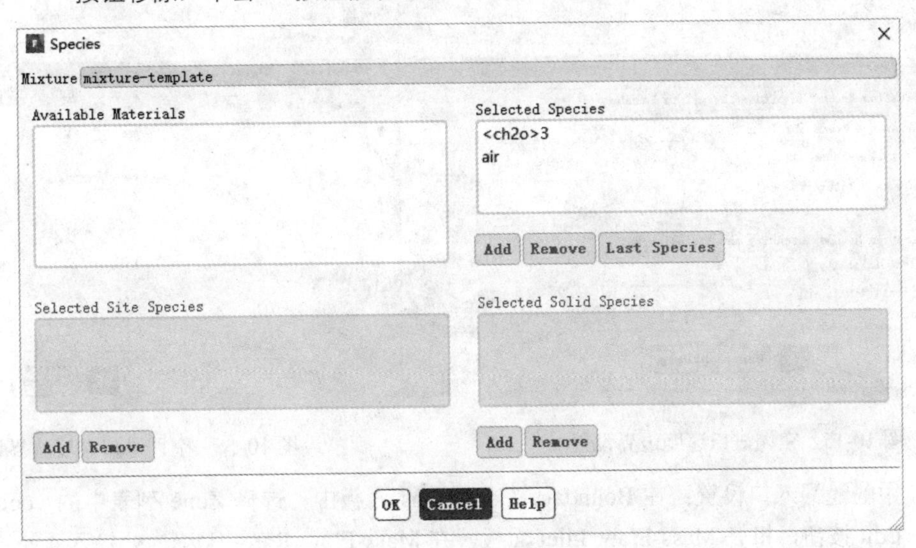

图 10-12　修改混合气体组分构成

步骤04 操作条件。

在功能区选择 Physics→Solver→Operating Conditions，打开如图 10-13 所示的面板，定义大气压强（环境压强）为 101325Pa，考虑重力环境，即增加 Z 方向重力加速度-9.8m/s^2，同时定义环境温度为 288.16K。

步骤 05 定义计算区域。

修改计算域内流体材料为甲醛与空气的混合组分，具体步骤为：双击 Cell Zone Conditions，弹出 Cell Zone Conditions 设置面板，双击 Zone 下的 fluid，弹出 Fluid 面板，在 Material Name 处选择 mixture-template，如图 10-14 所示。

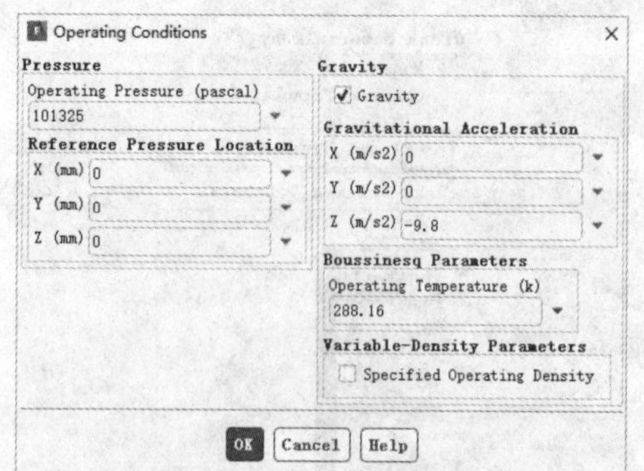

图 10-13 操作压力设置

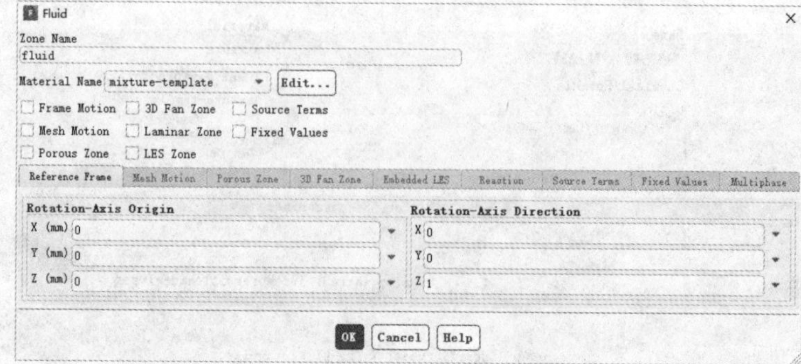

图 10-14 修改流体域内的材料属性

步骤 06 定义边界条件。

本节将甲醛挥发设置为质量流量入口，空调进口设置为速度入口，窗户设置为自然压力出口。

（1）空调速度入口设置：在 Boundary Conditions 面板中，选择 Zone 列表中的 kongtiao 边界，单击 Edit 按钮，打开 Velocity Inlet 面板，在 Velocity Magnitude（m/s）处输入 2，设置后的面板如图 10-15 所示。单击 Thermal 选项卡，在 Temperature（k）处输入 300，设置后的面板如图 10-16 所示。单击 Species 选项卡，在<cH20>3 处输入 0。

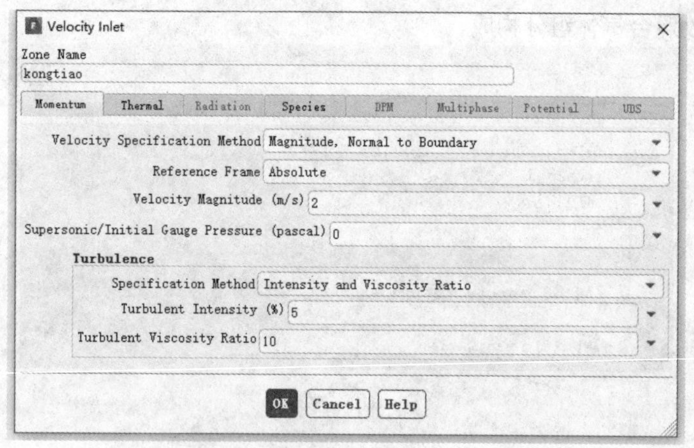

图 10-15 空调进口速度边界设置

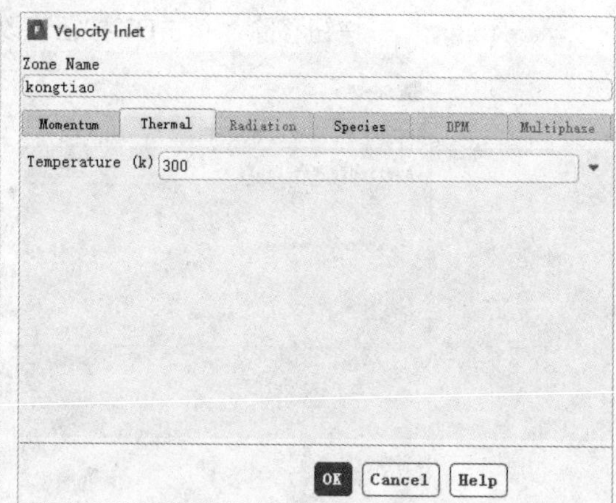

图 10-16 空调进口温度边界设置

（2）甲醛泄漏入口设置：在 Boundary Conditions 面板中，选择 Zone 列表中的 vocin 边界，单击 Edit 按钮，打开 Mass-Flow Inlet 面板，在 Mass-Flow Rate（kg/s）处输入 4.9e–10，设置后的面板如图 10-17 所示。单击 Thermal 选项卡，在 Temperature（k）处输入 300。单击 Species 选项卡，在<cH20>3 处输入 1，设置后的面板如图 10-18 所示。

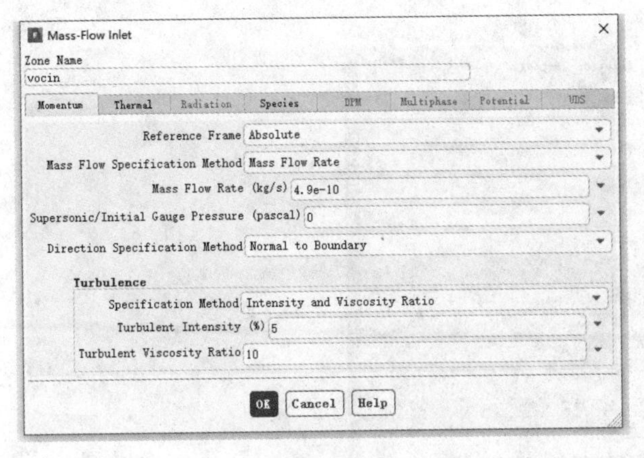

图 10-17　甲醛泄漏边界设置

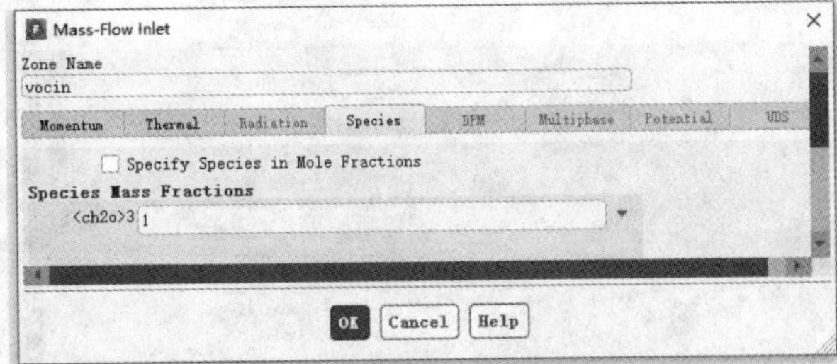

图 10-18　甲醛泄漏质量分数设置

(3) 窗户出口设置：在 Boundary Conditions 面板中，选择 Zone 列表中的 window 边界，单击 Edit 按钮，打开 Pressure Outlet 面板，在 Gauge Pressure（Pascal）处输入 0，设置后的面板如图 10-19 所示。

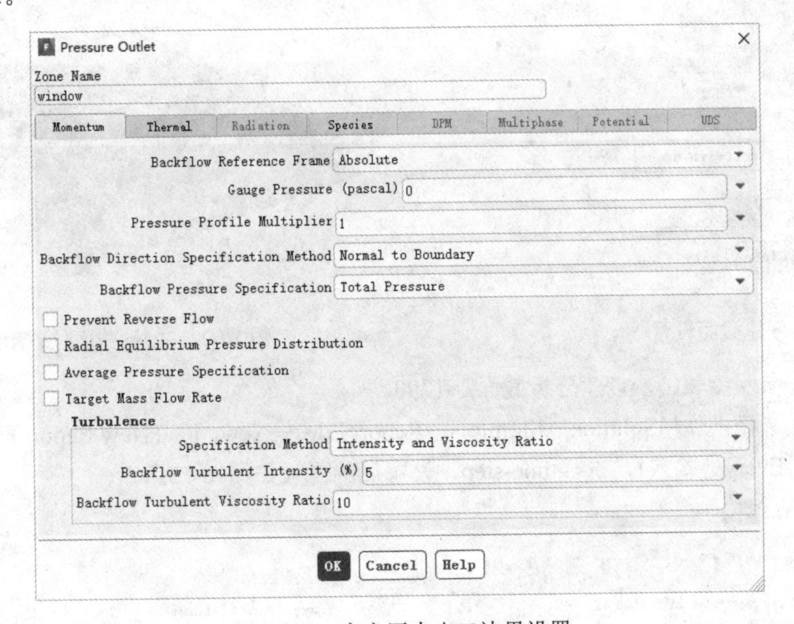

图 10-19　窗户压力出口边界设置

步骤 07 求解设置。

(1) 设置求解控制参数。

在 Solution Methods 和 Solution Controls 面板中，对求解方法和求解器参数进行设置，具体设置如图 10-20 所示。

(2) 求解过程监测设置。

① 创建分析截面：在功能区选择Results→Surface→Create→Plane，打开Plane Surface面板，在Method处选择XY Plane，在Z（mm）处输入1700，设置完成后如图10-21所示。创建截面Z=1700的位置示意图如图10-22所示。

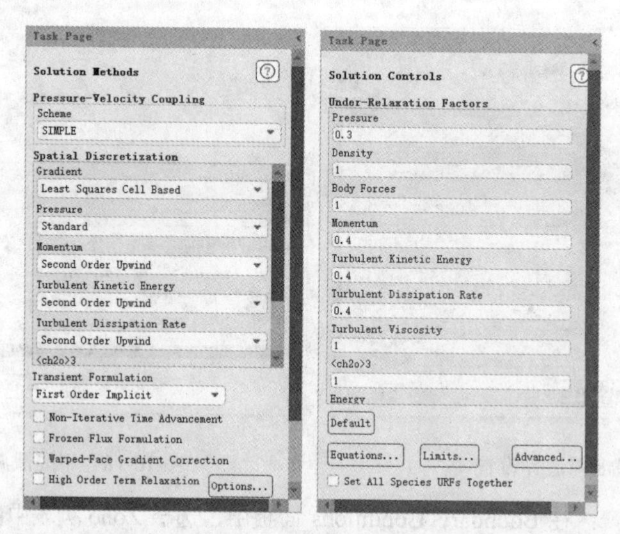

图 10-20　求解方法和求解器参数设置

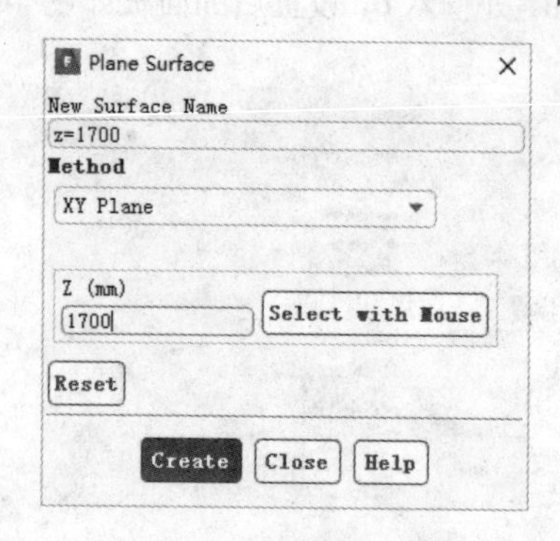

图 10-21　创建截面设置

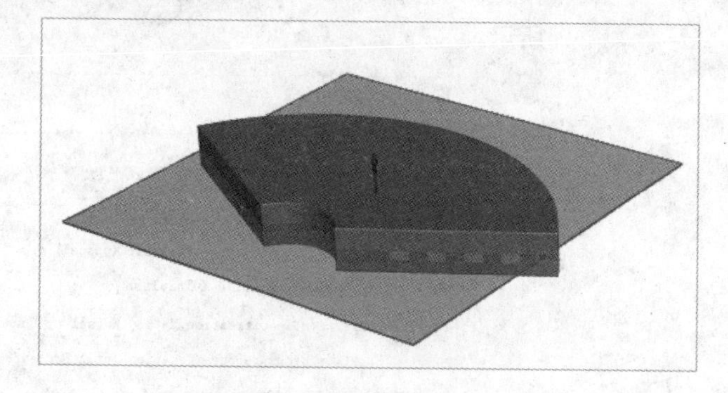

图 10-22　创建截面位置示意图

② 参照步骤①，创建分析截面Z=1200。

③ 选择操作树Solution→Monitors→Report Files→New，打开New Report File面板，在Get Data Every处输入1，选择time-step，设置后的面板如图10-23所示。

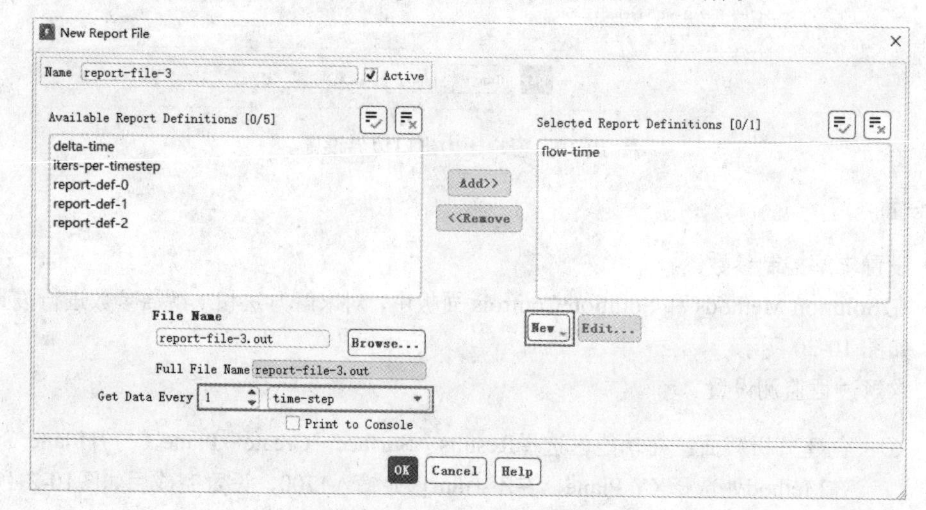

图 10-23　创建输出文件设置

④ 单击New下拉按钮，选择Surface Report→Area-Weighted Average…，如图10-24所示。弹出Surface Report Definition面板，在Surfaces处选择z=1200，设置后的面板如图10-25所示。

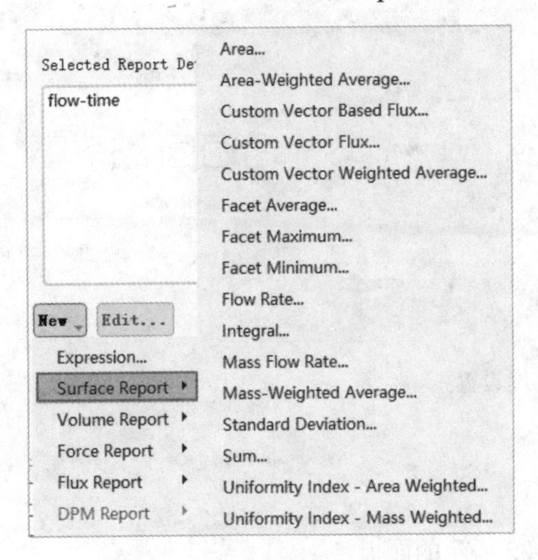

图 10-24 创建面监测参数设置

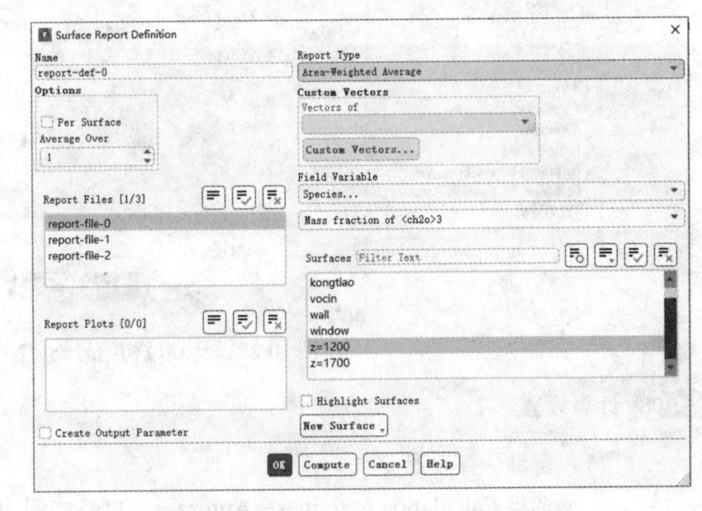

图 10-25 Z=1200 截面甲醛质量分数监测设置

用同样的操作方法设置 Z=1700 截面的监测设置。

（3）残差定义。

双击 Monitor 面板中的 Residual 项，打开 Residual Monitors 面板，对残差监视窗口进行设置，具体设置如图 10-26 所示。

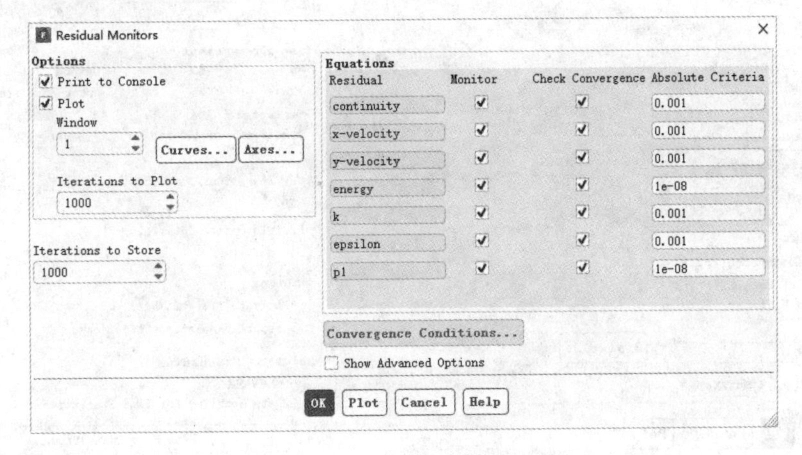

图 10-26 监视残差曲线设置

（4）设置初始条件。

在 Solution Initialization 面板中，选中 Hybrid Initialization 单选按钮，然后单击 Initialize 按钮，对整个流场进行初始化，如图 10-27 所示。

单击 Patch…按钮，弹出如图 10-28 所示的 Patch 面板。初始时刻，整个教室内均为空气，在 Variable 处选择<ch20>3，在 Zones to Patch 处选择 fluid，在 Value 处输入 0。

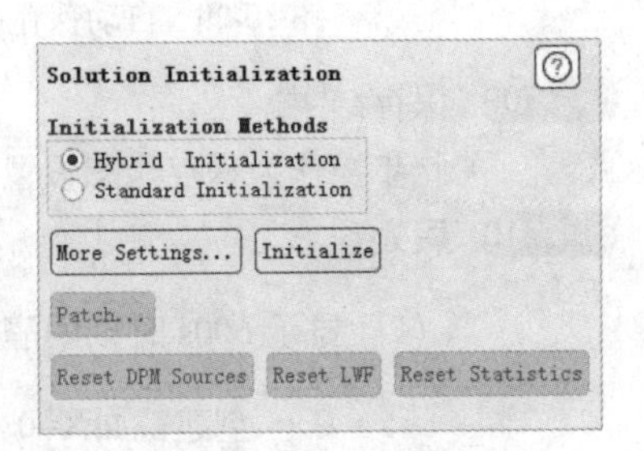

图 10-27 初始条件设置

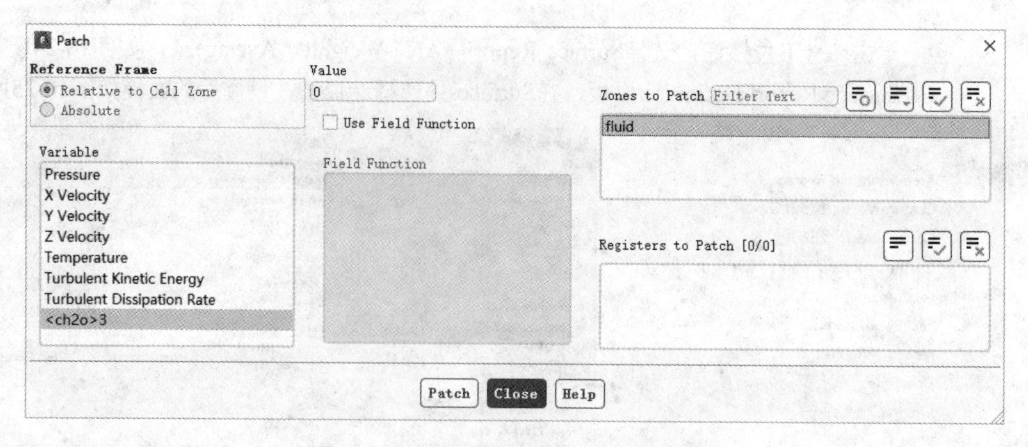

图 10-28　计算域初始时刻甲醛浓度设置

步骤 08 计算设置。

（1）自动保存设置。

选择 Calculation Activities→Autosave，打开如图 10-29 所示的面板。

（2）非稳态计算设置。

在 Run Calculation 面板中，在 Time Step Sizes（s）处输入 5，在 Number of Time Steps 处输入 720，代表总共计算 1h，单击 Calculate 按钮开始计算，如图 10-30 所示。

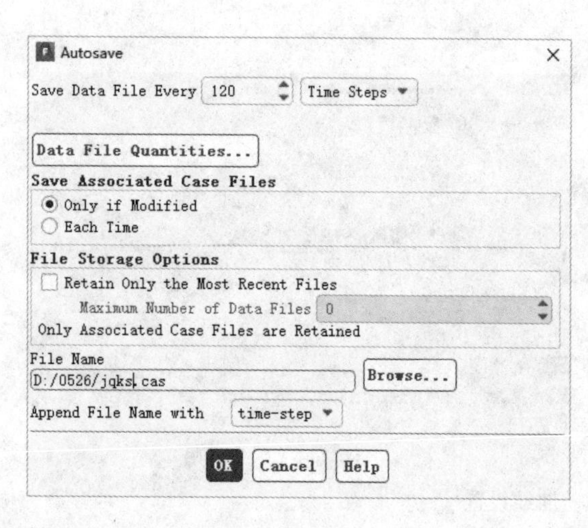

图 10-29　自动保存设置

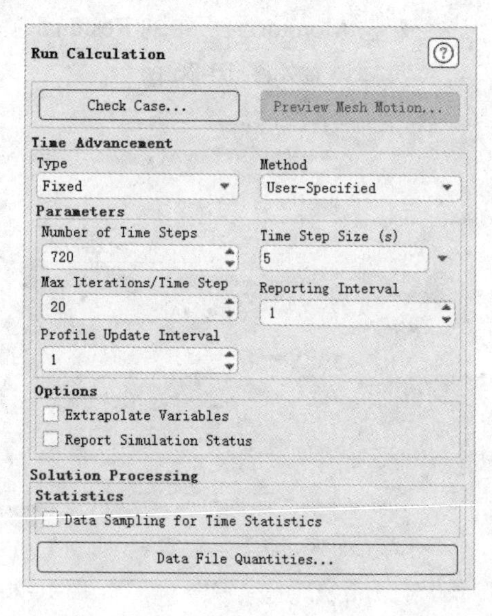

图 10-30　非稳态计算参数设置

步骤 09 保存结果。

此步操作为保存稳态设置文件，选择 File→Write→Case，文件名定义为 jqks。

步骤 10 后处理。

（1）显示 600s 时刻甲醛组分云图。

① 创建截面X=0。读取数据，单击File→Read→dat，选择jqks-00120.dat。

② 双击Graphics列表中的Contours，打开Contours面板。

③ 在Contours列表下选择Species和Mass Friction of <ch20>3，然后选择Draw Mesh，弹出如图10-31所示的Mesh Display面板，在Options处勾选Edges复选框，在Edge Type处选中Outline单选按钮，Surfaces的选择如图10-31所示，单击Display按钮，完成网格显示设置。返回Contours面板，在Options下勾选Filled、Auto Range复选框，选择x=0、z=1200及z=1700，如图10-32所示。

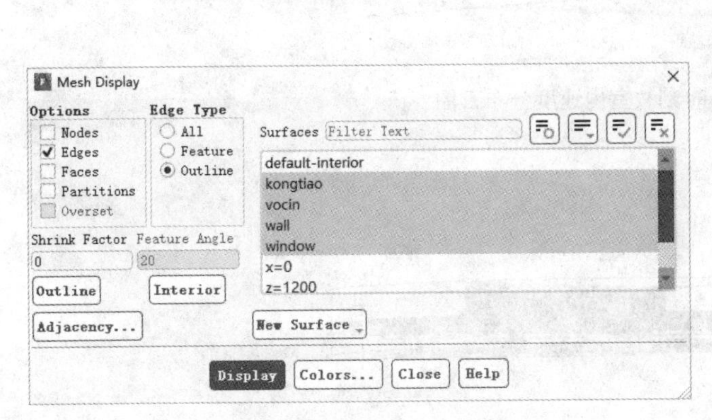

图 10-31　网格显示设置

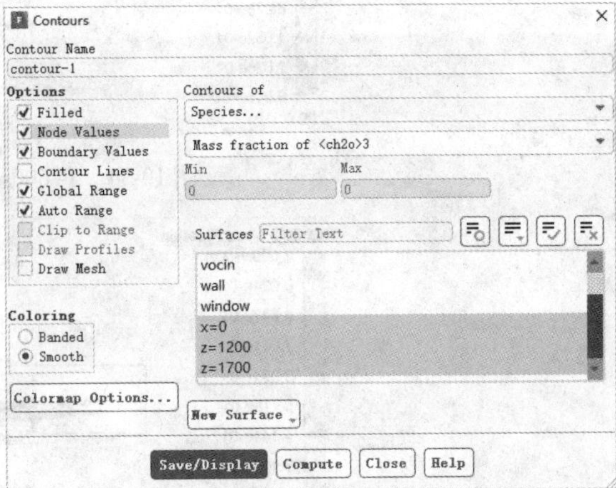

图 10-32　甲醛质量分数显示设置

④ 单击Save/Display按钮，得到甲醛浓度分布云图，如图10-33所示。

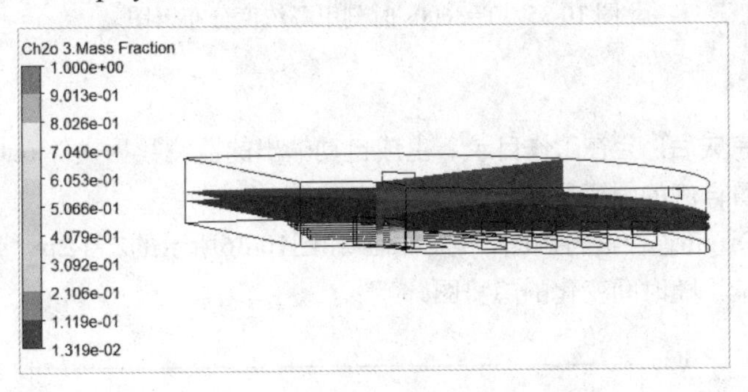

图 10-33　T=600s 时刻甲醛浓度分布云图

（2）显示 600s 时刻速度云图。

① 双击Graphics列表中的Contours，打开Contours面板。

② 在Contours列表下选择Velocity和Velocity Magnitude，选择Filled、Auto Range，然后选择Draw Mesh，在Mesh Display面板中的Options处选择Edges，在Edge Type处选择Outline，单击Save/Display按钮，完成网格显示设置。返回Contours面板，在Options下勾选Filled、Auto Range复选框，选择x=0、z=1200及z=1700。

③ 单击Save/Display按钮，得到速度分布云图，如图10-34所示。

（3）显示 3600s 时刻甲醛浓度云图。

① 读取数据，单击File→Read→dat，选择jqks-00720.dat。

② 参照上述操作步骤，甲醛浓度分布云图如图10-35所示。

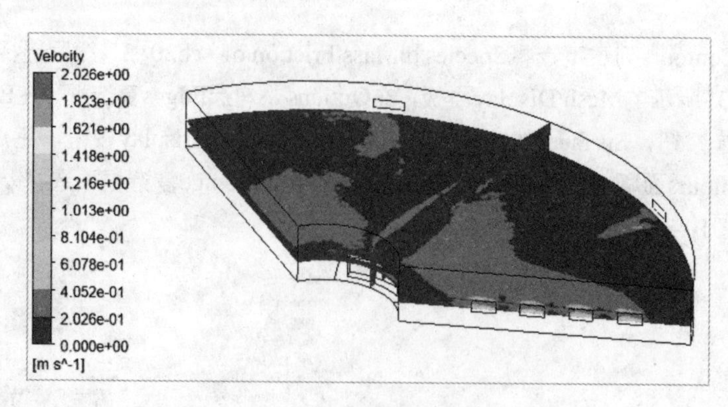

图 10-34　T=600s 时刻教室内速度分布云图

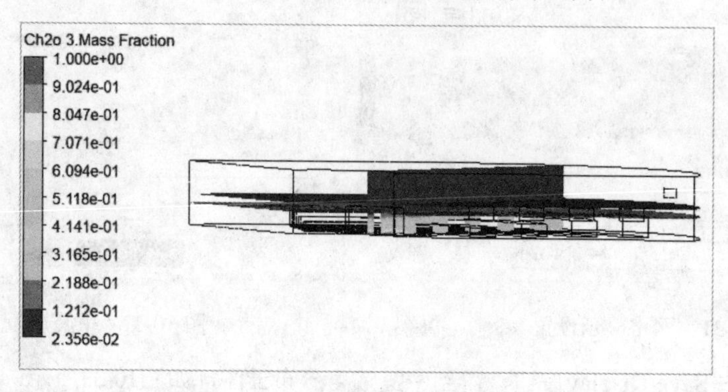

图 10-35　T=3600s 时刻甲醛浓度分布云图

（4）数据后处理。

① 计算完成后，会在工作目录下生成自动输出的监测数据文件.out文件，用Excel打开后，可以查看详细的甲醛质量分数随时间的变化。

② 运用Origin软件进行画图，可以得到如图10-36所示的Z=1.2m、Z=1.7m及教室内浓度（甲醛质量）随时间变化的趋势图。

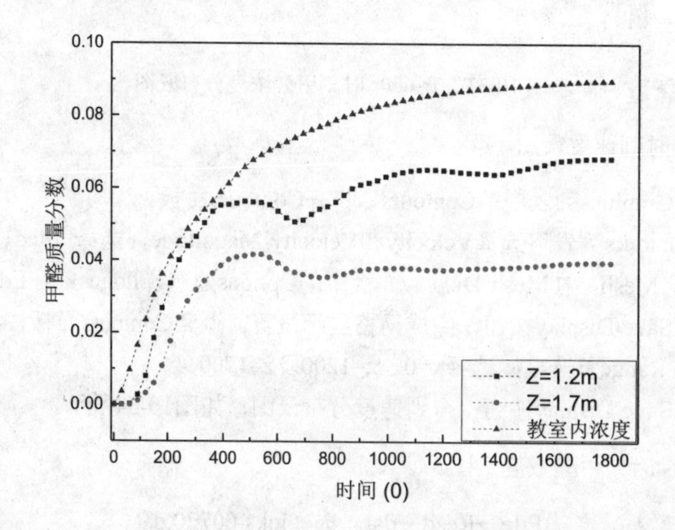

图 10-36　T=30min，Z=1.2m、Z=1.7m 及教室内浓度（甲醛质量）随时间变化的趋势图

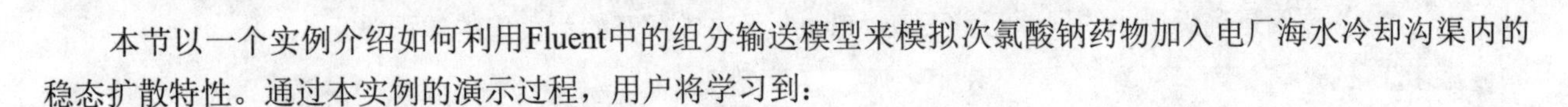

10.2 次氯酸钠在海水沟渠内扩散特性研究模拟

本节以一个实例介绍如何利用Fluent中的组分输送模型来模拟次氯酸钠药物加入电厂海水冷却沟渠内的稳态扩散特性。通过本实例的演示过程，用户将学习到：

- 使用组分输送模型进行液液扩散模拟。
- 修改混合物扩散系数参数。
- 如何利用 Fluent 软件进行数据后处理分析。

10.2.1 实例描述

对于电力及核电等领域，经常需要用海水进行循环水冷却散热，然而海水沟渠由于受环境、微生物等影响，会在沟渠内形成微生物等，严重影响着设备的可靠运行。本节以某一海水沟渠为几何模型，模拟在海水进口处设置次氯酸钠加药口，在海水进口速度一定的条件下次氯酸钠在海水中的浓度分布特性。海水沟渠的几何结构模型如图 10-37 所示，在海水入口附近设置次氯酸钠加药入口。

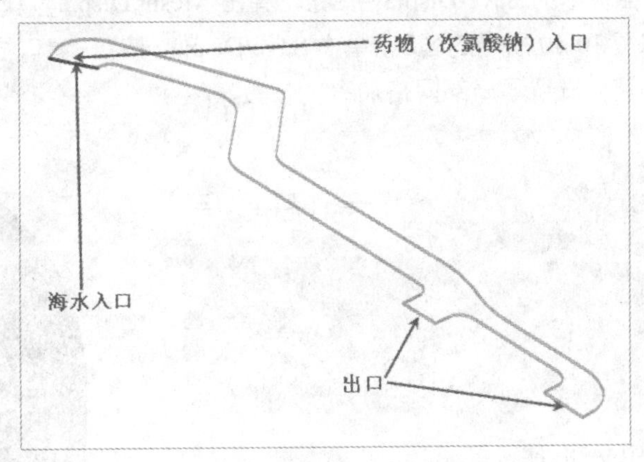

图 10-37　海水沟渠三维结构示意图

10.2.2 实例操作

本教程假定用户熟悉Fluent的界面，在设置的求解过程中一些基本步骤就不明确给出了。

本实例计算模型的Mesh文件的文件名为gqjy.msh。运行二维双精度版本的Fluent求解器后，具体操作步骤如下：

步骤 01 设置网格。

（1）读入网格文件（gqjy.msh）。

单击 File→Read→Mesh，选择网格文件 gqjy.msh。

（2）网格尺寸。

单击 General 面板中的 Scale 按钮，对网格尺寸进行检查，如图 10-38 所示，默认单位为 m。

（3）网格检查。

单击 General 面板中的 Check 按钮，对网格进行检查，如图 10-39 所示。检查网格的一个重要原因是确保最小体积单元为正值，Fluent 无法求解开始为负值的体积单元。

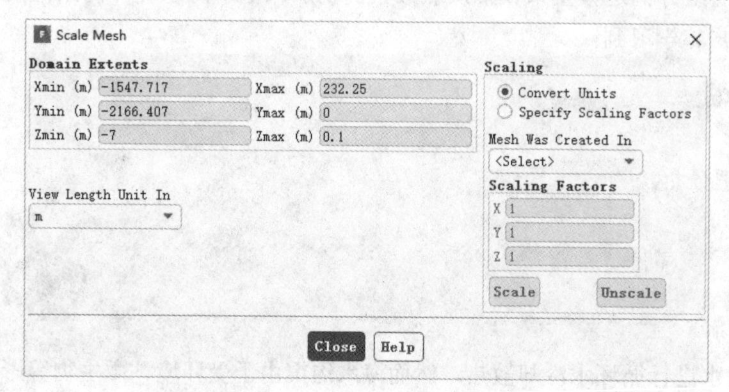

图 10-38　网格尺寸检查

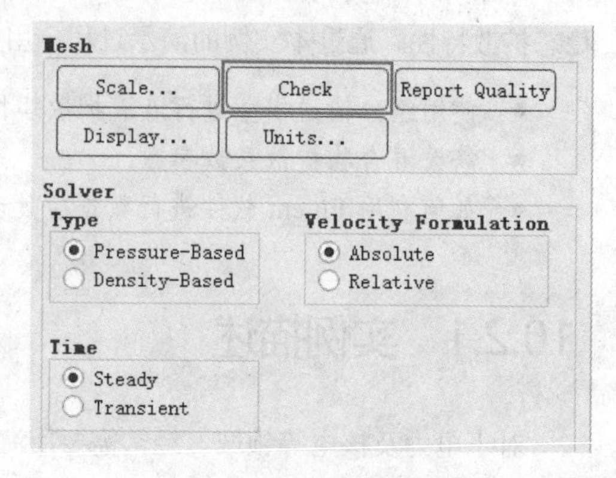

图 10-39　网格质量检查

（4）显示网格。

单击 General 面板中的 Save/Display 按钮，弹出 Mesh Display（网格显示）面板，在 Surfaces 列表中选择如图 10-40 所示的区域，单击 Save/Display 按钮。窗口显示的网格如图 10-41 所示，在次氯酸钠加药口进行了局部网格加密。

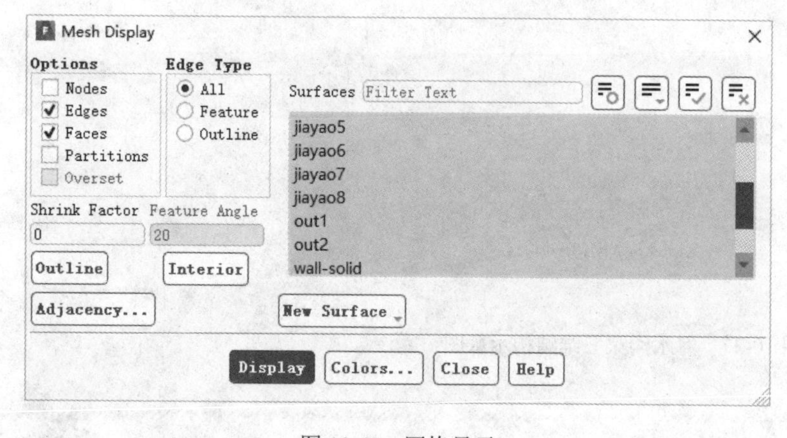

图 10-40　网格显示

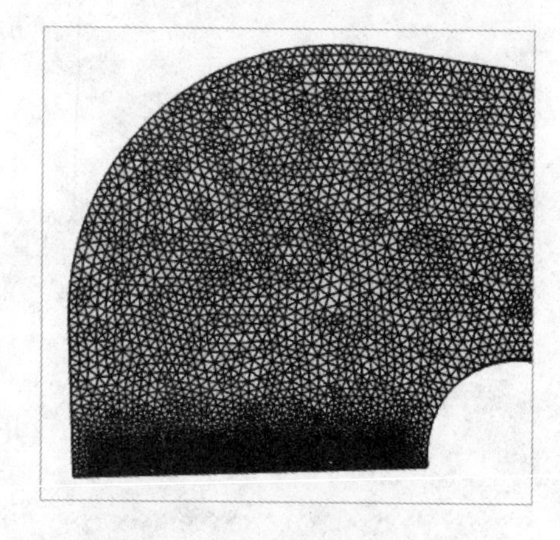

图 10-41　背景色为白色的模型

步骤 02　设置模型。

（1）在 General 面板中选择压力基求解器（Pressure-Based），进行稳态求解（Steady）。勾选 Gravity 复选框，并将重力加速度设置为 Z 轴正方向的-9.8m/s²，如图 10-42 所示。

（2）激活能量方程，具体步骤为：在 Models 面板中双击 Energy，在弹出的 Energy 面板中勾选 Energy Equation 复选框，如图 10-43 所示。

（3）设置粘性模型为 Laminar，具体步骤为：在 Models 面板中双击 Viscous，在弹出的 Viscous Model 面板中激活 Laminar 单选按钮，如图 10-44 所示。

（4）设置组分输送模型，具体步骤为：在 Models 面板中双击 Species Model，在弹出的 Species Model 面板中激活 Species Transport 单选按钮，勾选 Inlet Diffusion 和 Diffusion Energy Source 复选框，在 Mixture Material 处选择 mixture-template，其余参数保持默认设置，如图 10-45 所示。

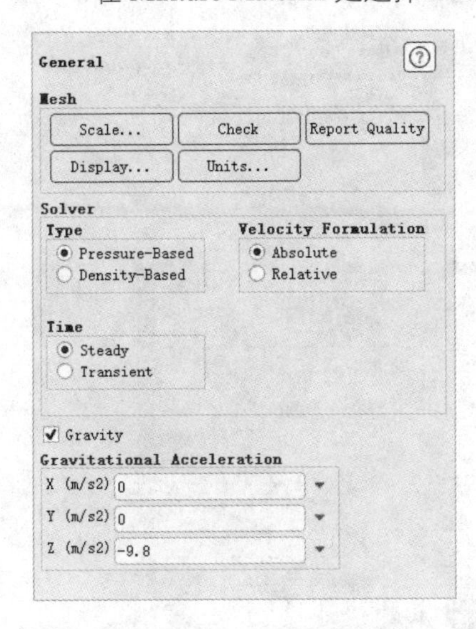

图 10-42　General 面板

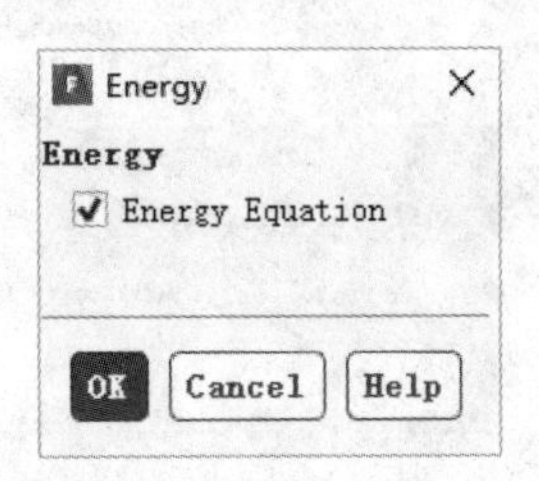

图 10-43　激活能量方程

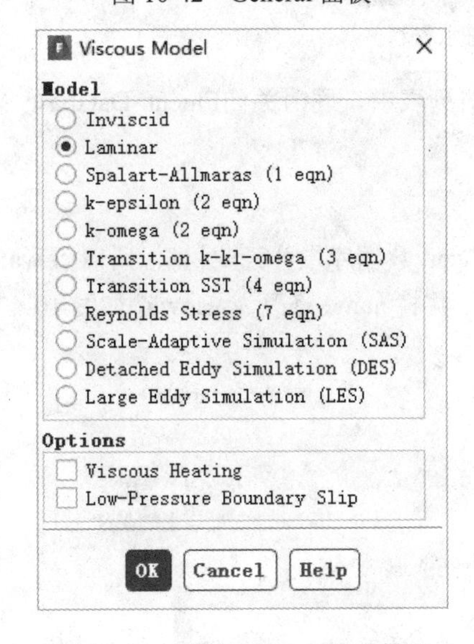

图 10-44　选择 Laminar 流动模型

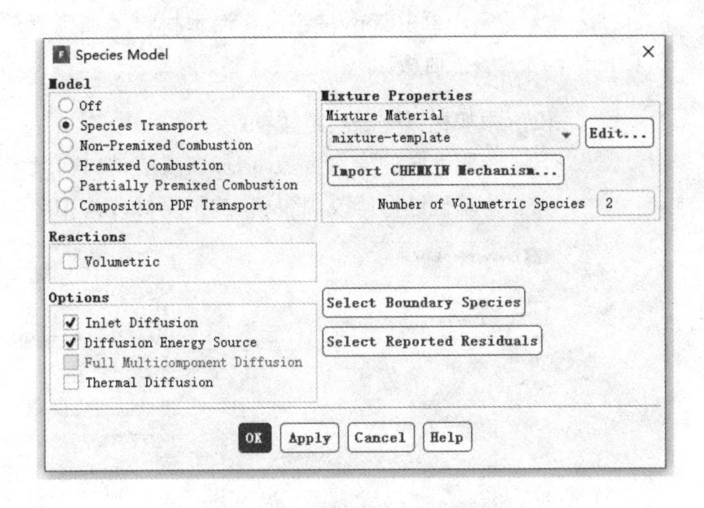

图 10-45　选择组分输送模型

步骤 03 材料设置。

海水沟渠内次氯酸钠扩散仿真计算需要新增海水及次氯酸钠并进行次氯酸钠与海水的混合组分设置，本次仿真以纯水代替海水进行等效替代，具体操作步骤如下：

（1）添加材料——海水。

① 单击Create/Edit Materials面板中的Creat/Edit按钮，打开材料编辑面板。

② 单击Fluent Database按钮来打开Fluent Database Materials面板。

③ 从Material Type下拉列表中选择fluid，然后从Fluent Fluid Materials下拉列表中选择water-liquid（h2o<1>），如图10-46所示。

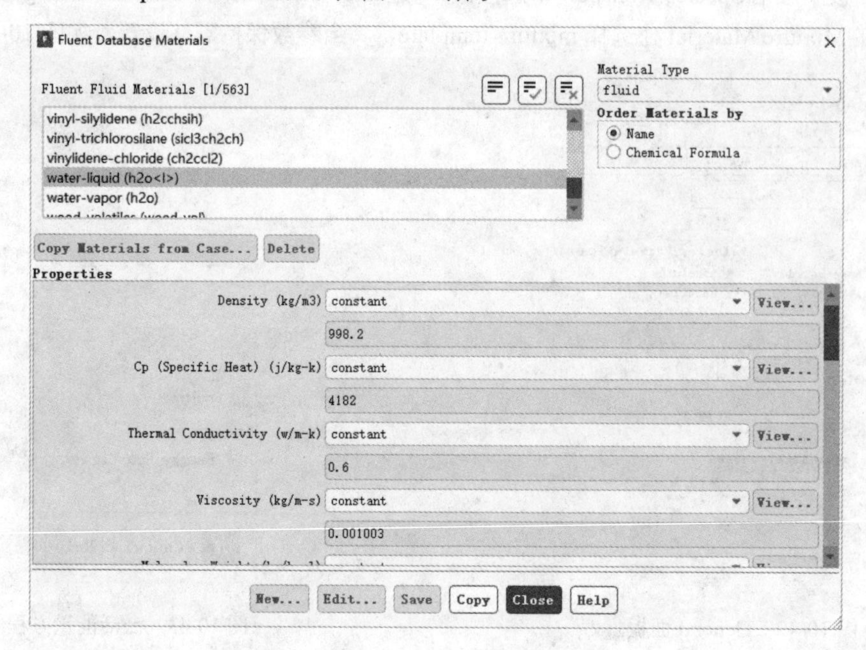

图 10-46 从材料库中选择海水材料

④ 单击Copy按钮，将海水材料添加到当前材料列表中，同时关闭Fluent Database Materials面板。

（2）添加材料——次氯酸钠。

参照上面的操作步骤，增加次氯酸钠材料，因为 Fluent 数据库中并无此材料，所以以 water-liquid 为基础进行修改，将材料的密度修改为 1025kg/m^3，并将 name 修改为 yaowu，如图 10-47 所示。

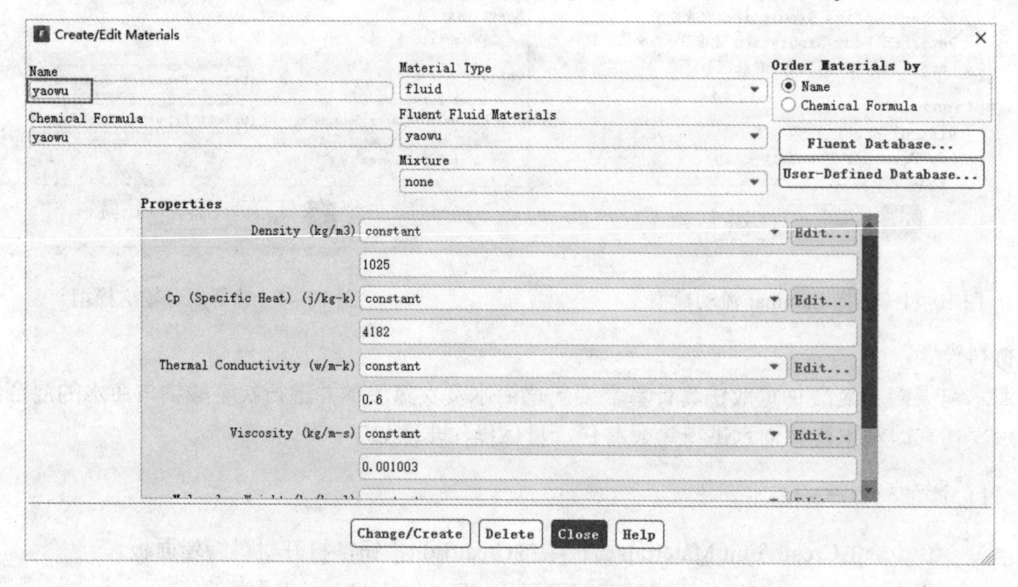

图 10-47 从材料库中增加次氯酸钠材料

（3）修改混合物内的材料组成。

① 双击Create/Edit Materials面板中的mixture-template，打开mixture-template材料编辑面板，如图10-48所示，将混合物的扩散系数修改为5.65e–06。

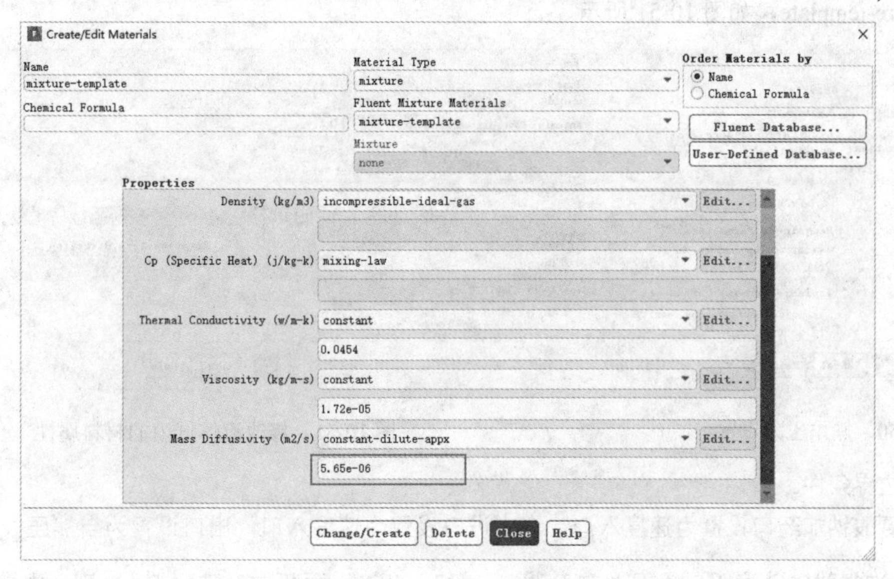

图 10-48　混合组分设置

② 单击Mixture Species后的Edit按钮，弹出如图10-49所示的Species面板，将yaowu添加至Slected Species，保证Slected Species下只有yaowu和h2o<l>，将其他的组分通过Remove按钮移除，单击OK按钮修改混合物组分构成。

图 10-49　修改混合物组分构成

步骤 04 操作条件。

在功能区选择 Physics→Solver→Operating Conditions，打开如图 10-50 所示的面板，定义大气压强（环境压强）为 101325Pa，考虑重力环境，即增加 Z 方向重力加速度–9.8m/s^2，同时定义环境温度为 288.16K。

步骤05 定义计算区域。

修改计算域内流体材料为次氯酸钠与海水的混合组分，具体步骤为：双击 Cell Zone Conditions，弹出 Cell Zone Conditions 面板，双击 Zone 下的 fluid，弹出 Fluid 面板，在 Material Name 处选择 mixture-template，如图 10-51 所示。

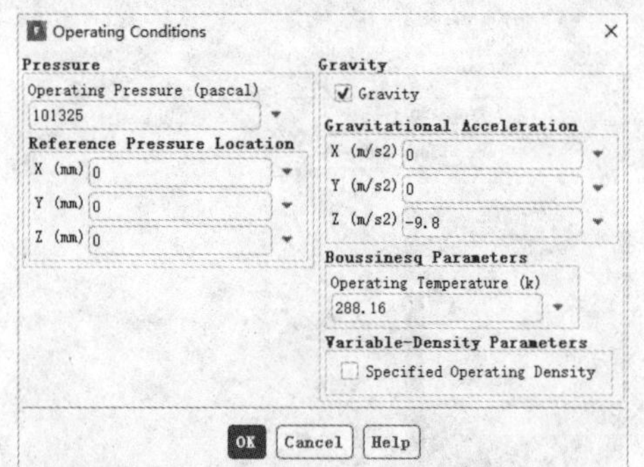

图 10-50 操作压力设置

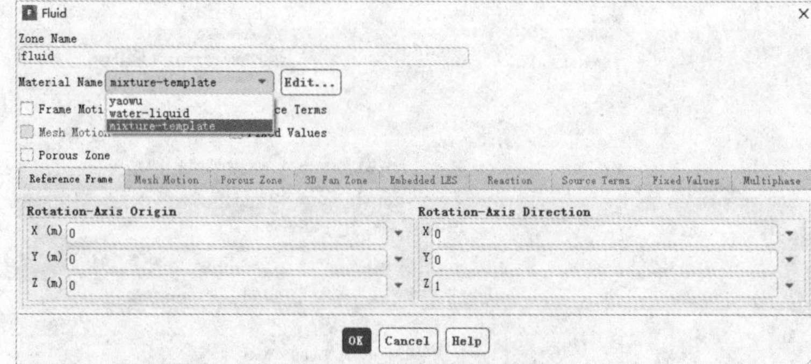

图 10-51 修改流体域内的材料属性

步骤06 定义边界条件。

将次氯酸钠加药口设置为速度入口，海水进口设置为速度入口，出口设置为自然压力出口。

（1）次氯酸钠速度入口设置：在 Boundary Conditions 面板中，选择 Zone 列表中的 jiayao1 边界，单击 Edit 按钮，打开 Velocity Inlet 面板，在 Velocity Magnitude（m/s）处输入 0.53，设置后的面板如图 10-52 所示。单击 Thermal 选项卡，在 Temperature（k）处输入 300。单击 Species 选项卡，在 yaowu 处输入 0.001875，设置后的面板如图 10-53 所示。

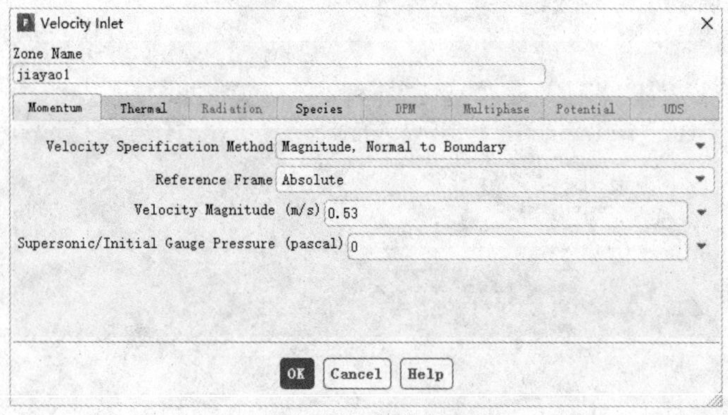

图 10-52 次氯酸钠进口速度边界设置

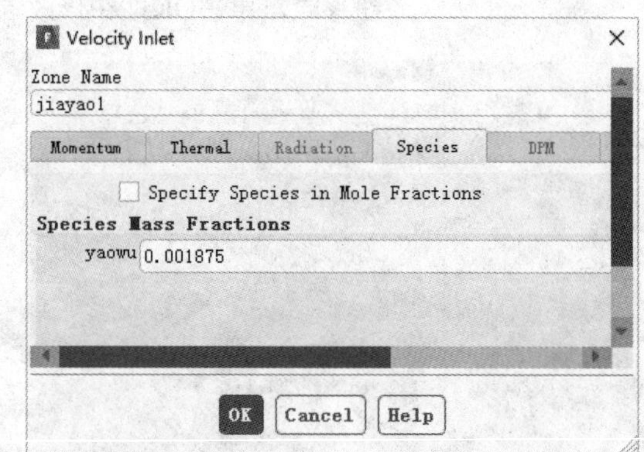

图 10-53 次氯酸钠进口边界质量分数设置

（2）海水入口设置：在 Boundary Conditions 面板中，选择 Zone 列表中的 waterin 边界，单击 Edit 按钮，打开 Velocity Inlet 面板，在 Velocity Magnitude（m/s）处输入 0.4，设置后的面板如图 10-54 所示。单击 Thermal 选项卡，在 Temperature（k）处输入 300。单击 Species 选项卡，在 yaowu 处输入 0，设置后的面板如图 10-55 所示。

（3）出口设置：在 Boundary Conditions 面板中，选择 Zone 列表中的 out1 边界，单击 Edit 按钮，打开 Pressure Outlet 面板，在 Gauge Pressure 处输入 0，设置后的面板如图 10-56 所示。

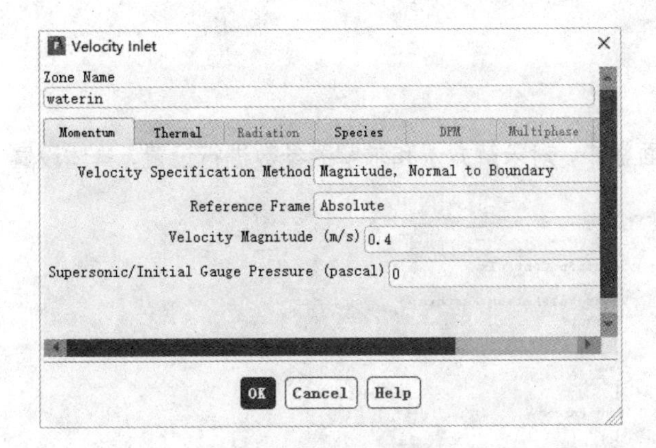

图 10-54　海水入口边界速度设置

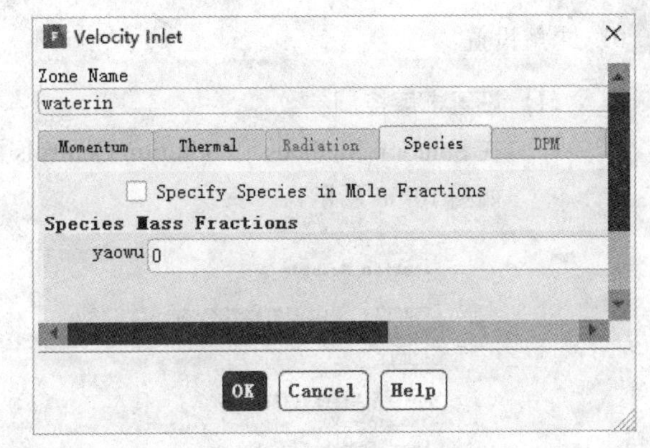

图 10-55　海水入口次氯酸钠质量分数设置

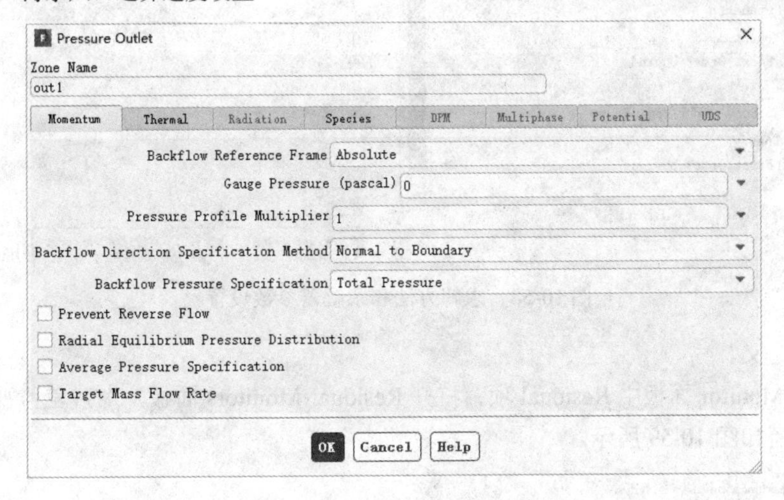

图 10-56　压力出口 1 边界设置

（4）相同边界批量化设置：在 Boundary Conditions 面板中，单击 Copy 按钮，弹出如图 10-57 所示的 Copy Conditions 面板。在 From Boundary Zone 处选择 jiayao1，在 To Boundary Zones 处按图 10-57 进行选择，单击 Copy 按钮，完成所有次氯酸钠加药口边界设置。

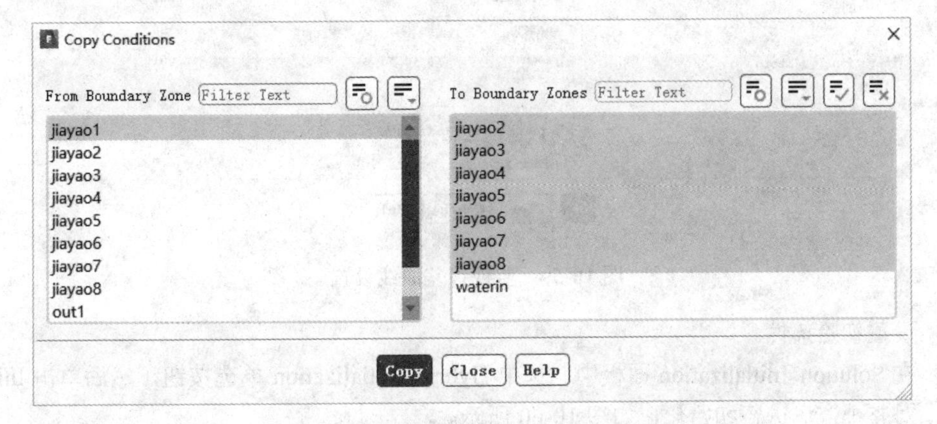

图 10-57　次氯酸钠加药口批量化边界设置

（5）参照（4）中相同的设置方法，out2 的设置与 out1 一致。

步骤07 求解设置。

（1）设置求解控制参数。

在 Solution Methods 和 Solution Controls 面板中，对求解方法和求解器参数进行设置，具体设置如图 10-58 所示。

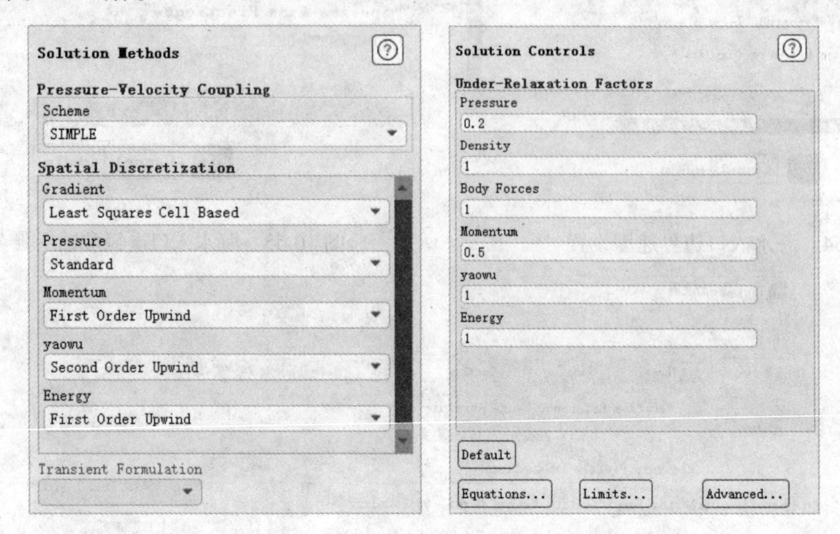

图 10-58　求解方法和求解器参数设置

（2）残差定义。

双击 Monitor 面板中 Residual 项，打开 Residual Monitors 面板，对残差监视窗口进行设置，具体设置如图 10-59 所示。

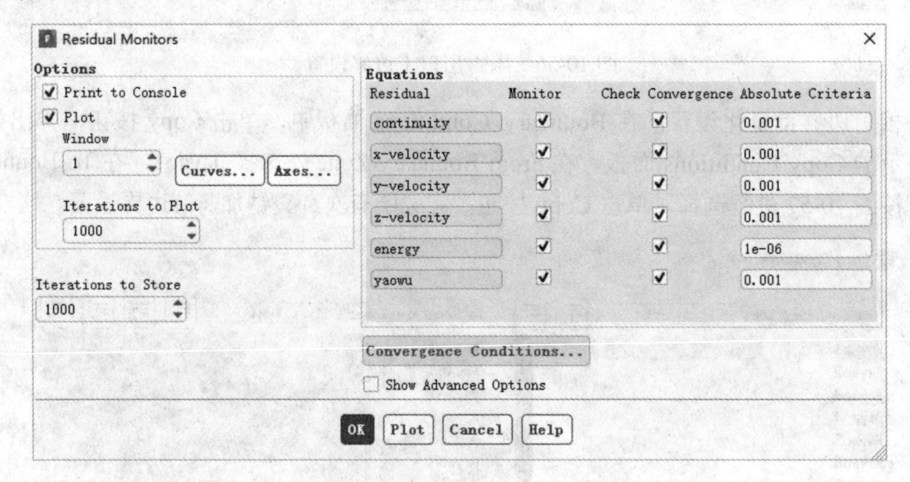

图 10-59　监视残差曲线设置

（3）设置初始条件。

在 Solution Initialization 面板中，选中 Hybrid Initialization 单选按钮，然后单击 Initialize 按钮，对整个流场进行初始化，如图 10-60 所示。

单击 Patch...按钮，弹出如图 10-61 所示的 Patch 面板。初始时刻，整个海水沟渠内均为海水，在 Variable 处选择 yaowu，在 Zones to Patch 处选择 fluid，在 Value 处输入 0。

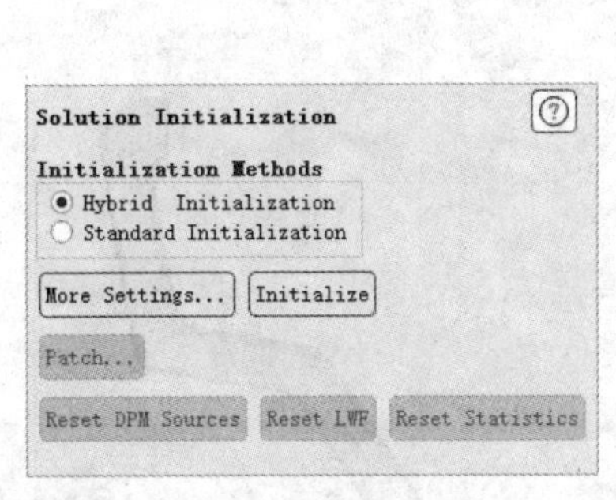

图 10-60　初始条件设置

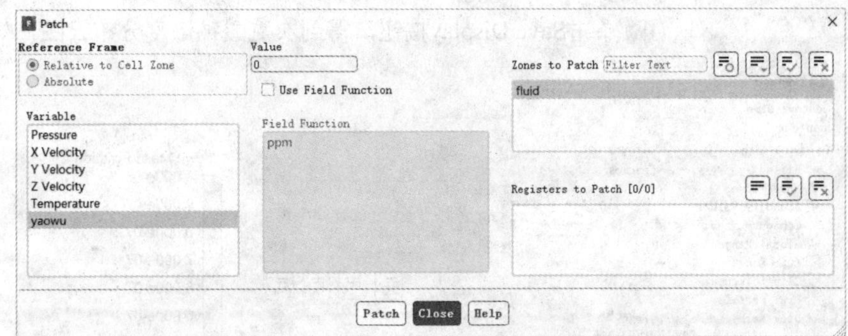

图 10-61　计算域初始时刻次氯酸钠浓度设置

步骤08 计算设置。

在 Run Calculation 面板中，设置迭代步数为 2000 步，单击 Calculate 按钮开始计算，如图 10-62 所示。

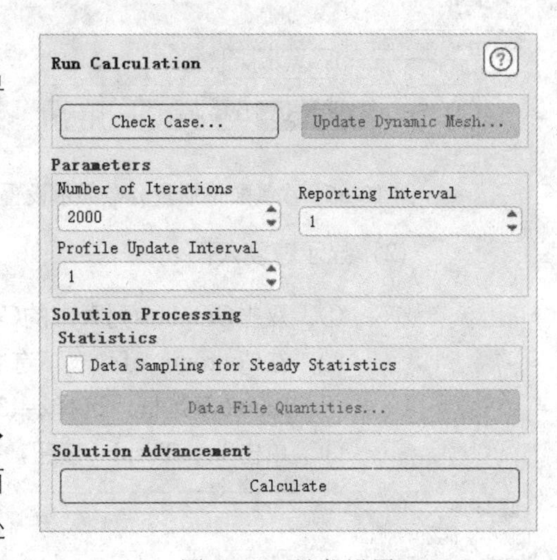

图 10-62　迭代设置

步骤09 保存结果。

此步操作为保存稳态设置文件，选择 File→Write→Case，文件名定义为 jqks。

步骤10 后处理。

（1）显示次氯酸钠组分云图。

① 创建分析截面：在功能区选择Results→Surface→Create→Plane，打开Plane Surface面板，在Method处选择XY Plane，在Z（m）处输入–3.45，设置完成后如图10-63所示。创建截面Z=–3.45的位置示意图如图10-64所示。

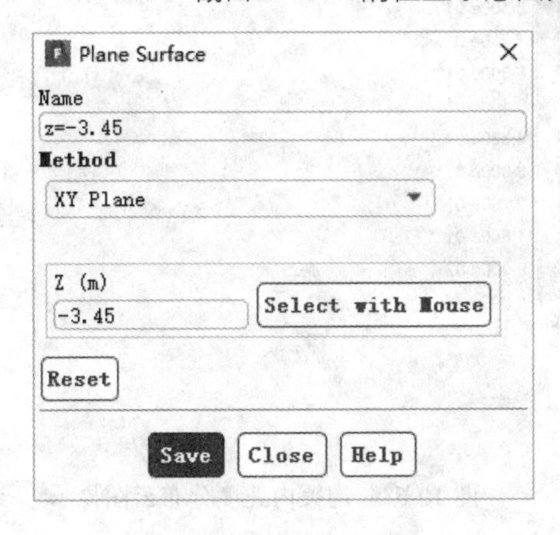

图 10-63　创建截面设置

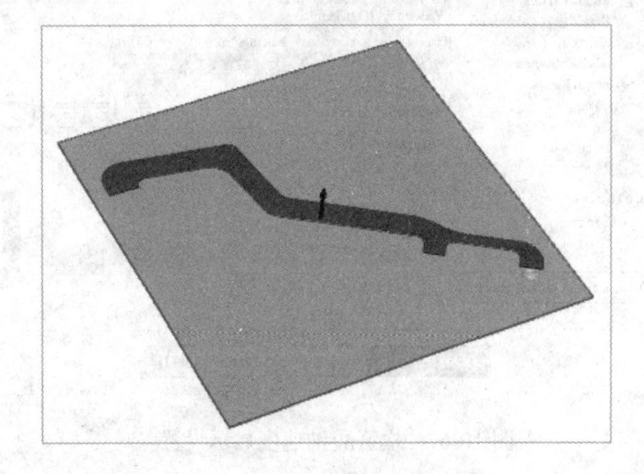

图 10-64　创建截面位置示意图

② 双击Graphics列表中的Contours，打开Contours面板。

③ 在Contours of列表下选择Species...和Mass fraction of yaowu，在Options下勾选Filled复选框，取消勾选Auto Range复选框，在Min处输入0，在Max处输入1e–6，选择z=–3.45，如图10-65所示。

④　单击Save/Display按钮，得到次氯酸钠浓度分布云图，如图10-66所示。

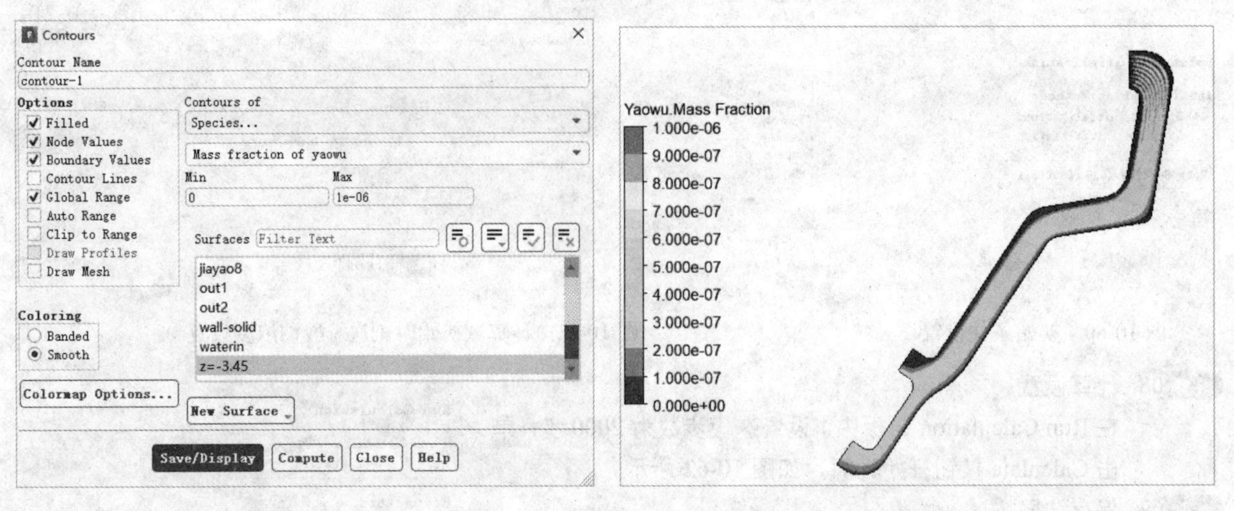

图 10-65　次氯酸钠质量分数显示设置　　　　图 10-66　次氯酸钠浓度分布云图

（2）显示速度云图。

①　双击Graphics列表中的Contours，打开Contours面板。

②　在Contours of列表下选择Velocity...和Velocity Magnitude，在Options下勾选Filled、Auto Range复选框，选择z=-3.45，如图10-67所示。

③　单击Save/Display按钮，得到速度分布云图，如图10-68所示。

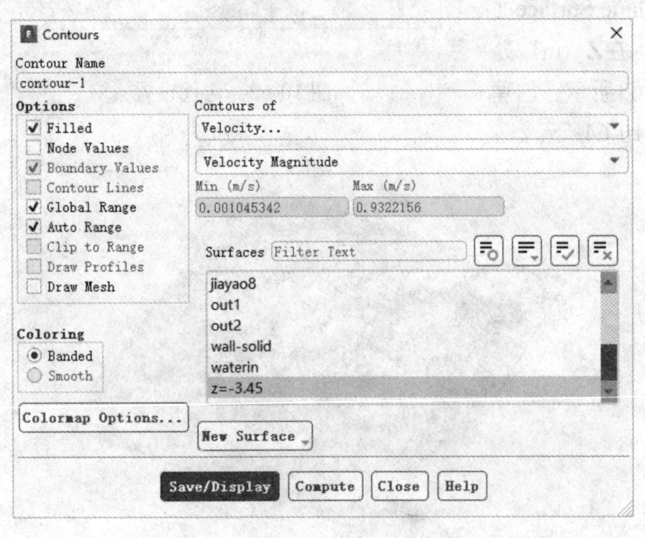

图 10-67　次氯酸钠速度显示设置　　　　图 10-68　沟渠内速度分布云图显示

（3）z=-3.45 截面数据分析。

①　双击Results→Reports→Surface Integrals，打开Surface Integrals面板。

②　在Report Type下拉列表中选择Area-Weighted Average，在Field Variable处选择Species...和Mass fraction of yaowu，选择z=-3.45。

③　单击Compute按钮，得到截面z=-3.45的次氯酸钠质量分数，如图10-69所示。

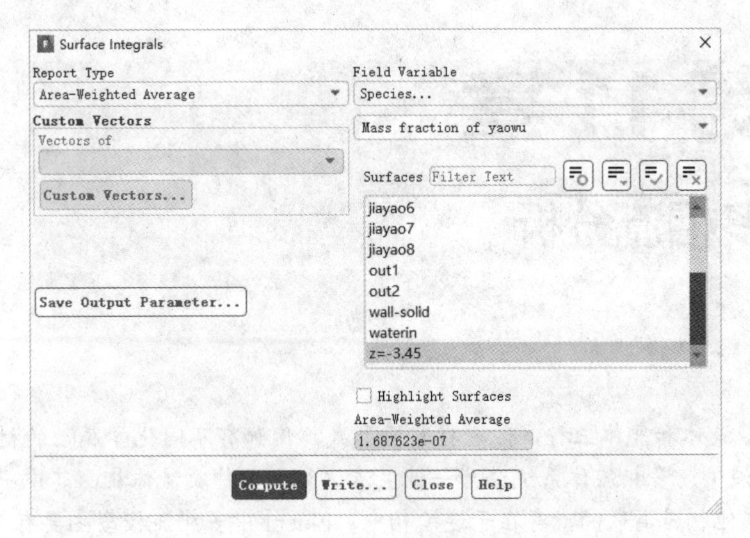

图 10-69　z=-3.45 截面次氯酸钠质量分数计算数值

（4）计算域内数据分析。

① 双击Results→Reports→Volume Integrals，打开Volume Integrals面板。

② 在Report Type下选中Mass-Average单选按钮，在Field Variable处选择Species...和Mass fraction of yaowu，在Cell Zones处选择fluid。

③ 单击Compute按钮，得到整个计算域内次氯酸钠的质量分数，如图10-70所示。

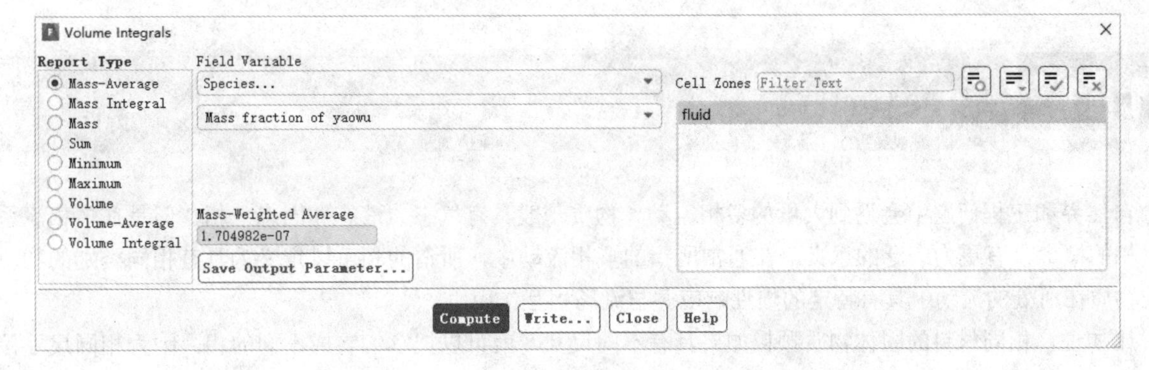

图 10-70　计算域内次氯酸钠质量分数计算数值

10.3 小结

本章主要介绍了Fluent在污染物及药物扩散计算中的应用。首先简要地介绍了Fluent中求解教室甲醛扩散及沟渠内药物扩散处理方法，然后通过两个实例对基本计算模型进行了详细讲解。

实例 1 给出了教室内甲醛非稳态扩散的求解方法和设置过程，其中介绍了利用组分输送模型进行甲醛扩散的设置和求解过程。在实例 2 中介绍了次氯酸钠在海水沟渠内扩散计算模型的分析和设置过程。通过实例讲解使读者了解利用Fluent求解污染物及药物扩散问题的基本方法。

第 11 章 多相流分析

导言

相分为固体、液体和气体三种，但也指其他形式，例如有不同化学属性的材料，但属于同一种物理相（如液-液）。多相流体系统分为一种主流体相和多种次流体相，其中一种流体相是连续的（主流体），其他相是离散的，存在于连续相中。Fluent 中多相流模型主要有 VOF 模型、混合模型和欧拉模型，本章将介绍 Fluent 在多相流方面的应用，详细讲解三个多相流实例。通过本章的学习，读者能够掌握利用 Fluent 求解简单的多相流问题。

学习目标

- Eulerian 模型的应用。
- VOF 模型的应用。

11.1 综述

自然界和工程问题中会遇到大量的多相流动。物质一般具有气态、液态和固态三相，但是在多相流系统中，相的概念具有更为广泛的意义。在通常所指的多相流动中，所谓的相可以定义为具有相同类别的物质，该类物质在所处的流动中具有特定的惯性响应并与流场相互作用。

比如说，相同材料的固体物质颗粒如果具有不同尺寸，就可以把它们看成不同的相，因为相同尺寸粒子的集合对流场有相似的动力学响应。本节将大致介绍Fluent中的多相流模型。

Fluent软件是多相流建模方面的领导者，其丰富的模拟能力可以帮助设计者洞察设备内那些难以探测的现象，比如Eulerian多相流模型通过分别求解各相的流动方程的方法分析相互渗透的各种流体或各相流体，对于颗粒相流体采用特殊的物理模型进行模拟。

很多情况下，占用资源较少的混合模型也用来模拟颗粒相与非颗粒相的混合。Fluent可用来模拟三相混合流（液、颗粒、气），如泥浆气泡柱和喷淋床。可以模拟相间传热和相间传质的流动，使得对均相及非均相的模拟成为可能。

计算流体力学的进展为深入了解多相流动提供了基础。目前有两种数值计算的方法处理多相流：欧拉-拉格朗日方法和欧拉-欧拉方法。

Fluent中的拉格朗日离散相模型遵循欧拉-拉格朗日方法。流体相被处理为连续相，直接求解时均纳维—斯托克斯方程，而离散相是通过计算流场中大量的粒子、气泡或液滴的运动得到的。

离散相和流体相之间可以有动量、质量和能量的交换。该模型的一个基本假设是，作为离散的第二相的体积比率应很低，即便如此，较大的质量加载率仍能满足。粒子或液滴运行轨迹的计算是独立的，它们被安排在流相计算的指定的间隙完成。这样的处理能较好地符合喷雾干燥、煤和液体燃料燃烧以及一些粒子负载流动，但是不适用于流-流混合物、流化床和其他第二相体积率等不容忽略的情形。

Fluent中的欧拉-欧拉多相流模型遵循欧拉-欧拉方法，不同的相被处理成互相贯穿的连续介质。由于一种相所占的体积无法再被其他相占有，故引入相体积率（Phasic Volume Fraction）的概念。体积率是时间和空间的连续函数，各相的体积率之和等于1。

从各相的守恒方程可以推导出一组方程，这些方程对于所有的相都具有类似的形式。从实验得到的数据可以建立一些特定的关系，从而能使上述方程封闭。另外，对于小颗粒流，则可以通过应用分子运动论的理论使方程封闭。

在Fluent中，共有三种欧拉-欧拉多相流模型，分别为流体体积模型（VOF）、欧拉（Eulerian）模型以及混合物模型。

所谓VOF模型，是一种在固定的欧拉网格下的表面跟踪方法。当需要得到一种或多种互不相融的流体间的交界面时，可以采用这种模型。在VOF模型中，不同的流体组分共用着一套动量方程，计算时在全流场的每个计算单元内都记录下各流体组分所占有的体积率。VOF模型的应用例子包括分层流、自由面流动、灌注、晃动、液体中大气泡的流动、水坝决堤时的水流、对喷射衰竭（Jet Breakup）表面张力的预测，以及求得任意液-气分界面的稳态或瞬时分界面。

欧拉模型是Fluent中最复杂的多相流模型。它建立了一套包含有n个的动量方程和连续方程来求解每一相。压力项和各界面交换系数是耦合在一起的。耦合的方式则依赖于所含相的情况，颗粒流（流-固）的处理与非颗粒流（流-流）是不同的。

对于颗粒流，可应用分子运动理论来求得流动特性。不同相之间的动量交换也依赖于混合物的类别。通过Fluent的客户自定义函数（User-Defined Functions）可以自己定义动量交换的计算方式。欧拉模型的应用包括气泡柱、上浮、颗粒悬浮以及流化床。

混和物模型可用于两相流或多相流（流体或颗粒）。因为在欧拉模型中，各相被处理为互相贯通的连续体，混和物模型求解的是混合物的动量方程，并通过相对速度来描述离散相。混合物模型的应用包括低负载的粒子负载流、气泡流、沉降以及旋风分离器。混合物模型也可用于没有离散相相对速度的均匀多相流。

Fluent标准模块中还包括许多其他的多相流模型，对于其他的一些多相流流动，如喷雾干燥器、煤粉高炉、液体燃料喷雾，可以使用离散相模型（DPM）。

解决多相流问题的第一步，就是从各种模型中挑选出最符合实际流动的模型。这里将根据不同模型的特点给出挑选恰当的模型的基本原则：对于体积率小于10%的气泡、液滴和粒子负载流动，采用离散相模型；对于离散相混合物或者单独的离散相体积率超出10%的气泡、液滴和粒子负载流动，采用混合物模型或者欧拉模型；对于活塞流和分层/自由面流动，采用VOF模型；对于气动输运，如果是均匀流动，就采用混合物模型，如果是粒子流，就采用欧拉模型；对于流化床，采用欧拉模型模拟粒子流；对于泥浆流和水力输运，采用混合物模型或欧拉模型；对于沉降，采用欧拉模型。

对于更加一般的，同时包含若干种多相流模式的情况，应根据最感兴趣的流动特征选择合适的流动模型。此时，由于模型只是对部分流动特征做了较好的模拟，其精度必然低于只包含单个模式的流动。

11.2 气固两相流动模拟

本节的目的是模拟流床内气泡形成的过程及其流体动力学问题，示范如何为气体-固体两相流动定制阻力定律。Fluent中默认的阻力定律是Syamlal-O'Brien阻力定律。该定律适用于很大范围的问题。通过本实例的演示过程，用户将学习到：

- 为粒状气体-固体流动定制阻力定律。
- 利用 Eulerian 模型来预测均匀流床中的压降。
- 利用合适的求解设置来保存数据文件。
- 对数据结果进行后处理。

11.2.1 实例描述

在加工工业中，均匀流床中压降的预测是长期受关注的问题。Fluent中的Eulerian模型为模拟多相粒子流动中的相互动量转移提供了工具。

尽管为了符合物理事实需要使用严格精确的数学模型，但是模型中所用的阻力定律都是半经验的。所以，使用一个合理的阻力定律来正确预测初始和最小流化条件至关重要。

默认的Syamlal-O'Brien阻力定律解释如下：

流体-固体交换系数为：

$$K_{sl}=\frac{3\alpha_s\alpha_l\rho_l}{4v_{r,s}^2 d_s}C_D\left(\frac{\mathrm{Re}_s}{v_{r,s}}\right)\left|\vec{v}_s-\vec{v}_l\right|$$

$v_{r,s}$ 为固体相的自由沉降速度系数。

$$v_{r,s}=0.5\left(A-0.06\,\mathrm{Re}_s+\sqrt{\left(0.06\,\mathrm{Re}_s\right)^2+0.12\,\mathrm{Re}_s\left(2B-A\right)+A^2}\right)$$

其中，$A=\alpha_l^{4.14}$；$\alpha_l\leqslant 0.85$ 时，$B=0.8\alpha_l^{1.28}$，$\alpha_l>0.85$时，$B=\alpha_l^{2.65}$。

默认定值 0.8 和 2.65 预测的最小流化速度为 21 cm/s。这种情况下，实验观测到的最小流化速度是 8cm/s。但是，可以通过改变定值来调整阻力定律以使预测的最小流化速度为 8cm/s。

在进行一些数学运算后，这些定值分别为 0.281 632 和 9.07 696。这些值将被用于预测正确的流床特性，还要传给用户自定义函数。

本问题考虑的 1m×0.15m的流床如图 11-1 所示。入口空气的速度是 0.25 m/s，顶部将模拟成压力出口。流床中充满粒状固体，其体积分数为 0.55。

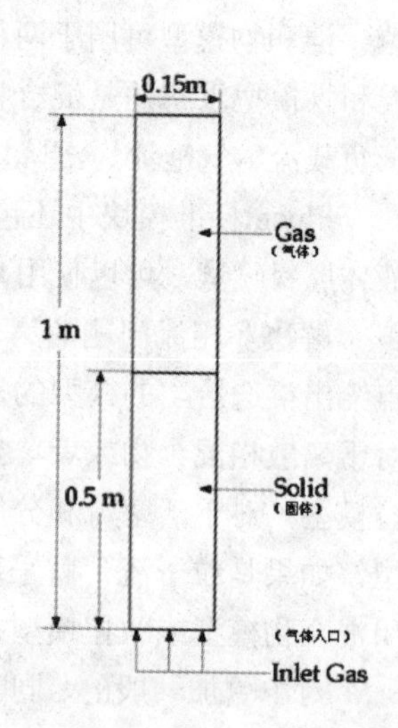

图 11-1　流床示意图

11.2.2 实例操作

假设计算模型已经确定，计算模型的Mesh文件的文件名为bp.msh。将bp.msh和bp_drag.c复制到工作文件夹下，运行双精度二维（2ddp）Fluent求解器。

具体操作步骤如下。

步骤 01 网格的操作。

（1）读入网格文件（bp.msh）。

单击 File→Read→Case…。

（2）检查网格。

（3）显示网格。

显示网格，得到如图 11-2 所示的网格。

（4）重构区域直到 Bandwidth reduction = 1.00。

单击 Mesh→Reorder→Domain。

步骤 02 模型的选择。

（1）基本求解器的选择。

① 打开如图11-3所示的General面板，在Solver列表下选中Pressure-Based单选按钮。

② 在Time列表下选中Transient单选按钮。

③ 单击OK按钮，关闭Solver面板。

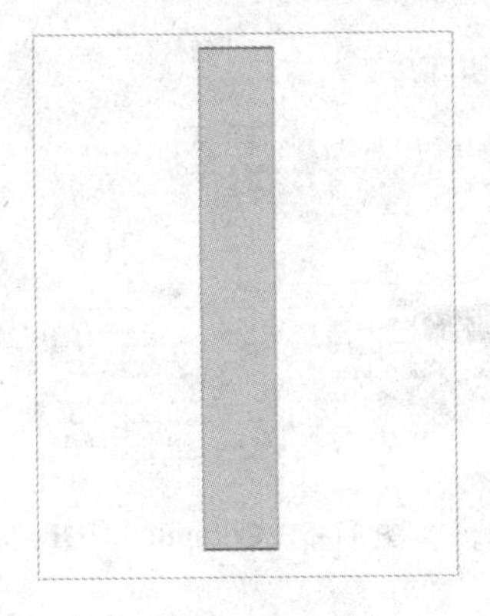

图 11-2　网格显示

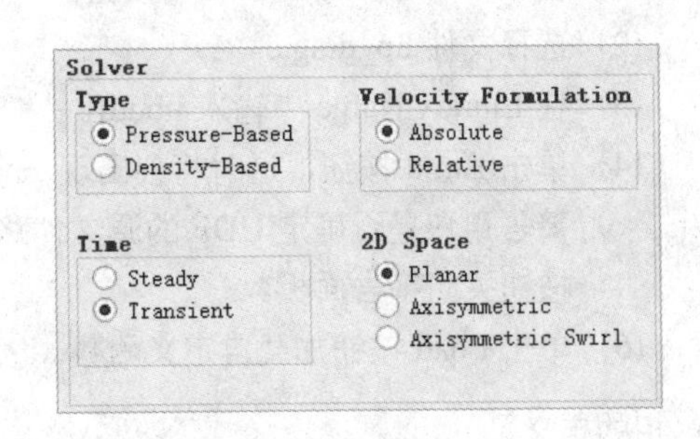

图 11-3　求解器设置

（2）选择 Eulerian 多相流模型。

在 Models 面板单击 Multiphase…。

① 打开如图11-4所示的Multiphase Model面板，在Model列表下选中Eulerian单选按钮。

② 将Number of Eulerian Phases的值设为2。

③ 单击Apply按钮，关闭Multiphase Model面板。

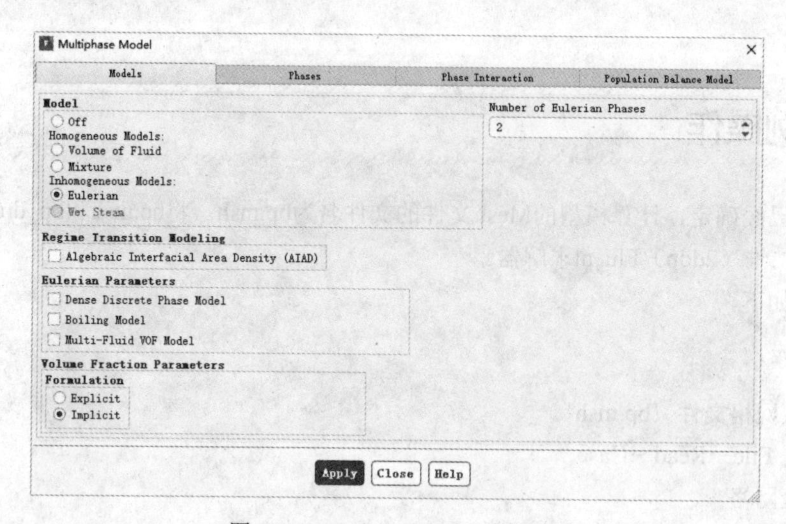

图 11-4　Multiphase Model 面板

步骤03 流体物理属性的设置。

（1）修改 air 的属性。

将 Density 的值设为 1.2 kg/m³，将 Viscosity 的值设为 1.8e–05kg/m · s。

（2）定义一个名为 solids 的材料。

将 Density 的值设为 2600 kg/m³，将 Viscosity 的值设为 1.7894e–05kg/m · s。

（3）单击 Chang/Create 按钮，然后关闭 Materials 面板。

步骤04 编辑用户自定义函数（UDF）。

单击 User-Define→User Defined→Functions→Compiled…。

（1）打开如图 11-5 所示的 Compiled UDFs 面板，单击 Source File 下的 Add…按钮。

（2）选择文件 bp_drag.c。

（3）在 Library Name 中输入 libudf。

（4）单击 Build 按钮，这时将会出现一个警告面板，警告用户是否确定 UDF 的源文件路径，单击 OK 按钮关闭警告面板。

（5）单击 Load 按钮加载自定义函数。

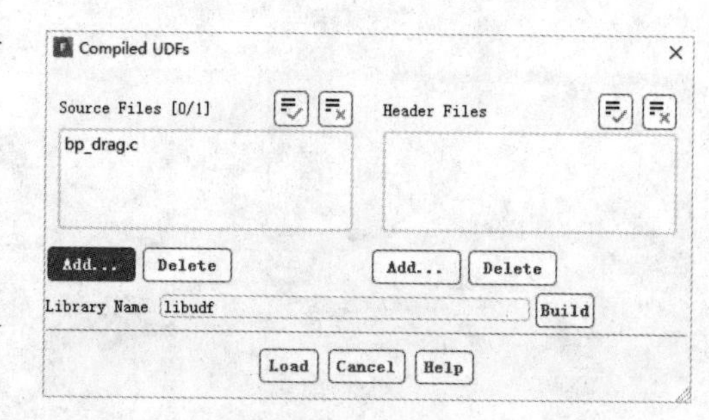

图 11-5　Compiled UDFs 对话框

步骤05 相的定义。

在 Models 面板单击 Multiphase→Phase…。

（1）定义初始相。

① 在Multiphase Model面板单击Phases选项卡，在Phases列表下选择gas-Primary Phase项，如图11-6所示。

② 在Phase Material列表下选择air项。

③ 在Name中输入gas。

④ 单击Apply按钮，保存数据。

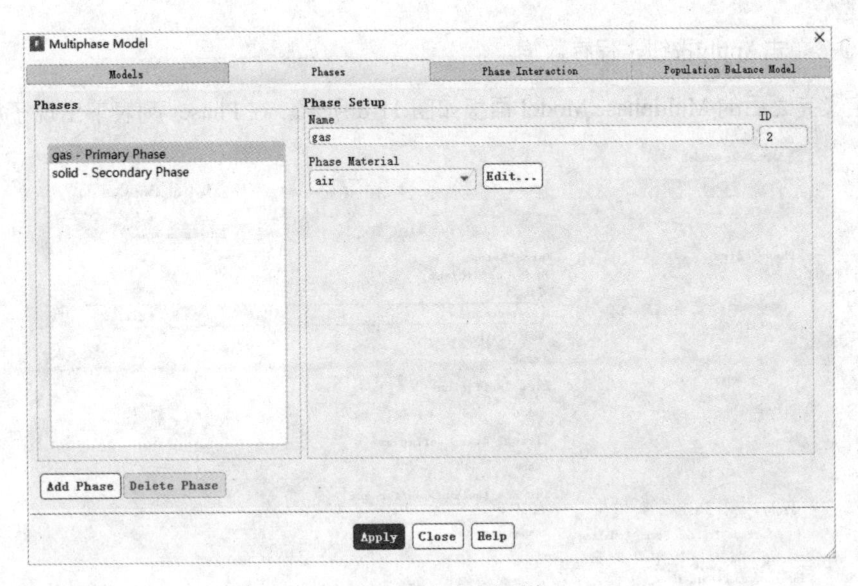

图 11-6　Phases 选项卡

（2）定义第二相。

① 在Multiphase Model面板单击Phases选项卡，在Phases列表下选择Solid-Secondary Phase项，如图11-7所示。

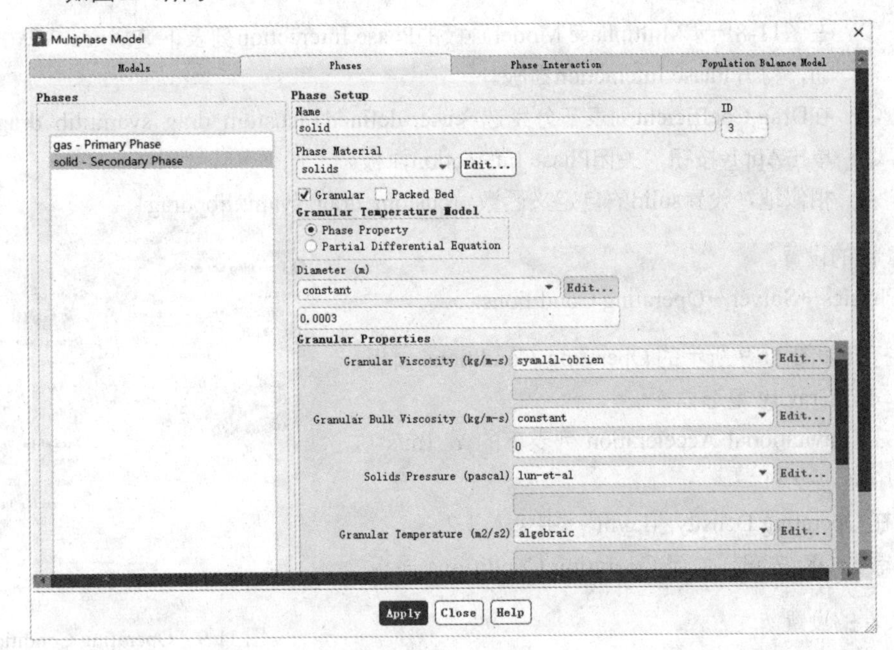

图 11-7　Phases 选项卡

② 在Phase Material列表下选择solids项。

③ 在Name中输入solid，勾选Granular复选框。

④ 在Diameter（m）中输入0.0003，在Granular Viscosity下拉列表中选择syamlal-obrien项。

⑤ 其他参数保持默认值。

⑥ 单击Apply按钮，保存数据。

（3）定义完之后的 Multiphase Model 面板如图 11-8 所示。在 Phases 列表下出现了 gas 和 solid 项。

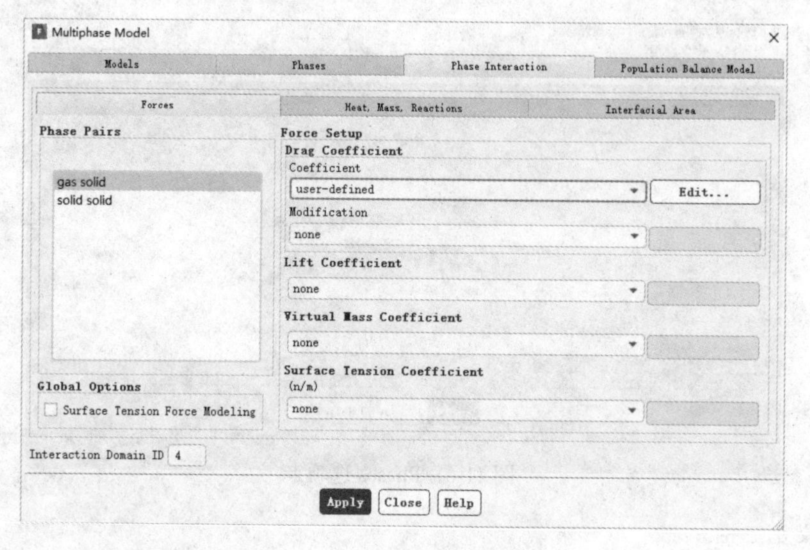

图 11-8　设置后的 Phases 列表

（4）设置阻力系数。

① 在图11-8所示Multiphase Model面板的Phase Interaction列表下选择gas，单击Interaction…按钮，打开Phase Interaction面板。

② 在Drag Coefficient列表下分别选择user-defined和custom_drag_syam::lib_drag项。

③ 单击Apply按钮，关闭Phase Interaction面板。

④ 相似地，设置solid的自定义函数（custom_drag_syam::lib_drag）。

步骤06 操作条件的设置。

单击 Physics→Solver→Operating Conditions…。

（1）打开如图 11-9 所示的 Operating Conditions 面板，勾选 Gravity 复选框。

（2）在 Gravitational Acceleration 列表下的 Y（m/s^2）中输入–9.81。

（3）在 Operating Density（kg/m^3）中输入 1.2。

（4）单击 OK 按钮，关闭 Operating Conditions 面板。

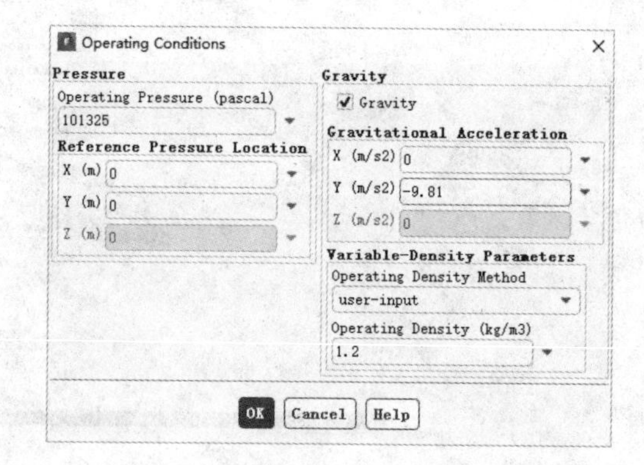

图 11-9　Operating Conditions 对话框

步骤07 边界条件的设置。

设置 vinlet 的边界条件。

（1）在 Zone Name 列表下选择 vinlet 项，然后在 Phase 下拉列表中选择 gas 项。

（2）单击 Edit 按钮，打开如图 11-10 所示的 Velocity Inlet 面板。

① 在Velocity Specification Method下拉列表中选择Components项，在Y-Velocity（m/s）中输入0.25。

② 单击OK按钮，关闭Velocity Inlet面板。

（3）在 Zone Name 列表中仍然选择 vinlet，在 Phase 下拉列表中选择 solid 项，单击 Edit...按钮。

① 单击Multiphase选项卡，在Volume Fraction中输入0，如图11-11所示。

② 单击OK按钮，关闭Velocity Inlet面板。

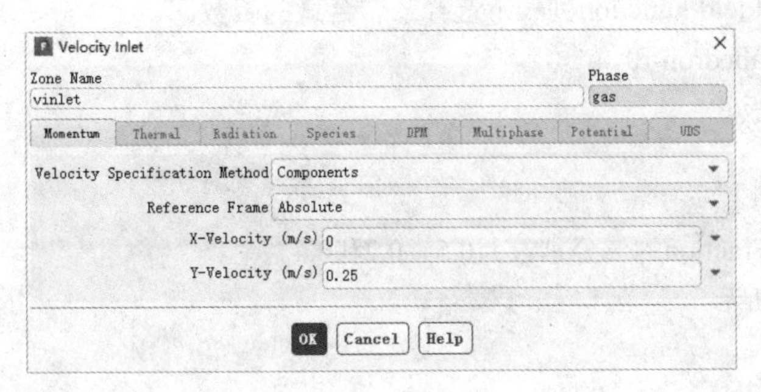

图 11-10 vinlet 边界条件设置 1

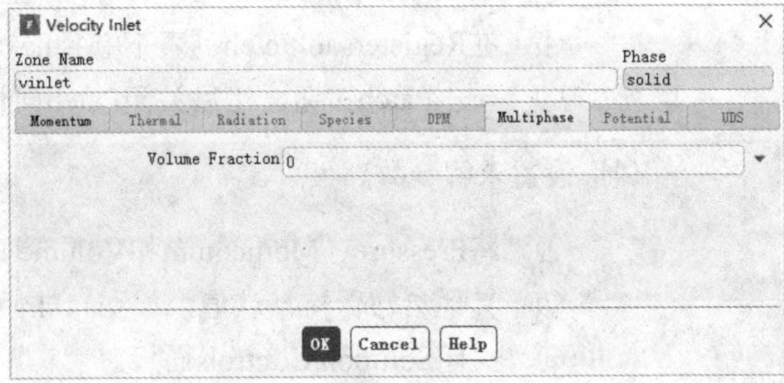

图 11-11 vinlet 边界条件设置 2

步骤08 求解。

（1）设置一个自适应区域。

单击 Cell Registers→New→Region...。

① 根据图11-12所示设置Input Coordinates中的参数。

② 单击Save按钮，关闭Region Register面板。

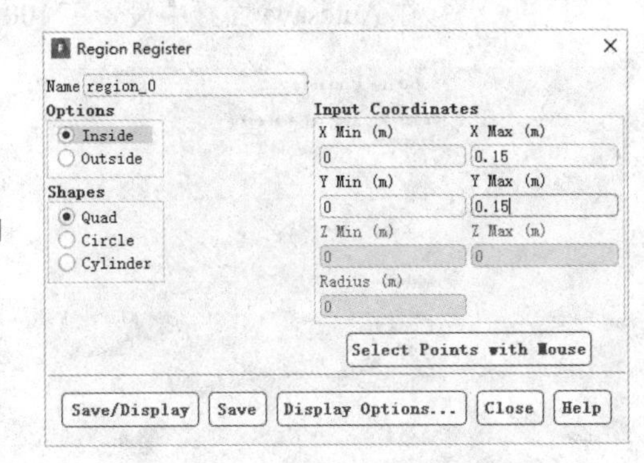

图 11-12 Region Register 对话框

（2）初始化求解。

① 保持所有参数的默认值。

② 单击Solution Initialization面板中的Initialize按钮。

（3）修改 hexahedron-r0 的固体体积分数。

单击 Solution Initialization 面板中的 Patch 按钮。

① 打开如图11-13所示的Patch面板，在Phase下拉列表中选择solid项。

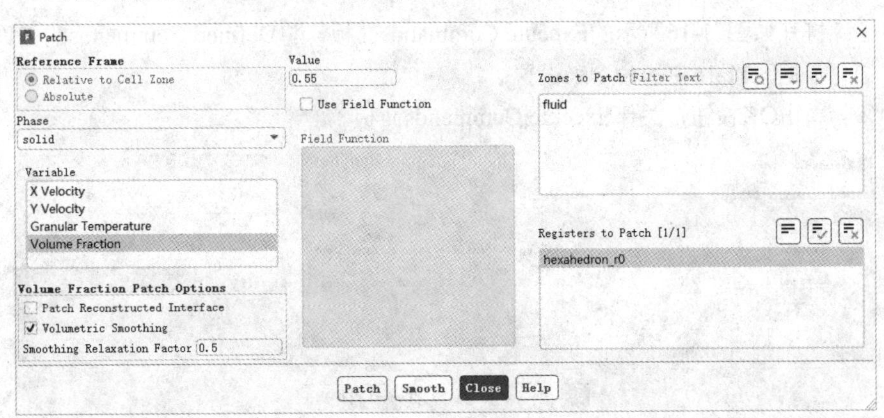

图 11-13 Patch 面板

② 在Variable列表下选择Volume Fraction项。

③ 将Value的值设为0.55。

如果想补充一个定值，在Value中输入该值。如果想补充一个先前定义过的场函数，勾选Use Field Function复选框，然后在Field Function列表下选择一个合适的函数。

④ 在Registers to Patch列表下选择hexahedron-r0。

⑤ 单击Patch按钮，然后关闭Patch面板。

(4) 设置求解参数。

① 将Pressure、Momentum和Volume Fraction的值分别设为0.5、0.2和0.4。

② 其他参数保持默认值，如图11-14所示。

③ 关闭Solution Controls面板。

(5) 设置每 100 时间步自动保存 Data 文件。

在 Autosave 面板中设置每 100 时间步自动保存 Data 文件，如图 11-15 所示。

Solution Controls
Under-Relaxation Factors
Pressure
0.5
Density
1
Body Forces
1
Momentum
0.2
Volume Fraction
0.4
Granular Temperature
0.2
Default
Equations...
Limits...
Advanced...

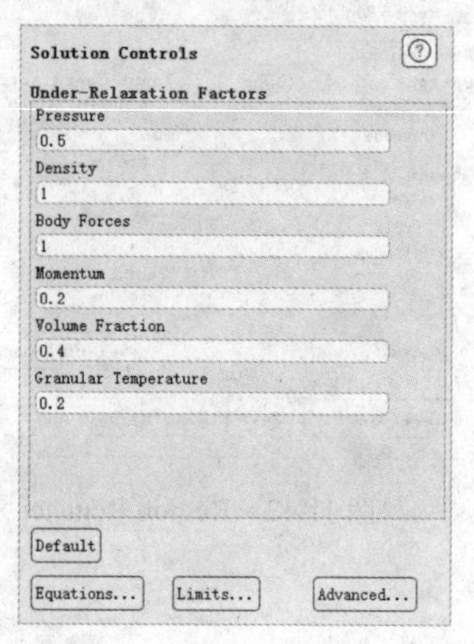

图 11-14 Solution Controls 面板

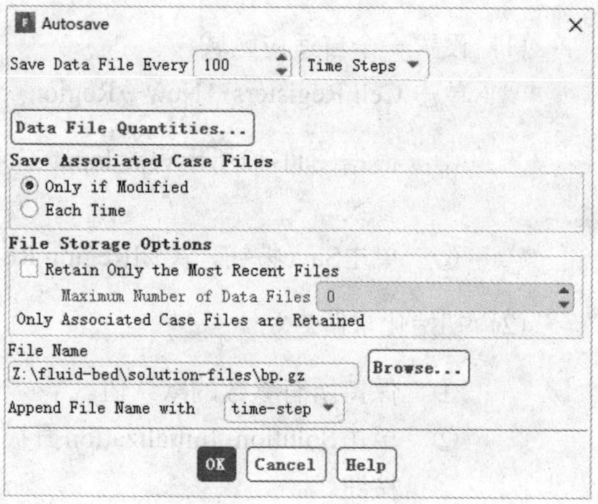

Autosave
Save Data File Every
100
Time Steps
Data File Quantities...
Save Associated Case Files
Only if Modified
Each Time
File Storage Options
Retain Only the Most Recent Files
Maximum Number of Data Files
0
Only Associated Case Files are Retained
File Name
Z:\fluid-bed\solution-files\bp.gz
Browse...
Append File Name with
time-step
OK
Cancel
Help

图 11-15 Autosave 面板

(6) 设置捕获图形的命令。

在 Calculation Activities 面板中单击 Execute Commands。

① 打开如图11-16所示的Execute Commands面板，将Defined Commands的值设为2。

② 根据图11-16中的命令来设置。

③ 单击OK按钮，关闭Execute Commands面板。

Execute Commands
Defined Commands 2
Active Name
Every
When
Command
command-1
10
Time Step
/display/contour/solid/vof
command-2
10
Time Step
/display/hardcopy "vof-solids-%t.tiff"
command-3
1
Iteration
command-4
1
Iteration
OK
Define Macro...
Cancel
Help

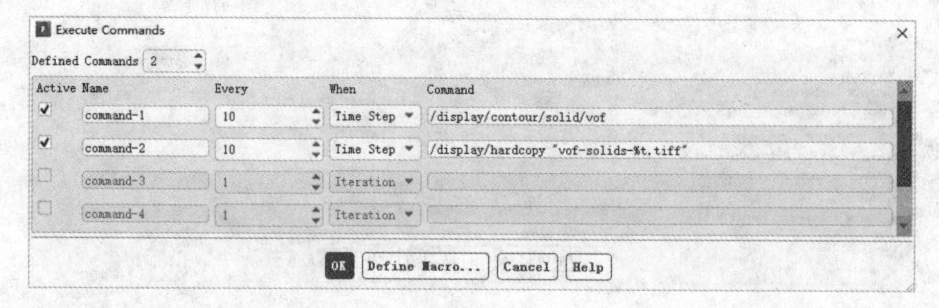

图 11-16 Execute Commands 面板

（7）设置复制图形文件的格式。

单击 File→Hardcopy…。

① 打开如图11-17所示的Save Picture面板，在Format列表下选择JPEG项。

② 在Coloring列表下选中Color单选按钮。

③ 单击Apply按钮，然后关闭Save Picture面板。

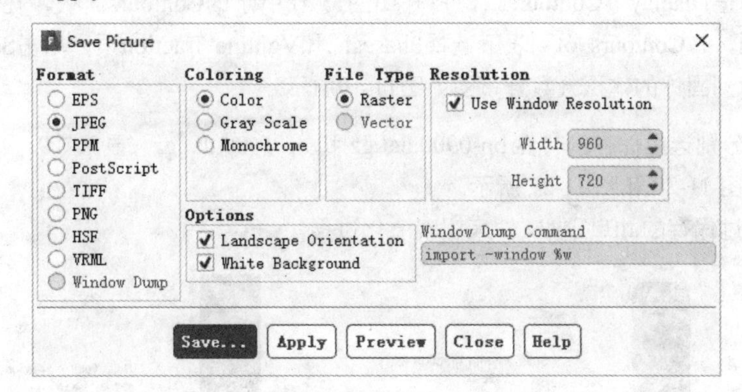

图 11-17 Save Picture 面板

（8）设置等值图显示。

在 Graphics and Animations 面板中双击 Contours，打开 Contours 面板，如图 11-18 所示。

① 在Options列表下勾选Filled复选框。

② 在Phase下拉列表中选择solid项。

③ 在Contours of下拉列表中分别选择Phases…和Volume fraction项。

④ 单击Save/Display按钮，关闭Contours面板。

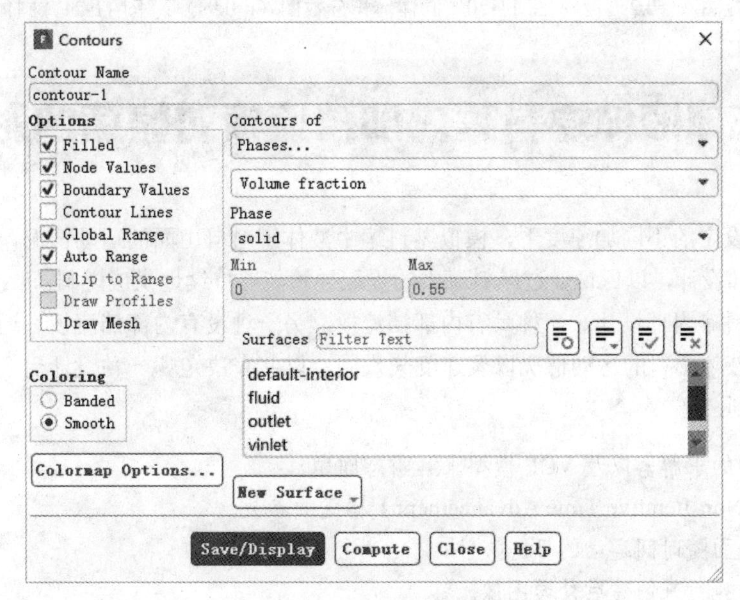

图 11-18 Contours 面板

（9）进行 1400 步迭代求解，将 Time Step Size 的值设为 0.001 sec。

步骤09 后处理。

（1）显示 0.2s 时刻固体的体积分数图，如图 11-19 所示。0.9s 和 1.4s 时刻固体的体积分数图分别如图 11-20 和图 11-21 所示。

① 单击File→Read→Data...，打开Select File面板，选中保存的文件bp-0200.dat.gz。

② 单击Display→Contours...，打开如图11-18所示的Contours面板，在Phase列表下选择solid项，在Contours of列表下选择Phases...和Volume fraction项，单击Save/Display按钮，0.2s时刻固体的体积分数分布图如图11-19所示。

（2）同理，分别选中保存的文件 bp-0900.dat.gz 和 bp-1400.dat.gz，显示 0.9s 和 1.4s 固体的体积分数图，如图 11-20 和图 11-21 所示。

（3）可以通过保存的.tiff 图像文件来观察流化过程。

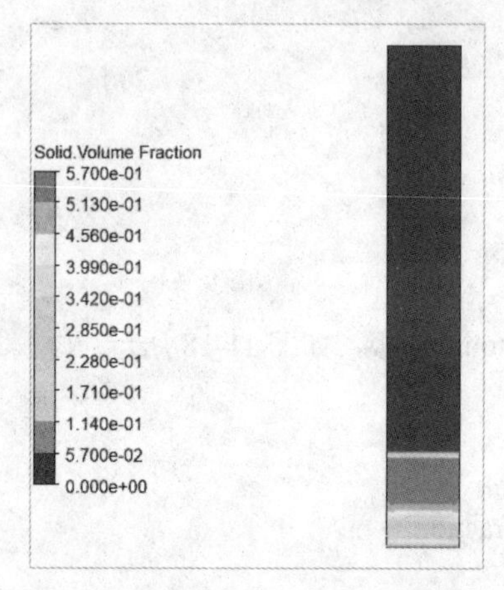

图 11-19　固体体积分数图（t=0.2s）

图 11-20　固体体积分数图（t=0.9s）

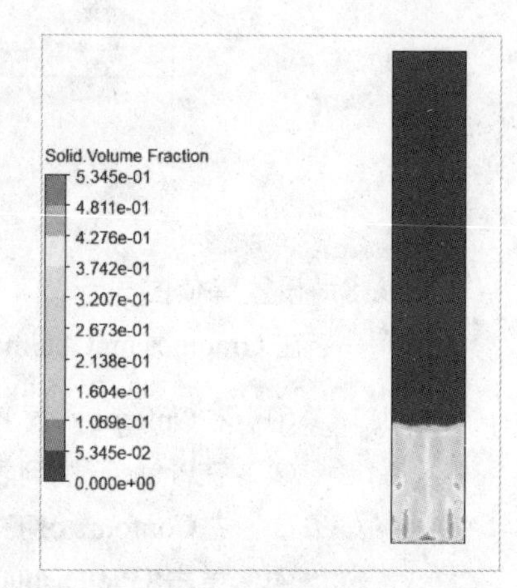

图 11-21　固体体积分数图（t=1.4s）

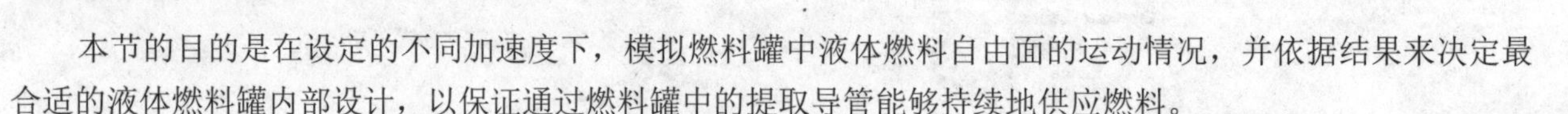

11.3 车体液体燃料罐内部挡流板对振荡的影响模拟

本节的目的是在设定的不同加速度下，模拟燃料罐中液体燃料自由面的运动情况，并依据结果来决定最合适的液体燃料罐内部设计，以保证通过燃料罐中的提取导管能够持续地供应燃料。

考虑两种液体燃料罐内部设计，一种具有内部挡流板，另一种没有内部挡流板。通过计算可以比较这两种情况下燃料罐底部液体燃料的运动情况以及速度矢量图，以此来决定哪一种设计更合理。通过本实例的演示过程，用户将学习到：

- 利用基于压力的求解器以及 VOF 模型求解瞬态问题。
- 定义 NITA（Non-Iterative Time Advancement）格式的参数。
- 创建液体自由面随时间运动的日志文件。
- 引入自动命令执行来创建后处理图像。
- 对比两种情况下底部液体自由面和速度矢量图。

11.3.1 实例描述

本节对比液体燃料罐两种不同的内部结构，图 11-22 显示的是有内部挡流板的燃料罐结构，图 11-23 显示的是没有内部挡流板的燃料罐结构。燃料罐在*X*正向承受的加速度为 $9.81m/s^2$。

若燃料罐在+*X*方向有加速度，则燃料罐中的液体在反方向－*X*有一个大小相等的加速度。1.5s之后，在*X*方向的加速停止，作用在燃料罐中液体燃料上的只有－*Z*方向的重力。

预先的分析表明在加速后的 0.45s和 1.25s时提取导管没有完全浸没在燃料中。下面将对 0.45s和 1.25s时两种燃料罐设计进行对比，可以证实没有内部挡流板的燃料罐的提取导管没有完全浸没在燃料中，而有内部挡流板的燃料罐的提取导管完全浸没在燃料中。

首先分析有内部挡流板的燃料罐，然后将挡流板的壁面边界转换为内部边界，这样可以在相同的条件下分析无内部挡流板的燃料罐。

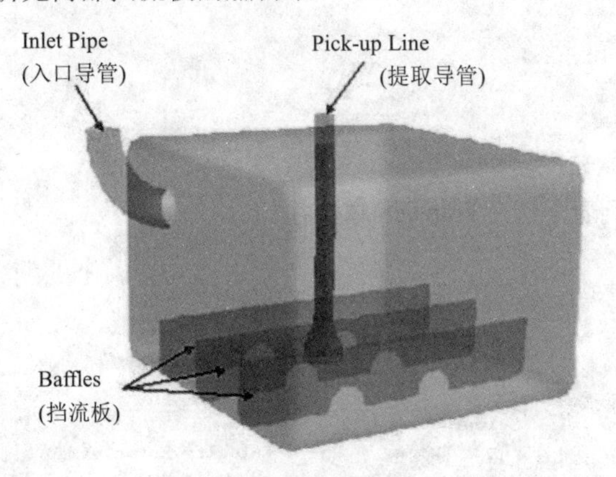

图 11-22　有内部挡流板的燃料罐

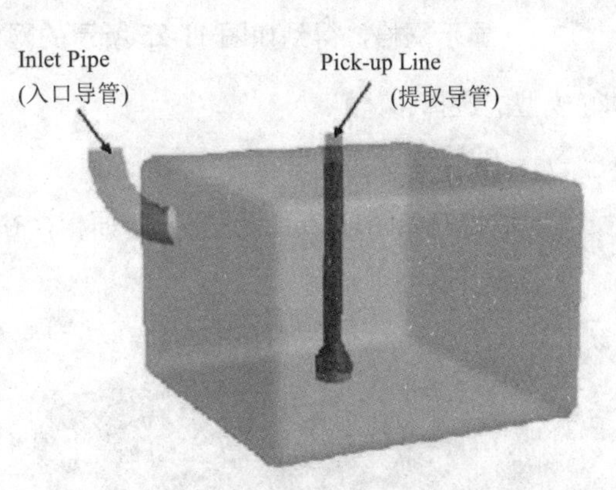

图 11-23　无内部挡流板的燃料罐

11.3.2 实例操作

假设计算模型已经确定，计算模型的Mesh文件的文件名为ft11.msh。将ft11.msh复制到工作的文件夹下，运行三维Fluent求解器。

1. 有内部挡流板的燃料罐的模拟

具体操作步骤如下：

步骤 01 网格的操作。

（1）读入网格文件（ft11.msh）。

单击 File→Read→Case…。

（2）设置网格尺寸比例。

打开如图 11-24 所示的面板，将 Scaling Factors 中 X、Y 和 Z 的值均设为 0.01。

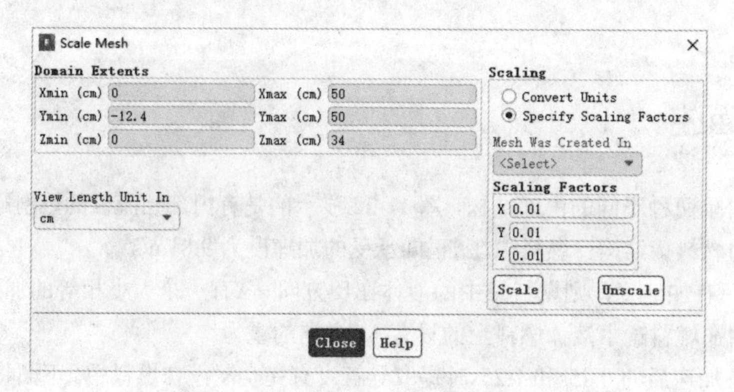

图 11-24　Scale Mesh 面板

（3）检查网格。

在 General 面板单击 Check。

（4）显示网格。

显示网格，得到如图 11-25 所示的网格。

步骤 02 模型的选择。

（1）基本求解器的选择。

打开如图11-26所示的Solver面板，在Time列表下选中Transient单选按钮。

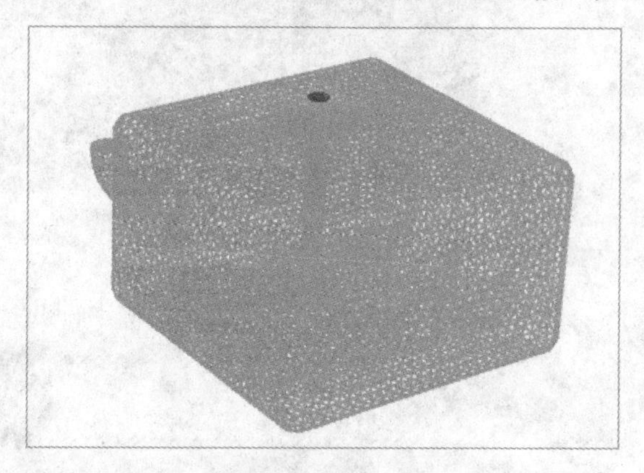

图 11-25　网格显示

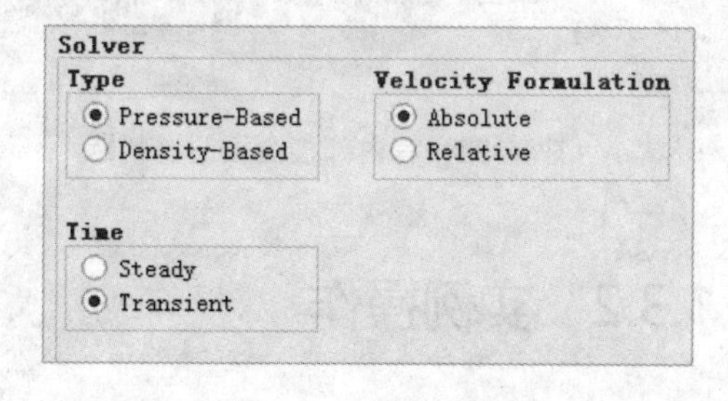

图 11-26　求解器设置

（2）定义多相流模型。

在 Models 面板单击 Multiphase…。

① 打开如图11-27所示的Multiphase Model面板，在Model列表下选中Volume of Fluid单选 按钮。

② 勾选Implicit Body Force复选框。

③ 单击Apply按钮，关闭Multiphase Model面板。

步骤 03 流体物理属性的设置。

（1）打开 Create/Edit Materials 面板。保持 air 属性的默认设置。

（2）从 Fluent Database 中选取新的材料 kerosene-liquid(c12h23<1>)，保持其默认设置。

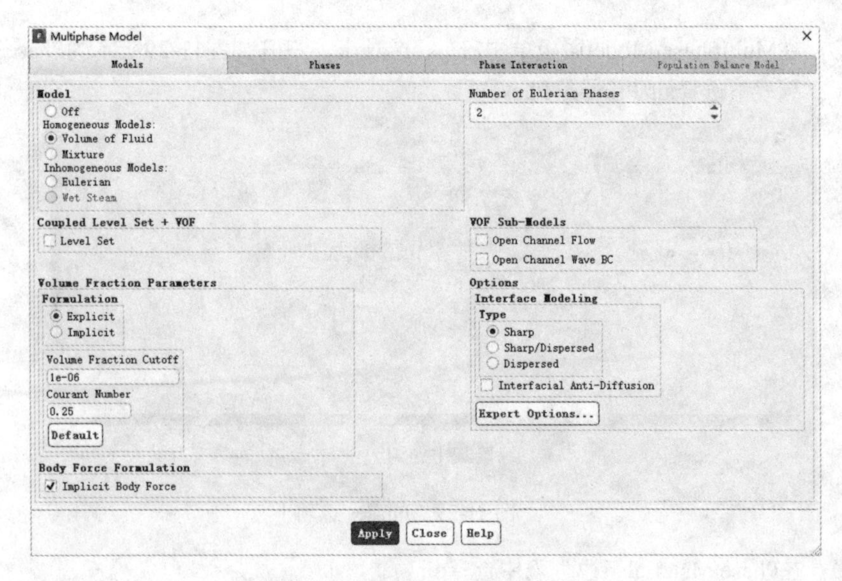

图 11-27　Multiphase Model 面板

① 单击Fluent Database…按钮，打开如图11-28所示的Fluent Database Materials面板。

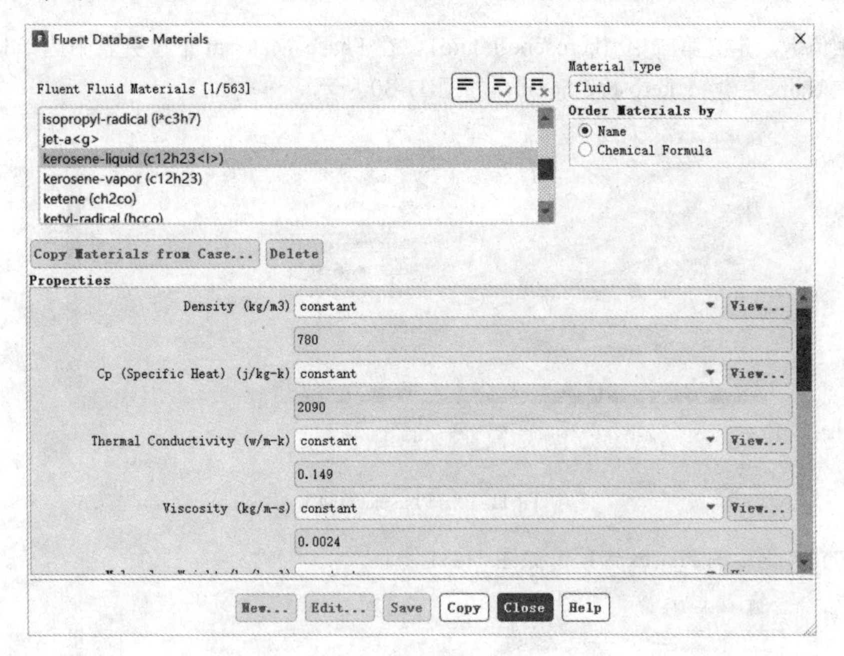

图 11-28　Fluent Database Materials 面板

② 在Material Type下拉列表中选择fluid项。

③ 在Fluent Fluid Materials列表下选择kerosene-liquid(c12h23<1>)项。

④ 单击Copy按钮，然后关闭Fluent Database Materials面板。

步骤 04 相的定义。

（1）定义初始相（air）。

在 Models 面板单击 Multiphase→Phase。

① 在Multiphase Model面板单击Phases选项卡，打开如图11-29所示的Phase选项卡，在Phases列表下选择air-Primary Phase项。

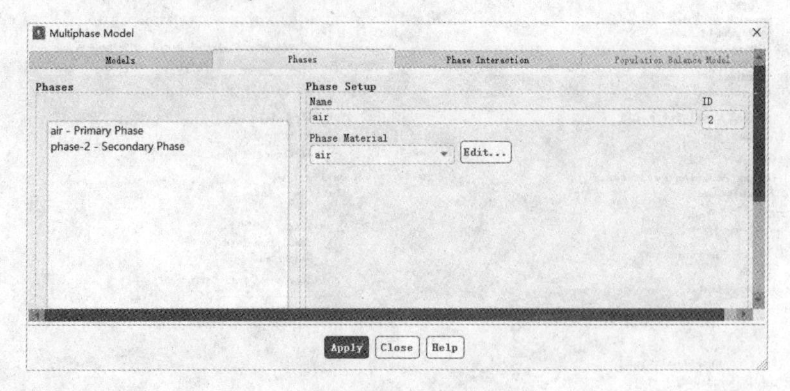

图 11-29　Phases 选项卡

② 在Phase Material下拉列表中选择air项。

③ 在Name中输入air。

④ 单击Apply按钮，保存数据。

（2）相似地，定义第二相（kerosene-liquid）。在 Phase Material 下拉列表中选择 kerosene-liquid 项，在 Name 中输入 kerosene-liquid，如图 11-30 所示。

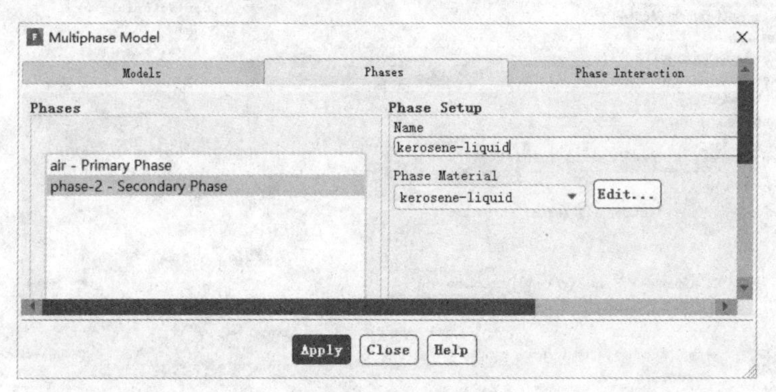

图 11-30　Phases 选项卡

（3）定义完之后的 Phases 选项卡如图 11-31 所示。

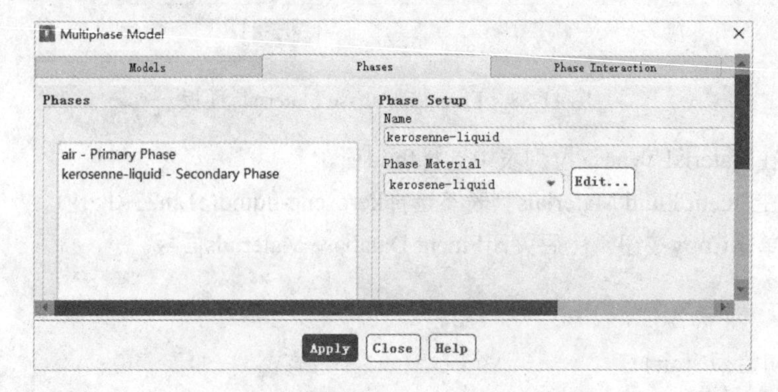

图 11-31　Phases 选项卡

步骤 05 操作条件的设置。

单击 Physics→Solver→Operating Conditions…。

（1）打开如图 11-32 所示的 Operating Conditions 面板，勾选 Gravity 复选框。

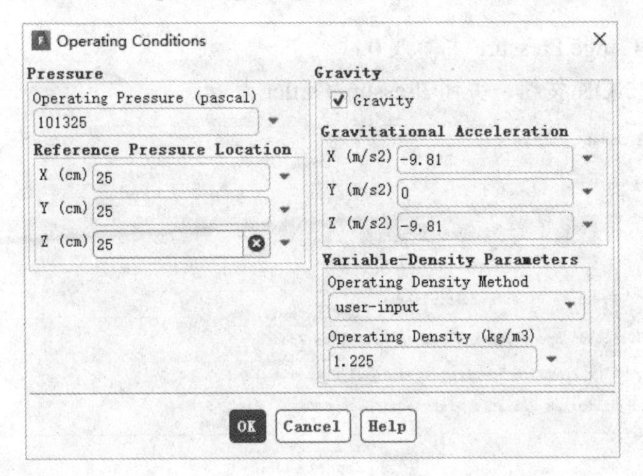

图 11-32　Operating Conditions 面板

（2）在 Gravitational Acceleration 列表下的 X（m/s^2）和 Z（m/s^2）中输入–9.81。

（3）保持 Operating Density（kg/m^3）的默认值 1.225。

（4）在 Reference Pressure Location 中设置 X（cm）、Y（cm）、Z（cm）均为 25。

（5）单击 OK 按钮，关闭 Operating Conditions 面板。

步骤 06 边界条件的设置。

（1）设置入口的边界条件。

① 将inlet的Type从velocity-inlet改为wall，如图11-33所示。

② 单击OK按钮，保持Wall面板中的默认设置。

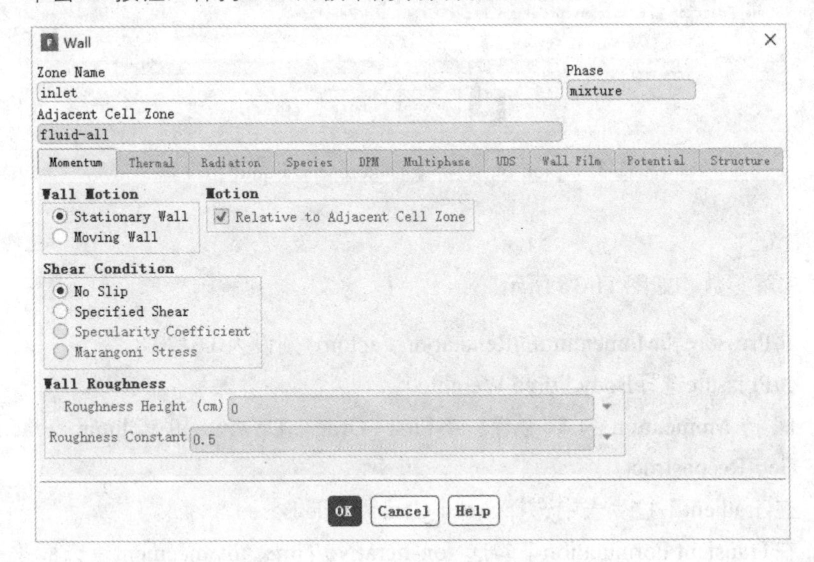

图 11-33　inlet 边界条件设置

（2）设置 pick-out 的边界条件。

① 在Zone Name列表下选择pick-out项，然后在Phase下拉菜单中选择mixture项，单击Edit按钮，打开如图11-34所示的Pressure Outlet面板。

- 在 Gauge Pressure 中输入 0。
- 单击 OK 按钮，关闭 Pressure Outlet 面板。

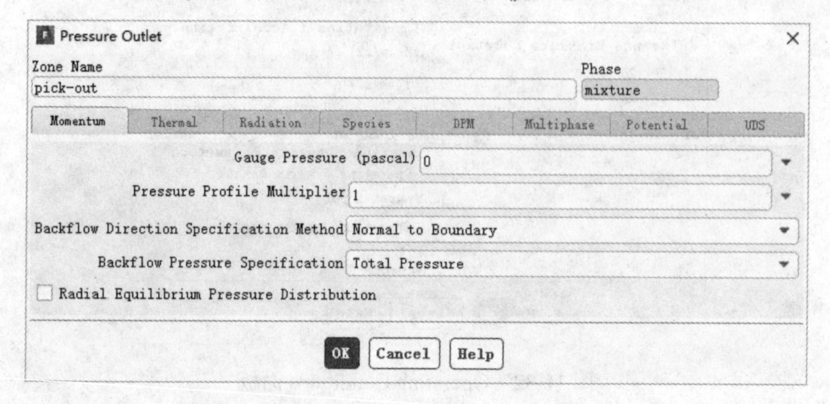

图 11-34　pick-out 边界条件 mixture 相设置

② 在Phase下拉菜单选择kerosene-liquid项，单击Edit按钮，打开如图11-35所示的Pressure Outlet面板。

- 单击 Multiphase 选项卡，在 Backflow Volume Fraction 中输入 0。
- 单击 OK 按钮，关闭 Pressure Outlet 面板。

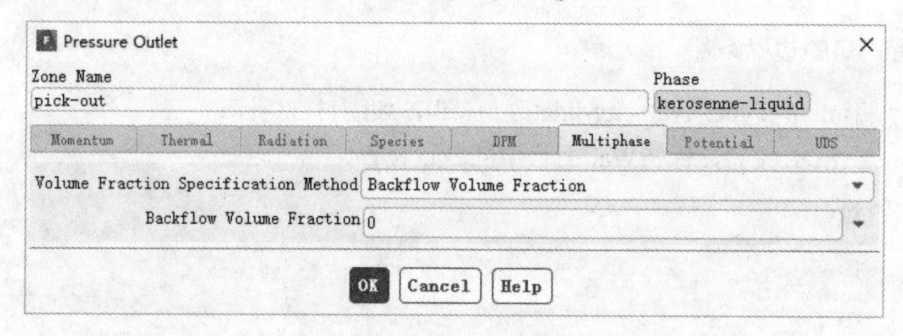

图 11-35　pick-out 边界条件 kerosene-liquid 相设置

步骤 07　求解设置。

（1）设置求解参数，如图 11-36 所示。

① 将Pressure和Momentum的Relaxation Factor分别设为0.6和0.8。

② 为Pressure选择Body Force Weighted。

③ 保持 Momentum 的默认设置 First Order Upwind 和 Volume Fraction 的默认设置 Geo-Reconstruct。

④ 在Gradient下拉列表中选择Green-Gauss Node Based。

⑤ 在Transient Formulation下勾选Non-Iterative Time Advancement复选框。

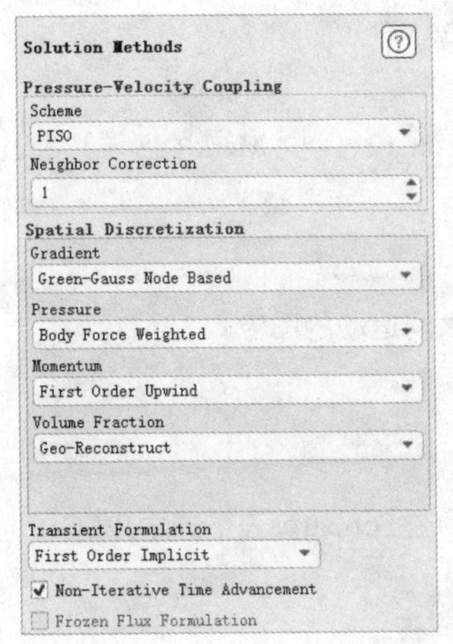

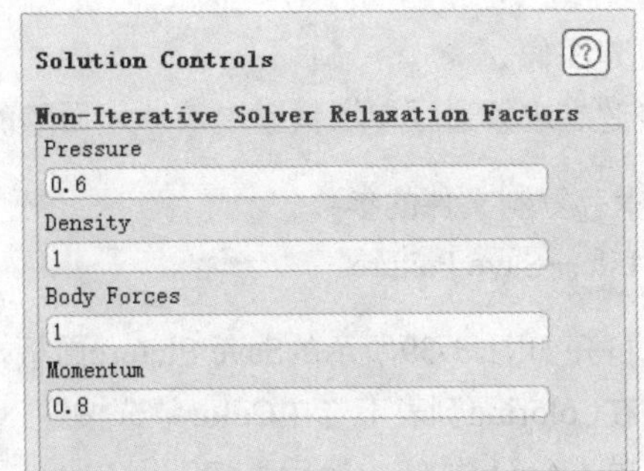

图 11-36　求解方法及求解控制参数设置

（2）初始化求解。

① 保持Solution Initialization面板中所有参数的默认值。

② 单击Initialize按钮。

（3）创建一个补充的区域。

单击 Cell Registers→New→Region...。

① 根据图11-37所示设置参数。

② 单击Save按钮，然后关闭Region Register面板。

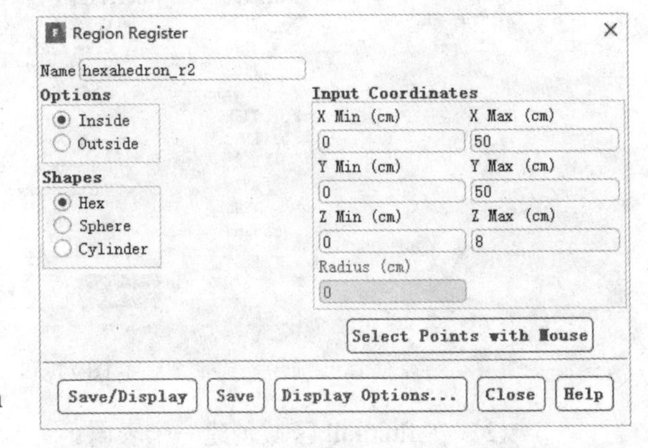

图 11-37　Region Register 对话框

（4）补充流体体积分数。

单击 Solution Initialization 面板中的 Patch 按钮。

① 打开如图11-38所示的Patch面板。在Phase下拉列表中选择phase-2（kerosene-liquid）项。

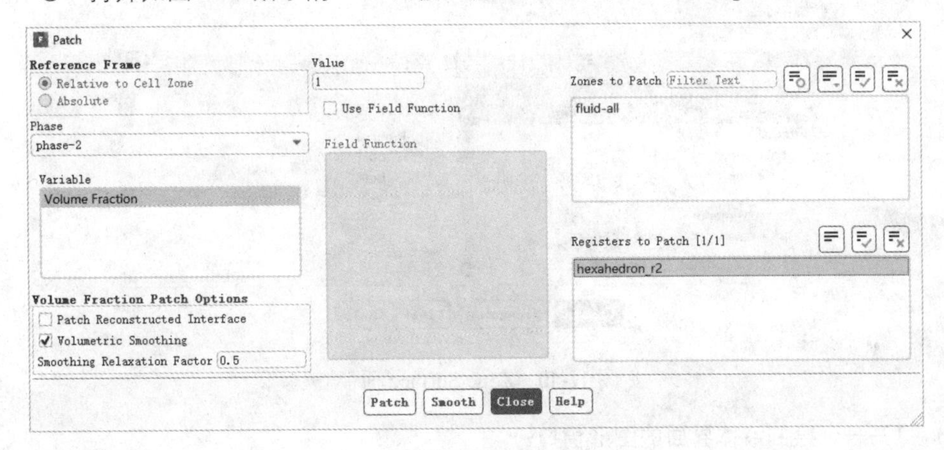

图 11-38　Patch 面板

② 在Variable列表下选择Volume Fraction项。

③ 将Value的值设为1。

④ 在Registers to Patch列表下选择hexahedron_r2（刚才Mark的区域）项。

⑤ 单击Patch按钮，然后关闭Patch面板。

步骤 08 为后处理创建图像。

本步骤将创建在求解过程中燃料罐中液体表面随时间运动的图像。

（1）设置保存复制文件的参数。

单击 File→Save Picture。

① 打开如图11-39所示的Save Picture面板，在Format列表下选中JPEG单选按钮。

② 在Coloring列表下选中Color单选按钮。

③ 单击Apply按钮，然后关闭Save Picture面板。

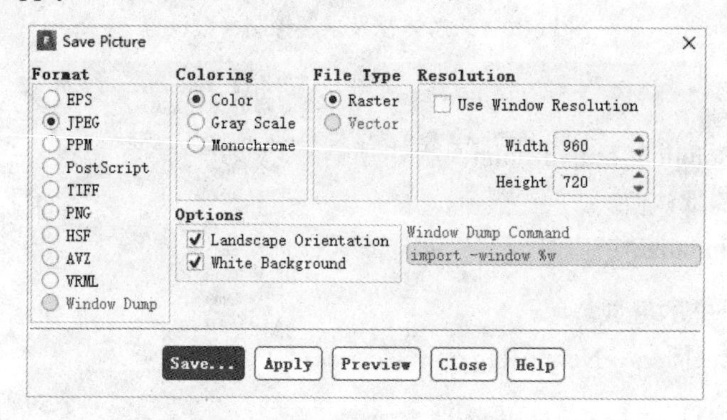

图 11-39 Save Picture 面板

（2）在 fluid-all 区域创建一个表面。

单击 Results→Surface→Create→Zone…。

① 打开如图11-40所示的Zone Surface面板，在Zone列表下选择fluid-all项。

② 单击Create按钮，然后关闭Zone Surface面板。

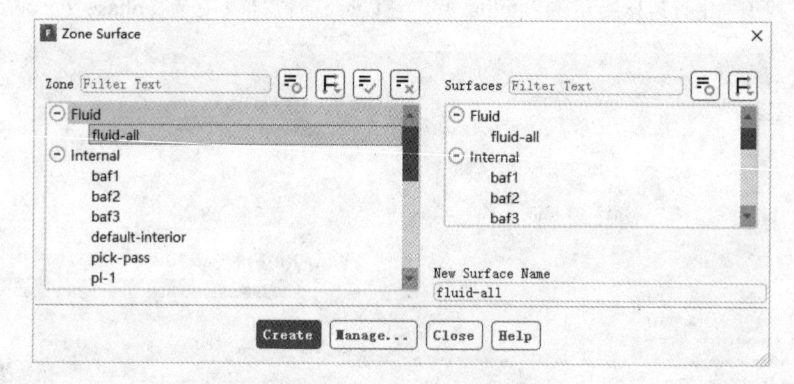

图 11-40 Zone Surface 面板

（3）打开一个绘制液体界面的图形窗口。

单击 View→Display→Options…。

① 打开如图11-41所示的Display Options面板，将Active Window的值设为2，单击Open按钮。

② 单击Set按钮，将Window 2设为活动窗口。

③ 关闭Display Options面板。

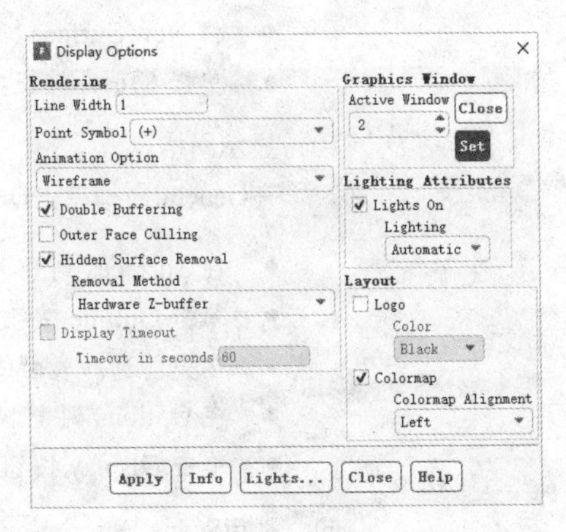

图 11-41 Display Options 对话框

(4) 创建一个跟踪燃料罐中液体界面随时间运动的日志文件，该日志文件将被用于后期的图像处理。

① 开始写入日志文件baffles.jou。

单击File→Write→Star Journal…。

在打开的Select File面板中的Journal File文件名下输入baffles.jou，单击OK按钮。

② 为kerosene-liquid体积分数创建一个等截面。

单击Results→Surface→Create→Iso-Surface…。

- 打开如图 11-42 所示的 Iso-Surface 面板，在 Surface of Constant 列表下分别选择 Phases…和 Volume fraction 项。

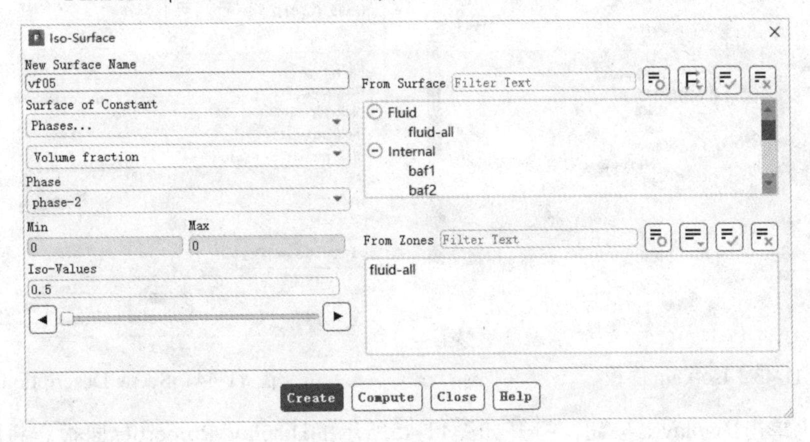

图 11-42 Iso-Surface 面板

- 在 Phase 列表下选择 phase-2。
- 将 Iso-Values 的值设为 0.5。
- 将 New Surface Name 设为 vf05。
- 单击 Create 按钮，然后关闭 Iso-Surface 面板。

③ 将fluid-all表面kerosene-liquid的体积分数值限制在0.5～1。

单击Results→Surface→Create→Iso-Clip…。

- 打开如图 11-43 所示的 Iso-Clip 面板，在 Clip to Values of 列表下分别选择 Phases…和 Volume fraction 项。
- 在 Phase 列表下选择 phase-2 项。
- 在 Clip Surface 列表下选择 fluid-all 项。
- 将 Min 和 Max 的值分别设成 0.5 和 1。

- 将 New Surface Name 设为 clipf。
- 单击 Create 按钮，然后关闭 Iso-Clip 面板。

④ 显示网格。

在General面板单击Display。

- 在 Surfaces 列表下取消所有表面的选择。
- 单击 Outline 按钮。
- 在先前选择表面的基础上添加 clipf 和 vf05 项。
- 在 Options 列表下取消 Edges 的选择，而选中 Faces 项。
- 单击 Display 按钮，然后关闭 Grid Display 面板。

⑤ 利用Scene Description面板来处理显示。

单击View→Graphics→Compose…。

打开如图11-44所示的Scene Description面板，在Names列表下选择clipf和vf05项。

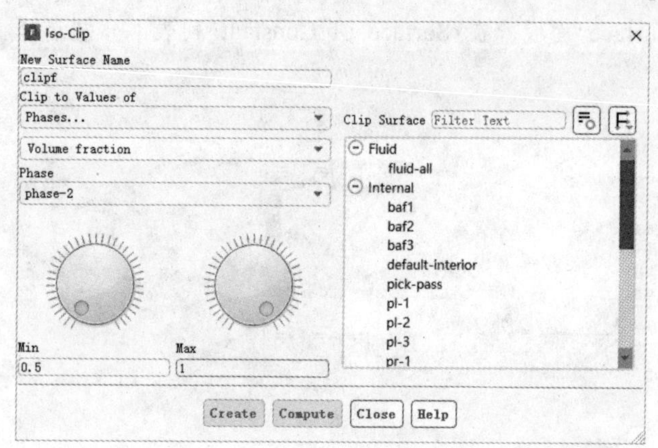

图 11-43 Iso-Clip 面板

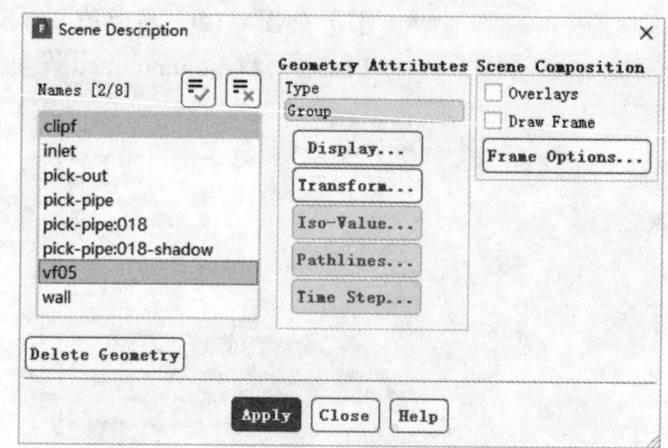

图 11-44 Scene Description 面板

单击Display…按钮，打开如图11-45所示的Display Properties面板。将Red、Green和Blue的滑块值分别设为0、0和255，在Visibility列表下勾选Lighting复选框，单击Apply按钮。

在图11-44所示的Scene Description面板Names列表下选中除了clipf和vf05的所有面。

单击Display…按钮，打开如图11-46所示的Display Properties面板。将Transparency的滑块值设为80，在Visibility列表下勾选Lighting和Perimeter Edges复选框，单击Apply按钮。

关闭Scene Description面板。

⑥ 删除clipf和vf05。

单击Results→Surface→Manage…。

在Surfaces列表下选中clipf和vf05项，单击Delete按钮。

⑦ 停止写入日志文件。

单击File→Write→Stop Journal…。

（5）将图形窗口中的图像方位按照要求进行调整。

（6）创建一个流体界面的复本。

单击 File→Save Picture。

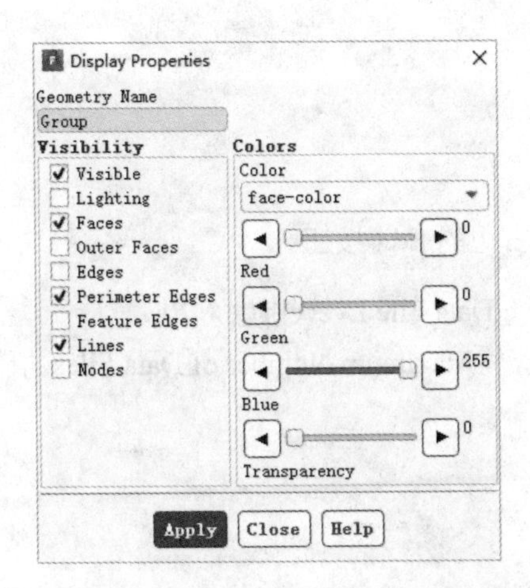

图 11-45 Display Properties 面板

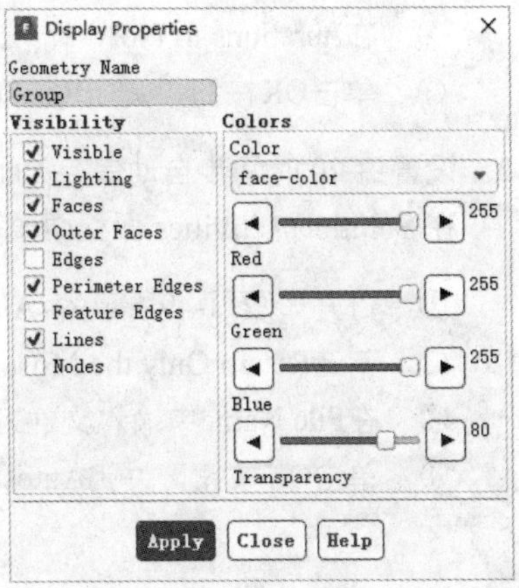

图 11-46 Display Properties 面板

① 单击Save…按钮，打开Select File面板。

② 在Hardcopy File中输入image-%t.tif，单击OK按钮。

在文件名中包含字符串%t可以自动地对复制文件进行编号。Fluent在保存复制文件时会自动将时间步数作为文件名，这在模拟完成后创建动态图像很有用。

③ 关闭Save Picture面板。

(7) 将窗口 0 设为活动窗口。

单击 Display→Options…。

(8) 指定自动执行复制命令的时间间隔，以便来捕获图形进行后处理。

在 Solution Activities 面板单击 Execute Commands…。

① 打开如图11-47所示的Execute Commands面板，将Defined Commands的值设为4。

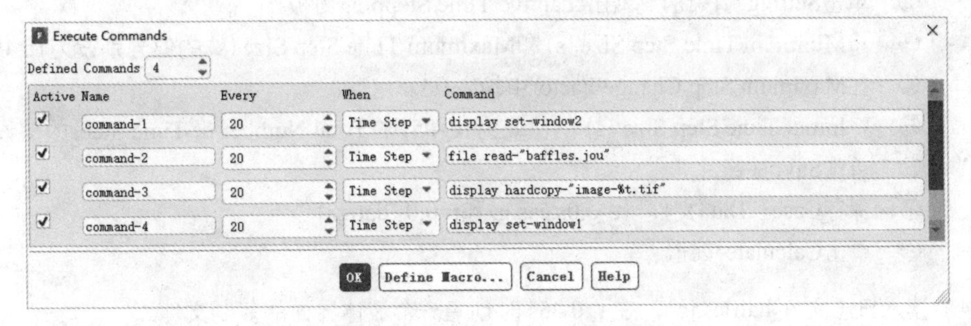

图 11-47 Execute Commands 面板

② 根据图11-47中的命令来设置。

③ 单击OK按钮，关闭Execute Commands面板。

步骤09 求解。

(1) 在求解过程中绘制残差曲线。

在 Monitors 面板单击 Residual…。

① 打开如图11-48所示的Residual Monitors面板，在Options列表下勾选Plot复选框。

② 在Iterations to Plot中输入250。

③ 单击OK按钮，关闭Residual Monitors面板。

(2) 设置每 20 时间步自动保存 Data 文件。

在 Solution Activities 面板中单击 Autosave Every 右边的 Edit 按钮。

① 打开如图11-49所示的 Autosave面板，在Save Data File Every中输入20。

② 勾选Retain Only the Most Recent Files复选框，将Maximum Number of Data Files的值设为2。

③ 在File Name中输入文件名。

④ 单击OK按钮，关闭Autosave面板。

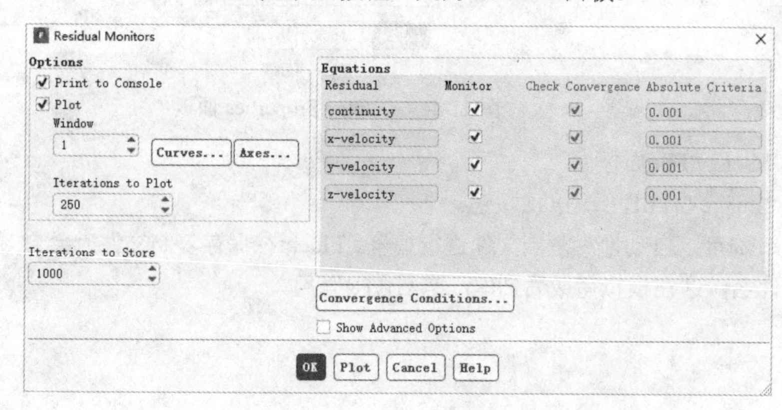

图 11-48 Residual Monitors 面板

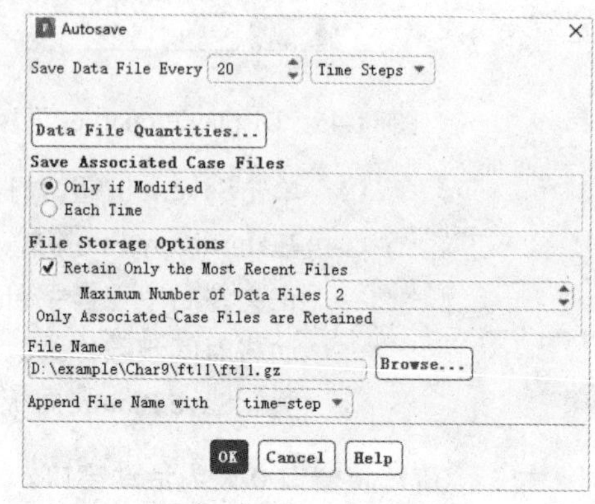

图 11-49 Autosave 面板

(3) 迭代求解，如图 11-50 所示。

① 打开Run Calculation面板，在Time Advancement选项区的Type下选择Adaptive项。

② 单击Setting…按钮，弹出Adaptive Time Stepping面板。

③ 将Minimum Time Step Size (s) 和Maximum Time Step Size (s) 的值分别设为1e–05和0.0025。

④ 在Maximum Step Change Factor中输入1.5。

⑤ 将Initial Time Step Size (s) 的值设为1e–05，将Total Number of Time Steps的值设为10000。

⑥ 单击Save按钮。

⑦ 保存Case和Data文件（t=0.0s.cas.gz和t=0.0s.dat.gz）。

⑧ 单击Calculate按钮。

(4) 读入日志文件 baffles.jou，在 t=0.45s 时创建一个液体界面的复制文件。

(5) 保存 Case 和 Data 文件（t=0.45s.cas.gz 和 t=0.45s.dat.gz）。

(6) 迭代求解到时间 t=1.25s。

(7) 读入日志文件 baffles.jou，在 t=1.25s 时创建一个液体界面的复制文件。

(8) 保存 Case 和 Data 文件（t=1.25s.cas.gz 和 t=1.25s.dat.gz）。

(9) 迭代求解到时间 t=1.50s。

(10) 读入日志文件 baffles.jou，在 t=1.50s 时创建一个液体界面的复制文件。

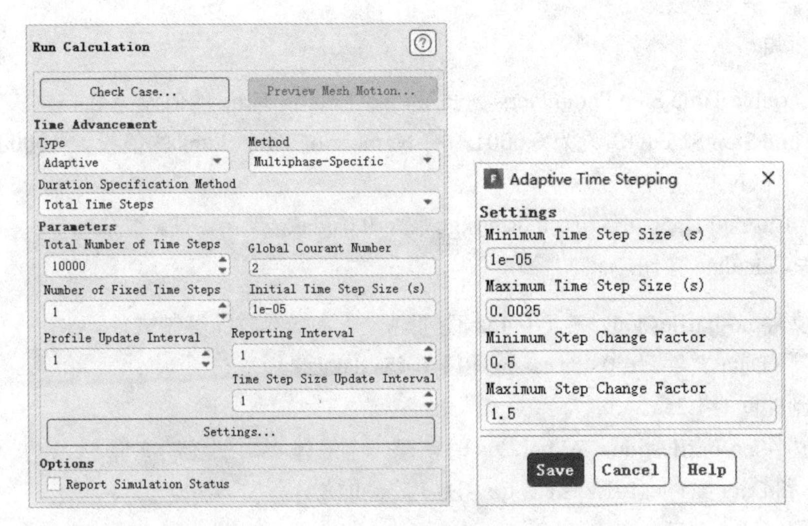

图 11-50　迭代参数设置

（11）改变加速场。

单击 Physic→Solver→Operating Conditions…。

① 打开Operating Conditions面板。

② 在Gravitational Acceleration列表下的X中输入0。

③ 保持Y和Z方向先前的设置。

④ 单击OK按钮，关闭Operating Conditions面板。

（12）保存 Case 和 Data 文件（t=1.5s.cas.gz 和 t=1.5s.dat.gz）。

（13）迭代求解到最大时间 t=2.50s。

（14）读入日志文件 baffles.jou，在 t=2.50s 时创建一个液体界面的复制文件。

（15）保存 Case 和 Data 文件（t=2.5s.cas.gz 和 t=2.5s.dat.gz）。

2. 无内部挡流板燃料罐的模拟

操作步骤如下：

步骤 01 读入 Case 文件（t=0.00s.cas.gz）。

单击 File→Read→Case…。

步骤 02 将挡流板表面 baf1、baf2 和 baf3 的边界条件从 wall 改为 interior。

单击 Setup→Boundary Conditions…。

步骤 03 将 X、Y 和 Z 方向的 Gravitational Acceleration 分别设为－9.81、0 和－9.81。

单击 Physic→Solver→Operating Conditions…。

步骤 04 初始化问题。

步骤 05 创建一个新的日志文件（no-baffles.jou）来跟踪燃料罐中液体界面随时间的运动。

步骤 06 修改自动执行复制命令的设置，将 baffles.jou 改为 no-baffles.jou。

在 Calcutation Activities 面板单击 Execute Commands…。

步骤 07 修改自动保存 Data 文件的命令，重新输入一个新的保存文件名。

在 Solution Activities 面板中单击 Autosave Every 右边的 Edit 按钮。

步骤08 迭代参数求解。

（1）在 Variable Time Step Parameters 列表下，将 Ending Time 的值设为 0.45。

（2）将 Time Step Size 的值设为 0.0001，将 Number of Time Steps 的值设为 10000。

（3）单击 Apply 按钮。

（4）保存 Case 和 Data 文件（t=0.0s.cas.gz 和 t=0.0s.dat.gz）。

（5）单击 Calculate 按钮。

步骤09 读入日志文件 no-baffles.jou，在 t=0.45s 时创建一个液体界面的复制文件。

步骤10 保存 Case 和 Data 文件（t=0.45s.cas.gz 和 t=0.45s.dat.gz）。

步骤11 迭代求解到时间 t=1.25s。

步骤12 读入日志文件 no-baffles.jou，在 t=1.25s 时创建一个液体界面的复制文件。

步骤13 保存 Case 和 Data 文件（t=1.25s.cas.gz 和 t=1.25s.dat.gz）。

步骤14 迭代求解到时间 t=1.50s。

步骤15 读入日志文件 no-baffles.jou，在 t=1.50s 时创建一个液体界面的复制文件。

步骤16 改变加速场。

单击 Physic→Solver→Operating Conditions…。

（1）在 Gravitational Acceleration 列表下的 X 中输入 0。

（2）保持 Y 和 Z 方向先前的设置。

（3）单击 OK 按钮，关闭 Operating Conditions 面板。

步骤17 保存 Case 和 Data 文件（t=1.5s.cas.gz 和 t=1.5s.dat.gz）。

步骤18 迭代求解到最大时间 t=2.50s。

步骤19 读入日志文件 no-baffles.jou，在 t=2.50s 时创建一个液体界面的复制文件。

步骤20 保存 Case 和 Data 文件（t=2.5s.cas.gz 和 t=2.5s.dat.gz）。

3. 后处理

步骤01 显示两种情况下 0.45s 和 1.25s 时液体的分界面，分别如图 11-51~图 11-54 所示。

图 11-51 有挡流板 t=0.45s 时的液体界面

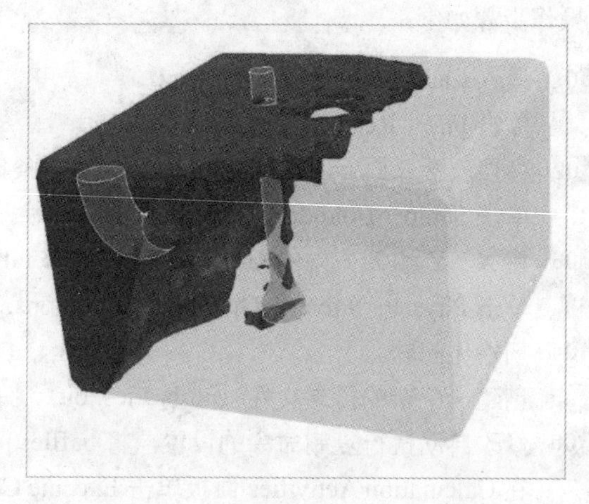

图 11-52 无挡流板 t=0.45s 时的液体界面

图 11-53　有挡流板 t=1.25s 时的液体界面

图 11-54　无挡流板 t=1.25s 时的液体界面

步骤 02 显示 0.45s 和 1.25s 时 y=25cm 平面的速度矢量图，分别如图 11-55～图 11-58 所示。

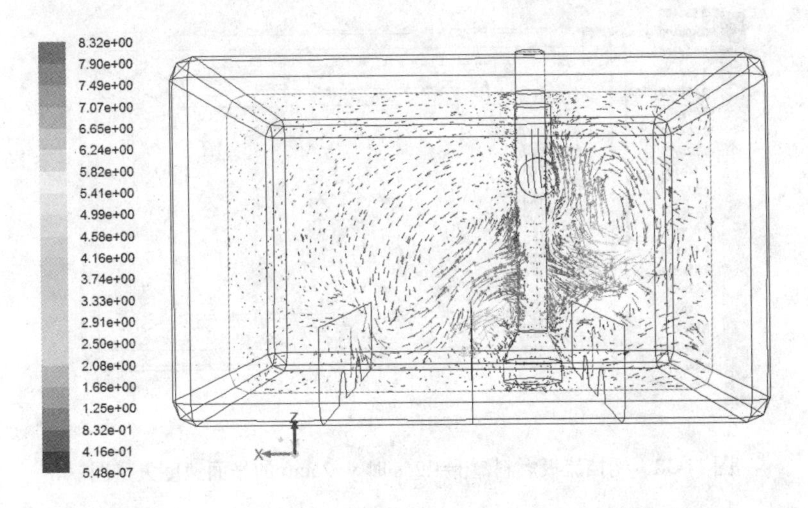

图 11-55　有挡流板燃料罐 t=0.45s 时 y=25cm 的平面速度矢量图

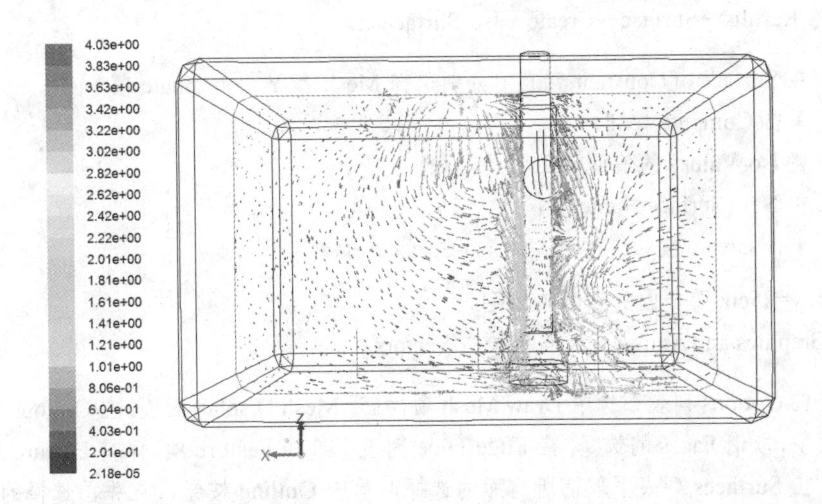

图 11-56　无挡流板燃料罐 t=0.45s 时 y=25cm 的平面速度矢量图

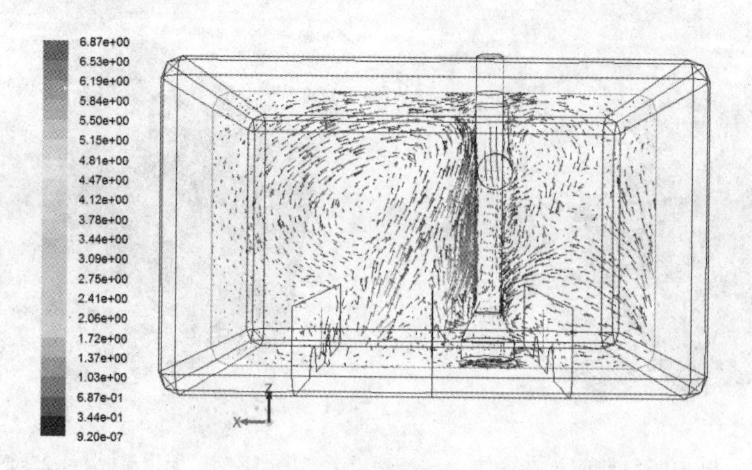

图 11-57　有挡流板燃料罐 t=1.25s 时 y=25cm 的平面速度矢量图

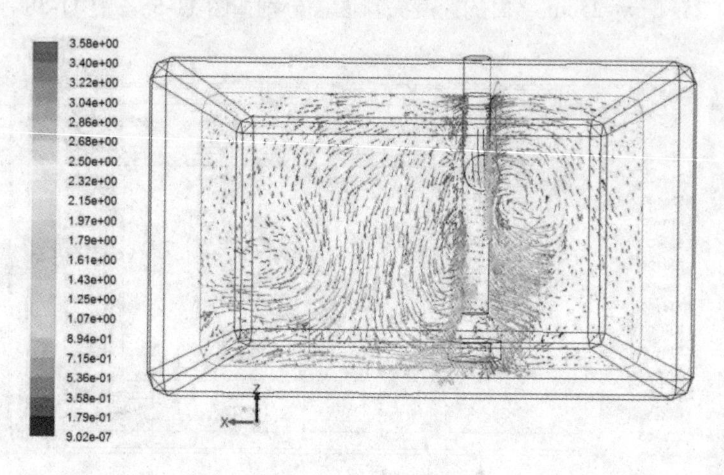

图 11-58　无挡流板燃料罐 t=1.25s 时 y=25cm 的平面速度矢量图

（1）创建一个等截面显示速度矢量图。

单击 Results→Surface→Create→Iso-Surface…。

- 在 Surface of Constant 列表下分别选择 Mesh 和 Y-Coordinate 项。
- 单击 Compute 按钮。
- 将 Iso-Values 的值设为 25。
- 在 New Surface Name 中输入 y=25。
- 单击 Create 按钮，然后关闭 Iso-Surface 面板。

（2）显示 y=25cm 等截面的速度矢量图。

在 Graphics and Animations 面板单击 Vectors…。

- 在 Options 列表下选中 Draw Mesh 项，打开 Mesh Display 面板。在 Options 列表下选中 Edges 项，取消 Faces 的选择；在 Edge Type 列表下选择 Feature 项，保持 Feature Angle 的默认值。在 Surfaces 列表下取消所有面的选择，单击 Outline 按钮，在先前选择的面中添加 y=25，单击 Display 按钮。

- 在 Scale 中输入 0.01，将 Skip 的值设为 3。
- 在 Surfaces 列表下选择 y=25。
- 单击 Display 按钮。

11.4 水坝破坏多相流模拟

本节的目的是利用VOF多相流模型来模拟水坝破坏问题。通过本实例的演示过程，用户将学习到：

- 建立一个水坝破坏问题。
- 通过估计接触面最大可能速度和网格单元尺度来选择时间步长。
- 利用 VOF 模型来求解问题。
- 熟练设置求解参数。

11.4.1 实例描述

水坝破坏问题的初始设置如图 11-59 所示。在这个问题中，矩形的水柱处于流体静力学平衡，并且限制在两面墙壁之间。向下方向有一个重力加速度-9.81m/s²。在计算的开始，右边的壁面被移除，水会流到水平壁面上。

图 11-59 水坝破坏问题示意图

11.4.2 实例操作

假设计算模型已经确定，水坝破坏多相流模拟计算模型的Mesh文件的文件名为dambreak.msh。将dambreak.msh复制到工作的文件夹下，运行二维Fluent求解器。

具体操作步骤如下：

步骤 01 网格的操作。

（1）读入网格文件（dambreak.msh）。

单击 File→Read→Case…。

（2）检查网格。

（3）显示网格。

① 单击General面板中的Display按钮，单击Colors按钮，打开如图11-60所示的Mesh Colors面板。在Options下选中Color by Type单选按钮。

此项操作可以为区域中不同的网格块选择不同的颜色。

② 关闭Mesh Colors面板。

③ 单击Display按钮，得到的网格如图11-61所示。

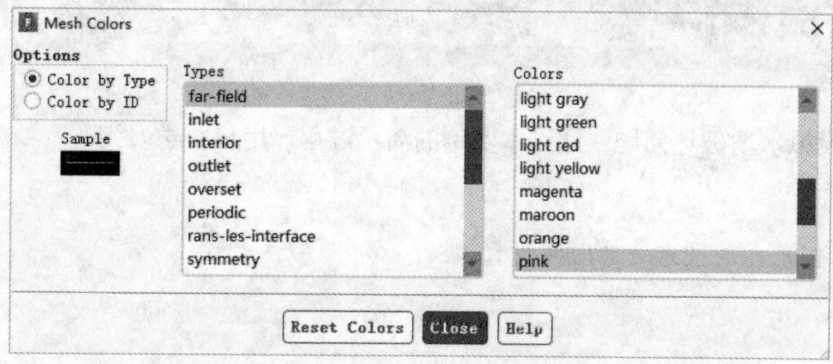

图 11-60 Mesh Colors 面板

图 11-61 网格显示

步骤02 模型的选择。

（1）基本求解器的选择。

① 在如图11-62所示的General面板的Time列表下选中Transient单选按钮。

② 单击OK按钮，关闭Solver面板。

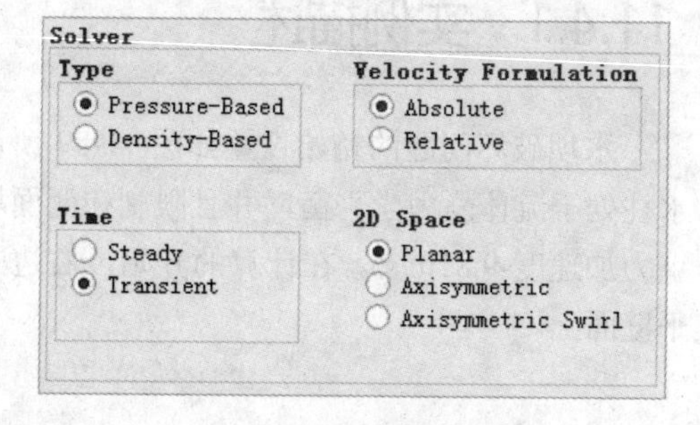

图 11-62 求解器设置

（2）定义模型设置。

在 Models 面板单击 Multiphase…。

① 打开如图11-63所示的Multiphase Model面板，在Model列表下选中Volume of Fluid单选按钮。

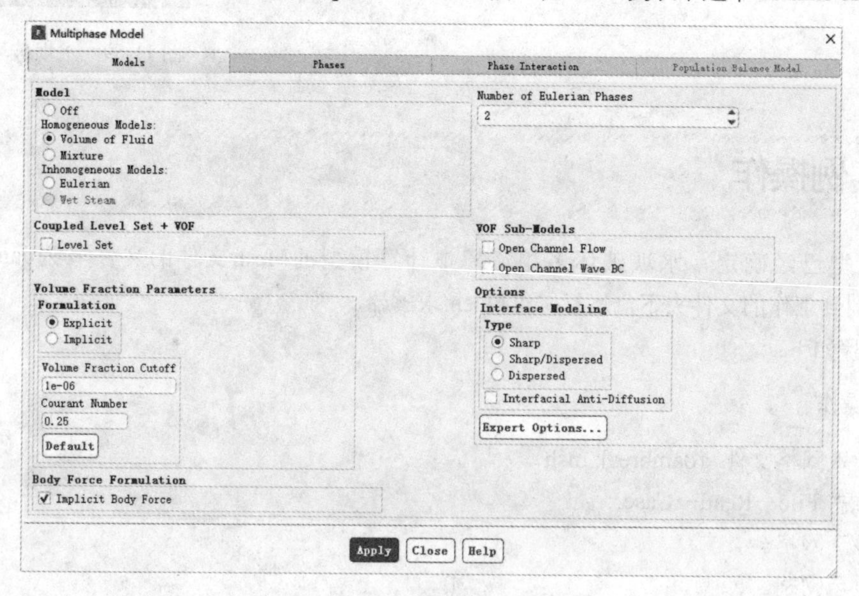

图 11-63 Multiphase Model 面板

② 勾选Implicit Body Force复选框。

③ 单击Apply按钮，关闭Multiphase Model面板。

步骤 03 流体物理属性的设置。

（1）定义材料属性。

① 保持air的默认设置。

② 从Fluent Database中选取新的材料water-liquid[h2o<1>]，保持其默认设置。

- 单击 Fluent Database...按钮，打开如图 11-64 所示的 Fluent Database Materials 面板。

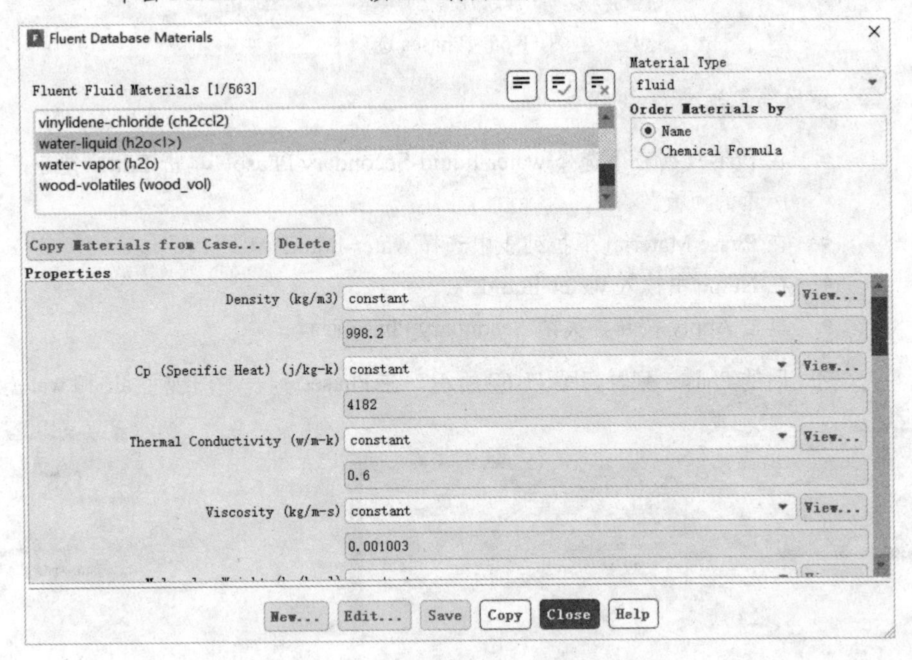

图 11-64 Fluent Database Materials 面板

- 在 Material Type 下拉列表中选择 fluid 项。
- 在 Fluent Fluid Materials 列表下选择 water-liquid [h2o<1>]。
- 单击 Copy 按钮，然后关闭 Fluent Database Materials 面板。

③ 单击Change/Create按钮，然后关闭Materials面板。

（2）定义初始相（air）和第二相（water-liquid）。

① 定义初始相。

在Models面板单击Multiphase→Phase。

- 在 Multiphase Model 面板中单击 Phases，打开如图 11-65 所示的 Phases 选项卡，在 Phases 列表下选择 air-Primary Phase 项。
- 在 Phase Material 下拉列表中选择 air。
- 在 Name 中输入 air。
- 单击 Apply 按钮，关闭 Multiphase Model 面板。

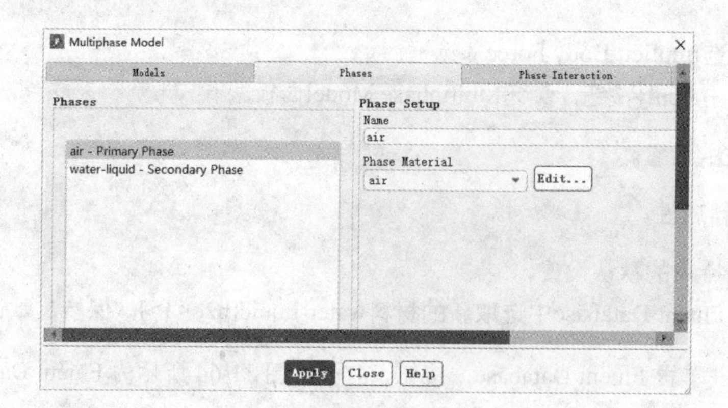

图 11-65 Phases 选项卡

② 定义第二相。

- 在 Phases 列表下选择 water-liquid-Secondary Phase，单击 Edit…按钮，打开如图 11-66 所示的面板。
- 在 Phase Material 下拉列表中选择 water-liquid。
- 在 Name 中输入 water-liquid。
- 单击 Apply 按钮，关闭 Secondary Phase 面板。

（3）定义完之后的 Phases 列表如图 11-67 所示。在 Phases 列表下出现了 air 和 water-liquid。

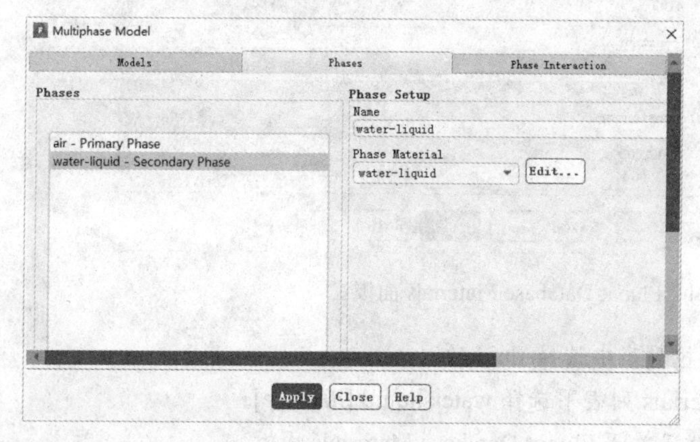

图 11-66 Secondary Phase 面板

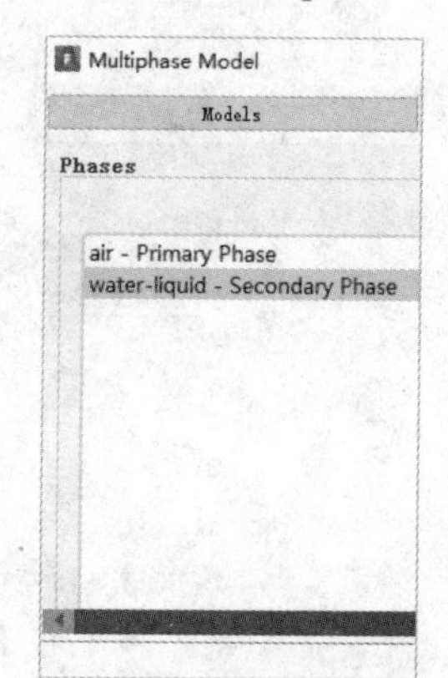

图 11-67 设置后的 Phases 列表

步骤 04 操作条件的设置。

单击 Physics→Solver→Operating Conditions…。

（1）打开如图 11-68 所示的 Operating Conditions 面板，勾选 Gravity 复选框。

（2）在 Gravitational Acceleration 列表下的 Y（m/s^2）中输入–9.81。

（3）保持 Operating Density（kg/m^3）的默认值。

（4）单击 OK 按钮，关闭 Operating Conditions 面板。

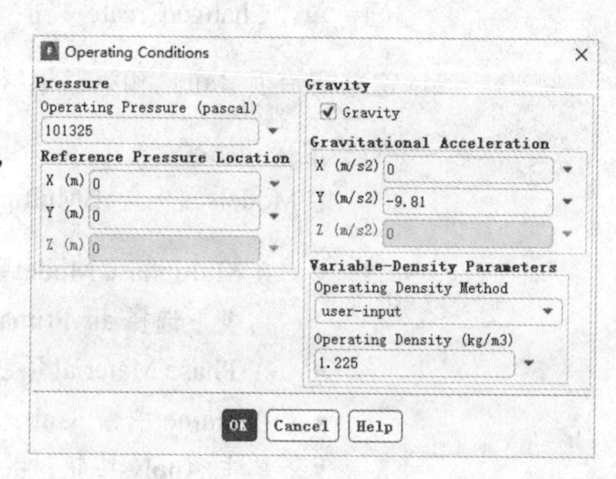

图 11-68 Operating Conditions 对话框

步骤05 边界条件的设置。

在 Boundary Conditions 面板中设置 poutlet 的边界条件，在 Zone Name 列表中选中 poutlet 边界。

（1）在 Phase 列表下选择 water-liquid 项，单击 Edit 按钮，打开如图 11-69 所示的 Pressure Outlet 面板。

① 保持Backflow Volume Fraction的默认值0。

② 单击OK按钮，关闭Pressure Outlet面板。

（2）关闭 Boundary Conditions 面板。

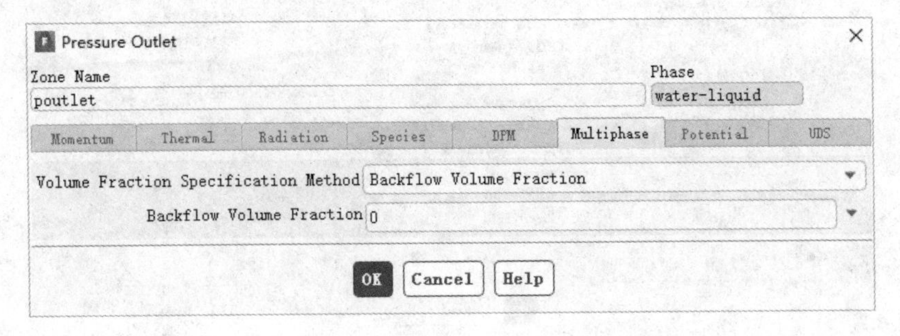

图 11-69　Pressure Outlet 面板

步骤06 求解。

（1）设置求解参数。

① 打开如图11-70所示的Solution Methods面板，在Scheme中选择PISO算法，在Gradient中选择Green-Gauss Cell Based，Pressure离散选择PRESTO！，Momentum选择First Order Upwind，Volume Fraction选择Geo-Reconstruct，Transient Formulation选择First Order Implicit。

② 打开如图11-71所示的Solution Controls面板，在Under-Relaxation Factors列表下，为Pressure输入0.9，为Momentum输入0.7，其他参数输入1。

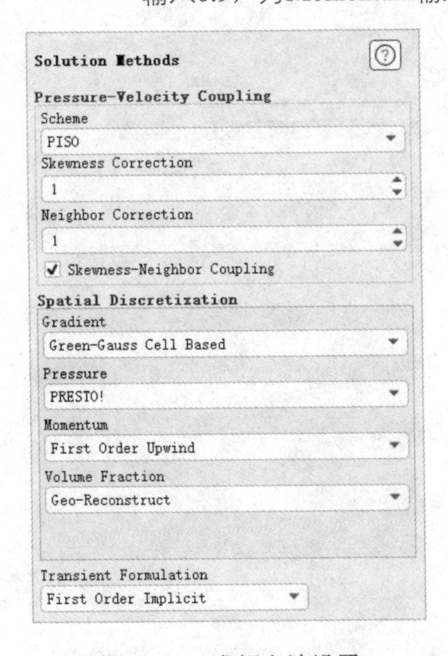

图 11-70　求解方法设置

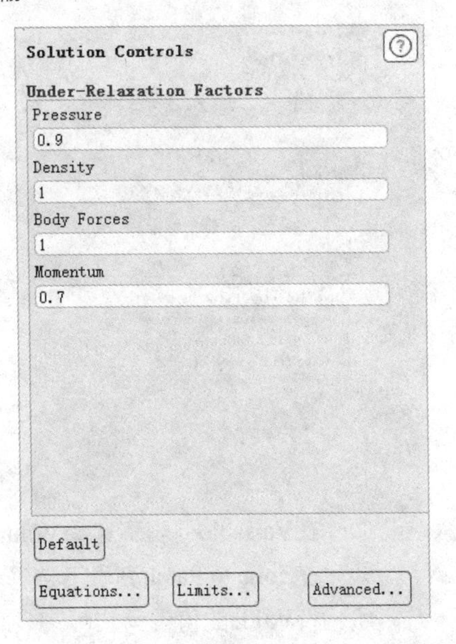

图 11-71　求解控制参数设置

③ 单击Solution Controls面板中的Advanced…按钮，打开Advanced Solution Controls面板，在Multigrid选项卡中，将Pressure的Termination的值设置为0.001，如图11-72所示。

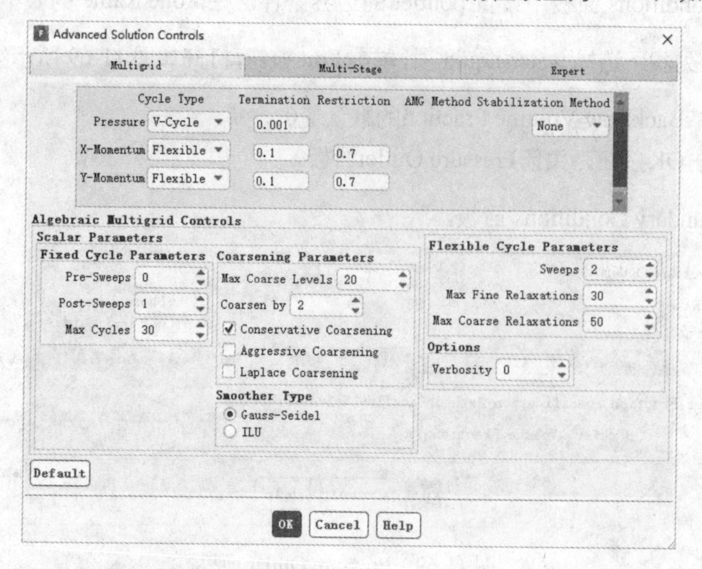

图 11-72　Advanced Solution Controls 面板

（2）初始化。

① 打开Solution Initialization面板，保持所有参数的默认值。

② 单击Initialize按钮进行初始化。

（3）设置一个 water-liquid 的初始分布。

① 单击Solution Initialization面板中的Patch按钮，打开如图11-73所示的Patch面板。在Phase列表下选择water-liquid项。

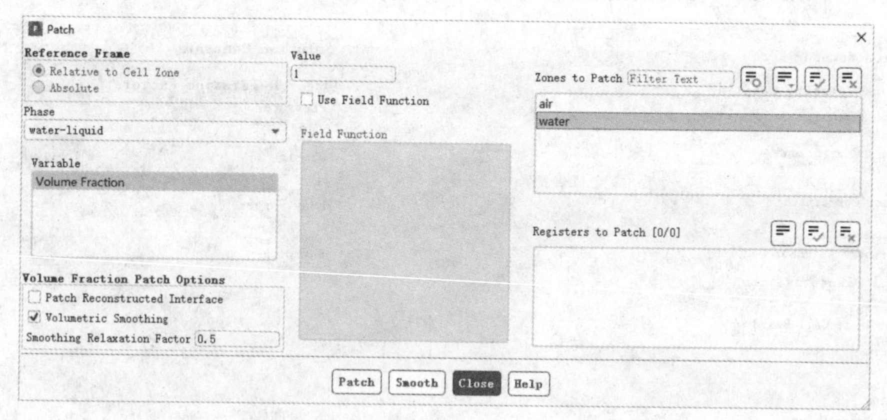

图 11-73　Patch 面板

② 在Variable列表下选择Volume Fraction项。

③ 在Zone to Patch列表下选择water项。

④ 将Value的值设为1。

⑤ 单击Patch按钮，然后关闭Patch面板。

（4）在求解过程中绘制残差曲线。

在 Monitors 面板单击 Residual…。

（5）通过估计接触面最大可能速度和网格单元的尺度来计算时间步长。

$$\text{Courant} = \frac{\Delta t}{\Delta x_{\text{cell}}} \upsilon_{\text{fluid}}$$

$$\rho g h = \frac{\rho}{2} \upsilon_{\text{fluid}}^2$$

$$\upsilon_{\text{fluid}} = \sqrt{2\text{gh}} \approx 10\text{m/s}$$

$$\Delta t = \Delta x_{\text{cell}} / \upsilon_{\text{fluid}} \approx 0.01\text{sec}$$

（6）设置时间步进参数。

① 打开如图11-74所示的Run Calculation面板，在Time Step Size（s）中输入0.01。

② 在Number of Time Steps中输入20。

③ 在Max Iterations/Time Step中输入40。

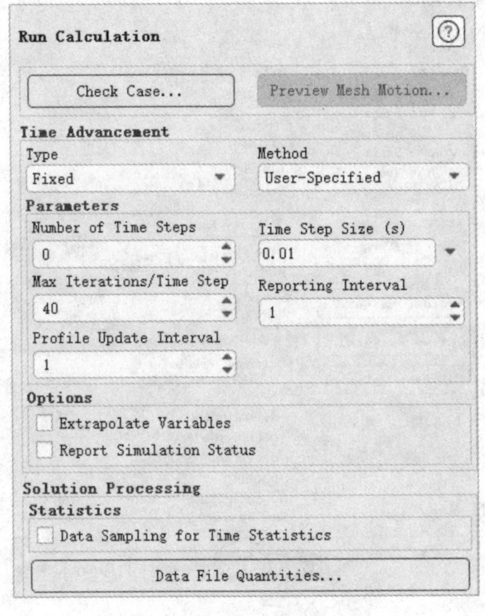

图 11-74 迭代参数设置

（7）保存初始的 Case 和 Data 文件（dambreak.cas.gz 和 dambreak.dat.gz）。

（8）单击 Run Calculation 面板中的 Calculate 按钮开始求解。

（9）在指定的 20 步迭代完成后，接着分别进行指定 30、30 和 20 步的迭代求解。

（10）每一组迭代完成之后，保存 Case 和 Data 文件。

步骤07 后处理。

以下将显示 4 组时间之后 VOF 模型计算的速度矢量和标量图，表示了随时间的推进水坝破坏的过程。

（1）显示 20 时间步之后的速度矢量图。

① 从Graphics and Animations面板中打开Vectors面板，如图11-75所示，在Vectors of下拉列表中选择Velocity项。

② 在Phase下拉列表中选择mixture项。

③ 在Color by下拉列表中分别选择Velocity…和Velocity Magnitude项。

④ 单击Save/Display按钮，速度矢量图如图11-76所示。

（2）显示 20 时间步之后 water-liquid 的体积分数分布图。

① 从Graphics and Animations面板中打开Contours面板，如图11-77所示，在Contours of下拉列表中选择Phases…和Volume fraction项。

② 在Phase下拉列表中选择water-liquid项。

③ 单击Save/Display按钮，water-liquid的体积分数分布图如图11-78所示。

（3）相似地，分别显示 50、80 和 100 时间步之后的速度矢量图和 water-liquid 的体积分数分布图，分别如图 11-79~图 11-84 所示。

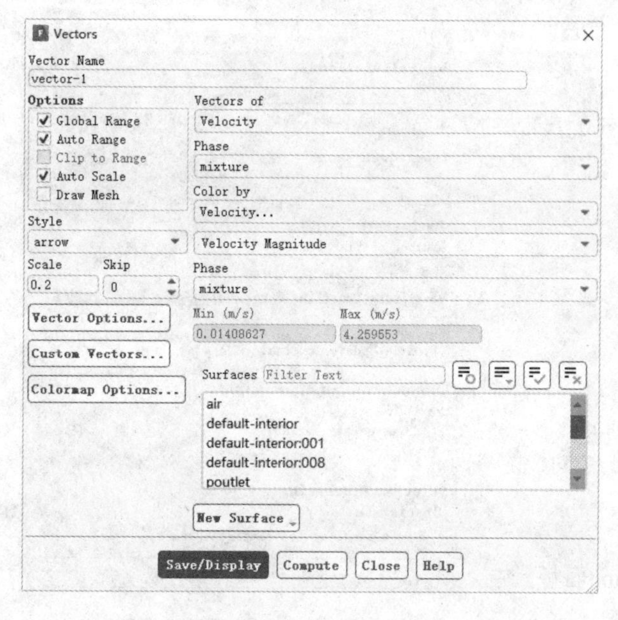

图 11-75　Vectors 面板

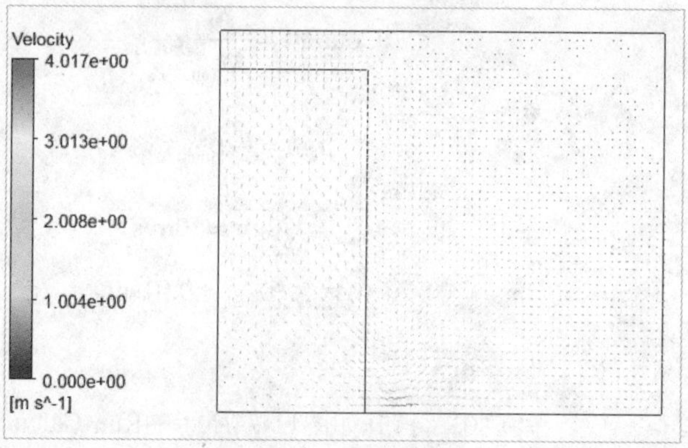

图 11-76　20 时间步之后的速度矢量图

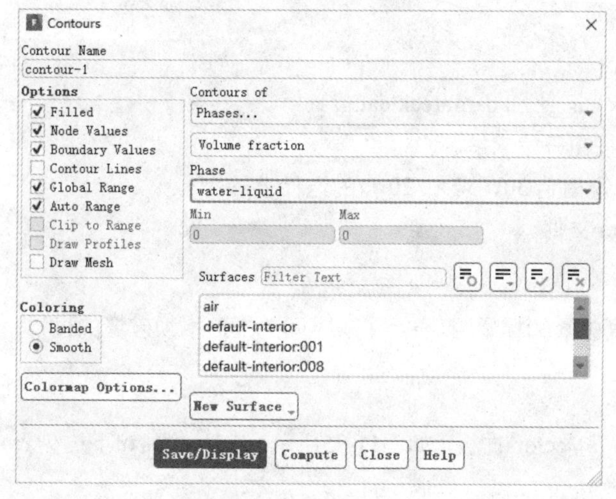

图 11-77　Contours 面板

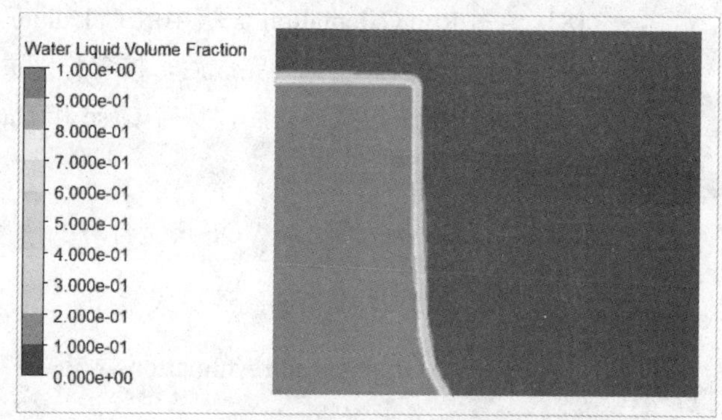

图 11-78　20 时间步之后水的体积分数分布图

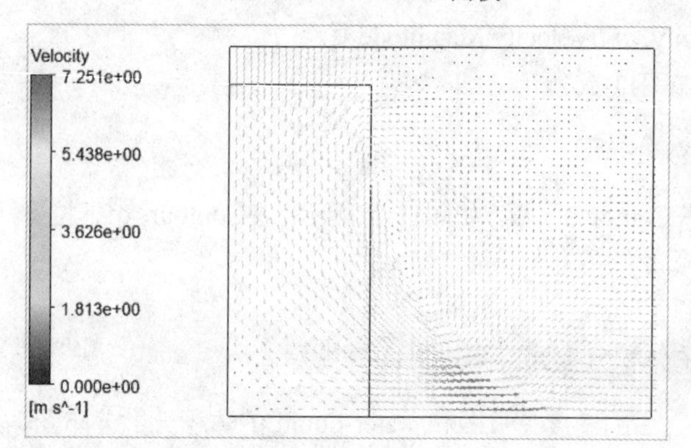

图 11-79　50 时间步之后的速度矢量图

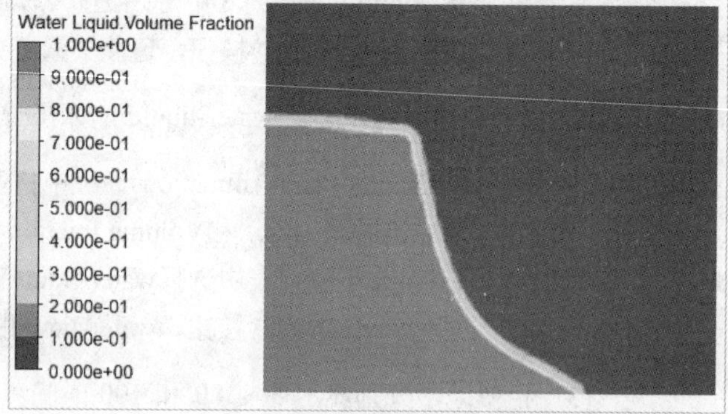

图 11-80　50 时间步之后水的体积分数分布图

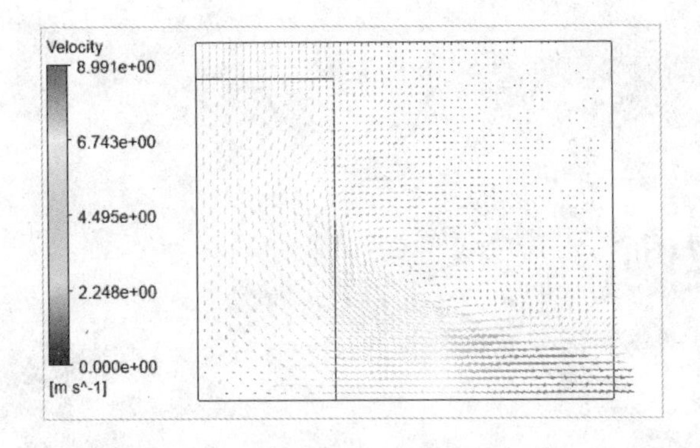

图 11-81　80 时间步之后的速度矢量图

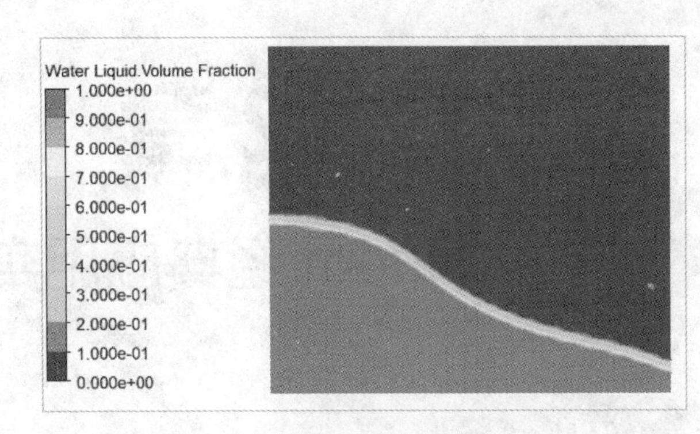

图 11-82　80 时间步之后水的体积分数分布图

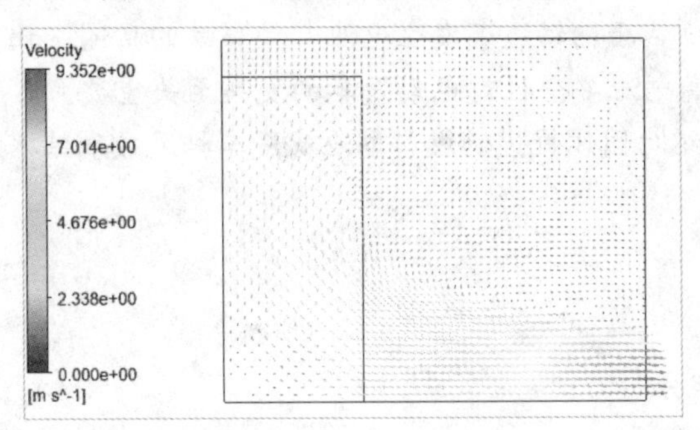

图 11-83　100 时间步之后的速度矢量图

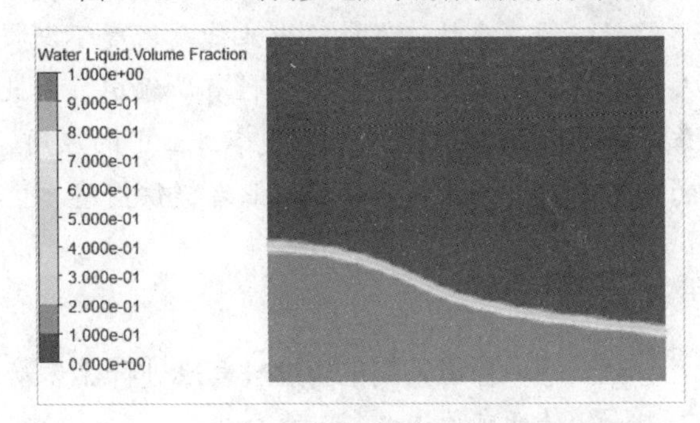

图 11-84　100 时间步之后水的体积分数分布图

步骤 08 求解参数的修改。

可以通过改变以下求解参数重新求解该问题：

- 接触面跟踪格式。
- 引入/去除 PISO。
- 压力求解格式。
- 动量和体积分数离散格式。
- 参考密度值。
- 时间步长。

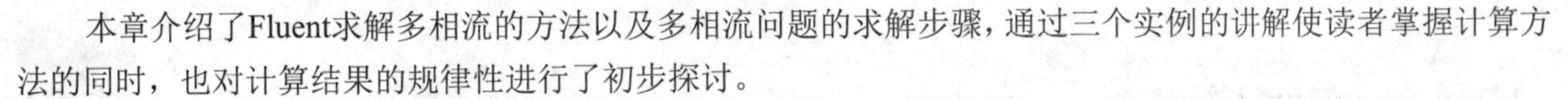

11.5 小结

本章介绍了Fluent求解多相流的方法以及多相流问题的求解步骤，通过三个实例的讲解使读者掌握计算方法的同时，也对计算结果的规律性进行了初步探讨。

在第一个实例的流床气泡形成过程模拟中，为了正确模拟流床的流化特性，对默认的阻力定律中的定参数进行了修正。

第二个实例在设定的不同加速度下，对燃料罐中液体燃料自由面的运动情况的模拟中，通过计算结果分析可以决定最合适的液体燃料罐内部设计，以保证通过燃料罐中的提取导管能够持续地供应燃料。

第三个实例利用VOF多相流模型来模拟水坝破坏问题，可以通过计算得到的速度矢量和标量图观察随时间的推进水坝被破坏的过程。

第 12 章 Fluent 经典应用实例

导言

新能源汽车快速发展，电池能量密度不断提高，然而电动汽车发生电池起火事故的新闻，让人们不得不对电动汽车的安全性有所顾虑，因此提高电池安全性对电动汽车的发展至关重要。本章介绍 Fluent 在燃料电池和汽车工业中的应用，介绍对固体氧化物燃料电池及汽车挡风玻璃结冰的分析方法，为新能源领域从业者提供借鉴。

学习目标

- ☑ 对一种固体氧化物燃料电池进行流体动力学分析。
- ☑ 对挡风玻璃进行防冰分析。
- ☑ 对歧管进行流体动力学分析。

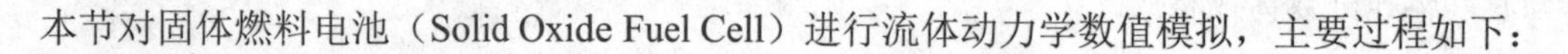

12.1 固体燃料电池的模拟

本节对固体燃料电池（Solid Oxide Fuel Cell）进行流体动力学数值模拟，主要过程如下：

- 将 SOFC 模型导入 Fluent 中。
- 设置 SOFC 模型的参数。
- 定义阴极、阳极和电解质溶液的材料属性。
- 设置合适的边界条件和控制参数。
- 通过后处理显示电池的电流、电压、温度和种类的分布。

12.1.1 问题描述

固体氧化物燃料电池的模型如图 12-1 所示。正极内部充满着质量流量为 2.48949e^{-7}kg/s的潮湿的氢，阴极里面充满着质量流量为 1.3705e^{-5}kg/s的空气，空气和氢的温度均为 974K。

阴极和阳极均为两个同中心的长度为 130mm的空心圆柱。阴极的内外半径分别是 4mm和 6mm，阳极的内外半径分别是 6mm和 7mm。电池中电解溶液的材料的单层厚度是 40 微米，它被置于阴极和阳极之间。

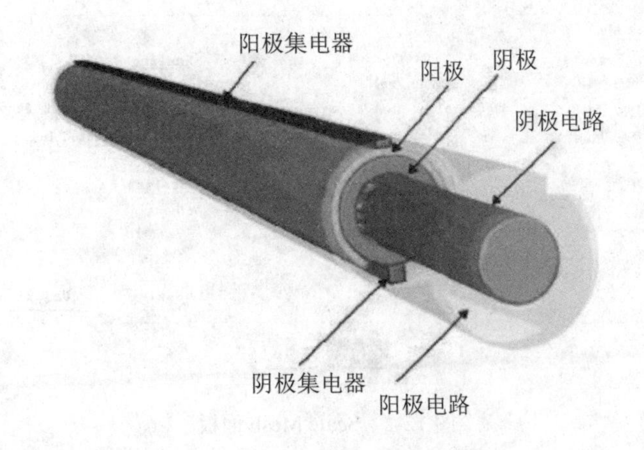

图 12-1　固体氧化物燃料电池模型

在这个模拟实例中，阳极的外表面和阴极的集电器保持绝缘，燃料和氧化剂通过多孔渗水的阳极和阴极到达电解区域。燃料在电解液和阳极的交界处被电化学氧化，电解液和阴极交界区域的氧在电化学反应中的作用将减少。

在上面总反应的作用下，在阳极的一端将产生水。这个固体氧化物燃料电池模型将被用来有效校核电流、电压、种类和沿电池的温度分布等。

12.1.2　实例步骤

本教程假定用户熟悉Fluent的界面，在设置的求解过程中一些基本步骤就不明确给出了。

本实例计算模型的Mesh文件的文件名为tubular.msh。运行三维双精度版本的Fluent求解器后，具体操作步骤如下：

步骤 01 设置网格。

首先要将网格文件导入 Fluent 中，按照以下步骤将 tubular.msh 文件导入 Fluent 中，并进行合并网格和检查网格等操作。

（1）导入网格。

选择 File→Read→Case…命令，然后选择由 Gambit 导出的 tubular.msh 网格文件，将网格文件导入进来。

（2）缩放网格。

单击 General 面板中的 Scale 按钮，弹出如图 12-2 所示的 Scale Mesh 面板。在 Unit Conversion 中的 Mesh Was Created In 下拉列表中选择 mm，然后单击 Scale 按钮，在 View Length Unit In 下拉菜单中选择 mm，完成后单击 Close 按钮即可完成设置。

（3）合并区域。

在功能区选择 Domain→Zones→Combine→Merge…命令，出现如图 12-3 所示的面板，设置参数如下：

① 在Multiple Types的选择列表中选择fluid项。

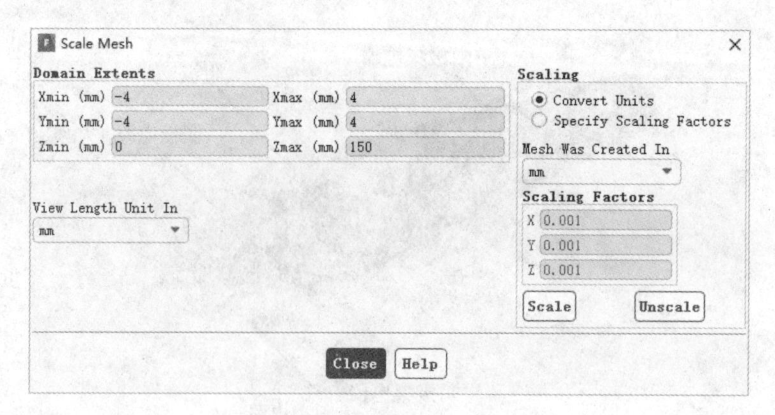

图 12-2　Scale Mesh 面板

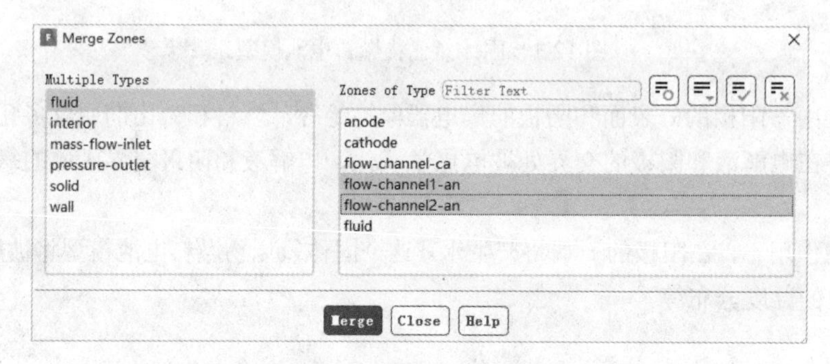

图 12-3　合并区域前的面板

② 在Zones of Type选择列表中选中flow-channel1-an和flow-channel2-an项。

③ 单击Merge按钮即可完成合并，合并后的列表如图12-4所示。

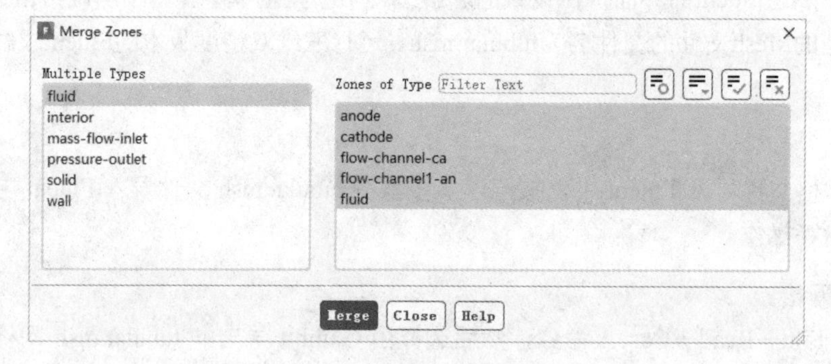

图 12-4　合并区域后的面板

按同样的方法合并 mass-flow-inlet 下面的 inlet-an 和 inlet-an:034 区域。

（4）给 electrolyte 区域重新命名。

在 Boundary Conditions 面板中，按以下步骤设置参数：

① 从Zone下面的选择框中选择electrolyte，单击Edit按钮。

② 在出现的另一个面板中的Zone Name下面输入wall-electrolyte-cathode，如图12-5所示。

③ 最后单击OK按钮。

按同样的步骤将 electrolyte-shadow 重新命名为 wall-electrolyte-anode-shadow。

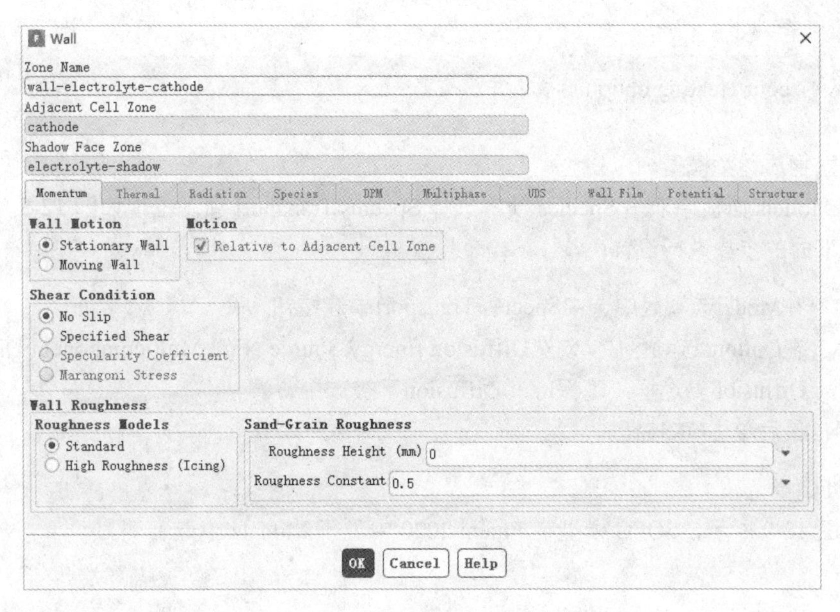

图 12-5　在 Wall 面板中重命名

（5）检查网格和显示网格。

单击 General 面板中的 Check 按钮，这时会在 Fluent 中显示检查网格的过程。如果检查出负体积的话，就显示出错信息。

单击 General 面板中的 Display 按钮，出现如图 12-6 所示的面板，在 Surfaces 下选择需要显示的网格区域，单击 Display 按钮即可。显示的网格如图 12-7 所示。

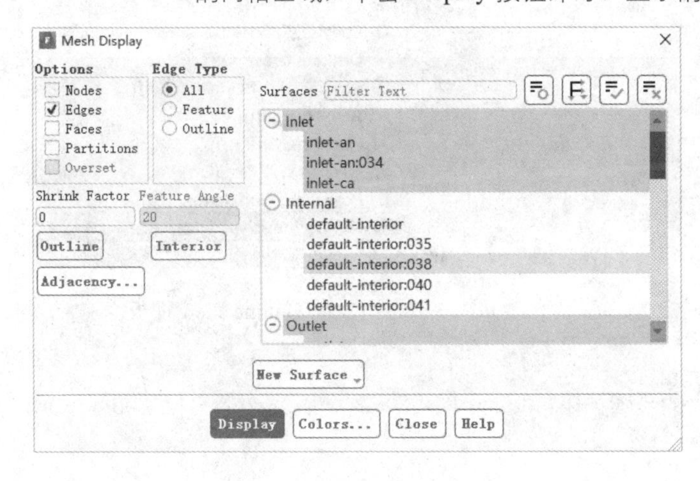

图 12-6　Mesh Display 面板

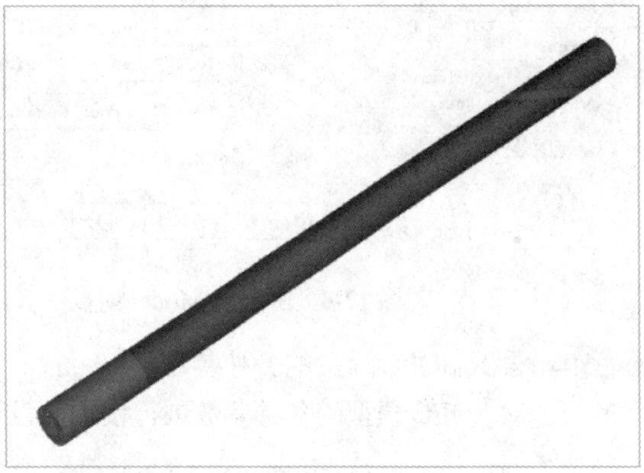

图 12-7　划分网格示意图

步骤 02　模型设置。

（1）保持求解器的默认设置。

（2）激活能量方程。

在 Models 面板中双击 Energy 项，在出现的面板中选中能量方程即可。

（3）激活层流模型。

在 Models 面板中双击 Viscous 项，选择 Laminar（层流）模型。

要确认Viscous Heating option不被选中。

（4）设置物质种类模型。

在 Models 面板中双击 Species 项，选择 Species Transport 项，出现如图 12-8 所示的面板。按下面的步骤进行设置：

① 在Model选项区中选中Species Transport单选按钮。

② 在Options选项区中，勾选Diffusion Energy Source、Full Multicomponent Diffusion和Thermal Diffusion复选框，确保Inlet Diffusion不被选中。

③ 最后单击OK按钮。

（5）SOFC 模型。

如图 12-9 所示，SOFC 模型在 Fluent 2020 中位于 Models 中最下侧。

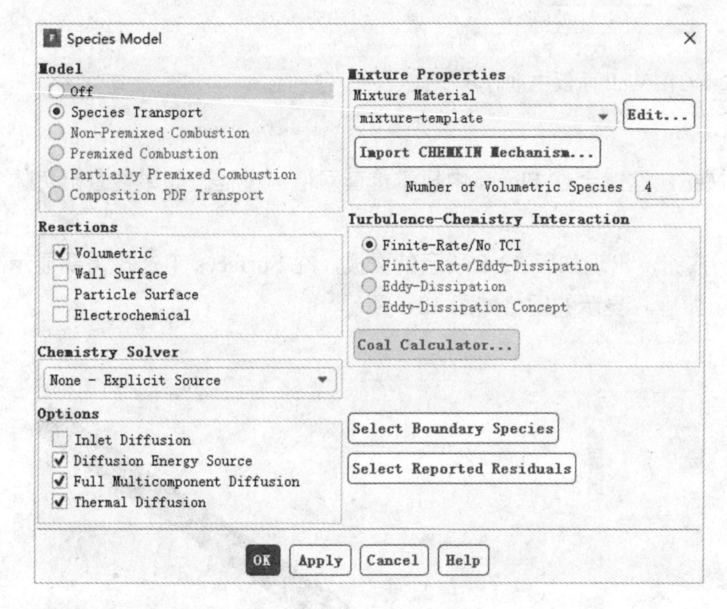

图 12-8 Species Model 面板

Outline View
Filter Text
Setup
General
Models
Multiphase (Off)
Energy (On)
Viscous (Laminar)
Radiation (Off)
Heat Exchanger (Off)
Species (Species Transport, Reactions)
Discrete Phase (Off)
Solidification & Melting (Off)
Acoustics (Off)
Structure (Off)
Eulerian Wall Film (Off)
Potential/Li-ion Battery (Off)
SOFC (Unresolved Electrolyte) (On)
Materials

图 12-9 Outline View 面板

步骤03 设置 SOFC 模型的各种参数。

对 SOFC 模型的各种参数进行设置，设置的步骤如下：

（1）设置 SOFC 模型的参数。

在 Models 面板中双击 SOFC 项，打开 SOFC Model 面板，如图 12-10 所示。在面板中按以下步骤设置参数：

① 在Current Under-Relaxation Factor框中输入0.3。

② 设置SOFC，如表12-1所示。

（2）设置 SOFC 模型的活化参数。

在上述 SOFC Model 面板中，打开 Electrochemistry 选项卡，如图 12-11 所示。

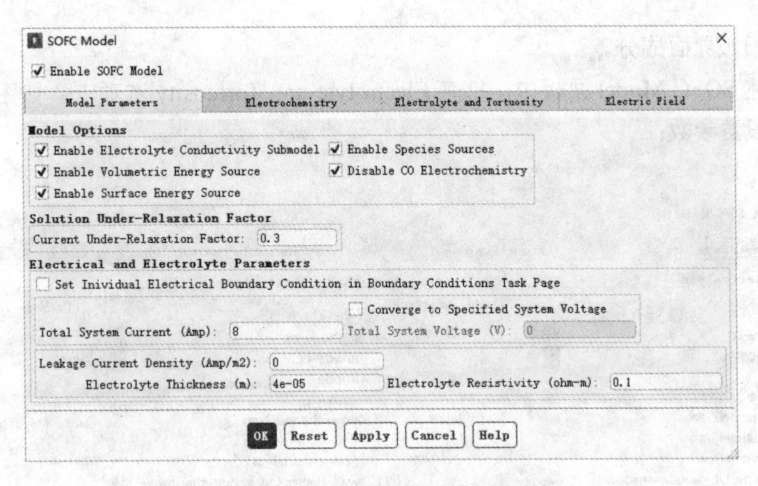

图 12-10　定义 SOFC 模型参数

表 12-1　设置 SOFC 时需要设置的参数

Parameters	Values
Total System Current（Amp）	8
Electrolyte Thickness（m）	4e–05
Electrolyte Resistivity（ohm-m）	0.1

SOFC Model
Enable SOFC Model
Model Parameters　Electrochemistry　Electrolyte and Tortuosity　Electric Field
Constant Exchange Current Densities (Amp/m2)
Anode Exchange Current Density: 1e+20　Cathode Exchange Current Density: 512
Mole Fraction Reference Values (moles/moles)
H2 Reference Value: 1　H2O Reference Value: 1
O2 Reference Value: 1
Concentration Exponents
H2 Exponent: 0.5　H2O Exponent: 0.5　O2 Exponent: 0.5
Butler-Volmer Transfer Coefficients
Anode Reaction
Anodic Transfer Coefficient: 0.5　Cathodic Transfer Coefficient: 0.5
Cathode Reaction
Anodic Transfer Coefficient: 0.5　Cathodic Transfer Coefficient: 0.5
Temperature Dependent Exchange Current Density
Enable Temperature Dependent I_0
A: 0　B: 0
OK　Reset　Apply　Cancel　Help

图 12-11　设置 SOFC 模型的活化参数

面板中设置的参数如表 12-2 所示。

表 12-2　活化参数设置表

Parameters	Values
Anode Exchange Current Density	1e+20
H2 Reference Value	1
H2O Reference Value	1
Cathode Exchange Current Density	512
O2 Reference Value	1

（3）指定阳极界面成分。

在上述 SOFC Model 面板中，打开 Electrolyte and Tortuosity 选项卡，如图 12-12 所示，按以下步骤设置参数：

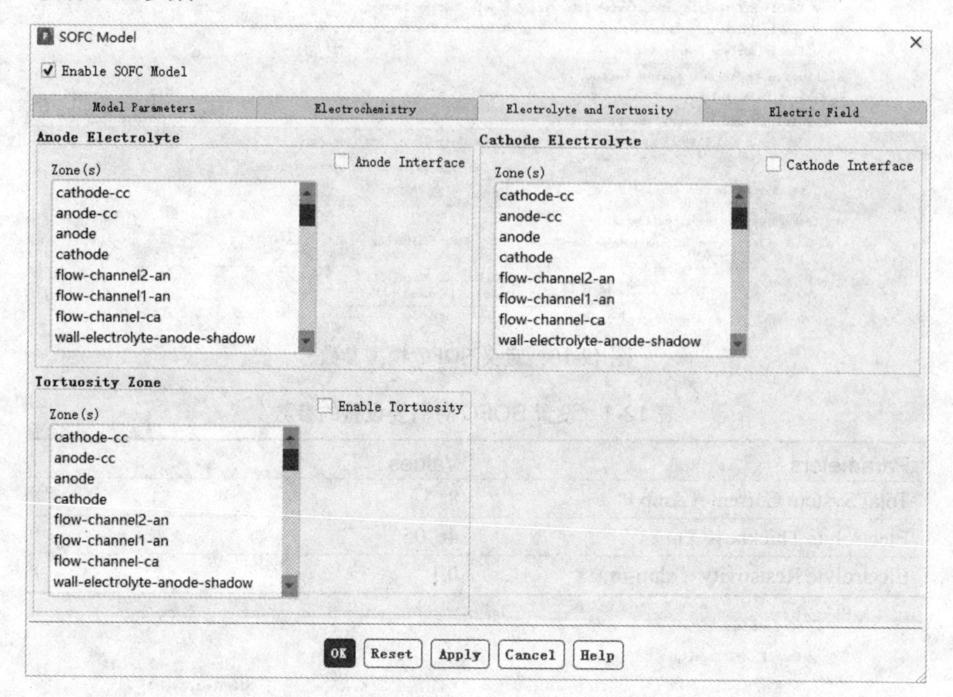

图 12-12　Electrolyte and Tortuosity 选项卡

① 在Anode Electrolyte区，从Zone（s）中选择wall-electrolyte-anode-shadow项。

② 勾选Anode Interface复选框，如图12-13所示。

（4）指定阴极界面成分。

① 类似地，在Cathode Electrolyte区，从Zone（s）下的菜单中选择wall-electrolyte-cathode项。

② 勾选Cathode Interface复选框，如图12-14所示。

③ 最后单击Apply按钮。

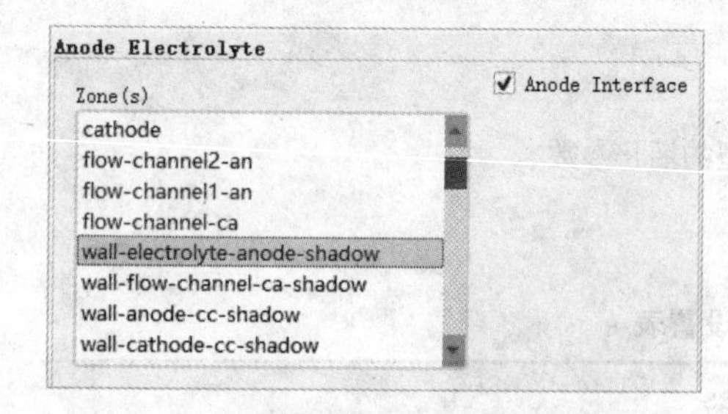

图 12-13　勾选 Anode Interface 复选框

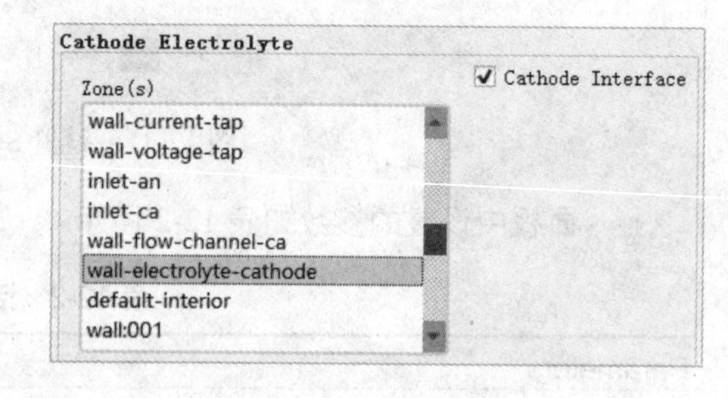

图 12-14　勾选 Cathode Interface 复选框

（5）指定 SOFC 模型的扭转参数。

① 类似地，在Tortuosity Zone区，从Zone（s）列表中选择anode项并勾选Enable Tortuosity复选框。

② 在Tortuosity Value: Thread 5下的文本框中输入3，如图12-15所示。

③ 单击Apply按钮，完成Electrolyte and Tortuosity选项卡的设置。

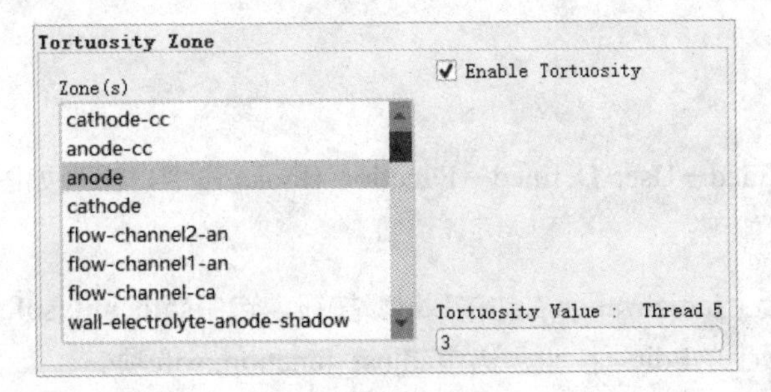

图 12-15 扭转参数设置

(6) 设置导电场模型参数。

在上述 SOFC Model 面板中，打开 Electric Field 选项卡，如图 12-16 所示，按以下步骤设置参数：

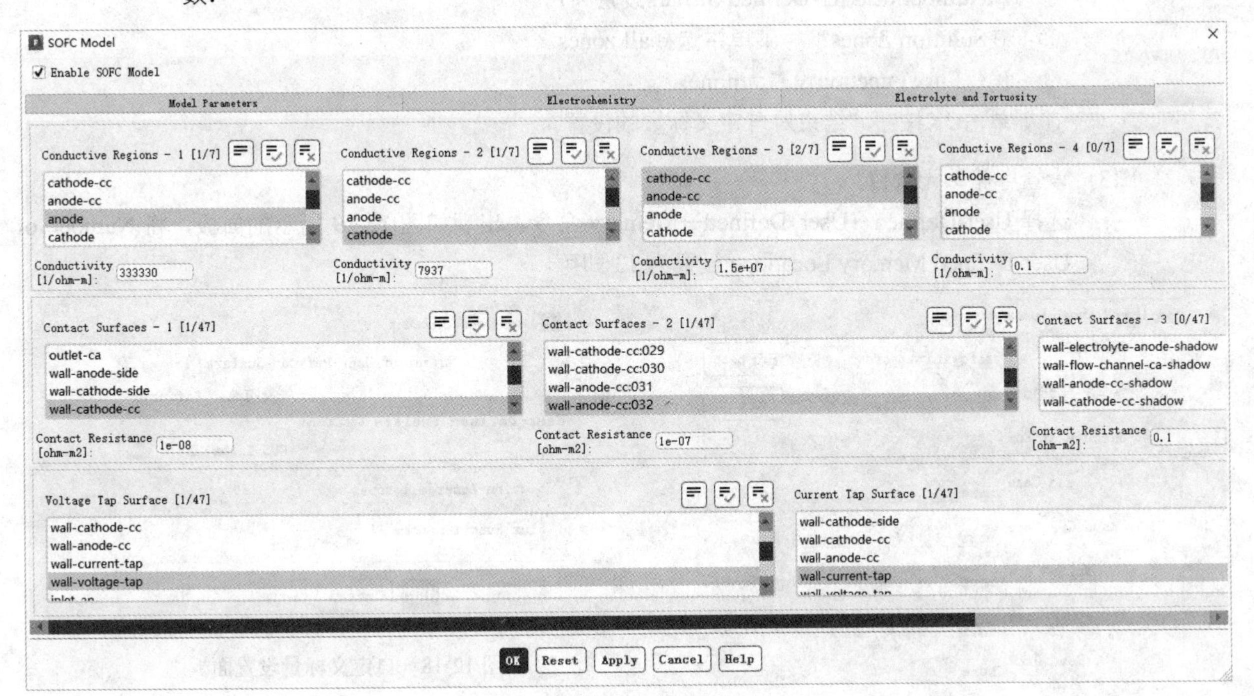

图 12-16 设置导电场模型参数面板

① 从Conductive Regions–1中选择anode项，并在Conductivity中输入333330。从Conductive Regions – 2中选择cathode项，并在Conductivity中输入7937。从Conductive Regions – 3中选择cathode-cc项和anode-cc项，并在Conductivity中输入1.5e+07。

② 从Contact Surfaces – 1中选择wall-anode-cc项，并在Contact Resistance中输入1e – 08。从Contact Surfaces – 2中选择wall-cathode-cc:032项，并在Contact Resistance中输入1e – 07。从Voltage Tap Surface中选择wall-voltage-tap项。在Current Tap Surface中选择wall-current-tap项。保留选择框中的其他默认设置。

③ 单击Apply按钮，完成对Electric Field选项卡的设置。

④ 单击OK按钮，结束对SOFC Model面板的设置。

步骤04 材料的设置。

（1）设置调整函数。

选择 User-Defined→User Defined→Function Hooks 命令，出现如图 12-17 所示的面板，设置调整函数的步骤如下：

① 单击面板上Initialization右边的Edit…按钮，选中sofc_init::sofc项。

② 单击面板上的Edit…按钮，选中adjust_function::sofc项。

③ 单击OK按钮，结束调整函数的设置。

（2）设置用户自定义标量。

选择 User-Defined→User Defined→Scalars 命令，出现如图 12-18 所示的面板，设置参数如下：

① 将Number of User-Defined Scalars设置为1。

② 在Solution Zones下拉菜单中选择all zones。

③ 确保Flux Function设置为none。

④ 单击OK按钮，结束对自定义标量的设置。

（3）设置存储单元数目。

选择 User-Defined→User Defined→Memory 命令，出现如图 12-19 所示的面板，将 Number of User-Defined Memory Locations 设置为 13 即可。

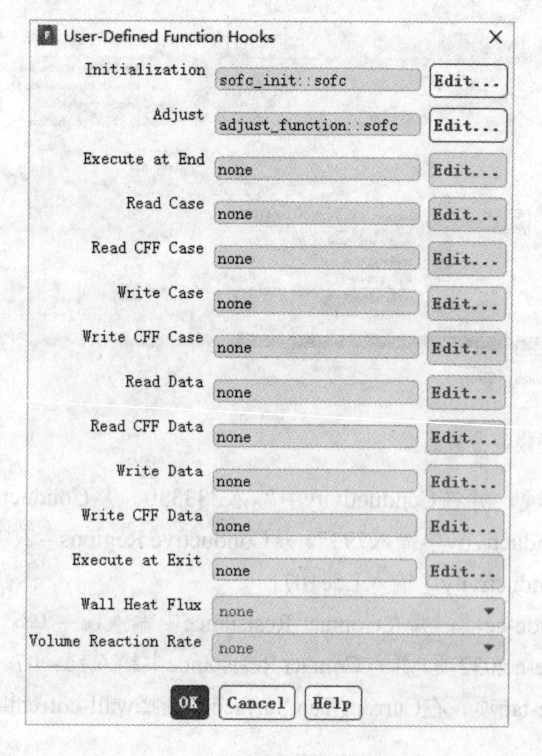

图 12-17 调整函数设置面板

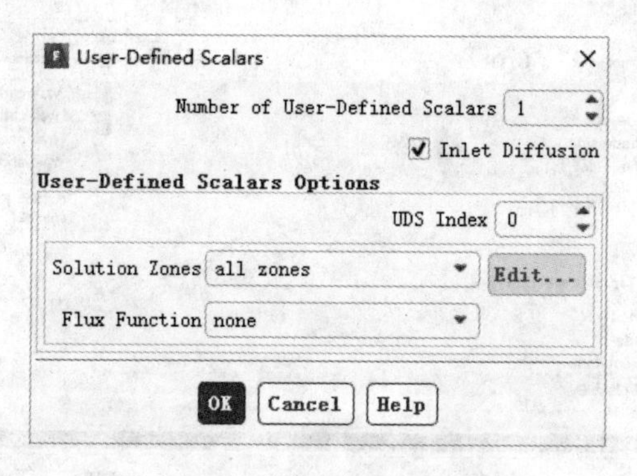

图 12-18 自定义标量设置面板

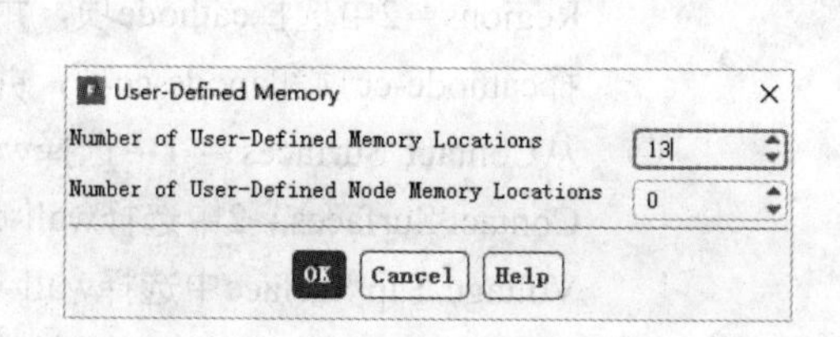

图 12-19 设置存储单元数目面板

(4) 定义新的实体材料。

在 Create/Edit Materials 面板中设置参数如下：

① 定义阳极材料。

从Material Type下拉列表中选择solid项。在Name中输入anode-material，并删除Chemical Formula文本框中的公式。分别在Density、Cp和Thermal Conductivity中输入3030、595.1和6.23，单击Change/Create按钮，如图12-20所示。

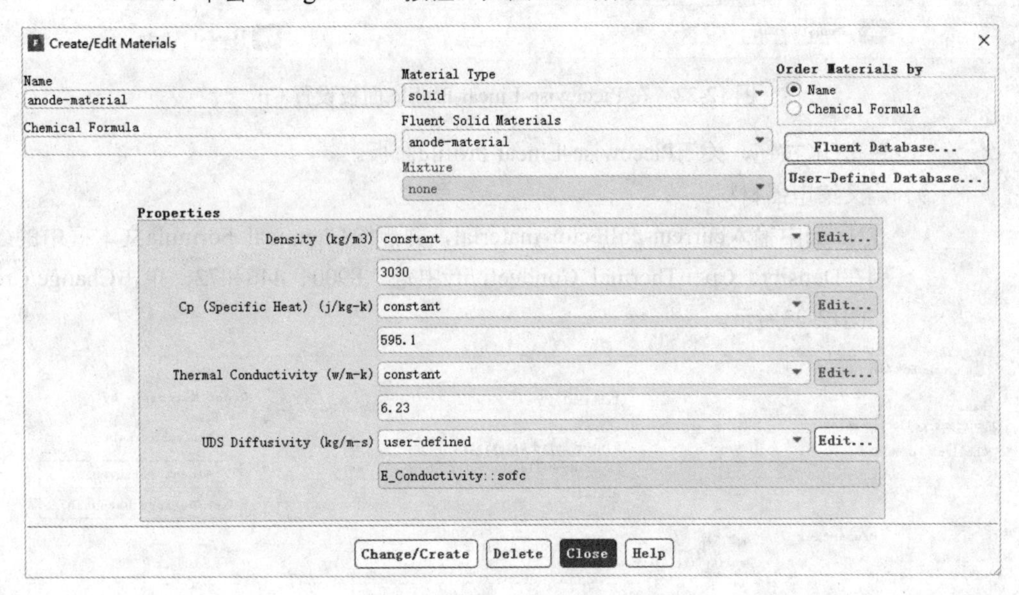

图 12-20 定义阳极材料

② 定义阴极材料。在Name中输入cathode-material，并删除Chemical Formula文本框中的公式。分别在Density和Thermal Conductivity中输入4375和1.15，如图12-21所示。

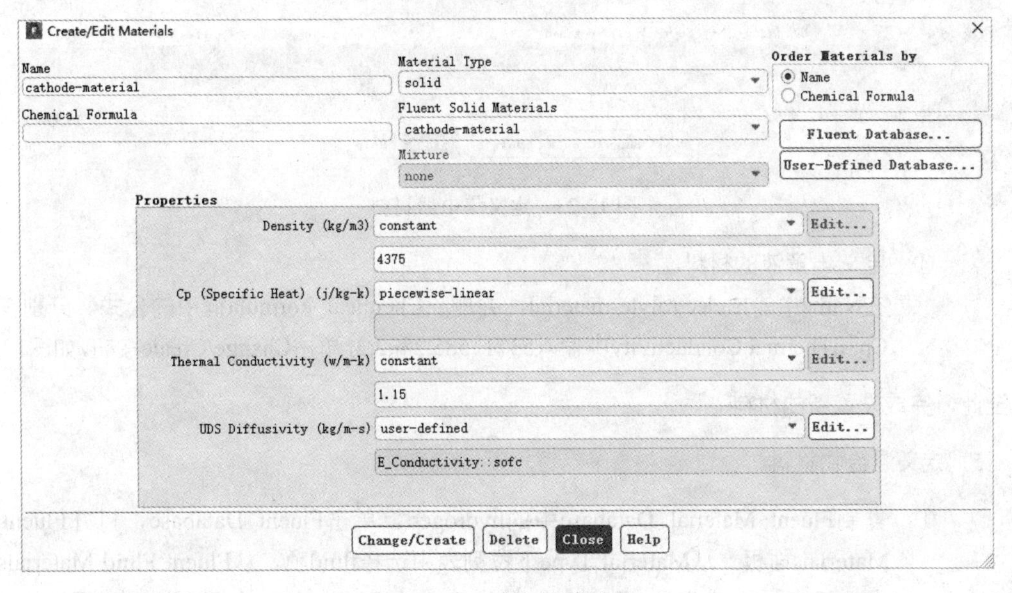

图 12-21 定义阴极材料

在Cp下拉列表中选择piecewise-linear项，打开Piecewise-Linear Profile面板，将Points设置为2，对于Point 1，分别在Temperature和Value中输入1073.15和570，对于Point 2，分别在Temperature 和Value中输入1273.15和565，如图12-22所示。

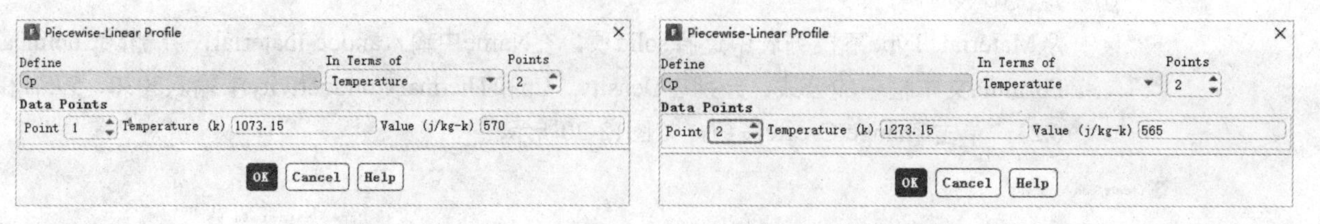

图 12-22 在 Piecewise-Linear Profile 面板设置 Cp

单击OK按钮，关闭Piecewise-Linear Profile面板。

③ 定义集电器材料。

在Name中输入current-collector-material，并删除Chemical Formula文本框中的公式。分别在Density、Cp和Thermal Conductivity中输入8900、446和72，单击Change/Create按钮，如图12-23所示。

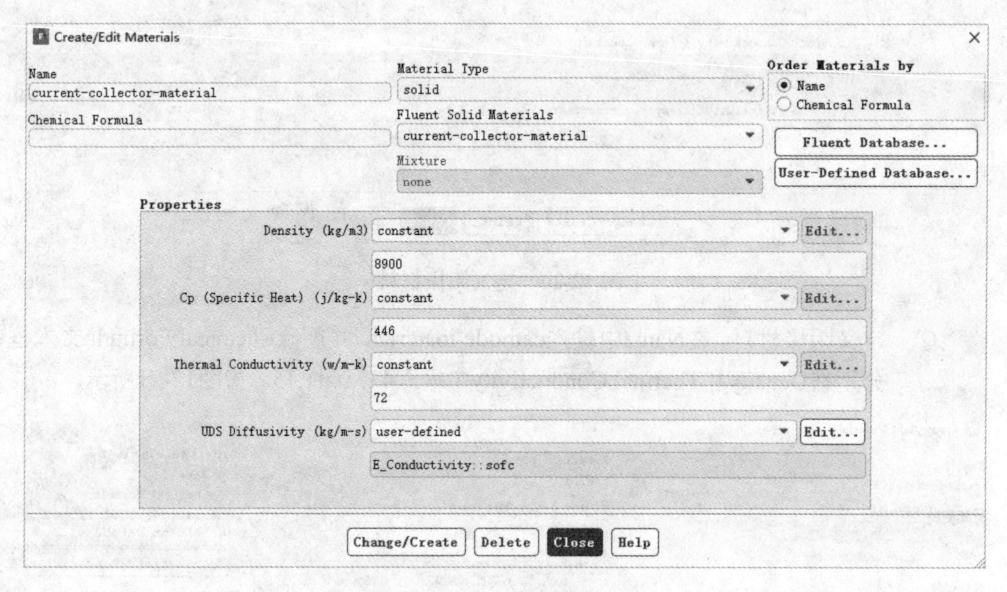

图 12-23 定义集电器材料

④ 定义电解液的材料。

在Name中输出electrolyte-material，并删除Chemical Formula框中的公式。分别在Density、Cp和Thermal Conductivity中输入5371、585.2和2.2，单击Change/Create按钮，如图12-24所示。

至此，完成设置新的材料。

（5）定义混合物材料。

① 复制Fluent Material Database中的hydrogen。单击Fluent Database，打开Fluent Database Materials面板。从Material Type下拉列表中选择fluid项。从Fluent Fluid Materials下拉列表中选择hydrogen（h2）项。单击OK按钮，关闭Fluent Database Materials面板。

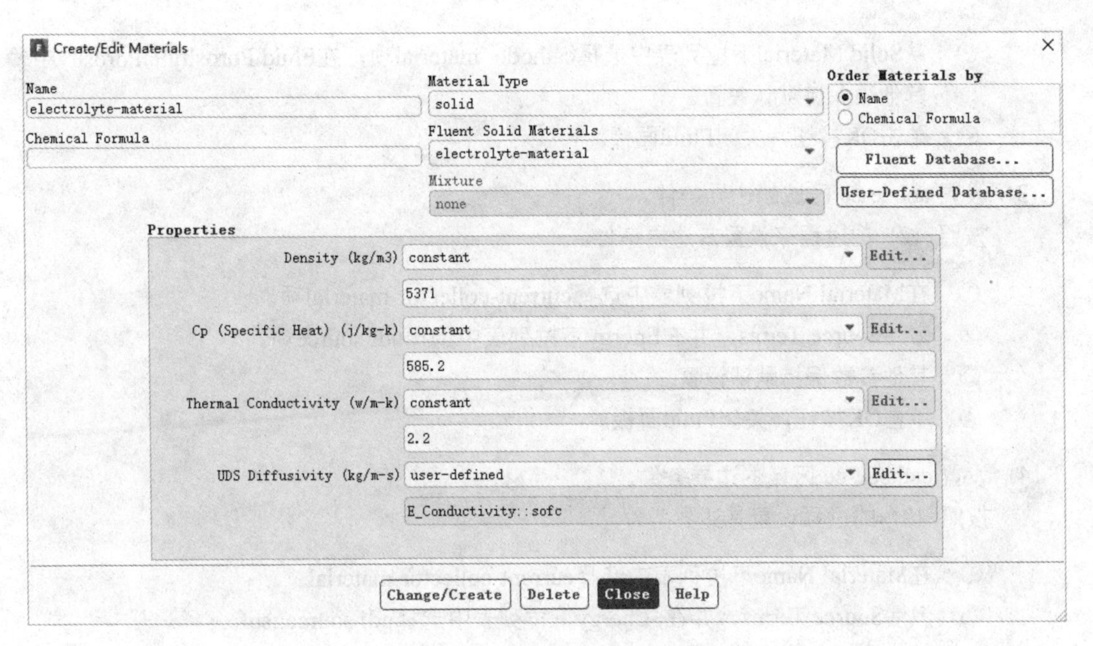

图 12-24　定义电解液的材料

② 单击Edit按钮，在Mixture Species下拉列表中按以下顺序组织材料：H_2O、O_2、H_2和N_2。

③ 接下来在Thermal Conductivity and Viscosity下拉列表中选择ideal-gas-mixing-law项。分别在Mass Diffusivity和user-defined function下拉列表中选择user-defined和diffusivity::sofc项。其他项保持默认设置。

④ 单击Change/Create按钮，结束定义材料面板。

步骤05 运行条件。

运行条件均保持默认设置。

步骤06 边界条件。

（1）设置阳极的边界条件。

① 打开Cell Zone Conditions面板，在Zone下选择anode项，在Type下拉菜单中选择fluid项，单击Edit按钮。单击Source Terms选项卡，对于mass、H_2O、H_2和energy选择udf source::sofc。

② 单击Porous Zone选项卡设置参数。在Direction-1、Direction-2和Direction-3方向设置Viscous Resistance为1e+13。

③ 从Solid Material下拉列表中选择anode material项，在Fluid Porosity文本框中的Porosity中输入0.3。保留其他的默认选项。

④ 单击OK按钮，关闭Fluid面板。

（2）设置阴极的边界条件。

按照（1）的过程来定义阴极的边界条件。

① 单击Source Terms选项卡，对于mass、O_2和energy分别选择udf source::sofc。

② 单击Porous Zone选项卡，并设置其参数。把Viscous Resistance中的Direction-1、Direction-2和Direction-3均设置为1e+13。

③ 从Solid Material下拉列表中选择cathode- material项，在Fluid Porosity的Porosity中输入0.3。其他项保持默认设置。

④ 单击OK按钮，关闭Fluid面板。

(3) 设置 anode-cc 区域的边界条件。

按照（2）的过程来设置其边界条件。

① 在Material Name下拉列表中选择current-collector-material项。

② 激活Source Terms，并在Energy下拉列表中选择udf source项。

③ 其他参数保持默认设置。

④ 单击OK按钮，关闭Fluid面板。

(4) 设置 cathode-cc 区域的边界条件。

按照（2）的过程设置其边界条件。

① 在Material Name下拉列表中选择current-collector-material。

② 激活Source Terms，并在 Energy下拉列表中选择udf source::sofc。

③ 其他参数保持默认设置。

④ 单击OK按钮，关闭Solid面板。

(5) 设置 inlet-an 的边界条件。

打开 Boundary Conditions 面板，在 Zone 列表中选择 inlet-an，单击 Edit 按钮。

① 在Mass Flow-Rate中输入2.48949e–07。

② 从Direction Specification Method下拉列表中选择Normal to Boundary。

③ 单击Thermal选项卡，并在Total Temperature中输入973K。单击Species选项卡，并在Species Mass Fractions框的h2o和h2中分别输入0.5248和0.4752。其他参数保持默认设置。

④ 单击OK按钮，关闭Mass Flow-Rate面板。

(6) 设置 inlet-ca 的边界条件。

按照（5）的过程来设置其边界条件。

① 在Mass Flow-Rate中输入1.3705e–05。

② 单击Thermal选项卡，并在Total Temperature中输入973。

③ 从Direction Specification Method下拉列表中选择Normal to Boundary项。单击Species选项卡，并在Species Mass Fractions框的o2中输入0.2329。其他参数保持默认设置。

④ 单击OK按钮，关闭Mass Flow-Rate面板。

步骤 07 求解。

(1) 将最大的绝对压力设置为 5000000 帕。

在 Solution Controls 面板中单击 Limits 按钮，出现如图 12-25 所示的面板，将最大的绝对压力设置为 5000000 帕。

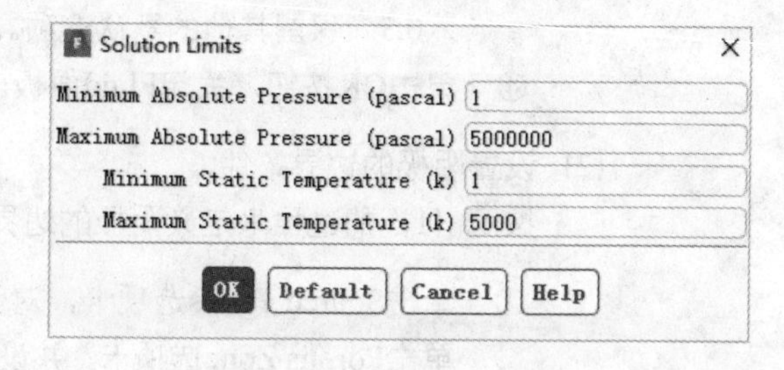

图 12-25　最大压力设置

（2）激活残差监视器。

在 Monitors 面板中双击 Residual 项，出现设置参数面板，按如下要求设置参数：

① 在Options中的选择框中激活Plot。

② 对表12-3中的所有方程设定收敛值。

表 12-3 参差设置列表

Residual	Convergence Criterion
continuity	1e–06
x-velocity	1e–06
y-velocity	1e–06
z-velocity	1e–06
energy	1e–07
h2o	1e–06
o2	1e–06
h2	1e–06
Uds-0	1e–06

③ 单击OK按钮，关闭残差监视器面板。

（3）流场的初始化。

① 打开Solution Initialization面板。

② 保留所有参数的默认设置并单击Initialize按钮，关闭流场初始化面板。

（4）改变 SOFC 模型的参数。

打开如图 12-10 所示的面板，按照以下步骤设置参数：

① 激活SOFC模型。

② 激活Species Sources项。激活Electrolyte Conductivity Submodel项。这里的Enable Electrolyte Conductivity Submodel option允许electrolyte conductivity以一个温度函数改变。激活Surface Energy Source项。确保CO Electrochemistry不在激活状态。

③ 单击OK按钮，关闭Define SOFC Model Parameters面板。

（5）运行直到所有的参差都在下降为止。

（6）激活 Volumetric Energy Source（体积能量项）。

打开如图 12-11 所示的面板。在这个面板中，激活 Energy Volumetric Energy Source 项，这一项包括了所有的在整个电导区域的电阻加热。

（7）继续这个迭代过程直到收敛为止。

（8）保存 cas 和 dat 文件。

单击 File→Write→Case Data...，指定文件路径及文件名即可。

步骤 08 后处理。

（1）显示电流密度（current-density-amp/m2）云图。

打开 Contours 面板，按照以下步骤显示电流密度云图：

- 从 Options 框中激活 Draw Mesh，由此打开网格显示面板。
- 在 Edge Type 框中选择 Feature 项。
- 在列表中选择 wall-anode-cc:031、wall-anode-cc:032、wall-anode-side、wall-cathode-cc:029、wall-cathode-side、wall-current-tap、wall-electrolyte-cathode 和 wall-electrolyte-inert。
- 关闭网格显示面板。
- 确保 Options 框中的 Auto Range 不被激活。
- 分别在 Min 和 Max 文本框中输入 1500 和 10200。
- 在 Surfaces 列表中选择 wall-electrolyte-cathode 并单击 Display 按钮，显示的电流密度云图如图 12-26 所示。

（2）显示 nernst-voltage-volts（电压）的云图。

选择 Display→Contour...命令，就会出现一个显示云图的面板，按照以下步骤显示电压云图：

- 确保 Options 框中的 Auto Range 不被激活。
- 分别在 Min 和 Max 文本框中输入 0.775 和 0.981。
- 在 Surfaces 列表中选择 wall-electrolyte-cathode 并单击 Display 按钮，显示的电压云图如图 12-27 所示。

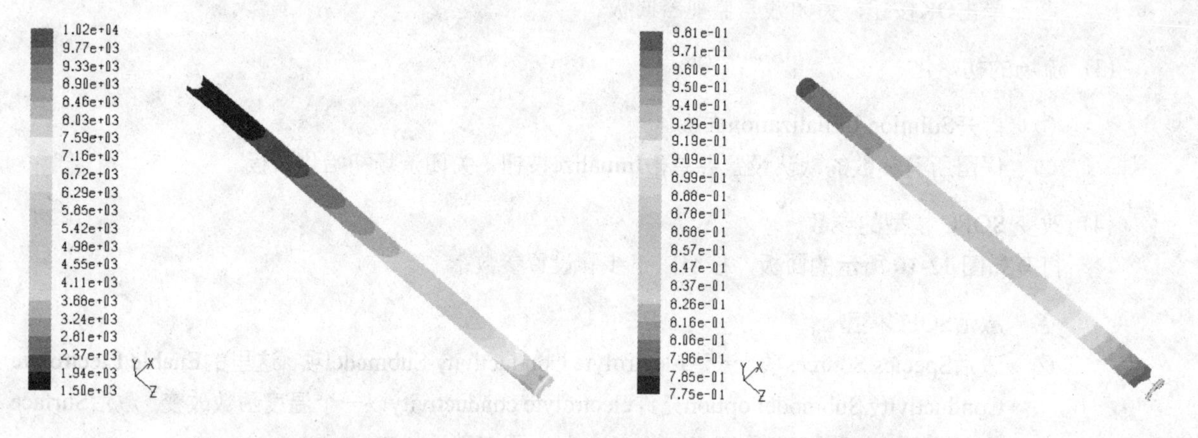

图 12-26　电流密度云图　　　　图 12-27　电压云图

（3）显示 activation-overpotential-volts（活化超电势）的云图。

选择 Display→Contour...命令，就会出现一个显示云图的面板，按照以下步骤显示活化超电势的云图：

- 确保 Options 框中的 Auto Range 不被激活。
- 分别在 Min 和 Max 文本框中输入 0.117 和 0.205。
- 在 Surfaces 列表中选择 wall-electrolyte-cathode 并单击 Display 按钮，显示的活化超电势云图如图 12-28 所示。

（4）显示 Static Temperature（静态温度）的云图。

选择 Display→ Contour...命令，出现一个显示云图的面板，按照以下步骤显示静态温度云图：

- 确保 Options 框中的 Auto Range 不被激活。

- 分别在 Min 和 Max 文本框中输入 1150 和 1360。
- 在 Surfaces 列表中选择 wall-electrolyte-cathode 并单击 Display 按钮，显示的静态温度云图如图 12-29 所示。

（5）显示 Mass fraction of h2（氢质量分数）的云图。

选择 Display→Contour…命令，出现一个显示云图的面板，按照以下步骤显示氢质量分数云图：

- 确保 Options 框中的 Auto Range 不被激活。

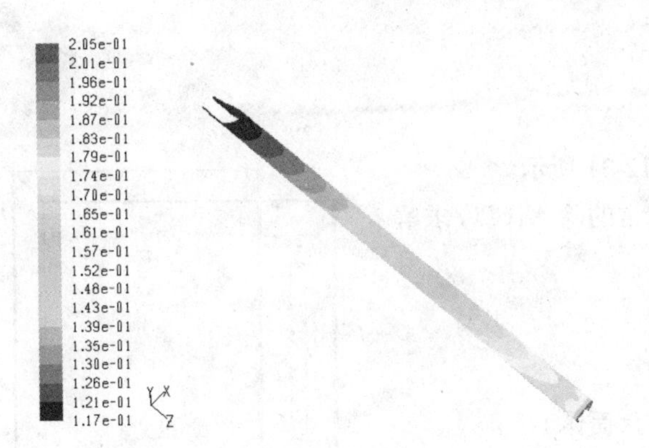

图 12-28　活化超电势云图

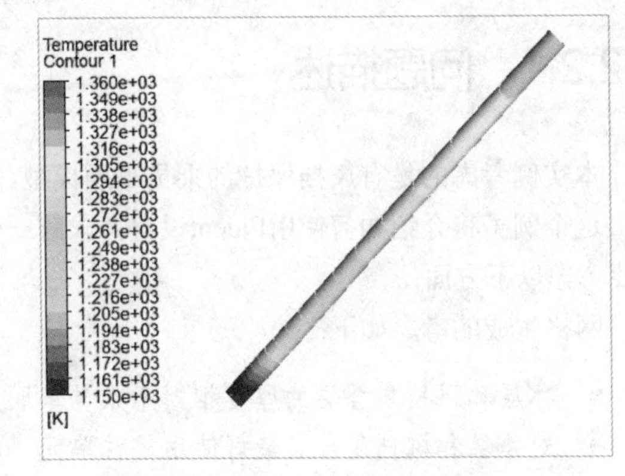

图 12-29　静态温度分布云图

- 分别在 Min 和 Max 文本框输入 0.035 和 0.35。
- 在 Surfaces 列表中选择 wall-electrolyte-anode-Shadow 并单击 Display 按钮，显示的氢质量分数云图如图 12-30 所示。

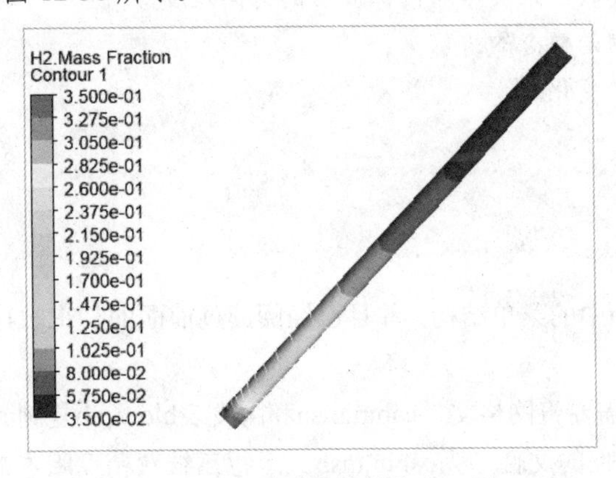

图 12-30　氢质量分数分布云图

12.2 汽车风挡除冰分析

本节介绍如何利用Fluent中的相变模型来模拟汽车风挡除冰分析过程。通过本实例的演示过程，用户将学习到：

- 体积网格的使用和显示。
- 设置定义除冰问题的物理模型。
- 设置物质属性和边界条件。
- 求解稳态计算问题。
- 激活瞬态流动。
- 求解除冰问题。

12.2.1 问题描述

本实例考虑的是有风挡保护的乘员车厢模型，如图 12-31 所示。

这个例子将介绍如何使用Fluent设置并求解一个非定常的除冰计算，求解需要考虑以下方面：

网格生成的考虑如下：

- 冰层和风挡复合层的厚度相对于乘员车厢是很薄的。
- 对冰层和风挡复合层最好使用棱柱单元（楔形或六面体）。
- 其他计算区域用四面体网格或六面体网格。

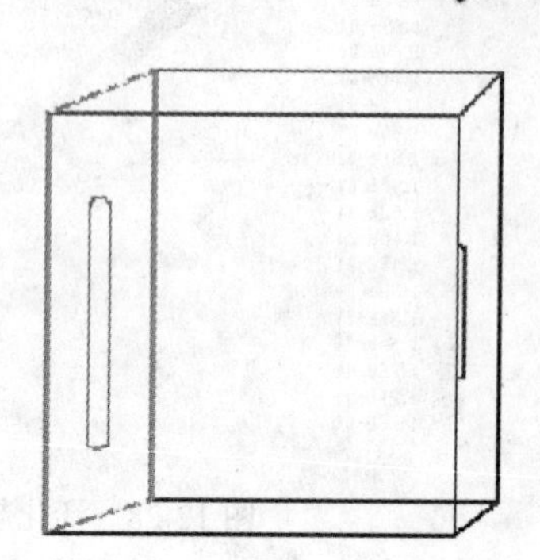

图 12-31 乘员车厢风挡示意图

对问题的求解过程用于演示使用Fluent设置和运行非稳态除冰计算的方法，求解中的主要考虑因素为：

- 除冰计算的时间尺度要大于乘员车厢内部流动的时间尺度。
- 假定乘员车厢内的流动是稳态的。
- 只有温度和流体随时间变化。

12.2.2 实例操作

本教程假定用户熟悉Fluent中的菜单结构，并且已经阅读过前面的初步教程。在设置中的一些步骤和求解程序就不再明确给出了。

在具体的求解过程之前，需要将网格文件cabin.msh和瞬变表blow.tab复制到用户的工作目录中。

本实例计算模型的Mesh文件的文件名为cabin.msh。运行三维双精度版本的Fluent求解器后，具体操作步骤如下：

步骤01 设置网格。

（1）读取 3D 网格文件 cabin.msh。

单击 File→Read→Case...。

（2）检查网格。

在 General 面板中单击 Check 按钮，Fluent 将进行各种网格检查并在控制台窗口输出检查的进展信息。注意输出的最小体积并保证该值为正数。

（3）将长度单位改为英寸。

单击 Mesh→Scale...。

① 在Mesh Was Created In下拉菜单中选择in（英寸），如图12-32所示。

② 在View Length Unit In下拉菜单中选择in，将长度单位显示为英寸。

确认Xmax、Ymax和Zmax分别为39.37008、39.37008和29.59921英寸。

③ 关闭面板。

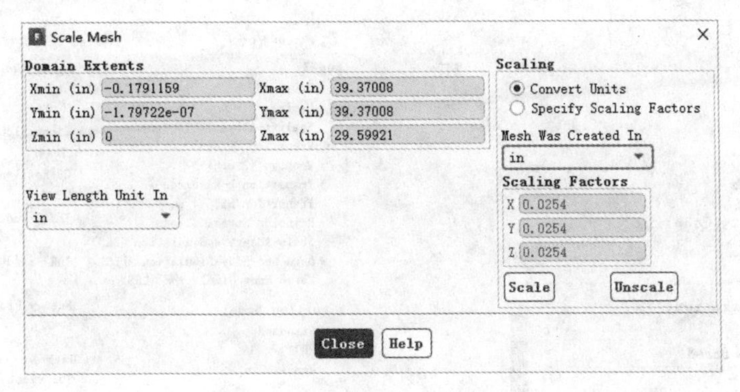

图 12-32　将长度单位改为英寸

（4）显示网格。

单击 Mesh→Display...。

① 在Surfaces下选择除了默认的内部类型以外的所有表面，如图12-33所示。

② 单击Display按钮，结果如图12-34所示。

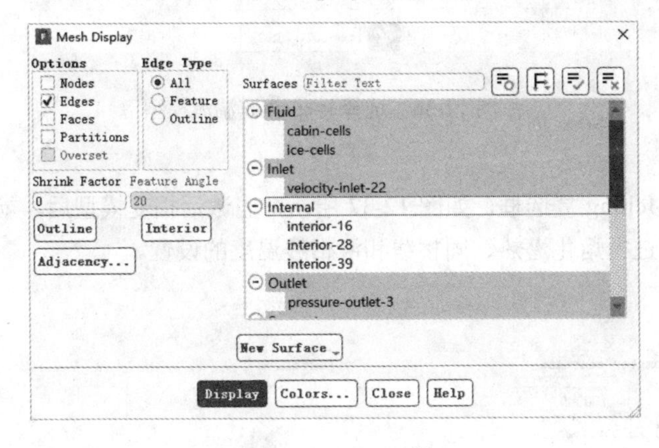

图 12-33　显示网格

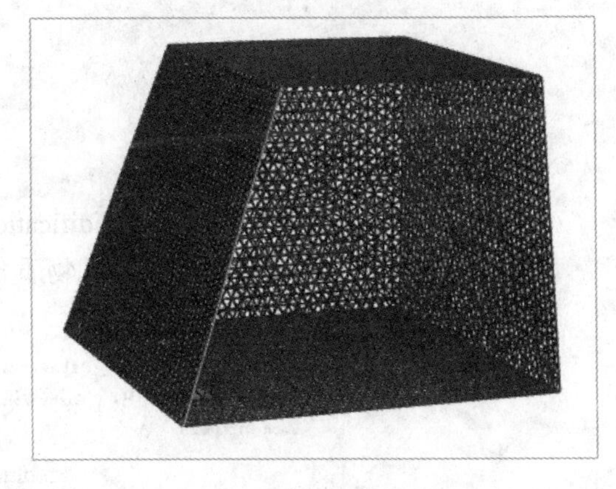

图 12-34　冰和风挡复合层的网格

步骤02 模型设置。

（1）设置求解器。

① 打开Solution Methods面板，在Gradient下选择Green-Guess Node Based，如图12-35所示。基于节点平均算法要比默认设置中基于单元的算法更加准确，尤其是对非结构或混合网格。该算法通过求解约束最小化问题，对任意非结构网格，从环绕节点的单元中心的值来构造节点上线性函数的精确值，获得了二阶空间精度。

② 保留其他的默认设置。

（2）激活能量方程。

在 Models 面板中双击 Energy 项，选中 Energy Equation，并单击 OK 按钮。

（3）激活标准 k-ε 湍流模型。

在 Models 面板中双击 Viscous 项，在 Model 列表中选中 k-epsilon（2 eqn）单选按钮，如图 12-36 所示，然后单击 OK 按钮，使用默认的 Standard 模型。

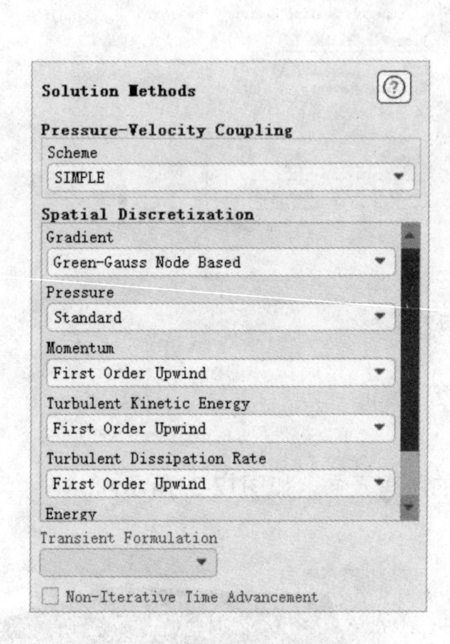

图 12-35　求解方法设置

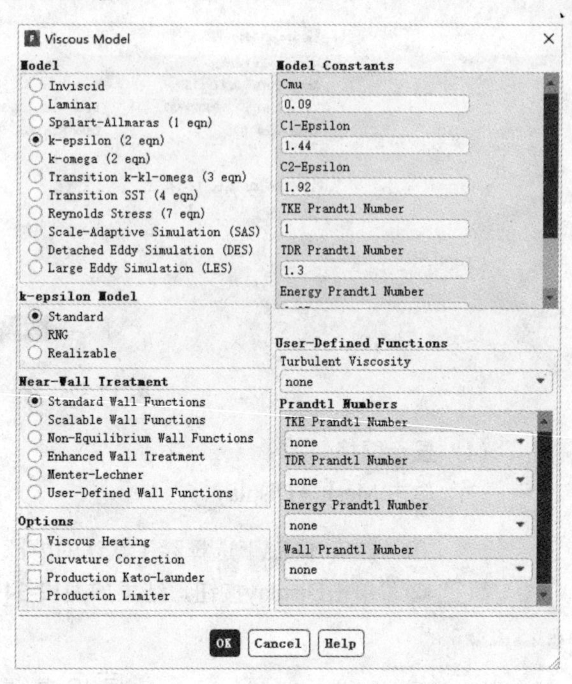

图 12-36　选择 k-epsilon 湍流模型

（4）激活相变模型。

在 Models 面板中勾选 Solidification/Melting 复选框，如图 12-37 所示，当激活相变模型后，就会创建新的物质类型。新的物质允许进行熔化潜热、固相线和液相线温度的设置。

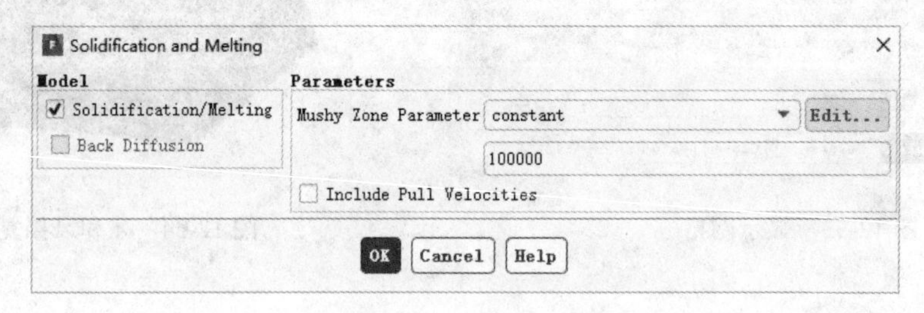

图 12-37　激活相变模型

步骤 03 材料设置。

定义流体物质空气和冰-水以及固体物质玻璃。

（1）定义流体物质：空气。

打开 Create/Edit Materials 面板，双击 air 材料，保留对空气默认的物质数据，如图 12-38 所示。

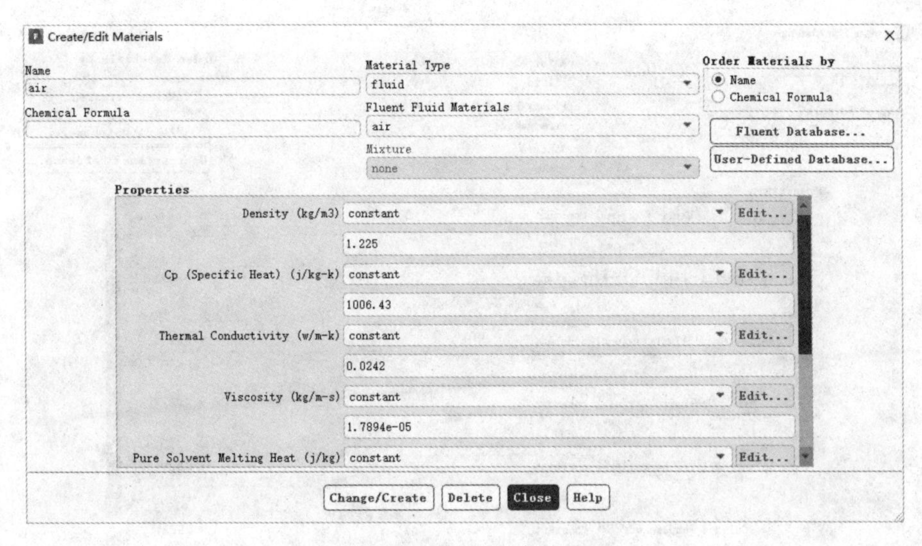

图 12-38　空气材料参数设置

尽管只在冰层发生相变，对所有的流体物质都需要相变特性。对于空气，将流相线和固相线温度设置成非常低的值，使得在工作温度下，空气在流体的一侧。例如，将空气的流相线温度设置为 1K，流相线温度设置为 2K。

(2) 定义新的流体物质：冰-水。

① 从数据库复制liquid-solid。

- 在 Create/Edit Materials 面板上单击 Fluent Database...按钮，打开 Fluent Database Materials 面板。
- 在 Material Type 下选择 fluid 项，并在 Fluent Fluid Materials 下选择 liquid-solid 项。
- 单击 Copy 按钮。

现在新的物质就会成为可用的fluid物质类型。

② 从Fluent Fluid Materials下拉列表中选择liquid-solid项。
在name下，将liquid-solid改变成ice-water，如图12-39所示，并输入如表12-4所示的流体属性参数。

表 12-4　流体属性参数设置

参　数	数　值
Density	920
Cp	2040
Thermal Conductivity	1.88
Viscosity	0.00553
Melting Heat	334960
Solidus Temperature	271
Liquidus Temperature	273

③ 单击Change/Create按钮，并在弹出的面板中单击Yes按钮来覆盖默认的属性值。

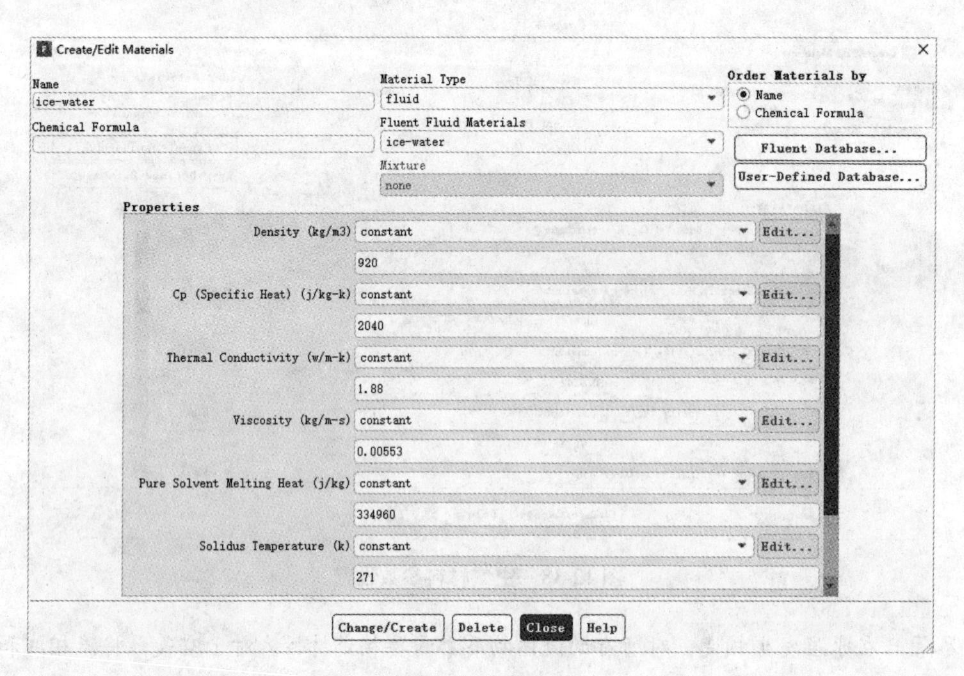

图 12-39　定义冰-水

（3）定义新的固体物质：玻璃。

① 从Material Type下拉列表中选择solid项。

② 在Name文本框中输入glass，如图12-40所示，并输入表12-5所示的物质属性参数。

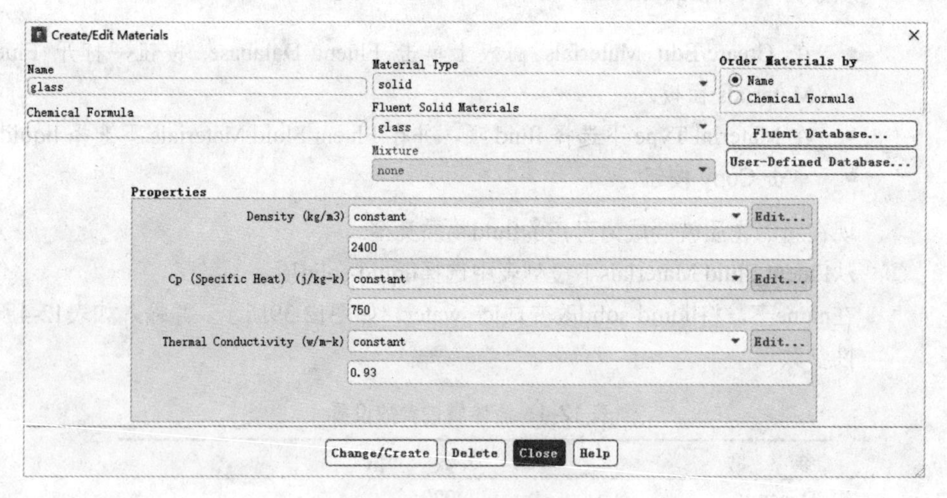

图 12-40　定义玻璃

表 12-5　玻璃属性参数设置

参　数	数　值
Density	2400
Cp	750
Thermal Conductivity	0.93

③ 单击Change/Create按钮，并在弹出的面板中单击NO按钮来增加属性修改后的玻璃。

用户可以修改空气的流体属性，或通过单击Fluent Database...按钮，从数据库中复制其他的物质。如果数据库中的属性与用户希望使用的属性值不同，用户仍旧可以在Properties下编辑属性值，并单击Change/Create按钮来刷新用户在该处的修改。数据库中的值将不受影响。

步骤04 边界条件设置。

（1）对车厢内部和冰层创建表面区域，如图 12-41 所示。

单击 Results→Surface→Create→Zone。

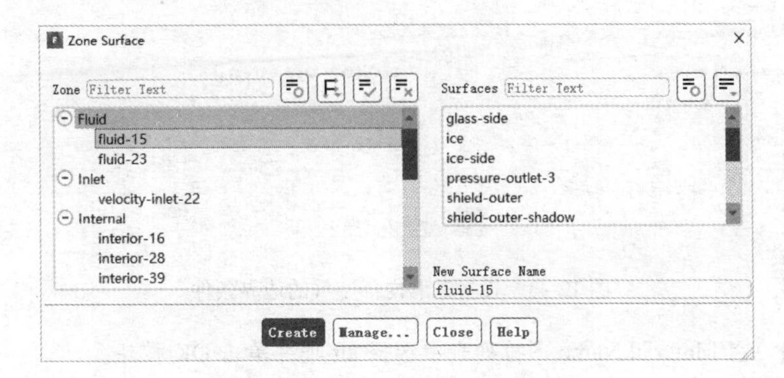

图 12-41　表面区域边界条件设置

① 从Zone列表中选择fluid-15项。

② 单击Create按钮创建一个表面区域。

③ 选择fluid-23并单击Create按钮创建另一个表面区域。

（2）显示网格。

单击 Mesh→Display。

① 选择fluid-15并单击Display按钮。

② 取消对fluid-15的选择，选择fluid-23并单击Display按钮。

fluid-15是内部舱室，fluid-23是冰层，如图12-42所示。

③ 关闭面板。

图 12-42　显示内部舱室网格

（3）定义区域。

① 设置空气的边界条件（车厢内部）。

- 打开 Cell Zone Conditions 面板，在 Zone 下选择 fluid-15 项，Type 将显示为 fluid。
- 单击 Edit 按钮来打开 Fluid 面板。
- 在 Zone Name 下，将 fluid-15 重新命名为 cabin-cells，如图 12-43 所示。

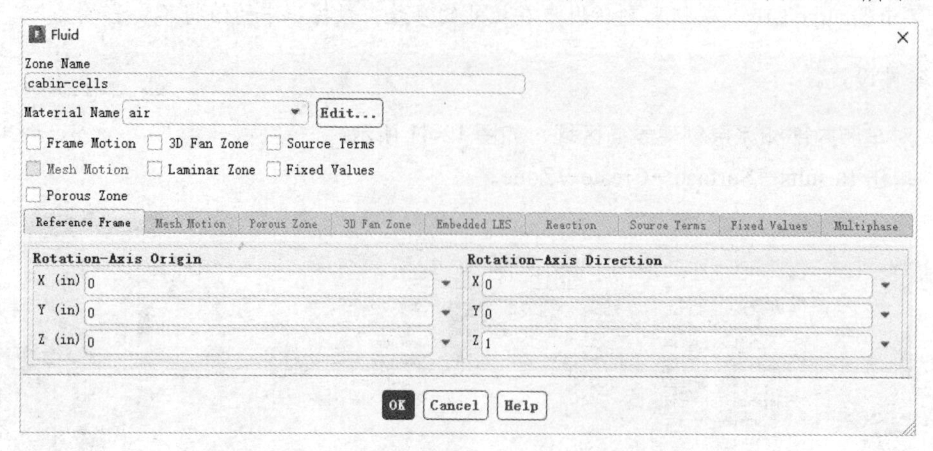

图 12-43 设置车厢内部空气的边界条件

- 在 Material Name 下拉列表中选择 air 项并单击 OK 按钮。

② 对冰层使用相似的方法设置区域条件。

- 在 Zone 下选择 fluid-23 项，并单击 Edit 按钮来打开 Fluid 面板。Type 将显示为 fluid。
- 在 Zone Name 下，将 fluid-23 重新命名为 ice-cells。
- 在 Material Name 下拉列表中选择 ice-water 项并单击 OK 按钮。

③ 对玻璃使用相似的方法设置区域条件。

- 在 Zone 下选择 solid 项，Type 将显示为 solid。
- 单击 Edit 按钮打开 Solid 面板。
- 在 Material Name 下拉列表中选择 glass 项并单击 OK 按钮。

（4）设置 velocity-inlet-22 的边界条件。

在 Velocity Inlet 面板中设置 velocity-inlet-22 的边界条件，如图 12-44 所示。

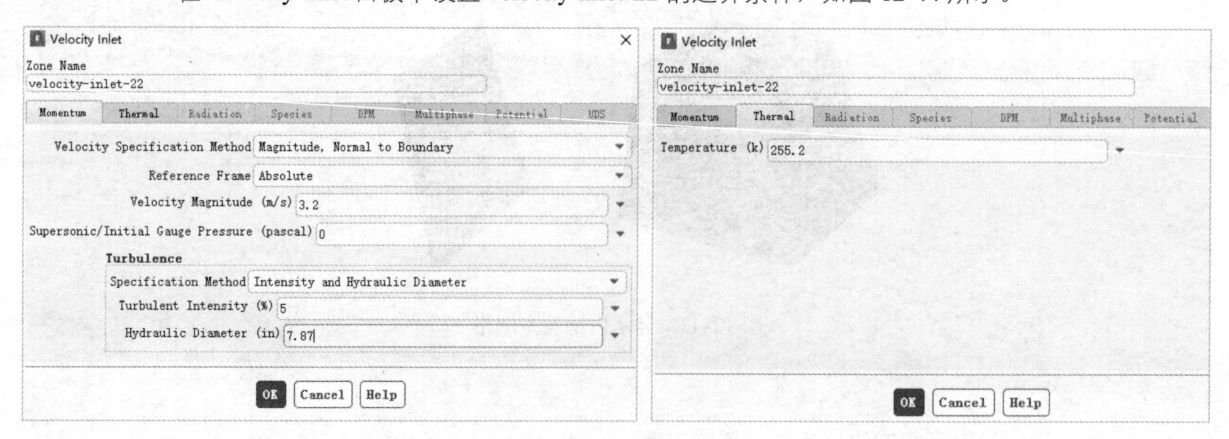

图 12-44 设置 velocity-inlet-22 的边界条件

喷管出口处的温度随时间变化。使用瞬变表来设置温度边界条件，但瞬变表不能够读入仿真的稳态部分，在仿真的稳态部分中，在 velocity-inlet-22 上设置了恒定的温度 255.2K。瞬变表将读入仿真的非稳态部分。

（5）设置 pressure-outlet-3 的边界条件，边界条件的分配如图 12-45 所示。

步骤 05 获取稳态解。

首先计算稳态流场，假定乘员车厢内部的流动是稳态的。

（1）设置求解方程。

在 Solution Controls 面板中单击 Equations 按钮，选择 Flow 和 Turbulence，而不选择 Energy，如图 12-46 所示，单击 OK 按钮完成该选择。

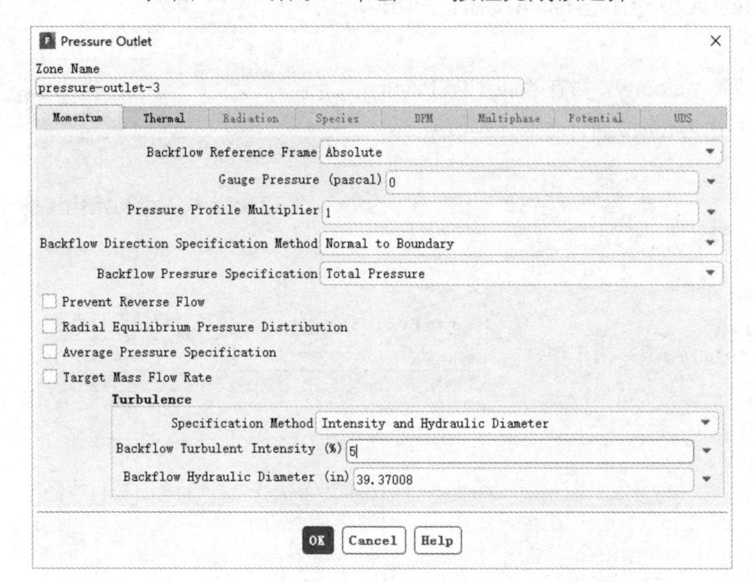

图 12-45　设置 pressure-outlet-3 的边界条件

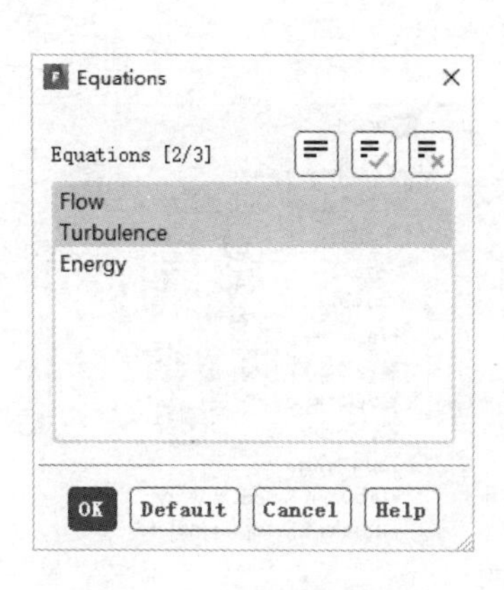

图 12-46　选择求解方程

（2）残差设置。

双击 Monitors 面板中的 Residual 项，具体设置如图 12-47 所示。

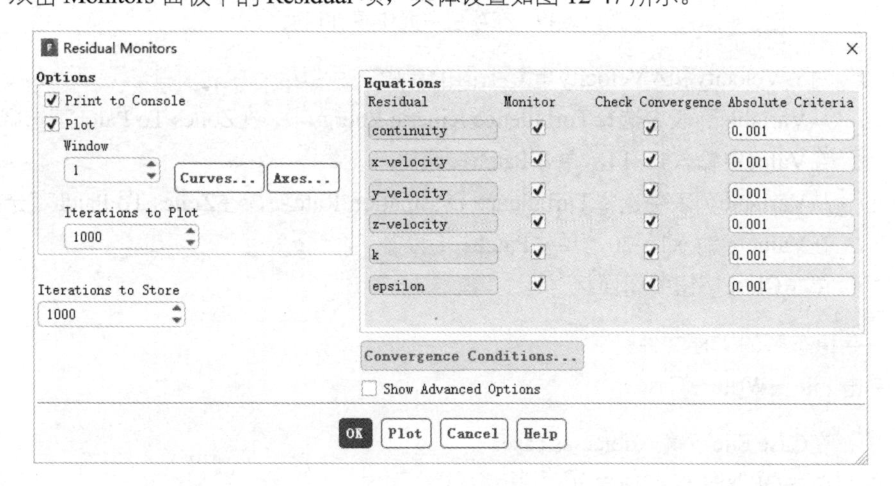

图 12-47　残差显示

在 Options 下勾选 Plot 复选框并单击 OK 按钮。

对于本次计算，连续性方程的收敛公差设置在 0.001。根据求解过程中解的特性，必要情况下用户可以减小该值。

（3）使用在入口设置的边界条件进行流场的初始化。

打开 Solution Initialization 面板，如图 12-48 所示。

① 从Compute from列表中选择velocity-inlet-22项。

② 单击Initialize按钮进行初始化。

（4）在冰层单元中填补速度、ε 和耗散速率。

① 在Solution Initialization面板中单击Patch按钮，弹出Patch面板。

② 从Variable列表中选择X Velocity，并在Zones To Patch下选择ice-cells项。单击Patch按钮，如图12-49所示。

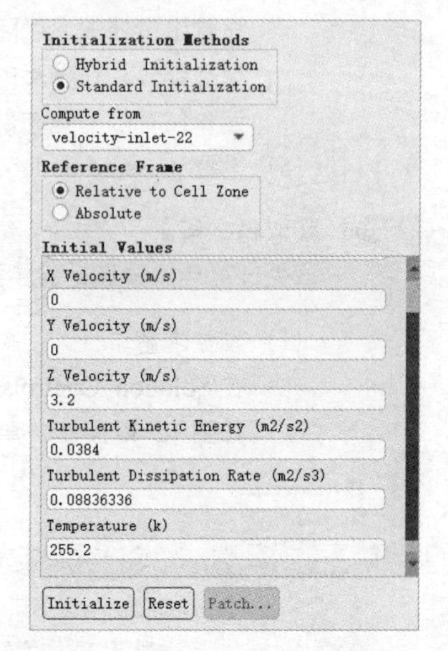

图 12-48 从入口初始化流场

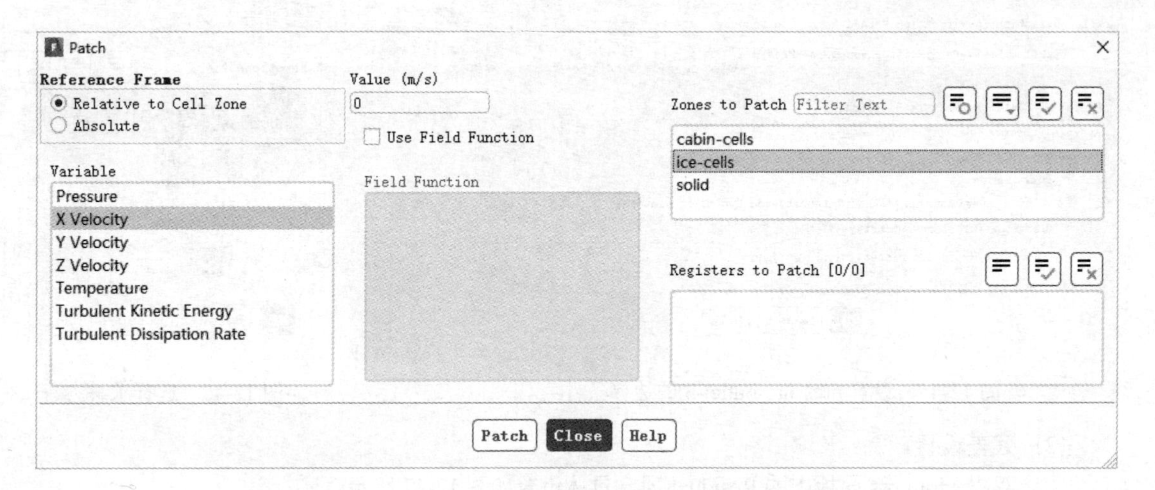

图 12-49 在冰层单元中填补速度

③ 对Y Velocity和Z Velocity重复上面的步骤。

④ 从Variable列表中选择Turbulence Kinetic Energy项，在Zones To Patch下选择ice-cells项，并在Value中输入1e–14，单击Patch按钮。

⑤ 从Variable列表中选择Turbulence Dissipation Rate项，在Zones To Patch下选择ice-cells，并在Value下输入1e–20，单击Patch按钮。

⑥ 单击Close按钮关闭面板。

（5）保存稳态解的工程文件。

单击 File→Write→Case...。

① 在Case File下输入deice-ss.case。

② 单击OK按钮保存该文件。

（6）执行计算。

在 Run Calculation 面板中设置迭代步数为 300 步，单击 Calculate 按钮开始计算。

图 12-50 中显示了残差记录曲线。

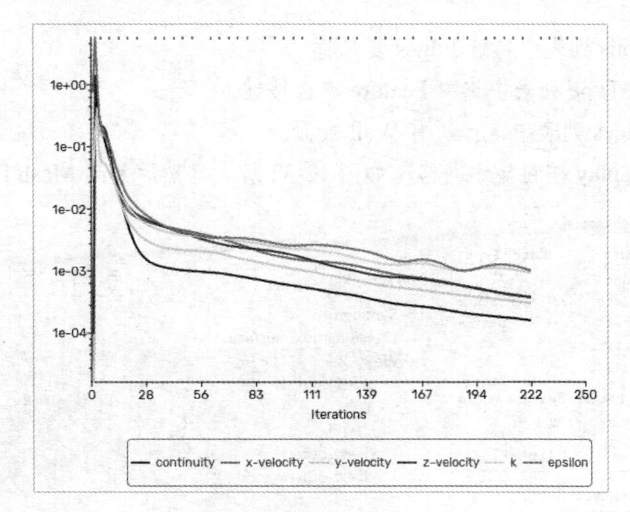

图 12-50　稳态除冰计算残差记录曲线

（7）保存稳态解的数据文件。

单击 File→Write→Data...。

① 在Data File下输入deice-ss.dat。

② 单击OK按钮保存稳态解的数据文件。

步骤 06 稳态过程的后处理。

流线是中性浮力微粒在与流体运动平衡时所经过的路线。流线是进行复杂三维流动可视化显示很好的工具。

双击 Graphics and Animations 面板中的 Pathlines 项，弹出 Pathlines 面板，如图 12-51 所示。

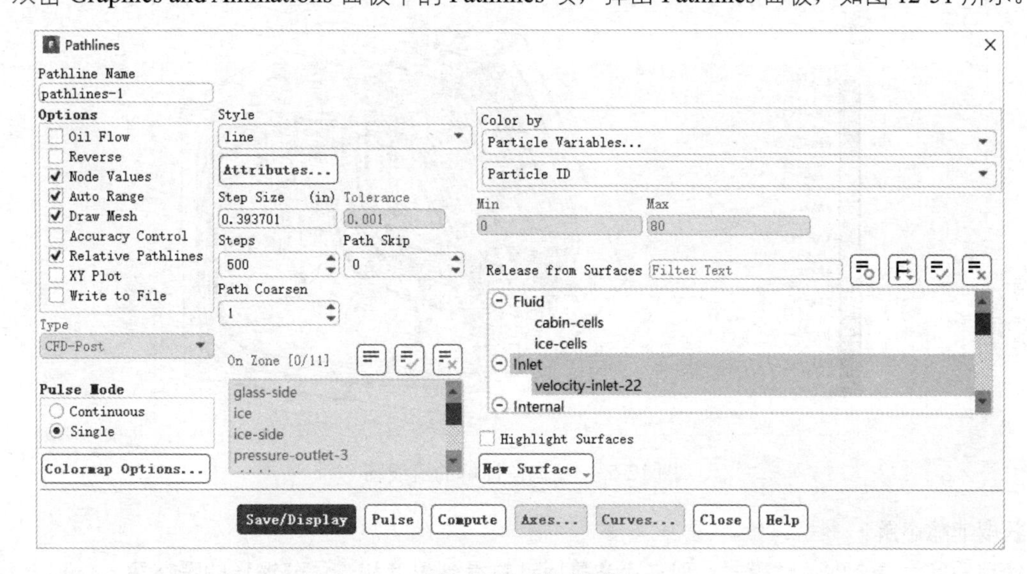

图 12-51　显示流线

（1）在 Color by 下拉列表中选择 Particle Variables...和 Particle ID 项。

（2）在 Options 下勾选 Draw Mesh 复选框。这样就会打开 Mesh Display 面板，用户就可以在显示中包括网格轮廓。

- 在 Options 列表中勾选 Edges 复选框。
- 在 Edge Type 列表中选中 Feature 单选按钮。
- 在 Surfaces 列表中选择所有 Wall 表面。
- 单击 Display 按钮显示网格，如图 12-52 所示，然后关闭 Mesh Display 面板。

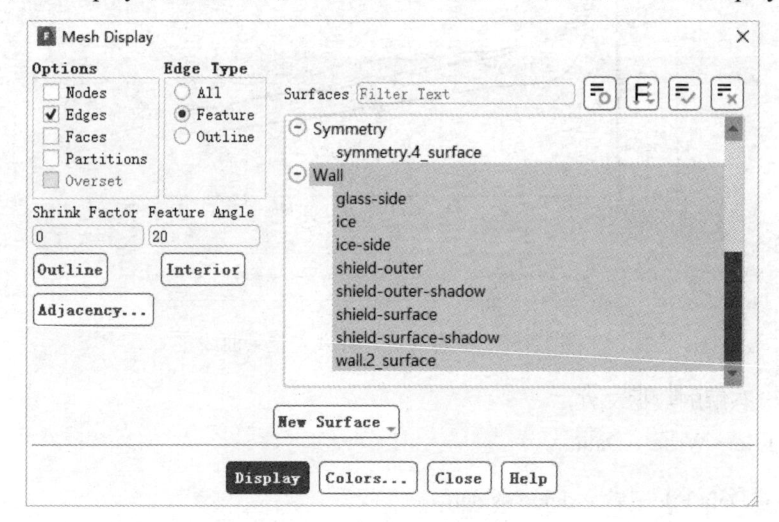

图 12-52　显示网格

（3）在 Release From Surfaces 列表下选择 velocity-inlet-22 项。

（4）单击 Save/Display 按钮来观看流线。

使用鼠标左键来旋转观测视角，如图 12-53 所示。

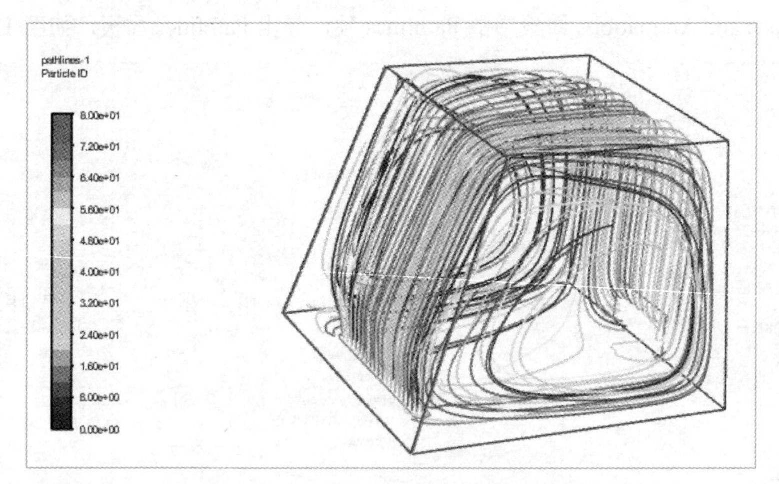

图 12-53　稳态除冰解的流线图

步骤 07 获取非稳态解。

使用假定为稳态的流动模式，现在用户可以计算得到温度和流体分馏场的瞬态解。

（1）激活非稳态求解器。

在 General 面板中选择 Transient，即进行非稳态求解。当前的稳态流动解作为非稳态流动计算的初始条件。

（2）使用瞬变表设置温度瞬态边界条件。

不同时间下温度变化参数设置如表 12-6 所示。

表 12-6　不同时间下温度变化参数设置

时　间（分）	温　度（K）
0	255.2
5.0	290.2
10.0	311.8
15.0	329.1
20.0	334.1
30.0	344.1

本教程中包含瞬变表 blow.tab，确保在用户工作目录中存在该文件。

① 使用下面的命令行读取该瞬变表：

file/read-transient-table blow.tab

运行后监视窗口中的显示如图12-54所示，表示瞬变表读取成功。

```
/file> read-transient-table blow.tab

Reading "blow.tab"...


Reading transient profile file...
       6 "blower" transient-profile points time, temper,.
```

图 12-54　velocity-inlet-22 边界条件修改

② 在对velocity-inlet-22边界条件的Velocity Inlet面板中，将Temperature设置成blower temper，并单击OK按钮，如图12-55所示。

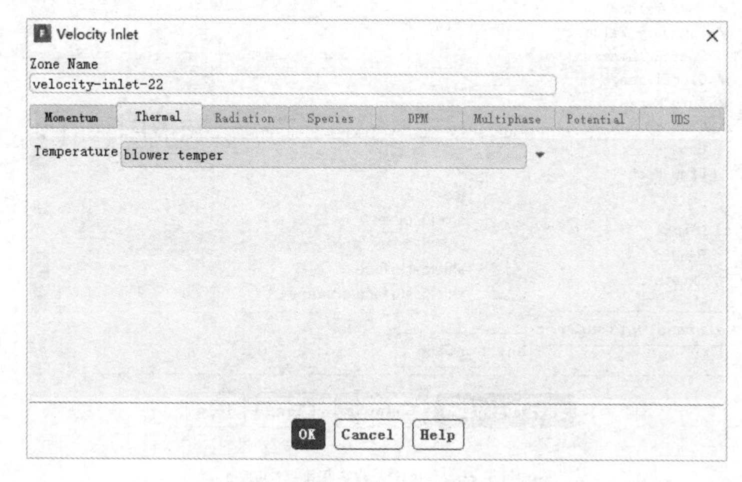

图 12-55　velocity-inlet-22 边界条件修改

（3）激活 Energy 方程并关闭其他的方程（Flow 和 Turbulence）。

在 Solution Controls 面板中单击 Equations 按钮，打开 Equations 面板。在 Equations 列表中选择 Energy 项并取消对 Flow 和 Turbulence 的选择。

（4）设置图像硬拷贝类型。

单击 File→Save Picture。

① 在Format下选中TIFF单选按钮并在Coloring下选中Color。

② 单击Apply按钮完成选择，具体设置如图12-56所示。

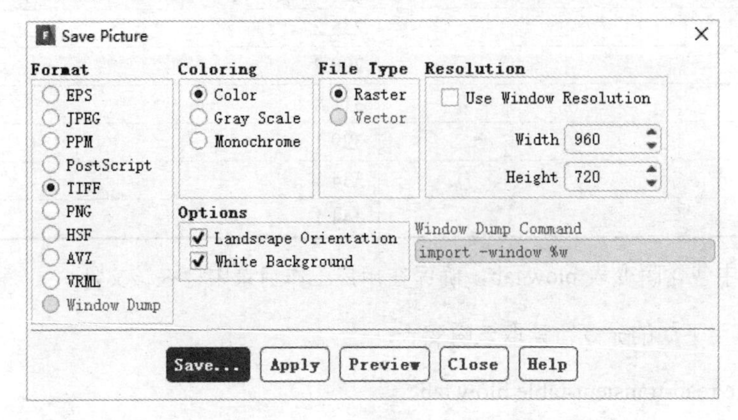

图 12-56　设置图像硬拷贝类型

（5）对流体分数廓线自动创建硬拷贝文件的设置。

当完成非稳态求解后，图像文件可用于模拟冰层溶解过程的动画。

① 显示流体分数云图。

双击Graphics and Animations面板中的Contours项，弹出Contours面板，如图12-57所示。

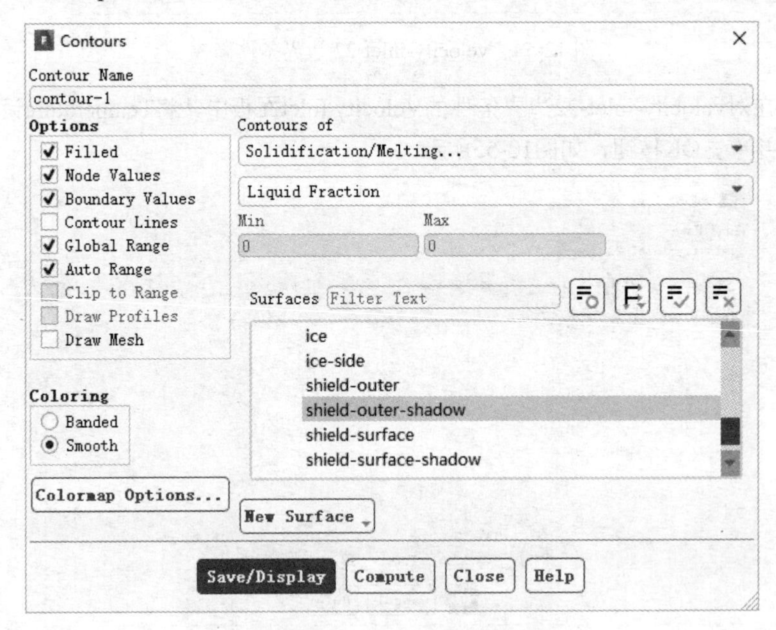

图 12-57　设置流体分数轮廓线

- 在 Contours of 下拉列表中选择 Solidification/Melting…和 Liquid Fraction 项。
- 在 Options 下勾选 Filled 复选框。
- 在 Surfaces 下选择 shield-outer-shadow 项。
- 单击 Save/Display 按钮。

② 显示完整的场景。

单击Graphics and Animations面板中的Views按钮，打开Views面板，如图12-58所示。

- 在 Mirror Planes 下选择 symmetry.4_surface 项。
- 单击 Apply 按钮。
- 使用鼠标左键调整图像方向。

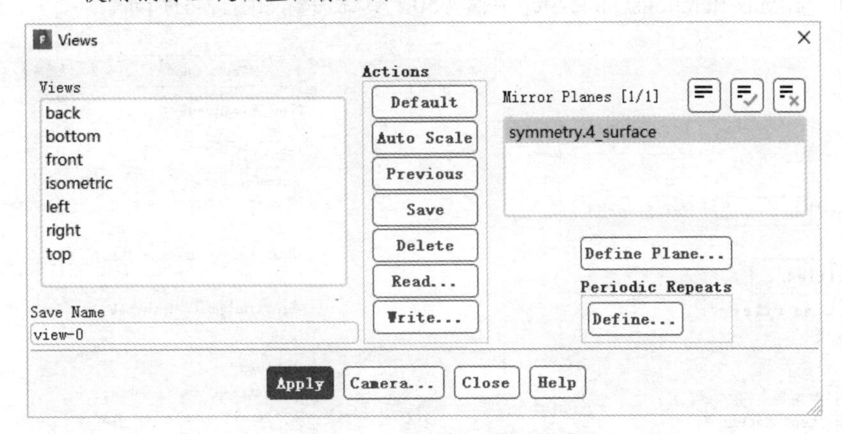

图 12-58 显示完整的场景

③ 输入自动生成硬拷贝文件的命令行。

在Calculation Activities面板中单击Execute Commands下的Creat按钮，打开Execute Commands面板，如图12-59所示。

- 单击 Defined Commands 右边向上的箭头，将 Defined Commands 的数量改成 2。
- 对于这两个命令行，将 Every 设置成 10，并从 When 下拉列表中选择 Time Step 项。
- 对于 command-1，在 Command 下输入/display/contour lf 0 1。
- 对于 command-2，在 Command 下输入/display/hardcopy "LF-%n.tiff"。

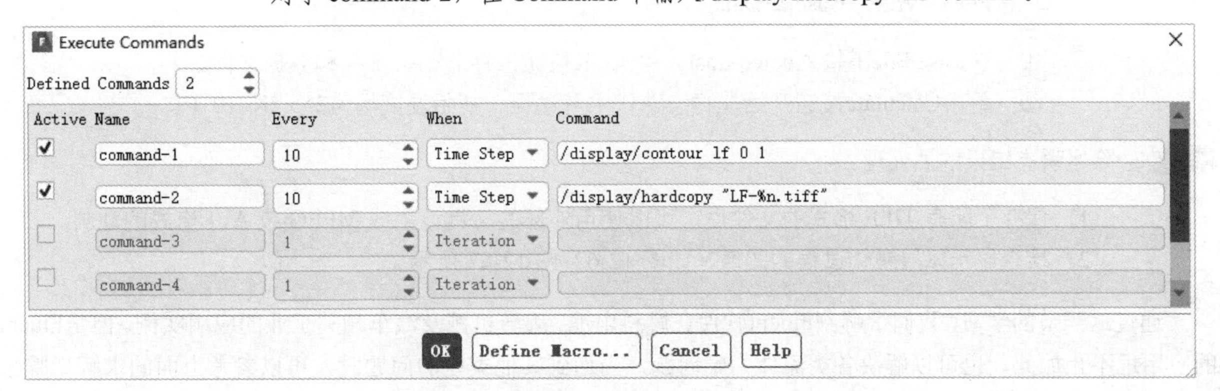

图 12-59 输入自动生成硬拷贝文件的命令行

云图在其输出为硬拷贝文件前必须进行显示。%n在command-2 中是保留字符，用于将时间步数分配给每个硬拷贝文件，从而使每个文件都有唯一的名称。

（6）在每 40 个时间步，激活数据文件的自动保存选项。

选择 File→Write→Autosave...命令，具体设置如图 12-60 所示。

（7）对非稳态计算设置求解参数。

打开 Run Calculation 面板：

① 在Time Step Size（s）中输入5。

② 在Number of Time Steps中输入200（近似为17分）。

③ 在Max Iterations/Time Step中输入50，具体设置如图12-61所示。

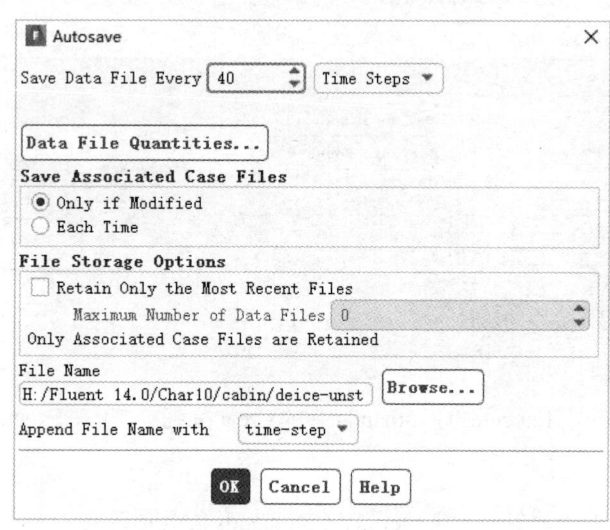

图 12-60 自动保存选项设置

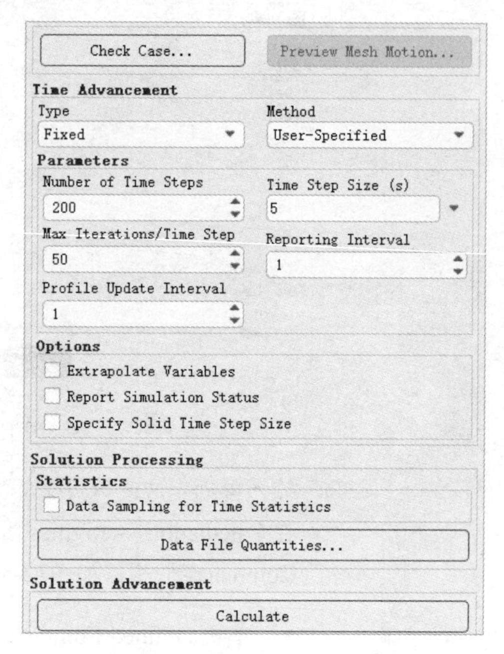

图 12-61 设置非稳态计算迭代参数

（8）保存非稳态解的工程和数据文件。

单击 File→Write→Case & Data...。

① 在Case File下输入deice-unst。单击OK按钮保存非稳态工程和数据文件。

② 单击Calculate按钮开始非稳态迭代求解过程。初始温度场为255.2K（0º F）。

步骤 08 除冰瞬态结果的后处理。

（1）保存了所有 TIFF 格式的文件后，可以使用外部的工具包生成 MPEG 或 AVI 格式的动画。

（2）检查显示冰层融化过程的图像，如图 12-62~图 12-67 所示。

通过这一节的学习，我们了解到Fluent软件在燃料电池、旋转机械及汽车相关工业的应用实例。但是Fluent的应用远不止如此，也可以解决各类流体力学问题，当遇到其他类型的问题时，可以参考上面的求解步骤来得到未知问题的解答。

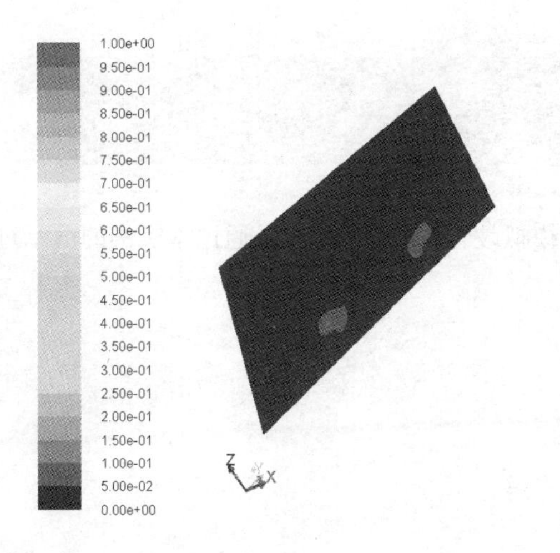

图 12-62　500 秒时的流体分数云图

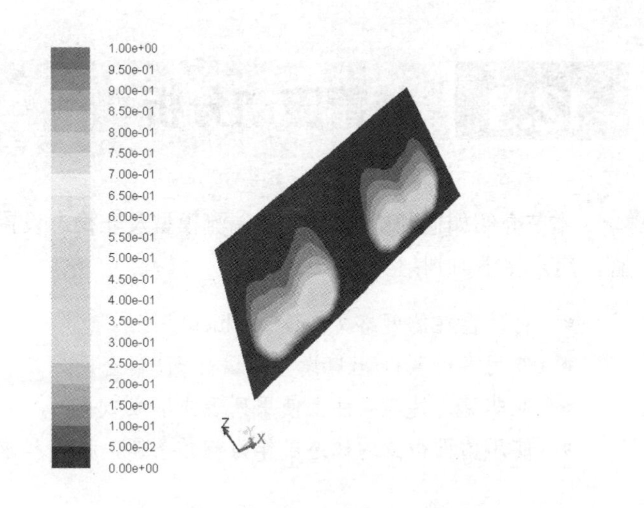

图 12-63　600 秒时的流体分数云图

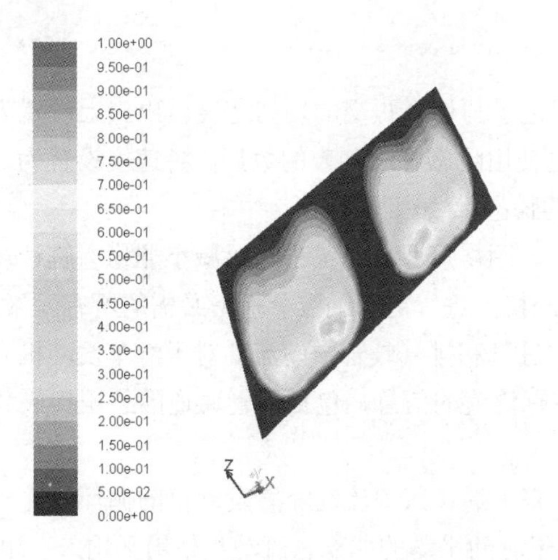

图 12-64　700 秒时的流体分数云图

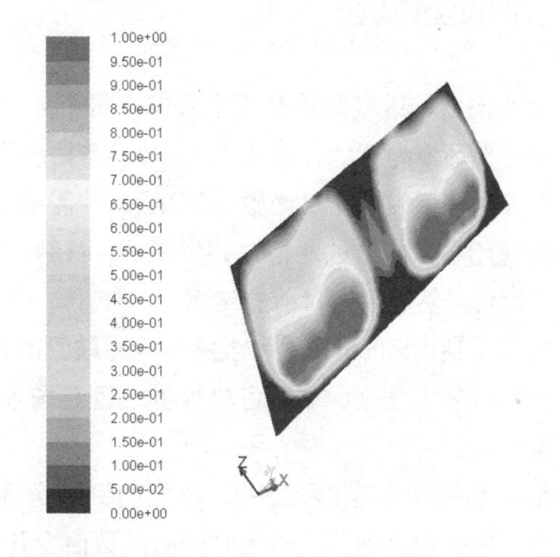

图 12-65　800 秒时的流体分数云图

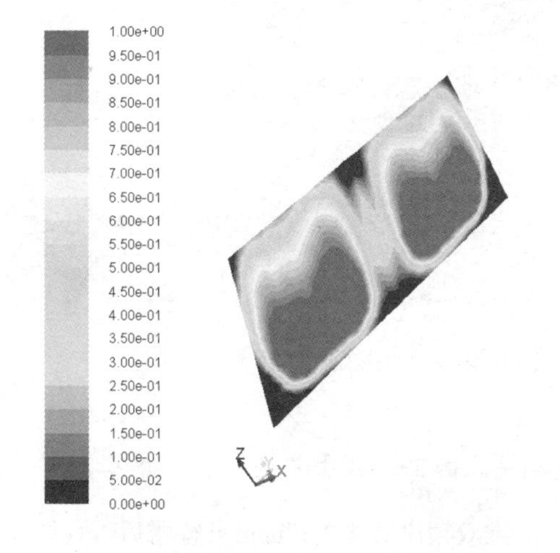

图 12-66　900 秒时的流体分数云图

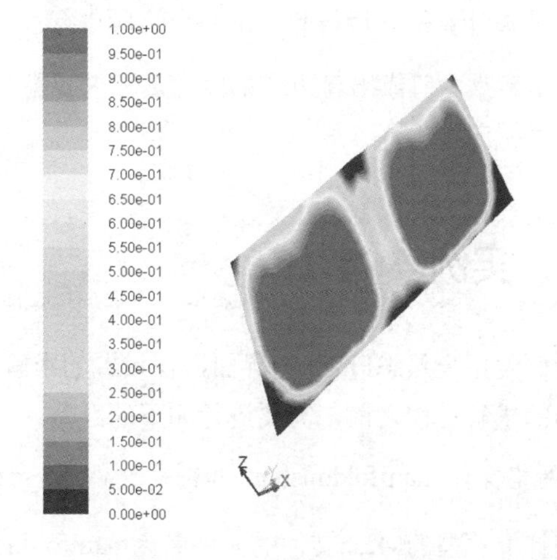

图 12-67　1000 秒时的流体分数云图

12.3 歧管流动分析

本节介绍如何利用Fluent中的湍流模型及非稳态设置计算来模拟歧管流动分析过程。通过本实例的演示过程，用户将学习到：

- 将已存在的网格文件读入 Fluent。
- 使用多个入口/出口设置和运行 3D 稳态问题。
- 在非稳态边界条件上使用列表式廓线数据。
- 使用前面得到的稳态解作为初始条件，设置和求解非稳态解。

12.3.1 问题描述

所使用的实例中，进气歧管有两个入口，每个入口上预先指定了与边界正交的均匀速度。出口上设置为固定压力（相对于环境为 0 的标准压力）。对于非稳态问题，通过使用瞬态廓线列表的数据，将速度设置为时间的函数。也可以使用用户定义函数（UDF），并需要定义变化的瞬态廓线。

对该问题使用了四面体的网格，共生成了 14184 个网格单元。网格尺寸保持很小，以减小非稳态解计算所需要的计算代价。然而，在目前的实例中，使用了在更大规模网格上进行更加细致分析所必需的所有元素。

该实例演示了使用Fluent设置和求解非稳态歧管的计算过程。进气和排气歧管中的流动对于汽车发动机有重要意义。计算流体力学（CFD）可以提供歧管流场本质的一些有价值的信息，包括歧管通道的总压损失和流动分离现象。

实际上常关心的流动是非稳态的。典型的例子是排气歧管，其中通道入口流动随着发动机的循环变化。这样的仿真中，损失和流动分离作为时间的函数而变化，并且对于时间平均的非稳态流动与使用平均入口/出口条件下的稳态解可以是不同的。

非稳态歧管计算的分析按照以下两个阶段进行：

步骤 01 使用定常入口或出口边界条件设置和求解稳态解。该解将作为非稳态计算的初始条件。

步骤 02 设置和求解非稳态解。

12.3.2 实例操作

本教程假定用户熟悉Fluent的界面，在设置的求解过程中一些基本步骤就不明确给出了。

在具体的求解过程之前，需要进行如下的准备：

- 将网格文件 manifold.msh.gz 和剖面文件 tab_data.prof 复制到用户的工作目录中。

本实例计算模型的Mesh文件的文件名为manifold.msh.gz。运行三维双精度版本的Fluent求解器后，具体操作步骤如下：

步骤 01 网格的处理。

（1）读入网格文件（manifold.msh.gz）。

单击 File→Read→Case...。

通过单击 manifold.msh 来选择该文件，然后单击 OK 按钮。

（2）检查网格。

在 General 面板中单击 Check 按钮，Fluent 将进行各种网格检查，并在控制台窗口输出检查的进展信息。注意输出的最小体积并保证该值为正数。

（3）缩放网格。

① 在General面板中单击Scale按钮，在Mesh Was Created In下拉菜单中选择mm（毫米）。

② 单击Scale按钮将网格尺寸变成毫米。

③ 在View Length Unit In下拉菜单中选择mm，将mm（毫米）设置为长度的工作单位。

确保Xmax（mm）、Ymax（mm）和Zmax（mm）分别为302.405、125.613和17.7843，具体设置如图12-68所示。

现在网格正确标注了尺寸，并且长度的工作单位设置为毫米。

④ 关闭面板。

不需要改变问题中其他单位，因为其使用的默认单位为SI单位制。通过用户刚刚进行的步骤，将长度单位选择为毫米。如果用户希望将长度的工作单位改为毫米以外的其他单位（例如英寸），需要使用Define下拉列表中的Set Units面板。

（4）显示网格，如图 12-69 所示。

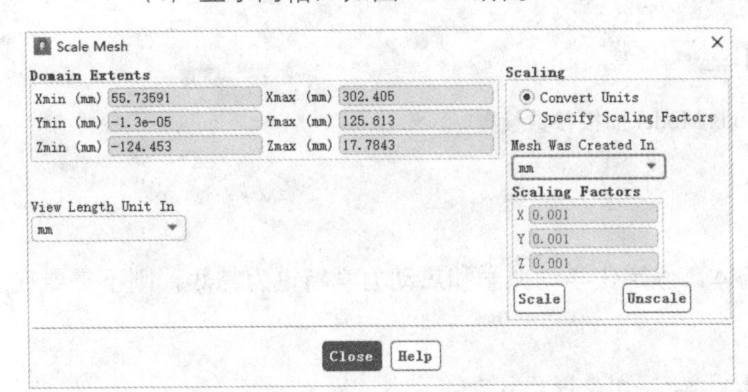

图 12-68 网格缩放设置

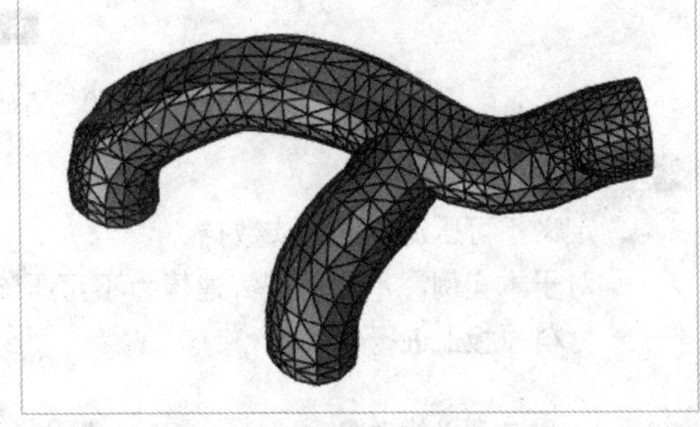

图 12-69 歧管的四面体网格

用户可以使用鼠标右键来检查与每个边界相应的区域数量。当在图形窗口中某个边界上单击鼠标右键时，该边界的区域数量、名称和类型就会在Fluent控制台窗口中显示。当用户具有相同类型的几个区域，并且希望快速区分这些区域时，该特性很有用。

步骤 02 模型设置。

（1）保持 General 面板的默认设置。

本次应用中假定为不可压流，因此选择了基于压力的求解器。对于开始的处理中，计算稳态求解过程，所有的参数都使用默认值。

（2）激活能量方程。

在 Models 面板中双击 Energy 项，选中 Energy Equation，并单击 OK 按钮。

（3）打开标准$k-\varepsilon$湍流模型。

① 打开Viscous Models面板，在Model列表中选中k-epsilon（2 eqn）单选按钮。

当用户这样选择时，开始的Viscous Model面板将展开，具体设置如图12-70所示。

② 通过单击OK按钮来接受默认的标准模型。

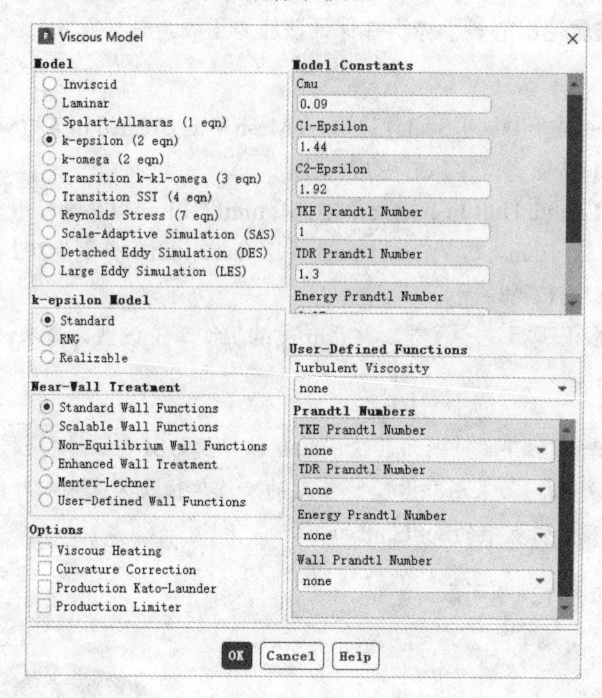

图 12-70　Viscous Model 面板参数设置

步骤03 物质设置。

定义不可压流体的物质数据。

对于本实例，用户将空气建模为不可压流体。假定化学动力学和热动力学特性为常数，则不需要在材料面板上进行修改。

用户可以修改Create/Edit Materials面板上显示的物质的默认流体属性，或者从物质数据库复制物质。通过单击Create/Edit Materials面板上的Fluent Database按钮，打开物质数据库。如果数据库中的属性与用户希望使用的属性不同，用户仍然可以编辑Properties下的值，并单击Change/Create按钮来更新该处的设置（数据库将不受影响）。

步骤04 边界条件设置。

（1）歧管有两个速度入口区 velocity-inlet-1 和 velocity-inlet-2，以及一个压力出口区 pressure-outlet-1。计算域中壁面包括在区域 wall-17 中。用户可以按照如下的介绍设置稳态解的问题：

① 打开Cell Zone Conditions面板，在Zone列表下选择fluid-79。

② 单击Edit按钮来打开Fluid面板。

③ 单击OK按钮接受Material Name的默认选项air，具体设置如图12-71所示。

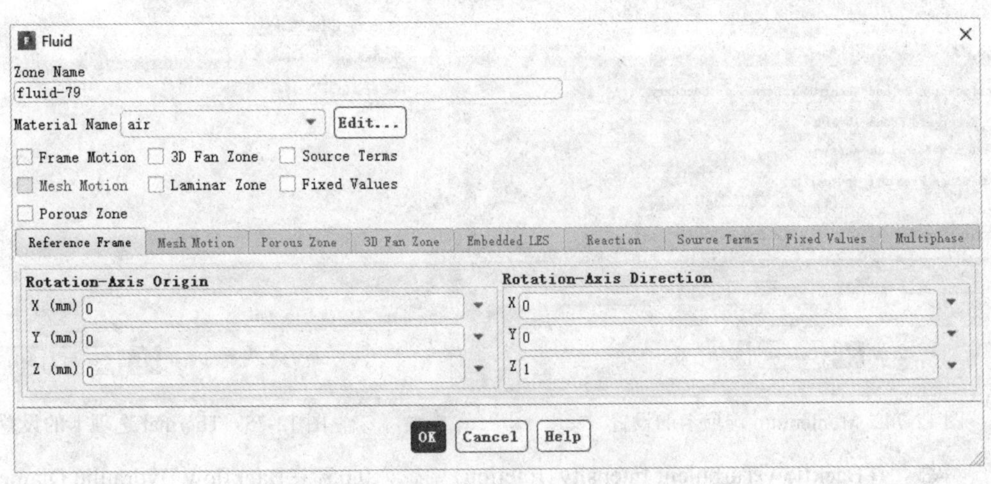

图 12-71　Material Name 的默认选项 air

（2）选择在入口的边界条件。

① 打开Boundary Conditions面板，在Zone下选择velocity-inlet-1项，并单击Edit按钮。

如果用户不确定哪个入口区对应着主要入口，右击来探查网格显示。区域的ID将显示在Fluent控制台窗口中，并且该区域将自动地在Zone列表中处于被选择状态。在2D仿真中，返回面板，并在使用鼠标键探查区域名称前，取消流体和内部区域的选择会较有用。

② 在Velocity Inlet面板中设置对velocity-inlet-1的条件，具体设置如图12-72和图12-73所示。

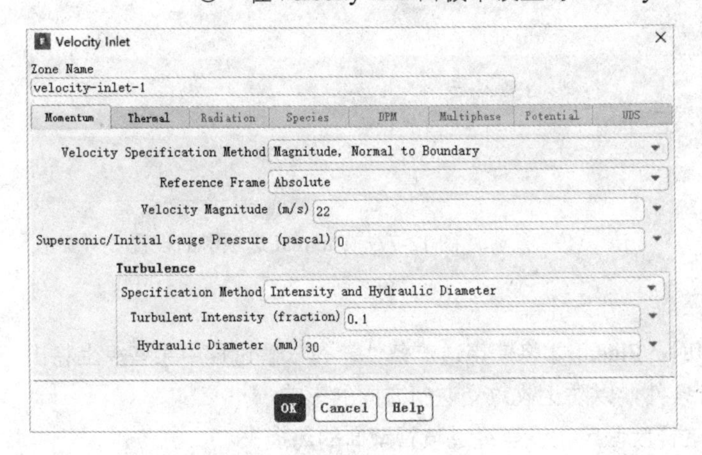

图 12-72　Momentum 选项卡的设置

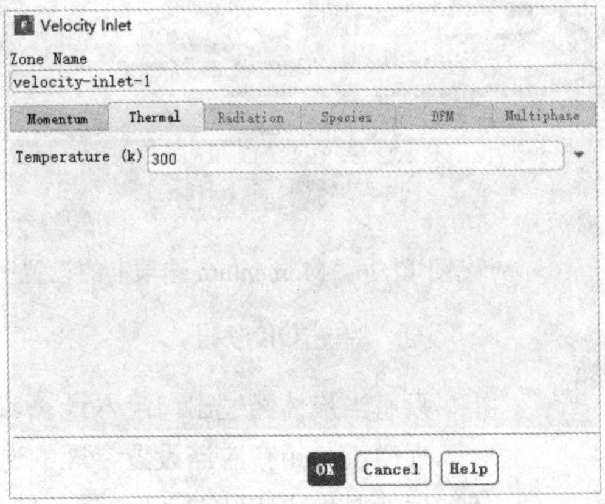

图 12-73　Thermal 选项卡的设置

③ 单击OK按钮。

（3）对 velocity-inlet-2 重复上面的操作，具体设置如图 12-74 和图 12-75 所示。

（4）设置 pressure-outlet-1 的边界条件。

① 在Boundary Conditions面板上选择pressure-outlet-1项。

② 输入面板上所示的值。

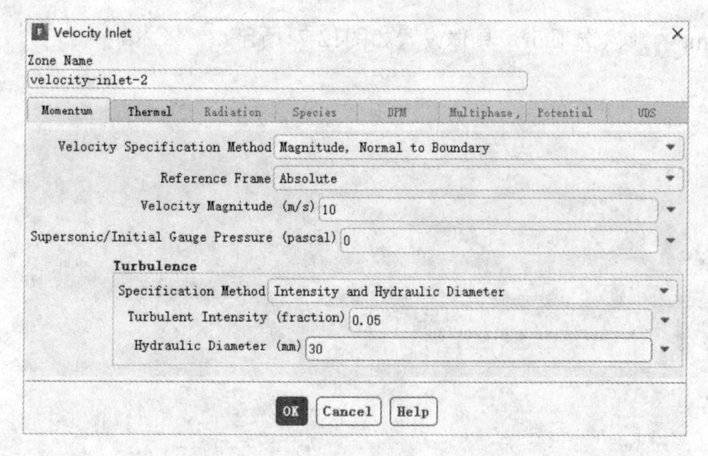

图 12-74 Momentum 选项卡的设置

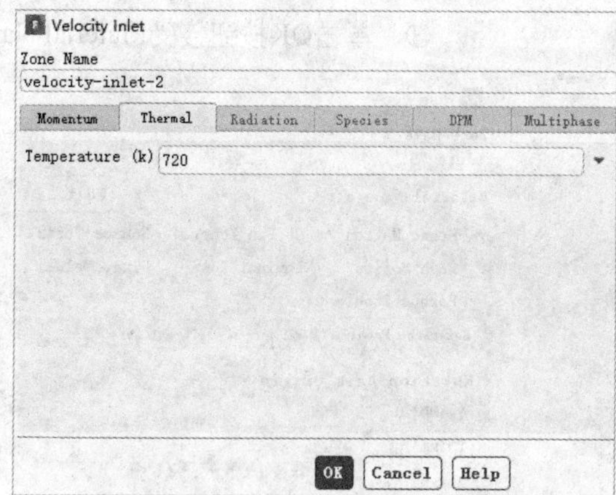

图 12-75 Thermal 选项卡的设置

③ 在Backflow Turbulent Intensity（fraction）中输入0.05，在Backflow Hydraulic Diameter（mm）中输入30，具体设置如图12-76和图12-77所示。

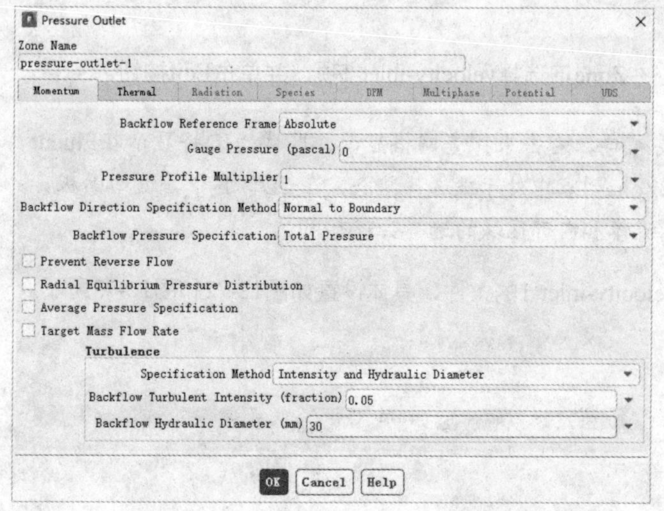

图 12-76 Momentum 选项卡的设置

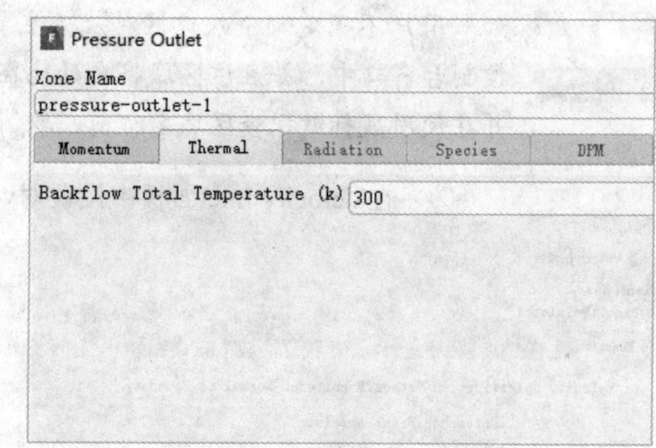

图 12-77 Thermal 选项卡的设置

④ 单击OK按钮。

只有当流体经过出口流入计算域中时，Fluent 才将使用逆流条件，在求解过程中某些点上将出现逆流。用户应当设置合理的逆流条件，以防止收敛受逆向方向的影响。

（5）保持对 wall-17 的默认边界条件。这样就假定了没有经过歧管壁面的热损失。

步骤 05 获取稳态解。

当用户从好的初始流场开始时，歧管模型运行的最好，因此，首先计算稳态流场。

（1）设置求解参数。

① 在Solution Controls面板中，保留Under-Relaxation Factors的默认值。

对于该问题，默认的亚松驰因子可以得到满意的结果。如果解发散或残差显示大的振荡，用户可以调整亚松驰因子，不使用默认值。请参阅Fluent用户指南关于对不同条件调整亚松驰因子的技巧。

② 在Solution Methods面板中，对Pressure选择Standard项，对Momentum选择Second Order Upwind项，对Energy选择First Order Upwind项，具体设置如图12-78所示。

③ 在Pressure-Velocity Coupling下的Scheme下拉列表中选择SIMPLE项。

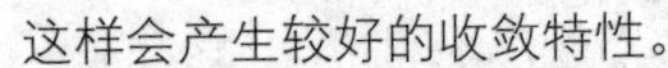
这样会产生较好的收敛特性。

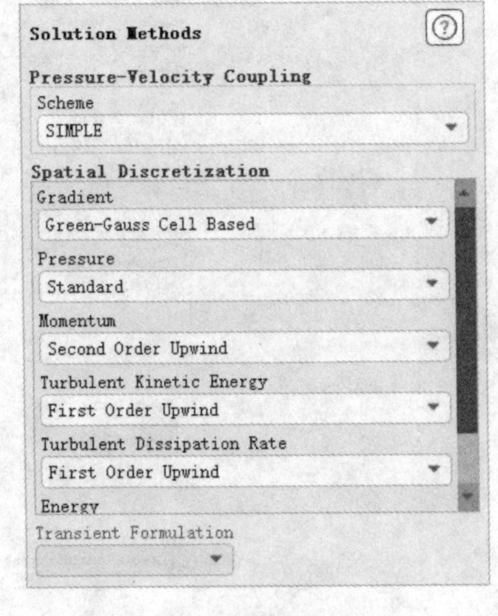

图 12-78 设置求解参数

(2) 激活求解过程中的残差显示。

在 Monitors 面板中双击 Residuals 项，打开 Residual Monitors 面板，如图 12-79 所示。

在 Options 下勾选 Plot 复选框，并单击 OK 按钮。

对于计算，连续方程的收敛准则为 0.001。用户可以在必要时减小该值，取决于解的特性。

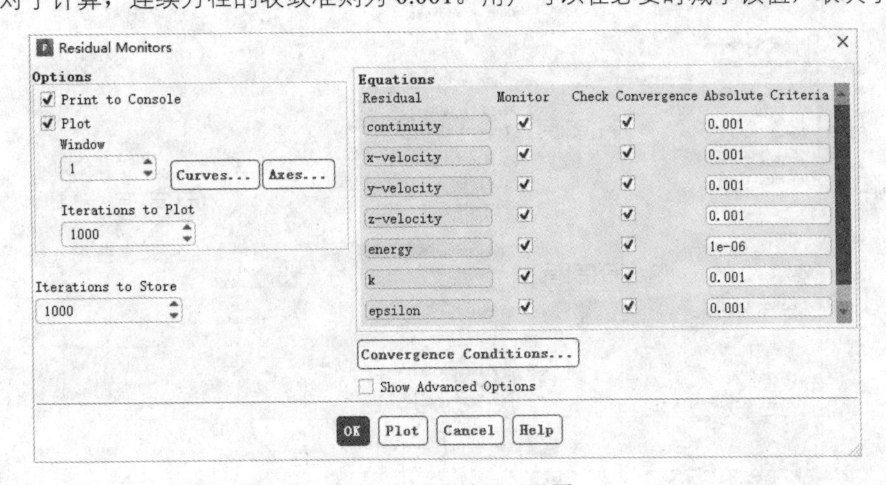

图 12-79 残差显示设置

(3) 定义监控参数，打开出流边界上质量流率和面积加权平均滞止温度的曲线图。

单击 Surface Monitors 下的 Creat 按钮，打开 Surface Report Definition 面板，定义 monitor-1，具体设置如图 12-80 所示。

当在Surface Monitor面板上选择Write选项时，质量流率的时间曲线就被写入文件中。如果用户不选择Write选项，当退出Fluent时就会丢失时间曲线信息。

类似地，对 monitor-2 进行定义，具体设置如图 12-81 所示。

(4) 保存工程文件。

单击 File→Write→Case...。

在 Case File 下输入 manifold-ss.cas 并单击 OK 按钮。

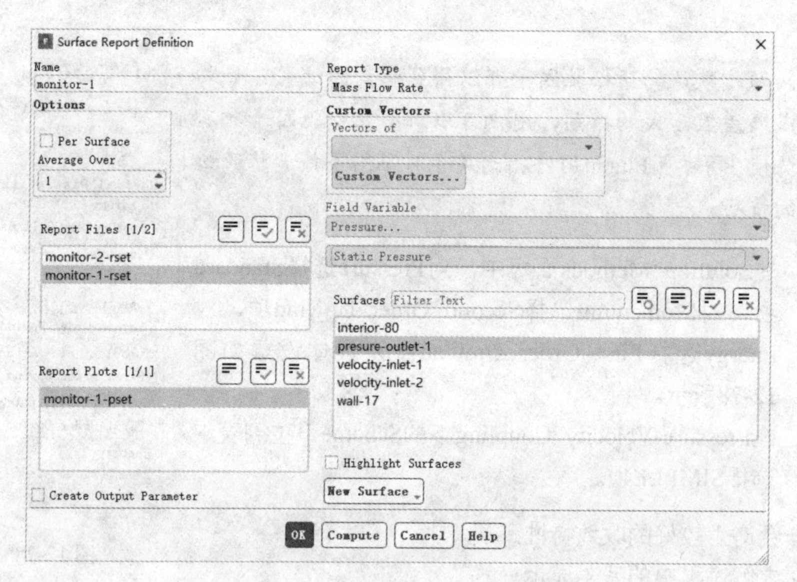

图 12-80　表面器监控 1 参数设置

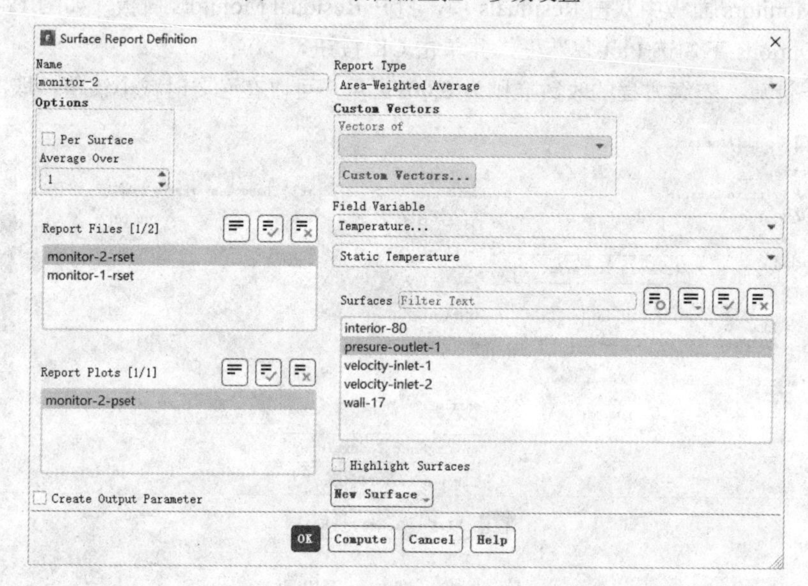

图 12-81　表面器监控 2 参数设置

开始计算前始终要保存用户的工程文件。在指定文件名时，如果用户给出了gz扩展名，Fluent就会自动用压缩格式保存文件。

（5）流场的初始化。

① 打开Solution Initialization面板，从Compute from列表中选择velocity-inlet-1项，并输入速度分量的值，如图12-82所示。

② 单击Initialize按钮开始初始化。

（6）进行 150 步迭代。

打开 Run Calculation 面板进行设置，如图 12-83 所示，单击 Calculate 按钮开始计算。

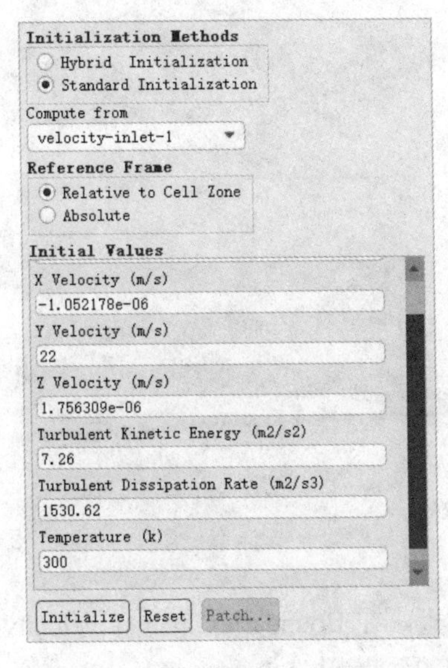

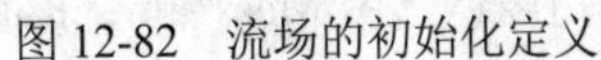
图 12-82　流场的初始化定义

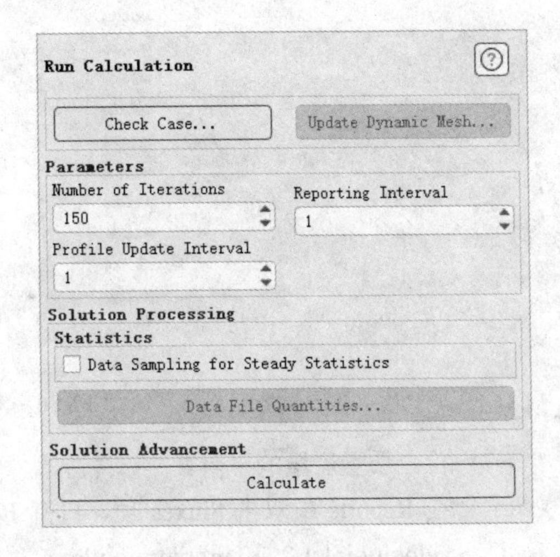

图 12-83　迭代参数设置

经过大约 100 步迭代后，解就可以收敛，过程如图 12-84～图 12-86 所示。

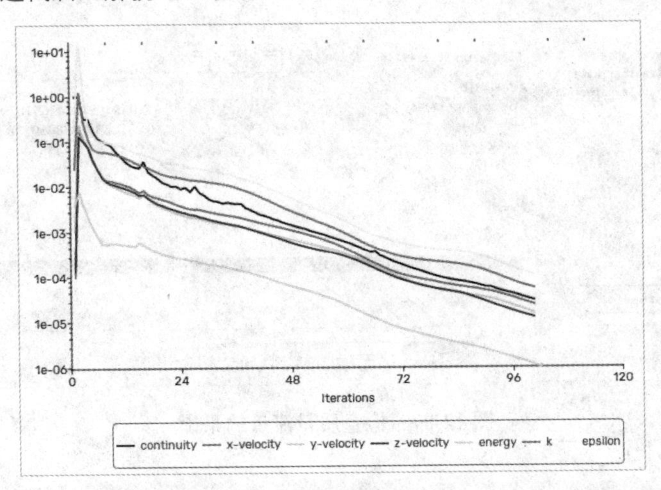

图 12-84　稳态歧管计算的残差时间曲线

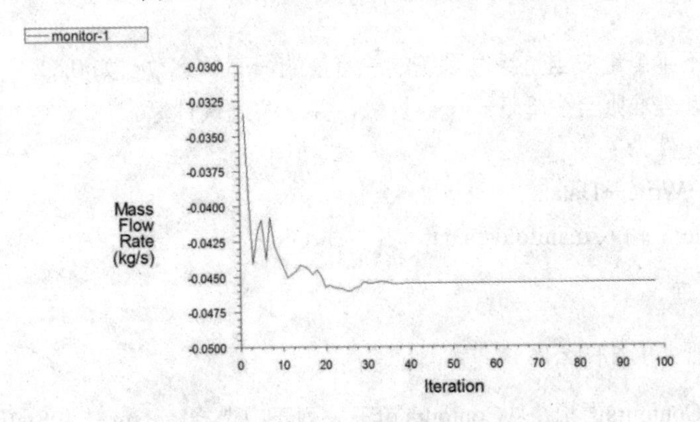

图 12-85　质量流率时间曲线

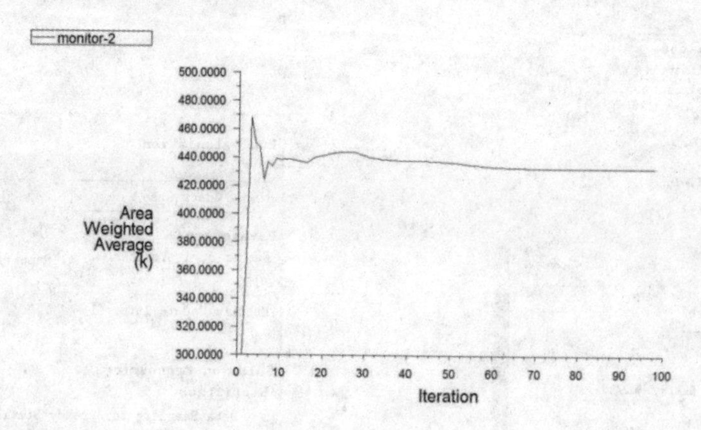

图 12-86　滞止温度时间曲线

（7）检查质量流量的平衡。

在 Reports 中双击 Fluxes 项，打开 Flux Reports 面板，在 Boundaries 下选择 velocity-inlet-1、velocity-inlet-2 和 pressure-outlet-1 项。在 Options 下保持默认选中 Mass Flow Rate 单选按钮，并单击 Compute 按钮，如图 12-87 所示。

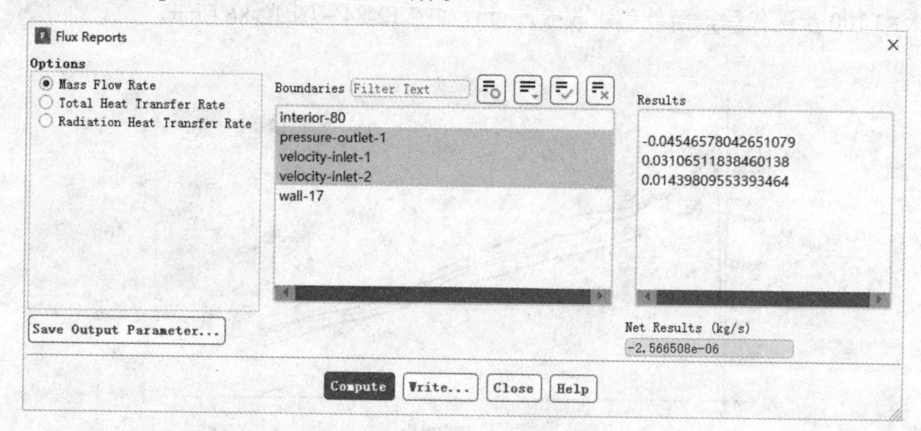

图 12-87　检查质量流量的平衡

残差时间曲线图仅表明解的收敛过程。检查经过计算域的净质量流量来确保质量的守恒。

净的质量不平衡量应当是经过系统的总流量的很小的分数（如 0.5%）。如果出现了显著的不平衡量，将残差准则至少降低一个数量级，并继续迭代计算。

（8）保存数据文件。

单击 File→Write→Data...。

在 Data File 下输入 manifold-ss.dat，并单击 OK 按钮。

步骤 06　稳态过程的后处理。

（1）显示滞止压力填充的云图。

① 打开Contours面板，从Contours of下拉列表中选择Pressure...和Static Pressure项，如图12-88所示。

② 在Options下勾选Filled复选框。

③ 在Surfaces下选择除了interior-80之外的所有表面。

④ 单击Save/Display按钮来观察滞止压力云图（见图12-89），并关闭面板。

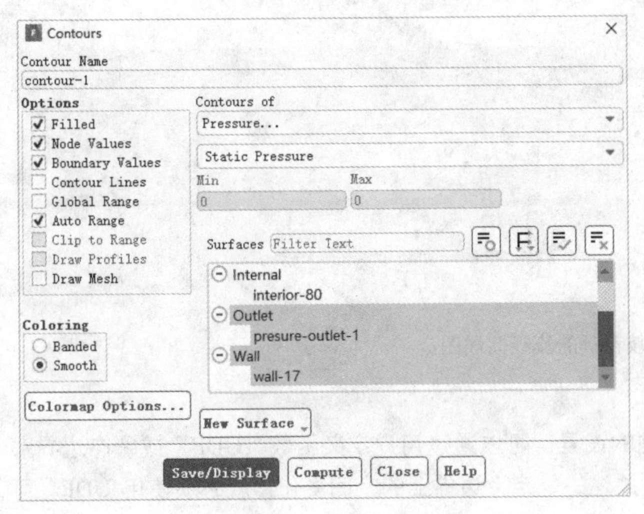

图 12-88 显示滞止压力填充的云图

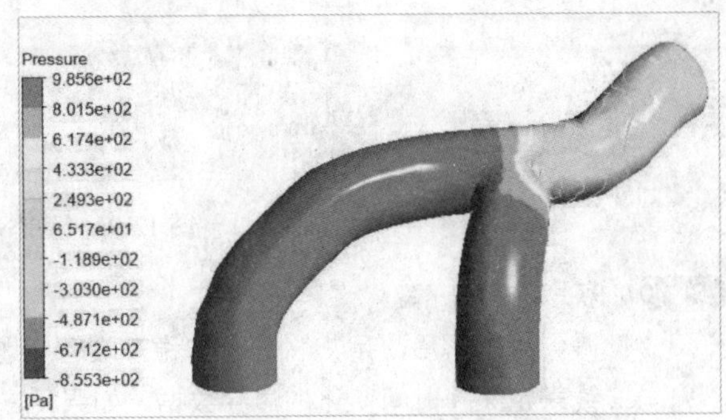

图 12-89 稳态歧管解的滞止压力

使用鼠标左键来操控默认的视角，要知道某点压力的确切值，在该点处其值就会在 Fluent 控制台窗口中显示。

（2）显示流线。

流线是中性浮力微粒在与流体运动平衡时所经过的路线。流线是进行复杂三维流动可视化显示很好的工具。

① 打开Pathlines面板，在Color by下拉列表中选择Particle Variables...和Particle ID项。

② 在Release from Surfaces下选择velocity-inlet-1和velocity-inlet-2项。

③ 将Step Size（mm）设置为1，具体设置如图12-90所示。

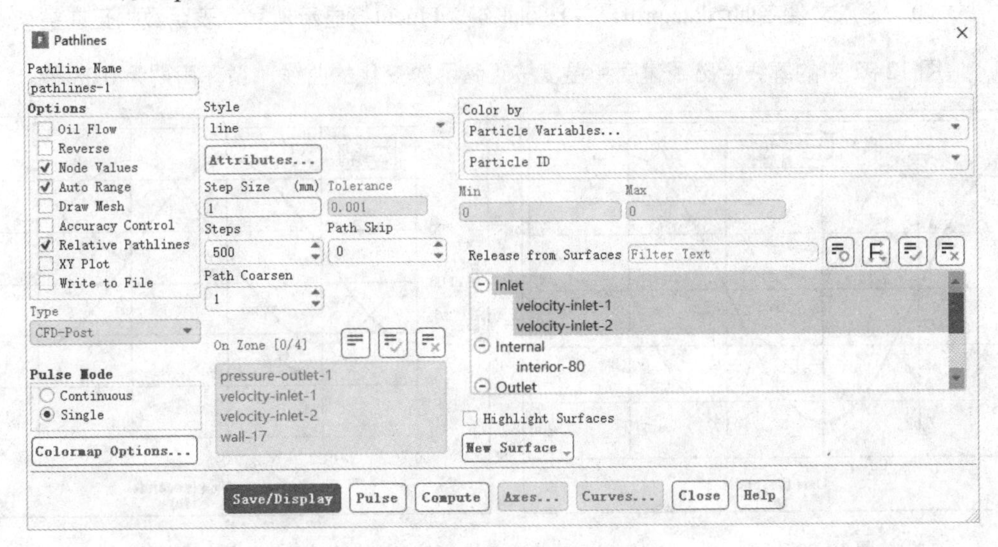

图 12-90 流线显示的参数设置

④ 单击Save/Display按钮并关闭面板，得到如图12-91所示的曲线图。

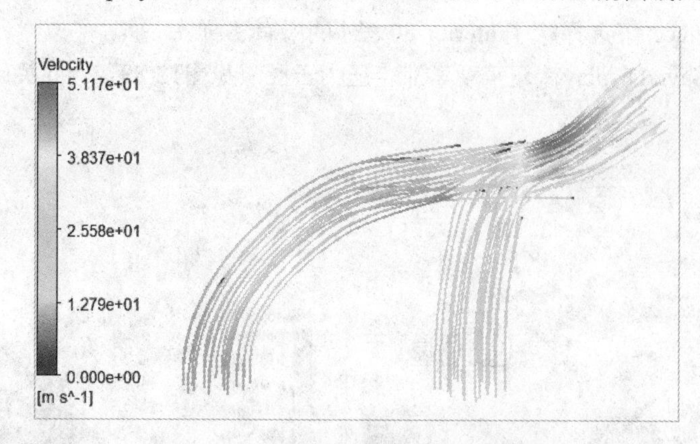

图 12-91 稳态歧管解的流线曲线图

步骤07 获取非稳态解。

得到稳态解后，用户将进行非稳态歧管问题的设置。可以通过用户定义函数（UDF）或瞬态边界廓线来定义随时间变化的边界数据。如果用户关注的是定义边界上的空间变化，就必须使用 UDF。可以使用两个不同的瞬态廓线数据格式。列表格式读取和写入最简单。

（1）创建列表式的瞬态廓线文件。

对该问题提供的文件是 tab_data.prof。通过在文本编辑器中查看文件的内容，很容易就会明白。第一行的末端包括了一个布尔数，来指明边界是否具有周期性的特性。

（2）读取瞬态廓线文件。

① 在Fluent控制台中，按回车键来查看文本命令行列表。

② 输入f或file。

③ 输入read-transient-table或rtt，并按回车键。

Fluent将提示用户输入文件名。

④ 输入文件名tab_data.prof，并按回车键。Fluent将显示消息，表明数据正在被读入。

图 12-92 中的廓线给出了速度和温度按正弦函数变化的曲线，循环周期为 0.08 秒。

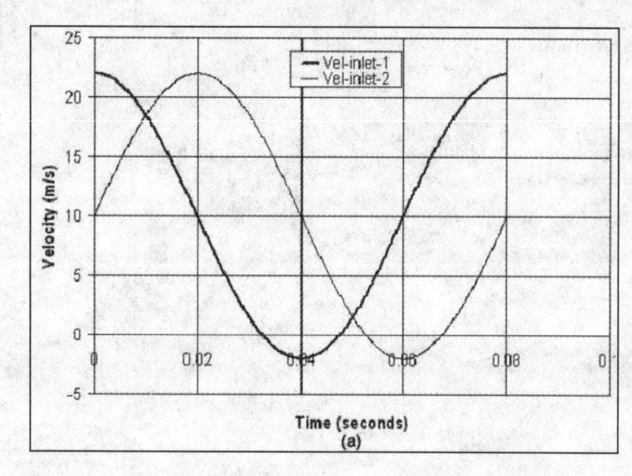

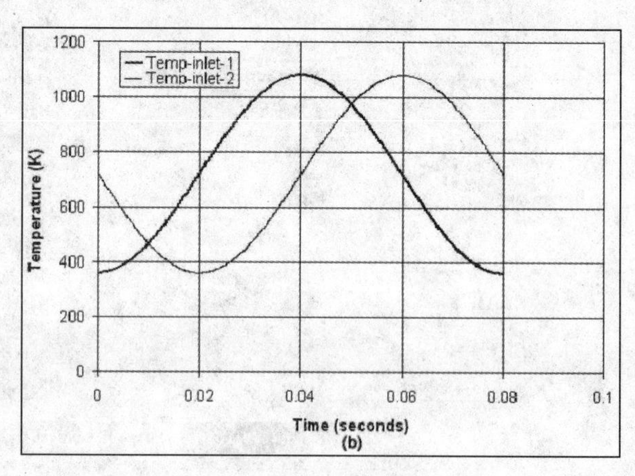

图 12-92 Inlet-1 and Inlet-2 入口速度（a）和温度（b）与时间的关系曲线

（3）激活非稳态求解器。

① 打开General面板，在Time下选择Unsteady项。

② 在Solution Methods面板中勾选Non-Iterative Time Advancement复选框，如图12-93所示。

非迭代求解增加了计算的速度和效率，其提供了对每个独立方程子迭代最大数量的控制。

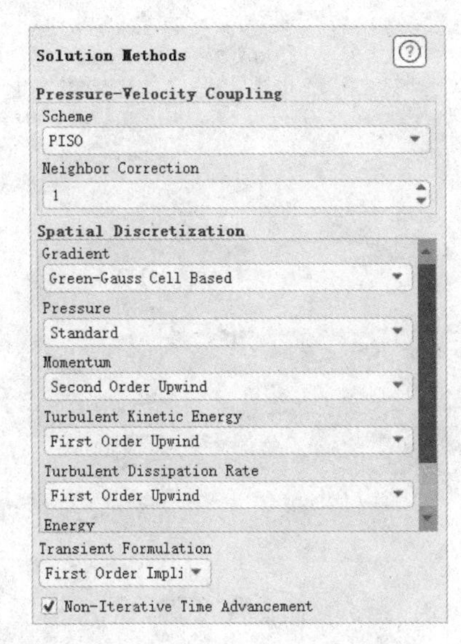

图 12-93　激活非稳态求解器

（4）打开速度入口边界条件中的廓线。

在列表式数据列表中定义的廓线名现在可以在边界条件面板中访问。

① 在Boundary Conditions面板中的Zone下选择velocity-inlet-1项，并单击Edit按钮。

② 在Velocity Magnitude下拉列表中选择tab_data vel1项，如图12-94所示。

数据廓线名出现在输入行的右边，表示用廓线来提供速度大小的数值而不是使用输入数据。

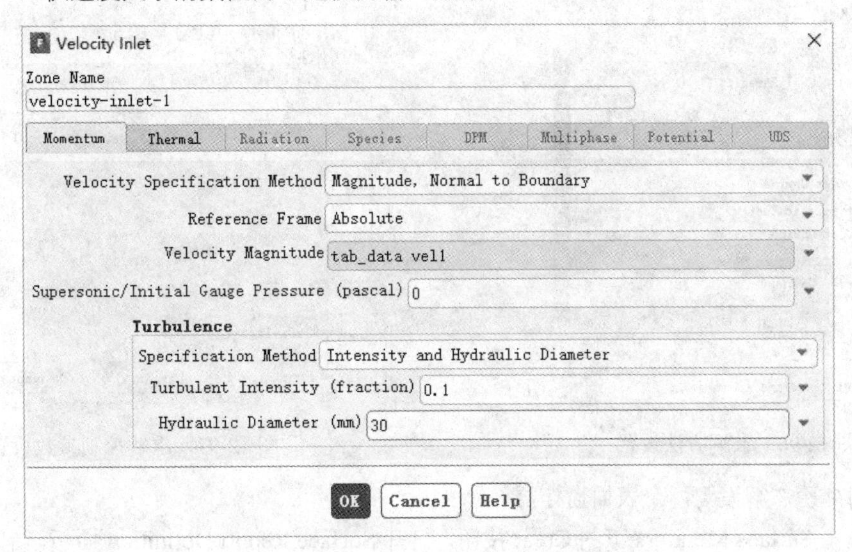

图 12-94　打开速度入口边界条件中的廓线

③ 在Temperature下拉列表中选择tab_data temp1，如图12-95所示。

④ 对velocity-inlet-2重复上面的两个步骤，相应的数据廓线名为tab_data vel2和tab_data temp2。

（5）求解参数设置。

① 打开Solution Methods面板，保留对Pressure-Velocity Coupling的默认设置PISO，如图12-96所示。

② 打开Solution Controls面板，将Pressure、Turbulent Kinetic Energy和Turbulent Dissipation Rate的Relaxation Factor设置为0.8，如图12-97所示。

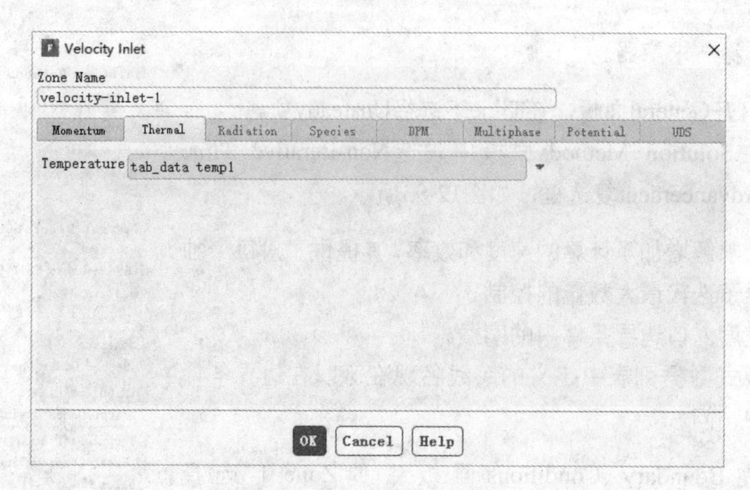

图 12-95　用廓线来提供速度大小

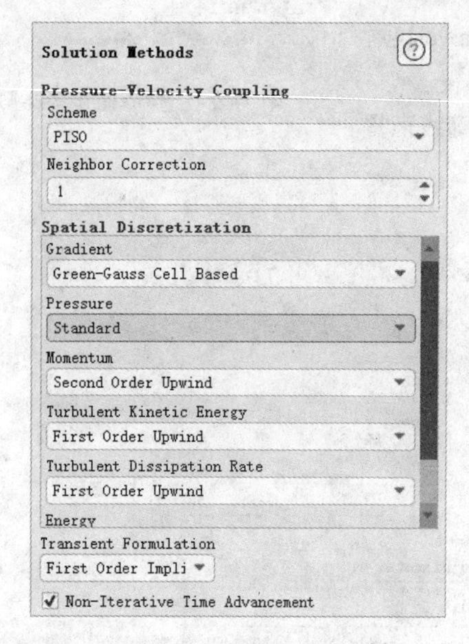

图 12-96　求解方法设置

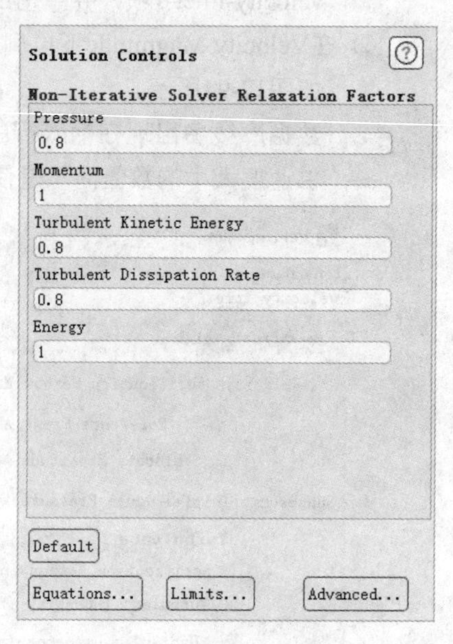

图 12-97　求解控制参数设置

（6）对非稳态解设置两个表面监控器。

单击 Surface Monitors 下的 Creat 按钮，打开 Surface Report Definition 面板，定义 monitor-3，具体设置如图 12-98 所示。

该监控器用于检查每次迭代中经过压力出口的质量流率。理想情况下，该值相当于下一个时间步稳定在恒定值。

类似地，monitor-4 的定义如图 12-99 所示。

该监控器用于检查每个时间步压力出口上的滞止温度。

（7）使用 Autosave 选项保存非稳态计算的工程文件和数据文件（以指定的时间步间隔）。

单击 File→Write→Autosave...。

① 将Autosave Data File Every设置为10。

② 将File Name指定为manifold.gz，如图12-100所示。

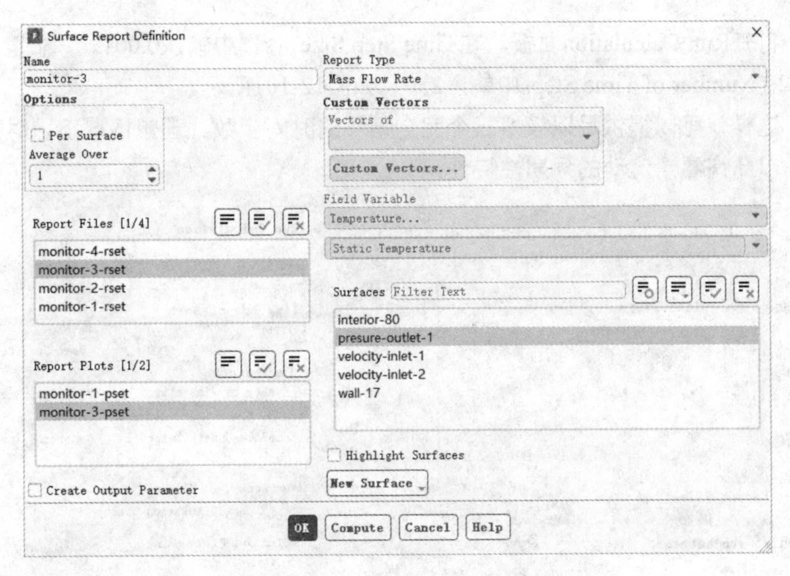

图 12-98　表面监控器 1 参数设置

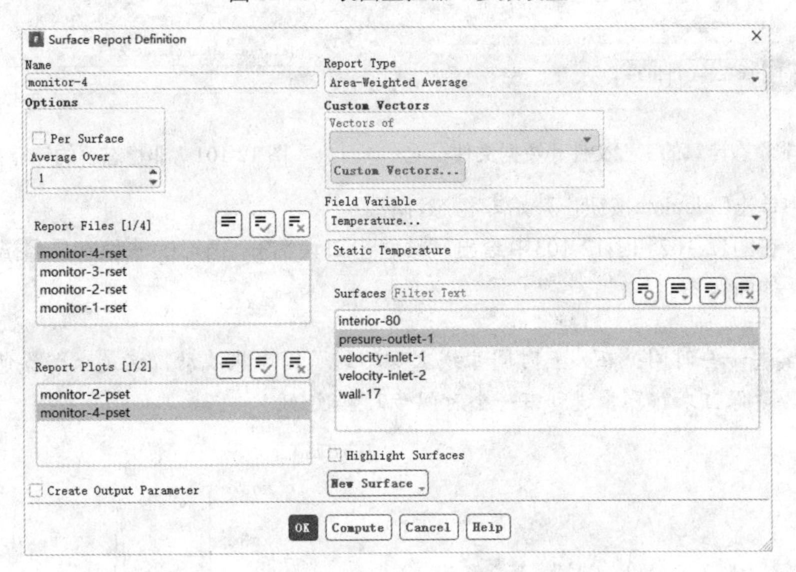

图 12-99　monitor-4 设置压力出口的平均单位面积比重监测

在默认设置下，文件名上将加入整数后缀，该整数用于标识时间步，这样就可以给出唯一的文件名。

（8）保存工程文件。

单击 File→Write→Case...。

在 Case File 下输入 manifold-unst.cas，并单击 OK 按钮。

（9）设置非稳态解的计算参数。

根据入口条件非稳态性的周期选择时间步。从前面给出的曲线可以观测到脉动流动的周期是 0.08 秒。时间步长应当足够小到能够分辨这种非稳定性特征。本教程中，用户可以使用 0.001 秒的时间步长，在每个周期中形成 80 步。该值已经足够小，这样每个时间步中达到收敛的迭代数大约为 20～30 次。

① 打开Run Calculation面板，在Time Step Size（s）中输入0.001。

② 在Number of Time Steps中输入250，如图12-101所示。

这样就可以提供足以模拟三个完全循环的时间步数。理想情况下，时间步数应该足够大，以允许看清流动的周期性特性。

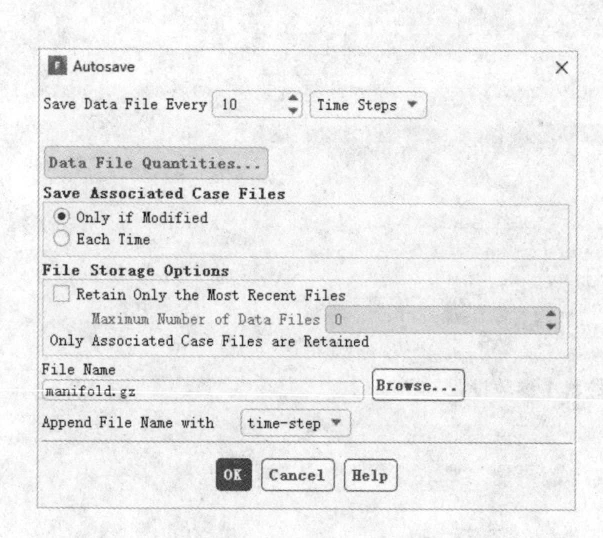

图 12-100　保存非稳态计算的工程文件和数据文件

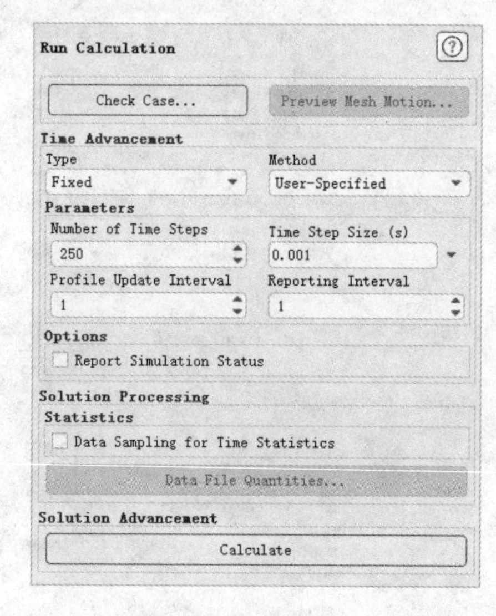

图 12-101　非稳态解的计算参数定义

③ 单击Calculate按钮，开始非稳态计算。

在图12-102和图12-103中给出了歧管出口大约3个循环的非稳态质量流率和平均滞止温度的曲线图。

求解将需要一些时间。在残差时间曲线上观测到了锯齿状波动，这是求解器使用的子迭代算法的特征，要保证求解器推进到下一个时间步时解收敛。

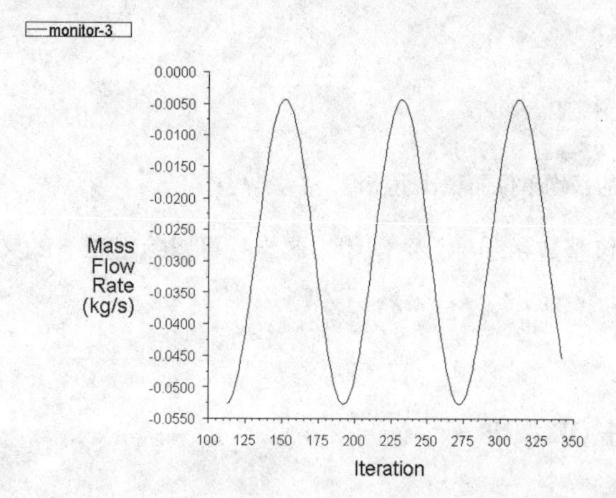

图 12-102　质量流率时间曲线

图 12-103　平均滞止温度时间曲线

（10）保存数据文件。

单击 File→Write→Data...。

在 Data File 下输入 manifold-unst.dat，并单击 OK 按钮保存非稳态计算的数据。

（11）非稳态解的后处理。

① 显示滞止压力填充的云图。

- 在 Contours of 下拉列表中选择 Pressure...和 Static Pressure 项。
- 在 Options 下勾选 Filled 复选框，如图 12-104 所示。
- 在 Surfaces 下选择除了 interior-80 之外的所有表面。
- 单击 Save/Display 按钮来观察滞止压力云图（见图 12-105），并关闭面板。

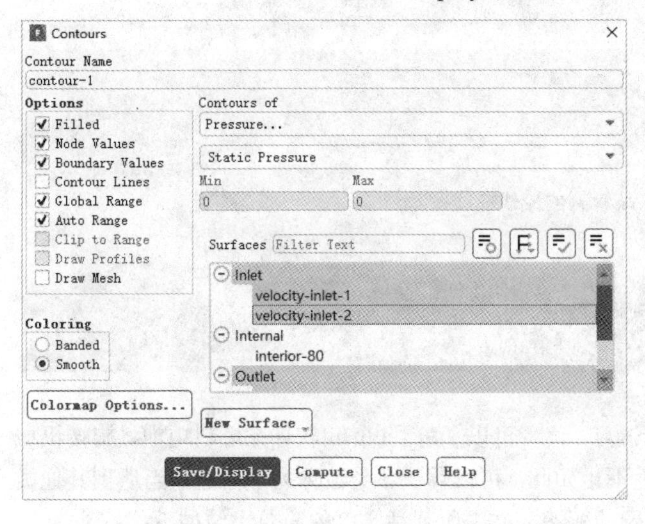

图 12-104 显示滞止压力填充的云图

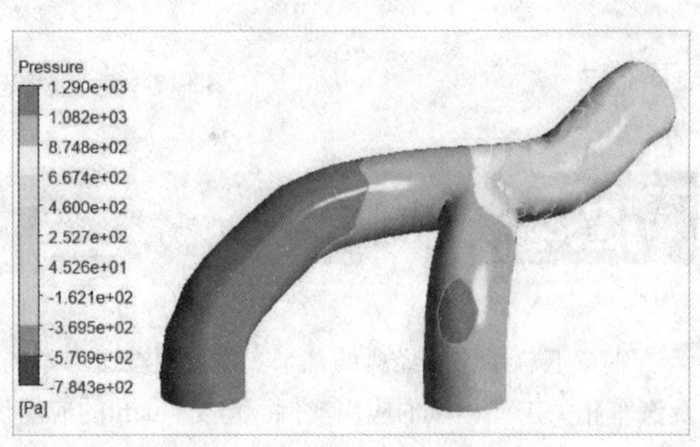

图 12-105 非稳态歧管解的滞止压力

使用鼠标左键来操控默认的视角。如果用户想知道某点压力的确切值，在该点处右击，其值就会在Fluent控制台窗口中显示。

② 显示流线。

- 在 Color by 下拉列表中选择 Particle Variables...和 Particle ID 项。
- 在 Release from Surfaces 下选择 velocity-inlet-1 和 velocity-inlet-2 项。
- 将 Step Size（mm）设置为 1，如图 12-106 所示。

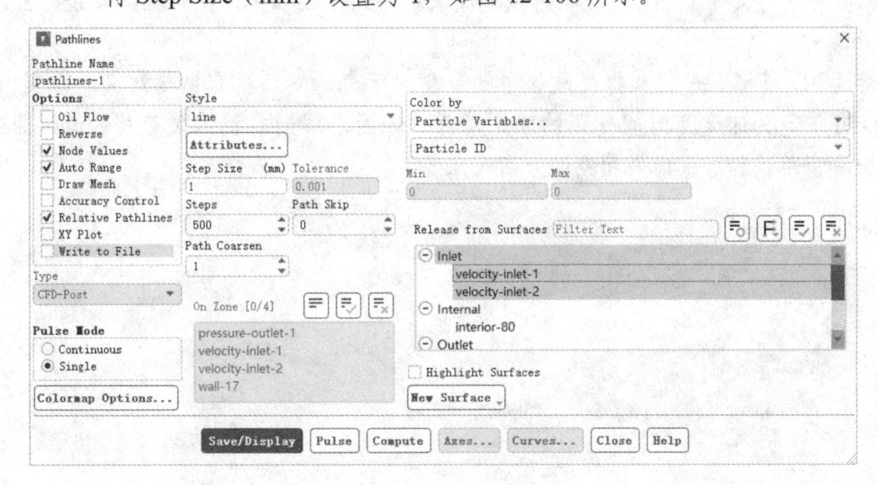

图 12-106 显示流线设置

- 单击 Save/Display 按钮并关闭面板，得到如图 12-107 所示的曲线。

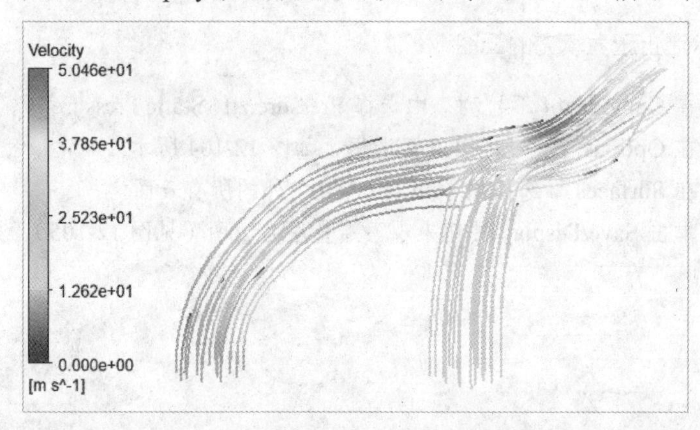

图 12-107　非稳态歧管解的流线曲线图

12.4 小结

本章汇总了比较经典的几个实例，通过这一章的学习，读者可以了解到Fluent软件在燃料电池、旋转机械及汽车相关工业领域的应用实例。但是Fluent的应用远不止如此，可以解决各类流体力学问题，当遇到其他类型的问题时，可以参考上面的求解步骤来得到未知问题的解答。文中所列举实例的简单小结如下：

- 对目前比较热的固体燃料电池（Solid Oxide Fuel Cell）进行流体动力学数值模拟：在这个实例中，简单介绍了怎样建立和设置固体氧化（如燃料电池），氢是参与电化学反应唯一的气态燃料。这个模型提供了所有的电导区域的电流和电压分布的详细信息，还有整个燃料电池种类和温度分布的信息。
- 利用动网格技术分别对椭圆形泵模型和圆形泵模型进行了建模及求解分析：在这两个例子中，分别建立了圆形和椭圆形机架的轮机泵的模型，并对网格提出了要求。再使用 UDF 对动区域的动网格进行了设置。最后进行了瞬时动网格计算并画出了旋转不同角度后的压力云图。
- 汽车风挡除冰的非定常分析：通过非稳态迭代求解得到冰层融化过程的流体分数的云图以及动态显示图像。
- 歧管流动的 3D 模拟：进气和排气歧管中的流动对于汽车发动机有重要意义，本实例利用用户定义函数（UDF）定义速度随时间变化的瞬态廓线，进而求解到非稳态歧管解的流线曲线，从而通过后处理分析歧管通道的总压损失和流动分离现象等。